现代控制工程

杨晓京　那　靖　尹志宏 等　编著

科 学 出 版 社

北 京

内 容 简 介

本书以现代控制理论为主要内容，强调现代控制理论和机械工程应用背景的结合，以及利用控制系统辅助软件进行系统分析和设计的能力。主要介绍现代控制理论中的核心内容——以状态空间为基础的线性系统分析和综合，并通过丰富的机电案例展现现代控制理论在机械工程中的具体应用。主要内容包括：控制系统的状态空间表达式；状态空间表达式的求解；控制系统的稳定性与李雅普诺夫方法；控制系统的能控性与能观性；系统的状态反馈、极点配置与状态观测器；系统的最优控制；现代控制理论在机械工程中的应用。本书还运用典型机电系统，介绍了 MATLAB 在控制系统的分析和设计的实际应用。

本书可作为机械类专业和自动化类专业研究生和高年级本科生教材，也可供有关专业技术人员参考。

图书在版编目（CIP）数据

现代控制工程/杨晓京等编著. —北京：科学出版社，2020.6

ISBN 978-7-03-065469-4

Ⅰ. ①现… Ⅱ. ①杨… Ⅲ. ①现代控制理论－研究生－教材 Ⅳ. ①O231

中国版本图书馆 CIP 数据核字（2020）第 098964 号

责任编辑：郭勇斌 邓新平/责任校对：杜子昂
责任印制：张 伟/封面设计：众轩企划

科学出版社 出版
北京东黄城根北街 16 号
邮政编码：100717
http://www.sciencep.com
北京九州迅驰传媒文化有限公司 印刷
科学出版社发行 各地新华书店经销
*
2020 年 6 月第 一 版 开本：787×1092 1/16
2022 年 4 月第三次印刷 印张：27 1/2
字数：639 000
定价：138.00 元

本书作者名单

杨晓京　那　靖　尹志宏　龙　威　吴　涛

前　言

现代控制理论作为一门涵盖机械、自动化、电力、计算机、数学等多学科的综合性科目，在我国工科课程体系中占据了重要地位。然而，由于现代控制理论采用了大量的数学建模、公式推导及理论证明，可能让初学者感到晦涩难懂，进而将该课程理解为纯数学知识的延伸并忽略现代控制理论在实际工业工程中的重要指导意义。鉴于此，本书从实际应用角度出发，结合机械工程专业的特色，力图用简洁明了的方式对典型机电系统的工作原理、控制问题及解决思路进行系统化梳理，逐步引出现代控制理论中所涉及的基本概念和方法，突出现代控制理论的工程意义，使机械工程等相关领域的读者易于学习。

现代控制工程是机械工程、机械设计及理论、机械制造及其自动化、机械电子工程、机器人工程等机械类专业和自动化、控制理论与控制工程等自动化类专业重要的课程。由于现代科学技术的发展，特别是由于微电子技术、计算机技术、信息技术的迅速发展，作为“三论”(控制论、系统论、信息论)之一的控制论本身也得到了进一步的发展。现代控制理论的观点和思维方法向各个学科和专业渗透，也给各专业领域注入了新的活力。

当前，传统的机电产品正在向复杂机电系统集成方向和智能化方向发展。复杂机电系统产品的显著特点是系统控制自动化。例如，典型的工业机器人、高档数控机床、自动导引车、智能设备等都广泛地应用了控制理论；在高性能的机电产品中，包括航空航天产品甚至人们日常使用的机电产品已经越来越多地用到了最优控制、自适应控制和智能控制等现代控制理论。现代控制工程不仅能满足今天自动化技术高度发展的需要，同时它与信息科学和系统科学紧密相关，更重要的是它提供了辩证的系统分析方法，即不断从整体上认识和分析机械系统，改进和完善系统，以满足科技发展和工业生产的实际需要。

现代控制工程既侧重理论，又密切结合机电工程实际，它是以现代控制理论为理论基础，以机电工程系统为研究对象的广义系统动力学。通过课程的学习，使学生能以动力学的观点而不是静态观点去看待一个机械工程系统；从整个系统中的信息的传递、转换和反馈等角度来分析机械系统的动态行为；使学生能结合机械工程实际，应用现代控制理论中的基本概念和基本方法来分析、研究和解决其中的问题。这包括两个方面：①对机电系统中存在的问题能够以控制论的观点和思维方法进行科学分析，找出问题的本质和有效的解决方法；②如何控制一个机电系统，使之按预定的规律运动，以达到预定的技术经济指标，为实现最优控制奠定基础。

本书内容以现代控制理论为主，涵盖了现代控制理论的基本内容。第 1 章主要介绍了控制理论基本概念及要求、控制理论工程的典型应用和控制理论的发展历程。第 2 章以机电液系统为例，介绍了状态空间表达式的基本概念、状态空间法建模、状态方程的线性变换及传递函数矩阵的求解。第 3 章主要介绍了控制系统状态空间表达式的求解方式。第 4 章主要介绍了李雅普诺夫稳定性理论及其在线性系统和非线性系统中的应用。第 5 章主要介绍了控制系统的能控性与能观测性及其判别方法，讨论其离散系统中的应用。第 6 章针对线性定常系统，分别讨论了线性系统反馈结构、极点配置、观测器设计、系统镇定及解耦等问题。第 7 章介绍了最优控制理论的基本概念及求解方法。第 8 章结合多个典型机电系统，分别从其物理系统建模、状态空间表达式建立、控制器设计及稳定性分析等方面介绍了现代控制理论在其中的应用。

另外，MATLAB 作为现代理工科教学及工程实际问题分析的重要数字仿真软件，为现代控制理论的学习提供了更为直观的认识，带来了极大的便利。因此，在本书每章结尾处，均提供了相应的 MATLAB 应用实例，方便读者进一步理解每章内容。

本书旨在使读者能结合机械工程实际，应用现代控制理论中的基本概念和基本方法来分析、研究和解决机电系统的动态行为问题，使读者掌握现代控制理论的基本知识、基本内容，掌握计算机辅助控制系统分析设计，为今后从事机械工程、机器人、控制工程、自动化的研究和应用奠定基础。

本书由昆明理工大学机电工程学院现代控制工程教学团队编写。其中第 1 章、第 5 章由杨晓京编写，第 2 章、第 3 章由龙威编写，第 4 章、第 7 章由尹志宏编写，第 6 章由那靖编写，第 8 章由杨晓京、吴涛编写。全书由那靖、吴涛校对和审定。

由于编者水平有限，本书难免有疏漏之处，恳请读者批评指正。

在编写过程中，学习和参考了很多文献、教学资料，参考文献未能一一列出，在此一并致谢！

编　者

2020 年 6 月

目　　录

第1章　绪　　论

随着科学技术和现代工业的发展，自动控制系统的应用越来越广泛。自动控制是指在没有人直接参与的情况下，利用控制器自动控制机器设备或生产过程（统称为被控对象）的工作状态，使之保持不变或按预定的规律变化。自动控制系统是指能实现自动控制目标的组合系统，如机电组合系统、机光电组合系统、机电液组合系统等。近年来，自动控制技术已经渗透到人类社会的各个方面，在机械工程、航空航天、自动化生产装备和生产线、军事、石油化工、交通运输、采矿、冶金、水利电力、环境保护、食品、纺织等领域得到了极为广泛的应用，人们的生产活动乃至日常活动的每个方面几乎都受到自动控制技术的积极影响。在日常生活中，自动控制室内的温度和湿度；在交通领域，自动控制汽车和飞机精确又安全地从一个地方到达另一个地方；在机械加工中，能按预先设定的工艺程序自动切削工件，从而加工出预期几何形状的数控机床或加工中心；在航空航天领域，能按照预定航线自动起落和飞行的无人驾驶飞机，以及能自动攻击目标的导弹发射系统和制导系统；等等，这些都是自动控制系统的实例。

控制理论是自动控制技术的理论基础，由于自动控制技术不断发展的要求，控制理论得到了进一步的发展。特别是自20世纪50年代以来，控制理论迅速发展并逐步形成了很多重要的分支。例如，20世纪50年代中期兴起的以航空航天为代表的空间技术的发展迫切要求建立新的控制理论，以解决诸如把火箭、宇宙飞船和人造卫星用最少燃料或最短时间准确地发射到预定轨道一类的控制问题，为解决这类十分复杂的控制问题，形成并推动了现代控制理论的产生和发展。

自动控制技术在机械工程中有广泛的应用，它能使生产过程具有高度的准确性，能有效地提高产品的性能和质量，同时节约能源和降低材料消耗；它能极大地提高劳动生产率，同时改善劳动条件，降低人员的劳动强度。另外，现代控制理论的观点和思维方法向机械工程领域渗透，给机械工程注入了新的活力。当前，机械工程中机电产品或机械系统的显著特点是系统控制自动化，很多典型的机械装备都广泛应用了现代控制理论。现代机械工程向自动化和智能化方向发展。

对机械工程专业而言，现代控制工程是以现代控制理论为理论基础，以机械工程系统为研究对象的广义系统动力学。同时，它又是一种方法论，通过学习现代控制工程的理论，实现应用现代控制理论中的基本概念和基本方法来分析、研究和解决机械工程控制问题的任务。

1.1　控制系统的基本概念

为了更好地理解和掌握本书内容，下面对控制理论中涉及的一些基本概念加以介绍。

在无人直接参与的情况下，利用控制装置使被控对象（如机器、设备或生产过程等）的某些物理量（如温度、压力、位置、速度等）（或工作状态）准确地按照预期规律变化（或运行），这就是自动控制。例如，空调能保持恒温，数控机床能加工出预期的几何形状，火炮控制系统能准确击中目标，等等。一般来说，如何使被控量按照给定量的变化规律变化是控制系统所要完成的基本任务。学习控制工程要解决两个问题：一是如何分析某个给定控制系统的工作原理、稳定性和系统动态特性；二是如何根据实际需要来进行控制系统的设计，并用机、电、液、光等设备来实现这一设计系统。前者主要是分析系统，后者是对控制系统的设计与综合。无论解决哪类问题，都必须具有丰富的控制理论知识，同时能以系统的而不是孤立的、动态的而不是静态的观点和方法来处理问题，才能实现预期的控制目的。

1.1.1　控制系统工作原理

在许多工业生产过程中或生产设备运行中，为了保证正常的工作条件，往往需要对某些物理量（如温度、压力、流量、液位、电压、位移、转速等）进行控制，使其尽量维持在某个数值附近或使其按一定规律变化。要满足这种需要，就应该对生产机械或设备进行及时操作，以消除外界干扰的影响。这种操作通常称为控制，用人工操作称为人工控制，用自动装置来完成称为自动控制。

图 1.1（a）是人工控制的水位系统。水池中的水位是被控制的物理量，简称被控量。水池这个设备是被控制的对象，简称被控对象。当水位在给定位置且流入量、流出量相等时，它处于平衡状态；当流出量发生变化或水位期望值发生变化时，就需要对流入量进行必要的控制。在人工控制方式下，操作人员用眼观看水位情况，用大脑比较水位与期望值的差异并根据经验做出决策，确定进水阀门的调节方向与幅度，然后用手操作进水阀门进行调节，最终使水位等于期望值。只要水位偏离了期望值，操作人员便要重复上述调节过程。

图 1.1（b）是简单的水池水位自动控制系统。图 1.1（b）中用浮子代替人的眼睛，测量水位高低；另用一套杠杆代替人的大脑和手，进行比较、计算误差并实施控制。杠杆的一端由浮子带动，另一端则连向进水阀门。当用水量增大时，水位开始下降，浮子也随之下降，通过杠杆的作用将进水阀门开大，使水位回到期望值附近。反之，若用水量变小，则水位及浮子上升，进水阀门关小，水位自动下降到期望值附近。在整个过程中无须人工直接参与，控制过程是自动进行的。

图 1.1（b）所示的系统虽然可以实现自动控制，但由于结构简陋而存在缺陷，主要表现在被控制的水位高度将随着出水量的变化而变化。出水量越多，水位就越低，偏离期望值就越远，误差就越大，控制的结果总存在一定范围的误差值。这是因为当出水量增加时，为了使水位基本保持恒定不变，就要开大进水阀门，增加进水量。要开大进水阀门，唯一的途径是使浮子下降得更多，这意味着水位要偏离期望值更多。这样，整个系统就会在较低的水位上建立新的平衡状态。

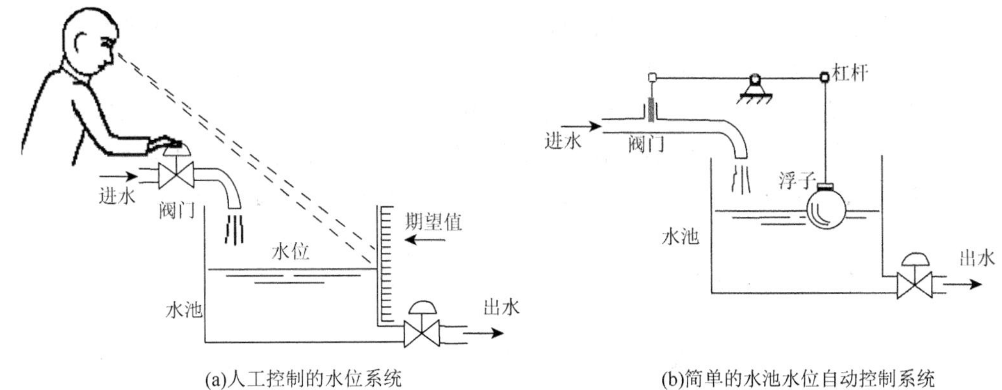

(a)人工控制的水位系统　　(b)简单的水池水位自动控制系统

图 1.1　简单的水池水位控制系统

为克服上述缺点，可在原系统中增加一些设备组成较完善的自动控制系统，如图 1.2 所示。这里，浮子仍是测量元件，连杆起着比较作用，它将期望值与水位两者进行比较，得出误差，同时推动电位器的滑臂上下移动。电位器输出电压反映了误差的性质（大小和方向）。电位器输出的微弱电压经放大器放大后驱动直流伺服电动机，其转轴经减速器后拖动进水阀门，对系统施加控制作用。

在正常情况下，水位等于期望值，此时，电位器的滑臂居中，$u_c=0$。当出水量增大时，浮子下降，带动电位器滑臂向上移动，$u_c>0$，经放大后成为u_a，控制电动机正向旋转，以增大进水阀门开度，促使水位回升。当水位回到期望值时，$u_c=0$，系统达到新的平衡状态。

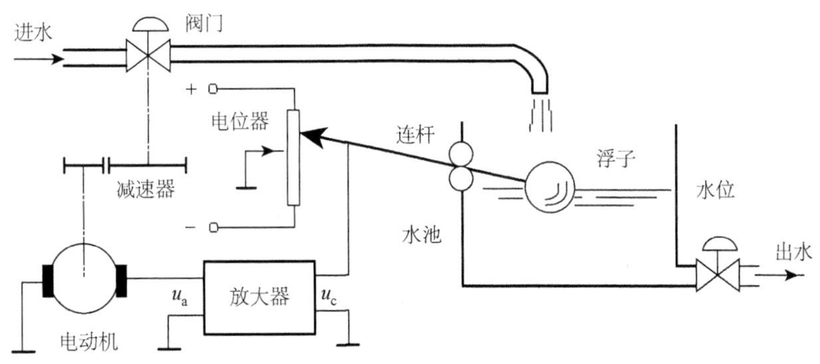

图 1.2　较完善的水位控制系统

可见，该系统在运行时，无论何种干扰引起水位出现偏差，系统都会进行调节，最终总是使水位等于期望值，大大提高了控制精度。

上述自动控制系统和人工控制系统是极其相似的，执行机构类似于人的手，测量装置相当于人的眼睛，控制器类似于人脑。另外，它们还有一个共同的特点，就是都要检测偏差，并根据检测到的偏差去纠正偏差，可见没有偏差便没有调节过程。在自动控制系统中，这一偏差是通过反馈建立起来的。给定信号也称为激励，给定量也称为控制系统的输入量；

被控量称为系统的输出量，输出信号也称为响应。反馈就是指输出量通过适当的测量装置将信号全部或部分返回输入端，并与之同时作用于系统的过程。反馈量与输入量的比较结果称为偏差。因此，基于反馈基础上的“检测偏差用以纠正偏差”的原理又称为反馈控制原理。利用反馈控制原理组成的系统称为反馈控制系统。实现自动控制的装置各不相同，但反馈控制的原理却是相同的，可以说，反馈控制是实现自动控制最基本的方法。

1.1.2　开环控制系统与闭环控制系统

工业上用的控制系统，根据有无反馈作用可分为两类：开环控制系统与闭环控制系统。

（1）开环控制系统。如果系统的输出端和输入端之间不存在反馈回路，输出量对系统的控制作用没有影响，这样的系统称为开环控制系统。图 1.3 表示开环控制系统输入量与输出量之间的关系。

图 1.3（a）所示的直流电动机转速开环控制系统，它的任务是控制直流电动机以恒定的转速带动负载工作。系统的工作原理是：调节电位器 R 的滑臂，使其输出给定参考电压 u_r 。u_r 经电压放大和功率放大后成为 u_a ，送到电动机的电枢端，用来控制电动机转速。在负载恒定的条件下，直流电动机的转速 ω 与电枢电压 u_a 成正比，只要改变 u_r ，便可得到相应的电动机转速 ω。

在图 1.3 所示的系统中，直流电动机是被控对象，电动机的转速 ω 是被控量，也称为系统的输出量或输出信号。把电压 u_r 通常称为系统的给定量或输入量。

就图 1.3（a）而言，只有输入量 u_r 对输出量 ω 的单向控制作用，而输出量 ω 对输入量 u_r 却没有任何影响，这种系统称为开环控制系统。

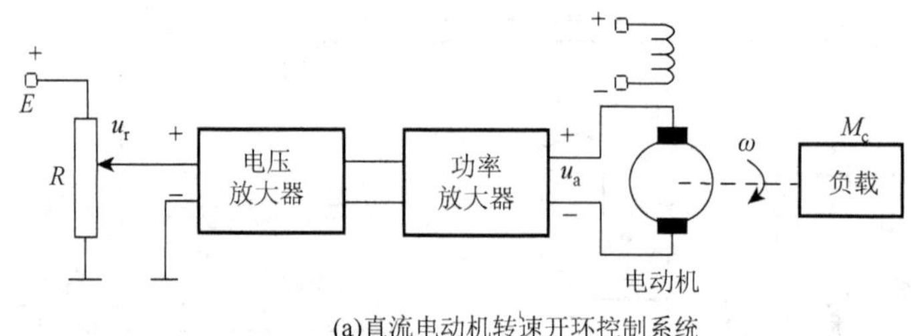

(a)直流电动机转速开环控制系统

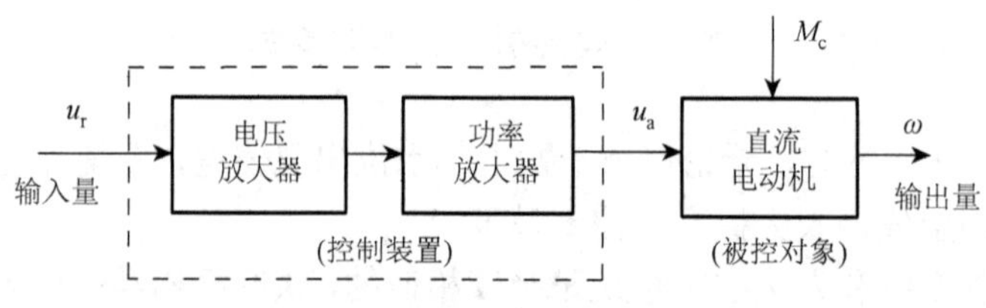

(b)直流电动机转速开环控制系统方框图

图 1.3　直流电动机转速开环控制系统

直流电动机转速开环控制系统方框图如图 1.3（b）所示。图 1.3（b）中用方框代表系统中具有相应职能的元件；用箭头表示元件之间的信号及其传递方向。电动机负载转矩 M_c 的任何变动，都会使输出量 ω 偏离期望值，这种作用称为干扰或扰动，在图 1.3（b）中用一个作用在直流电动机上的箭头来表示。

开环控制系统精度不高和适应性不强的主要原因是缺少从系统输出到系统输入的反馈回路。若要提高控制精度，必须把输出量的信息反馈到输入端，通过比较输入值与输出值产生偏差信号，该偏差信号以一定的控制规律产生控制作用，逐步减小以致消除这一偏差，从而实现所要求的控制性能。

在图 1.3（a）所示的直流电动机转速开环控制系统中，加入一台测速发电机，并对电路稍作改变，便构成了如图 1.4（a）所示的直流电动机转速闭环控制系统。

（2）闭环控制系统。闭环控制系统也称为反馈控制系统。这种系统的特点是系统的输出端和输入端之间存在反馈回路，即输出量对控制作用有直接影响。闭环的作用是应用反馈来减小偏差。闭环控制突出的优点是精度高，不管出现何种干扰，只要被控量的实际值偏离期望值，闭环控制就会产生控制作用来减小这一偏差。图 1.4 表示闭环控制系统输入量、输出量和反馈量之间的关系。

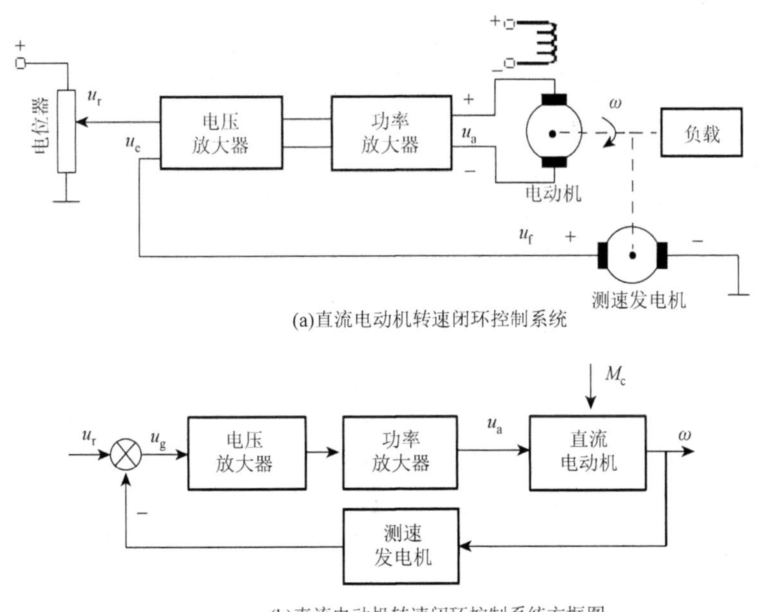

(a)直流电动机转速闭环控制系统

(b)直流电动机转速闭环控制系统方框图

图 1.4 直流电动机转速闭环控制系统及其方框图

在图 1.4（a）中，测速发电机由电动机同轴带动，它将电动机的实际转速 ω（系统输出量）测量出来，并转换成电压 u_f，再反馈到系统的输入端，与 u_r（系统输入量）进行比较，从而得出电压 $u_e = u_r - u_f$。由于该电压能间接地反映出误差的性质（大小和正负方向），通常称其为偏差信号，简称偏差。偏差 u_e 经放大器放大后成为 u_a，用以控制电动机转速 ω。

直流电动机转速闭环控制系统方框图如图 1.4（b）所示。通常，把从系统输入量到输出量之间的通道称为前向通道；从输出量到反馈信号之间的通道称为反馈通道。在图 1.4（b）的方框图中用符号“⊗”表示比较环节，其输出量等于各个输入量的代数和。因此，各个输入量均用正、负号表明其极性。图 1.4（b）中清楚地表明，采用反馈回路致使信号的传输路径形成闭合回路，使输出量反过来直接影响控制作用。这种通过反馈回路使系统构成闭环，并按偏差产生控制作用，用以减小或消除偏差的控制系统，即为闭环控制系统。

反馈分为正反馈和负反馈。正反馈是指扩大对系统的干扰，导致系统失稳。在生产、生活中，正反馈的例子虽然没有负反馈多，但也是常见的。一般“恶性循环”导致系统的破坏，大都是由于正反馈的作用。

负反馈主要是通过输入量、输出量之间的差值作用于控制系统的其他部分。这个差值反映了我们要求的输出和实际的输出之间的差别。控制器的控制策略是不停地减小这个差值。负反馈形成的系统，控制精度高，系统运行稳定。负反馈一般是由测量元件测得输出值后，将其送入比较元件与输入值进行比较得到的。

必须指出，在系统主反馈通道中，只有采用负反馈才能达到控制的目的。若采用正反馈，将使偏差越来越大，导致系统发散而无法工作。

闭环控制系统工作的本质机理是：将系统的输出信号引回输入端，与输入信号比较，利用所得的偏差信号对系统进行调节，达到减小偏差或消除偏差的目的。这就是负反馈控制原理，它是构成闭环控制系统的核心。

一般来说，开环控制系统的优点是结构比较简单，成本较低；缺点是控制精度不高，抑制干扰能力差，而且对系统参数变化比较敏感。开环控制系统一般用于可以不考虑外界影响或精度要求不高的场合，如洗衣机、步进电机控制及水位调节等。

在闭环控制系统中，不论是输入信号的变化，或者干扰的影响，或者系统内部的变化，只要输出量偏离了期望值，都会产生相应的作用消除偏差。因此，与开环控制相比，闭环控制抑制干扰能力强，系统对参数变化不敏感，可以选用不太精密的元件构成较为精密的控制系统，获得满意的动态特性和控制精度。但是采用反馈装置需要添加元件，造价较高，同时也增加了系统的复杂性。如果系统的结构参数选取不合适，控制过程可能变得很差，甚至出现振荡或发散等不稳定的情况，因此如何分析系统，合理选择系统的结构参数，从而获得满意的系统性能，是自动控制理论必须研究解决的问题。

1.1.3 反馈控制系统的基本组成

图 1.5 是一个典型的反馈控制系统，表示了各个环节在系统中的位置及其相互间的关系。由图 1.5 可以看出，一个典型的反馈控制系统主要包括测量环节、给定环节、比较环节、放大运算环节、执行环节和被控对象。

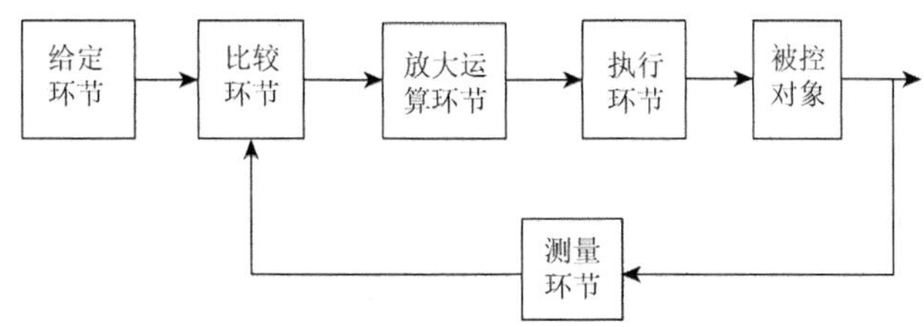

图1.5　典型的反馈控制系统

（1）测量环节：它测量被控量或输出量，产生反馈信号，该信号与输出量存在确定的函数关系（通常为比例关系），如转速传感器、光栅传感器等。

（2）给定环节：主要用于产生给定信号或输入信号。

（3）比较环节：用来比较输入信号和反馈信号之间的偏差，它可以是一个差接的电路，也可以是物理元件，如自整角机、旋转变压器、机械式差动装置等。

（4）放大运算环节：对偏差信号进行放大和功率放大的元件，如伺服功率放大器、电液伺服阀等。

（5）执行环节：直接对控制对象进行操作的元件，如执行电动机、液压马达等。

（6）被控对象：控制系统所要操纵的对象，它的输出量即为系统的被控量，如水箱、机床工作台等。

此外，有的反馈控制系统还含有校正环节（或称校正装置），用以稳定、提高控制系统性能。

1.1.4　自动控制系统的分类

自动控制系统的类型很多，它们的结构类型和所完成的任务各不相同。

1）按数学模型分

（1）线性控制系统：组成控制系统的元件都具有线性特性。这种系统输入与输出的关系是线性的，符合叠加原理，一般可以用微分（差分）方程、传递函数、状态方程来描述其运动过程。线性控制系统的主要特点是满足叠加原理。

（2）非线性控制系统：只要系统中一个元件具有非线性特性，系统就不能用线性微分方程来描述，则称该系统为非线性控制系统。非线性控制系统一般不具备叠加性。

2）按时间概念分

（1）定常系统：控制系统中所有的参数都不随时间变化，这样的系统输入与输出的关系可以用常系数的数学模型描述。若其为线性控制系统，则称为线性定常系统。

（2）时变系统：控制系统中的参数随时间的变化而变化。

实际中遇到的系统都有一些非线性和时变性，但多数都可以在一定条件下合理地用线性定常系统近似处理。

3）按信号的性质分

（1）连续系统：系统中各个参量的变化都是连续进行的，即系统中各处信号均为时间的连续函数。

（2）离散系统：控制系统的输入量、反馈量、偏差量都是数字量，数值上不连续，时间上也是离散的。这种系统一般有采样控制系统和数字控制系统两种，其测量、放大、比较、给定等信号处理均由微处理机实现，主要特征是系统中含有采样开关或 D/A、A/D 转换装置。现在这种系统已随着微处理机的发展而日益增多。

连续系统中处理的变量为模拟量，如工业过程中出现的压力、流量、温度、位移等。离散系统中处理的变量为开关量或数字量，如计算机内部处理的变量。在现代的控制形式中，多以计算机控制为主，即以计算机作为控制器来控制模拟量。在控制过程中涉及 D/A 转换和 A/D 转换。

4）按输入量的运动规律分

（1）恒值调节系统：系统的输入是不随时间变化的常数。当系统在扰动作用下输出量偏离期望值时，主要的控制任务是克服各种扰动的影响，使输出量始终与给定输入期望值保持一致，如稳压电源、恒温系统、压力、流量等过程控制系统。对于这类系统，分析重点在于克服扰动对输出量的影响。

（2）程序控制系统：系统输入量为给定的已知时间函数。这种系统控制的主要目的是保证输出量能够按给定的时间函数变化。例如，热处理的升温过程，根据材料特性的要求，温度的升高必须按要求的时间函数进行；汽轮机启动时的升速过程需按时间函数进行。近年来，由于微处理机的发展，大量的程序控制系统被投入运行。

（3）随动系统：系统的输入量是时间的未知函数，即输入量的变化规律事先无法确定，要求输出量能够准确、快速地复现输入量，这样的系统称为随动系统，也称伺服系统，如火炮自动瞄准飞机的系统、液压仿形刀架随动系统等。

除此以外，自动控制系统还可按系统组成元件的物理性质分为电气控制系统、液压控制系统；按系统的输出量可分为液位控制系统、转速控制系统、流量控制系统等。

1.2　自动控制系统的基本要求

自动控制系统根据其控制目标的不同，要求也往往不一样。评价一个控制系统的好坏，其指标是多种多样的。但自动控制技术是研究各类控制系统共同规律的一门技术，对控制系统有一个共同的要求，一般可归结为稳定性、准确性与快速性三个方面。

（1）稳定性。它是指系统在受到外界扰动作用时，系统的输出将偏离平衡位置，在这个扰动作用去除后，系统恢复到原来的平衡状态或趋于一个新的平衡状态的能力。由于系统存在惯性，系统的各个参数匹配不妥将会引起系统的振荡，从而使系统失去正常工作的能力。稳定性就是指动态过程的振荡倾向和系统恢复平衡状态的能力，它是系统工作的首要条件。

（2）准确性。它是指在调整过程结束后输出量与输入量之间的偏差，也称为静态精度或稳态精度，通常以稳态误差来表示，是衡量系统工作性能的重要指标。例如，数控机床精度越高，加工精度也越高。

（3）快速性。这是在系统稳定的前提下提出的，快速性是指当系统输出量与输入量之间产生偏差时，消除这种偏差过程的快速程度。

综上所述，对控制系统的基本要求是在稳定的前提下，系统要稳、准、快。由于受控对象的具体情况不同，各种系统对稳、准、快的要求各有侧重。例如，随动系统对快速性要求较高，而调速系统则对稳定性提出较严格的要求。同一系统的稳、准、快是相互制约的，快速性好，可能会有强烈振荡；改善稳定性，控制过程可能又过于迟缓，精度也可能变差。例如，对于机械动力学系统的要求，首要的是稳定性，因为过大的振荡将会使部件过载而损坏，此外还要降低噪声、增加刚度等。

1.3　机械工程控制论的研究对象与任务

机械工程控制论是研究机械工程中广义系统的动力学问题。工程技术中的广义系统在一定的外界条件（输入或激励、外加控制和外加干扰）作用下，从系统的一定的初始状态出发，所经历的由其内部的固有特性（由系统的结构与参数所决定的特性）所决定的整个动态历程，研究这一系统及其输入、输出二者之间的动态关系。例如，在机床数控技术中，调整到一定状态的数控机床就是系统，数控指令是输入，而数控机床的运动是输出。

现分析一个质量-弹簧-阻尼机械系统，图1.6表示一个质量-弹簧-阻尼单自由度系统，在不同的外界作用（输入）下的情况，m、c、k 分别表示质量、阻尼系统和弹簧刚度。

图1.6　质量-弹簧-阻尼单自由度系统

对于图1.6（a）所示的系统，系统质量受外力 $f(t)$ 的作用，质量块位移为 $y(t)$，系统动力学方程为

$$\begin{cases} m\ddot{y}(t)+c\dot{y}(t)+ky(t)=f(t) \\ y(0)=y_0, \quad \dot{y}(0)=\dot{y}_0 \end{cases} \tag{1.1}$$

对于图1.6（b）所示的系统，支座受位移 $x(t)$ 的作用，质量块位移为 $y(t)$，系统动力学方程为

$$\begin{cases} m\ddot{y}(t)+c\dot{y}(t)+ky(t)=c\dot{x}(t)+kx(t) \\ y(0)=y_0, \quad \dot{y}(0)=\dot{y}_0 \end{cases} \tag{1.2}$$

令 $p=\mathrm{d}/\mathrm{d}t$，代入式（1.1）和式（1.2）有

$$(mp^2+cp+k)y(t)=f(t) \tag{1.3}$$

$$(mp^2+cp+k)y(t)=(cp+k)x(t) \tag{1.4}$$

初始状态：$y(0)=y_0, \dot{y}(0)=\dot{y}_0$。

mp^2+cp+k 为式（1.3）和式（1.4）左边的算子，它由系统本身的结构和参数决定，反映了与外界无关的系统本身的固有特性。

1和$cp+k$分别为式（1.3）和式（1.4）右边的算子，它反映了系统与外界的关系。

$x(t)$ 和 $f(t)$ 称为系统的输入或激励，它反映了系统外界的作用。

$y(t)$ 为系统对输入的响应（系统的输出），是微分方程的解，显然它是由系统的初始条件、系统的固有特性、系统的输入及系统与输入之间的关系决定。

对于上例，需要研究的问题可归纳为以下三类：

（1）当系统与输入已知时，求输出。系统的输入与系统的固有特性如何影响 $y(t)$，三者之间表现为何种关系。

（2）当系统与输出已知时，求输入。当系统确定并已知时，对系统施加何种输入能使系统实现预期的响应。

（3）当系统的输入和输出已知时，求系统。对于确定的输入，系统应具有什么特性才能使系统实现预期的响应。

输入的结果是改变该系统的状态，并使系统的状态不断改变，这就是力学中所说的强迫运动；而当系统的初始状态不为零时，即使没有输入，系统的状态也会不断改变，这也就是力学中所说的自由运动。因此，从使系统的状态不断发生改变这点来看，将系统的初始状态看作一种特殊的输入，即“初始输入”或“初始激励”也是十分合理的。

随着工业生产及科学技术的不断发展，机械工程面临许多高精度、高速度、高压、高温的复杂问题，这就必然要涉及系统或过程的动态特性（或动力特性）、瞬态过程及具有随机过程性质的统计动力学特性等。系统由相互联系、相互作用的若干部分构成，而且是一个有一定目的或一定运动规律的整体，一般是指能完成一定任务的一些部件的组合。控制工程中所指的系统是广义的，广义系统不限于前面所指的物理系统（如一台机器），它也可以是一个过程（如切削过程、生产过程）；同时，它还可以是一些抽象的动态现象（如在人机系统中研究人的思维及动态行为），可把它们视为广义系统进行研究。机械系统是以实现一定的机械运动、输出一定的机械能，以及承受一定的机械载荷为目的的系统。对于机械系统，其输入和输出分别称为“激励”和“响应”。机械工程控制论所研究的系统是极为广泛的，这个系统可大可小，可繁可简，完全由研究的需要而定。例如，当研究机床在切削加工过程中的动力学问题时，切削加工本身可作为一个系统；当研究此台机床所加工工件的某些质量指标时，这一工件本身又可作为一个系统。

就图 1.7 所示的控制系统输入、输出与系统本身的动态关系而言，可以将控制系统所涉及的研究问题划分为以下几类：

（1）当系统已经确定且输入已知而输出未知时，要求确定系统的输出（响应）并根据输出来分析和研究该控制系统的性能，此类问题称为系统分析。

（2）当系统已经确定且输出已知而输入未施加时，要求确定系统的输入（控制）以使输出尽可能满足给定要求，此类问题称为最优控制。

(3)当系统已经确定且输出已知而输入已施加但未知时，要求识别系统的输入(控制)或输入中的有关信息，此类问题称为滤波与预测。

(4)当输入与输出已知而系统结构参数未知时，要求确定系统的结构与参数，即建立系统的数学模型，此类问题称为系统辨识。

(5)当输入与输出已知而系统尚未构建时，要求设计系统使系统在该输入条件下尽可能符合给定的最佳要求，此类问题称为最优设计。

从本质上来看，问题（1）是已知系统和输入求输出；问题（2）和（3）是已知系统和输出求输入；问题（4）与（5）是已知输入和输出求系统。

图 1.7 控制系统输入、输出与系统本身的动态关系

1.4 控制理论工程应用实践

在科学技术飞速发展的今天，控制理论已经广泛地应用于机械、冶金、石油、化工、电子、电力、航空航天、航海、核反应等领域。近年来，控制理论的应用范围还扩展到交通管理、生物医学、生态环境、经济管理、社会科学和其他许多社会生活领域，并为各学科之间的相互渗透起了促进作用。

在机械工程问题上，机械、电气、液压和控制理论被广泛采用，而且常常相互渗透、相互配合，这就需要结合机电液系统阐述工程上共同遵循的基本控制规律，掌握和了解机械工程系统或过程的内部动态规律，也就是系统或状态的动态特性，要研究其内部信息传递、变换规律及受到外加作用时的反应，从而决定控制它们的手段和策略，以便使之达到人们所预期的状态。大多数自动控制系统、自动调节系统及伺服机构都是应用控制原理控制某一个机械刚体（如机床工作台、振动台、火炮或火箭体等）或一个机械生产过程（如切削过程、锻压过程、冶炼过程等）的机械控制工程实例。控制理论工程应用实践举例如下。

1.4.1 电压调节系统

电压调节系统工作原理如图 1.8 所示。系统在运行过程中，不论负载如何变化，都要求发电机能够提供由给定电位器设定的电压值。在负载恒定，发电机输出规定电压的情况下，偏差电压 $\Delta u = u_{\mathrm{r}} - u = 0$ ，放大器输出为零，电动机不动，励磁电位器的滑臂保持在原来的位置上，发电机的励磁电流不变，发电机在原动机带动下维持恒定的输出电压。当负载增加使发电机输出电压低于规定电压时，输出电压在反馈口与给定电压比较后所得的偏差电压 $\Delta u = u_r - u > 0$，放大器输出电压 u_1 便驱动电动机带动励磁电位器的滑臂顺时针旋转，使励磁电流增加，发电机输出电压 u 上升。直到 u 达到给定电压 u_r 时，电动机停止转动，发电机在新的平衡状态下运行，输出满足要求的电压。

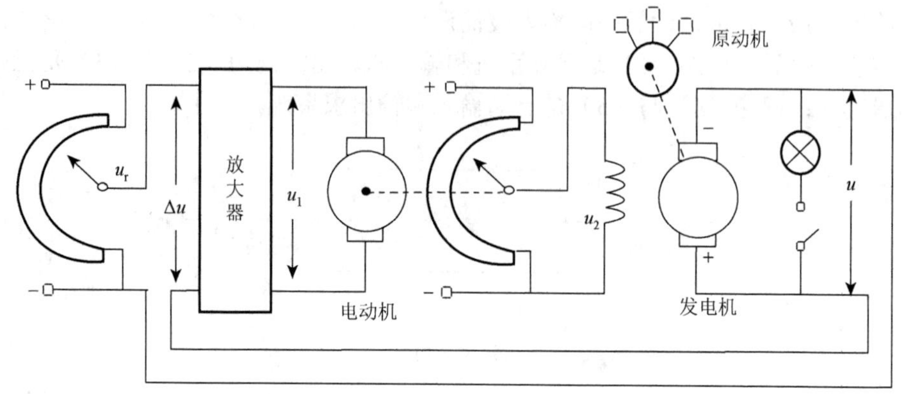

图 1.8　电压调节系统工作原理

在系统中，发电机是被控对象，发电机的输出电压是被控量，输入量是给定电位器设定的电压 u_r，电压调节系统方框图如图 1.9 所示。

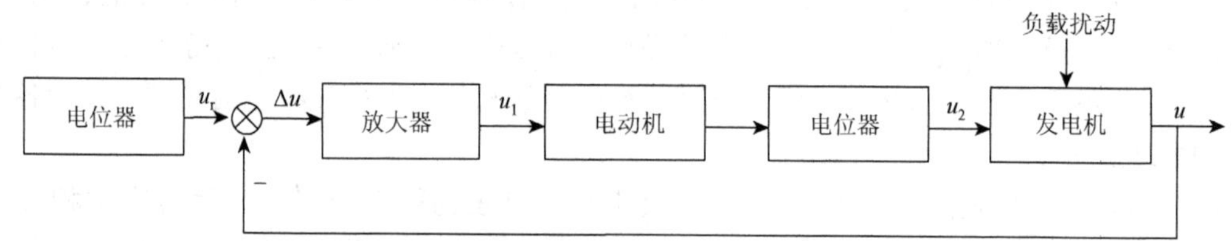

图 1.9　电压调节系统方框图

1.4.2　电热水器系统

电热水器控制原理如图 1.10 所示。为了保持期望的温度，由温控开关接通或断开电加热器的电源。在使用热水时，水箱中流出热水并补充冷水。在电热水器系统中，水箱内的水温需要控制，即水箱为被控对象。水的实际温度是被控量或称为系统的输出量，输入量为用户期望的温度（期望值），放出热水并注入冷水或水箱散热等原因使水箱内水温下降成为该系统的主要干扰。当 $T_o = T_i$ 时，水箱的实际水温经测温元件检测，并将实际水温转化成相应的电信号，与温控开关预先设定的信号进行比较得到的偏差为零，此时电加热器不工作，水箱中的水温保持在用户期望的温度上。当使用热水并注入冷水时，水温下降，此时 $T_o < T_i$，偏差不为零从而使温控开关工作，于是接通电源，电加热器开始对水箱内的水进行加热，使水温上升，直到 $T_o = T_i$。电热水器系统控制方框图如图 1.11 所示。

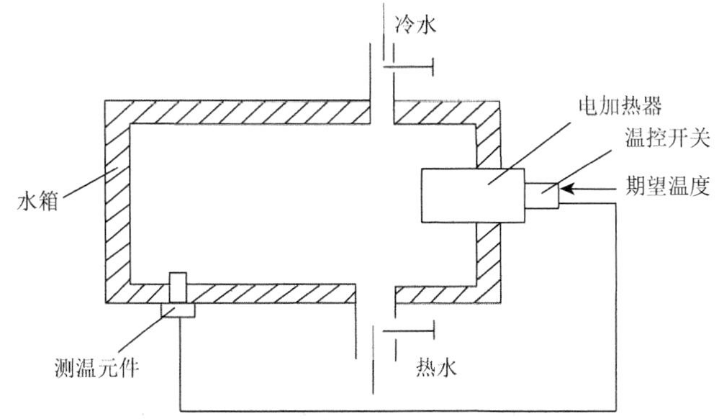

图 1.10　电热水器自动控制原理

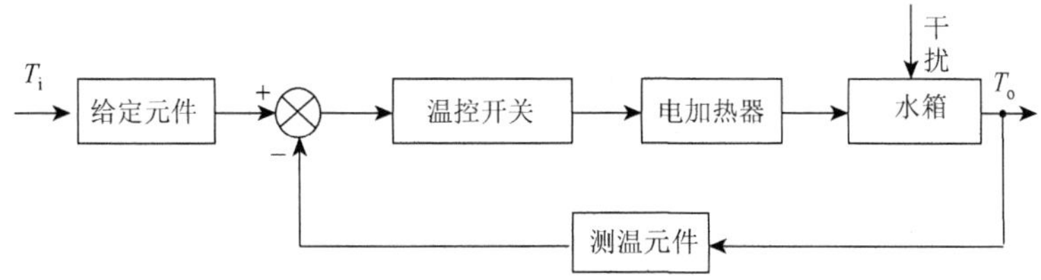

图 1.11　电热水器自动控制系统

1.4.3　静压轴承薄膜反馈控制系统

图 1.12（a）为一个静压轴承薄膜反馈控制系统。当主轴受到负荷 W 产生偏移量 e，下油腔压力 P_2 增加 ΔP，上油腔压力 P_1 减少 ΔP。这样，与之相通的薄膜反馈机构的下油腔压力增加 ΔP，上油腔压力减少 ΔP，从而使薄膜向上弯曲变形。这就使薄膜下半部分高压油输入轴承的流量增加，而上半部分减少，轴承主轴下部油腔产生反作用力 R ($R=2\Delta P\cdot A$, A 为油腔面积）与负荷 W 相平衡以减少偏移量 e 或完全消除偏移量 e（达到无穷大刚性）。上述有关静压轴承内部信息传递关系可以由图 1.12（b）表示为一个反馈控制系统，利用控制论有关动态特性分析理论，可为轴承的设计与分析提供更有效的途径。

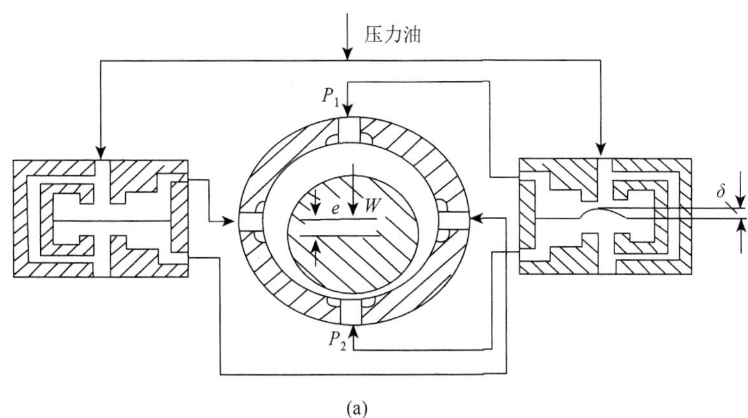

(a)

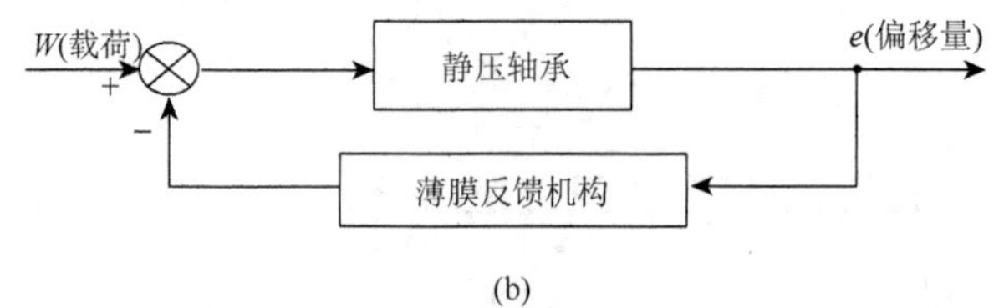

(b)

图 1.12 静压轴承薄膜反馈控制系统

1.4.4 钢板轧机厚度控制系统

由于钢板轧制速度及精度越来越高，现代化钢板轧机已实现了自动控制，图 1.13 是一台钢板轧机的反馈控制原理图。

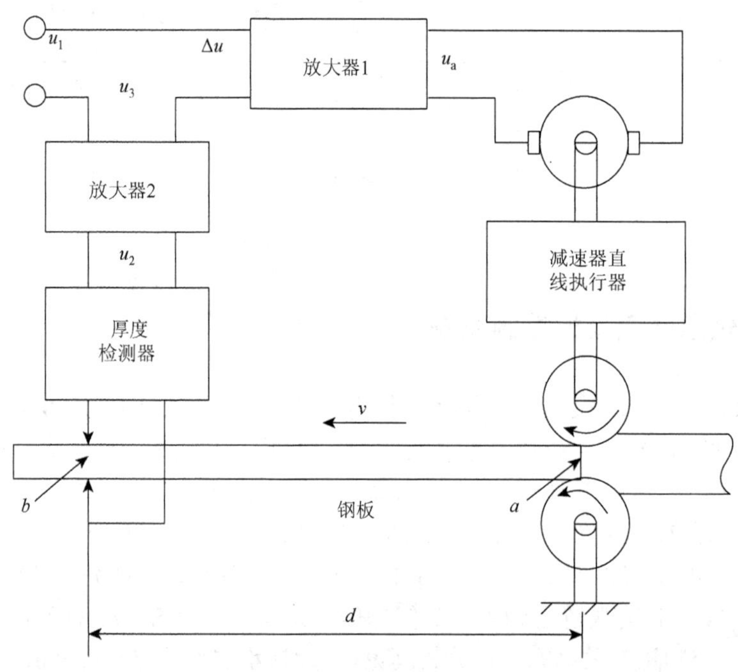

图 1.13 一台钢板轧机的反馈控制原理图

（1）稳态给定电压 u_1 比例于被轧钢板要求的厚度；厚度检测器输出 u_2 比例于轧制后钢板的厚度，u_2 放大后得到 u_3 并与 u_1 比较得到偏差信号。

（2）若系统处于稳态后扰动致使厚度加大，则偏差小于零，偏差放大后控制电机通过减速器直线执行器减小轧辊间的距离；反之，加大轧辊间的距离，实现厚度的闭环调节，从而使钢板出口厚度保持在要求的公差范围内。由于系统不是直接测量轧辊处的厚度，而是测量相距 d 处的厚度，所以系统存在测量延迟，延迟时间 $\tau = d/v$。为了使上述钢板轧机厚度控制系统能发挥其高灵敏度、高精度的优良特性，必须应用机械控制工程有关理论进行分析和综合。钢板轧机厚度控制系统框图如图 1.14 所示。

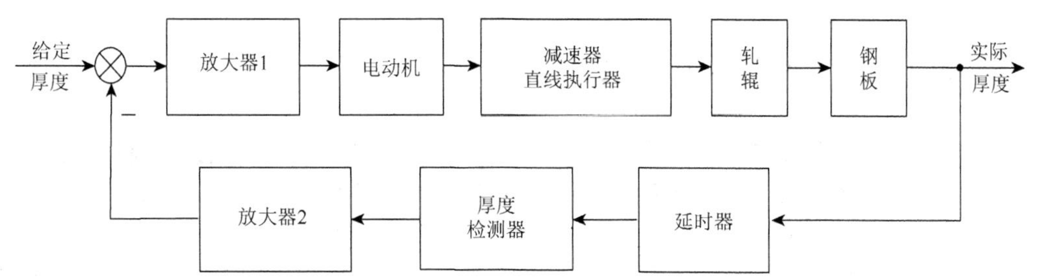

图 1.14　钢板轧机厚度控制系统框图

1.4.5　车削过程分析

图 1.15 所示的车削过程，往往会产生自激振动，这种现象的产生与切削过程本身存在的内部反馈作用有关。当刀具切入工件时，由切削过程特性产生切削力，在 p_y 的作用下，又使机床-工件系统发生变形退让 y，从而减少刀具的进给量，这时刀具的实际进给量 $a=s-y$。上述信息传递关系可用图 1.16 所示的闭环控制系统来表示。这样，对于切削过程的动态特性和切削自激振动的研究，完全可以应用控制理论中的稳定性理论进行分析，从而提出控制切削过程、抑制切削振动的有效途径。

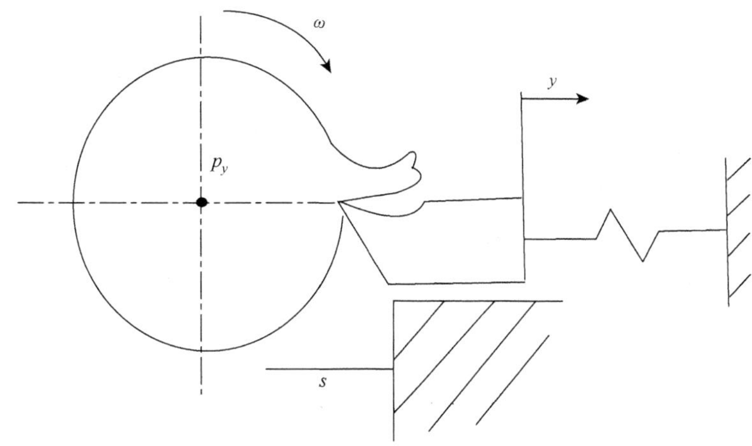

图 1.15　车削过程

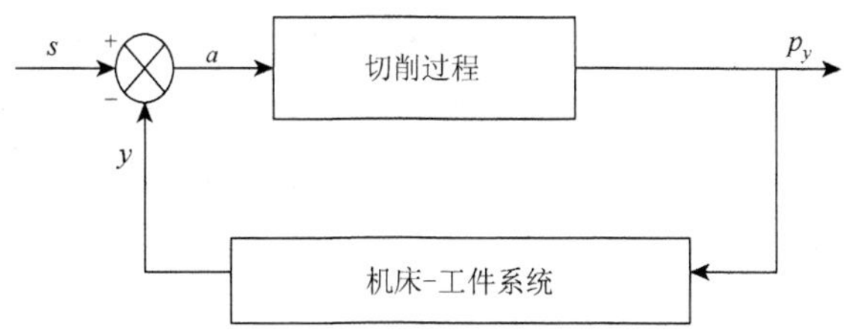

图 1.16　车削过程信息传递框图

1.4.6　数控机床工作台的驱动系统

以数控机床工作台的驱动系统（进给系统）为例，一种简单的控制方案是根据控制装置发出的一定频率和数量的指令脉冲驱动步进电动机，以控制工作台或刀架的移动量，而对工作台或刀架的实际移动量不进行检测，其工作原理如图 1.17（a）所示。

为了提高控制精度，采用图 1.17（b）所示的反馈控制，用检测装置随时测定工作台的实际位置（其输出信息）；然后反馈回输入端，与控制指令进行比较；再根据工作台实际位置与目的位置之间由比较得出的误差决定控制动作，达到消除误差的目的。

图 1.17（a）所示的系统称为开环控制系统，图 1.17（b）所示的系统则称为闭环控制系统。

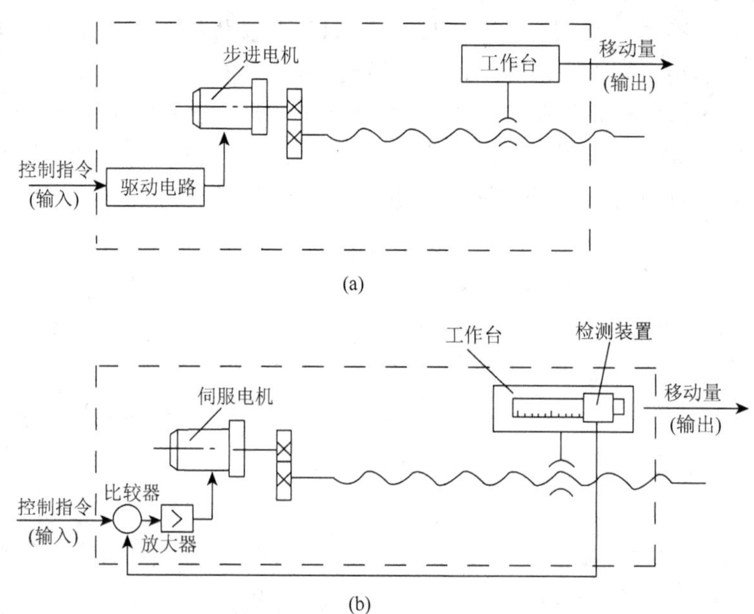

图 1.17　数控机床工作台的驱动系统

1.4.7　工业机器人

图 1.18 所示的工业机器人要完成将工件放入指定孔中的任务。其中，控制器的任务是根据指令要求及传感器所测得的手臂时间位置信号和速度反馈信号，考虑手臂的动力学，按一定的规律产生控制作用，驱动手臂各个关节，以保证机器人手臂完成指定的工作，并满足性能指标的要求。

1.4.8　火炮方位角控制系统

采用自整角机作为角度测量元件的火炮方位角控制系统示意图如图 1.19 所示。图 1.19

中的自整角机工作在变压器状态，自整角发送机BD的转子与输入轴连接，转子绕组通入单相交流电；自整角接收机BS的转子则与输出轴（炮架的方位角轴）连接。

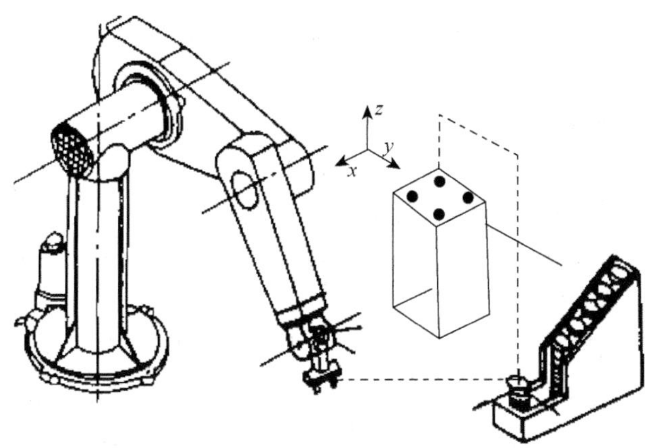

图 1.18 工业机器人完成装配工作

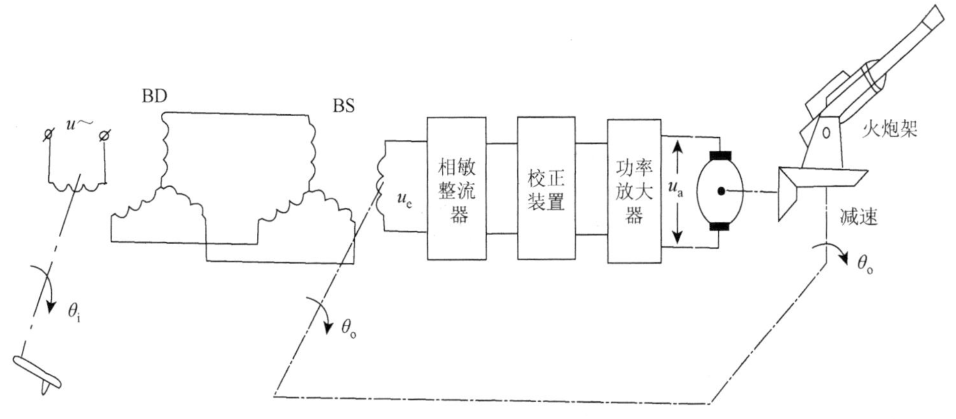

图 1.19 火炮方位角控制系统示意图

当转动瞄准器输入一个角度θ_i时，火炮方位角$\theta_o \neq \theta_i$，会出现偏差角θ_e。这时，自整角接收机BS的转子输出一个相应的交流调制信号电压u_e，其幅值与θ_e的大小成正比，其相位则取决于θ_e的极性。当偏差角θ_e>0时，交流调制信号呈正相位；当θ_e<0时，交流调制信号呈反相位。该调制信号经相敏整流器解调后，变成一个与θ_e的大小和极性对应的直流电压，经校正装置、功率放大器处理后成为u_a。u_a驱动电动机带动炮架转动，同时带动自整角接收机的转子将火炮方位角反馈到输入端。显然，电动机的旋转方向必须朝着减小或消除偏差角θ_e的方向转动，直到θ_o=θ_i。这样，火炮就指向了手柄给定的方位角。

在火炮方位角控制系统中，火炮是被控对象，火炮方位角θ_o是被控量，输入量是由手柄给定的方位角θ_i，系统方框图如图1.20所示。

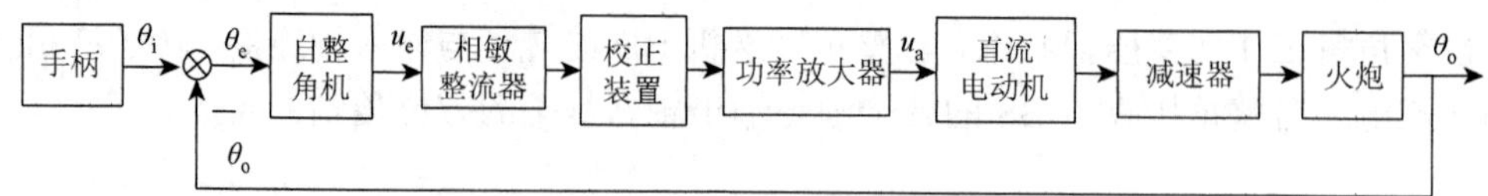

图 1.20　火炮方位角控制系统方框图

1.4.9　飞机自动驾驶仪系统

飞机自动驾驶仪是一种能保持或改变飞机飞行状态的自动装置。它可以稳定飞机的飞行姿态、飞行高度和航迹；可以操纵飞机爬高、下滑和转弯。飞机和驾驶仪组成的控制系统称为飞机自动驾驶仪系统。

如同飞行员操纵飞机，自动驾驶仪控制飞机飞行是通过控制飞机的三个操纵面(升降舵、方向舵、副翼）的偏转，改变舵面的空气动力特性，以形成围绕飞机质心的旋转力矩，从而改变飞机的飞行姿态和轨迹。现以比例式自动驾驶仪稳定飞机俯仰角的过程为例，说明其工作原理。图 1.21 为飞机自动驾驶仪系统稳定俯仰角的工作原理示意图。

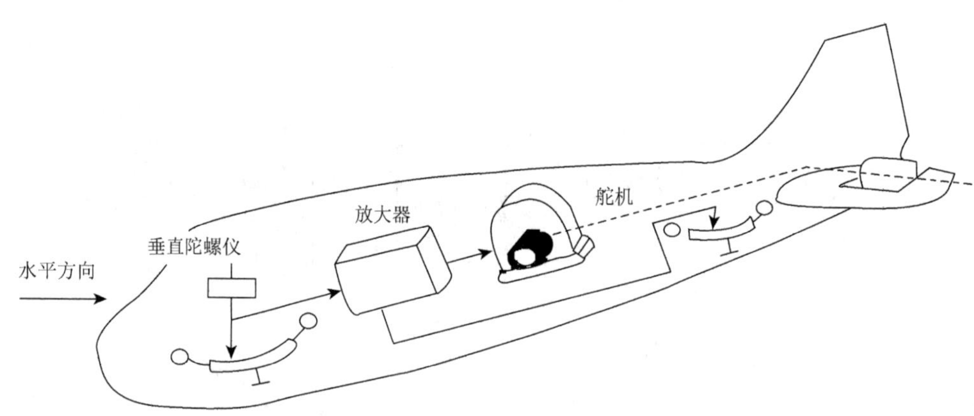

图 1.21　飞机自动驾驶仪系统稳定俯仰角的工作原理示意图

图 1.21 中，垂直陀螺仪作为测量元件用来测量飞机的俯仰角，当飞机以给定俯仰角水平飞行时，垂直陀螺仪电位计没有电压输出；如果飞机受到扰动，俯仰角向下偏离期望值，垂直陀螺仪电位计输出与俯仰角偏差成正比的信号，经放大器放大后驱动舵机。一方面推动升降舵面向上偏转，产生使飞机抬头的转矩，以减小俯仰角偏差；另一方面带动反馈电位计滑臂，输出与舵偏角呈正比的电压信号并反馈到输入端。随着俯仰角偏差的减小，垂直陀螺仪电位计输出的信号越来越小，舵偏角也随之减小，直到俯仰角回到期望值，这时，舵面也恢复到原来状态。

图 1.22 是飞机自动驾驶仪俯仰角控制系统方框图，飞机是被控对象，俯仰角是被控量，放大器、舵机、垂直陀螺仪、反馈电位器等组成控制装置，即自动驾驶仪。参考量是给定的俯仰角，控制系统的任务就是在任何扰动（如阵风或气流冲击）作用下，飞机始终以给定俯仰角飞行。

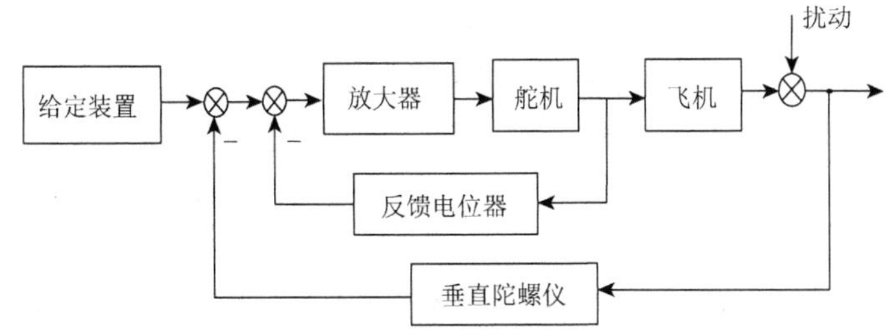

图 1.22 飞机自动驾驶仪俯仰角控制系统

1.5 控制理论的发展历程

自动控制思想及其工程实践历史悠久。它是在人类认识世界和改造世界的过程中产生的，并随着社会的发展和科学水平的进步而不断发展。早在公元前 300 年，古希腊就运用反馈控制原理设计了浮子调节器，并应用于水钟和油灯中。在图 1.23 所示的水钟原理图中，上面的蓄水池提供水源，中间蓄水池浮动水塞保证恒定水位，以确保其流出的水滴速度均匀，从而保证下面水池中带有指针的浮子均匀上升，并指示时间信息。

同样，我国古代先后发明了铜壶滴漏计时器、指南车等控制装置。这些发明促进了当时社会经济的发展。自动控制的真正应用开始于工业革命时期。首次应用于工业的自动控制器是瓦特（Watt）为控制蒸汽机转速设计的飞球调速器，其原理如图 1.24 所示。

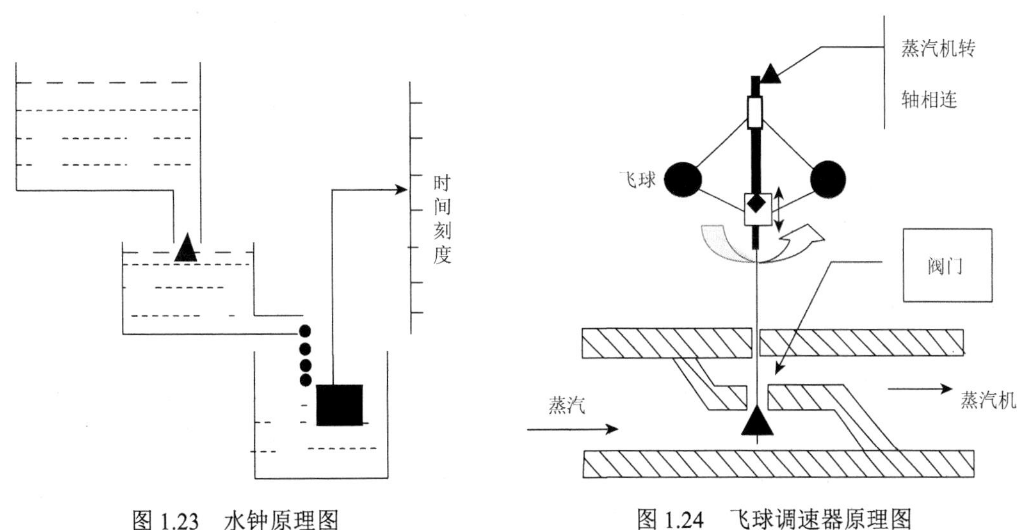

图 1.23 水钟原理图

图 1.24 飞球调速器原理图

1868 年以前，自动控制装置和系统的设计还处于直觉阶段，没有系统的理论指导，因此在控制系统各项性能的协调控制方面经常出现问题。19 世纪后半叶，许多科学家基于数学理论开始进行自动控制理论的研究，并对控制系统的性能改善产生了积极的影响。1868 年，英国物理学家麦克斯韦（Maxwell）通过对调速系统线性常微分方程的建立和分析解释了瓦特蒸汽机控制系统中的不稳定问题，提出了稳定性判据，开辟了用数学方法研究控制系统的途径。1877 年，劳斯（Routh）提出了不求系统微分方程根的稳定性判据劳斯判据。1895 年，赫尔维茨（Hurwitz）也独立提出了类似的赫尔维茨稳定性判据——赫尔维茨判据。1892 年，俄国学者李雅普诺夫（Lyapunov）提出了用适当的能量函数（李雅普诺夫函数）在正定性及其导数的负定性上判别系统的稳定性准则。

20 世纪对控制论发展做出杰出贡献的主要有美国数学家维纳（Wiener）、美国科学家伊万斯（Evans）及中国科学家钱学森。维纳把控制论引起的自动化同第二次产业革命联系起来，论述了控制理论的一般方法，推广了反馈的概念，为控制理论这门学科奠定了基础。1948 年，伊万斯创立了根轨迹方法，为分析系统性能随系统参数变化的规律性提供了有力工具，被广泛应用于反馈控制系统的分析和设计中。1954 年，钱学森发表《工程控制论》，引起了控制领域的轰动。

概括地说，控制理论发展经过了以下三个阶段。

第一阶段是 20 世纪 40 年代末到 50 年代的经典控制论时期，着重研究单机自动化，解决单输入单输出（single input single output，SISO）系统的控制问题；它的主要数学工具是微分方程、拉普拉斯变换和传递函数；它的主要研究方法是时域法、频域法和根轨迹法；它的主要问题是控制系统的快速性、稳定性及其精度。

第二阶段是 20 世纪 60 年代的现代控制理论时期，着重解决自动化和生物系统的多输入多输出（multi-input multi-output，MIMO）系统的控制问题；它的主要数学工具是一次微分方程组、矩阵论、状态空间法等；它的主要方法是变分法、极大值原理、动态规划等；它的重点是最优控制和自适应控制，能处理时变、非线性等复杂的问题；它的核心控制装置是电子计算机。

第三阶段是 20 世纪 70 年代末至今。这个时期控制理论向着“大系统理论”和“智能控制”方向发展，前者是控制理论在广度上的开拓，后者是控制理论在深度上的挖掘，着重解决生物系统、社会系统、复杂工业过程和航空航天技术等的多变量大系统的综合自动化问题。

1.5.1 经典控制理论

经典控制理论的研究对象是单输入单输出的自动控制系统，特别是线性定常系统。经典控制理论的特点是以输入输出特性（主要是传递函数）为系统数学模型，采用频率响应法和根轨迹法等分析方法，分析系统性能和设计控制装置。经典控制理论的数学基础是拉普拉斯变换，主要的分析和综合方法是频域法。

经典控制理论在解决比较简单的控制系统的分析和设计问题方面是很有效的，至今仍不失其实用价值。其局限性主要表现在只适用于单变量系统且仅限于研究定常系统。

控制理论的形成远比控制技术的应用要晚，直到离心调速器在蒸汽机转速控制上得到普遍应用，才开始出现研究控制理论的需要。

1868 年，英国科学家麦克斯韦首先解释了瓦特速度控制系统中出现的不稳定现象，指出振荡现象的出现同由系统导出的一个代数方程根的分布形态有密切关系，开辟了用数学方法研究控制系统中运动现象的途径。英国数学家劳斯和德国数学家赫尔维茨推进了麦克斯韦的工作，分别在 1875 年和 1895 年独立建立了直接根据代数方程的系数判别系统稳定性的准则，即稳定性判据。

1932 年，美国物理学家奈奎斯特（Nyquist）运用复变函数理论的方法建立了根据频率响应判断反馈系统稳定性的准则，即奈奎斯特稳定判据。这种方法比当时流行的基于微分方程的分析方法有更大的实用性，也更便于设计反馈控制系统。奈奎斯特的工作奠定了频率响应法的基础。随后，伯德（Bode）和尼科尔斯（Nichols）等在 20 世纪 30 年代末和 20 世纪 40 年代进一步将频率响应法加以发展，使之更为成熟，经典控制理论遂开始形成。

1948 年，美国科学家伊万斯提出了控制系统分析和设计的根轨迹法，用于研究系统参数（如增益）对反馈控制系统的稳定性和运动特性的影响，并于 1950 年进一步应用于反馈控制系统的设计，构成了经典控制理论的另一核心方法，即根轨迹法。

到 20 世纪 40 年代末和 20 世纪 50 年代初，频率响应法和根轨迹法被推广用于研究采样控制系统和简单的非线性控制系统，标志着经典控制理论已经成熟。经典控制理论在理论上和应用上所获得的广泛成就，促使人们试图把这些原理推广到生物控制机理、神经系统、经济及社会过程等非常复杂的系统。

1.5.2　现代控制理论

现代控制理论是建立在状态空间法基础上的一种控制理论，以状态空间法为基础和以最优控制理论为特征，是自动控制理论的一个主要组成部分。在现代控制理论中，对控制系统的分析和设计主要是通过对系统状态变量的描述来进行的。现代控制理论比经典控制理论所能处理的控制问题要广泛得多，包括线性系统和非线性系统、定常系统和时变系统、单变量系统和多变量系统。它所采用的方法和算法也更适合在数字计算机上进行。现代控制理论还为设计和构造具有指定性能指标的最优控制系统提供了可能性。

现代控制理论是在 20 世纪 50 年代中期迅速兴起的空间技术的推动下发展起来的。空间技术的发展迫切要求建立新的控制原理，以解决将宇宙火箭和人造卫星用最少燃料或最短时间准确发射到预定轨道这一类的控制问题。这类控制问题十分复杂，采用经典控制理论难以解决。1958 年，苏联科学家庞特里亚金提出了名为极大值原理的综合控制系统的新方法。在这之前，美国学者贝尔曼于 1954 年创立了动态规划，并在 1956 年将其应用于控制过程。他们的研究成果解决了空间技术中出现的复杂控制问题，并开拓了控制理论中最优控制理论这一新的领域。1960～1961 年，美国学者卡尔曼和布什建立了卡尔曼-布什滤波，考虑控制问题中存在的随机噪声的影响，把控制理论的研究范围扩大，包括了更为复杂的控制问题。几乎在同一时期，贝尔曼、卡尔曼等把状态空间法系统地引入控制理论中。状态空间法对揭示和认识控制系统的许多重要特性具有关键作用。其中，能控性和能观测性尤为重要，成为控制理论两个最基本的概念。20 世纪 60 年代初，以状态空间法、极大值原理、动态规划、卡尔曼-布什滤波为基础分析、设计控制系统的新的原理和方法已经确立，这标志着现代控制理论的形成。

现代控制理论所包含的学科内容十分广泛，主要有线性系统理论、最优控制、系统辨识、自适应控制、最优滤波等。

1）线性系统理论

线性系统理论是现代控制理论中最基本和比较成熟的一个分支，着重于研究线性系统中状态的控制和观测问题，其基本的分析和综合方法是状态空间法。

线性系统理论是以状态空间法为主要工具研究多变量线性系统的理论。与经典线性理论相比，现代线性系统理论主要特点是其研究对象一般是多变量线性系统，而经典线性系统理论则以 SISO 系统为对象；现代线性系统除输入变量和输出变量外，还描述系统内部状态的变量；在分析和综合方法方面以时域法为主，而经典理论主要采用频域法；现代线性系统更多使用数学工具。低阶线性定常系统的稳定分析，既可以采用李雅普诺夫第一法，即求系统微分方程的解，根据解的性质判断系统的稳定性，也可采用李雅普诺夫第二法，即不求解系统微分方程，而是构造李雅普诺夫函数，并根据标量函数的正定性及其导数的负定性直接判别系统的稳定性。尽管基于状态变量法的李雅普诺夫稳定性定理是 1892 年被提出的，但控制系统的李雅普诺夫稳定性分析也是现代控制理论的组成部分。

2）最优控制

最优控制是研究和解决从一切可行的控制方案中寻找最优解的一门学科。它是现代控制理论的重要组成部分。这方面的开创性工作主要包括由贝尔曼提出的动态规划和庞特里亚金等提出的极小值原理。最优控制所研究的问题可以概括为：对一个受控的动力学系统或运动过程，从一类允许的控制方案中找出一个最优的控制方案，使系统的运动在由某个初始状态转移到指定目标状态的同时，其性能指标值最优。这类问题广泛存在于技术领域或社会问题中。极小值原理和动态规划是研究最优控制问题最重要的两种方法。随着控制理论的发展，最优控制也有了很大发展，如分布参数的最优控制、随机最优控制、大系统的最优控制等。

3）系统辨识

现代控制理论的主要特点是利用状态空间数学模型来描述动态系统，所以系统辨识是现代控制理论的重要研究范畴。当系统较复杂时，解析法建模不再适用，需采用实验研究的方法，即系统辨识，然后选择使误差函数达到最小的模型，作为系统辨识所要求的结果。系统辨识包括两个方面：结构辨识和参数估计。在实际的辨识过程中，随着使用方法的不同，结构辨识和参数估计这两个方面并不是截然分开的，而是交织在一起进行的。其中，参数估计是系统辨识中最重要和发展最快的研究领域，已出现很多参数估计的计算方法，如基于脉冲响应的脉冲响应法、相关函数法、局部辨识法，基于最小二乘法的加权最小二乘法、递推最小二乘法、广义最小二乘法，基于似然函数的极大似然法。通过参数估计得到的模型，虽然按某种准则在选定的模型类中是最好的，但是并不一定能达到建模的目的，所以还必须进行适用性检验。这是辨识过程的重要一环，只有通过适用性检验的模型才是最终的模型。

4）自适应控制

自适应控制的研究对象是具有一定程度不确定性的系统，这里的“不确定性”是指描述被控对象及其环境的数学模型不是完全确定的，其中包含一些未知因素和随机因素。自适应控制与常规的反馈控制和最优控制一样，也是一种基于数学模型的控制方法，所不同的只是自适应控制所依据的关于模型和扰动的先验知识比较少，需要在系统的运行过程中不断提取有关模型的信息，使模型逐步完善。具体地说，可以依据对象的输入输出数据，不断地辨识模型参数，这个过程称为系统的在线辨识。自适应控制基于在线辨识辨别系统数学模型，将系统当前性能与最优性能比较，实时调整控制器的结构、参数，即修改最优控制律，以保证系统适应环境和被控对象参数化，保持最优性能。自适应控制有模型参考自适应控制系统和自校正控制系统两种基本形式。目前，自适应控制理论仍在迅速发展中，这反映了现代控制理论向智能化、精确化方向发展的总趋势。

5）最优滤波

在自动控制、航空航天、通信、导航和工业生产等领域中，越来越多地遇到“估计”问题。“估计”，简单地说，就是从观测数据中提取信息。最优滤波是研究如何从被污染的观测信号中求未知真实信号状态的最优估计。通信系统常常涉及根据接收信号来确定发送信号的特征问题，而接收信号则是发送信号的调制形式受噪声污染的观测结果。工程上要实现随机系统最优控制，如线性二次高斯问题，首先是从被噪声污染的观测信号中求出系统状态的最优估计值。

20 世纪 40 年代初由维纳和柯尔莫哥洛夫创立的经典滤波理论有很大的局限性。在理论上限于平稳随机过程的滤波、预报和平滑。在方法上采用频域法，用平稳随机过程的普展开式和谐分解方法研究和解决问题。20 世纪 60 年代初，卡尔曼突破和发展了经典滤波理论，在时间域上提出了状态空间法，并提出了一套便于在计算机上实现的递推滤波算法，适用于非平稳过程的滤波和多变量系统的滤波，克服了维纳滤波的局限性，获得了广泛的应用。目前，对于卡尔曼滤波较前沿的研究与应用有很多，如导航、控制、传感器数据融合、雷达系统及导弹追踪、计算机图像处理（包括头脸识别、图像分割、图像边缘检测）等。例如，在测轨问题和惯性导航等方面都应用卡尔曼滤波，在不同时刻对飞行器进行观测，根据观测数据应用卡尔曼滤波，估计出这个飞行器每时每刻的状态变量，如飞行器的位置、速度、加速度及阻力系数等物理量，以便对飞行器进行导航、制导和拦截。最优滤波理论是现代控制理论的重要组成部分。最优滤波理论也称为卡尔曼滤波或状态估计理论。

1.5.3 大系统理论

大系统理论是关于大系统分析和设计的理论。大系统是规模庞大、结构复杂（环节较多、层次较多或关系复杂）、目标多样、影响因素众多且常带有随机性的系统。这类系统不能采用常规的建模方法、控制方法和优化方法来分析和设计，因为常规方法无法通过合理的计算工作得到满意的解答。

随着生产的发展和科学技术的进步，目前出现了许多大系统，如电力系统、城市交通网、数字通信网、柔性制造系统、生态系统、社会经济系统等。这类系统的特点是规模庞大、结构复杂、地理位置分散，因此造成系统内部各部分之间通信困难，从而提高了通信的成本，降低了系统的可靠性。

经典控制理论和现代控制理论都建立在集中控制的基础上，即认为整个系统的信息能集中到某一点，经过处理，再向系统各部分发出控制信号。这两种理论应用到大系统时遇到了困难。这不仅由于系统庞大，信息难以集中，也由于系统过于复杂，集中处理的信息量太大，难以实现。因此，需要有一种新的理论，来弥补原有控制理论的不足。

大系统的分析和设计，包括大系统的建模、模型降阶、递阶控制、分散控制和稳定性等内容，以下只简要介绍递阶控制和分散控制。

1. 递阶控制

大系统有两种常见的结构形式，第一种结构形式称为多层结构。这种结构是把一个大系统按功能分为多层。其中，最低的一层是调节器，它们直接对被控对象施加控制作用。调节器的期望值由它的上一层给定。大系统的第二种结构形式称为多级结构。这种结构是在对分散子系统实行局部控制（决策）的基础上再加一个协调级，去解决子系统之间控制作用不协调的问题。协调级有一个协调器，它的任务是对局部控制级的各控制器提供补充协调信息，使大系统能在各控制器实现局部最优化的同时达到全局最优化。

递阶控制系统中的一个关键问题是如何设置协调变量。协调变量选择不同就会形成不同的算法，最常见的算法有目标协调法、模型协调法和混合法等。

2. 分散控制

大系统理论的一个重要组成部分是分散控制。分散控制系统有多个控制站，每个控制站是控制系统的一个部分，称为子系统。因此，分散控制是把大系统划分为若干个子系统后分别进行控制。分散控制和集中控制的主要区别是信息结构的不同。这就是说，在分散控制系统中每个控制器并不能像集中控制那样获得和利用系统的全部信息，它只能获得和利用系统的部分信息，这种信息结构称为非经典信息结构。

1.5.4 智能控制

经典控制理论和现代控制理论都需要在建立系统数学模型的基础上对系统进行分析和设计，但在许多实际系统中，特别是现代工程技术中的复杂系统，常存在非线性、时变性、不确定性等，无法用确切的数学模型来描述，或者由于数学模型过于复杂而无法在实际控制中应用。面对这种情况，必须产生和发展新的理论，在新的理论中不需要精确的数学模型就能对系统进行精确的控制。这种新的理论就是智能控制。

智能控制是由智能机器自主地实现其目标的过程。智能机器定义为：在结构化或非结构化的、熟悉的或陌生的环境中，自主地或与人交互地执行人类规定任务的一种机器。

智能控制是把人类具有的直觉推理和试凑法等智能加以形式化或机器模拟，并用于控制系统的分析与设计中，使之在一定程度上实现控制系统的智能化。自调节控制、自适应控制就是智能控制的低级体现。

智能控制是一类无须人的干预就能自主地驱动智能机器实现其目标的自动控制，也是用计算机模拟人类智能的一个重要领域；智能控制是研究与模拟人类智能活动及其控制与信息传递过程的规律，是具有仿人智能的工程控制与信息处理系统的一个新兴分支学科。

随着研究对象和系统越来越复杂，借助于数学模型描述和分析的控制理论已难以解决复杂系统的控制问题。智能控制是针对控制对象及其环境、目标和任务的不确定性与复杂性而产生和发展起来的。

智能控制理论的研究和应用是现代控制理论在深度和广度上的拓展。自20世纪80年代以来，信息技术、计算机技术的快速发展及其他相关学科的发展和相互渗透，也推动了控制科学与工程研究的不断深入，控制系统向智能控制系统的发展已成为一种趋势。

自1971年傅京孙提出“智能控制”概念以来，智能控制已经从二元论（人工智能和控制论）发展到四元论（人工智能、模糊集理论、运筹学和控制论）。智能控制是交叉学科，它的发展得益于人工智能、认知科学、模糊集理论和生物控制论等许多学科的发展。智能控制是发展较快的新兴学科，尽管其理论体系还远没有经典控制理论成熟和完善，但智能控制理论和应用研究所取得的成果显示出其旺盛的生命力，受到相关研究人员和工程技术人员的关注。随着科学技术的发展，智能控制的应用领域将不断拓展，理论和技术也必将得到不断的发展和完善。

智能控制与传统的或常规的控制有密切的关系。常规控制往往包含在智能控制中，智能控制也利用常规控制的方法来解决“低级”的控制问题，力图扩充常规控制方法并建立一系列新的理论与方法来解决更具有挑战性的复杂控制问题。

传统的自动控制是建立在确定的模型基础上的，而智能控制的研究对象则存在严重的模型不确定性，即模型未知或知之甚少，模型的结构和参数在很大范围内变动。工业过程的病态结构问题和某些干扰的无法预测，致使无法建立其模型，这些问题对基于模型的传统自动控制来说很难解决。

传统的自动控制系统对控制任务的要求要么使输出量为定值（调节系统），要么使输出量跟随期望的运动轨迹（跟随系统），因此具有控制任务单一的特点，而智能控制系统的控制任务比较复杂。例如，在智能机器人系统中，要求系统对一个复杂的任务具有自动规划和决策的能力，有自动躲避障碍物运动到某一预期目标位置的能力，等等。对于这些具有复杂任务要求的系统，采用智能控制的方式便可以满足。

传统控制理论对于线性问题有较成熟的理论，而对于高度非线性的控制对象虽然有一些非线性方法可以利用，但不尽人意。而智能控制为解决这类复杂的非线性问题找到了一条出路，成为解决这类问题行之有效的途径。工业过程智能控制系统除具有上述几个特点外，又有其他一些特点。例如，被控对象往往是动态的，而且控制系统在线运动，一般要求有较高的实时响应速度等，恰恰是这些特点决定了它与其他智能控制系统（如智能机器人系统、航空航天控制系统、交通运输控制系统等）的区别，决定了它的控制方法及形式的独特之处。

与传统自动控制系统相比，智能控制系统具有足够的关于人的控制策略、被控对象和环境的有关知识及运用这些知识的能力。智能控制系统能以知识表示的非数学广义模型和以数学表示的混合控制过程，采用开闭环控制和定性及定量控制结合的多模态控制方式。智能控制系统具有变结构特点，能总体自寻优，具有自适应、自组织、自学习和自协调能力。智能控制系统有补偿及自修复能力和判断决策能力。

总之，智能控制系统通过智能机器自动地完成其目标的控制过程，其智能机器可以在熟悉或不熟悉的环境中自动地或人机交互地完成拟人任务。

智能控制系统有模糊控制系统、专家控制系统、人工神经网络控制系统、学习控制系统等类型。

1. 模糊控制系统

模糊控制，就是在被控制对象模糊模型的基础上，运用模糊控制器近似推理手段，实现系统控制的一种方法。模糊模型是用模糊语言和规则描述的一个系统的动态特性及性能指标。

模糊控制的基本思想是用机器模拟人对系统的控制。它是受下面的事实启发的：对于用传统控制理论无法进行分析和控制的或无法建立数学模型的系统，有经验的操作者却能取得比较好的控制效果。这是因为他们拥有日积月累的丰富经验，人们希望把这种经验指导下的行为过程总结成一些规则，并根据这些规则设计出控制器，然后运用模糊理论、模糊语言变量和模糊逻辑推理的知识，把这些模糊语言上升为数值运算，从而能够利用计算机来完成对这些规则的具体实现，达到以机器代替人对某些对象进行自动控制的目的。

模糊逻辑用模糊语言描述系统，既可以描述应用系统的定量模型，也可以描述其定性模型。模糊逻辑可适用于任意复杂的对象控制，但在实际应用中模糊逻辑实现简单的应用控制比较容易。简单控制是指 SISO 系统或多输入单输出（multi-input single output，MISO）系统的控制。随着输入输出变量的增加，模糊逻辑的推理将变得非常复杂。

2. 专家控制系统

专家指的是对解决专门问题非常熟悉的人，他们的这种专门技术通常源于丰富的经验，以及他们处理问题的详细专业知识。专家系统主要指的是一个智能计算机程序系统，其内部含有大量某个领域专家水平的知识与经验，能够利用人类专家的知识和解决问题的经验方法来处理该领域的高水平难题，它具有启发性、透明性、灵活性、符号操作、不确定性推理等特点。应用专家系统的概念和技术，模拟人类专家的控制知识与经验建造的控制系统，称为专家控制系统。

3. 人工神经网络控制系统

神经网络是指由大量与生物神经系统的神经细胞类似的人工神经元互连组成的网络，或者由大量像生物神经元的处理单元并联互连而成，这种神经网络具有某些智能和仿人控制功能。

学习算法是神经网络的主要特征，学习的概念来自生物模型，它使机体在复杂多变的环境中进行有效的自我调节。神经网络具备类似人类的学习功能。一个神经网络若想改变其输出值，但又不能改变它的转换函数，只能改变其输入，而改变其输入的唯一方法只能修改加在输入端的加权系数。

神经网络的学习过程是修改加权系数的过程，最终使其输出达到期望值，学习结束。常用的学习算法有Hebb学习算法、Widrow-Hoff学习算法、反向传播学习算法、BP学习算法、Hopfield反馈神经网络学习算法等。

神经网络表现出丰富的特性：并行计算、分布存储、可变结构、高度容错、非线性运算、自组织、学习或自学习等。这些特性是人们长期追求和期望的系统特性。它在智能控制的参数、结构或环境的自适应、自组织、自学习等控制方面具有独特的能力。

4. 学习控制系统

学习是人类的主要能力之一，人类的各项活动需要学习。在人类的进化过程中，学习能力起着十分重要的作用。学习控制正是模拟人类自身各种优良控制调节机制的一种尝试。学习是一种过程，它通过重复输入信号，并从外部校正该系统，从而使系统对特定输入具有特定响应。学习控制系统是一个能在其运行过程中逐步获得受控过程及环境的非预知信息，积累控制经验，并在一定的评价标准下进行估值、分类、决策和不断改善系统品质的自动控制系统。学习控制主要包括遗传算法学习控制和迭代学习控制。

（1）遗传算法学习控制。智能控制是通过计算机实现对系统的控制，因此控制技术离不开优化技术。快速、高效、全局化的优化算法是实现智能控制的重要手段。遗传算法是模拟自然选择和遗传机制的一种搜索和优化算法，它模拟生物界生存竞争，优胜劣汰、适者生存的机制，利用复制、交叉、变异等遗传操作来完成寻优。遗传算法作为优化搜索算法，一方面希望在宽广的空间内进行搜索，从而提高求得最优解的概率；另一方面又希望向着解的方向尽快缩小搜索范围，从而提高搜索效率。如何同时提高搜索最优解的概率和效率，是遗传算法的一个主要研究方向。遗传算法作为一种非确定的拟自然随机优化工具，具有并行计算、快速寻找全局最优解等特点，它可以和其他技术混合使用，用于智能控制的参数、结构或环境的最优控制。

（2）迭代学习控制。迭代学习控制模仿人类学习的方法，即通过多次训练，从经验中学会某种技能，来达到有效控制的目的。迭代学习控制能够通过一系列迭代过程实现对二阶非线性动力学系统的跟踪控制。整个控制结构由线性反馈控制器和前馈补偿控制器组成，其中线性反馈控制器保证了非线性系统的稳定运行，前馈补偿控制器保证了系统的跟踪控制精度。它在执行重复运动的非线性机器人系统的控制中是相当成功的。

1.6 现代控制理论的基本内容

科学在发展，控制理论也在不断发展，所以“现代”两个字加在“控制理论”前面，其含义会给人造成误解。实际上，现代控制理论指的是20世纪50～60年代产生的一些控制理论，主要包括：

（1）用状态空间法对多输入多输出系统建模，并进一步通过状态方程求解分析，研究系统的能控性、能观测性及稳定性，分析系统的实现问题。

（2）用变分法、最大（最小）值原理、动态规划等求解系统的最优控制问题。其中，常见的最优控制包括时间最短、能耗最少等，以及它们的组合优化问题，相应的有状态调节器、输出调节器、跟踪器等综合设计问题。最优控制往往要求系统的状态反馈控制，但在许多情况下系统的状态是很难求得的，需要一些专门的处理方法，如卡尔曼滤波。这些都是现代控制理论的范畴。

1.6.1　现代控制理论与经典控制理论比较

控制系统一定要进行定量分析，否则就没有控制理论；而要进行定量分析，就必须用数学模型来描述系统，即建立系统的数学模型，这是一个很重要的问题。

为一个系统选择一个数学模型是控制工程中最重要的工作。经典控制理论中常用一个高阶微分方程来描述系统的运动规律，而现代控制理论中采用的是状态空间法，即用一组状态变量的一阶微分方程组作为系统的数学模型。这是现代控制理论与经典控制理论的一个重要区别。从某种意义上说，经典控制理论中的微分方程只能描述系统输入与输出的关系，却不能描述系统内部的结构及其状态变量，它描述的只是一个“黑箱”系统。现代控制理论中的状态空间法不但能描述系统输入与输出的关系，而且还能完全描述系统内部的结构及其状态变量的关系，它描述的是一个“白箱”系统。由于能够描述更多的系统信息，所以现代控制理论可以实现更好的系统控制。

现代控制理论是应用状态空间法对多输入多输出、线性和非线性、定常或时变系统的状态进行分析与综合的理论。其采用状态空间表达式作为系统的动态模型，以能控性和能观测性揭示系统外部特性与内部特性之间的关系，采用状态反馈、极点配置的方法对系统进行综合，以实现系统性能指标最优控制。

经典控制理论把系统当作“黑箱”，不反映黑箱内系统内部结构和内部变量，只反映外部变量，即输入与输出间的因果关系；以传递函数为基础，研究系统外部特性，属于外部描述，不完全描述；主要采用频域法，建立在根轨迹和奈奎斯特稳定判据等基础之上；局限于线性定常系统，不适合非线性系统和时变系统；局限于 SISO 系统，只能研究确定的系统，不适合随机系统，无法考虑系统的初始条件（传递函数的定义）；是分析方法而不是最佳的综合方法，无法设计出最优的系统。

现代控制理论，建立在经典控制理论基础上，以时域法、状态空间为基础描述系统内部，通过状态方程描述输入引起系统内部状态的变化，通过输出方程描述内部状态引起系统输出的变化。现代控制理论既适合线性定常系统，也适合非线性系统；既适合 SISO 系统，也适合 MIMO 系统；既适合确定的系统，也适合随机系统，可实现最优控制。

1.6.2　控制系统分析和综合问题

1. 系统的描述与分析

系统的描述是解决系统的建模，并对各种数学模型（时域、频域、内部、外部描述）

进行相互之间的转换。

系统的分析是研究系统的定量变化规律，如状态方程的解，即系统的运动分析等；研究系统的定性行为如能控性、能观测性、稳定性等。

2. 系统的综合与设计

在已知系统结构和参数（被控系统数学模型）的基础上，寻求控制规律，以使系统具有某种期望的性能指标，即系统品质。如果系统品质不能令人满意，需要对系统参数进行调整。系统品质在很大程度上取决于系统极点的配置。通过将极点置于特定的位置，使系统品质达到令人满意的程度。在经典控制理论中，通过增加微分、积分等环节校正系统，通过根轨迹法等对系统极点进行配置。在现代控制理论中，通过状态反馈对系统极点进行任意配置。

3. 综合问题分类

以渐近稳定为性能指标，相应的综合问题称为镇定问题。

以一组期望的闭环控制系统极点作为性能指标，相应的综合问题称为极点配置问题。

使一个 MIMO 系统实现一个输入只控制一个输出作为性能指标，相应的综合问题称为解耦问题。

将系统的输出无静差地跟踪一个外部信号的能力作为性能指标，相应的综合问题称为跟踪问题。

第 2 章　控制系统状态空间表达式——控制系统建模

在经典控制理论中，研究的系统多为 SISO 的线性定常系统，其数学模型可用常微分方程或传递函数描述。不管是常微分方程还是传递函数，其实际描述的是输入量和输出量之间的关系，而对于系统内部的特征参数无法表征，因此无法完整描述系统的全部信息。在现代控制理论中，使用状态空间法对系统进行描述，此时描述系统特性的是由状态变量、输入量和输出量共同构成的一阶微分方程组。它能全面反映系统内部各个独立变量的变化情况，从而能同时确定系统内部的全部运动状态且对初始条件的处理更为方便。

现代控制理论的研究对象不局限于线性定常系统，对于非线性系统、时变系统、MIMO 系统、离散系统等，都可以方便地进行分析设计和相应的控制。

2.1　状态空间表达式基本概念

2.1.1　系统和状态变量

一个能存储输入信息的系统称为动力学系统。系统的状态是由其内部特征参数及这些特征参数的各阶时间响应组成的 n 阶微分方程组描述的。每个 n 阶微分方程包含 n 个线性无关的独立变量 $x_1(t), x_2(t), \cdots, x_n(t)$，这些独立变量是足以描述系统的过去、现在和将来的个数最少的一组变量，称为系统的状态变量。当这 n 个独立状态变量的时间响应都可以求得时，系统的动态特性也就显而易见了。因此，任何一个系统在特定时刻都有一个特定的状态，每个状态都可以用最小的一组（一个或多个）独立状态变量来描述。

对于已知系统，在确定状态变量时可以遵循以下标准。

（1）唯一性。状态变量是可以完全确定系统运动状态且个数最少的一组线性无关的变量，当其在初始时刻 $t = t_0$ 的值已知时，在给定输入 u 的作用下，能够完全确定系统在任何时刻 $t \geqslant t_0$ 的运动状态。

（2）多样性。对于给定系统，究竟选取哪些参数作为系统的状态变量并不是一成不变的，只要保证这些相互独立的状态变量能全面完整地描述系统特性且其个数等于系统微分方程的阶数即可。一般而言，系统状态变量的个数与系统中独立储能元件的个数相同。

2.1.2　状态矢量和状态空间

设系统有 n 个状态变量 $x_1, x_2, \cdots, x_n$，它们都是时间 t 的函数，将系统的 n 个状态变量 $x_1(t), x_2(t), \cdots x_n(t)$ 作为矢量 $X(t)$ 的各个分量，则 $X(t)$ 就称为状态矢量，记作

$$X(t)=\begin{bmatrix}x_1(t)\\x_2(t)\\\vdots\\x_n(t)\end{bmatrix}$$

以 $x_1(t),x_2(t),\cdots x_n(t)$ 为坐标轴所构成的 n 维空间，称为状态空间。控制系统的每个状态都可以用在一个以 $x_1,x_2,\cdots,x_n$ 为轴的 n 维状态空间上的一点来表示。当时间 t 确定为 $t=t_0$ 时，系统的状态矢量 $X(t)$ 确定为空间中某一定点 $X(t_0)$；随着时间 t 的推移，当 $t\geqslant t_0$ 时，状态矢量 $X(t)$ 在状态空间内依次确定若干个位置点，这些点的集合形成的轨迹称为状态轨迹。设系统的控制输入为 $u_1,u_2,\cdots,u_r$，它们是时间 t 的函数。记

$$u(t)=[u_1(t)\ \ u_2(t)\ \ \cdots\ \ u_r(t)]^{\mathrm{T}}$$

那么表示系统状态变量 $x(t)$随系统输入 $u(t)$及时间 t 变化规律的方程就是控制系统的状态方程：

$$\dot{X}(t)=F\left[X(t),U(t),t\right]\tag{2.1}$$

式中，$F=[f_1(t)\ \ f_2(t)\ \ \cdots\ \ f_n(t)]^{\mathrm{T}}$ 为一个函数矢量。

设系统的输出变量为 $y_1,y_2,\cdots,y_m$，则 $y=(y_1,y_2,\cdots,y_m)^{\mathrm{T}}$ 称为系统的输出矢量。表示输出变量$y(t)$与系统状态变量$x(t)$、系统输入$u(t)$及时间t关系的方程就称为系统的输出方程：

$$y(t)=g[x(t),u(t),t]\tag{2.2}$$

式中，$g=(g_1,g_2,\cdots,g_m)^{\mathrm{T}}$ 为一个函数矢量。

在现代控制理论中，用系统的状态方程和输出方程来描述系统的动态行为，状态方程和输出方程合起来称为系统的状态空间表达式或动态方程。

2.1.3　状态空间表达式

系统的状态空间表达式由系统的状态方程和输出方程两部分组成。其中，系统的状态方程是由系统的状态变量构成的一阶微分方程组，它描述系统的本质特征和输入信号对系统的影响。输出方程一般是当指定输出量时，该输出量与系统状态变量和输入量之间的函数关系式。以图 2.1 所示的质量弹簧阻尼系统为例，说明如何用状态空间法描述这一系统。

在图 2.1 所示质量弹簧阻尼系统中，运动物体的质量为 m，弹簧系数为 k，阻尼器的阻尼系数为 h，同时受到系统外力 f 的作用。取物体的位移 x 为状态变量 x_1，速度 v 为状

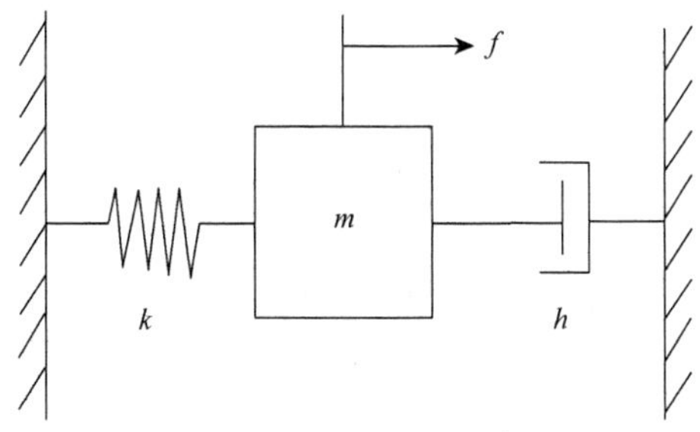

图 2.1　质量弹簧阻尼系统

态变量 x_2，并取物体位移为系统的输出量 y，作用的外力为系统的输入 u，试建立系统的状态空间表达式。

根据牛顿第二定律可知，质量块所受合力与其自身加速度之间的关系：

$$\sum F = ma$$

即

$$f - kx - hv = ma$$

亦即

$$f - kx - h\dot{x} = m\ddot{x} \tag{2.3}$$

按状态变量的选取规则确定各物理量:

$$\begin{cases} x_1 = x \\ x_2 = v = \dot{x} = \dot{x}_1 \end{cases} \tag{2.4}$$

式（2.3）可写为

$$u - kx_1 - hx_2 = m\dot{x}_2 \tag{2.5}$$

从而可以得到

$$\begin{cases} \dot{x}_1 = x_2 \\ \dot{x}_2 = -\dfrac{k}{m}x_1 - \dfrac{h}{m}x_2 + \dfrac{1}{m}u \end{cases} \tag{2.6}$$

再令位移为系统的输出 y，有

$$y = x_1 \tag{2.7}$$

将式（2.6）和式（2.7）写成矩阵形式：

$$\begin{aligned} \begin{bmatrix} \dot{x}_1 \\ \dot{x}_2 \end{bmatrix} &= \begin{bmatrix} 0 & 1 \\ -\dfrac{k}{m} & -\dfrac{h}{m} \end{bmatrix} \begin{bmatrix} x_1 \\ x_2 \end{bmatrix} + \begin{bmatrix} 0 \\ \dfrac{1}{m} \end{bmatrix} U \\ y &= \begin{bmatrix} 1 & 0 \end{bmatrix} \begin{bmatrix} x_1 \\ x_2 \end{bmatrix} \end{aligned} \tag{2.8}$$

如果记

$$X = \begin{bmatrix} x_1 \\ x_2 \end{bmatrix},\ \dot{X} = \begin{bmatrix} \dot{x}_1 \\ \dot{x}_2 \end{bmatrix},\ A = \begin{bmatrix} 0 & 1 \\ -\dfrac{k}{m} & -\dfrac{h}{m} \end{bmatrix},\ B = \begin{bmatrix} 0 \\ \dfrac{1}{m} \end{bmatrix},\ C = \begin{bmatrix} 1 & 0 \end{bmatrix}$$

则式（2.6）、式（2.7）可以写成

$$\begin{cases} \dot{X} = AX + BU \\ y = CX \end{cases} \tag{2.9}$$

式（2.9）就是系统状态空间表达式的一般形式。

由经典控制理论可知，图 2.1 所示系统的数学模型是由式（2.3）确定的二阶微分方程。当高阶微分方程分解为多个一阶微分方程时，状态变量的选取可以有很多种方式，因此相应的状态方程也有很多种形式。但是不管如何选择状态变量，描述系统最本质特征的数学模型，即最根本的二阶微分方程没有变化，因此这也从另一方面体现了状态空间表达式的唯一性。或者说，即使选取的状态变量看起来不同，但是这些状态变量之间都可以通过非奇异变换进行转换。从理论上说，并不要求状态变量在物理上一定是可以测量的量，但是在工程实践上，为了检测方便，仍以选取容易测量的量作为状态变量为宜。

2.1.4 控制系统状态空间表达式一般形式

为了不失一般性，现在对研究系统给出一般形式。设 SISO 定常系统的状态变量为 $x_1, x_2, \cdots, x_n$，则其状态方程的一般形式为

$$\begin{aligned}\dot{x}_1 &= a_{11}x_1 + a_{12}x_2 + \cdots + a_{1n}x_n + b_1 u \\ \dot{x}_2 &= a_{21}x_1 + a_{22}x_2 + \cdots + a_{2n}x_n + b_2 u \\ &\vdots \\ \dot{x}_n &= a_{n1}x_1 + a_{n2}x_2 + \cdots + a_{nn}x_n + b_n u\end{aligned}$$

其输出方程为

$$y = c_1 x_1 + c_2 x_2 + \cdots + c_n x_n$$

其用矩阵表示则为

$$\begin{cases}\dot{X} = AX + BU \\ y = CX\end{cases} \tag{2.10}$$

式中，$X = [x_1 \quad x_2 \quad \cdots \quad x_n]^{\mathrm{T}}$ 为 n 维状态变量；$A = \begin{bmatrix} a_{11} & a_{12} & \cdots & a_{1n} \\ a_{21} & a_{22} & \cdots & a_{2n} \\ \vdots & \vdots & & \vdots \\ a_{n1} & a_{n2} & \cdots & a_{nn} \end{bmatrix}$ 为系统矩阵，表征系统内部状态的联系，是 $n \times n$ 方阵；$B = [b_1 \quad b_2 \quad \cdots \quad b_n]^{\mathrm{T}}$ 为系统的输入矩阵（或控制矩阵），表示外部输入对系统的作用，是 $n \times 1$ 列矩阵；$C = [c_1 \quad c_2 \quad \cdots \quad c_n]$ 为系统的输出矩阵，表示状态变量在输出中的体现情况，是 $1 \times n$ 行矩阵。

如果一个系统具有 r 个输入和 m 个输出，即此时输入量（或控制量）$U = [u_1 \quad u_2 \quad \cdots \quad u_r]^{\mathrm{T}}$，输出量 $Y = [y_1 \quad y_2 \quad \cdots \quad y_m]^{\mathrm{T}}$，则系统的状态空间表达式可以表示如下：

$$\begin{cases}\dot{x}_1 = a_{11}x_1 + a_{12}x_2 + \cdots + a_{1n}x_n + b_{11}u_1 + b_{12}u_2 + \cdots + b_{1r}u_r \\ \dot{x}_2 = a_{21}x_1 + a_{22}x_2 + \cdots + a_{2n}x_n + b_{21}u_1 + b_{22}u_2 + \cdots + b_{2r}u_r \\ \qquad \vdots \\ \dot{x}_n = a_{n1}x_1 + a_{n2}x_2 + \cdots + a_{nn}x_n + b_{n1}u_1 + b_{n2}u_2 + \cdots + b_{nr}u_r\end{cases}$$

$$\begin{cases}y_1 = c_{11}x_1 + c_{12}x_2 + \cdots + c_{1n}x_n + d_{11}u_1 + d_{12}u_2 + \cdots + d_{1r}u_r \\ y_2 = c_{21}x_1 + c_{22}x_2 + \cdots + c_{2n}x_n + d_{21}u_1 + d_{22}u_2 + \cdots + d_{2r}u_r \\ \qquad \vdots \\ y_m = c_{m1}x_1 + c_{m2}x_2 + \cdots + c_{mn}x_n + d_{m1}u_1 + d_{m2}u_2 + \cdots + d_{mr}u_r\end{cases}$$

则该系统的状态空间表达式为

$$\begin{cases} \dot{X} = AX + BX \\ Y = CX + DU \end{cases} \tag{2.11}$$

式中，

$A = \begin{bmatrix} a_{11} & a_{12} & \cdots & a_{1n} \\ a_{21} & a_{22} & \cdots & a_{2n} \\ \vdots & \vdots & & \vdots \\ a_{n1} & a_{n2} & \cdots & a_{nn} \end{bmatrix}$为系统矩阵，表征系统内部状态的联系，是$n \times n$方阵；

$B = \begin{bmatrix} b_{11} & b_{12} & \cdots & b_{1r} \\ b_{21} & b_{22} & \cdots & b_{2r} \\ \vdots & \vdots & & \vdots \\ b_{n1} & b_{n2} & \cdots & b_{nr} \end{bmatrix}$为输入（或控制）矩阵，其阶次为$n \times r$；

$C = \begin{bmatrix} c_{11} & c_{12} & \cdots & c_{1n} \\ c_{21} & c_{22} & \cdots & c_{2n} \\ \vdots & \vdots & & \vdots \\ c_{m1} & c_{m2} & \cdots & c_{mn} \end{bmatrix}$为输出矩阵，其阶次为$m \times n$；

$D = \begin{bmatrix} d_{11} & d_{12} & \cdots & d_{1r} \\ d_{21} & d_{22} & \cdots & d_{2r} \\ \vdots & \vdots & & \vdots \\ d_{m1} & d_{m2} & \cdots & d_{mr} \end{bmatrix}$为直接传递矩阵，其阶次为$m \times r$。

同样，$A_{n\times n}$称为系统矩阵，由系统内部结构及其参数决定，体现了系统内部的特性；$B_{n\times r}$称为输入（或控制）矩阵，主要体现了系统输入的施加情况；$C_{m\times n}$称为输出矩阵，表达了输出变量与状态变量之间的关系；$D_{m\times r}$称为直接传递（转移）矩阵，表示了控制向量U直接转移到输出变量Y的转移关系。在一般控制系统中，通常$D = 0$。

2.2　控制系统方框图和模拟结构图

系统方框图是经典控制理论中常用的一种用来表示控制系统各环节、各信号相互关系的图形化的模型，具有形象、直观的优点，常被人们采用。

在状态空间法中，采用模拟结构图来反映系统输入、输出和各状态变量之间的信息传递关系，其具体的绘制步骤如下。

（1）按系统的状态变量数确定积分器的数目，并将它们画在适当的位置。每个积分器的输出表示相应的某个状态变量，输入则表示这个状态变量的一阶导数。

（2）根据状态变量系数增加放大器；根据耦合关系增加加法器。

（3）用线连接各元件，并用箭头表示出信号传递的方向。

图 2.2 是三类基本框图：加法器、积分器和放大器，它们分别表示线性运算（加或减）、一个微分算子和常系数。

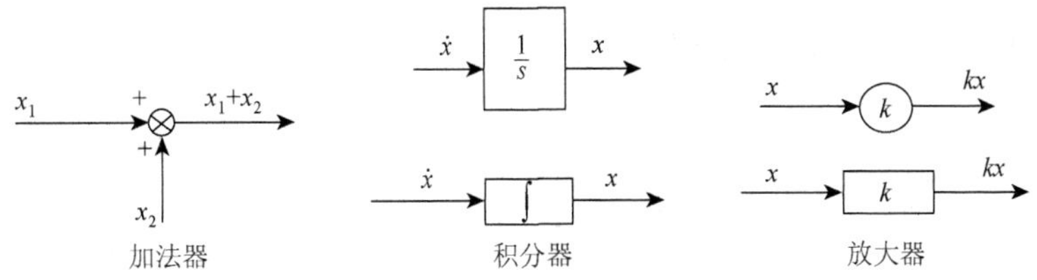

图 2.2　三类基本框图

对于最基本的一阶标量微分方程：$\dot{x}=ax+bu$，它的模拟结构图如图 2.3 所示。

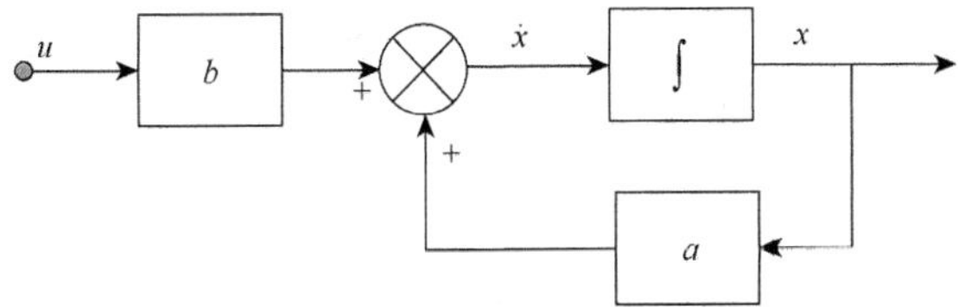

图 2.3　一阶标量微分方程的模拟结构图

对于高阶微分方程，可以选取合适的状态变量，从而画出相应系统完整的模拟结构图。以三阶微分方程 $a_0x+a_1\dot{x}+a_2\ddot{x}+\dddot{x}=bu$ 为例，分别取 $x_1=x,x_2=\dot{x},x_3=\ddot{x}$，则

$$\dot{x}_1=x_2$$
$$\dot{x}_2=x_3$$
$$\dot{x}_3=-a_0x_1-a_1x_2-a_2x_3+bu$$

它的模拟结构图如图 2.4 所示。

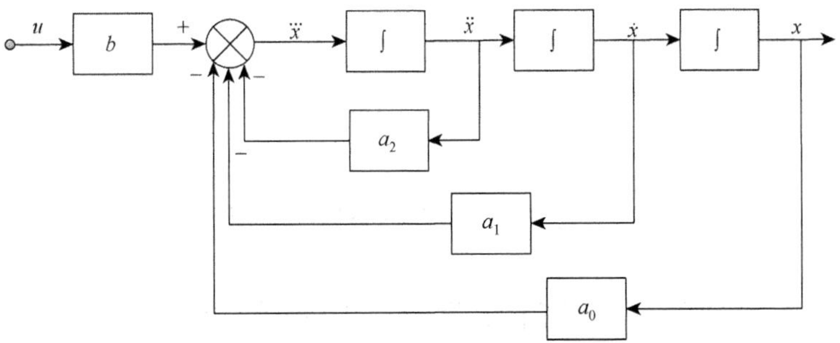

图 2.4　三阶微分方程的模拟结构图

如果系统有多个输入和多个输出，以二输入二输出的二阶系统为例，其状态空间表达式为

$$\dot{x}_1=a_{11}x_1+a_{12}x_2+b_{11}u_1+b_{12}u_2$$
$$\dot{x}_2=a_{21}x_1+a_{22}x_2+b_{21}u_1+b_{22}u_2$$
$$y_1=c_{11}x_1+c_{12}x_2$$
$$y_2=c_{21}x_1+c_{22}x_2$$

则按照前述步骤，可以绘制出其模拟结构图如图 2.5 所示。

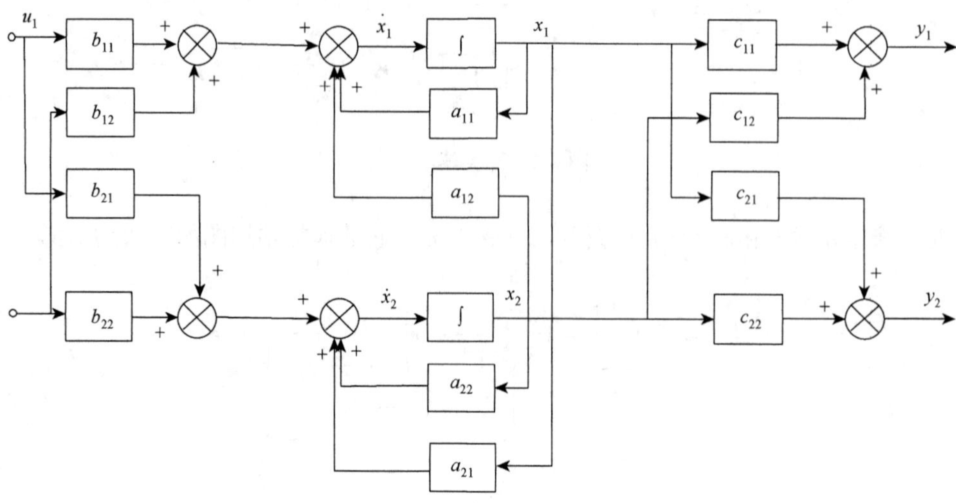

图 2.5　二输入二输出的二阶系统模拟结构图

将系统状态空间表达式用方框图表示，如图 2.6 所示。系统由两个前向通道和一个状态反馈回路组成，其中 D 通道表示控制输入 U 到系统输出 Y 的直接转移。

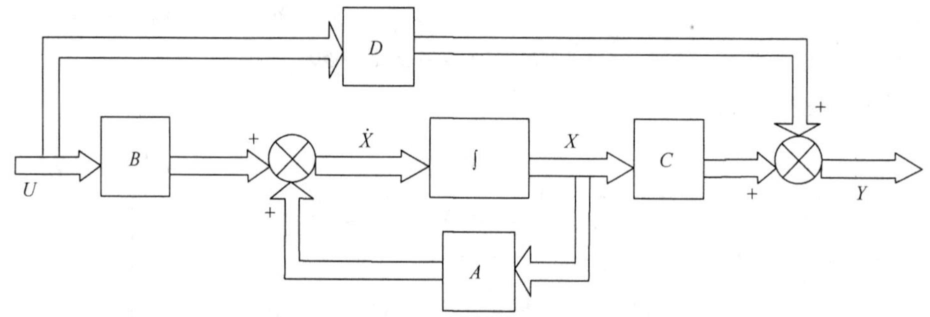

图 2.6　系统状态空间表达式的方框图结构

2.3　控制系统状态空间法建模

用状态空间法对系统进行建模分析时，首先要建立给定系统的状态空间表达式。状态空间表达式一般可以通过三种方式获得：一是由控制系统机理出发进行推导；二是由控制系统框图来建立，即根据系统各个环节的实际连接，写出相应的状态空间表达式；三是由描述控制系统微分方程（传递函数）进行推导。本节依次介绍这三种方法。

2.3.1　由控制系统机理建立状态空间表达式

一般常见的控制系统包括电气系统、机械系统、机电系统、液气压系统和热力系统等。

根据其物理规律，如基尔霍夫电压（电流）定律、牛顿第二定律、能量守恒定律、动量守恒定律、伯努利方程和热工原理等，即可建立系统的状态方程。当指定系统输出量时，也很容易得到相应具体的输出方程。

【例 2.1】　求 RLC 电路（图 2.7）的状态空间表达式，系统的输出为电容两端的电压u_C。

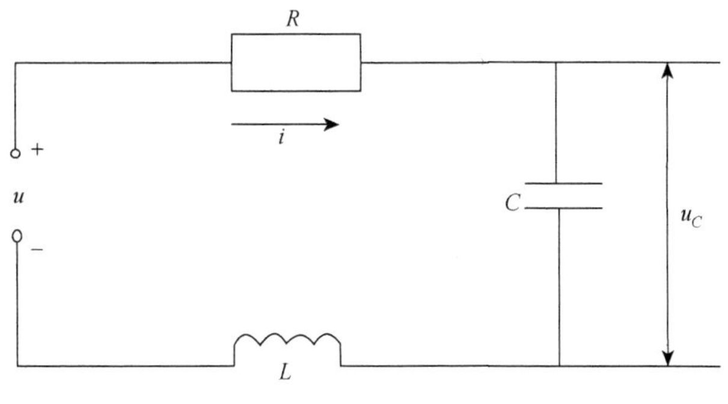

图 2.7　RLC 电路

解　第一步：选择状态变量。

状态变量的个数就是独立储能元件的个数，所以选择电容 C 两端的电压 u_C 和流经电感 L 的电流 i_L 为状态变量。

状态变量：$x_1 = u_C$，$x_2 = i_L = i$。

输入信号：u。

输出信号：$y = u_C = x_1$。

第二步：按基尔霍夫定律列写一阶微分方程。

$$\begin{cases} C\dfrac{\mathrm{d}u_C}{\mathrm{d}t} = i \\ L\dfrac{\mathrm{d}i}{\mathrm{d}t} + Ri + u_C = u \end{cases} \Rightarrow \begin{cases} \dot{u}_C = \dfrac{1}{C}i \\ \dot{i} = -\dfrac{1}{L}u_C - \dfrac{R}{L}i + \dfrac{1}{L}u \end{cases}$$

第三步：根据选取的状态变量、输入量和输出量，列写状态方程和输出方程。

1）状态方程：

$$\begin{cases} \dot{x}_1 = \dfrac{1}{C}x_2 \\ \dot{x}_2 = -\dfrac{1}{L}x_1 - \dfrac{R}{L}x_2 + \dfrac{1}{L}u \end{cases} \Rightarrow \begin{bmatrix} \dot{x}_1 \\ \dot{x}_2 \end{bmatrix} = \begin{bmatrix} 0 & \dfrac{1}{C} \\ -\dfrac{1}{L} & -\dfrac{R}{L} \end{bmatrix}\begin{bmatrix} x_1 \\ x_2 \end{bmatrix} + \begin{bmatrix} 0 \\ \dfrac{1}{L} \end{bmatrix}u$$

2）输出方程：

$$y = u_C = x_1 \Rightarrow y = \begin{bmatrix} 1 & 0 \end{bmatrix}\begin{bmatrix} x_1 \\ x_2 \end{bmatrix}$$

第四步：列写状态空间表达式。

$$\begin{cases} \dot{X} = AX + BU \\ Y = CX + DU \end{cases} \Rightarrow A = \begin{bmatrix} 0 & \dfrac{1}{C} \\ -\dfrac{1}{L} & -\dfrac{R}{L} \end{bmatrix},\quad B = \begin{bmatrix} 0 \\ \dfrac{1}{L} \end{bmatrix},\quad C = \begin{bmatrix} 1 & 0 \end{bmatrix},\ D = 0 \tag{2.12}$$

【例 2.2】 以恒压 u 为驱动的电路结构图如图 2.8 所示。当选择电感 L 上的支路电流 i_L 和电容 C 上的支路电压 u_C 作为状态变量时，求它的状态空间表达式。输出是图 2.8 中所示电容 C 上的支路电压 y。

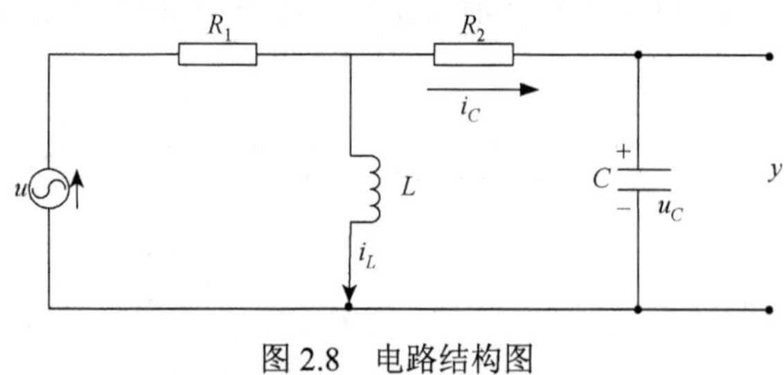

图 2.8　电路结构图

解　采用机理分析法求状态空间表达式。此题根据基尔霍夫定律，列方程得

$$\begin{cases} R_1(i_L+i_C)+L\dfrac{\mathrm{d}i_L}{\mathrm{d}t}=u \\ R_1(i_L+i_C)+R_2 i_C+u_C=u \end{cases}$$

因为 i_C 不是系统的状态变量，所以需要将 $i_C=C\dfrac{\mathrm{d}u_C}{\mathrm{d}t}$ 代入上式，消去 i_C，即

$$\begin{cases} R_1 i_L+R_1 C\dfrac{\mathrm{d}u_C}{\mathrm{d}t}+L\dfrac{\mathrm{d}i_L}{\mathrm{d}t}=u \\ R_1 i_L+R_1 C\dfrac{\mathrm{d}u_C}{\mathrm{d}t}+R_2 C\dfrac{\mathrm{d}u_C}{\mathrm{d}t}+u_C=u \end{cases}$$

解得

$$\begin{cases} \dot{u}_C=-\dfrac{1}{C(R_1+R_2)}u_C-\dfrac{R_1}{C(R_1+R_2)}i_L+\dfrac{1}{C(R_1+R_2)}u(t) \\ \dot{i}_L=-\dfrac{R_1}{L(R_1+R_2)}u_C-\dfrac{R_1R_2}{L(R_1+R_2)}i_L+\dfrac{R_2}{L(R_1+R_2)}u(t) \end{cases}$$

将上式写成矩阵向量形式，为

$$\begin{bmatrix} \dot{u}_C \\ \dot{i}_L \end{bmatrix}=\begin{bmatrix} -\dfrac{1}{C(R_1+R_2)} & -\dfrac{R_1}{C(R_1+R_2)} \\ -\dfrac{R_1}{L(R_1+R_2)} & -\dfrac{R_1R_2}{L(R_1+R_2)} \end{bmatrix}\begin{bmatrix} u_C \\ i_L \end{bmatrix}+\begin{bmatrix} \dfrac{1}{C(R_1+R_2)} \\ \dfrac{R_2}{L(R_1+R_2)} \end{bmatrix}u$$

输出方程为

$$y=u_C=\begin{bmatrix} 1 & 0 \end{bmatrix}\begin{bmatrix} u_C \\ i_L \end{bmatrix}$$

【例 2.3】 试求图 2.9 所示的 RL 电路中，以电感 L_1、L_2 上的支路电流 x_1、x_2 作为状态变量的状态空间表达式。这里 u 是恒流源的电流值，输出 y 是 R_3 上的支路电压。

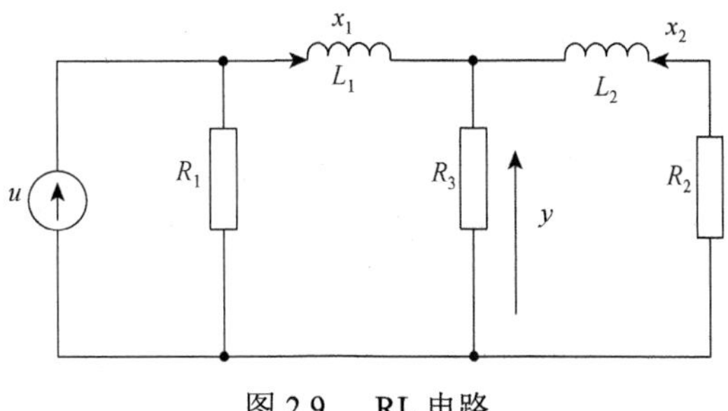

图 2.9　RL 电路

解　采用机理分析法求状态空间表达式。由电路原理可得到如下微分方程，即

$$(x_1+x_2)R_3=-R_2x_2-L_2\dot{x}_2$$
$$u=x_1+[L_1\dot{x}_1+(x_1+x_2)R_3]/R_1$$
$$y=(x_1+x_2)R_3$$

整理得状态空间表达式为

$$\begin{bmatrix}\dot{x}_1\\ \dot{x}_2\end{bmatrix}=\begin{bmatrix}-\dfrac{R_1+R_2}{L_1} & -\dfrac{R_3}{L_1}\\ -\dfrac{R_2}{L_2} & -\dfrac{R_2+R_3}{L_2}\end{bmatrix}\begin{bmatrix}x_1\\ x_2\end{bmatrix}+\begin{bmatrix}\dfrac{R_1}{L_1}\\ 0\end{bmatrix}u$$

$$y=\begin{bmatrix}R_3 & R_3\end{bmatrix}\begin{bmatrix}x_1\\ x_2\end{bmatrix}$$

【例 2.4】　机械平移系统。图 2.10 为一加速度仪的原理结构图。它可以指示出其壳体相对于惯性空间（如地球）的加速度。

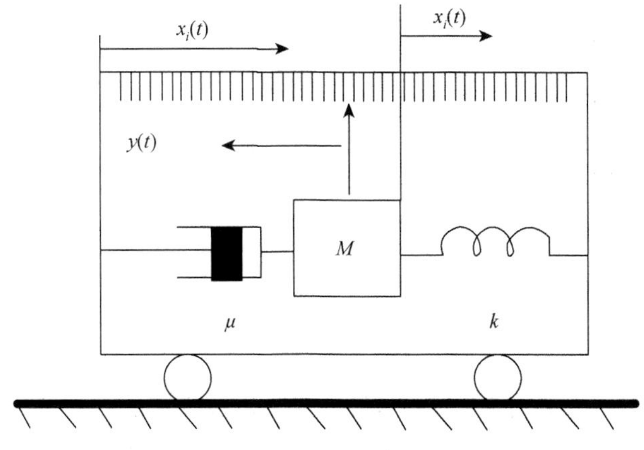

图 2.10　加速度仪的原理结构图

解　x_i 为壳体相对于惯性空间的位移；x_0 为质量 m 相对于惯性空间的位移；$y=x_0-x_i$ 为质量 m 相对于壳体的位移。

根据牛顿第二定律，这个系统的运动方程为

$$m\ddot{x}_0=ky+\mu\dot{y}$$

将 $x_0 = x_i - y$ 代入上式，可以得到关于加速度仪以变量 y 为输出的微分方程：

$$m\ddot{x}_i = ky + \mu\dot{y} + m\ddot{y}$$

以质量 m 相对于壳体的位移 y 作为状态变量 x_1，以 m 相对于壳体的速度为状态变量 x_2，并将质量 m 相对于加速度仪外壳的位移 y 作为系统输出，以加速度仪外壳相对于地面的加速度 $\ddot{x}_i$ 作为系统输入 u，那么有

$$\begin{cases} \dot{x}_1 = x_2 \\ \dot{x}_2 = -\dfrac{k}{m}x_1 - \dfrac{\mu}{m}x_2 + u \\ y = x_1 \end{cases}$$

写成矢量形式为

$$\begin{cases} \dot{X} = \begin{bmatrix} 0 & 1 \\ -\dfrac{k}{m} & -\dfrac{\mu}{m} \end{bmatrix} X + \begin{bmatrix} 0 \\ 1 \end{bmatrix} u \\ y = x_1 = \begin{bmatrix} 1 & 0 \end{bmatrix} X \end{cases}$$

这就是图 2.10 所示加速度仪的动态方程。

当加速度 $\ddot{x}_i$ 为常数且系统达到稳定状况时，有

$$y = m\ddot{x}_i / k$$

所以可以通过 y 的读数，确定运动物体的加速度值。

【例 2.5】 在图 2.11 所示的机械运动模型图中，M_1、M_2 为质量块，也为质量，K_1、K_2 为弹簧，也为弹性系数，B_1、B_2 是阻尼器，列写出在外力 f 作用下，以质量块 M_1 和 M_2 的位移 y_1 和 y_2 为输出的状态空间表达式。

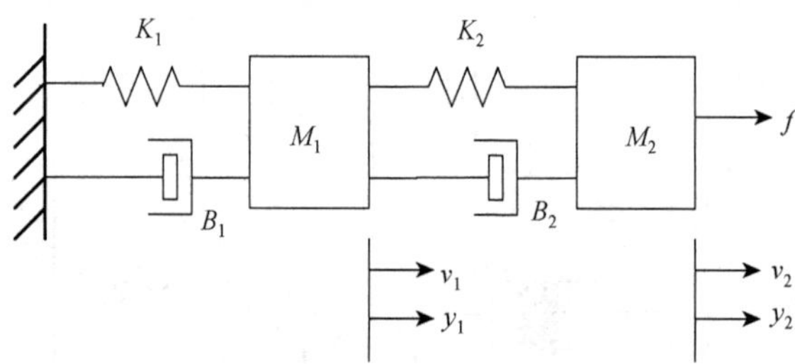

图 2.11　机械运动模型图

解　弹簧 K_1、K_2，质量块 M_1、M_2 是储能元件，故弹簧的伸长度 y_1 和 y_2，质量块 M_1、M_2 的速度 v_1，v_2 可以选作状态变量。由结构图 2.11 可以直接看出，它们是相互独立的。选 $x_1 = y_1$，$x_2 = y_2$，$x_3 = v_1 = \dfrac{\mathrm{d}y_1}{\mathrm{d}t}$，$x_4 = v_2 = \dfrac{\mathrm{d}y_2}{\mathrm{d}t}$。

根据牛顿第二定律，对于 M_1，有

$$M_1\frac{\mathrm{d}v_1}{\mathrm{d}t} = K_2(y_2 - y_1) + B_2\left(\frac{\mathrm{d}y_2}{\mathrm{d}t} - \frac{\mathrm{d}y_1}{\mathrm{d}t}\right) - K_1y_1 - B_1\frac{\mathrm{d}y_1}{\mathrm{d}t}$$

对于 M_2，有

$$M_2 \frac{\mathrm{d}v_2}{\mathrm{d}t} = f - K_2(y_2 - y_1) - B_2\left(\frac{\mathrm{d}y_2}{\mathrm{d}t} - \frac{\mathrm{d}y_1}{\mathrm{d}t}\right)$$

把 $x_1 = y_1$、$x_2 = y_2$、$x_3 = \frac{\mathrm{d}y_1}{\mathrm{d}t}$、$x_4 = \frac{\mathrm{d}y_2}{\mathrm{d}t}$ 及 $u = f$ 代入上面两个式子，经整理可得

$$\begin{cases} \dot{x}_1 = x_3 \\ \dot{x}_2 = x_4 \\ \dot{x}_3 = -\frac{1}{M_1}(K_1 + K_2)x_1 + \frac{K_2}{M_1}x_2 - \frac{1}{M_1}(B_1 + B_2)x_3 + \frac{B_2}{M_1}x_4 \\ \dot{x}_4 = \frac{K_2}{M_2}x_1 - \frac{K_2}{M_2}x_2 + \frac{B_2}{M_2}x_3 - \frac{B_2}{M_2}x_4 + \frac{1}{M_2}f \end{cases}$$

将其写成矩阵向量形式为

$$\begin{bmatrix} \dot{x}_1 \\ \dot{x}_2 \\ \dot{x}_3 \\ \dot{x}_4 \end{bmatrix} = \begin{bmatrix} 0 & 0 & 1 & 0 \\ 0 & 0 & 0 & 1 \\ -\frac{1}{M_1}(K_1 + K_2) & \frac{K_2}{M_1} & -\frac{1}{M_1}(B_1 + B_2) & \frac{B_2}{M_1} \\ \frac{K_2}{M_2} & -\frac{K_2}{M_2} & \frac{B_2}{M_2} & -\frac{B_2}{M_2} \end{bmatrix} \begin{bmatrix} x_1 \\ x_2 \\ x_3 \\ x_4 \end{bmatrix} + \begin{bmatrix} 0 \\ 0 \\ 0 \\ \frac{1}{M_2} \end{bmatrix} f$$

指定 x_1、 x_2 为输出，所以

$$\begin{bmatrix} y_1 \\ y_2 \end{bmatrix} = \begin{bmatrix} 1 & 0 & 0 & 0 \\ 0 & 1 & 0 & 0 \end{bmatrix} \begin{bmatrix} x_1 \\ x_2 \\ x_3 \\ x_4 \end{bmatrix}$$

【例 2.6】　建立图 2.12 所示 *M-K-B* 系统的状态空间表达式。

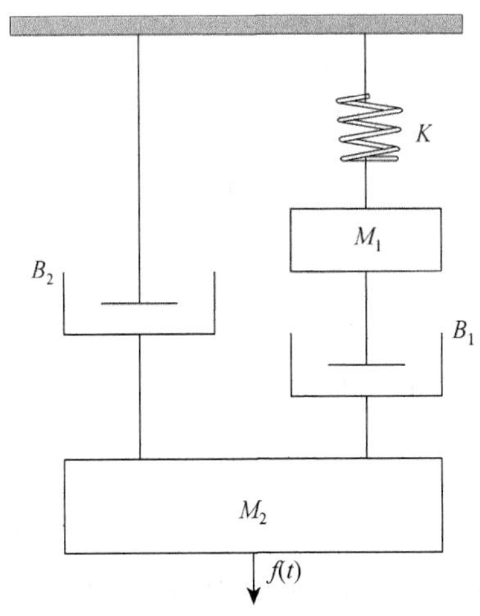

图 2.12　*M-K-B* 系统

解　图 2.12 是一个物理系统，采用机理分析法求状态空间表达式会更为方便。令 $f(t)$ 为输入量，即 $u=f$；M_1、M_2 的位移量 y_1、y_2 为输出量；选择状态变量：$x_1=y_1$，$x_2=y_2$，$x_3=\dfrac{\mathrm{d}y_1}{\mathrm{d}t}$，$x_4=\dfrac{\mathrm{d}y_2}{\mathrm{d}t}$。

根据牛顿第二定律，对于 M_1，有

$$M_1\dot{x}_3=-Kx_1-B_1\frac{\mathrm{d}(x_2-x_1)}{\mathrm{d}t}$$

对于 M_2，有

$$M_2\dot{x}_4=f(t)-B_1\frac{\mathrm{d}(x_2-x_1)}{\mathrm{d}t}-B_2\frac{\mathrm{d}x_2}{\mathrm{d}t}$$

经整理得状态方程为

$$\begin{cases}\dot{x}_1=x_3\\ \dot{x}_2=x_4\\ \dot{x}_3=-\dfrac{K}{M_1}x_1+\dfrac{B_1}{M_1}x_3-\dfrac{B_1}{M_1}x_4\\ \dot{x}_4=-\dfrac{B_1}{M_2}x_3-\left(\dfrac{B_1}{M_2}+\dfrac{B_2}{M_2}\right)x_4+\dfrac{1}{M_2}u\end{cases}$$

输出方程为

$$\begin{cases}y_1=x_1\\ y_2=x_2\end{cases}$$

将其写成矩阵形式为

$$\begin{cases}\begin{bmatrix}\dot{x}_1\\ \dot{x}_2\\ \dot{x}_3\\ \dot{x}_4\end{bmatrix}=\begin{bmatrix}0 & 0 & 1 & 0\\ 0 & 0 & 0 & 1\\ -\dfrac{K}{M_1} & 0 & \dfrac{B_1}{M_1} & -\dfrac{B_1}{M_1}\\ 0 & 0 & -\dfrac{B_1}{M_2} & -\left(\dfrac{B_1}{M_2}+\dfrac{B_2}{M_2}\right)\end{bmatrix}\begin{bmatrix}x_1\\ x_2\\ x_3\\ x_4\end{bmatrix}+\begin{bmatrix}0\\ 0\\ 0\\ \dfrac{1}{M_2}\end{bmatrix}u\\ \begin{bmatrix}y_1\\ y_2\end{bmatrix}=\begin{bmatrix}1 & 0 & 0 & 0\\ 0 & 1 & 0 & 0\end{bmatrix}\begin{bmatrix}x_1\\ x_2\\ x_3\\ x_4\end{bmatrix}\end{cases}\tag{2.13}$$

【例 2.7】　建立如图 2.13 所示的 MIMO 机械系统的状态空间表达式。图 2.13 中质量块质量 m_1、m_2 各受到 f_1、f_2 的作用，其相对静平衡位置的位移分别为 $x_1(t)$、$x_2(t)$，速度分别为 $v_1(t)$、$v_2(t)$。

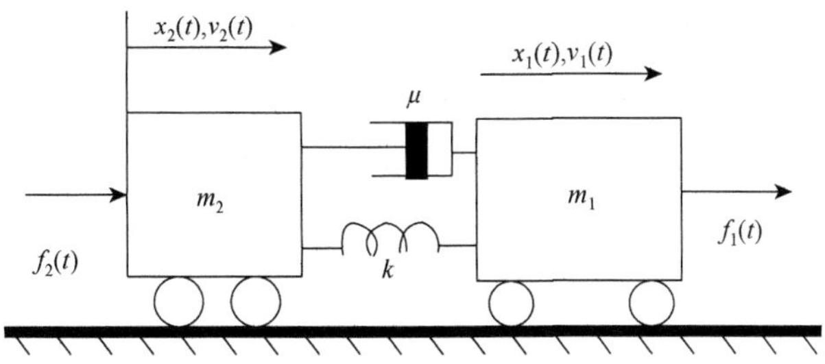

图 2.13　多输入多输出机械系统

解　根据牛顿第二定律，分别对 m_1、m_2 进行受力分析，有

$$\begin{cases} m_1\ddot{x}_1 = f_1(t) + \mu(x_2 - x_1)' + k(x_2 - x_1) = f_1(t) + \mu(v_2 - v_1) + k(x_2 - x_1) \\ m_2\ddot{x}_2 = f_2(t) - \mu(x_2 - x_1)' - k(x_2 - x_1) = f_2(t) - \mu(v_2 - v_1) - k(x_2 - x_1) \end{cases}$$

取 x_1、x_2、v_1、v_2 为系统 4 个状态变量 x_1、x_2、x_3、x_4，$f_1(t)$、$f_2(t)$ 为系统 2 个控制输入 $\mu_1(t)$、$\mu_2(t)$，则有状态方程：

$$\begin{cases} \dot{x}_1 = x_3 \\ \dot{x}_2 = x_4 \\ \dot{x}_3 = -\dfrac{k}{m_1}x_1 + \dfrac{k}{m_1}x_2 - \dfrac{\mu}{m_1}x_3 + \dfrac{\mu}{m_1}x_4 + \dfrac{1}{m_1}u_1(t) \\ \dot{x}_4 = \dfrac{k}{m_2}x_1 - \dfrac{k}{m_2}x_2 + \dfrac{\mu}{m_2}x_3 - \dfrac{\mu}{m_2}x_4 + \dfrac{1}{m_2}u_2(t) \end{cases}$$

如果取 x_1、x_2 为系统的 2 个输出，即

$$\begin{cases} y_1 = x_1 \\ y_2 = x_2 \end{cases}$$

写成矢量形式，得系统的状态空间表达式：

$$\begin{cases} \dot{X} = \begin{bmatrix} 0 & 0 & 1 & 0 \\ 0 & 0 & 0 & 1 \\ -\dfrac{k}{m_1} & \dfrac{k}{m_1} & -\dfrac{\mu}{m_1} & \dfrac{\mu}{m_1} \\ -\dfrac{k}{m_2} & -\dfrac{k}{m_2} & \dfrac{\mu}{m_2} & -\dfrac{\mu}{m_2} \end{bmatrix} X + \begin{bmatrix} 0 & 0 \\ 0 & 0 \\ \dfrac{1}{m_1} & 0 \\ 0 & \dfrac{1}{m_2} \end{bmatrix} U \\ Y = \begin{bmatrix} 1 & 0 & 0 & 0 \\ 0 & 1 & 0 & 0 \end{bmatrix} X \end{cases}$$

2.3.2　由控制系统框图建立状态空间表达式

本小节所说的系统框图通常指经典控制理论中的方框图，通过将系统的各个环节变换

成相应的模拟结构图，由模拟结构图可以直接写出系统的状态方程和输出方程。

【例 2.8】 系统结构图如图 2.14 所示,以图中所标记的 x_1、x_2、x_3 作为状态变量，推导其状态空间表达式。其中，u、y 分别为系统的输入、输出，a_1、a_2、a_3 均为标量。

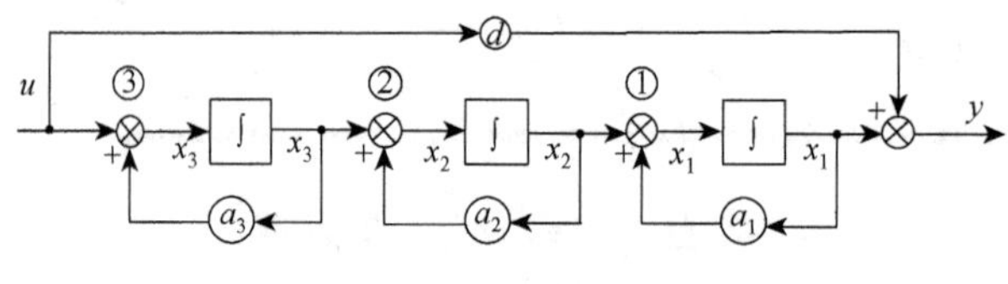

图 2.14　系统结构图

解　图 2.14 给出了由积分器、放大器及加法器所描述的系统结构图且图中每个积分器的输出即为状态变量，这种图称为系统状态变量图。状态变量图既描述了系统状态变量之间的关系，又说明了状态变量的物理意义。由状态变量图可直接求得系统的状态空间表达式。

着眼于求和点①、②、③，有

$$①：\dot{x}_1 = a_1x_1 + x_2$$

$$②：\dot{x}_2 = a_2x_2 + x_3$$

$$③：\dot{x}_3 = a_3x_3 + u$$

输出 y：$y = x_1 + \mathrm{d}u$。

写成矩阵形式得

$$\begin{cases} \begin{bmatrix} \dot{x}_1 \\ \dot{x}_2 \\ \dot{x}_3 \end{bmatrix} = \begin{bmatrix} a_1 & 1 & 0 \\ 0 & a_2 & 1 \\ 0 & 0 & a_3 \end{bmatrix} \begin{bmatrix} x_1 \\ x_2 \\ x_3 \end{bmatrix} + \begin{bmatrix} 0 \\ 0 \\ 1 \end{bmatrix} u \\ y = \begin{bmatrix} 1 & 0 & 0 \end{bmatrix} \begin{bmatrix} x_1 \\ x_2 \\ x_3 \end{bmatrix} + \mathrm{d}u \end{cases} \tag{2.14}$$

有了上述基础，要将系统方框图模型转化为状态空间表达式，一般可以由下列三个步骤组成：

第一步：在系统方框图的基础上，将各环节通过等效变换分解，使得整个系统只由标准积分器（$1/s$）、放大器（k）及其加法器组成，这三种基本器件通过串联、并联和反馈三种形式组成整个控制系统。

第二步：将上述调整过的方框图中的每个标准积分器（$1/s$）的输出作为一个独立的状态变量 x_i，积分器的输入端就是状态变量的一阶导数 $\dfrac{\mathrm{d}x_i}{\mathrm{d}t}$。

第三步：根据调整过的方框图中各信号的关系，可以写出每个状态变量的一阶微分方程，从而写出系统的状态方程。根据需要指定输出变量，即可以从方框图写出系统的输出方程。

【例 2.9】 某控制系统的方框图如图 2.15 所示，试求出其状态空间表达式。

解

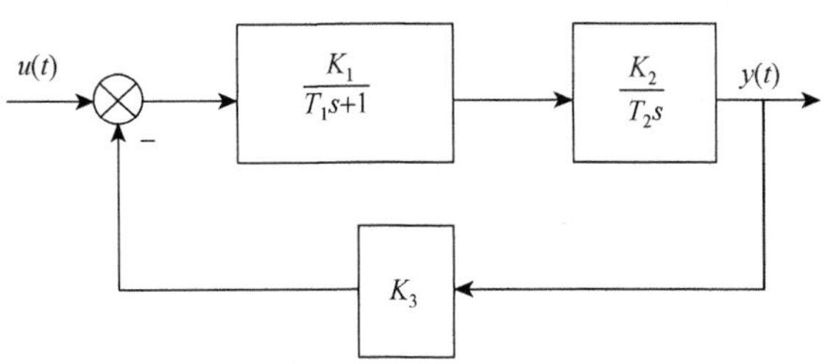

图 2.15　系统方框图

该系统主要由一个一阶惯性环节和一个积分器组成。对于一阶惯性环节，可以通过等效变换转化成一个前向通道为一个标准积分器的反馈系统。

图 2.15 经等效变换后如图 2.16 所示。取每个积分器的输出端信号为状态变量 x_2 和 x_2，积分器的输入端即 $\dot{x}_2$ 和 $\dot{x}_2$。

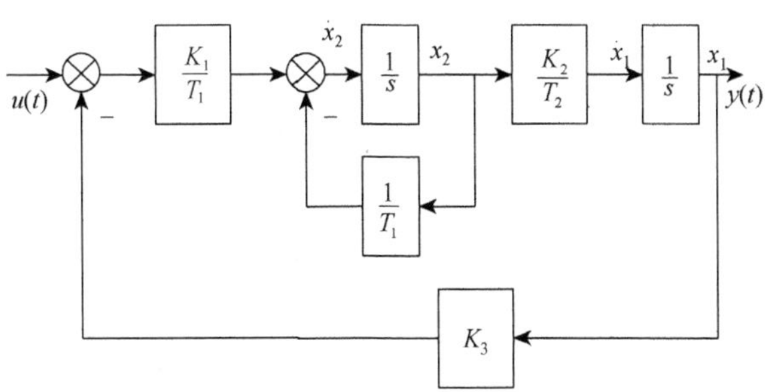

图 2.16　图 2.15 等效变换后

从图 2.16 可得系统状态方程：

$$\begin{cases} \dot{x}_1 = \dfrac{K_2}{T_2} x_2 \\ \dot{x}_2 = -\dfrac{1}{T_1} x_2 + \dfrac{K_1}{T_1}(u - K_3 x_1) = -\dfrac{K_1 K_3}{T_1} x_1 - \dfrac{1}{T_1} x_2 + \dfrac{K_1}{T_1} u \end{cases}$$

取 y 为系统输出，则输出方程为 $y = x_1$。

写成矢量形式，得到系统的状态空间表达式：

$$\begin{cases} \dot{X} = \begin{bmatrix} 0 & \dfrac{K_2}{T_2} \\ K_1 K_3 & 1 \end{bmatrix} X + \begin{bmatrix} 0 \\ \dfrac{K_1}{T_1} \end{bmatrix} u \\ y = [1 \quad 0] X \end{cases}$$

【例 2.10】　求如图 2.17（a）所示系统的动态方程。

解　图 2.17（a）中第一个环节 $\dfrac{s+1}{s+2}$ 可以分解为 $\left(1 - \dfrac{1}{s+2}\right)$，即分解为两个通道。第

三个环节为一个二阶振荡环节，它可以等效变换为如图 2.17（b）右侧点划线所框部分。

进一步，可以得到图 2.17（c）所示的由标准积分器组成的等效方框图。

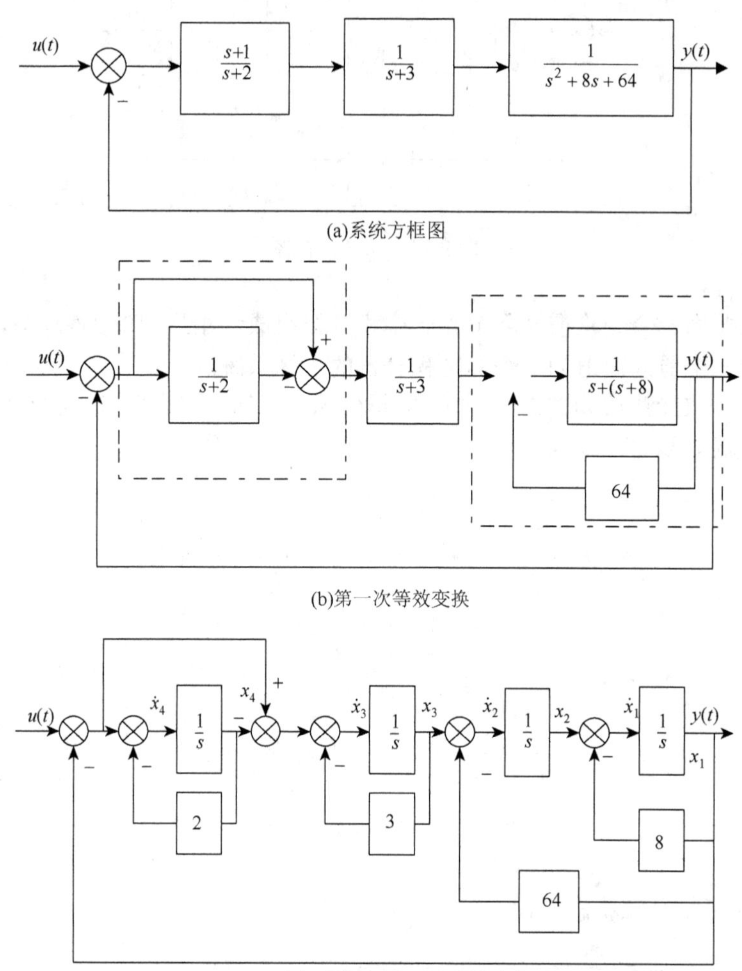

(c)由标准积分器组成的等效方框图

图 2.17　系统方框图、等效变换及等效方框图

依次取各个积分器的输出端信号为系统状态变量 x_1、x_2、x_3、x_4。由图 2.17（c）可得系统状态方程：

$$\begin{cases}\dot{x}_1 = -8x_1 + x_2 \\ \dot{x}_2 = -64x_1 + x_3 \\ \dot{x}_3 = -x_1 - 3x_3 - x_4 + u \\ \dot{x}_4 = -x_1 - 2x_4 + u\end{cases}$$

由图 2.17 可知，系统输出 $y = x_1$。

写成矢量形式，得到系统的状态空间表达式：

$$\begin{cases}\dot{X}=\begin{bmatrix}-8 & 1 & 0 & 0\\ -64 & 0 & 1 & 0\\ -1 & 0 & -3 & -1\\ -1 & 0 & 0 & -2\end{bmatrix}X+\begin{bmatrix}0\\0\\1\\1\end{bmatrix}u\\ y=\begin{bmatrix}1 & 0 & 0 & 0\end{bmatrix}X\end{cases}$$

【例 2.11】　试求图 2.18 所示系统的模拟结构图，并建立其状态空间表达式。

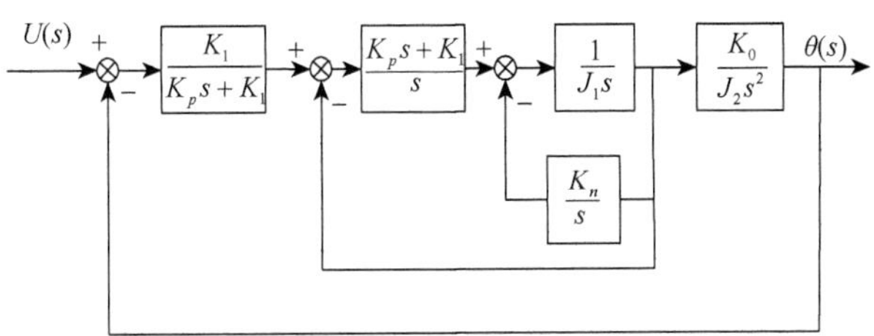

图 2.18　系统的模拟结构图

解　系统的模拟结构图如图 2.19 所示。

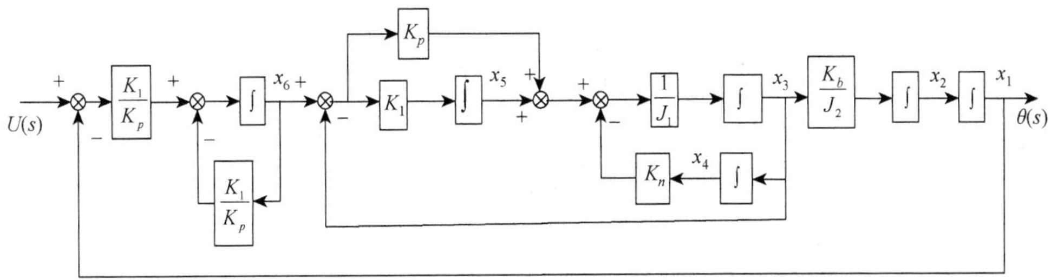

图 2.19　双输入双输出系统模拟图

系统的状态方程如下：

$$\dot{x}_1=x_2$$

$$\dot{x}_2=\frac{K_b}{J_2}x_3$$

$$\dot{x}_3=-\frac{K_p}{J_1}x_3-\frac{K_n}{J_1}x_4+\frac{1}{J_1}x_5+\frac{K_p}{J_1}x_6$$

$$\dot{x}_4=x_3$$

$$\dot{x}_5=-K_1x_3+K_1X_6$$

$$\dot{x}_6=-\frac{K_1}{K_p}x_1-\frac{K_1}{K_p}x_6+\frac{K_1}{K_p}u$$

令 $\theta(s)=y$，则 $y=x_1$，所以，系统的状态空间表达式及输出方程表达式分别为

$$\begin{cases}\begin{bmatrix}\dot{x}_1\\\dot{x}_2\\\dot{x}_3\\\dot{x}_4\\\dot{x}_5\\\dot{x}_6\end{bmatrix}=\begin{bmatrix}0&1&0&0&0&0\\0&0&\dfrac{K_b}{J_2}&0&0&0\\0&0&-\dfrac{K_p}{J_1}&-\dfrac{K_n}{J_1}&\dfrac{1}{J}&\dfrac{K_p}{J_1}\\0&0&1&0&0&0\\0&0&-K_1&0&0&K_1\\-\dfrac{K_1}{K_p}&0&0&0&0&-\dfrac{K_1}{K_p}\end{bmatrix}\begin{bmatrix}x_1\\x_2\\x_3\\x_4\\x_5\\x_6\end{bmatrix}+\begin{bmatrix}0\\0\\0\\0\\0\\\dfrac{K_1}{K_p}\end{bmatrix}U\\ y=\begin{bmatrix}1&0&0&0&0&0\end{bmatrix}\begin{bmatrix}x_1\\x_2\\x_3\\x_4\\x_5\\x_6\end{bmatrix}\end{cases}\tag{2.15}$$

对于含有零点的系统，如图 2.20 所示。

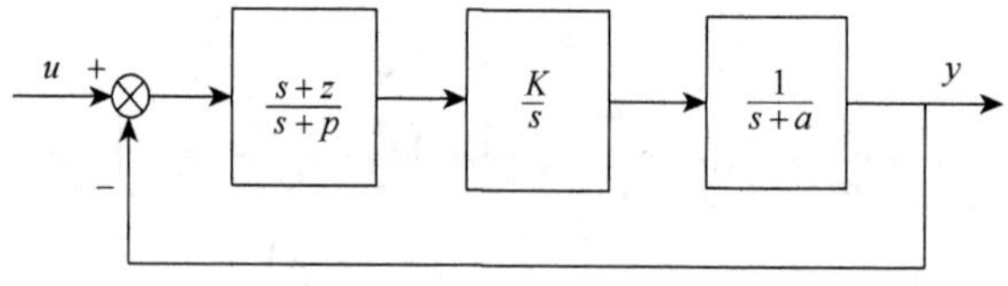

图 2.20　含有零点的系统

令 $\dfrac{s+z}{s+p}=1+\dfrac{z-p}{s+p}$，则有

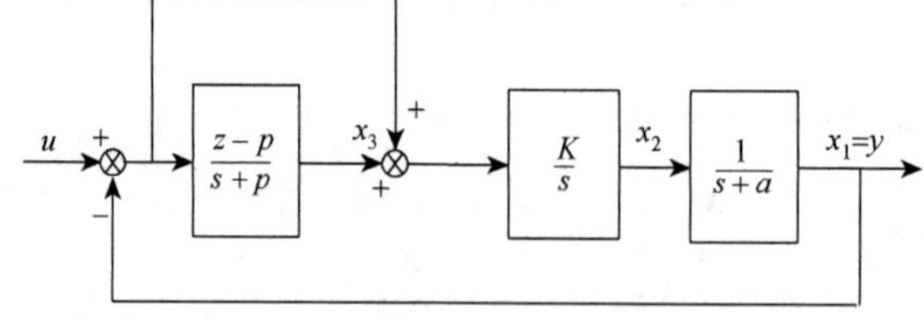

图 2.21　整理后的不带零点的系统

从而得到系统的模拟结构图，如图 2.22 所示。

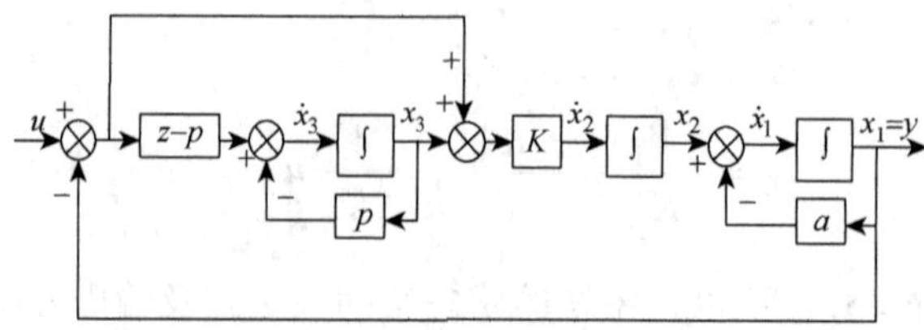

图 2.22　系统的模拟结构图

进一步整理可得系统的状态空间表达式：

$$\begin{cases}\dot{X}=\begin{bmatrix}-a & 1 & 0\\ -K & 0 & K\\ -(z-p) & 0 & -p\end{bmatrix}\begin{bmatrix}x_1\\ x_2\\ x_3\end{bmatrix}+\begin{bmatrix}0\\ K\\ z-p\end{bmatrix}U\\ y=\begin{bmatrix}1 & 0 & 0\end{bmatrix}\begin{bmatrix}x_1\\ x_2\\ x_3\end{bmatrix}\end{cases} \tag{2.16}$$

2.3.3　由控制系统微分方程（传递函数）建立状态空间表达式

考虑一个单变量线性定常系统，它的运动方程是 n 阶线性常系数微分方程：

$$y^{(n)}+a_{n-1}y^{(n-1)}+\cdots+a_1\dot{y}+a_0y=b_mu^{(m)}+b_{m-1}u^{(m-1)}+\cdots+b_1\dot{u}+b_0u \tag{2.17}$$

相应的传递函数为

$$W(s)=\frac{Y(s)}{U(s)}=\frac{b_ms^m+b_{m-1}s^{m-1}+\cdots+b_1s+b_0}{s^n+a_{n-1}s^{n-1}+\cdots+a_1s+a_0},\quad m\leqslant n \tag{2.18}$$

此时，该系统期望的状态空间表达式是

$$\begin{cases}\dot{X}=AX+BU\\ Y=CX+DU\end{cases} \tag{2.19}$$

值得注意的是，并非任意的微分方程或传递函数都能建立相应的状态空间表达式，必须要满足 $m\leqslant n$ 时才能得到。当 $m<n$ 时，输出方程中的 $d=0$；当 $m=n$ 时，$d=b_m\neq 0$，此时系统的传递函数可以写为

$$W(s)=\frac{Y(s)}{U(s)}=b_m+\frac{(b_{m-1}-a_{n-1}b_m)s^{n-1}+(b_{m-2}-a_{n-2}b_m)s^{n-2}+\cdots+(b_0-a_0b_m)}{s^n+a_{n-1}s^{n-1}+\cdots+a_1s+a_0} \tag{2.20}$$

即输出含有与输入直接关联的项。

无论是系统的微分方程还是相应的传递函数，对于一个系统从其传递函数可以求得的 A、B、C、D 可以取很多种形式，因而相应的状态空间表达式也并不唯一，这也是状态方程的多样性。与此同时，尽管系统的数学表现形式多种多样，但是只要系统传递函数中的分子分母不存在对消现象，那么 n 阶系统必有 n 个独立状态变量。虽然通过非奇异变化，系统矩阵 A 的元素可以取值不同，但其特征方程必有相同的特征根。

当 $m<n$ 时，称系统为严格正常型；当 $m=n$ 时，称系统为正常型；当 $m>n$ 时，称系统为非正常型，这是不能实现的系统，所以一般假定 $m\leqslant n$。

由系统的传递函数求其状态空间表达式的过程称为系统的实现问题，传递函数只是表达系统输出与输入的关系，却没有表明系统内部的结构，而状态空间表达式却可以完整地表明系统内部的结构，有了系统的状态空间表达式，就可以唯一地模拟实现该系统。系统的实现是非唯一的，一般有直接分解法、串联法和并联法三种。

1. 传递函数中没有零点

当传递函数中没有零点，即系统的输入 u 不存在导数项时，系统的微分方程可以写为

$$y^{(n)}+a_{n-1}y^{(n-1)}+\cdots+a_1\dot{y}+a_0y=b_0u \tag{2.21}$$

对应的传递函数为

$$G(s)=\frac{Y(s)}{U(s)}=\frac{b_0}{s^n+a_{n-1}s^{n-1}+\cdots+a_1s+a_0},\quad m\leqslant n \tag{2.22}$$

对其中分母部分做如下处理：

$$\begin{aligned}&s^n+a_{n-1}s^{n-1}+\cdots+a_1s+a_0\\=&(s^n+a_{n-1}s^{n-1}+\cdots+a_1s)+a_0\\=&s(s^{n-1}+a_{n-1}s^{n-2}+\cdots+a_1)+a_0\\&\vdots\\=&s\{\cdots s[s(s+a_{n-1})+a_{n-2}]+a_{n-3}\cdots\}+a_0\end{aligned}$$

基于此，对系统的传递函数建立其模拟结构图如图 2.23 所示。

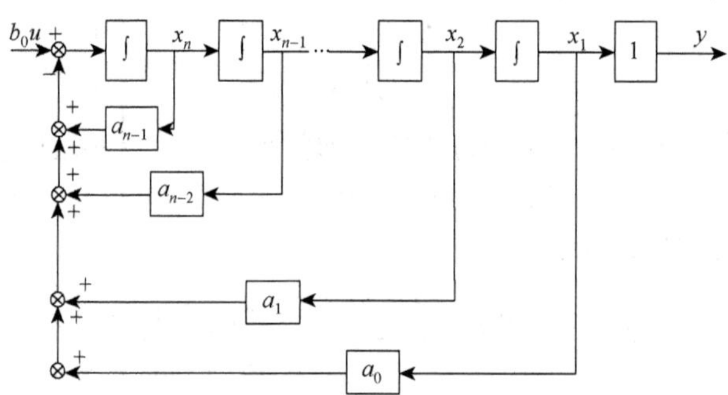

图 2.23　系统的传递函数模拟结构图

取图 2.23 中每个积分器的输出为状态变量，容易得到系统的状态方程为

$$\begin{aligned}&\dot{x}_1=x_2\\&\dot{x}_2=x_3\\&\quad\vdots\\&\dot{x}_{n-1}=x_n\\&\dot{x}_n=-a_0x_1-a_1x_2-\cdots-a_{n-2}x_{n-1}-a_{n-1}x_n+b_0u\end{aligned}$$

输出方程为

$$y=x_1$$

整理成矩阵形式，最终可得

$$
\begin{cases}
\begin{bmatrix} \dot{x}_1 \\ \dot{x}_2 \\ \vdots \\ \dot{x}_{n-1} \\ \dot{x}_n \end{bmatrix} = \begin{bmatrix} 0 & 1 & 0 & \cdots & 0 \\ 0 & 0 & 1 & \cdots & 0 \\ \vdots & \vdots & \vdots & & \vdots \\ 0 & 0 & 0 & \cdots & 1 \\ -a_0 & -a_1 & -a_2 & \cdots & -a_{n-1} \end{bmatrix} \begin{bmatrix} x_1 \\ x_2 \\ \vdots \\ x_{n-1} \\ x_n \end{bmatrix} + \begin{bmatrix} 0 \\ 0 \\ \vdots \\ 0 \\ b_0 \end{bmatrix} U \\
y = [1 \quad 0 \quad 0 \quad \cdots \quad 0] \begin{bmatrix} x_1 \\ x_2 \\ \vdots \\ x_{n-1} \\ x_n \end{bmatrix}
\end{cases} \tag{2.23}
$$

可见，此时系统的系统矩阵 A 主对角线上方的元素均为 1；最后一行的元素是系统特征方程按升幂排列时各项系数的相反数；其余元素均为零。

【例 2.12】　已知系统的微分方程为

$$\dddot{y} + \ddot{y} + 4\dot{y} + 5y = 3u$$

列写其状态方程和输出方程。

解　选择状态变量 $y = x_1$、 $\dot{y} = x_2$、 $\ddot{y} = x_3$，则有

$$
\begin{cases}
\dot{x}_1 = x_2 \\
\dot{x}_2 = x_3 \\
\dot{x}_3 = -5x_1 - 4x_2 - x_3 + 3u \\
y = x_1
\end{cases}
$$

状态空间表达式为

$$
\begin{bmatrix} \dot{x}_1 \\ \dot{x}_2 \\ \dot{x}_3 \end{bmatrix} = \begin{bmatrix} 0 & 1 & 0 \\ 0 & 0 & 1 \\ -5 & -4 & -1 \end{bmatrix} \begin{bmatrix} x_1 \\ x_2 \\ x_3 \end{bmatrix} + \begin{bmatrix} 0 \\ 0 \\ 3 \end{bmatrix} U
$$

$$
y = [1 \quad 0 \quad 0] \begin{bmatrix} x_1 \\ x_2 \\ x_3 \end{bmatrix}
$$

2. 传递函数中有零点

当传递函数中有零点时，即系统的输入 u 存在导数项，此时系统的微分方程可以写为

$$y^{(n)} + a_{n-1}y^{(n-1)} + \cdots + a_1\dot{y} + a_0 y = b_m u^{(m)} + b_{m-1}u^{(m-1)} + \cdots + b_1\dot{u} + b_0 u$$

对应的传递函数为

$$W(s) = \frac{Y(s)}{U(s)} = \frac{b_m s^m + b_{m-1}s^{m-1} + \cdots + b_1 s + b_0}{s^n + a_{n-1}s^{n-1} + \cdots + a_1 s + a_0}, \quad m \leqslant n \tag{2.24}$$

此时要建立对应的状态方程关键在于要使状态方程中不包含输入 u 的倒数项。为了方便说明，又不失一般性，以三阶系统为例，找出其规律，并将结论推广到 n 阶系统。

设已知系统的传递函数为

$$W(s)=\frac{Y(s)}{U(s)}=\frac{b_3s^3+b_2s^2+b_1s+b_0}{s^3+a_2s^2+a_1s+a_0},\quad m=n=3 \tag{2.25}$$

因为$n=m$，所以将该传递函数进一步化为有理真分式：

$$W(s)=\frac{Y(s)}{U(s)}=b_3+\frac{(b_2-a_2b_3)s^2+(b_1-a_1b_3)s+(b_0-a_0b_3)}{s^3+a_2s^2+a_1s+a_0}$$

等式两边同乘以$U(s)$，得

$$Y(s)=b_3U(s)+\left[(b_2-a_2b_3)s^2+(b_1-a_1b_3)s+(b_0-a_0b_3)\right]\frac{U(s)}{s^3+a_2s^2+a_1s+a_0}$$

令

$$Y_1(s)=\frac{U(s)}{s^3+a_2s^2+a_1s+a_0}$$

则上式可以化简为

$$Y(s)=b_3U(s)+[(b_2-a_2b_3)s^2+(b_1-a_1b_3)s+(b_0-a_0b_3)]Y_1(s)$$

对上式进行拉普拉斯逆变换，可得

$$y=b_3u+(b_2-a_2b_3)\ddot{y}_1+(b_1-a_1b_3)\dot{y}_1+(b_0-a_0b_3)y_1$$

据此，可得系统模拟结构图如图 2.24 所示。

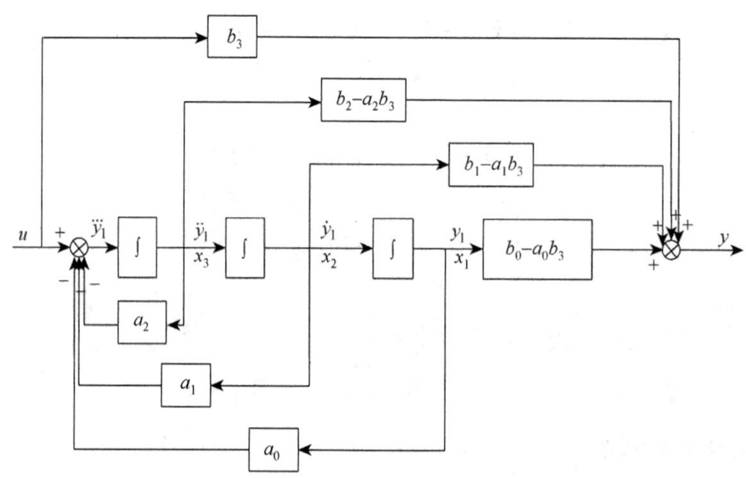

图 2.24　系统模拟结构图

把每个积分器的输出作为系统的状态变量，即

$$\begin{cases}x_1=y_1\\x_2=\dot{y}_1\\x_3=\ddot{y}_1\end{cases}\quad\Rightarrow\quad\begin{cases}\dot{x}_1=\dot{y}_1=x_2\\\dot{x}_2=\ddot{y}_1=x_3\\\dot{x}_3=\dddot{y}_1\end{cases}$$

整理后可得系统的状态空间表达式：

$$\dot{x}_1 = x_2$$
$$\dot{x}_2 = x_3$$
$$\dot{x}_3 = -a_0 x_1 - a_1 x_2 - a_2 x_3 + u$$
$$y = (b_0 - a_0 b_3)x_1 + (b_1 - a_1 b_3)x_2 + (b_2 - a_2 b_3)x_3 + b_3 u$$

写成矩阵形式：

$$\begin{bmatrix} \dot{x}_1 \\ \dot{x}_2 \\ \dot{x}_3 \end{bmatrix} = \begin{bmatrix} 0 & 1 & 0 \\ 0 & 0 & 1 \\ -a_0 & -a_1 & -a_2 \end{bmatrix} \begin{bmatrix} x_1 \\ x_2 \\ x_3 \end{bmatrix} + \begin{bmatrix} 0 \\ 0 \\ 1 \end{bmatrix} U \tag{2.26}$$

$$y = \begin{bmatrix} (b_0 - a_0 b_3) & (b_1 - a_1 b_3) & (b_2 - a_2 b_3) \end{bmatrix} \begin{bmatrix} x_1 \\ x_2 \\ x_3 \end{bmatrix} + b_3 u \tag{2.27}$$

推广到 n 阶系统，可知

$$\begin{cases} \begin{bmatrix} \dot{x}_1 \\ \dot{x}_2 \\ \vdots \\ \dot{x}_{n-1} \\ \dot{x}_n \end{bmatrix} = \begin{bmatrix} 0 & 1 & 0 & \cdots & 0 \\ 0 & 0 & 1 & \cdots & 0 \\ \vdots & \vdots & \vdots & & \vdots \\ 0 & 0 & 0 & \cdots & 1 \\ -a_0 & -a_1 & -a_2 & \cdots & -a_{n-1} \end{bmatrix} \begin{bmatrix} x_1 \\ x_2 \\ \vdots \\ x_{n-1} \\ x_n \end{bmatrix} + \begin{bmatrix} 0 \\ 0 \\ \vdots \\ 0 \\ 1 \end{bmatrix} U \\ y = \begin{bmatrix} (b_0 - a_0 b_n) & (b_1 - a_1 b_n) & \cdots & (b_{n-2} - a_{n-2} b_n) & (b_{n-1} - a_{n-1} b_n) \end{bmatrix} \begin{bmatrix} x_1 \\ x_2 \\ \vdots \\ x_{n-1} \\ x_n \end{bmatrix} + b_n u \end{cases} \tag{2.28}$$

【例 2.13】　已知系统的微分方程为

$$2\dddot{y} + 3\dot{y} = \ddot{u} - u$$

试列写出它的状态空间表达式。

解　采用拉普拉斯变换法求取题设方程的状态空间表达式。对微分方程在零初始条件下取拉普拉斯变换得

$$2s^3 Y(s) + 3sY(s) = s^2 U(s) - U(s)$$

$$\frac{Y(s)}{U(s)} = \frac{s^2 - 1}{2s^3 + 3s} = \frac{\frac{1}{2}s^2 - \frac{1}{2}}{s^3 + \frac{3}{2}s}$$

由式（2.28）可直接求得系统状态空间表达式为

$$\begin{bmatrix} \dot{x}_1 \\ \dot{x}_2 \\ \dot{x}_3 \end{bmatrix} = \begin{bmatrix} 0 & 1 & 0 \\ 0 & 0 & 1 \\ 0 & -\frac{3}{2} & 0 \end{bmatrix} \begin{bmatrix} x_1 \\ x_2 \\ x_3 \end{bmatrix} + \begin{bmatrix} 0 \\ 0 \\ 1 \end{bmatrix} U$$

$$y=\begin{bmatrix}-\frac{1}{2} & 0 & \frac{1}{2}\end{bmatrix}\begin{bmatrix}x_1\\x_2\\x_3\end{bmatrix}$$

【例 2.14】 已知下列传递函数，试用直接分解法建立其状态空间表达式。

$$W(s)=\frac{s^3+s+1}{s^3+6s^2+11s+6}$$

解 由式（2.28）直接求得其状态空间表达式为

$$\begin{bmatrix}\dot{x}_1\\\dot{x}_2\\\dot{x}_3\end{bmatrix}=\begin{bmatrix}0 & 1 & 0\\0 & 0 & 1\\-6 & -11 & -6\end{bmatrix}\begin{bmatrix}x_1\\x_2\\x_3\end{bmatrix}+\begin{bmatrix}0\\0\\1\end{bmatrix}U$$

$$y=[-6 \quad -11 \quad -6]\begin{bmatrix}x_1\\x_2\\x_3\end{bmatrix}+u$$

以上就是系统实现的直接分解法。

不失一般性地，假设 $m=n$，则 $W(s)=\frac{Y(s)}{U(s)}=b_n+\frac{b'_{n-1}s^{n-1}+b'_{n-2}s^{n-2}+\cdots+b'_1\ s+b'_0}{s^n+a_{n-1}s^{n-1}+\cdots+a_1s+a_0}$

式中，$b'_i=b_i-b_na_i\ (i=0,1,2,\cdots,n-1)$

令

$$Y_1(s)=\frac{1}{s^n+a_{n-1}s^{n-1}+\cdots+a_1s+a_0}U(\mathrm{s})$$

则

$$Y(s)=b_nU(\mathrm{s})+(b'_{n-1}s^{n-1}+b'_{n-2}s^{n-2}+\cdots+b'_1\ s+b'_0\ )Y_1(\mathrm{s})$$

将上述式子作拉普拉斯逆变换，得

$$y(t)=b_nu+b'_{n-1}y^{(n-1)}+b'_{(n-2)}y_1^{(n-2)}+\cdots+b'_1\ y_1^{(1)}+b'_0\ y_1$$

选择状态变量如下：

$$\begin{cases}x_1=y_1\\x_2=y_1^{(1)}=\dot{x}_1\\x_3=y_1^{(2)}=\dot{x}_2\\\quad\vdots\\x_n=y_1^{(n-1)}=\dot{x}_{n-1}\end{cases}$$

即

$$\begin{cases}\dot{x}_1=x_2\\\dot{x}_2=x_3\\\dot{x}_3=x_4\\\quad\vdots\\\dot{x}_n=y_1^{(n)}\end{cases}$$

关于 $\dot{x}_n$，由式 $Y_1(s)=\dfrac{1}{s^n+a_{n-1}s^{n-1}+\cdots+a_1s+a_0}U(s)$ 可得

$$\begin{aligned}\dot{x}_n=y_1^{(n)}&=-a_0y_1-a_1y_1^{(1)}-\cdots-a_{n-1}y_1^{(n-1)}+u(t)\\&=-a_0x_1-a_1x_2-\cdots-a_{n-1}x_{n-1}+u(t)\end{aligned}$$

所以得到系统状态方程为

$$\begin{cases}\dot{x}_1=x_2\\\dot{x}_2=x_3\\\dot{x}_3=x_4\\\quad\vdots\\\dot{x}_{n-1}=x_n\\\dot{x}_n=-a_0x_1-a_1x_2-\cdots-a_{n-1}x_{n-1}+u(t)\end{cases}$$

至于系统的输出 y，由式 $y(t)=b_nu+b'_{n-1}y_1^{(n-1)}+b'_{n-2}y_1^{(n-2)}+\cdots+b'_1y_1^{(1)}+b'_0y_1$ 可得

$$y=b_nu+b'_0x_1+b'_1x_2+\cdots+b'_{n-1}x_n$$

写成矢量形式，得系统的状态空间表达式：

$$\begin{cases}\dot{X}=\begin{bmatrix}0&1&0&\cdots&0\\0&0&1&\cdots&0\\\vdots&\vdots&\vdots&&\vdots\\0&0&0&\cdots&1\\-a_0&-a_1&-a_2&\cdots&-a_{n-1}\end{bmatrix}X+\begin{bmatrix}0\\0\\\vdots\\0\\1\end{bmatrix}u\\Y=\begin{bmatrix}b'_0&b'_1&\cdots&b'_{n-1}\end{bmatrix}X+b_nu\end{cases}$$

上式所代表的系统实现的结构图如图 2.25 所示。这种系统的实现称为能控规范型（Ⅰ型）实现，关于能控型将在后续章节介绍。

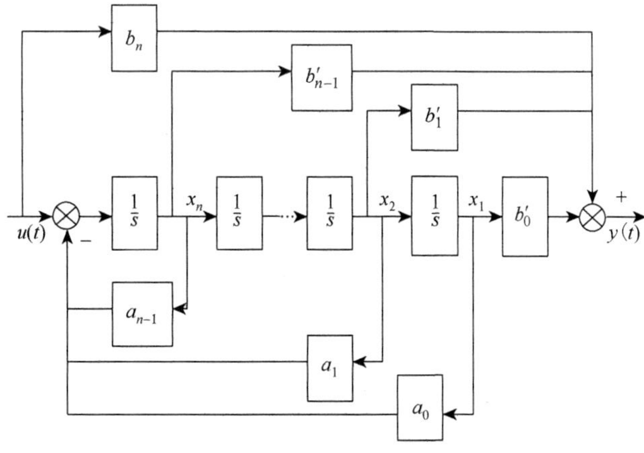

图 2.25　传递函数的直接法实现结构图

注意：当 $m<n$ 时，$b_n=0$，$b'_i=b_i(i=0,1,2,\cdots,m)$，这时直接可以从传递函数分子、

分母多项式的系数写出。当 $m=0$，即系统没有零点时，上述实现方法中系统状态变量就是输出变量的各阶导数 $y^{(0)},y^{(1)},y^{(2)},\cdots,y^{(n-1)}$。在通常的低阶物理系统中，上述各状态变量的物理意义非常明确，如位移、速度、加速度。

【例 2.15】 利用直接分解法，建立下列传递函数的状态空间表达式。

$$W(s)=\frac{2s+6}{s^3+4s^2+5s+2}$$

解 $W(s)=\dfrac{Y(s)}{U(s)}=\dfrac{2s+6}{s^3+4s^2+5s+2}\Rightarrow Y(s)=\dfrac{2s+6}{s^3+4s^2+5s+2}U(s)$

令

$$Y_1(s)=\frac{2s+6}{s^3+4s^2+5s+2}U(s)\Rightarrow Y(s)=(2s+6)Y_1(s)$$

对上述二式分别取拉普拉斯逆变换，得

$$y=2\dot{y}_1+6y_1$$
$$\dddot{y}_1=4\ddot{y}_1+5\dot{y}_1+2y_1=u$$

选取状态变量为

$$\begin{cases}x_1=y_1\\x_2=y_1^{(1)}=\dot{x}_1\\x_3=y_1^{(2)}=\dot{x}_2\end{cases}$$

即

$$\begin{cases}\dot{x}_1=x_2\\\dot{x}_2=x_3\\\dot{x}_3=y_1^{(3)}=u-2x_1-5x_2-4x_3\end{cases}$$

输出方程为

$$y=2\dot{y}_1+6y_1=6x_1+2x_2$$

写成矩阵方程为

$$\begin{cases}\dot{X}=\begin{bmatrix}0&1&0\\0&0&1\\-2&-5&-4\end{bmatrix}X+\begin{bmatrix}0\\0\\1\end{bmatrix}u\\Y=\begin{bmatrix}6&2&0\end{bmatrix}X\end{cases}$$

此例状态空间表达式也可以直接由传递函数的分子、分母多项式的系数写出。

3. 传递函数的串联实现

若传递函数为两多项式相除形式，则分子多项式（numerator）为

$$\text{Num}=b_ms^m+b_{m-1}s^{m-1}+\cdots+b_1s+b_0$$

分母多项式（denomirator）为

$$\text{Den}=s^n+a_{n-1}s^{n-1}+\cdots+a_1s+a_0$$

如果 $z_1, z_2, \cdots, z_m$ 为 $W(s)$的 m 个零点，$p_1, p_2, \cdots, p_n$ 为 $G(s)$的 n 个极点，那么 $W(s)$可以表示为

$$\begin{aligned} W(s) &= \frac{b_m(s-z_1)(s-z_2)\cdots(s-z_m)}{(s-p_1)(s-p_2)\cdots(s-p_n)} \\ &= \frac{s-z_1}{s-p_1}\cdot\frac{s-z_2}{s-p_2}\cdots\cdots\frac{s-z_m}{s-p_m}\cdot\frac{b_m}{s-p_{m+1}}\cdots\cdots\frac{1}{s-p_n} \end{aligned}$$

所以系统的实现可以由 $\frac{s-z_1}{s-p_1}, \frac{s-z_2}{s-p_2}, \cdots, \frac{1}{s-p_n}$ 共 n 个环节串联而成，如图 2.26（a）所示。

对于第一个环节，由于

$$\frac{s-z_1}{s-p_1} = 1 + \frac{p_1-z_1}{s-p_1} = 1 + (p_1-z_1)\cdot\frac{\frac{1}{s}}{1-p_1\frac{1}{s}}$$

其结构图如图 2.26（b）中虚框所示。其他环节可类似地等效变换，所以可以得图 2.26（b）所示的只由标准积分器和放器、加法器组成的等效方框图。

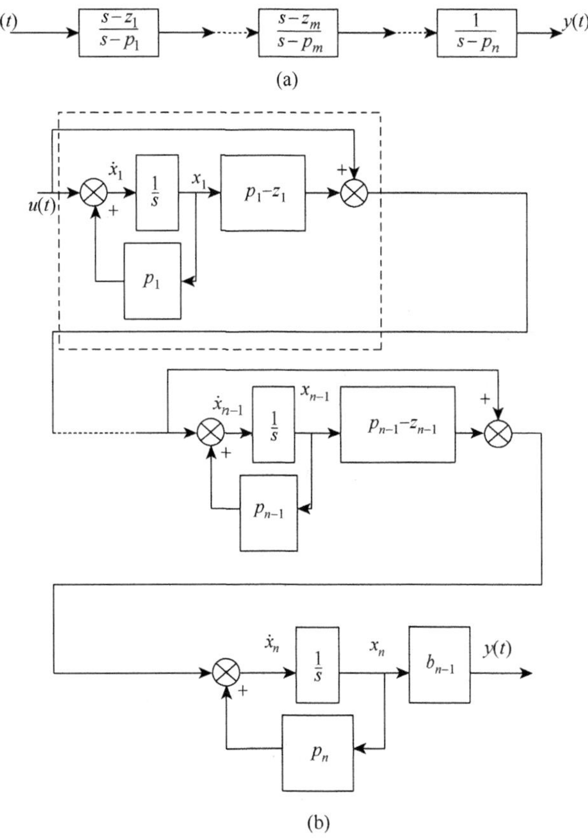

图 2.26　串联实现结构图（$m=n-1$）

若令各个积分器的输出为系统状态变量，则得系统状态方程为

$$\begin{cases}\dot{x}=p_1x_1+u\\ \dot{x}_2=(p_1-z_1)x_1+p_2x_2+u\\ \qquad\vdots\\ \dot{x}_n=(p_1-z_1)x_1+(p_2-z_2)x_2+\cdots+(p_{n-1}-z_{n-1})x_{n-1}+p_nx_n+u\end{cases}$$

$$y=b_mx_n=b_{n-1}x_n,\quad m=n-1$$

写成矢量形式为

$$\begin{cases}\dot{X}=\begin{bmatrix}p_1 & 0 & 0 & \cdots & 0\\ p_1-z_1 & p_2 & 0 & \cdots & 0\\ p_1-z_1 & p_2-z_2 & p_3 & \cdots & 0\\ \vdots & \vdots & \vdots & & \vdots\\ p_1-z_1 & p_2-z_2 & p_3-z_3 & \cdots & p_n\end{bmatrix}X+\begin{bmatrix}1\\1\\1\\ \vdots\\1\end{bmatrix}u\\ y=\begin{bmatrix}0 & 0 & \cdots & 0 & b_{n-1}\end{bmatrix}X\end{cases}$$

$$y=b_mx_n=b_{n-1}x_n,\quad m=n-1$$

【例 2.16】 已知 $W(s)=\dfrac{b_0}{(s-\lambda_1)(s-\lambda_2)\cdots(s-\lambda_n)}$，求其串联实现。

解 $W(s)=\dfrac{1}{s-\lambda_1}\cdot\dfrac{1}{s-\lambda_2}\cdot\cdots\cdots\dfrac{1}{s-\lambda_n}\cdot b_0$

其串联实现结构图如图 2.27 所示。

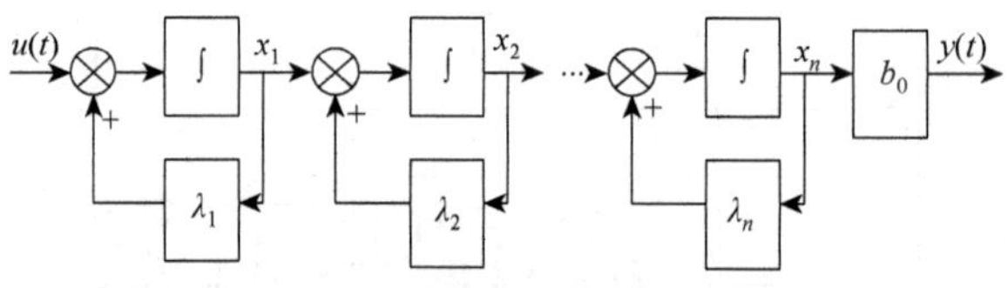

图 2.27 串联实现结构图

从图 2.27 可知

$$\begin{cases}\dot{x}_1=\lambda_1x_1+u\\ \dot{x}_2=\lambda_2x_2+x_1\\ \qquad\vdots\\ \dot{x}_n=\lambda_nx_n+x_{n-1}\end{cases}$$

$$y=b_0x_n$$

矢量形式为

$$
\begin{cases}
\dot{X} = \begin{bmatrix} \lambda_1 & 0 & \cdots & 0 & 0 \\ 1 & \lambda_2 & \cdots & 0 & 0 \\ \vdots & \vdots & & \vdots & \vdots \\ 0 & 0 & \cdots & \lambda_{n-1} & 0 \\ 0 & 0 & \cdots & 1 & \lambda_n \end{bmatrix} X + \begin{bmatrix} 1 \\ 0 \\ 0 \\ \vdots \\ 0 \end{bmatrix} u \\
Y = \begin{bmatrix} 0 & 0 & \cdots & 0 & b_0 \end{bmatrix} X
\end{cases}
$$

4. 传递函数的并联实现

系统传递函数：

$$W(s) = \frac{Y(s)}{U(s)} = \frac{b_m s^m + b_{m-1} s^{m-1} + \cdots + b_1 s + b_0}{s^n + a_{n-1} s^{n-1} + \cdots + a_1 s + a_0}, \quad m<n$$

式中，$s^n + a_{n-1}s^{n-1} + \cdots + a_1 s + a_0 = 0$ 为系统的特征方程。

1）有互异根的情况

当特征方程有 n 个不相等的特征根时，$W(s)$可以分解为 n 个分式之和，即

$$W(s) = \frac{Y(s)}{U(s)} = \frac{c_1}{s-p_1} + \frac{c_2}{s-p_2} + \cdots + \frac{c_n}{s-p_n} = \sum_{i=1}^{n} \frac{c_i}{s-p_i}$$

式中，$c_i = \lim\limits_{s \to p_i} (s-p_i) W(s)$，称为系统对应极点 p_i 的留数。

$$Y(s) = \frac{c_1}{s-p_1} U(s) + \frac{c_2}{s-p_2} U(s) + \cdots + \frac{c_n}{s-p_n} U(s) = \sum_{i=1}^{n} \frac{c_i}{s-p_i} U(s)$$

从图 2.28 可得系统的状态方程为

$$
\begin{cases}
\dot{x}_1 = p_1 x_1 + u \\
\dot{x}_2 = p_2 x_2 + u \\
\quad\vdots \\
\dot{x}_n = p_n x_n + u
\end{cases}
$$

输出方程为

$$y = c_1 x_1 + c_2 x_2 + \cdots + c_n x_n$$

写成矢量形式为

$$
\begin{cases}
\dot{X} = \begin{bmatrix} p_1 & 0 & \cdots & 0 \\ 0 & p_2 & \cdots & 0 \\ \vdots & \vdots & & \vdots \\ 0 & 0 & \cdots & p_n \end{bmatrix} X + \begin{bmatrix} 1 \\ 1 \\ \vdots \\ 1 \end{bmatrix} u \\
y = \begin{bmatrix} c_1 & c_2 & \cdots & c_n \end{bmatrix} X
\end{cases}
$$

系统矩阵 A 为对角标准型。

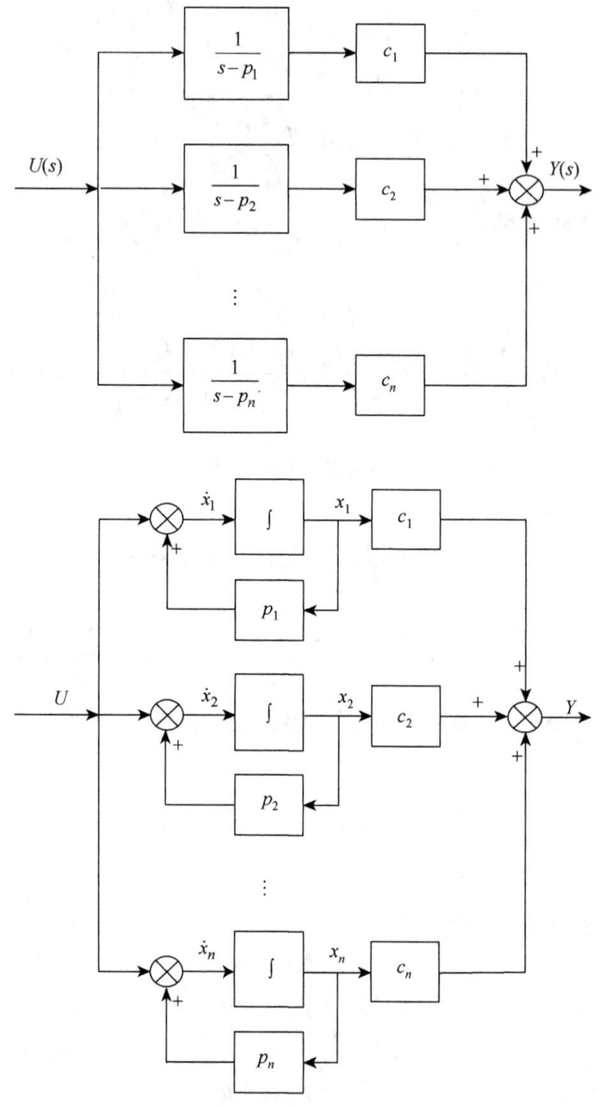

图 2.28 并联实现（无重根）

2）有重根的情况

当上述 $W(s)$的特征方程有重根时，不失一般性地，假设

$$\mathrm{Den}(s)=s^n+a_{n-1}s^{n-1}+\cdots+a_1s+a_0=(s-p_1)^q(s-p_{q+1})\cdots(s-p_n)$$

即 $s=p_1$ 为 q 重根，其他为单根。这时，$W(s)$可以分解为

$$W(s)=\frac{Y(s)}{U(s)}=\frac{c_{11}}{s-p_1}+\frac{c_{12}}{(s-p_1)^2}+\cdots+\frac{c_{1q}}{(s-p_1)^q}+\frac{c_{q+1}}{s-p_{q+1}}+\cdots+\frac{c_n}{s-p_n}$$

式中，

$$c_{1i}=\frac{1}{(q-i)!}\lim_{s\to p_1}\frac{\mathrm{d}^{q-i}}{\mathrm{d}s^{q-i}}[(s-p_1)^q W(s)]\text{，}\quad i=1,2,\cdots,q$$

$$c_j=\lim_{s\to p_j}[(s-p_j)W(s)]\text{，}\quad j=q+1,q+2,\cdots,n$$

$$Y(s)=\frac{c_{11}}{s-p_1}U(s)+\frac{c_{12}}{(s-p_1)^2}U(s)+\cdots+\frac{c_{1q}}{(s-p_1)^q}U(s)+\frac{c_{q+1}}{s-p_{q+1}}U(s)+\cdots+\frac{c_n}{s-p_n}U(s)$$

上式可以用图 2.29 所示方框图表示，取图中每个积分器输出为状态变量，则有

$$\begin{cases}\dot{x}_1=p_1x_1+x_2\\ \dot{x}_2=p_1x_2+x_3\\ \quad\vdots\\ \dot{x}_{q-1}=p_1x_{q-1}+x_q\\ \dot{x}_q=p_1x_q+u\\ \quad\vdots\\ \dot{x}_n=p_nx_n+u\end{cases}$$

$$y=c_{1q}x_1+c_{1(q-1)}x_2+\cdots+c_{11}x_q+c_{q+1}x_{q+1}+\cdots+c_nx_n$$

矢量形式为

$$\begin{bmatrix}\dot{x}_1\\ \dot{x}_2\\ \vdots\\ \dot{x}_{q-1}\\ \dot{x}_q\\ \dot{x}_{q+1}\\ \vdots\\ \dot{x}_n\end{bmatrix}=\begin{bmatrix}p_1 & 1 & \cdots & \cdots & 0 & 0 & 0 & \cdots & 0\\ 0 & p_1 & \cdots & \cdots & 0 & 0 & 0 & \cdots & 0\\ \vdots & \vdots & & & \vdots & \vdots & \vdots & & \vdots\\ 0 & 0 & \cdots & p_1 & 1 & 0 & 0 & \cdots & 0\\ 0 & 0 & \cdots & 0 & p_1 & 0 & 0 & \cdots & 0\\ 0 & 0 & \cdots & 0 & 0 & p_{q+1} & 0 & \cdots & 0\\ 0 & 0 & \cdots & 0 & 0 & 0 & p_{q+2} & \cdots & 0\\ \vdots & \vdots & & \vdots & \vdots & \vdots & \vdots & & \vdots\\ 0 & 0 & \cdots & 0 & 0 & 0 & 0 & \cdots & p_n\end{bmatrix}\begin{bmatrix}x_1\\ x_2\\ \vdots\\ x_{q-1}\\ x_q\\ x_{q+1}\\ \vdots\\ x_n\end{bmatrix}+\begin{bmatrix}0\\ 0\\ \vdots\\ 0\\ 1\\ 1\\ \vdots\\ 1\end{bmatrix}u$$

$$y=[c_{1q}\quad c_{1(q-1)}\quad \cdots c_{11}\quad c_{q+1}\quad \cdots c_n]\begin{bmatrix}x_1\\ x_2\\ \vdots\\ x_{q-1}\\ x_q\\ x_{q+1}\\ \vdots\\ x_n\end{bmatrix}$$

系统矩阵 A 为约旦标准型。

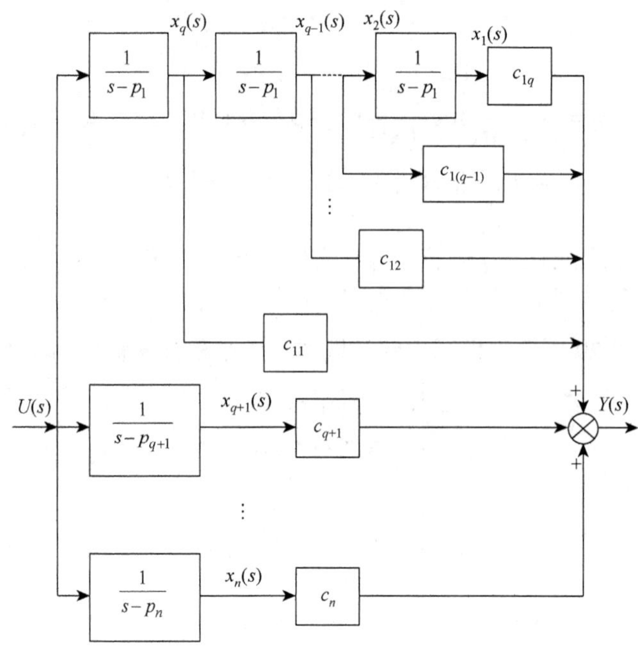

图 2.29　并联实现（有重根）

【例 2.17】　求下列传递函数的并联实现。

$$W(s)=\frac{4s^3+10s+5}{s^3+5s^2+8s+4}$$

解

$$W(s)=\frac{4s^3+10s+5}{s^3+5s^2+8s+4}=4-\frac{20s^2+22s+11}{s^3+5s^2+8s+4}=4-\frac{20s^2+22s+11}{(s+2)^2(s+1)}$$

$$=4+\frac{c_{11}}{s+2}+\frac{c_{12}}{(s+2)^2}+\frac{c_3}{s+1}=4+W'(s)$$

$$c_{12}=\lim_{s\to-2}(s+2)^2W'(s)=47$$

$$c_{11}=\frac{1}{(2-1)!}\lim_{s\to-2}\frac{\mathrm{d}^{(2-1)}}{\mathrm{d}s^{(2-1)}}[(s+2)^2W'(s)]=-105$$

$$c_3=\lim_{s\to-1}(s+1)W'(s)=-9$$

所以系统并联实现的动态方程为

$$\dot{X}=\begin{bmatrix}-2&1&0\\0&-2&0\\0&0&-1\end{bmatrix}X+\begin{bmatrix}0\\1\\1\end{bmatrix}u$$

$$y=\begin{bmatrix}3&-105&-9\end{bmatrix}X+4u$$

2.4　控制系统状态方程的线性变换

对于一个给定的系统，可以确定描述其动态特性的数学模型，对于同一个数学描述可以选取多种状态变量，相应的就可以有多组状态空间表达式，但无论此时状态空间表达式的形式如何，它们始终都是描述同一个系统，这就是状态空间表达式的多样性。与此同时，这些状态空间表达式之间不是毫无关系的，它们所对应的状态变量之间本质上存在一种矢量的线性变换，或者是通过某种非奇异变换而成的。

设给定系统的状态空间表达式 $\Sigma(A,B,C,D)$ 为

$$\begin{cases}\dot{X}=AX+BU, \quad X(0)=X_0\\ Y=CX+DU\end{cases} \tag{2.29}$$

选取任意一个非奇异矩阵 T，对其中的状态变量 X 进行非奇异变换可以得到另一个状态矢量 Z：

$$X=TZ$$

即

$$Z=T^{-1}X$$

将上式代入系统最初的状态空间表达式 $\Sigma_0(A,B,C,D)$ 得

$$\begin{cases}T\dot{Z}=ATZ+BU, \quad TZ(0)=X_0\\ Y=CTZ+DU\end{cases} \tag{2.30}$$

即

$$\begin{cases}\dot{Z}=T^{-1}ATZ+T^{-1}BU, \quad Z(0)=T^{-1}X_0\\ Y=CTZ+DU\end{cases} \tag{2.31}$$

若记 $A^*=T^{-1}AT$、$B^*=T^{-1}B$、$C^*=CT$、$D^*=D$，则式(2.31)可写为 $\Sigma(A^*,B^*,C^*,D^*)$

$$\begin{cases}\dot{Z}=A^*Z+B^*U, \quad Z(0)=T^{-1}X_0=Z_0\\ Y=C^*Z+D^*U\end{cases} \tag{2.32}$$

可见，只要选择不同的非奇异矩阵 T，同一系统的状态空间表达式可以呈现不同的形式。因此，本书把 T 称为变换矩阵。因为 T 为任意非奇异矩阵，所以状态空间表达式为非唯一的。系统动态方程的建立，无论是从实际物理系统出发，或者从系统方框图出发，还是从系统微分方程或传递函数出发，在状态变量的选取方面都带有很大的人为的随意性，求得系统的状态方程也有很大的人为的随意性，因此会得出不同的系统状态方程。实际物理系统虽然结构不可能变化，但不同的状态变量取法产生不同的动态方程。系统方框图在取状态变量之前需要进行等效变换，而等效变换过程就有很大程度上的随意性，因此会产生一定程度上的结构差异，这也会导致动态方程差异的产生。从系统微分方程或传递函数出发的系统实现问题，更会导致迥然不同的系统内部结构的产生，因而也肯定会产生不同的动态方程。所以，系统动态方程是非唯一的。

虽然同一实际物理系统，或者同一方框图，或者同一传递函数所产生的动态方程各种

各样，但是其独立状态变量的个数是相同的，而且各种动态方程间也有一定联系，这种联系就是变量间的线性变换关系。

自然科学本身就是辩证统一的。虽然一个系统通过取不同的变换矩阵 T 可以呈现出多种多样的表现形式，但是这一系统区别于其他系统的本质特征是唯一的。接下来，讨论此系统区别于其他系统的特征量不变性。

2.4.1 控制系统特征矢量

1. 特征方程和特征多项式

对于系统

$$\begin{cases}\dot{X} = AX + BU, \quad X(0) = X_0 \\ Y = CX + DU\end{cases}$$

定义它的特征方程为

$$|\lambda I - A| = 0 \tag{2.33}$$

将其写成多项式形式

$$|\lambda I - A| = \lambda^n + a_{n-1}\lambda^{n-1} + \cdots + a_1\lambda + a_0 \tag{2.34}$$

即称为该系统的特征多项式。

同一个系统经过非奇异矩阵 T 变换后，其特征方程为

$$\begin{aligned}|\lambda I - A^*| &= |\lambda I - T^{-1}AT| = |\lambda T^{-1}T - T^{-1}AT| = |T^{-1}\lambda T - T^{-1}AT| \\ &= |T^{-1}(\lambda I - A)T| = |T^{-1}||(\lambda I - A)||T| = |T^{-1}||T||\lambda I - A| \\ &= |T^{-1}T||\lambda I - A| \\ &= |\lambda I - A|\end{aligned}$$

可见，虽然状态空间表达式的形式不同，但是其特征多项式的本质是一样的，当然其特征方程也就是一样的。

2. 特征值和特征矢量

系统的特征值是满足系统特征方程 $|\lambda I - A| = 0$ 的解，它同时也是系统矩阵 A 的特征值。n 阶系统的系统矩阵 A 是 $n \times n$ 阶的，因此相应的有 n 个特征值。对于实际物理系统，A 为实数方阵，因此特征值为实数或者成对的共轭复数；如果进一步要求 A 为实对称矩阵，则特征值均为实数。由前所述，同一系统经过非奇异变换后，其特征多项式和特征方程是本质不变的，因此其特征值也是本质不变的。

另外，由于特征值全是由特征多项式 $|\lambda I - A| = \lambda^n + a_{n-1}\lambda^{n-1} + \cdots + a_1\lambda + a_0 = 0$ 的各项系数 $a_{n-1}, a_{n-2}, \cdots, a_1, a_0$ 唯一确定的，特征值经过非奇异变换是本质不变的，所以特征多项式的各项系数 $a_{n-1}, a_{n-2}, \cdots, a_1, a_0$ 也是本质不变的。

在线性代数中，如果某一个矩阵 A 特征值的一般形式为 λ_i，则对每个 λ_i 可以得到一

个对应的矢量 p_i，使得

$$Ap_i = \lambda_i p_i$$

此时称 p_i 为与 λ_i 对应的特征矢量。

3. 传递函数矩阵和系统极点

在经典控制理论中，描述系统动态特性的数学模型是系统的传递函数。当系统满足 $m \leqslant n$ 时，系统的传递函数可以写为

$$W(s) = \frac{Y(s)}{Y(s)} = b_m + \frac{(b_{m-1} - a_{n-1}b_m)s^{n-1} + (b_{m-2} - a_{n-2}b_m)s^{n-2} + \cdots + (b_0 - a_0 b_m)}{s^n + a_{n-1}s^{n-1} + \cdots + a_1 s + a_0} \quad (2.35)$$

此时式（2.35）中分子分母都是由系统微分方程中各阶次项系数决定的，作为特征多项式的各阶次项系数 $a_{n-1}, a_{n-2}, \cdots, a_1, a_0$ 是本质不变的，所以系统的传递函数矩阵和极点也是不变的。

【例 2.18】　求下列矩阵的特征矢量。

$$A = \begin{bmatrix} 0 & 1 & 0 \\ 3 & 0 & 2 \\ -12 & -7 & -6 \end{bmatrix}$$

解　A 的特征方程为

$$|\lambda I - A| = \begin{vmatrix} \lambda & -1 & 0 \\ -3 & \lambda & -2 \\ 12 & 7 & \lambda + 6 \end{vmatrix} = \lambda^3 + 6\lambda^2 + 11\lambda + 6 = 0$$

解得 $\lambda_1 = -1$、$\lambda_2 = -2$、$\lambda_3 = -3$。

当 $\lambda_1 = -1$ 时，取 $p_1 = \begin{bmatrix} p_{11} \\ p_{21} \\ p_{31} \end{bmatrix}$，有

$$\begin{bmatrix} 0 & 1 & 0 \\ 3 & 0 & 2 \\ -12 & -7 & -6 \end{bmatrix} \begin{bmatrix} p_{11} \\ p_{21} \\ p_{31} \end{bmatrix} = -\begin{bmatrix} p_{11} \\ p_{21} \\ p_{31} \end{bmatrix}$$

解得

$$p_{21} = p_{31} = -p_{11}$$

令 $p_{11} = 1$，得

$$P_1 = \begin{bmatrix} p_{11} \\ p_{21} \\ p_{31} \end{bmatrix} = \begin{bmatrix} 1 \\ -1 \\ -1 \end{bmatrix}$$

当 $\lambda_1 = -2$ 时，取 $p_2 = \begin{bmatrix} p_{12} \\ p_{22} \\ p_{32} \end{bmatrix}$，有

$$\begin{bmatrix} 0 & 1 & 0 \\ 3 & 0 & 2 \\ -12 & -7 & -6 \end{bmatrix}\begin{bmatrix} p_{12} \\ p_{22} \\ p_{32} \end{bmatrix} = -2\begin{bmatrix} p_{12} \\ p_{22} \\ p_{32} \end{bmatrix}$$

解得

$$p_{22} = -2p_{12}, \quad p_{32} = \frac{1}{2}p_{12}$$

令 $p_{12} = 1$，得

$$P_2 = \begin{bmatrix} p_{12} \\ p_{22} \\ p_{32} \end{bmatrix} = \begin{bmatrix} 1 \\ -2 \\ \dfrac{1}{2} \end{bmatrix}$$

当 $\lambda_1 = -3$ 时，取 $p_3 = \begin{bmatrix} p_{13} \\ p_{23} \\ p_{33} \end{bmatrix}$，有

$$\begin{bmatrix} 0 & 1 & 0 \\ 3 & 0 & 2 \\ -12 & -7 & -6 \end{bmatrix}\begin{bmatrix} p_{13} \\ p_{23} \\ p_{33} \end{bmatrix} = -3\begin{bmatrix} p_{13} \\ p_{23} \\ p_{33} \end{bmatrix}$$

解得

$$p_{23} = -3p_{13}, \quad p_{33} = 3p_{13}$$

令 $p_{13} = 1$，得

$$P_3 = \begin{bmatrix} p_{13} \\ p_{23} \\ p_{33} \end{bmatrix} = \begin{bmatrix} 1 \\ -3 \\ 3 \end{bmatrix}$$

【例 2.19】　求 $A = \begin{bmatrix} 0 & 1 & -1 \\ -6 & -11 & 6 \\ -6 & -11 & 5 \end{bmatrix}$ 的特征矢量。

解　A 的特征方程为

$$|\lambda I - A| = \begin{bmatrix} \lambda & -1 & 1 \\ 6 & \lambda + 11 & -6 \\ 6 & 11 & \lambda - 5 \end{bmatrix} = \lambda^3 + 6\lambda^2 + 11\lambda + 6 = (\lambda + 1)(\lambda + 2)(\lambda + 3) = 0$$

$$\lambda_1 = -1, \quad \lambda_2 = -2, \quad \lambda_3 = -3$$

设对应于 $\lambda_1 = -1$ 的特征矢量为 p_1，则 $Ap_1 = \lambda_1 p_1$

$$\begin{bmatrix} 0 & 1 & -1 \\ -6 & -11 & 6 \\ -6 & -11 & 5 \end{bmatrix}\begin{bmatrix} p_{11} \\ p_{21} \\ p_{31} \end{bmatrix} = \begin{bmatrix} -p_{11} \\ -p_{21} \\ -p_{31} \end{bmatrix}$$

$$\begin{cases} p_{21}-p_{31}=-p_{11} \\ -6p_{11}-11p_{21}+6p_{31}=-p_{21} \\ -6p_{11}-11p_{21}+5p_{31}=-p_{31} \end{cases} \Rightarrow \begin{cases} p_{21}=0 \\ p_{11}=p_{31} \end{cases}$$

令 $p_{11}=p_{31}=1 \quad \Rightarrow p_1=\begin{bmatrix}1\\0\\1\end{bmatrix}$

同理可求出对应于 $\lambda_2=-2$， $p_2=\begin{bmatrix}1\\2\\4\end{bmatrix}$；对应于 $\lambda_3=-3$， $p_3=\begin{bmatrix}1\\6\\9\end{bmatrix}$。

2.4.2　状态空间表达式变换为对角标准型或约旦标准型

由前述可知

$$\begin{cases} \dot{X}=AX+BU \\ Y=CX+DU \end{cases} \xrightarrow{X=TZ} \begin{cases} \dot{Z}=T^{-1}ATZ+T^{-1}BU \\ Y=CTZ+DU \end{cases} = \begin{cases} \dot{Z}=JZ+T^{-1}BU \\ Y=CTZ+DU \end{cases}$$

$|\lambda I-A|=0 \Rightarrow$ 特征值。

第一种情况，无重根。

$$J=\Lambda=\begin{bmatrix} \lambda_1 & 0 & \cdots & 0 \\ 0 & \lambda_2 & \cdots & 0 \\ \vdots & \vdots & & \vdots \\ 0 & 0 & \cdots & \lambda_n \end{bmatrix}$$

第二种情况，有重根（q 个重根 λ_1）。

$$J=\begin{bmatrix} \lambda_1 & 1 & \cdots & 0 & 0 & 0 & 0 & 0 \\ \vdots & \ddots & \ddots & \vdots & 0 & 0 & 0 & 0 \\ 0 & 0 & \ddots & 1 & 0 & 0 & 0 & 0 \\ 0 & 0 & \cdots & \lambda_1 & 0 & 0 & 0 & 0 \\ 0 & 0 & 0 & 0 & \lambda_{q+1} & 0 & \cdots & 0 \\ 0 & 0 & 0 & 0 & 0 & \lambda_{q+2} & \cdots & 0 \\ 0 & 0 & 0 & 0 & \vdots & \vdots & & \vdots \\ 0 & 0 & 0 & 0 & 0 & 0 & \cdots & \lambda_n \end{bmatrix}$$

1. A 阵为任意形式

（1）A 的特征值无重根时，变换为对角标准型。

$|\lambda I-A|=0 \Rightarrow \lambda_i$（互异特征根）$\Rightarrow p_i$（特征矢量）（$i=1,2,\cdots,n$），变换矩阵为

则有

$$T=[P_1 \quad P_2 \quad \cdots \quad P_n]$$
$$X=TZ$$
$$\begin{cases}\dot{Z}=T^{-1}ATZ+T^{-1}BU\\ Y=CTZ+DU\end{cases}$$
$$J=T^{-1}AT=\begin{bmatrix}\lambda_1 & 0 & \cdots & 0\\ 0 & \lambda_2 & \cdots & 0\\ \vdots & \vdots & & \vdots\\ 0 & 0 & \cdots & \lambda_n\end{bmatrix}$$

（2）A 的特征值有重根时，变换为约旦标准型。

λ_1 为 q 个重根，$\lambda_{q+1},\lambda_{q+2},\cdots,\lambda_n$ 为 $n-q$ 个互异根，变换矩阵为

$$T=\begin{bmatrix}p_1 & p_2 & \cdots & p_q & p_{q+1} & \cdots & p_n\end{bmatrix}$$

对应于 q 个重根 λ_1 的各向量 $p_1,p_2,\cdots,p_q$ 有

$$\begin{cases}\lambda_1 p_1-Ap_1=0\\ \lambda_1 p_2-Ap_2=p_1\\ \qquad\vdots\\ \lambda_1 p_q-Ap_q=-p_{q-1}\end{cases}$$

式中，p_1 为 λ_1 对应的特征矢量；$p_2,p_3,\cdots,p_q$ 为广义特征矢量。

对应于 $n-q$ 个互异根 $\lambda_{q+1},\lambda_{q+2},\cdots,\lambda_n$ 的特征矢量 $p_{q+1},p_{q+2},\cdots,p_n$ 有

$$Ap_i=\lambda_i p_i,\quad i=q+1,q+2,\cdots,n$$

【例 2.20】 试将下列状态方程变换为约旦标准型。

$$\dot{X}=\begin{bmatrix}0 & 1 & -1\\ -6 & -11 & 6\\ -6 & -11 & 5\end{bmatrix}X+\begin{bmatrix}0\\0\\1\end{bmatrix}u$$
$$Y=\begin{bmatrix}1 & 0 & 0\end{bmatrix}X$$

解

$$|\lambda I-A|=\begin{vmatrix}\lambda & -1 & 1\\ 6 & \lambda+11 & -6\\ 6 & 11 & \lambda-5\end{vmatrix}=\lambda^3+6\lambda^2+11\lambda+6=(\lambda+1)(\lambda+2)(\lambda+3)=0$$

解得

$$\lambda_1=-1,\quad \lambda_2=-2,\quad \lambda_3=-3$$

由例 2.19 已求出对应于 $\lambda_1=-1$ 的特征矢量，为 $p_1=\begin{bmatrix}1\\0\\1\end{bmatrix}$；对应于 $\lambda_2=-2$ 的特征矢量为 $p_2=\begin{bmatrix}1\\2\\4\end{bmatrix}$；对应于 $\lambda_3=-3$ 的特征矢量为 $p_3=\begin{bmatrix}1\\6\\9\end{bmatrix}$。

变换阵为

$$T=\begin{bmatrix}p_1 & p_2 & p_3\end{bmatrix}=\begin{bmatrix}1 & 1 & 1\\0 & 2 & 6\\1 & 4 & 9\end{bmatrix}$$

$$T^{-1}=\begin{bmatrix}1 & 1 & 1\\0 & 2 & 6\\1 & 4 & 9\end{bmatrix}^{-1}=\begin{bmatrix}3 & \frac{5}{2} & -2\\-3 & -4 & 3\\1 & \frac{3}{2} & -1\end{bmatrix}$$

变换后，为

$$J=\Lambda=T^{-1}AT=\begin{bmatrix}\lambda_1 & 1 & 0\\0 & \lambda_2 & 0\\0 & 0 & \lambda_3\end{bmatrix}=\begin{bmatrix}-1 & 0 & 0\\0 & -2 & 0\\0 & 0 & -3\end{bmatrix}$$

$$T^{-1}B=\begin{bmatrix}3 & \frac{5}{2} & -2\\-3 & -4 & 3\\1 & \frac{3}{2} & -1\end{bmatrix}\begin{bmatrix}0\\0\\1\end{bmatrix}=\begin{bmatrix}-2\\3\\-1\end{bmatrix}$$

$$CT=\begin{bmatrix}1 & 0 & 0\end{bmatrix}\begin{bmatrix}1 & 1 & 1\\0 & 2 & 6\\1 & 4 & 9\end{bmatrix}=\begin{bmatrix}1 & 1 & 1\end{bmatrix}$$

变换后的状态空间表达式为

$$\begin{bmatrix}\dot{z}_1\\\dot{z}_2\\\dot{z}_3\end{bmatrix}=\begin{bmatrix}-1 & 0 & 0\\0 & -2 & 0\\0 & 0 & -3\end{bmatrix}\begin{bmatrix}z_1\\z_2\\z_3\end{bmatrix}+\begin{bmatrix}-2\\3\\-1\end{bmatrix}u$$

$$y=[1 \quad 1 \quad 1]\begin{bmatrix}z_1\\z_2\\z_3\end{bmatrix}$$

2. A 阵为标准型

$$A=\begin{bmatrix}0 & 1 & 0 & \cdots & 0\\ 0 & 0 & 1 & \cdots & 0\\ \vdots & \vdots & \vdots & & \vdots\\ 0 & 0 & 0 & \cdots & 1\\ -a_0 & -a_1 & -a_2 & \cdots & -a_{n-1}\end{bmatrix}$$

1）A 的特征值无重根时

变换矩阵 T 为范德蒙德（Vandermonde）矩阵

$$T=\begin{bmatrix}1 & 1 & 1 & \cdots & 1\\ \lambda_1 & \lambda_2 & \lambda_3 & \cdots & \lambda_n\\ \lambda_1^2 & \lambda_2^2 & \lambda_3^2 & \cdots & \lambda_n^2\\ \vdots & \vdots & \vdots & & \vdots\\ \lambda_1^{n-1} & \lambda_2^{n-1} & \lambda_3^{n-1} & \cdots & \lambda_n^{n-1}\end{bmatrix}$$

2）A 的特征值有重根时

设 λ_1 为三重根，则有

$$T=\begin{bmatrix}1 & 0 & 0 & 1 & \cdots & 1\\ \lambda_1 & 1 & 0 & \lambda_4 & \cdots & \lambda_n\\ \lambda_1^2 & 2\lambda_1 & 1 & \lambda_4^2 & \cdots & \lambda_n^2\\ \vdots & \vdots & \vdots & \vdots & & \vdots\\ \lambda_1^{n-1} & \dfrac{\mathrm{d}}{\mathrm{d}\lambda_1}(\lambda_1^{n-1}) & \dfrac{1}{2}\dfrac{\mathrm{d}^2}{\mathrm{d}\lambda_1^2}(\lambda_1^{n-1}) & \lambda_4^{n-1} & \cdots & \lambda_n^{n-1}\end{bmatrix}$$

3）A 的特征值有共轭复根时

设四阶系统中有一对共轭复根，$\lambda_{1,2}=\sigma\pm \mathrm{j}\omega$，$\lambda_3\neq\lambda_4$，

$$T=\begin{bmatrix}1 & 0 & 1 & 1\\ \sigma & \omega & \lambda_3 & \lambda_4\\ \sigma^2-\omega^2 & 2\sigma\omega & \lambda_3^2 & \lambda_4^2\\ \sigma^3-3\sigma\omega^2 & 3\sigma^2\omega-\omega^3 & \lambda_3^3 & \lambda_4^3\end{bmatrix}$$

此时，有

$$T^{-1}AT=\begin{bmatrix}\sigma & \omega & 0 & 0\\ -\omega & \sigma & 0 & 0\\ 0 & 0 & \lambda_3 & 0\\ 0 & 0 & 0 & \lambda_4\end{bmatrix}$$

【例 2.21】　已知某系统的动态方程为

$$\dot{x}=\begin{bmatrix}0 & 1 & 0\\0 & 0 & 1\\-6 & -11 & -6\end{bmatrix}x+\begin{bmatrix}1\\0\\0\end{bmatrix}u$$

$$y=[1\quad 1\quad 0]x$$

试将系统化为约旦标准型（对角线标准型）。

解　系统特征方程为

$$|\lambda I-A|=\begin{vmatrix}\lambda & -1 & 0\\0 & \lambda & -1\\6 & 11 & \lambda+6\end{vmatrix}=\lambda^3+6\lambda^2+11\lambda+6=(\lambda+1)(\lambda+2)(\lambda+3)=0$$

解得

$$\lambda_1=-1,\quad \lambda_2=-2,\quad \lambda_3=-3$$

变换矩阵为（范德蒙德矩阵）

$$T=\begin{bmatrix}1 & 1 & 1\\\lambda_1 & \lambda_2 & \lambda_3\\\lambda_1^2 & \lambda_2^2 & \lambda_3^2\end{bmatrix}=\begin{bmatrix}1 & 1 & 1\\-1 & -2 & -3\\1 & 4 & 9\end{bmatrix}$$

$$T^{-1}=\begin{bmatrix}1 & 1 & 1\\-1 & -2 & -3\\1 & 4 & 9\end{bmatrix}^{-1}=\begin{bmatrix}3 & 2.5 & 0.5\\-3 & -4 & -1\\1 & 1.5 & 0.5\end{bmatrix}$$

$$T^{-1}B=\begin{bmatrix}3 & 2.5 & 0.5\\-3 & -4 & -1\\1 & 1.5 & 0.5\end{bmatrix}\begin{bmatrix}1\\0\\0\end{bmatrix}=\begin{bmatrix}3\\-3\\1\end{bmatrix}$$

$$CT=[1\quad 1\quad 0]\begin{bmatrix}1 & 1 & 1\\-1 & -2 & -3\\1 & 4 & 9\end{bmatrix}=[0\quad -1\quad -2]$$

所以变换后系统的对角线标准型为

$$\dot{z}=\begin{bmatrix}-1 & 0 & 0\\0 & -2 & 0\\0 & 0 & -3\end{bmatrix}z+\begin{bmatrix}3\\-3\\1\end{bmatrix}u$$

$$y=[0\quad -1\quad -2]z$$

2.5　从系统状态空间表达式求传递函数矩阵

由系统的微分方程或传递函数求得系统状态空间表达式的问题，即通常意义的系统实现问题。反过来，已知系统的状态空间表达式，也可以求得其对应的传递函数矩阵或系统的微分方程。

系统状态空间表达式和系统传递函数矩阵是控制系统经常使用的两种数学模型。状态空间表达式不仅体现了系统输入输出的关系，还清楚地表达了系统内部状态变量的关系。与状态空间表达式相比，传递函数只体现了系统输入与输出的关系。由前面可知，从传递函数矩阵到状态空间表达式是一个系统实现的问题，这也是一个比较复杂的并且非唯一的过程。但从状态空间表达式到传递函数矩阵却是一个唯一的、比较简单的过程。

2.5.1　传递函数矩阵

已知系统的状态空间表达式：

$$\begin{cases}\dot{X}=AX+BU\\Y=CX+DU\end{cases}\tag{2.36}$$

对式（2.36）作拉普拉斯变换，并给定状态变量的初始值为零，可得

$$\begin{cases}sX(s)=AX(s)+BU(s)\\Y(s)=CX(s)+DU(s)\end{cases}\tag{2.37}$$

对状态方程部分进行整理，可得

$$X(s)=(sI-A)^{-1}BU(s)\tag{2.38}$$

代入输出方程，可得

$$Y(s)=[C(sI-A)^{-1}B+D]U(s)\tag{2.39}$$

因此，$U-X$ 间的传递函数矩阵为

$$W_{ux}(s)=\frac{X(s)}{U(s)}=(sI-A)^{-1}B\tag{2.40}$$

而$U-Y$ 间的传递函数矩阵为

$$\begin{aligned}W(s)&=\frac{Y(s)}{U(s)}=C(sI-A)^{-1}B+D\\&=\frac{1}{|sI-A|}\left[C\,adj(sI-A)B+D|sI-A|\right]\end{aligned}\tag{2.41}$$

显然，$W(s)$ 的分母正是系统矩阵 A 的特征多项式。

前面已讲过，一个系统通过非奇异变换，其状态空间表达式可以呈现不同的形式。若此时对系统进行状态变量的非奇异代换 $Z=T^{-1}X$ ，则变换后的各系数矩阵分别为 $A^{*}=T^{-1}AT,B^{*}=T^{-1}B,C^{*}=CT,D^{*}=D$ ，此时的传递函数矩阵应为

$$\begin{aligned}W^{*}(s)&=C^{*}(sI-A^{*})^{-1}B^{*}+D^{*}\\&=CT(sI-T^{-1}AT)^{-1}T^{-1}B+D\\&=C[T(sI-T^{-1}AT)T^{-1}]B+D\\&=C[T(sI)T^{-1}-TT^{-1}ATT^{-1}]B+D\\&=C(sI-A)B+D=W(s)\end{aligned}\tag{2.42}$$

由上述推导可知，同一系统，尽管其状态空间表达式可以作各种非奇异变换而呈现多样性，但其传递函数是唯一的，这也进一步证明了前面对系统唯一性的表述。

当系统为 SISO 系统时，有

$$W(s)=\frac{Y(s)}{U(s)}=C(sI-A)^{-1}b+d \quad \text{（为标量）}$$

当系统为 MIMO 系统时，有

$$W(s)=\frac{Y(s)}{U(s)}=C(sI-A)^{-1}B+D=\begin{bmatrix} W_{11}(s) & W_{12}(s) & \cdots & W_{1r}(s) \\ W_{21}(s) & W_{22}(s) & \cdots & W_{2r}(s) \\ \vdots & \vdots & & \vdots \\ W_{m1}(s) & W_{m2}(s) & \cdots & W_{mr}(s) \end{bmatrix}_{m\times r}$$

$$W_{ij}(s)=\frac{Y_i(s)}{U_j(s)}, \quad i=1,2,\cdots,m, \quad j=1,2,\cdots,r$$

式中，$W_{ij}(s)$ 为一标量传递函数，它表示第 j 个系统输入对第 i 个系统输出的传递作用。当系统为 SISO 系统时，$W(s)$ 就是一个标量传递函数。

【例 2.22】　已知某系统的动态方程为

$$\dot{X}=\begin{bmatrix} -1 & 1 & 0 \\ 0 & -1 & 0 \\ -6 & -11 & -6 \end{bmatrix}X+\begin{bmatrix} -2 \\ 1 \\ 1 \end{bmatrix}u$$

$$Y=\begin{bmatrix} 4 & 6 & 2 \end{bmatrix}X$$

求其传递函数。

解

$$W(s)=C(sI-A)^{-1}B+D=[4 \quad 6 \quad 2]\begin{bmatrix} s+1 & -1 & 0 \\ 0 & s+1 & 0 \\ 0 & 0 & s+2 \end{bmatrix}^{-1}\begin{bmatrix} -2 \\ 1 \\ 1 \end{bmatrix}=\frac{2s+6}{s^3+4s^2+5s+2}$$

这是一个 SISO 系统。

2.5.2　子系统在各种连接时的传递函数矩阵

实际的控制系统往往由多个子系统通过并联、串联或构成反馈而组成。现以两个子系统进行各种连接为例，推导其等效的传递函数矩阵。

设系统 $\Sigma1$ 和 $\Sigma2$ 分别为

$$\begin{cases} \dot{X}_1=A_1X_1+B_1U_1 \\ Y_1=C_1X_1+D_1U_1 \end{cases} \quad \text{和} \quad \begin{cases} \dot{X}_2=A_2X_2+B_2U_2 \\ Y_2=C_2X_2+D_2U_2 \end{cases} \tag{2.43}$$

1. 并联

如图 2.30 所示，子系统的并联是指各子系统的输入量相同，而组合成的新系统的输出是各子系统输出的代数和。

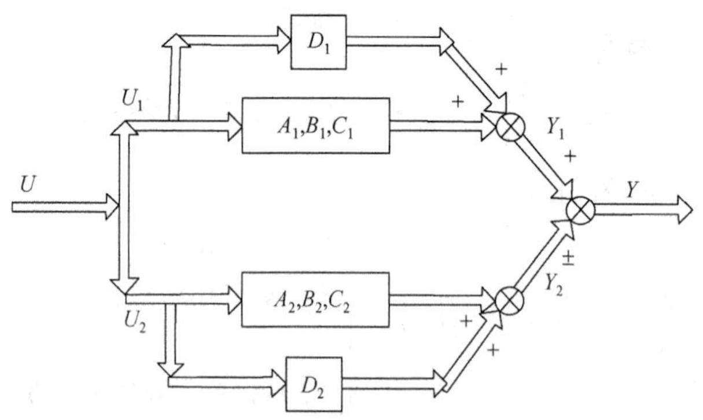

图 2.30　并联结构的图

由图 2.30 可见，组合成的新系统的输入$U=U_1=U_2$，而新系统的输出$Y=Y_1\pm Y_2$，此时系统的状态变量X不仅包括子系统一的状态变量X_1，也包括子系统二的状态变量X_2，因此可得新系统的状态空间表达式为

$$\begin{bmatrix}\dot{X}_1\\ \dot{X}_2\end{bmatrix}=\begin{bmatrix}A_1 & 0\\ 0 & A_2\end{bmatrix}\begin{bmatrix}X_1\\ X_2\end{bmatrix}+\begin{bmatrix}B_1\\ B_2\end{bmatrix}U$$

$$Y=[C_1\quad \pm C_2]\begin{bmatrix}X_1\\ X_2\end{bmatrix}+(D_1\pm D_2)U$$

即得到组合后的新系统：

$$A^*=\begin{bmatrix}A_1 & 0\\ 0 & A_2\end{bmatrix},\quad B^*=\begin{bmatrix}B_1\\ B_2\end{bmatrix},\quad C^*=[C_1\quad \pm C_2],\quad D^*=[D_1\pm D_2]$$

进一步可得系统的传递函数矩阵为

$$W=C^*(sI-A^*)^{-1}B^*+D^* \tag{2.44}$$

因此

$$W=[C_1(sI-A_1)^{-1}B_1+D_1]\pm[C_2(sI-A_2)^{-1}B_2+D_2]=W_1\pm W_2 \tag{2.45}$$

综上可知，子系统并联后所得新系统的传递函数矩阵等于各子系统传递函数矩阵的代数和。

【例 2.23】　已知两个子系统的传递函数分别为$W_1(s)$和$W_2(s)$，试求两个子系统并联连接时，系统的传递函数矩阵。

$$W_1(s)=\begin{bmatrix}\dfrac{1}{s+1} & \dfrac{1}{s+2}\\ 0 & \dfrac{s+1}{s+2}\end{bmatrix},\quad W_2(s)=\begin{bmatrix}\dfrac{1}{s+3} & \dfrac{1}{s+4}\\ \dfrac{1}{s+1} & 0\end{bmatrix}$$

解　当并联连接时，有

$$W(s)=W_1(s)\pm W_1(s)=\begin{bmatrix}\dfrac{1}{s+1} & \dfrac{1}{s+2}\\ 0 & \dfrac{s+1}{s+2}\end{bmatrix}\pm\begin{bmatrix}\dfrac{1}{s+3} & \dfrac{1}{s+4}\\ \dfrac{1}{s+1} & 0\end{bmatrix}$$

2. 串联

如图 2.31 所示，子系统的串联是指输入信号依次通过各子系统最终输出。

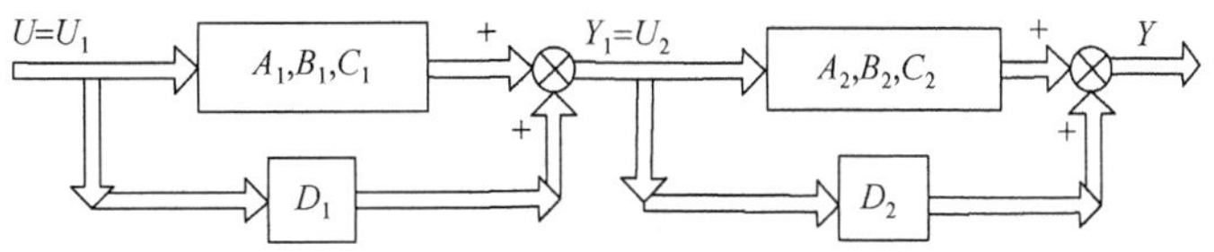

图 2.31　串联结构的图

由图 2.31 可见，组合成的新系统的输入$U=U_1$，新系统的输出$Y=Y_2$，此时系统的状态变量X仍同时包括子系统一的状态变量X_1和子系统二的状态变量X_2。以例 2.24 为例说明如何求得新系统的状态空间表达式。

【例 2.24】　已知两个子系统S_1和S_2的状态方程和输出方程分别为

$$S_1\text{：}\ \dot{X}_1=\begin{bmatrix}0 & 1\\ -3 & -4\end{bmatrix}X_1+\begin{bmatrix}0\\ 1\end{bmatrix}U_1$$

$$y_1=\begin{bmatrix}2 & 1\end{bmatrix}X_1$$

$$S_2\text{：}\ x_2=-2x_2+u_2$$

$$y_2=x_2$$

若两个子系统按图 2.32 所示的方式串联，设串联后的系统为S。求图 2.32 所示串联系统S的状态方程和输出方程。

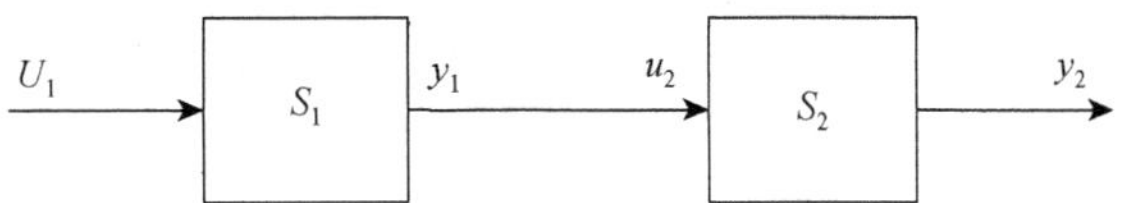

图 2.32　串联系统结构图

解　因为$U=U_1$、$u_2=y_1$、$y=y_2$，所以，有

$$\begin{bmatrix}\dot{x}_{11}\\ \dot{x}_{12}\end{bmatrix}=\begin{bmatrix}0 & 1\\ -3 & -4\end{bmatrix}\begin{bmatrix}x_{11}\\ x_{12}\end{bmatrix}+\begin{bmatrix}0\\ 1\end{bmatrix}U$$

$$y_1=\begin{bmatrix}2 & 1\end{bmatrix}\begin{bmatrix}x_{11}\\ x_{12}\end{bmatrix}$$

$$\dot{x}_2=-2x_2+y_1=\begin{bmatrix}2 & 1\end{bmatrix}\begin{bmatrix}x_{11}\\ x_{12}\end{bmatrix}-2x_2$$

$$y_2=x_2$$

串联组合系统的状态方程为

$$\begin{bmatrix} \dot{x}_{11} \\ \dot{x}_{12} \\ \dot{x}_2 \end{bmatrix} = \begin{bmatrix} 0 & 1 & 0 \\ -3 & -4 & 0 \\ 2 & 1 & -2 \end{bmatrix} \begin{bmatrix} x_{11} \\ x_{12} \\ x_2 \end{bmatrix} + \begin{bmatrix} 0 \\ 1 \\ 0 \end{bmatrix} U$$

输出方程为

$$y = \begin{bmatrix} 0 & 0 & 1 \end{bmatrix} \begin{bmatrix} x_{11} \\ x_{12} \\ x_2 \end{bmatrix}$$

进一步可得系统的传递函数矩阵为

$$S = S_2(s) \cdot S_1(s)$$

综上可知，子系统串联后所得新系统的传递函数矩阵等于各子系统传递函数矩阵的乘积，并且子系统传递函数矩阵相乘时，先后顺序不能颠倒。

3. 输出反馈

当子系统构成图 2.33 所示反馈结构图时，组合成的新系统的输入$U = U_1 + Y_2$，而新系统的输出$Y = Y_1$，而此时系统的状态变量X仍是既包括子系统一的状态变量X_1，又包括子系统二的状态变量X_2。

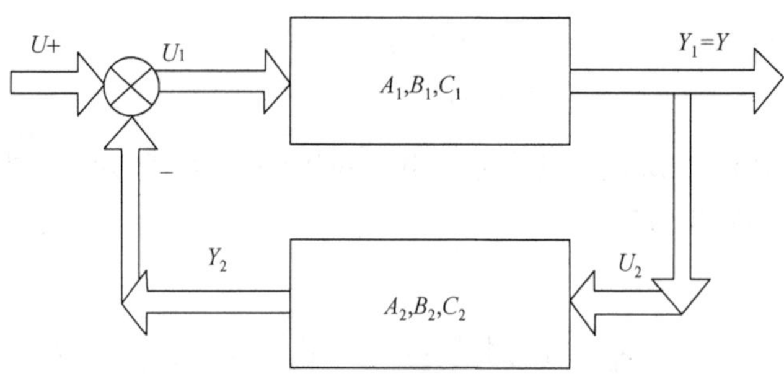

图 2.33　反馈结构图

各参数变量之间的关系为

$$\dot{X}_1 = A_1X_1 + B_1U_1 = A_1X_1 + B_1(U - C_2X_2)$$
$$\dot{X}_2 = A_2X_2 + B_2U_2 = A_2X_2 + B_2C_1X_1$$
$$Y = Y_1 = C_1X_1$$

因此可得新系统的状态空间表达式：

$$\begin{bmatrix} \dot{X}_1 \\ \dot{X}_2 \end{bmatrix} = \begin{bmatrix} A_1 & -B_1C_2 \\ B_2C_1 & A_2 \end{bmatrix} \begin{bmatrix} X_1 \\ X_2 \end{bmatrix} + \begin{bmatrix} B_1 \\ 0 \end{bmatrix} U$$

$$Y = [C_1 \quad 0] \begin{bmatrix} X_1 \\ X_2 \end{bmatrix}$$

进一步可得系统的传递函数矩阵为

$$W = C^*(sI - A^*)^{-1}B^* + D^*$$

代入可得

$$W = [C_1 \quad 0]\begin{bmatrix} sI - A_1 & B_1C_2 \\ -B_2C_1 & sI - A_2 \end{bmatrix}^{-1}\begin{bmatrix} B_1 \\ 0 \end{bmatrix}$$

利用分块求逆的方法，设

$$\begin{bmatrix} sI - A_1 & B_1C_2 \\ -B_2C_1 & sI - A_2 \end{bmatrix}^{-1} = \begin{bmatrix} F_{11} & F_{12} \\ F_{21} & F_{22} \end{bmatrix}$$

即

$$\begin{bmatrix} F_{11} & F_{12} \\ F_{21} & F_{22} \end{bmatrix}\begin{bmatrix} sI - A_1 & B_1C_2 \\ -B_2C_1 & sI - A_2 \end{bmatrix} = \begin{bmatrix} I & 0 \\ 0 & I \end{bmatrix}$$

根据矩阵运算律可知

$$\begin{cases} F_{11}(sI - A_1) - F_{12}B_2C_1 = I \\ F_{11}B_1C_2 + F_{12}(sI - A_2) = 0 \\ F_{21}(sI - A_1) - F_{22}B_2C_1 = 0 \\ F_{21}B_1C_2 + F_{22}(sI - A_2) = I \end{cases}$$

由前两个式子解得

$$F_{11}(sI - A_1) = I + F_{12}B_2C_1 = I - F_{11}B_1C_2(sI - A_2)^{-1}B_2C_1$$

即

$$\begin{aligned} F_{11} &= [I + F_{12}B_2C_1 = I - F_{11}B_1C_2(sI - A_2)^{-1}B_2C]_1(sI - A_1)^{-1} \\ &= (sI - A_1)^{-1} - F_{11}B_1C_2(sI - A_2)^{-1}B_2C_1(sI - A_1)^{-1} \end{aligned}$$

将 F_{11} 代入 W 得

$$\begin{aligned} W &= \begin{bmatrix} C_1 & 0 \end{bmatrix}\begin{bmatrix} sI - A_1 & B_1C_2 \\ -B_2C_1 & sI - A_2 \end{bmatrix}^{-1}\begin{bmatrix} B_1 \\ 0 \end{bmatrix} = \begin{bmatrix} C_1 & 0 \end{bmatrix}\begin{bmatrix} F_{11} & F_{12} \\ F_{21} & F_{22} \end{bmatrix}\begin{bmatrix} B_1 \\ 0 \end{bmatrix} = C_1F_{11}B_1 \\ &= C_1[(sI - A_1)^{-1} - F_{11}B_1C_2(sI - A_2)^{-1}B_2C_1(sI - A_1)^{-1}]B_1 \\ &= \underbrace{C_1(sI - A)^{-1}B_1}_{W_1} - \underbrace{C_1F_{11}B}_{W}\underbrace{C_2(sI - A)^{-1}B_2}_{W_2}\theta\underbrace{C_1(sI - A_1)^{-1}B_1}_{W_1} \end{aligned}$$

即

$$W(s) = W_1(s)[I + W_2(s)W_1(s)]^{-1} \tag{2.46}$$

同理也可求得

$$W(s) = [I + W_1(s)W_2(s)]^{-1}W_1(s)$$

【例 2.25】　已知如图 2.33 所示的系统，其中，子系统 1、2 的传递函数矩阵分别为

$$W_1(s)=\begin{bmatrix}\dfrac{1}{s+1} & -\dfrac{1}{s}\\ 0 & \dfrac{1}{s+2}\end{bmatrix},$$

$$W_2(s)=\begin{bmatrix}1 & 0\\ 0 & 1\end{bmatrix}$$

求系统的闭环传递函数。

解

$$W_1(s)W_2(s)=\begin{bmatrix}\dfrac{1}{s+1} & -\dfrac{1}{s}\\ 0 & \dfrac{1}{s+2}\end{bmatrix}\begin{bmatrix}1 & 0\\ 0 & 1\end{bmatrix}=\begin{bmatrix}\dfrac{1}{s+1} & -\dfrac{1}{s}\\ 0 & \dfrac{1}{s+2}\end{bmatrix}$$

$$I+W_1(s)W_2(s)=I+\begin{bmatrix}\dfrac{1}{s+1} & -\dfrac{1}{s}\\ 0 & \dfrac{1}{s+2}\end{bmatrix}\begin{bmatrix}1 & 0\\ 0 & 1\end{bmatrix}=\begin{bmatrix}\dfrac{s+2}{s+1} & -\dfrac{1}{s}\\ 0 & \dfrac{s+3}{s+2}\end{bmatrix}$$

$$\left[I+W_1(s)W_2(s)\right]^{-1}=\frac{s+1}{s+3}\begin{bmatrix}\dfrac{s+3}{s+2} & \dfrac{1}{s}\\ 0 & \dfrac{s+2}{s+1}\end{bmatrix}=\begin{bmatrix}\dfrac{s+1}{s+2} & \dfrac{s+1}{s(s+3)}\\ 0 & \dfrac{s+2}{s+3}\end{bmatrix}$$

$$W(s)=\left[I+W_1(s)W_2(s)\right]^{-1}W_1(s)=\frac{s+1}{s+3}\begin{bmatrix}\dfrac{s+3}{s+2} & \dfrac{1}{s}\\ 0 & \dfrac{s+2}{s+1}\end{bmatrix}\begin{bmatrix}\dfrac{1}{s+1} & -\dfrac{1}{s}\\ s & \dfrac{1}{s+2}\end{bmatrix}$$

$$=\frac{s+1}{s+3}\begin{bmatrix}\dfrac{s+3}{(s+2)(s+1)} & -\dfrac{1}{s}\\ 0 & \dfrac{1}{s+1}\end{bmatrix}=\begin{bmatrix}\dfrac{1}{s+2} & -\dfrac{s+1}{s(s+3)}\\ 0 & \dfrac{1}{s+3}\end{bmatrix}$$

2.6　离散时间系统的状态空间表达式

对于离散时间系统，可以采用类似连续时间系统的方法建立状态空间表达式。设系统的差分方程为

$$\begin{aligned}&y(k+n)+a_{n-1}y(k+n-1)+\cdots+a_1y(k+1)+a_0y(k)\\&=b_mu(k+m)+b_{m-1}u(k+m-1)+\cdots+b_1u(k+1)+b_0u(k)\end{aligned}\tag{2.47}$$

对应的传递函数为

$$W(z)=\frac{Y(z)}{U(z)}=\frac{b_mz^m+b_{m-1}z^{m-1}+\cdots+b_1z+b_0}{z^n+a_{n-1}z^{n-1}+\cdots+a_1z+a_0}\tag{2.48}$$

此时，该系统期望的状态空间表达式是

$$\begin{cases} X(k+1) = GX(k) + HU(k) \\ \mathrm{Y}(k) = CX(k) + DU(k) \end{cases} \tag{2.49}$$

相应地，离散时间系统也有其模拟结构图，只是此时原来连续时间系统模拟结构图中的积分器是单位延迟器。

离散时间系统动态方程方框图如图 2.34 所示。

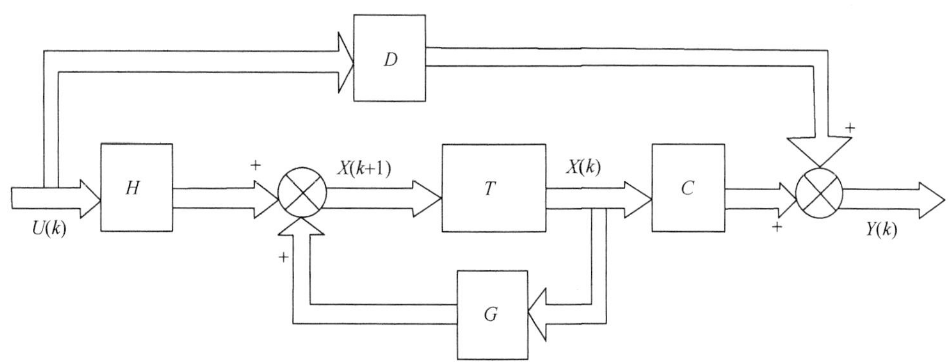

图 2.34　离散时间系统动态方程方框图

图 2.34 中方块 T 为单位延迟器，它表示将输入的信号延迟一个节拍，即如果其输入为 X（$k+1$），那么其输出为 X（k）。

离散时间系统脉冲传递函数的实现也是不唯一的。图 2.35 为离散时间系统的实现，由图中关系可得

$$\begin{cases} x_1(k+1) = x_2(k) \\ x_2(k+1) = x_3(k) \\ \qquad\vdots \\ x_{n-1}(k+1) = x_n(k) \\ x_n(k+1) = -a_0x_1(k) - a_1x_2(k) - \cdots - a_{n-1}x_n(k) + u(k) \end{cases}$$

$$y(k) = b_0x_1(k) + b_1x_2(\mathrm{k}) + \cdots + b_mx_{m+1}(k)$$

$$X(k+1) = \begin{bmatrix} 0 & 1 & 0 & \cdots & 0 \\ 0 & 0 & 1 & \cdots & 0 \\ \vdots & \vdots & \vdots & & \vdots \\ 0 & 0 & 0 & \cdots & 1 \\ -a_0 & -a_1 & -a_2 & \cdots & -a_{n-1} \end{bmatrix} X(k) + \begin{bmatrix} 0 \\ 0 \\ 0 \\ \vdots \\ 1 \end{bmatrix} U(k)$$

$$Y(k) = \begin{bmatrix} b_0 & b_1 & b_2 & \cdots & b_m \end{bmatrix} X(k)$$

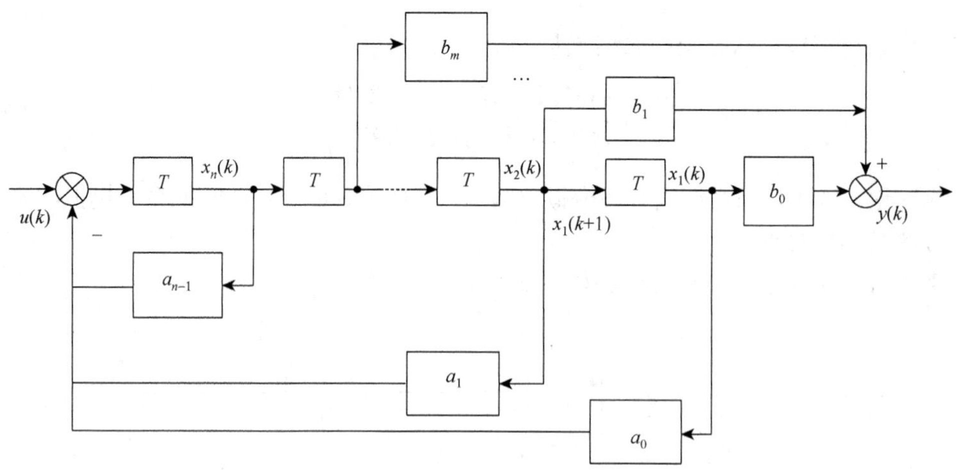

图 2.35　离散时间系统的实现（$m<n$）

因此，只要选择适当的状态变量，就可得到一组一阶差分方程，从而可得到对应的状态空间模型。

【例 2.26】　已知某离散系统的差分方程为 $y[k+3]+3y[k+2]+y[k+1]+2y[k]=u[k]$，试求其状态空间表达式。

解　仿照连续系统，选取状态变量 $\begin{cases} x_1 = y \\ x_2 = \dot{x}_1 = \dot{y} \\ x_3 = \dot{x}_2 = \ddot{y} \end{cases}$， $\begin{cases} x_1[k] = y[k] \\ x_2[k] = x_1[k+1] = y[k+1] \\ x_3[k] = x_2[k+1] = y[k+2] \end{cases}$

状态方程：

$$x_1[k+1] = y[k+1] = x_2[k]$$
$$x_2[k+1] = y[k+2] = x_3[k]$$
$$x_3[k+1] = y[k+3] = -2x_1[k] - x_2[k] - 3x_3[k] + u[k]$$

输出方程：

$$y[k] = x_1[k]$$

写成矩阵形式

$$\begin{bmatrix} x_1[k+1] \\ x_2[k+1] \\ x_3[k+1] \end{bmatrix} = \begin{bmatrix} 0 & 1 & 0 \\ 0 & 0 & 1 \\ -2 & -1 & -3 \end{bmatrix} \begin{bmatrix} x_1[k] \\ x_2[k] \\ x_3[k] \end{bmatrix} + \begin{bmatrix} 0 \\ 0 \\ 1 \end{bmatrix} u[k]$$

$$y[k] = [1 \quad 0 \quad 0]\begin{bmatrix} x_1[k] & x_2[k] & x_3[k] \end{bmatrix}^{\mathrm{T}}$$

2.7　线性时变系统和非线性系统的状态空间表达式

2.7.1　线性时变系统

当线性系统状态空间表达式各矩阵 A、B、C、D 的元素有部分或全部是时间 t 的函数

时，该系统为线性时变系统。其状态空间表达式为

$$\begin{cases}\dot{X}=A(t)X+B(t)U\\ Y=C(t)X+D(t)U\end{cases} \tag{2.50}$$

式中，

$$A(t)=\begin{bmatrix}a_{11}(t) & a_{12}(t) & \cdots & a_{1n}(t)\\ a_{21}(t) & a_{22}(t) & \cdots & a_{2n}(t)\\ \vdots & \vdots & & \vdots\\ a_{n1}(t) & a_{n2}(t) & \cdots & a_{nn}(t)\end{bmatrix}$$

$$B(t)=\begin{bmatrix}b_{11}(t) & b_{12}(t) & \cdots & b_{1r}(t)\\ b_{21}(t) & b_{22}(t) & \cdots & b_{2r}(t)\\ \vdots & \vdots & & \vdots\\ b_{n1}(t) & b_{n2}(t) & \cdots & b_{nr}(t)\end{bmatrix}$$

$$C(t)=\begin{bmatrix}c_{11}(t) & c_{12}(t) & \cdots & c_{1n}(t)\\ c_{21}(t) & c_{22}(t) & \cdots & c_{2n}(t)\\ \vdots & \vdots & & \vdots\\ c_{m1}(t) & c_{m2}(t) & \cdots & c_{mn}(t)\end{bmatrix}$$

$$D(t)=\begin{bmatrix}d_{11}(t) & d_{12}(t) & \cdots & d_{1r}(t)\\ d_{21}(t) & d_{22}(t) & \cdots & d_{2r}(t)\\ \vdots & \vdots & & \vdots\\ d_{m1}(t) & d_{m2}(t) & \cdots & d_{mr}(t)\end{bmatrix}$$

2.7.2　非线性系统

对于非线性系统，其动态特性已经不能用一个具体的解析形式表示。此时系统的状态变量和输入输出，乃至时间 t 都是耦合在一起的，因此可将其状态空间表达式描述为

$$\begin{cases}\dot{X}=F(X,U,t)\\ Y=G(X,U,t)\end{cases} \tag{2.51}$$

式中，F、G 均为矢量函数。

当系统的状态方程不显含时间 t 时，设 X_0、U_0、Y_0 是满足上述方程的一组解，通过将 F、G 在 X_0、Y_0 附近进行泰勒级数展开，可以对系统进行一次线性化。

$$\begin{cases}F(X,U)=F(X_0,U_0)+\left.\dfrac{\partial F}{\partial X}\right|_{X_0,U_0}\delta X+\left.\dfrac{\partial F}{\partial U}\right|_{X_0,U_0}\delta U+\alpha(\partial X,\partial U)\\ g(X,U)=g(X_0,U_0)+\left.\dfrac{\partial G}{\partial X}\right|_{X_0,U_0}\delta X+\left.\dfrac{\partial G}{\partial U}\right|_{X_0,U_0}\delta U+\beta(\partial X,\partial U)\end{cases} \tag{2.52}$$

式中，$\alpha(\partial X,\partial U)$、$\beta(\partial X,\partial U)$ 是关于 δX、δU 的高次项。$\partial F/\partial X$、$\partial F/\partial U$、$\partial G/\partial X$、$\partial G/\partial U$ 分别按雅可比矩阵的形式定义后，令系统状态空间表达式中的 A、B、C、D 分别为

$$A=\left.\frac{\partial F}{\partial X}\right|_{X_0,U_0}=\begin{bmatrix}\frac{\partial f_1}{\partial x_1} & \frac{\partial f_1}{\partial x_2} & \cdots & \frac{\partial f_1}{\partial x_n}\\ \frac{\partial f_2}{\partial x_1} & \frac{\partial f_2}{\partial x_2} & \cdots & \frac{\partial f_2}{\partial x_n}\\ \vdots & \vdots & & \vdots\\ \frac{\partial f_n}{\partial x_1} & \frac{\partial f_n}{\partial x_2} & \cdots & \frac{\partial f_n}{\partial x_n}\end{bmatrix},\quad B=\left.\frac{\partial F}{\partial U}\right|_{X_0,U_0}=\begin{bmatrix}\frac{\partial f_1}{\partial u_1} & \frac{\partial f_1}{\partial u_2} & \cdots & \frac{\partial f_1}{\partial u_r}\\ \frac{\partial f_2}{\partial u_1} & \frac{\partial f_2}{\partial u_2} & \cdots & \frac{\partial f_2}{\partial u_r}\\ \vdots & \vdots & & \vdots\\ \frac{\partial f_n}{\partial u_1} & \frac{\partial f_n}{\partial u_2} & \cdots & \frac{\partial f_n}{\partial u_r}\end{bmatrix}$$

$$C=\left.\frac{\partial G}{\partial X}\right|_{X_0,U_0}=\begin{bmatrix}\frac{\partial g_1}{\partial x_1} & \frac{\partial g_1}{\partial x_2} & \cdots & \frac{\partial g_1}{\partial x_n}\\ \frac{\partial g_2}{\partial x_1} & \frac{\partial g_2}{\partial x_2} & \cdots & \frac{\partial g_2}{\partial x_n}\\ \vdots & \vdots & & \vdots\\ \frac{\partial g_m}{\partial x_1} & \frac{\partial g_m}{\partial x_2} & \cdots & \frac{\partial g_m}{\partial x_n}\end{bmatrix},\quad D=\left.\frac{\partial G}{\partial U}\right|_{X_0,U_0}=\begin{bmatrix}\frac{\partial g_1}{\partial u_1} & \frac{\partial g_1}{\partial u_2} & \cdots & \frac{\partial g_1}{\partial u_r}\\ \frac{\partial g_2}{\partial u_1} & \frac{\partial g_2}{\partial u_2} & \cdots & \frac{\partial g_2}{\partial u_r}\\ \vdots & \vdots & & \vdots\\ \frac{\partial g_m}{\partial u_1} & \frac{\partial g_m}{\partial u_2} & \cdots & \frac{\partial g_m}{\partial u_r}\end{bmatrix} \tag{2.53}$$

取 $\hat{X}=\delta X,\hat{U}=\delta U,\hat{Y}=\delta Y$，则可得一般线性表达式为

$$\begin{cases}\dot{\hat{X}}=A\hat{X}+B\hat{U}\\ \dot{\hat{Y}}=C\hat{X}+D\hat{U}\end{cases} \tag{2.54}$$

【例 2.27】 已知某控制系统的非线性微分方程式为

$$\frac{\mathrm{d}x_1}{\mathrm{d}t}=\alpha x_1+\beta x_1x_2$$

$$\frac{\mathrm{d}x_2}{\mathrm{d}t}=\gamma x_2+\delta x_1x_2$$

式中，x_1、x_2 分别是状态变量；α、β、γ、δ 是不为零的实数。试求这个系统的平衡点，并在平衡点的附近进行线性化。

解 由 $\frac{\mathrm{d}x_1}{\mathrm{d}t}=0$，$\frac{\mathrm{d}x_2}{\mathrm{d}t}=0$，得

$$\begin{cases}\alpha x_1+\beta x_1x_2=x_1(\alpha+\beta x_2)=0\\ \gamma x_2+\delta x_1x_2=x_2(\gamma+\delta x_1)=0\end{cases}$$

同时满足这二式的 x_1、x_2 有两组：$x_1=0$，$x_2=0$ 和 $x_1=-\gamma/\delta$，$x_2=-\alpha/\beta$，即系统的平衡点为

平衡点①：$x_1=0$，$x_2=0$。

平衡点②：$x_1=-\gamma/\delta$，$x_2=-\alpha/\beta$。

在平衡点①线性化的微分方程为

$$\begin{bmatrix}\dot{x}_1^*\\ \dot{x}_2^*\end{bmatrix}=\begin{bmatrix}\alpha & 0\\ 0 & \gamma\end{bmatrix}\begin{bmatrix}x_1^*\\ x_2^*\end{bmatrix}$$

在平衡点②，令 $x_1=-\gamma/\delta+x_1^*$，$x_2=-\alpha/\beta+x_2^*$，则得

$$\dot{x}_1^* = \left(\alpha + \beta x_2\big|_{x_2=-\alpha/\beta}\right)x_1^* + \left(\beta x_1\big|_{x_1=-\gamma/\delta}\right)x_2^* = -\frac{\beta\gamma}{\delta}x_2^*$$

$$\dot{x}_2^* = \left(\gamma + \delta x_1\big|_{x_1=-\gamma/\delta}\right)x_2^* + \left(\delta x_2\big|_{x_2=-\alpha/\beta}\right)x_1^* = -\frac{\delta\alpha}{\beta}x_1^*$$

因此，在平衡点②线性化的微分方程式为

$$\begin{bmatrix} \dot{x}_1^* \\ \dot{x}_2^* \end{bmatrix} = \begin{bmatrix} 0 & -\beta\gamma/\delta \\ -\delta\alpha/\beta & 0 \end{bmatrix} \begin{bmatrix} x_1^* \\ x_2^* \end{bmatrix}$$

2.8　机电液系统状态空间表达式的建立

应用现代控制理论分析研究机电系统、机电液系统，以及进行数字仿真、系统控制等，首先必须建立系统的状态空间表达式。根据机电系统、机电液系统及元件的物理本质和运动特性可写出它的运动微分方程（或）传递函数，应用前面所讨论的方法，便可得出系统的状态方程和输出方程。

2.8.1　直流电动机控制系统状态空间表达式的建立

图 2.36 是直流电动机示意图。其中，R、L 和 $i(t)$ 分别为电枢回路的内阻、内感和电流，$u(t)$ 为电枢回路的控制电压，K_t 为电动机的力矩系数，K_b 为电动机的反电动势系数，J 为电机转动惯量，μ 为阻尼系数，建立系统的状态空间表达式。

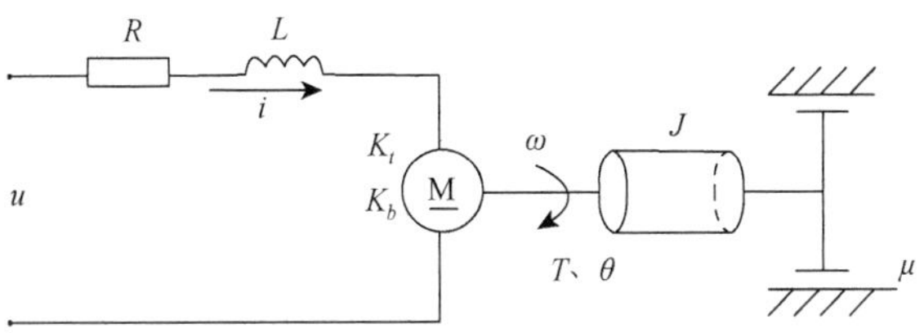

图 2.36　他励直流电动机示意图

根据电机原理，当电机转动时，将产生反电势 e_b，其大小为

$$e_b = K_b\omega \tag{2.55}$$

在磁场强度不变的情况下，电动机产生的力矩 T 与电枢回路的电流成正比，即

$$T = K_t i(t) \tag{2.56}$$

根据基尔霍夫电压定律，电枢回路有下列关系：

$$L\frac{\mathrm{d}i}{\mathrm{d}t} + Ri + e_b = u(t) \tag{2.57}$$

对于电机转轴，根据牛顿第二定律，有

$$T = J\ddot{\theta} + \mu\dot{\theta} \tag{2.58}$$

取电枢回路电流 $i(t)$、电机轴转角 θ 及其角速度 ω 为系统的三个状态变量 x_1、x_2、x_3，

取电机轴转角 θ 为系统输出，电枢控制电压 $u(t)$ 为系统输入，有

$$\begin{cases}\dot{x}_1=-\dfrac{R}{L}x_1-\dfrac{K_b}{L}x_3+\dfrac{1}{L}u(t)\\ \dot{x}_2=x_3\\ \dot{x}_3=\dfrac{K_t}{J}x_1-\dfrac{\mu}{J}x_3\end{cases}\tag{2.59}$$

$$y=x_2\tag{2.60}$$

写成矢量形式为

$$\begin{cases}\dot{X}=\begin{bmatrix}-\dfrac{R}{L} & 0 & -\dfrac{K_b}{L}\\ 0 & 0 & 1\\ \dfrac{K_t}{J} & 0 & -\dfrac{\mu}{J}\end{bmatrix}X+\begin{bmatrix}\dfrac{1}{L}\\ 0\\ 0\end{bmatrix}u\\ Y=[0\quad 1\quad 0]X\end{cases}\tag{2.61}$$

2.8.2　液压系统状态空间表达式的建立

图 2.37 是阀控油缸，它的机械负载包括质量为 m 的重物、弹性系数为 k 的弹性力、阻尼系数为 B 的黏性阻尼及外力 f 。当外力 f 和阀芯位移 x_v 变化时，重物位移 y 、速度 $\dot{y}$ 及加速度 $\ddot{y}$ 随之变化。下面建立系统的状态空间表达式。

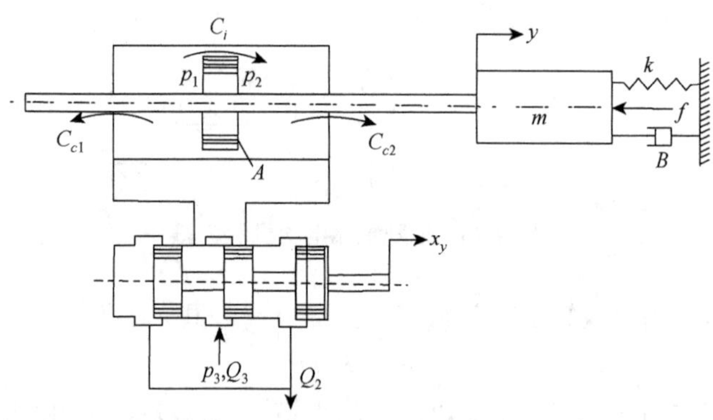

图 2.37　阀控油缸

这是一个典型的阀控油缸系统。应用经典控制理论导出这个系统线性化的传递函数，如式（2.62）所示。此系统阀芯位移 X_v 及外力 F 对重物位移 Y（X_v 、F 及 Y 分别是 x_v 、f 及 y 的拉普拉斯变换，是 s 的函数，为了简化，s 省略）的传递函数为 θ 。θ 的具体建立过程参考有关液压伺服控制的文献。

$$Y=\frac{\dfrac{K_s}{A}X_v-\dfrac{K_1}{A^2}\left(\dfrac{V}{4KK_s}s+1\right)F}{s\left(\dfrac{s^2}{\omega_k^2}+\dfrac{2\zeta_k}{\omega_k}s+1\right)} \tag{2.62}$$

式中，K_s 为流量增益，$K_s=C_dW\sqrt{\dfrac{1}{\rho}p_3}$，$C_d$ 为流量系数，W 为阀的过流通道面积梯度，p_3 为供油压力；K_1 为总的流量压力系数；V 为油缸及管道的总有效体积；K 为油及油缸、管路等总的有效体积弹性模量；ω_k 为油缸及负载系统的液压固有频率，$\omega_K=2A\sqrt{\dfrac{K}{Vm}}$；$\zeta_k$ 为阻尼系数，$\zeta_k=\dfrac{K_s}{A}\sqrt{\dfrac{mK}{V}}+\dfrac{B}{4A}\sqrt{\dfrac{V}{mK}}$。

这个系统及其传递函数是一个基础形式，在此基础上可构成和导出电液、机液等伺服系统的数学模型。

式（2.62）的状态变量表达式可求解如下：

将位移 Y 分为两部分，一部分为 Y_1，是由阀芯位移 X_v 造成的；另一部分为 Y_2，是由外力 F 的作用造成的。即

$$Y=Y_1+Y_2 \tag{2.63}$$

$$Y_1=\frac{\dfrac{K_s}{A}X_v}{s\left(\dfrac{s^2}{\omega_k^2}+\dfrac{2\zeta_k}{\omega_k}s+1\right)}=\frac{\dfrac{K_s}{A}\omega_k^2X_v}{s^3+2\zeta_k\omega_ks^2+\omega_k^2s} \tag{2.64}$$

$$Y_2=\frac{\dfrac{\omega_k^2K_s}{A^2}\left(\dfrac{V}{4KK_s}s+1\right)}{s^3+2\zeta_k\omega_ks^2+\omega_k^2s}F \tag{2.65}$$

式（2.64）是当 $F=0$ 时，阀芯位移 X_v 与重物位移 Y_1 之间的传递函数。根据传递函数，利用直接法可直接写出它的状态方程及输出方程为

$$\begin{gathered}\begin{bmatrix}\dot{x}_1\\ \dot{x}_2\\ \dot{x}_3\end{bmatrix}=\begin{bmatrix}0&0&0\\0&0&1\\0&-\omega_k^2&-2\zeta_k\omega_k\end{bmatrix}\begin{bmatrix}x_1\\x_2\\x_3\end{bmatrix}+\begin{bmatrix}0\\0\\1\end{bmatrix}x_v\\ y_1=\begin{bmatrix}\dfrac{K_s}{A}\omega_k^2&0&0\end{bmatrix}\begin{bmatrix}x_1\\x_2\\x_3\end{bmatrix}\end{gathered} \tag{2.66}$$

式（2.65）表示仅有外力 F 作用且 $X_v=0$ 时，外力 F 与 Y_1 之间的传递函数。它的状态方程与输出方程为

$$\begin{bmatrix}\dot{x}_4\\ \dot{x}_5\\ \dot{x}_6\end{bmatrix}=\begin{bmatrix}0 & 0 & 0\\ 0 & 0 & 1\\ 0 & -\omega_k^2 & -2\zeta_k\omega_k^2\end{bmatrix}\begin{bmatrix}x_4\\ x_5\\ x_6\end{bmatrix}+\begin{bmatrix}0\\ 0\\ 1\end{bmatrix}f$$

$$y_2=\begin{bmatrix}\dfrac{K_s}{A^2}\omega_k^2 & \dfrac{V\omega_k^2}{4A^2K} & 0\end{bmatrix}\begin{bmatrix}x_4\\ x_5\\ x_6\end{bmatrix} \tag{2.67}$$

将式（2.66）及式（2.67）合并，得到此系统的状态方程和输出方程如下：

$$\begin{bmatrix}\dot{x}_1\\ \dot{x}_2\\ \dot{x}_3\\ \dot{x}_4\\ \dot{x}_5\\ \dot{x}_6\end{bmatrix}=\begin{bmatrix}0 & 1 & 0 & 0 & 0 & 0\\ 0 & 0 & 1 & 0 & 0 & 0\\ 0 & -\omega_k^2 & -2\zeta_k\omega_k^2 & 0 & 0 & 0\\ 0 & 0 & 0 & 0 & 1 & 0\\ 0 & 0 & 0 & 0 & 0 & 1\\ 0 & 0 & 0 & 0 & -\omega_k^2 & -2\zeta_k\omega_k\end{bmatrix}\begin{bmatrix}x_1\\ x_2\\ x_3\\ x_4\\ x_5\\ x_6\end{bmatrix}+\begin{bmatrix}0 & 0\\ 0 & 0\\ 1 & 0\\ 0 & 0\\ 0 & 0\\ 0 & 1\end{bmatrix}\begin{bmatrix}x_v\\ f\end{bmatrix}$$

$$y=\begin{bmatrix}\dfrac{K_s}{A}\omega_k^2 & 0 & 0 & \dfrac{K_s}{A^2}\omega_k^2 & \dfrac{K_sV\omega_k^2}{4A^2KK_s} & 0\end{bmatrix}\begin{bmatrix}x_1\\ x_2\\ x_3\\ x_4\\ x_5\\ x_6\end{bmatrix}$$

2.8.3　机械系统工作台状态空间表达式的建立

图 2.38 是机械系统工作台，转动惯量为 J 的转子通过轴及半径为 R 的小齿轮及齿条带动质量为 m 的工作台运动，转矩 t_ω 作用在转子上，转子的转角为 θ。轴的扭转刚性系数为 k，齿轮的转角（角位移）为 θ_r，工作台的位移 x、B_1 及 B_2 为运动部件的阻尼系数。试以 τ_ω 为输入变量，θ 及 x 为输出变量，写出此系统的状态方程及输出方程。

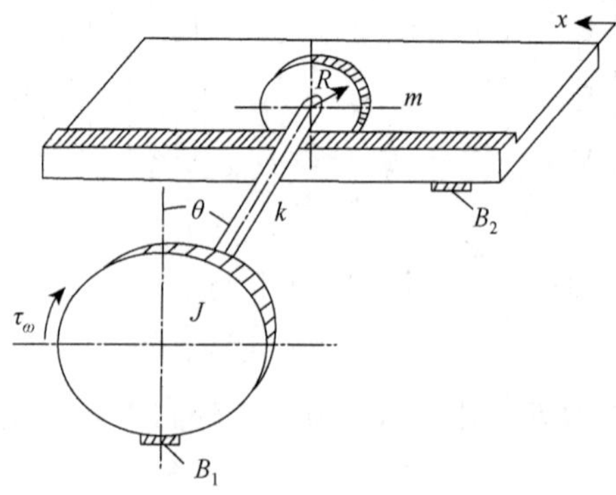

图 2.38　机械系统工作台

此系统的运动微分方程式为

$$J\ddot{\theta}+B_1\dot{\theta}+k(\theta-\theta_r)=\tau_\omega \tag{2.68}$$

$$m\ddot{x}+B_2\dot{x}=\frac{k}{R}(\theta-\theta_r) \tag{2.69}$$

$$\theta_r=\frac{x}{R} \tag{2.70}$$

输入变量为

$$u=\tau_0$$

输出变量为

$$y=\begin{bmatrix}y_1\\y_2\end{bmatrix}=\begin{bmatrix}\theta\\x\end{bmatrix}$$

状态变量为

$$x_1=y_1=\theta\,,\qquad x_2=\dot{\theta}\,,\qquad x_3=x=y_2\,,\qquad x_4=\dot{x}$$

此系统的状态方程与输出方程如下：

$$\begin{bmatrix}\dot{x}_1\\\dot{x}_2\\\dot{x}_3\\\dot{x}_4\end{bmatrix}=\begin{bmatrix}0&1&0&0\\-\dfrac{k}{J}&-\dfrac{B_1}{J}&\dfrac{k}{JR}&0\\0&0&0&1\\\dfrac{k}{mR}&0&-\dfrac{k}{mR^2}&-\dfrac{B_2}{m}\end{bmatrix}\begin{bmatrix}x_1\\x_2\\x_3\\x_4\end{bmatrix}+\begin{bmatrix}0\\\dfrac{1}{J}\\0\\0\end{bmatrix}\tau_\omega$$

$$\begin{bmatrix}y_1\\y_2\end{bmatrix}=\begin{bmatrix}0&0&1&0\\1&0&0&0\end{bmatrix}\begin{bmatrix}x_1\\x_2\\x_3\\x_4\end{bmatrix}$$

2.8.4　机械系统动力学模型

图 2.39 为机械系统动力学模型，外力 $u_1(t)$ 及 $u_2(t)$ 分别作用于质量为 m_1 及 m_2 的运动部件上，m_1 及 m_2 的位移分别为 $x_1(t)$ 及 $x_2(t)$。图 2.39 中 k_1 及 k_2 为弹性系数，B 代表系统总的阻尼系数。系统开始时处于静止状态，即 $t=0$ 时，$x_1(0)=x_2(0)=0$。求此系统以 u_1 及 u_2 为输入，以 x_1 及 x_2 为输出的传递函数矩阵。

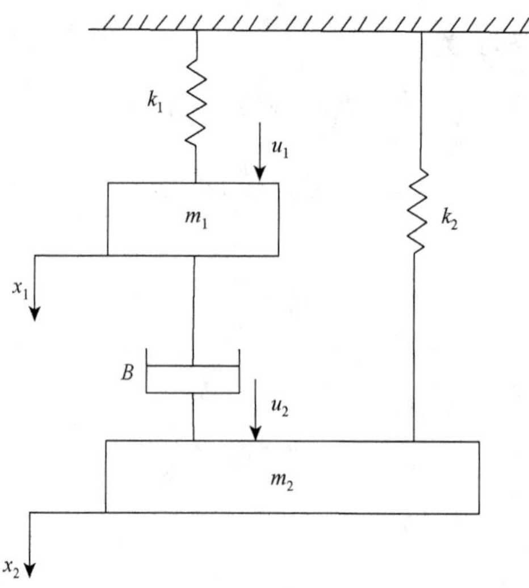

图 2.39　机械系统动力学模型

写出系统的运动方程，经拉普拉斯变换后直接求出系统的传递函数矩阵，而不是从建立状态方程开始。这样可以避免高阶状态方程的求逆运算等中间步骤。

由图 2.39 写出此系统的运动方程如下：

$$m_1\ddot{x}_1 + B(\dot{x}_1 - \dot{x}_2) + k_1 x_1 = u_1$$

$$m_2\ddot{x}_2 + B(\dot{x}_2 - \dot{x}_1) + k_2 x_2 = u_2$$

将上式写成矩阵和向量的形式，得

$$\begin{bmatrix} m_1 & 0 \\ 0 & m_2 \end{bmatrix}\begin{bmatrix} \ddot{x}_1 \\ \ddot{x}_2 \end{bmatrix} + \begin{bmatrix} B & -B \\ -B & B \end{bmatrix}\begin{bmatrix} \dot{x}_1 \\ \dot{x}_2 \end{bmatrix} + \begin{bmatrix} k_1 & 0 \\ 0 & k_2 \end{bmatrix}\begin{bmatrix} x_1 \\ x_2 \end{bmatrix} = \begin{bmatrix} u_1 \\ u_2 \end{bmatrix} \tag{2.71}$$

用矩阵和向量的符号来表示，式（2.71）成为

$$m\ddot{x} + b\dot{x} + kx = u \tag{2.72}$$

式中，$m = \begin{bmatrix} m_1 & 0 \\ 0 & m_2 \end{bmatrix}$为系统的质量矩阵；$b = \begin{bmatrix} B & -B \\ -B & B \end{bmatrix}$为系统的阻尼（或阻尼系数）矩阵；$k = \begin{bmatrix} k_1 & 0 \\ 0 & k_2 \end{bmatrix}$为系统的弹性（或弹性系数）矩阵；$x = \begin{bmatrix} x_1 \\ x_2 \end{bmatrix}$为状态向量，在本例中它也是输出向量；$u = \begin{bmatrix} u_1 \\ u_2 \end{bmatrix}$为输入向量。

取式（2.72）的拉普拉斯变换，得

$$(ms^2 + bs + k)X(s) = U(s)$$

上式可写成如下形式

$$X(s) = (ms^2 + bs + k)^{-1}U(s) \tag{2.73}$$

因此可得到系统的传递函数矩阵为

$$W(s)=(ms^2+bs+k)^{-1}=\begin{bmatrix} m_1s^2+Bs+k_1 & -Bs \\ -Bs & m_2s^2+Bs+k_2 \end{bmatrix}^{-1}$$

$$=\begin{bmatrix} \dfrac{m_1s^2+Bs+k_1}{\varDelta} & \dfrac{Bs}{\varDelta} \\ \dfrac{Bs}{\varDelta} & \dfrac{m_2s^2+Bs+k_2}{\varDelta} \end{bmatrix}$$

$$=\begin{bmatrix} W_{11}(s) & W_{12}(s) \\ W_{21}(s) & W_{22}(s) \end{bmatrix}$$

上式中的 $\varDelta$ 为 2×2 矩阵的行列式，即

$$\varDelta=(m_1s^2+Bs+k_1)(m_2s^2+Bs+k_2)-B^2s^2$$

由式（2.73）得

$$X(s)=W(s)U(s)$$

或写成

$$\begin{bmatrix} X_1(s) \\ X_2(s) \end{bmatrix}=\begin{bmatrix} W_{11}(s) & W_{12}(s) \\ W_{21}(s) & W_{22}(s) \end{bmatrix}\begin{bmatrix} U_1(s) \\ U_2(s) \end{bmatrix} \tag{2.74}$$

由式（2.74）可得

$$X_1(s)=W_{11}(s)U_1(s)+W_{12}(s)U_2(s)$$
$$=\frac{m_1s^2+Bs+k_1}{\varDelta}U_1(s)+\frac{Bs}{\varDelta}U_2(s)$$
$$X_2(s)=W_{21}(s)U_1(s)+W_{22}(s)U_2(s)$$
$$=\frac{Bs}{\varDelta}U_1(s)+\frac{m_2s^2+Bs+k_2}{\varDelta}U_2(s)$$

从上式可看出，每个输出都由两部分引起，一部分由输入 $U_1(s)$ 引起，另一部分由 $U_2(s)$ 引起。各自的传递函数即为 $W_{11}(s)$、$W_{12}(s)$、$W_{21}(s)$ 及 $W_{22}(s)$。

2.8.5　精密机床隔振

超精密机床是实现超精密加工的关键设备，环境振动是影响超精密加工精度的重要因素。目前，国内外均采用空气弹簧作为隔振元件，并取得了一定的效果，但是这属于被动隔振，这类隔振系统的固有频率一般在 2Hz 左右。这种被动隔振难以满足超精密加工对隔振系统的要求。为了解决这个问题，有必要研究被动隔振和主动隔振相结合的混合控制技术。其中，主动隔振控制系统采用状态空间法设计。

图 2.40 表示超精密机床隔振控制系统的结构原理与建模，其中，被动隔振元件为空气弹簧，主动隔振元件为采用状态反馈控制策略的电磁作动器。

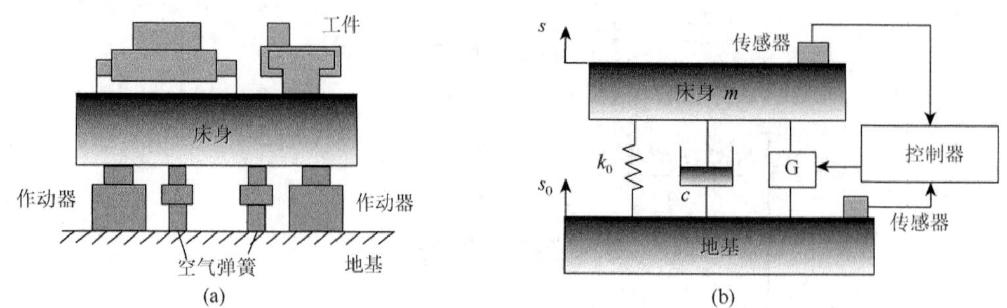

图 2.40　超精密机床隔振控制系统的结构原理与建模

m 为机床质量；c 为空气弹簧黏性阻尼系数；s 为机床位移；k_0 为空气弹簧刚度系数；s_0 为地基位移；G 为主动隔振系统作动器（不表示参数）

图 2.40 表示一个单自由度振动系统，空气弹簧具有一般弹性支承的低通滤波特性，其主要作用是隔离较高频率的基础振动，并支撑机床系统；主动隔振系统具有高通滤波特性，其主要作用是有效隔离较低频率的基础振动。主、被动隔振系统相结合可有效隔离整个频率范围内的振动。

床身质量的运动方程为

$$m\ddot{s} + F_p + F_a = 0 \tag{2.75}$$

式中，F_p 为空气弹簧所产生的被动控制力；F_a 为作动器所产生的主动控制力。

假设空气弹簧内为绝热过程，则被动控制力可以表示为

$$F_p = c\dot{y} + k_0 y + p_r\{1-[V_r/(V_r + A_e y)]^n\}A_e \tag{2.76}$$

式中，V_r 为标准压力下的空气弹簧体积；$y = s - s_0$ 为相对位移（被控量）；p_r 为空气弹簧的参考压力；A_r 为参考压力下单一弹簧的面积；$A_e = 4A_r$ 为参考压力下空气弹簧的总面积；n 为绝热系数。

电磁作动器的主动控制力与电枢电流、磁场的磁通量密度及永久磁铁和电磁铁之间的间隙面积有关，这一关系具有强非线性。

由于系统工作在微振动状况且在低于作动器截止频率的低频范围内，所以主动控制力可近似线性化地表示为

$$F_a = k_e I_a$$

式中，k_e 为力-电流转换系数；I_a 为电枢电流。

电枢电流 I_a 满足微分方程：

$$L\dot{I}_a + RI_a + E(\mathrm{I}_a, \dot{y}) = u(t) \tag{2.77}$$

式中，L 为控制回路电枢电感系数；R 为控制回路电枢电阻；E 为控制回路反电动势；u 为控制电压。

某机床的已知参数为

$$k_0 = 1200\mathrm{N/m}, \quad m = 120\mathrm{kg}$$
$$k_e = 980\mathrm{N/A}, \quad c = 0.2$$
$$R = 300\Omega, \quad L = 0.95\mathrm{H}$$

建立精密机床隔振系统的状态空间模型如下：

首先假定 s_0 为常数，将式 $y=s-s_0$ 两边关于时间求二阶导数可得

$$\ddot{y}=\ddot{s}=-\frac{1}{m}(F_p+F_a)=-\frac{1}{m}(c\dot{y}+k_0y+p_r\{1-[V_r/(V_r+A_ey)]^n\}A_e+k_eI_a)$$

记为

$$\ddot{y}=-\frac{1}{m}(c\dot{y}+k_0y+\omega+k_eI_a) \tag{2.78}$$

式中，$\omega=p_r\{1-[V_r/(V_r+A_ey)]^n\}A_e$。

对式（2.78）两边求导得

$$\dddot{y}=-\frac{1}{m}(c\ddot{y}+k_0\dot{y}+\dot{\omega}+k_e\dot{I}_a) \tag{2.79}$$

由式（2.78）可得

$$I_a=\frac{m\ddot{y}+c\dot{y}+k_0y+\omega}{k_e} \tag{2.80}$$

由式（2.80）可得

$$\dot{I}_a=\frac{m\dddot{y}+c\ddot{y}+k_0\dot{y}+\dot{\omega}}{k_e} \tag{2.81}$$

将式（2.80）和式（2.81）代入式（2.77）可得

$$-L\frac{m\dddot{y}+c\ddot{y}+k_0\dot{y}+\dot{\omega}}{k_e}-R\frac{m\ddot{y}+c\dot{y}+k_0y+\omega}{k_e}+E(I_a,\dot{y})=u(t)$$

$$Lm\dddot{y}+(Lc+Rm)\ddot{y}+(Lk_0+Rc)\dot{y}+Rk_0y+L\dot{\omega}+R\omega-k_eE(I_a,\dot{y})=-k_eu(t)$$

将非线性项 $L\dot{\omega}+R\omega-k_eE(I_a,\dot{y})$ 视为干扰信号，略去不计，可得线性化模型：

$$Lm\dddot{y}+(Lc+Rm)\ddot{y}+(Lk_0+Rc)\dot{y}+Rk_0y=-k_eu(t)$$

令状态变量为

$$x_1=y,\quad x_2=\dot{y},\quad x_3=\ddot{y}$$

可得状态方程为

$$\begin{cases}\dot{x}_1=x_2\\ \dot{x}_2=x_3\\ \dot{x}_3=-\dfrac{Rk_0}{Lm}x_1-\dfrac{Lk_0+Rc}{Lm}x_2-\dfrac{Lc+Rm}{Lm}x_3-\dfrac{k_e}{Lm}u\end{cases}$$

隔振系统的状态空间表达式为

$$
\begin{cases}
\begin{bmatrix}\dot{x}_1\\ \dot{x}_2\\ \dot{x}_3\end{bmatrix}=\begin{bmatrix}0 & 1 & 0\\ 0 & 0 & 1\\ -\dfrac{Rk_0}{Lm} & -\dfrac{Lk_0+Rc}{Lm} & -\dfrac{Lc+Rm}{Lm}\end{bmatrix}\begin{bmatrix}x_1\\ x_2\\ x_3\end{bmatrix}+\begin{bmatrix}0\\ 0\\ -\dfrac{k_e}{Lm}\end{bmatrix}u\\
y=[1\quad 0\quad 0]\begin{bmatrix}x_1\\ x_2\\ x_3\end{bmatrix}
\end{cases}
$$

2.8.6 汽车悬架系统

汽车本身可以被看作一个具有质量、弹性和阻尼的振动系统。汽车产生的振动会导致车身与车架之间的连接部件产生振动和噪声，严重时甚至损坏汽车的零部件，大大缩短汽车的使用寿命，另外也影响汽车的乘坐舒适性。

现代汽车动力总成大都是通过弹性支承安装在车架上的，这种弹性支承称为“悬架”。汽车动力总成和悬置一起构成汽车动力总成悬置系统。汽车动力总成的悬置装置可对在动力总成和车架间传递的振动进行双向隔离，以降低车内的振动和噪声。

传统的汽车悬架系统是一种被动的悬架，悬架参数不能改变，因此对路面的状况适应性差。在路面质量较差的情况下，车身振动大，舒适性差。

主动汽车悬架系统通过一个动力装置，根据路面的情况改变悬架的特性。在路面质量较差的情况下，也能保持车身的平稳，舒适性好。

1）系统模型分析

对汽车悬架系统建立悬架系统的动力学模型。为了研究方便，取汽车一个车轮的悬架系统进行研究，该模型可简化为一维二自由度的弹簧-阻尼-质量系统，如图 2.41 所示。

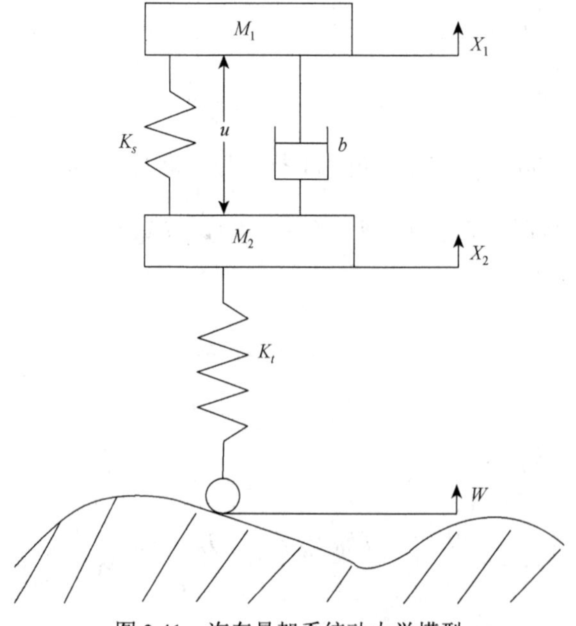

图 2.41　汽车悬架系统动力学模型

汽车悬架系统动力学模型说明：u 为悬架动力装置的施加力；W 为路面位移；X_1 为车身位移；X_2 为悬架位移来度量车身的振动情况，并视为系统的输出。路面状况以 W 为尺度，并视为系统的一个干扰输入。当汽车从平面落入坑中时，W 可用一个阶跃信号来模拟。u 为主动悬架的作用力，它是系统的控制量。

2）建立悬架系统的动力学模型

对车身和悬架进行力分析，由牛顿第二定律可得车身悬架系统的动力学方程为

$$\begin{cases} m_1\ddot{X}_1 = K_s(X_2 - X_1) + b(\dot{X}_2 - \dot{X}_1) + u \\ m_2\ddot{X}_2 = K_s(X_1 - X_2) + b(\dot{X}_1 - \dot{X}_2) - u + K_t(W - X_2) \end{cases} \tag{2.82}$$

3）动力学模型转换状态空间模型

设系统状态变量为

$$X = [X_1 \quad \dot{X}_1 \quad X_2 \quad \dot{X}_2]$$

则上面系统动力学方程可改写为状态空间表达式，写成矩阵向量形式：

$$\begin{cases} \dot{X} = AX + BU \\ Y = CX + DU \end{cases}$$

式中，

$$A = \begin{bmatrix} 0 & 1 & 0 & 0 \\ -\dfrac{K_s}{m_1} & -\dfrac{b}{m_1} & \dfrac{K_s}{m_1} & \dfrac{b}{m_1} \\ 0 & 0 & 0 & 1 \\ \dfrac{K_s}{m_2} & \dfrac{b}{m_2} & -\dfrac{K_s + K_t}{m_2} & -\dfrac{b}{m_2} \end{bmatrix}$$

$$B = \begin{bmatrix} 0 & 0 \\ \frac{1}{m_1} & 0 \\ 0 & 0 \\ -\frac{1}{m_2} & \frac{K_t}{m_2} \end{bmatrix}$$

$$C = \begin{bmatrix} 1 & 0 & -1 & 0 \end{bmatrix}$$

$$D = \begin{bmatrix} 0 & 0 \end{bmatrix}$$

2.8.7　针式打印机驱动系统

在计算机外围设备中，常用的低价位喷墨式或针式打印机都配有皮带驱动器。它用于驱动打印头沿打印页面横向移动。图 2.42 给出一个装有直流电动机的打印机皮带驱动系统的例子。其光传感器用来测定打印头的位置，皮带张力的变化用于调节皮带的实际弹性状态。

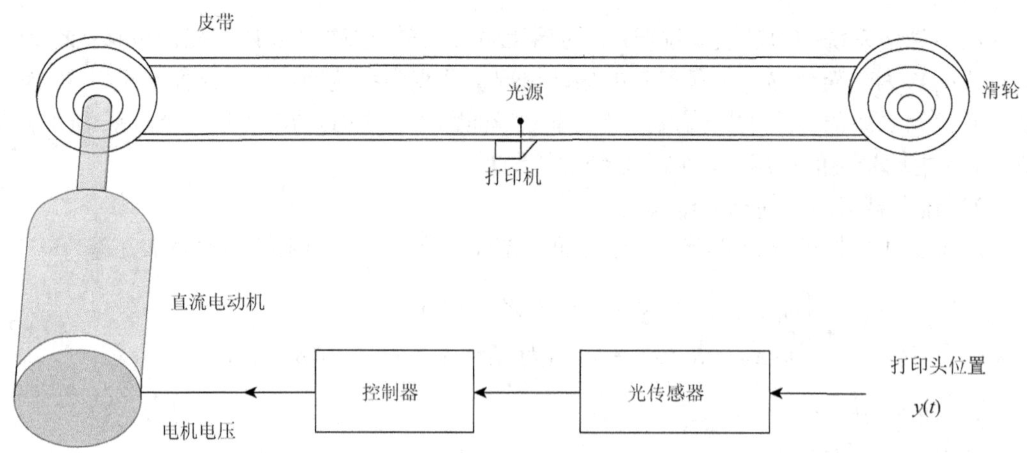

图 2.42　打印机皮带驱动系统

打印装置参数取值如表 2.1 所示。

表 2.1　打印装置参数取值

参数	取值
质量	$m = 0.2$
滑轮半径	$r = 0.015$
光传感器	$k_1 = 1$
皮带弹性系数	$k = 20$
速度反馈系数	$k_2 = 0.08$
电感	$L \approx 0$
电机和滑轮的摩擦系数	$f = 0.25$
电枢电阻	$R = 2$
电机传递系数	$K_m = 2$
电机和滑轮的转动惯量	$J_{电机} + J_{滑轮} = J = 0.01$

状态空间建模及系统参数选择。图 2.43 为打印机皮带驱动器的基本模型，模型中记皮带弹性系数为 k，滑轮半径为 r，电机轴转角为 θ，右滑轮的转角为 θ_p，打印头质量为 m，打印头的位移为 y（t）。光传感器用来测量 y（t），光传感器的输出电压为 v_1 且 $v_1 = k_1 y$。控制器输出电压为 v_2，对系统进行速度反馈，即有 $v_2 = -k_2 \mathrm{d}v_1/\mathrm{d}t$。注意到 $y = r\theta_p$，可知皮带张力 T_1、T_2 分别为

$$T_1 = r(r\theta - r\theta_p) = k(r\theta - y), \quad T_2 = k(y - r\theta)$$

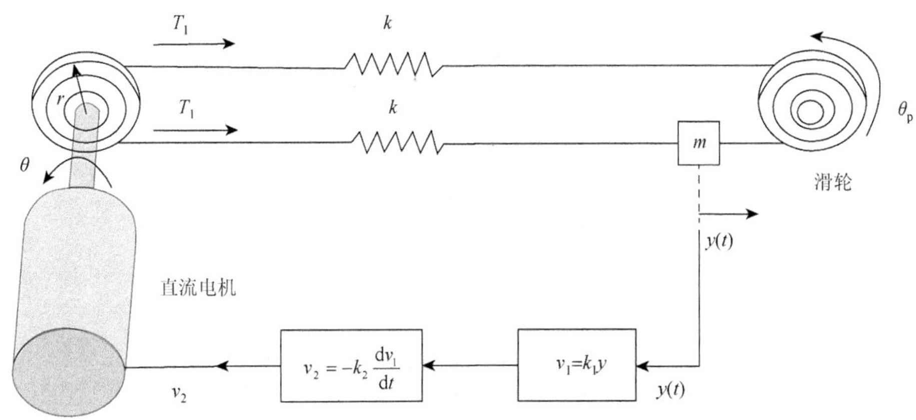

图 2.43　打印机皮带驱动器的基本模型

于是作用在质量 m 上的皮带净张力为 $T_1-T_2=2k$（$r\theta-y$）$=2kx_1$，其中，$x_1=$（$r\theta-y$）为第一个状态变量，表示打印头实际位移 y 与预期位移 $r\theta$ 之间的位移差。质量 m 的运动方程为

$$m\frac{d^2y}{dt^2}=T_1-T_2=2kx_1$$

取第二个状态变量 $x_2=dy/dt$，于是有

$$\frac{dx_2}{dt}=\frac{2k}{m}x_1 \tag{2.83}$$

定义第三个状态变量 $x_3=d\theta/dt$，x_1 的导数为

$$\frac{dx_1}{dt}=r\frac{d\theta}{dt}-\frac{dy}{dt}=-x_2+rx_3 \tag{2.84}$$

推导电机旋转的运动方程：当 $L=0$ 时，电机电枢电流 $i=v_2/r$，而电机转矩为 $M_m=K_mi$，于是有

$$M_m=\frac{K_m}{R}v_2$$

设作用在驱动皮带上的扰动转矩为 M_d，则电机驱动皮带的有效转矩为 $M=M_m-M_d$。显然，只有有效转矩驱动电机轴带动滑轮运动，因此有

$$M=J\frac{d^2\theta}{dt^2}+f\frac{d\theta}{dt}+r(T_1-T_2)$$

由于

$$\frac{dx_3}{dt}=\frac{d^2\theta}{dt^2},\quad T_1-T_2=2kx_1 \tag{2.85}$$

故得

$$\frac{\mathrm{d}x_3}{\mathrm{d}t}=\frac{M_m-M_d}{J}-\frac{f}{J}x_3-\frac{2kr}{J}x_1 \tag{2.86}$$

由 M_m 的表达式及

$$\begin{gathered} v_2=-k_2\frac{\mathrm{d}v_1}{\mathrm{d}t} \\ v_1=k_1y,\quad x_2=\frac{\mathrm{d}y}{\mathrm{d}t} \end{gathered} \tag{2.87}$$

得到

$$\frac{M_m}{J}=\frac{K_m}{RJ}v_2=-\frac{K_mk_2}{RJ}\frac{\mathrm{d}v_1}{\mathrm{d}t}=-\frac{K_mk_1k_2}{RJ}x_2 \tag{2.88}$$

最后可得

$$\frac{\mathrm{d}x_3}{\mathrm{d}t}=-\frac{2kr}{J}x_1-\frac{K_mk_1k_2}{RJ}x_2-\frac{f}{J}x_3-\frac{M_d}{J} \tag{2.89}$$

式（2.83）、式（2.84）、式（2.89）构成了描述打印机皮带驱动系统的一阶运动微分方程组，其向量矩阵形式为

$$\dot{x}=\begin{bmatrix} 0 & -1 & r \\ \dfrac{2k}{m} & 0 & 0 \\ -\dfrac{2kr}{J} & -\dfrac{K_mk_1k_2}{RJ} & -\dfrac{f}{J} \end{bmatrix}x+\begin{bmatrix} 0 \\ 0 \\ -\dfrac{1}{J} \end{bmatrix}M_d \tag{2.90}$$

将表 2.1 打印装置的参数代入得

$$\dot{x}=\begin{bmatrix} 0 & -1 & 0.015 \\ 200 & 0 & 0 \\ -60 & -8 & -25 \end{bmatrix}x+\begin{bmatrix} 0 \\ 0 \\ -100 \end{bmatrix}u$$

$$y=[1\quad 0\quad 0]x$$

2.9　MATLAB 在状态空间法中的应用

由于 MATLAB 的主要运算单元是矩阵，它可以很好地处理状态空间法中微分方程（或差分方程）、传递函数与等价的状态空间表达式之间的相互转换。MATLAB 中的一些命令可以将线性系统从一种数学模型转变为另一种数学模型，这些都为解决问题带来了方便。MATLAB 中用于状态空间法的函数主要有 TF2SS、ZP2SS、SS2TF、SS2ZP、TF2ZP、ZP2TF、SS2SS、CANON 等，具体功能参阅 MATLAB 软件说明。下面有针对性地介绍其中几个函数。

（1）从状态空间表达式到传递函数。

命令：`[num,den]=SS2TF(A,B,C,D)`。

功能：把系统从状态空间表达式

$$\begin{cases}\dot{X} = AX + BU \\ Y = CX + DU\end{cases}$$

变换为传递函数形式：

$$W(s) = \frac{Y(s)}{U(s)} = \frac{\text{num}}{\text{den}} = C(sI - A)^{-1}B + D$$

如果系统有多个输入量，利用命令`[num,den]=SS2TF(A,B,C,D,ui)`可以将原系统转化为第 i 个输入对应的传递函数矩阵 $W(s) = Y(s) / U_i(s)$。

【例 2.28】　已知 SISO 系统的状态空间表达式如下所示，求该系统的传递函数。

$$\begin{bmatrix}\dot{x}_1 \\ \dot{x}_2 \\ \dot{x}_3\end{bmatrix} = \begin{bmatrix}0 & 1 & 0 \\ 0 & 0 & 1 \\ -4 & -3 & -2\end{bmatrix}\begin{bmatrix}x_1 \\ x_2 \\ x_3\end{bmatrix} + \begin{bmatrix}1 \\ 3 \\ -6\end{bmatrix}U$$

$$y = [1 \quad 0 \quad 0]\begin{bmatrix}x_1 \\ x_2 \\ x_3\end{bmatrix}$$

解　程序：

```
%首先给 A、B、C 矩阵赋值
A=[0 1 0;0 0 1; -4-3-2];
B=[1;3;-6];
C=[1 0 0];
D=0;
%状态空间表达式转换成传递函数矩阵的格式为[num,den]=SS2TF(a,b,c,d,u)
[num,den]=SS2TF (A,B,C,D,1)
```

程序运行结果：

```
num=
     0    1.0000    5.0000    3.0000
den=
     1.0000    2.0000    3.0000    4.0000
```

从程序运行结果得到系统的传递函数为

$$G(s) = \frac{s^2 + 5s + 3}{s^3 + 2s^2 + 3s + 4}$$

（2）从传递函数到状态空间表达式。

命令：`[A,B,C,D]=TF2SS(num,den)`。

功能：把系统从传递函数形式

$$W(s)=\frac{Y(s)}{U(s)}=\frac{\text{num}}{\text{den}}=C(sI-A)^{-1}B+D$$

变换为状态空间表达式形式：

$$\begin{cases}\dot{X}=AX+BU\\ Y=CX+DU\end{cases}$$

【例 2.29】 已知系统的传递函数：

$$G(s)=\frac{s^2+5s+3}{s^3+2s^2+3s+4}$$

求系统的状态空间表达式。

解 程序：

```
num=[0 1 5 3];%在给 num 赋值时,在系数前补 0,使 num 和 den 赋值的个数相同
den=[1 2 3 4];
[A,B,C,D]=TF2SS(num,den)
```

程序运行结果：

```
A=
    -2    -3    -4
     1     0     0
     0     1     0
B=
    1
    0
    0
C=
    1     5     3
D=
    0
```

根据 MATLAB 输出结果，可知该系统的状态空间表达式为

$$\begin{cases}\dot{X}=\begin{bmatrix}-2&-3&-4\\1&0&0\\0&1&0\end{bmatrix}X+\begin{bmatrix}1\\0\\0\end{bmatrix}U\\ y=[1\quad 5\quad 3]X\end{cases}$$

（3）SS2ZP：状态空间表达式到零极点形式传递函数的转换。

命令：`[Z,P,K]=SS2ZP(A,B,C,D,iu)`。

（4）TF2ZP：一般传递函数转换到零极点形式传递函数。

命令：`[Z,P,K]=TF2ZP(NUM,DEN)`。

（5）ZP2TF：零极点形式传递函数转换到一般传递函数。

命令：`[NUM,DEN]=ZP2TF(Z,P,K)`。

（6）SS2SS：状态空间表达式的线性变换。

命令：`[A1,B1,C1,D1]=SS2SS(A,B,C,D,T)`。

式中，T 为变换矩阵。注意变换方程为 $X_1 = TX$，而不是常见的 $X = TX_1$。所以要与习惯的变换方程一致，就必须用 T 的逆代入上式，即

命令：`[A1,B1,C1,D1]=SS2SS(A,B,C,D,inv(T))`。

（7）CANON：求状态空间表达式的对角标准型。

命令：`[As,Bs,Cs,Ds,Ts]=CANON(A,B,C,D,'mod')`。

式中，T_s 为变换矩阵，注意变换方程为 $X_s = T_sX$。

2.10　工程实践示例：直线倒立摆控制系统的状态空间法建模

2.10.1　直线倒立摆控制系统

倒立摆是进行现代控制理论研究的典型实验平台。许多抽象的控制理论概念如系统稳定性、能控性和系统抗干扰能力等，都可以通过倒立摆控制系统实验直观地表现出来，许多现代控制理论的研究人员一直将它视为典型的研究对象，不断从中发掘出新的控制策略和控制方法，相关的科研成果在航天科技和机器人学方面获得了广泛的应用。本书以直线倒立摆这一典型机电系统为工程实践为例，贯穿各章内容，对控制系统的状态空间法建模，控制系统的分析（求解和响应分析、稳定性分析、能控性和能观测性分析），控制系统的设计（极点配置、最优控制）等现代控制理论的工程应用提供示例，非常直观地感受现代控制理论的应用，为实际工程应用奠定基础。

直线倒立摆控制系统总体结构如图 2.44 所示，以直线一级倒立摆为参考。

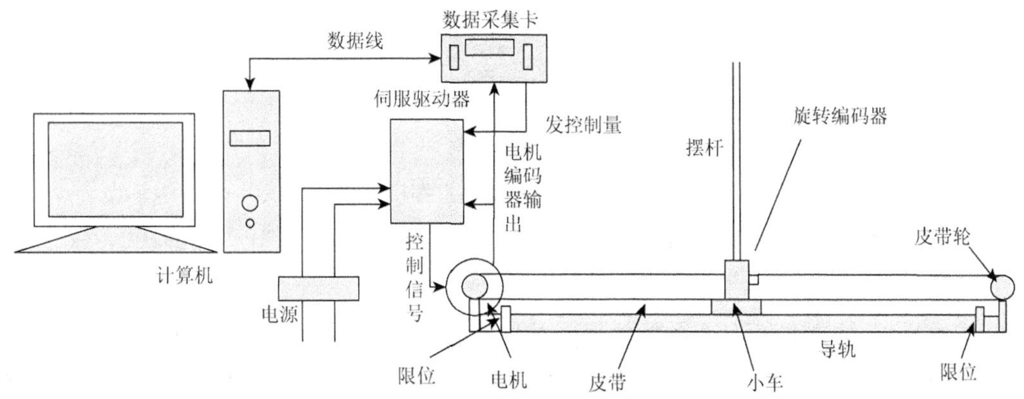

图 2.44　直线倒立摆控制系统总体结构

直线倒立摆控制系统工作原理：数据采集卡（也称运动控制卡，安装于计算机机箱的PCI插槽上）采集到旋转编码器数据和电机编码器数据，旋转编码器与摆杆同轴，电机与小车通过皮带连接。所以，通过计算就可以得到摆杆的角位移以及小车位移，角位移差分可得角速度，位移差分可得速度，然后根据自动控制中各种理论转化的算法计算出控制量。控制量由计算机通过运动控制卡下发给伺服驱动器，由伺服驱动器对电机实现控制，电机尾部编码器连接到驱动器形成闭环，从而可以实现闭环控制。

2.10.2 直线倒立摆控制系统的状态空间法建模

建立直线倒立摆控制系统的状态空间表达式的方法有很多，其中，机理建模是在了解研究对象的运动规律基础上，通过物理、机械、电气的知识和数学手段建立起系统内部的输入-状态关系。对于直线倒立摆控制系统，由于其本身是自不稳定的系统，所以实验建模存在一定的困难。但是忽略一些次要因素后，直线倒立摆控制系统就是一个典型的运动刚体系统，可以在惯性坐标系内应用经典力学理论建立系统的动力学方程。下面采用牛顿力学建立直线倒立摆控制系统的状态空间表达式数学模型。

在忽略空气阻力和各种摩擦之后，可将直线一级倒立摆控制系统抽象成小车和匀质杆组成的系统，如图 2.45 所示。

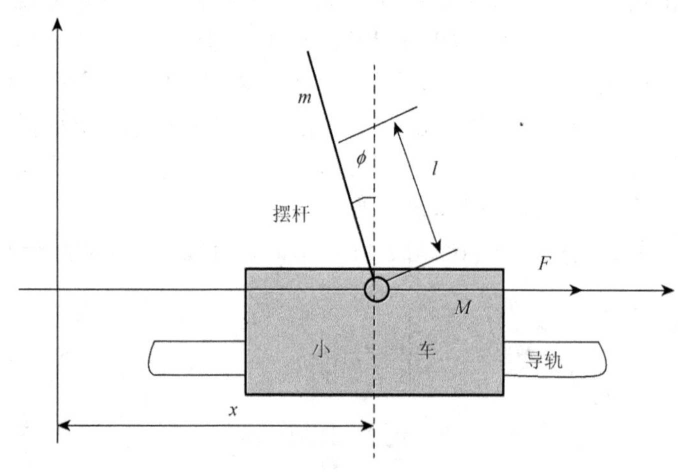

图 2.45 直线一级倒立摆模型

M 为小车质量；m 为摆杆质量；l 为摆杆转动轴心到摆杆质心的长度；F 为加在小车上的力；x 为小车位置；ϕ 为摆杆与垂直向上方向的夹角

图 2.46（a）是系统中小车和摆杆的受力分析图。其中，N 和 P 分别为小车与摆杆相互作用力的水平和垂直方向的分量。注意：在实际倒立摆控制系统中检测和执行装置的正负方向已经完全确定，因而矢量方向定义如图 2.46（b）所示，图示方向为矢量正方向。

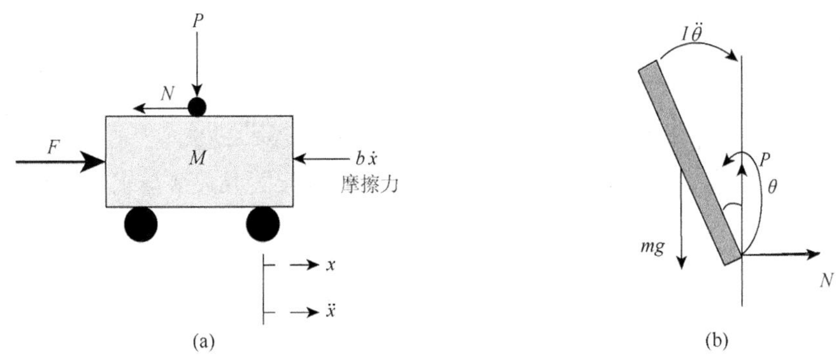

图 2.46　小车及摆杆的受力分析图

b 为小车摩擦系数；I 为摆杆惯量；θ 为摆杆与垂直向下方向的夹角

分析小车水平方向所受的合力，可以得到以下方程：

$$M\ddot{x}=F-b\dot{x}-N \tag{2.91}$$

由摆杆水平方向的受力进行分析可以得到以下等式：

$$N=m\frac{\mathrm{d}}{\mathrm{d}t^2}(x+l\sin\theta) \tag{2.92}$$

即

$$N=m\ddot{x}+ml\ddot{\theta}\cos\theta-ml\dot{\theta}^2\sin\theta \tag{2.93}$$

把这个等式代入式（2.91）中，就得到系统的第一个运动方程：

$$(M+m)\ddot{x}+b\dot{x}+ml\ddot{\theta}\cos\theta-ml\dot{\theta}^2\sin\theta=F \tag{2.94}$$

为了推出系统的第二个运动方程，对摆杆垂直方向上的合力进行分析，可以得到

$$P-mg=m\frac{\mathrm{d}}{\mathrm{d}t^2}(l\cos\theta) \tag{2.95}$$

$$P-mg=-ml\ddot{\theta}\sin\theta-ml\dot{\theta}^2\cos\theta \tag{2.96}$$

力矩平衡方程如下：

$$-Pl\sin\theta-Nl\cos\theta=I\ddot{\theta} \tag{2.97}$$

注意：此方程中力矩的方向，由于 $\theta=\pi+\phi$、$\cos\phi=-\cos\theta$、$\sin\phi=-\sin\theta$，故等式前面有负号。合并这两个方程，约去 P 和 N，得到第二个运动方程：

$$(I+ml^2)\ddot{\theta}+mgl\sin\theta=-ml\ddot{x}\ \cos\theta \tag{2.98}$$

设 $\theta=\pi+\phi$（ϕ 是摆杆与垂直向上方向之间的夹角），假设 ϕ 与 1（单位是弧度）相比很小，即 $\phi\ll 1$，则可以进行近似处理。

$$\cos\theta=-1,\quad \sin\theta=-\phi,\quad \left(\frac{\mathrm{d}\theta}{\mathrm{d}t}\right)^2=0$$

用 u 来代表被控对象的输入力 F，线性化后两个运动方程如下：

$$\begin{cases}(I+ml^2)\ddot{\phi}-mgl\phi=ml\ddot{x}\\(M+m)\ddot{x}+b\dot{x}-ml\ddot{\phi}=u\end{cases} \tag{2.99}$$

对方程组（2.99）进行拉普拉斯变换，得到方程组：

$$\begin{cases}(I+ml^2)\Phi(s)s^2 - mgl\Phi(s) = mlX(s)s \\ (M+m)X(s)s^2 + bX(s)s - ml\Phi(s)s^2 = U(s)\end{cases} \tag{2.100}$$

注意：推导传递函数时假设初始条件为0。由于输出为角度ϕ，求解方程组的第一个方程，可以得到

$$X(s) = \left(\frac{I+ml^2}{ml} - \frac{g}{s^2}\right)\Phi(s) \tag{2.101}$$

令$v = \ddot{x}$，则有

$$\Phi(s) = \frac{ml}{(I+ml^2)s^2 - mgl}V(s) \tag{2.102}$$

把式（2.102）代入方程组的第二个方程，得到

$$(M+m)\left(\frac{I+ml^2}{ml} - \frac{g}{s}\right)\Phi(s)s^2 + b\left(\frac{I+ml^2}{ml} + \frac{g}{s^2}\right)\Phi(s)s - ml\Phi(s)s^2 = U(s) \tag{2.103}$$

整理后得到传递函数：

$$\frac{\Phi(s)}{U(s)} = \frac{\dfrac{ml}{q}s^2}{s^4 + \dfrac{b(I+ml^2)}{q}s^3 - \dfrac{(M+m)mgl}{q}s^2 - \dfrac{bmgl}{q}s} \tag{2.104}$$

式中，$q = [(M+m)(I+ml^2) - (ml)^2]$。

设系统状态空间方程为

$$\begin{aligned}\dot{X} &= AX + Bu \\ y &= CX + Du\end{aligned} \tag{2.105}$$

方程组对$\ddot{x}$、$\ddot{\phi}$解代数方程，得到的解如下：

$$\begin{cases}\dot{x} = \dot{x} \\ \ddot{x} = \dfrac{-(I+ml^2)b\dot{x}}{I(M+m)+Mml^2} + \dfrac{m^2gl^2\phi}{I(M+m)+Mml^2} + \dfrac{(I+ml^2)u}{I(M+m)+Mml^2} \\ \dot{\phi} = \dot{\phi} \\ \ddot{\phi} = \dfrac{-mlb\dot{x}}{I(M+m)+Mml^2} + \dfrac{mgl(M+m)\phi}{I(M+m)+Mml^2} + \dfrac{mlu}{I(M+m)+Mml^2}\end{cases} \tag{2.106}$$

整理后得到以外界作用力（u代表被控对象的输入力F）作为输入的系统状态方程：

$$\begin{bmatrix}\dot{x} \\ \ddot{x} \\ \dot{\phi} \\ \ddot{\phi}\end{bmatrix} = \begin{bmatrix}0 & 1 & 0 & 0 \\ 0 & \dfrac{-(I+ml^2)b}{I(M+m)+Mml^2} & \dfrac{m^2gl^2}{I(M+m)+Mml^2} & 0 \\ 0 & 0 & 0 & 1 \\ 0 & \dfrac{-mlb}{I(M+m)+Mml^2} & \dfrac{mgl(M+m)}{I(M+m)+Mml^2} & 0\end{bmatrix}\begin{bmatrix}x \\ \dot{x} \\ \phi \\ \dot{\phi}\end{bmatrix} + \begin{bmatrix}0 \\ \dfrac{I+ml^2}{I(M+m)+Mml^2} \\ 0 \\ \dfrac{ml}{I(M+m)+Mml^2}\end{bmatrix}u \tag{2.107}$$

$$y=\begin{bmatrix}x\\ \phi\end{bmatrix}=\begin{bmatrix}1&0&0&0\\0&0&1&0\end{bmatrix}\begin{bmatrix}x\\ \dot{x}\\ \phi\\ \dot{\phi}\end{bmatrix}+\begin{bmatrix}0\\0\end{bmatrix}u \tag{2.108}$$

由方程组（2.99）的第一个方程为

$$(I+ml^2)\ddot{\phi}-mgl\phi=ml\ddot{x} \tag{2.109}$$

对于质量均匀分布的摆杆，有

$$I=\frac{1}{3}ml^2 \tag{2.110}$$

于是可以得到

$$\left(\frac{1}{3}ml^2+ml^2\right)\ddot{\phi}-mgl\phi=ml\ddot{x} \tag{2.111}$$

化简得到

$$\ddot{\phi}=\frac{3g}{4l}\phi+\frac{3}{4l}\ddot{x} \tag{2.112}$$

设 $X=\{x,\dot{x},\phi,\dot{\phi}\}$，$u'=\ddot{x}$，则可以得到以小车加速度作为输入的系统状态方程：

$$\begin{bmatrix}\dot{x}\\ \ddot{x}\\ \dot{\phi}\\ \ddot{\phi}\end{bmatrix}=\begin{bmatrix}0&1&0&0\\0&0&0&0\\0&0&0&1\\0&0&\frac{3g}{4l}&0\end{bmatrix}\begin{bmatrix}x\\ \dot{x}\\ \phi\\ \dot{\phi}\end{bmatrix}+\begin{bmatrix}0\\1\\0\\ \frac{3}{4l}\end{bmatrix}u' \tag{2.113}$$

$$y=\begin{bmatrix}x\\ \phi\end{bmatrix}=\begin{bmatrix}1&0&0&0\\0&0&1&0\end{bmatrix}\begin{bmatrix}x\\ \dot{x}\\ \phi\\ \dot{\phi}\end{bmatrix}+\begin{bmatrix}0\\0\end{bmatrix}u' \tag{2.114}$$

以小车加速度为控制量，摆杆角度为被控对象，此时系统的传递函数为

$$G(s)=\frac{\frac{3}{4l}}{s^2-\frac{3g}{4l}} \tag{2.115}$$

将表 2.2 所示的直线倒立摆实际系统的物理参数代入上面系统状态方程和传递函数中得到系统精确模型。

表 2.2　直线倒立摆实际系统的物理参数

摆杆质量 m/kg	摆杆长度 L/m	摆杆转轴到质心长度 l/m	重力加速度 g/(m/s^2)
0.111	0.50	0.25	9.81

直线倒立摆控制系统的状态空间表达式为

$$\begin{bmatrix}\dot{x}\\ \ddot{x}\\ \dot{\phi}\\ \ddot{\phi}\end{bmatrix}=\begin{bmatrix}0&1&0&0\\0&0&0&0\\0&0&0&1\\0&0&29.4&0\end{bmatrix}\begin{bmatrix}x\\ \dot{x}\\ \phi\\ \dot{\phi}\end{bmatrix}+\begin{bmatrix}0\\1\\0\\3\end{bmatrix}u' \tag{2.116}$$

$$y=\begin{bmatrix}x\\ \phi\end{bmatrix}=\begin{bmatrix}1&0&0&0\\0&0&1&0\end{bmatrix}\begin{bmatrix}x\\ \dot{x}\\ \phi\\ \dot{\phi}\end{bmatrix}+\begin{bmatrix}0\\0\end{bmatrix}u' \tag{2.117}$$

系统传递函数为

$$G(s)=\frac{3}{s^2-29.4} \tag{2.118}$$

对于比较简单的直线一级倒立摆，利用牛顿力学的方法计算比较方便和快捷；对于多级倒立摆，可利用拉格朗日方法建模，编程计算会比较方便。

习 题

1. 已知系统的微分方程

（1） $\dddot{y}+28\ddot{y}+196\dot{y}+740y=440u$ 。

（2） $\dddot{y}+2\ddot{y}+3\dot{y}+5y=5\ddot{u}+7u$ 。

（3） $2\ddot{y}+3\dot{y}=\ddot{u}-u$ 。

试写出它们的状态空间表达式。

2. 试求三阶微分方程 $a\dddot{x}(t)+b\ddot{x}(t)+c\dot{x}(t)+dx(t)=u(t)$ 表示的系统的状态方程。

3. 试求 $W(s)=\dfrac{2s^2+5s+1}{(s-1)(s-2)^3}$ 的状态空间表达式。

4. 试写出 $W(s)=\dfrac{s^2+4s+5}{s^3+6s+11s+6}$ 的对角标准型。

5. 考虑下列单输入单输出系统：

$$\dddot{y}+6\ddot{y}+11\dot{y}+6y=6u$$

试求该系统状态空间表达式的对角线标准型。

6. 已知线性定常系统状态方程为

$$\dot{X}=\begin{bmatrix}2&-1&-1\\0&-1&0\\0&2&1\end{bmatrix}X+\begin{bmatrix}7\\2\\3\end{bmatrix}u$$

试将其化为对角标准型。

7. 已知系统

$$\dot{X} = AX + Bu, \quad y = CX$$

$$A = \begin{bmatrix} -2 & 2 & -1 \\ 0 & -2 & 0 \\ 1 & -4 & 0 \end{bmatrix}, \quad B = \begin{bmatrix} 0 \\ 0 \\ 1 \end{bmatrix}, \quad C = [1 \quad -1 \quad 1]$$

试将其化为标准型。

8. 已知系统的方框图，试求出系统的状态空间表达式。

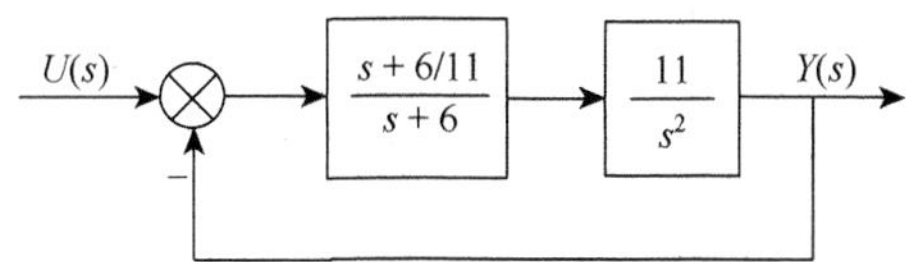

9. 已知系统的状态变量图，试写出其状态空间表达式。

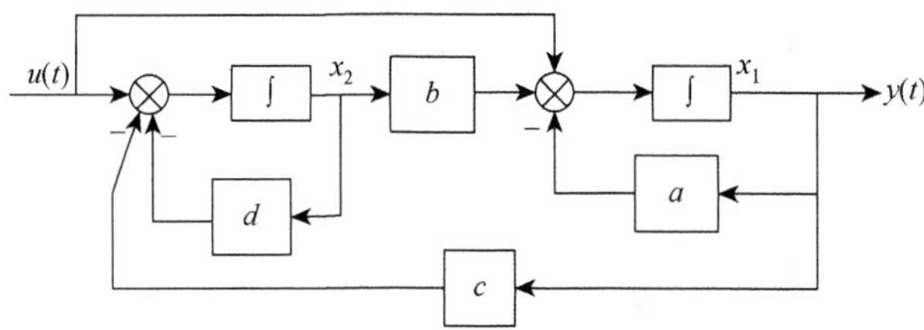

10. 已知系统方框图，输入变量和输出变量分别为 u 和 y，试求出系统的一个状态空间表达式。

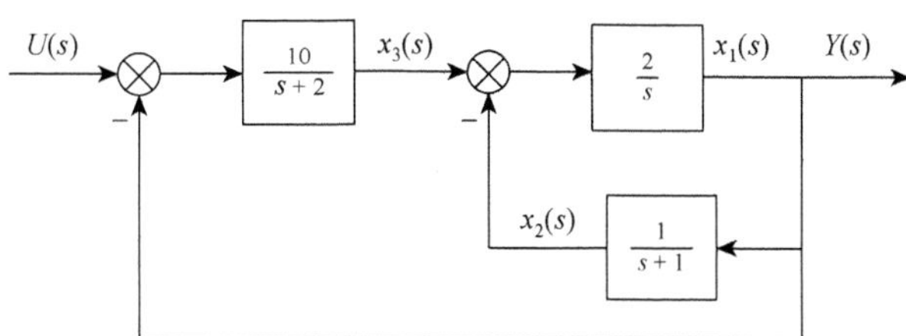

11. 考虑由下式定义的系统：

$$\dot{X} = AX + BU$$

$$Y = CX$$

式中，

$$A = \begin{bmatrix} -1 & 0 & 1 \\ 1 & -2 & 0 \\ 0 & 0 & -3 \end{bmatrix}, \quad B = \begin{bmatrix} 0 \\ 0 \\ 1 \end{bmatrix}, \quad C = [1 \quad 1 \quad 0]$$

试求其传递函数 $Y(s)/U(s)$。

12. 考虑下列矩阵：

$$A = \begin{bmatrix} 0 & 1 & 0 & 0 \\ 0 & 0 & 1 & 0 \\ 0 & 0 & 0 & 1 \\ 1 & 0 & 0 & 0 \end{bmatrix}$$

试求矩阵 A 的特征值 λ_1、λ_2、λ_3 和 λ_4。再求变换矩阵 P，使得

$$P^{-1}AP = \mathrm{diag}(\lambda_1, \lambda_2, \lambda_3, \lambda_4)$$

13. 两输入 u_1、u_2，两输出 y_1、y_2 的系统，其模拟结构图如下，试求其传递函数矩阵。

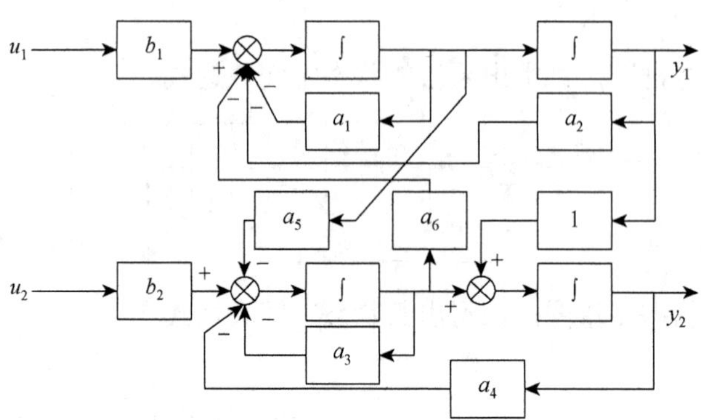

第 3 章　控制系统状态空间表达式的求解——控制系统定量分析

本章讨论对控制系统状态空间表达式的求解，其中主要包括线性连续定常齐次方程、非齐次方程、离散系统状态方程及控制系统连续状态空间表达式的离散化。

3.1　线性连续定常齐次方程的解

齐次方程的解，也就是系统的自由解，是系统在没有控制输入的情况下，由系统初始状态引起的自由运动，其状态方程为

$$\dot{X} = AX, \qquad X\big|_{t=0} = X_0 \tag{3.1}$$

式中，X 是 $n\times1$ 状态向量；A 是 $n\times n$ 常数矩阵。

对于标量定常微分方程 $\dot{x} = ax$，方程的解为

$$x(t) = \mathrm{e}^{at}x(0) = \left(1 + At + \frac{1}{2!}A^2t^2 + \cdots + \frac{1}{k!}A^kt^k + \cdots\right)x(0) \tag{3.2}$$

与式（3.2）类似，假设式（3.1）的解 X（t）为时间 t 的幂级数形式，即

$$X(t) = b_0 + b_1t + b_2t^2 + \cdots + b_kt^k + \cdots \tag{3.3}$$

式中，$b_i(i = 0,1,\cdots,\infty)$ 为与 X（t）同维的矢量。

将式（3.3）两边对 t 求导，并代入式（3.1），得

$$\begin{aligned} b_1 + 2b_2t + \cdots + kb_kt^{k-1} + \cdots &= A(b_0 + b_1t + \cdots + b_kt^k + \cdots) \\ &= Ab_0 + Ab_1t + Ab_2t^2 + \cdots + Ab_kt^k + \cdots \end{aligned}$$

上式对任意时间 t 都应该成立，所以变量 t 各阶幂的系数都应该相等，即

$$\begin{cases} b_1 = Ab_0 \\ 2b_2 = Ab_1 \\ 3b_3 = Ab_2 \\ \quad\vdots \\ kb_k = Ab_{k-1} \\ \quad\vdots \end{cases} \Rightarrow \begin{cases} b_1 = Ab_0 \\ b_2 = \dfrac{1}{2}Ab_1 = \dfrac{1}{2!}A^2b_0 \\ b_3 = \dfrac{1}{3}Ab_2 = \dfrac{1}{3!}A^3b_0 \\ \qquad\vdots \\ b_k = \dfrac{1}{k}Ab_{k-1} = \dfrac{1}{k!}A^kb_0 \\ \qquad\vdots \end{cases} \tag{3.4}$$

将系统初始条件 $X(t)\big|_{t=0} = X_0$ 代入式（3.3），可得 $b_0 = X_0$，代入式（3.4）可得

$$\begin{cases} b_1 = AX_0 \\ b_2 = \dfrac{1}{2!}A^2X_0 \\ b_3 = \dfrac{1}{3!}A^3X_0 \\ \vdots \\ b_k = \dfrac{1}{k!}A^kX_0 \\ \vdots \end{cases} \tag{3.5}$$

代入式（3.5）可得式（3.1）的解为

$$X(t) = \left[I + At + \frac{1}{2!}A^2t^2 + \cdots + \frac{1}{k!}A^kt^k + \cdots\right]X(0) \tag{3.6}$$

记

$$e^{At} = I + At + \frac{1}{2!}A^2t^2 + \cdots + \frac{1}{k!}A^kt^k + \cdots \tag{3.7}$$

式中，e^{At} 为矩阵指数函数，它是一个 $n\times n$ 的方阵。所以式（3.6）变为

$$X(t) = e^{At}X(0) \tag{3.8}$$

当式（3.1）给定的是 t_0 时刻的状态值 $x(t_0)$ 时，不难证明：

$$X(t) = e^{A(t-t_0)}X(t_0) \tag{3.9}$$

从式（3.9）可看出，$e^{A(t-t_0)}$ 形式上是一个矩阵指数函数，也是一个各元素随时间 t 变化的 $n\times n$ 矩阵。但本质上，它的作用是将 t_0 时刻的系统状态矢量 $x(t_0)$ 转移到 t 时刻的状态矢量 $x(t)$，也就是说它起到了系统状态转移的作用，所以称其为状态转移矩阵，并记

$$\Phi(t-t_0) = e^{A(t-t_0)} \tag{3.10}$$

所以

$$X(t) = \Phi(t-t_0)X(t_0)$$

3.2 矩阵指数函数

当初始时刻 $t = t_0$ 时，$X(t_0) = X_0$，齐次微分方程的自由解为

$$X(t) = e^{A(t-t_0)}X_0 \tag{3.11}$$

它表示从初始时刻的状态矢量到任意时刻 $t > t_0$ 的状态矢量 $X(t)$ 的一种矢量变换关系，变换矩阵就是矩阵指数函数 $e^{A(t-t_0)}$。它是一个 $n\times n$ 的时变函数矩阵，它的元素一般是时间 t 的函数，即状态矢量随着时间的推移，在 $e^{A(t-t_0)}$ 的作用下不断地在状态空间中作转移。同理，$\Phi(t) = e^{At}$ 表示 $X(0)$ 到 $X(t)$ 的转移矩阵，此时，$\dot{X} = AX$ 的解，又可表示为

$$X(t) = \Phi(t)X(0) \tag{3.12}$$

它的几何意义，以二维状态矢量为例，可用图形表示，如图 3.1 所示。

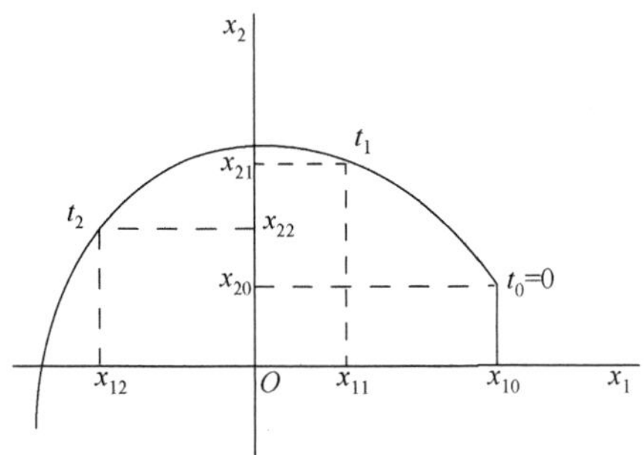

图 3.1　状态转移轨迹

从图 3.1 可知，在 $t=0$ 时，$X(0)=\begin{bmatrix} x_{10} \\ x_{20} \end{bmatrix}$，若以此为初始条件，且已知 $\Phi(t_1)$，则在 $t=t_1$ 的状态为

$$X(t_1)=\begin{bmatrix} x_{11} \\ x_{21} \end{bmatrix}=\Phi(t_1)X(0) \tag{3.13}$$

若已知 $\Phi(t_2)$，则在 $t=t_2$ 的状态为

$$X(t_2)=\begin{bmatrix} x_{12} \\ x_{22} \end{bmatrix}=\Phi(t_2)X(0) \tag{3.14}$$

即状态从 $X(0)$ 开始，将按 $\Phi(t_1)$ 或 $\Phi(t_2)$ 转移到 $X(t_1)$ 或 $X(t_2)$，在状态空间中描绘出一条运动轨迹。

若以 $t=t_1$ 作为初始时刻，则初始状态 $X(t_1)$ 从 t_1 转移到 t_2 的状态将为

$$X(t_2)=\Phi(t_2-t_1)X(t_1) \tag{3.15}$$

将式（3.13）的 $X(t_1)$ 代入式（3.15），可得

$$X(t_2)=\Phi(t_2-t_1)\Phi(t_1)X(0) \tag{3.16}$$

式（3.16）表示从 $X(0)$ 转移到 $X(t_1)$，再由 $X(t_1)$ 转移到 $X(t_2)$ 的运动规律。

比较式（3.14）和式（3.16），可知转移矩阵（或矩阵指数）有以下关系：

$$\Phi(t_2-t_1)\Phi(t_1)=\Phi(t_2)$$

或

$$\mathrm{e}^{A(t_2-t_1)}\mathrm{e}^{At_1}=\mathrm{e}^{At_2} \tag{3.17}$$

这种关系称为组合性质。

综上分析可以看出，利用状态转移矩阵可以从任意指定的初始时刻状态矢量 $X(t_0)$，求得任意时刻 t 的状态矢量 $X(t)$。换言之，矩阵微分方程的解，在时间上可以任意分段求取，这是动态系统利用状态空间表示法的又一优点。因为在经典控制理论中，用高阶微分方程描述的系统，在求解时对初始条件的处理是很麻烦的，一般都假定初始时刻 $t=0$ 时，初始条件也为零，即从零初始条件出发去计算系统的输出响应。

3.2.1 e^{At}的性质及其求法

性质 3.1 $e^{At}\cdot e^{A\tau}=e^{A(t+\tau)}$。

证明 根据e^{At}的定义式（3.7）

$$e^{At}\cdot e^{A\tau}=\left(I+At+\frac{1}{2!}A^2t^2+\cdots\right)\left(I+A\tau+\frac{1}{2!}A^2\tau^2+\cdots\right)$$
$$=I+A(t+\tau)+\frac{1}{2!}A^2(t+\tau)^2+\cdots=e^{A(t+\tau)}$$

证毕。

性质 3.2 （1）$e^{A\cdot 0}=I$；

（2）$e^{At}\cdot e^{-At}=I$；

（3）$[e^{At}]^{-1}=e^{-At}$。

证明

（1）根据式（3.7），有

$$\Phi(0)=e^{A\cdot 0}=I+A\cdot 0+\cdots=I$$

（2）由性质 3.1 及其关系（1），有

$$e^{At}\cdot e^{-At}=e^{A(t-t)}=e^{A\cdot 0}=I$$

（3）由式（2）两边同时左乘$[e^{At}]^{-1}$，注意e^{At}本身是一个$n\times n$的方阵，$[e^{At}]^{-1}\cdot e^{At}=I$，所以

$$[e^{At}]^{-1}\cdot e^{At}\cdot e^{-At}=[e^{At}]^{-1}\cdot I$$
$$I\cdot e^{-At}=[e^{At}]^{-1}\cdot I$$

即

$$[e^{At}]^{-1}=e^{-At}$$

证毕。

从上式可知，矩阵指数函数e^{At}的逆矩阵始终存在，且等于e^{-At}。

性质 3.3 若$n\times n$方阵A、B可交换，即$AB=BA$，则$e^{At}\cdot e^{Bt}=e^{(A+B)t}$，否则不成立，即$e^{At}\cdot e^{Bt}\neq e^{(A+B)t}$。

证明 根据式（3.7）的定义

$$e^{(A+B)t}=I+(A+B)t+\frac{1}{2!}(A+B)^2t^2+\cdots$$
$$=I+(A+B)t+\frac{1}{2!}(A^2+AB+BA+B^2)t^2+\cdots$$
$$e^{At}\cdot e^{Bt}=\left(I+At+\frac{1}{2!}A^2t^2+\cdots\right)\left(I+Bt+\frac{1}{2!}B^2t^2+\cdots\right)$$
$$=I+(A+B)t+\frac{1}{2!}(A^2+2AB+B^2)t^2+\cdots$$

比较上述两展开式 t 的各次幂的系数可知，当 $AB=BA$ 时，$\mathrm{e}^{At}\cdot\mathrm{e}^{Bt}=\mathrm{e}^{(A+B)t}$。
证毕。

性质 3.4

$$\frac{\mathrm{d}}{\mathrm{d}t}\mathrm{e}^{At}=A\mathrm{e}^{At}=\mathrm{e}^{At}\cdot A$$

证明　因为

$$\mathrm{e}^{At}=I+At+\frac{1}{2!}A^2t^2+\cdots+\frac{1}{k!}A^kt^k+\cdots$$

所以

$$\frac{\mathrm{d}}{\mathrm{d}t}\mathrm{e}^{At}=A+A^2t+\frac{1}{2!}A^3t^2+\cdots+\frac{1}{(k-1)!}A^kt^{k-1}+\cdots$$

在上式右边多项式中，由于 t 是标量，所以 A 可以左提出来或右提出来，有

$$\frac{\mathrm{d}}{\mathrm{d}t}\mathrm{e}^{At}=A\left(I+At+\frac{1}{2!}A^2t^2+\cdots+\frac{1}{k!}A^kt^k+\cdots\right)=A\mathrm{e}^{At}$$

或

$$\frac{\mathrm{d}}{\mathrm{d}t}\mathrm{e}^{At}=\left(I+At+\frac{1}{2!}A^2t^2+\cdots+\frac{1}{k!}A^kt^k+\cdots\right)A=\mathrm{e}^{At}\cdot A$$

由此可知，方阵 A 及其矩阵指数函数 e^{At} 是可交换的。
证毕。

性质 3.4 可用来从给定的 e^{At} 矩阵中求出系统矩阵 A，即

$$A=[\mathrm{e}^{At}]^{-1}\cdot\frac{\mathrm{d}}{\mathrm{d}t}\mathrm{e}^{At}=\mathrm{e}^{-At}\cdot\frac{\mathrm{d}}{\mathrm{d}t}\mathrm{e}^{At} \tag{3.18}$$

或

$$A=\dot{\Phi}(\mathrm{t})\big|_{t=0} \tag{3.19}$$

【例 3.1】　已知某系统的转移矩阵 $\mathrm{e}^{At}=\begin{bmatrix}1 & \frac{1}{2}(1-\mathrm{e}^{-2t})\\ 0 & \mathrm{e}^{-2t}\end{bmatrix}$，求系统矩阵 A。

解　根据式（3.18）

$$A=\mathrm{e}^{-At}\cdot\frac{\mathrm{d}}{\mathrm{d}t}\mathrm{e}^{At}=\begin{bmatrix}1 & \frac{1}{2}(1-\mathrm{e}^{2t})\\ 0 & \mathrm{e}^{2t}\end{bmatrix}\begin{bmatrix}0 & \mathrm{e}^{-2t}\\ 0 & -2\mathrm{e}^{-2t}\end{bmatrix}=\begin{bmatrix}0 & 1\\ 0 & -2\end{bmatrix}$$

或

$$\dot{\Phi}(t)=\frac{\mathrm{d}}{\mathrm{d}t}\mathrm{e}^{At}=\begin{bmatrix}0 & \mathrm{e}^{-2t}\\ 0 & -2\mathrm{e}^{-2t}\end{bmatrix}=A\mathrm{e}^{At}$$

$$A=\dot{\Phi}(0)=\begin{bmatrix}0 & \mathrm{e}^{-2t}\\ 0 & -2\mathrm{e}^{-2t}\end{bmatrix}_{t=0}=\begin{bmatrix}0 & 1\\ 0 & -2\end{bmatrix}$$

3.2.2　矩阵指数函数的计算

前面已指出，状态方程的解实质上可归结为计算状态转移矩阵，即矩阵指数函数 $\Phi(t)=\mathrm{e}^{At}$。这里将介绍其中 4 种计算矩阵指数函数的方法。

1. 直接计算法

$$\mathrm{e}^{At}=I+At+\frac{A^2t^2}{2!}+\frac{A^3t^3}{3!}+\cdots=\sum_{k=0}^{\infty}\frac{1}{k!}A^kt^k \tag{3.20}$$

可以证明，对所有常数矩阵 A 和有限的 t 值来说，这个无穷级数都是收敛的。

【例 3.2】　已知 $A=\begin{bmatrix}0&1\\0&0\end{bmatrix}$，求 e^{At}。

解　根据式（3.7），有

$$\mathrm{e}^{At}=I+At+\frac{1}{2!}A^2t^2+\cdots=\begin{bmatrix}1&0\\0&1\end{bmatrix}+\begin{bmatrix}0&1\\0&0\end{bmatrix}t+\frac{1}{2}\begin{bmatrix}0&1\\0&0\end{bmatrix}^2t^2+\cdots$$

$$=\begin{bmatrix}1&t\\0&1\end{bmatrix}$$

2. 对角标准型与约旦标准型法

（1）若矩阵 A 为一对角矩阵，即 $A=\mathrm{diag}(\lambda_1,\lambda_2,\cdots,\lambda_n)$，则 e^{At} 也是对角矩阵，且 $\mathrm{e}^{At}=\mathrm{diag}(\mathrm{e}^{\lambda_1t},\mathrm{e}^{\lambda_2t},\cdots,\mathrm{e}^{\lambda_nt})$

证明　按照式（3.7）定义，并注意

$$A^k=\mathrm{diag}(\lambda_1^k,\lambda_2^k,\cdots,\lambda_n^k)$$

所以有

$$\mathrm{e}^{At}=I+At+\frac{1}{2!}A^2t^2+\cdots+\frac{1}{k!}A^kt^k+\cdots$$

$$=\begin{bmatrix}1&0&\cdots&0\\0&1&\cdots&0\\\vdots&\vdots&&\vdots\\0&0&\cdots&1\end{bmatrix}+\begin{bmatrix}\lambda_1&0&\cdots&0\\0&\lambda_2&\cdots&0\\\vdots&\vdots&&\vdots\\0&0&\cdots&\lambda_n\end{bmatrix}t+\frac{1}{2!}\begin{bmatrix}\lambda_1^2&0&\cdots&0\\0&\lambda_2^2&\cdots&0\\\vdots&\vdots&&\vdots\\0&0&\cdots&\lambda_n^2\end{bmatrix}t^2+\cdots$$

$$=\begin{bmatrix}\sum_{k=0}^{\infty}\frac{1}{k!}\lambda_1^kt^k&0&\cdots&0\\0&\sum_{k=0}^{\infty}\frac{1}{k!}\lambda_2^kt^k&\cdots&0\\\vdots&\vdots&&\vdots\\0&0&\cdots&\sum_{k=0}^{\infty}\frac{1}{k!}\lambda_n^kt^k\end{bmatrix}=\mathrm{diag}(\mathrm{e}^{\lambda_1t},\mathrm{e}^{\lambda_2t},\cdots,\mathrm{e}^{\lambda_nt})$$

（2）若 $n \times n$ 方阵 A 有 n 个不相等的特征根 $\lambda_i (i = 1,2,\cdots,n)$，$T$ 是 A 的变换矩阵，$\Lambda = \mathrm{diag}(\lambda_1, \lambda_2, \cdots, \lambda_n)$，则有

$$T^{-1}\mathrm{e}^{At}T = \mathrm{e}^{\Lambda t}$$

$$\mathrm{e}^{At} = T\mathrm{e}^{\Lambda t}T^{-1} \tag{3.21}$$

证明　考虑齐次方程 $\dot{X} = AX$ 的解，其解为

$$X(t) = \mathrm{e}^{At} \cdot X_0 \tag{3.22}$$

对齐次方程作线性变换 $X = TZ$，则有

$$T\dot{Z} = ATZ$$

即

$$\dot{Z} = T^{-1}ATZ = \Lambda Z \text{ 且 } Z_0 = T^{-1}X_0$$

所以

$$Z(t) = \mathrm{e}^{\Lambda t} \cdot Z_0 = \mathrm{e}^{\Lambda t}T^{-1}X_0$$

即 $T^{-1}X(t) = \mathrm{e}^{\Lambda t}T^{-1}X_0$，两边左乘 T 得

$$X(t) = T\mathrm{e}^{\Lambda t}T^{-1}X_0 \tag{3.23}$$

比较式（3.22）和式（3.23），有

$$\mathrm{e}^{At} = T\mathrm{e}^{\Lambda t}T^{-1}$$

该式经常用来求 e^{At}，证毕。

【例 3.3】　已知 $A = \begin{bmatrix} 0 & 1 \\ -2 & -3 \end{bmatrix}$，求 e^{At}。

解　$|\lambda I - A| = \begin{bmatrix} \lambda & -1 \\ 2 & \lambda + 3 \end{bmatrix} = \lambda^2 + 3\lambda + 2 = 0 \Rightarrow \lambda_1 = -1$、$\lambda_2 = -2$，所以

$$\Lambda = \mathrm{diag}(\lambda_1, \lambda_2) = \mathrm{diag}(-1, -2)$$

$\lambda_1 = -1$ 的特征向量 p_1 满足 $Ap_1 = \lambda_1 p_1$，求得

$$p_1 = \begin{bmatrix} 1 \\ -1 \end{bmatrix}$$

同理 $\lambda_2 = -2$ 的特征向量 p_2 满足 $Ap_2 = \lambda_2 p_2$，求得

$$p_2 = \begin{bmatrix} 1 \\ -2 \end{bmatrix}$$

所以，变换矩阵为

$$T = [p_1 \quad p_2] = \begin{bmatrix} 1 & 1 \\ -1 & -2 \end{bmatrix}$$

根据式（3.21），有

$$\mathrm{e}^{At} = T\mathrm{e}^{\Lambda t}T^{-1} = \begin{bmatrix} 1 & 1 \\ -1 & -2 \end{bmatrix}\begin{bmatrix} \mathrm{e}^{-t} & 0 \\ 0 & \mathrm{e}^{-2t} \end{bmatrix}\begin{bmatrix} 2 & 1 \\ -1 & -1 \end{bmatrix}$$

$$= \begin{bmatrix} 2\mathrm{e}^{-t} & -\mathrm{e}^{-2t} & \mathrm{e}^{-t} & -\mathrm{e}^{-2t} \\ 2\mathrm{e}^{-2t} & -2\mathrm{e}^{-t} & 2\mathrm{e}^{-2t} & -\mathrm{e}^{-t} \end{bmatrix}$$

（3）若 J_i 为 $m_1 \times m_1$ 的约旦块，即

$$J_i = \begin{bmatrix} \lambda_i & 1 & \cdots & 0 \\ \vdots & \vdots & & \vdots \\ 0 & 0 & \cdots & 1 \\ 0 & 0 & \cdots & \lambda_i \end{bmatrix}_{m_i \times m_i}$$

那么有

$$\mathrm{e}^{J_i t} = \mathrm{e}^{\lambda_i t}\begin{bmatrix} 1 & t & \dfrac{t^2}{2} & \cdots & \dfrac{t^{m_i-1}}{(m_i-1)!} \\ 0 & 1 & t & \cdots & \dfrac{t^{m_i-2}}{(m_i-2)!} \\ \vdots & \vdots & \vdots & & \vdots \\ 0 & 0 & 0 & \cdots & t \\ 0 & 0 & 0 & \cdots & 1 \end{bmatrix}_{m_i \times m_i} \tag{3.24}$$

证明

$$J_i = \begin{bmatrix} \lambda_i & 1 & \cdots & 0 \\ \vdots & \vdots & & \vdots \\ 0 & 0 & \cdots & 1 \\ 0 & 0 & \cdots & \lambda_i \end{bmatrix} = \begin{bmatrix} \lambda_i & 0 & \cdots & 0 \\ \vdots & \vdots & & \vdots \\ 0 & 0 & \cdots & 0 \\ 0 & 0 & \cdots & \lambda_i \end{bmatrix} + \begin{bmatrix} 0 & 1 & \cdots & 0 \\ \vdots & \vdots & & \vdots \\ 0 & 0 & \cdots & 1 \\ 0 & 0 & \cdots & 0 \end{bmatrix} = A + B$$

不难验证 $AB = BA$，即 A、B 可交换。所以，根据性质 3.3，

$$\mathrm{e}^{J_1 t} = \mathrm{e}^{(A+B)t} = \mathrm{e}^{At} \cdot \mathrm{e}^{Bt}$$

又根据

$$\mathrm{e}^{At} = \mathrm{diag}(\mathrm{e}^{\lambda_i t}, \mathrm{e}^{\lambda_i t}, \cdots, \mathrm{e}^{\lambda_i t}) = \mathrm{e}^{\lambda_i t} \cdot I$$

又根据式（3.7），有

$$
\mathrm{e}^{Bt}=I+Bt+\frac{1}{2!}B^2t^2+\cdots+\frac{1}{k!}B^kt^k+\cdots
$$

$$
=\begin{bmatrix}1 & & & \\ & 1 & & \\ & & \ddots & \\ & & & 1\end{bmatrix}+\begin{bmatrix}0 & t & & \\ & 0 & \ddots & \\ & & \ddots & t \\ & & & 0\end{bmatrix}+\frac{1}{2!}\begin{bmatrix}0 & 0 & t^2 & \cdots & 0 \\ & 0 & 0 & \ddots & \vdots \\ & & 0 & \ddots & t^2 \\ & & & \ddots & 0 \\ & & & & 0\end{bmatrix}+\cdots
$$

$$
+\frac{1}{(m_i-1)!}\begin{bmatrix}0 & \cdots & 0 & t^{m_i-1} \\ & \ddots & & 0 \\ & & \ddots & \vdots \\ & & & 0\end{bmatrix}
$$

$$
\mathrm{e}^{J_it}=\mathrm{e}^{(A+B)t}=\mathrm{e}^{\lambda_it}\begin{bmatrix}1 & t & \dfrac{t^2}{2} & \cdots & \dfrac{t^{m_i-1}}{(m_i-1)!} \\ 0 & 1 & t & \ddots & \vdots \\ 0 & 0 & 1 & \ddots & \dfrac{t^2}{2} \\ \vdots & \vdots & \vdots & \ddots & t \\ 0 & 0 & 0 & \cdots & 1\end{bmatrix}
$$

若 $n\times n$ 矩阵 A 有重特征根，T 是将 A 转化为约当标准型 J 的变换阵，即 $J=T^{-1}AT$，则有

$$
\mathrm{e}^{At}=T\mathrm{e}^{Jt}T^{-1} \tag{3.25}
$$

证明略。

式（3.25）经常用来求有重特征根的矩阵的 e^{At}。

【例 3.4】　已知 $A=\begin{bmatrix}0 & 1 & 0 \\ 0 & 0 & 1 \\ -2 & -5 & -4\end{bmatrix}$，求 e^{At}。

解　$|\lambda I-A|=\begin{bmatrix}\lambda & -1 & 0 \\ 0 & \lambda & -1 \\ 2 & 5 & \lambda+4\end{bmatrix}=\lambda^3+4\lambda^2+5\lambda+2=0$

解得

$$
\lambda_1=-1\text{（重根）},\quad \lambda_3=-2
$$

根据前述有关内容，可知

$$
J=\begin{bmatrix}-1 & 1 & 0 \\ 0 & -1 & 0 \\ 0 & 0 & -2\end{bmatrix}=\mathrm{diag}(J_1,J_2)
$$

$$e^{Jt}=\text{diag}(e^{J_1t},e^{J_2t})=\begin{bmatrix} e^{-t} & te^{-t} & 0 \\ 0 & e^{-t} & 0 \\ 0 & 0 & e^{-2t} \end{bmatrix}$$

设 $T=(p_1\quad p_2\quad p_3)$，则

$$(\lambda_1 \text{I}-A)p_1=0 \qquad 得\ p_1=[1\quad -1\quad 1]^{\text{T}}$$

$$(\lambda_1 \text{I}-A)p_2=-p_1 \qquad 得\ p_2=[1\quad 0\quad -1]^{\text{T}}$$

$$(\lambda_3 \text{I}-A)p_3=0 \qquad 得\ p_3=[1\quad -2\quad 4]^{\text{T}}$$

$$T=\begin{bmatrix} 1 & 1 & 1 \\ -1 & 0 & -2 \\ 1 & -1 & 4 \end{bmatrix},\qquad T^{-1}=\begin{bmatrix} -2 & -5 & -2 \\ 2 & 3 & 1 \\ 1 & 2 & 1 \end{bmatrix}$$

根据式（3.25），有

$$e^{At}=Te^{Jt}T^{-1}=\begin{bmatrix} 1 & 1 & 1 \\ -1 & 0 & -2 \\ 1 & -1 & 4 \end{bmatrix}\begin{bmatrix} e^{-t} & te^{-t} & 0 \\ 0 & e^{-t} & 0 \\ 0 & 0 & e^{-2t} \end{bmatrix}\begin{bmatrix} -2 & -5 & -2 \\ 2 & 3 & 1 \\ 1 & 2 & 1 \end{bmatrix}$$

$$=\begin{bmatrix} 2te^{-t}+e^{-2t} & (3t-2)e^{-2t}+2e^{-2t} & (t-1)e^{-t}+e^{-2t} \\ (2-2t)e^{-t}+2e^{-2t} & (5-3t)e^{-t}+4e^{-2t} & (2-t)e^{-t}+2e^{-2t} \\ (2t-4)e^{-t}+4e^{-2t} & (3t-8)e^{-t}+8e^{-2t} & (t-3)e^{-t}+4e^{-2t} \end{bmatrix}$$

【例 3.5】　考虑如下矩阵 A：

$$A=\begin{bmatrix} 0 & 1 & 0 \\ 0 & 0 & 1 \\ 1 & -3 & 3 \end{bmatrix}，求\ e^{At}。$$

解　该矩阵的特征方程为

$$|\lambda I-A|=\lambda^3-3\lambda^2+3\lambda-1=(\lambda-1)^3=0$$

因此，矩阵 A 有三个重特征值 $\lambda=1$，将矩阵 A 变换为约旦标准型的变换矩阵为

$$T=\begin{bmatrix} 1 & 0 & 0 \\ 1 & 1 & 0 \\ 1 & 2 & 1 \end{bmatrix}$$

该矩阵的逆矩阵为

$$T^{-1}=\begin{bmatrix} 1 & 0 & 0 \\ -1 & 1 & 0 \\ 1 & -2 & 1 \end{bmatrix}$$

于是

$$T^{-1}AT=\begin{bmatrix}1&0&0\\-1&1&0\\1&-2&1\end{bmatrix}\begin{bmatrix}0&1&0\\0&0&1\\1&-3&3\end{bmatrix}\begin{bmatrix}1&0&0\\1&1&0\\1&2&1\end{bmatrix}$$

$$=\begin{bmatrix}1&1&0\\0&1&1\\0&0&1\end{bmatrix}=J$$

注意

$$\mathrm{e}^{Jt}=\begin{bmatrix}\mathrm{e}^t&t\mathrm{e}^t&\frac{1}{2}t^2\mathrm{e}^t\\0&\mathrm{e}^t&t\mathrm{e}^t\\0&0&\mathrm{e}^t\end{bmatrix}$$

可得

$$\mathrm{e}^{At}=T\mathrm{e}^{Jt}T^{-1}$$

即

$$\begin{bmatrix}1&0&0\\1&1&0\\1&2&1\end{bmatrix}\begin{bmatrix}\mathrm{e}^t&t\mathrm{e}^t&\frac{1}{2}t^2\mathrm{e}^t\\0&\mathrm{e}^t&t\mathrm{e}^t\\0&0&\mathrm{e}^t\end{bmatrix}\begin{bmatrix}1&0&0\\-1&1&0\\1&-2&1\end{bmatrix}$$

$$=\begin{bmatrix}\mathrm{e}^t-t\mathrm{e}^t+\frac{1}{2}t^2\mathrm{e}^t&t\mathrm{e}^t-t^2\mathrm{e}^t&\frac{1}{2}t^2\mathrm{e}^t\\\frac{1}{2}t^2\mathrm{e}^t&\mathrm{e}^t-t\mathrm{e}^t-t^2\mathrm{e}^t&t\mathrm{e}^t+\frac{1}{2}t^2\mathrm{e}^t\\t\mathrm{e}^t+\frac{1}{2}t^2\mathrm{e}^t&-3t\mathrm{e}^t-t^2\mathrm{e}^t&\mathrm{e}^t+2t\mathrm{e}^t+\frac{1}{2}t^2\mathrm{e}^t\end{bmatrix}$$

3. 拉普拉斯变换法

矩阵指数函数可用拉普拉斯反变换法求得

$$\mathrm{e}^{At}=L^{-1}\left[(sI-A)^{-1}\right]\tag{3.26}$$

证明

考虑 $\dot{X}(t)=AX(t)$，在 $X(t)|_{t=0}=X_0$ 初始条件下的解：

$$X(t)=\mathrm{e}^{At}X_0$$

对 $\dot{X}(t)=AX(t)$ 两边取拉普拉斯变换，得

$$sX(s)-X_0=AX(s)\Rightarrow X(s)=(sI-A)^{-1}X_0$$

两边取拉普拉斯反变换，得

$$X(t)=L^{-1}\left[(sI-A)^{-1}\right]X_0$$

$$\mathrm{e}^{At}=L^{-1}\left[(sI-A)^{-1}\right]$$

【例 3.6】　利用拉普拉斯反变换法求如下线性定常系统的状态转移矩阵 e^{At} 。

$$\begin{bmatrix}\dot{x}_1\\ \dot{x}_2\end{bmatrix}=\begin{bmatrix}0 & 1\\ -2 & -3\end{bmatrix}\begin{bmatrix}x_1\\ x_2\end{bmatrix}$$

解

$$sI-A=\begin{bmatrix}s & -1\\ 2 & s+3\end{bmatrix}$$

$$(sI-A)^{-1}=\frac{1}{(s+1)(s+2)}\begin{bmatrix}s+3 & 1\\ -2 & s\end{bmatrix}=\begin{bmatrix}\dfrac{s+3}{(s+1)(s+2)} & \dfrac{1}{(s+1)(s+2)}\\ \dfrac{-2}{(s+1)(s+2)} & \dfrac{s}{(s+1)(s+2)}\end{bmatrix}$$

$$=\begin{bmatrix}\dfrac{2}{s+1}-\dfrac{1}{s+2} & \dfrac{1}{s+1}-\dfrac{1}{s+2}\\ -\dfrac{2}{s+1}-\dfrac{2}{s+2} & -\dfrac{1}{s+1}-\dfrac{2}{s+2}\end{bmatrix}$$

$$e^{At}=L^{-1}\left[(sI-A)^{-1}\right]=\begin{bmatrix}2e^{t}-e^{-2t} & e^{t}-e^{-2t}\\ -2e^{t}+2e^{-2t} & -e^{t}+2e^{-2t}\end{bmatrix}$$

【例 3.7】　考虑如下矩阵 A

$$A=\begin{bmatrix}0 & 1\\ 0 & -2\end{bmatrix}$$

试计算 e^{At} 。

解　由于

$$sI-A=\begin{bmatrix}s & 0\\ 0 & s\end{bmatrix}-\begin{bmatrix}0 & 1\\ 0 & -2\end{bmatrix}=\begin{bmatrix}s & -1\\ 0 & s+2\end{bmatrix}$$

可得

$$(sI-A)^{-1}=\begin{bmatrix}\dfrac{1}{s} & \dfrac{1}{s(s+2)}\\ 0 & \dfrac{1}{s+2}\end{bmatrix}$$

因此

$$e^{At}=L^{-1}[(sI-A)^{-1}]=\begin{bmatrix}1 & \dfrac{1}{2}(1-e^{-2t})\\ 0 & e^{-2t}\end{bmatrix}$$

4. 化 e^{At} 为 A 的有限项法（Cayley-Hamilton 定理）

矩阵指数 e^{At} 可表示为有限项之和

$$e^{At}=\sum_{i=0}^{n-1}A^i\alpha_i(t) \tag{3.27}$$

当 A 的 n 个特征根互不相等时，$\alpha_i(t)$ 满足

$$\begin{bmatrix}\alpha_0(t)\\ \alpha_1(t)\\ \vdots\\ \alpha_{n-1}(t)\end{bmatrix}=\begin{bmatrix}1 & \lambda_1 & \lambda_1^2 & \cdots & \lambda_1^{n-1}\\ 1 & \lambda_2 & \lambda_2^2 & \cdots & \lambda_2^{n-1}\\ \vdots & \vdots & \vdots & & \vdots\\ 1 & \lambda_n & \lambda_n^2 & \cdots & \lambda_n^{n-1}\end{bmatrix}^{-1}\begin{bmatrix}e^{\lambda_1 t}\\ e^{\lambda_2 t}\\ \vdots\\ e^{\lambda_n t}\end{bmatrix} \tag{3.28}$$

即满足

$$\alpha_0(t)+\alpha_1(t)\lambda_i+\cdots+\alpha_{n-1}(t)\lambda_i^{n-1}=e^{\lambda_i t},\quad i=1,2,\cdots,n \tag{3.29}$$

当 A 的 n 个特征根相等时，$\alpha_i(t)$ 满足

$$\begin{bmatrix}\alpha_0(t)\\ \alpha_1(t)\\ \vdots\\ \alpha_{n-2}(t)\\ \alpha_{n-1}(t)\end{bmatrix}=\begin{bmatrix}0 & 0 & 0 & \cdots & 1\\ \vdots & \vdots & \vdots & & \vdots\\ 0 & 0 & 1 & \cdots & \dfrac{(n-1)(n-2)}{2!}\lambda_1^{n-3}\\ 0 & 1 & 2\lambda_1 & \cdots & (n-1)\lambda_1^{n-2}\\ 1 & \lambda_1 & \lambda_1^2 & \cdots & \lambda_1^{n-1}\end{bmatrix}^{-1}\begin{bmatrix}\dfrac{1}{(n-1)!}t^{n-1}e^{\lambda_1 t}\\ \vdots\\ \dfrac{1}{2!}t^2e^{\lambda_1 t}\\ te^{\lambda_1 t}\\ e^{\lambda_1 t}\end{bmatrix} \tag{3.30}$$

证明　下面只证明 A 有 n 个不相等特征根的情况。

根据 Cayley-Hamilton 定理，方阵 A 满足其本身的特征方程，即

$$f(A)=A^n+\alpha_{n-1}A^{n-1}+\cdots+\alpha_1A+\alpha_0I=0$$

所以

$$\begin{aligned}A^n&=-(\alpha_{n-1}A^{n-1}+\cdots+\alpha_1A+\alpha_0I)\\ A^{n+1}&=A^n\cdot A=-\alpha_{n-1}A^n-\alpha_{n-2}A^{n-1}-\cdots-\alpha_1A^2-\alpha_0A\\ &=\alpha_{n-1}(\alpha_{n-1}A^{n-1}+\alpha_{n-2}A^{n-2}+\cdots+\alpha_1A+\alpha_0I)-\alpha_{n-2}A^{n-1}-\cdots-\alpha_0A\\ &=(\alpha_{n-1}^2-\alpha_{n-2})A^{n-1}+(\alpha_{n-1}\alpha_{n-2}-\alpha_{n-3})A^{n-3}+\cdots+(\alpha_{n-1}\alpha_1-\alpha_0)A+\alpha_{n-1}\alpha_0I\\ A^{n+2}&=\cdots\end{aligned}$$

也就是说，所有 $A^i(i\geqslant n)$ 可以表示为 $A^0,A^1,\cdots,A^{n-1}$ 线性代数和。

将 $A^i(i\geqslant n)$ 代入 e^{At} 的定义式（3.7），经整理可得

$$e^{At}=\sum_{i=0}^{n-1}A^i\alpha_i(t) \tag{3.31}$$

下面再求 $\alpha_i(t)$ 的关系式。因为 A 有 n 个不同的特征根 $\lambda_1,\lambda_2,\cdots,\lambda_n$，并设 T 为 A 的变换矩阵，则有

$$
\begin{aligned}
A &= T\cdot \operatorname{diag}(\lambda_1,\lambda_2,\cdots,\lambda_n)\cdot T^{-1} \\
A^2 &= T\cdot \operatorname{diag}(\lambda_1,\lambda_2,\cdots,\lambda_n)\cdot T^{-1}\cdot T\cdot \operatorname{diag}(\lambda_1,\lambda_2,\cdots,\lambda_n)\cdot T^{-1} \\
&= T\cdot \operatorname{diag}(\lambda_1^2,\lambda_2^2,\cdots,\lambda_n^2)\cdot T^{-1} \\
&\ \ \vdots \\
A^i &= T\cdot \operatorname{diag}(\lambda_1^i,\lambda_2^i,\cdots,\lambda_n^i)\cdot T^{-1}
\end{aligned} \tag{3.32}
$$

代入式（3.31）得

$$
\begin{aligned}
\mathrm{e}^{At} &= \sum_{i=0}^{n-1}\alpha_i(t)\cdot T\cdot \operatorname{diag}(\lambda_1^i,\lambda_2^i,\cdots,\lambda_n^i)\cdot T^{-1} \\
&= T\cdot \operatorname{diag}\left[\sum_{i=0}^{n-1}\alpha_i(t)\lambda_1^i,\sum_{i=0}^{n-1}\alpha_i(t)\lambda_2^i,\cdots,\sum_{i=0}^{n-1}\alpha_i(t)\lambda_n^i\right]\cdot T^{-1}
\end{aligned} \tag{3.33}
$$

又根据式（3.31），

$$
\mathrm{e}^{At} = T\cdot \operatorname{diag}(\mathrm{e}^{\lambda_1 t},\mathrm{e}^{\lambda_2 t},\cdots,\mathrm{e}^{\lambda_n t})\cdot T^{-1}
$$

所以可得

$$
\mathrm{e}^{\lambda_j t} = \sum_{i=0}^{n-1}\alpha_i(t)\lambda_j^i
$$

即

$$
\alpha_0(t)+\alpha_1(t)\lambda_j+\cdots+\alpha_{n-1}(t)\lambda_j^{n-1} = \mathrm{e}^{\lambda_j t}
$$

所以，式（3.29）得到证明。

【例 3.8】 已知 $A=\begin{bmatrix}0 & 1\\ -2 & -3\end{bmatrix}$，利用 Cayley-Hamilton 定理求 e^{At} 。

解 $|sI-A|=0 \Rightarrow \lambda_1=-1,\lambda_2=-2$

根据式（3.28），有

$$
\begin{bmatrix}\alpha_0(t)\\ \alpha_1(t)\end{bmatrix}=\begin{bmatrix}1 & -1\\ 1 & -2\end{bmatrix}^{-1}\begin{bmatrix}\mathrm{e}^{-t}\\ \mathrm{e}^{-2t}\end{bmatrix}=\begin{bmatrix}2 & -1\\ 1 & -1\end{bmatrix}\begin{bmatrix}\mathrm{e}^{-t}\\ \mathrm{e}^{-2t}\end{bmatrix}=\begin{bmatrix}2\mathrm{e}^{-t}-\mathrm{e}^{-2t}\\ \mathrm{e}^{-t}-\mathrm{e}^{-2t}\end{bmatrix}
$$

代入式（3.27）得

$$
\begin{aligned}
\mathrm{e}^{At} &= \alpha_0(t)A^0+\alpha_1(t)A \\
&= \begin{bmatrix}2\mathrm{e}^{-t}-\mathrm{e}^{-2t} & 0\\ 0 & 2\mathrm{e}^{-t}-\mathrm{e}^{-2t}\end{bmatrix}+\begin{bmatrix}0 & \mathrm{e}^{-t}-\mathrm{e}^{-2t}\\ 2\mathrm{e}^{-2t}-2\mathrm{e}^{-t} & 3\mathrm{e}^{-2t}-3\mathrm{e}^{-t}\end{bmatrix} \\
&= \begin{bmatrix}2\mathrm{e}^{-t}-\mathrm{e}^{-2t} & \mathrm{e}^{-t}-\mathrm{e}^{-2t}\\ 2\mathrm{e}^{-2t}-2\mathrm{e}^{-t} & 2\mathrm{e}^{-2t}-\mathrm{e}^{-t}\end{bmatrix}
\end{aligned}
$$

【例 3.9】 考虑如下矩阵 A：

$$A=\begin{bmatrix}0 & 1\\ 0 & -2\end{bmatrix}$$

试用化 e^{At} 为 A 的有限项法计算 e^{At}。

解　首先，由

$$\alpha_0(t)+\alpha_1(t)\lambda_1=e^{\lambda_1 t}$$
$$\alpha_0(t)+\alpha_1(t)\lambda_2=e^{\lambda_2 t}$$

确定待定时间函数 $\alpha_0(t)$ 和 $\alpha_1(t)$。由于 $\lambda_1=0$、$\lambda_2=-2$，上述两式变为

$$\alpha_0(t)=1$$
$$\alpha_0(t)-2\alpha_1(t)=e^{-2t}$$

求解此方程组，可得

$$\alpha_0(t)=1,\quad \alpha_1(t)=\frac{1}{2}(1-e^{-2t})$$

因此，

$$e^{At}=\alpha_o(t)I+\alpha_1(t)A=I+\frac{1}{2}(1-e^{-2t})A=\begin{bmatrix}1 & \frac{1}{2}(1-e^{-2t})\\ 0 & e^{-2t}\end{bmatrix}$$

3.3　线性连续定常非齐次状态方程的解

线性连续定常非齐次状态方程为

$$\dot{X}=AX+BU \tag{3.34}$$

从物理意义上看，系统从 t_0 时刻的初始状态 $X(t_0)$ 开始，在外界控制 $U(t)$ 的作用下运动。要求解系统在任意时刻的状态 $X(t)$，就必须求解式（3.34）。

采用类似齐次标量定常微分方程的解法，式（3.34）可写成

$$\dot{X}-AX=BU$$

两边同时左乘 e^{-At}，得

$$e^{-At}(\dot{X}-AX)=e^{-At}BU$$

根据矩阵微积分知识，上式进一步有

$$\frac{d}{dt}[e^{-At}X(t)]=e^{-At}BU$$

两边同时在 $[t_0,\ t]$ 区间积分，得

$$e^{-At}X(t)\big|_{t_0}^{t}=\int_{t_0}^{t}e^{-A\tau}BU(\tau)d\tau$$

$$e^{-At}X(t)-e^{-At_0}X(t_0)=\int_{t_0}^{t}e^{-A\tau}BU(\tau)d\tau$$

两边同时左乘 e^{At}，并整理得

$$X(t)=\mathrm{e}^{A(t-t_0)}X(t_0)+\mathrm{e}^{At}\int_{t_0}^{t}\mathrm{e}^{-A\tau}BU(\tau)\mathrm{d}\tau=\mathrm{e}^{A(t-t_0)}X(t_0)+\int_{t_0}^{t}\mathrm{e}^{A(t-\tau)}BU(\tau)\mathrm{d}\tau$$

即

$$X(t)=\varPhi(t-t_0)X(t_0)+\int_{t_0}^{t}\varPhi(t-\tau)BU(\tau)\mathrm{d}\tau \tag{3.35}$$

当初始时刻 $t_0=0$ 时，式（3.28）变为

$$X(t)=\varPhi(t)X(0)+\int_{0}^{t}\varPhi(t-\tau)BU(\tau)\mathrm{d}\tau \tag{3.36}$$

从式（3.35）和式（3.36）可知，非齐次状态方程式（3.34）的解由两部分组成，第一部分是在初始状态 $x(t_0)$ 作用下的自由运动，第二部分是在系统输入 $u(t)$ 作用下的强制运动。

当 $u(t)$ 为几种典型的控制输入时，式（3.36）有如下形式。

1）脉冲信号输入

$$U(t)=K\delta(t)$$

$$\begin{aligned}X(t)&=\mathrm{e}^{At}X(0)+\int_{0}^{t}\mathrm{e}^{A(t-\tau)}BK\delta(\tau)\mathrm{d}\tau=\mathrm{e}^{At}X(0)+\mathrm{e}^{At}\left[\int_{0}^{t}\mathrm{e}^{-A\tau}\delta(\tau)\mathrm{d}\tau\right]BK\\&=\mathrm{e}^{At}X(0)+\mathrm{e}^{At}\left[\int_{0^-}^{0^+}I\cdot\delta(\tau)\mathrm{d}\tau\right]BK=\mathrm{e}^{At}X(0)+\mathrm{e}^{At}BK\end{aligned} \tag{3.37}$$

2）阶跃信号输入

$$U(t)=K\times 1(t)$$

$$\begin{aligned}X(t)&=\mathrm{e}^{At}X(0)+\int_{0}^{t}\mathrm{e}^{A(t-\tau)}BK\mathrm{d}\tau=\mathrm{e}^{At}X(0)+\mathrm{e}^{At}\left[\int_{0}^{t}\mathrm{e}^{-A\tau}\mathrm{d}\tau\right]BK\\&=\mathrm{e}^{At}X(0)+(\mathrm{e}^{At}-I)A^{-1}BK\end{aligned} \tag{3.38}$$

3）斜坡信号输入

$$U(t)=Kt\times 1(t)$$

$$X(t)=\mathrm{e}^{At}X(0)+[A^{-2}(\mathrm{e}^{At}-I)-A^{-1}t]BK \tag{3.39}$$

【例 3.10】 求下列系统的时间响应：

$$\begin{bmatrix}\dot{x}_1\\\dot{x}_2\end{bmatrix}=\begin{bmatrix}0&1\\-2&-3\end{bmatrix}\begin{bmatrix}x_1\\x_2\end{bmatrix}+\begin{bmatrix}0\\1\end{bmatrix}U$$

式中，$U(t)$为 $t=0$ 时作用于系统的单位阶跃函数，即 $U(t)=1(t)$。

解 对于该系统

$$A=\begin{bmatrix}0&1\\-2&-3\end{bmatrix},\quad B=\begin{bmatrix}0\\1\end{bmatrix}$$

状态转移矩阵 $\varPhi(t)=\mathrm{e}^{At}$ 已在例 3.8 中求得，即

$$\varPhi(t)=\mathrm{e}^{At}=\begin{bmatrix}2\mathrm{e}^{-t}-\mathrm{e}^{-2t}&\mathrm{e}^{-t}-\mathrm{e}^{-2t}\\-2\mathrm{e}^{-t}+2\mathrm{e}^{-2t}&-\mathrm{e}^{-t}+2\mathrm{e}^{-2t}\end{bmatrix}$$

因此，系统对单位阶跃输入的响应为

$$X(t)=\mathrm{e}^{At}X(0)+\int_0^t\begin{bmatrix}2\mathrm{e}^{-(t-\tau)}-\mathrm{e}^{-2(t-\tau)} & \mathrm{e}^{-(t-\tau)}-\mathrm{e}^{-2(t-\tau)}\\ -2\mathrm{e}^{-(t-\tau)}+2\mathrm{e}^{-2(t-\tau)} & -\mathrm{e}^{-(t-\tau)}+2\mathrm{e}^{-2(t-\tau)}\end{bmatrix}\begin{bmatrix}0\\1\end{bmatrix}1(t)\mathrm{d}\tau$$

或

$$\begin{bmatrix}x_1(t)\\x_2(t)\end{bmatrix}=\begin{bmatrix}2\mathrm{e}^{-t}-\mathrm{e}^{-2t} & \mathrm{e}^{-t}-\mathrm{e}^{2t}\\ -2\mathrm{e}^{-t}+2\mathrm{e}^{-2t} & -\mathrm{e}^{-t}+2\mathrm{e}^{-2t}\end{bmatrix}\begin{bmatrix}x_1(0)\\x_2(0)\end{bmatrix}+\begin{bmatrix}\dfrac{1}{2}-\mathrm{e}^{-t}+\dfrac{1}{2}\mathrm{e}^{-2t}\\ \mathrm{e}^{-t}-\mathrm{e}^{-2t}\end{bmatrix}$$

如果初始状态为零，即 $X(0)=0$，可将 $X(t)$简化为

$$\begin{bmatrix}x_1(t)\\x_2(t)\end{bmatrix}+\begin{bmatrix}\dfrac{1}{2}-\mathrm{e}^{-t}+\dfrac{1}{2}\mathrm{e}^{-2t}\\ \mathrm{e}^{-t}-\mathrm{e}^{-2t}\end{bmatrix}$$

3.4　线性时变系统的解

线性时变系统状态方程的解常常不能写成解析形式，因此对于时变系统求解问题通常采用数值解法。

3.4.1　时变系统状态方程解的特点

对于标量时变系统：

$$\frac{\mathrm{d}x(t)}{\mathrm{d}t}=a(t)x(t)\tag{3.40}$$

采用分离变量法，将式（3.40）写成

$$\frac{\mathrm{d}x(t)}{x(t)}=a(t)\mathrm{d}t$$

对上式两边积分得

$$\ln x(t)-\ln x(t_0)=\int_{t_0}^t a(\tau)\mathrm{d}\tau$$

因此

$$x(t)=\mathrm{e}^{\int_{t_0}^t a(\tau)\mathrm{d}\tau}x(t_0)\tag{3.41}$$

或者

$$x(t)=\exp\left[\int_{t_0}^t a(\tau)\mathrm{d}\tau\right]x(t_0)$$

依照定常系统齐次状态方程的求解公式，式（3.41）中的 $\exp\left[\int_{t_0}^t a(\tau)\mathrm{d}\tau\right]$ 也可以表示

为状态转移矩阵，这时状态转移矩阵不仅是时间 t 的函数，而且是初始时刻 t_0 的函数。若令

$$\Phi(t,t_0)=\exp\left[\int_{t_0}^{t}a(\tau)\mathrm{d}\tau\right] \tag{3.42}$$

则式（3.41）可写成

$$x(t)=\Phi(t,t_0)x(t_0) \tag{3.43}$$

推广到矢量时变系统的一般形式：

$$\dot{X}=A(t)X(t)$$

若要使

$$X(t)=\exp\left[\int_{t_0}^{t}A(\tau)\mathrm{d}\tau\right]X(t_0) \tag{3.44}$$

需要求 $A(t)$ 和 $\int_{t_0}^{t}A(\tau)\mathrm{d}\tau$ 满足乘法可交换条件，上述关系才能成立，现证明如下。

如果 $\exp\left[\int_{t_0}^{t}A(\tau)\mathrm{d}\tau\right]x(t_0)$ 是齐次方程的解，那么 $\exp\left[\int_{t_0}^{t}A(\tau)\mathrm{d}\tau\right]X(t_0)$ 必须满足

$$\frac{\mathrm{d}}{\mathrm{d}t}\exp\left[\int_{t_0}^{t}A(\tau)\mathrm{d}\tau\right]=A(t)\exp\left[\int_{t_0}^{t}A(\tau)\mathrm{d}\tau\right] \tag{3.45}$$

把 $\exp\left[\int_{t_0}^{t}A(\tau)\mathrm{d}\tau\right]$ 展开成幂级数：

$$\exp\left[\int_{t_0}^{t}A(\tau)\mathrm{d}\tau\right]=I+\int_{t_0}^{t}A(\tau)\mathrm{d}\tau+\frac{1}{2!}\int_{t_0}^{t}A(\tau)\mathrm{d}\tau\int_{t_0}^{t}A(\tau)\mathrm{d}\tau+\cdots \tag{3.46}$$

式（3.46）两边对时间取导数：

$$\frac{\mathrm{d}}{\mathrm{d}t}\exp\left[\int_{t_0}^{t}A(\tau)\mathrm{d}\tau\right]=A(t)+\frac{1}{2}A(t)\int_{t_0}^{t}A(\tau)\mathrm{d}\tau+\frac{1}{2!}\int_{t_0}^{t}A(\tau)\mathrm{d}\tau A(t)+\cdots \tag{3.47}$$

把式（3.46）两边乘 $A(t)$，有

$$A(t)\exp\left[\int_{t_0}^{t}A(\tau)\mathrm{d}\tau\right]=A(t)+A(t)\int_{t_0}^{t}A(\tau)\mathrm{d}\tau+\cdots \tag{3.48}$$

比较式（3.47）和式（3.41）可以看出，要使

$$\frac{\mathrm{d}}{\mathrm{d}t}\exp\left[\int_{t_0}^{t}A(\tau)\mathrm{d}\tau\right]=A(t)\exp\int_{t_0}^{t}A(\tau)\mathrm{d}\tau$$

成立，其必要和充分条件是

$$A(t)\int_{t_0}^{t}A(\tau)\mathrm{d}\tau=\int_{t_0}^{t}A(\tau)\mathrm{d}\tau A(t)+\cdots \tag{3.49}$$

即 $A(t)$ 和 $\int_{t_0}^{t}A(\tau)\mathrm{d}\tau$ 是乘法可交换的。但是，这个条件很苛刻，一般是不成立的，从而时变系统的自由解通常不能像定常系统那样写成一个封闭型。

3.4.2　线性时变齐次微分方程的解

对于齐次微分方程：

$$\dot{X}=A(t)X,\quad X(t)\big|_{t=t_0}=X(t_0) \tag{3.50}$$

其解为

$$X(t)=\Phi(t,t_0)X(t_0) \tag{3.51}$$

式中，$\Phi(t,t_0)$ 类似前述线性定常系统中的 $\Phi(t-t_0)$，它是 $n\times n$ 非奇异方阵，并且满足如下的矩阵方程和初始条件：

$$\Phi(t,t_0)=A(t)\Phi(t,t_0) \tag{3.52}$$

$$\Phi(t,t_0)=I \tag{3.53}$$

证明　将式（3.51）代入式（3.50），有

$$\frac{\mathrm{d}}{\mathrm{d}t}[\Phi(t,t_0)X(t_0)]=A(t)\Phi(t,t_0)X(t_0)$$

即

$$\Phi(t,t_0)=A(t)\Phi(t,t_0)$$

又在解式（3.51）中令 $t=t_0$，有

$$X(t_0)=\Phi(t_0,t_0)X(t_0)$$

即

$$\Phi(t_0,t_0)=I$$

这就证明了满足式（3.52）、式（3.53）的 $\Phi(t,t_0)$ 和按式（3.51）所求得的 $X(t_0)$ 是齐次微分方程式（3.50）的解。

从式（3.51）可知，齐次微分方程的解和前面介绍的定常系统一样，也是初始状态的转移，故 $\Phi(t,t_0)$ 也称为时变系统的状态转移矩阵。在一般条件下，只需将 $\Phi(t)$ 或 $\Phi(t-t_0)$ 改为 $\Phi(t,t_0)$，则前面关于定常系统所得到的大部分结论，均可推广应用于线性时变系统。

3.4.3　状态转移矩阵 $\Phi(t, t_0)$的基本性质

与线性时变系统的转移矩阵类似，有

1）连续性

$$\Phi(t_2,t_1)\Phi(t_1,t_0)=\Phi(t_2,t_0) \tag{3.54}$$

因为

$$X(t_1)=\Phi(t_1,t_0)X(t_0)$$

$$X(t_2)=\Phi(t_2,t_0)X(t_0)$$

且

$$\begin{aligned}X(t_2)&=\Phi(t_2,t_1)X(t_1)\\&=\Phi(t_2,t_1)\Phi(t_1,t_0)X(t_0)\end{aligned}$$

故式（3.54）成立。

2）封闭性

$\Phi(t_0,t_0)=I$，见式（3.53）

3）时逆性

$$\Phi(t,t_0)=\Phi^{-1}(t_0,t) \tag{3.55}$$

因为从式（3.53）和式（3.54）可得

$$\Phi(t,t_0)\Phi(t_0,t)=\Phi(t,t)=I$$

或

$$\Phi(t,t_0)=\Phi^{-1}(t_0,t)$$

等式两边无论右乘 $\Phi^{-1}(t_0,t)$，还是左乘 $\Phi^{-1}(t_0,t)$，式（3.55）都成立，故 $\Phi(t,t_0)$ 是非奇异矩阵，其逆存在且等于 $\Phi(t_0,t)$。

4）可导性

$$\dot{\Phi}(t,t_0)=A(t)\Phi(t,t_0)\text{，见式（3.52）}$$

在这里，$A(t)$ 和 $\Phi(t,t_0)$ 一般是不能交换的。

3.4.4 线性时变系统非齐次状态方程的解

对于线性时变系统非齐次状态方程：

$$\dot{X}(t)=A(t)X(t)+B(t)U(t) \tag{3.56}$$

且 $A(t)$ 和 $B(t)$ 的元素在时间区间 $t_0\leqslant t\leqslant t_2$ 内分段连续，则其解为

$$X(t)=\Phi(t,t_0)X(t_0)+\int_{t_0}^{t}\Phi(t,\tau)B(\tau)U(\tau)\mathrm{d}\tau \tag{3.57}$$

证明 线性系统满足叠加原理，故可将式（3.56）的解看成由初始状态 $x(t_0)$ 的转移和控制作用激励的状态 $x_u(t)$ 的转移两部分组成，即

$$X(t)=\Phi(t,t_0)X(t_0)+\Phi(t,t_0)X_u(t)=\Phi(t,t_0)[X(t_0)+X_u(t)] \tag{3.58}$$

代入式（2.66），有

$$\Phi(t,t_0)[X(t_0)+X_u(t)]+\Phi(t,t_0)\dot{X}_u(t)=A(t)X(t)+B(t)U(t)$$

即

$$A(t)X(t)+\Phi(t,t_0)\dot{X}_u(t)=A(t)X(t)+B(t)U(t)$$

可知

$$\dot{X}_u(t)=\Phi^{-1}(t,t_0)B(t)U(t)=\Phi(t_0,t)B(t)U(t)$$

在积分区间 $[t_0,\ t]$，有

$$X_u(t)=\int_{t_0}^{t}\Phi(t_0,\tau)B(\tau)U(\tau)\mathrm{d}(\tau)+X_u(t_0)$$

于是

$$\begin{aligned}X(t)&=\Phi(t,t_0)[X(t_0)+\int_{t_0}^{t}\Phi(t_0,\tau)B(\tau)U(\tau)\mathrm{d}(\tau)+\Phi(t,t_0)X_u(t_0)]\\&=\Phi(t,t_0)X(t_0)+\int_{t_0}^{t}\Phi(t,\tau)B(\tau)U(\tau)\mathrm{d}(\tau)+\Phi(t,t_0)X(t_0)\end{aligned}$$

在式（3.58）中令 $t_0=t$，并且注意 $\Phi(t,t_0)=I$，可知 $x_u(t_0)=0$，这样由上式即可得到式（3.57）。

3.4.5　状态转移矩阵的计算

尽管时变系统的状态转移矩阵 $\Phi(t,t_0)$ 和定常系统的 $\Phi(t-t_0)$ 或 $\Phi(t)$ 在形式上和某些性质上有上述类似之处，但究其本质而言，两者是有区别的。这主要是 $\Phi(t-t_0)$ 或 $\Phi(t)$ 仅是 t 和 t_0 之差或 t 的函数，而 $\Phi(t-t_0)$ 既是 t 的函数，也是 t_0 的函数。

在定常系统中，齐次状态方程 $\dot{X}=AX$ 的解是

$$X(t)=\exp\left[\int_{t_0}^{t}A\mathrm{d}\tau\right]X(t_0)$$

因为 A 是常数矩阵，所以上式直接表示为

$$X(t)=\exp[A(t-t_0)]X(t_0)=\Phi(t-t_0)X(t_0)$$

式中，$\Phi(t-t_0)=\mathrm{e}^{A(t-t_0)}$，只与 $(t-t_0)$ 有关

在时变系统中，齐次状态方程 $\dot{X}=A(t)X$ 的解一般表示为

$$X(t)=\Phi(t,t_0)X(t_0)$$

当 $A(t)$ 和 $\int_{t_0}^{t}A(\tau)\mathrm{d}\tau$ 可交换时，即

$$A(t)\int_{t_0}^{t}A(\tau)\mathrm{d}\tau=\int_{t_0}^{t}A(\tau)\mathrm{d}\tau A(t) \tag{3.59}$$

有

$$\Phi(t,t_0)=\exp\left[\int_{t_0}^{t}A(\tau)\mathrm{d}\tau\right]$$

当 $A(t)$ 和 $\int_{t_0}^{t}A(\tau)\mathrm{d}\tau$ 不可交换时，一般采用级数近似法，即

$$\begin{aligned}\Phi(t,t_0)=I&+\int_{t_0}^{t}A(\tau_0)\mathrm{d}\tau_0+\int_{t_0}^{t}A(\tau_0)\int_{t_0}^{\tau_1}A(\tau_1)\mathrm{d}\tau_1\mathrm{d}\tau_0\\&+\int_{t_0}^{t}A(\tau_0)\int_{t_0}^{\tau_0}A(\tau_1)\int_{t_0}^{\tau_1}A(\tau_2)\mathrm{d}\tau_2\mathrm{d}\tau_1\mathrm{d}\tau_0+\cdots\end{aligned} \tag{3.60}$$

要证明这个关系式，只需验证它满足关系式（3.52）的矩阵方程和式（3.53）的初始条件即可。

$$\begin{aligned}\Phi(t,t_0)&=\frac{\mathrm{d}}{\mathrm{d}t}\left[I+\int_{t_0}^{t}A(\tau_0)\mathrm{d}\tau_0+\int_{t_0}^{t}A(\tau_0)\int_{t_0}^{\tau_0}A(\tau_1)\mathrm{d}\tau_1\mathrm{d}\tau_0+\cdots\right]\\&=A(t)+A(t)\int_{t_0}^{t}A(\tau_0)\mathrm{d}\tau_0+A(t)\int_{t_0}^{t}A(\tau_0)\left[\int_{t_0}^{\tau_0}A(\tau_1)\mathrm{d}\tau_1\right]\mathrm{d}\tau_0+\cdots\\&=A(t)\left\{I+\int_{t_0}^{t}A(\tau_0)\mathrm{d}\tau_0+\int_{t_0}^{t}A(\tau_0)\left[\int_{t_0}^{\tau_0}A(\tau_1)\mathrm{d}\tau_1\right]\mathrm{d}\tau_0+\cdots\right\}\\&=A(t)\Phi(t,t_0)\end{aligned}$$

$$\Phi(t_0,t_0)=I+0+0+\cdots=I$$

可知式（3.60）满足式（3.52）和式（3.53）。

【例 3.11】　有线性时变系统的状态方程为

$$\begin{bmatrix}\dot{x}_1\\ \dot{x}_2\end{bmatrix}=\begin{bmatrix}0 & t\\ 0 & \mathrm{e}^{-\alpha t}\end{bmatrix}\begin{bmatrix}x_1\\ x_2\end{bmatrix}$$

试计算其状态转移矩阵 $\varPhi(t,0)$ 。

解

$$\int_0^t A(\tau)\mathrm{d}\tau=\int_0^t\begin{bmatrix}0 & \tau\\ 0 & \mathrm{e}^{-\alpha\tau}\end{bmatrix}\mathrm{d}\tau=\begin{bmatrix}0 & \dfrac{t^2}{2}\\ 0 & -\dfrac{1}{\alpha}\mathrm{e}^{-\alpha\tau}\end{bmatrix}$$

容易检验，这里 $A(t)$ 和 $\int_0^t A(\tau)\mathrm{d}\tau$ 是不能交换的，故按式（3.70）作 $\varPhi(t,t_0)$ 的近似计算：

$$\begin{aligned}&\int_0^t A(\tau_0)\left[\int_0^{\tau_0}A(\tau_1)\mathrm{d}\tau_1\right]\mathrm{d}\tau_0\\ &=\int_0^t\begin{bmatrix}0 & \tau_0\\ 0 & \mathrm{e}^{-\alpha\tau_0}\end{bmatrix}\left(\int_0^{\tau_0}\begin{bmatrix}0 & \tau_1\\ 0 & \mathrm{e}^{-\alpha\tau_1}\end{bmatrix}\mathrm{d}\tau_1\right)\mathrm{d}\tau_0\\ &=\int_0^t\begin{bmatrix}0 & \tau_0\\ 0 & \mathrm{e}^{-\alpha\tau_0}\end{bmatrix}\begin{bmatrix}0 & \dfrac{1}{2}\tau^2{}_0\\ 0 & \dfrac{1}{\alpha}\mathrm{e}^{-\alpha\tau_0}\end{bmatrix}\mathrm{d}\tau_0\\ &=\int_0^t\begin{bmatrix}0 & -\dfrac{1}{\alpha}\tau_0\mathrm{e}^{-\alpha\tau_0}\\ 0 & -\dfrac{1}{\alpha}\mathrm{e}^{-2\alpha\tau_0}\end{bmatrix}\mathrm{d}\tau_0=\begin{bmatrix}0 & -\dfrac{1}{\alpha^3}(\alpha t+1)\\ 0 & -\dfrac{1}{2\alpha^2}\mathrm{e}^{-2\alpha t}\end{bmatrix}\end{aligned}$$

因此

$$\begin{aligned}\varPhi(t,0)&=\begin{bmatrix}1 & 0\\ 0 & 1\end{bmatrix}+\begin{bmatrix}0 & \dfrac{1}{2}t^2\\ 0 & -\dfrac{1}{\alpha}\mathrm{e}^{-\alpha t}\end{bmatrix}+\begin{bmatrix}0 & \dfrac{1}{\alpha^3}(\alpha t+1)\\ 0 & \dfrac{1}{2\alpha^2}\mathrm{e}^{-2\alpha t}\end{bmatrix}+\cdots\\ &=\begin{bmatrix}1 & \dfrac{1}{2}t^2+\dfrac{1}{\alpha^3}(\alpha t+1)+\cdots\\ 0 & 1-\dfrac{1}{\alpha}\mathrm{e}^{-\alpha t}+\dfrac{1}{2\alpha^2}\mathrm{e}^{-2\alpha t}+\cdots\end{bmatrix}\end{aligned}$$

当 $\alpha\gg 1$ 时，上式可以近似表示为

$$\varPhi(t,0)\approx\begin{bmatrix}1 & \dfrac{1}{2}t^2\\ 0 & 1\end{bmatrix}$$

【例 3.12】 有线性时变系统，其系统矩阵为

$$A(t)=\begin{bmatrix} t & 1 \\ 1 & t \end{bmatrix}$$

求其 $\Phi(t,0)$。

解

$$\int_0^t A(\tau)\mathrm{d}\tau=\int_0^t\begin{bmatrix} \tau & 1 \\ 1 & \tau \end{bmatrix}\mathrm{d}\tau=\begin{bmatrix} \frac{1}{2}t^2 & t \\ t & \frac{1}{2}t^2 \end{bmatrix}$$

$$A(t)\int_0^t A(\tau)\mathrm{d}\tau=\begin{bmatrix} t & 1 \\ 1 & t \end{bmatrix}\begin{bmatrix} \frac{1}{2}t^2 & t \\ t & \frac{1}{2}t^2 \end{bmatrix}=\begin{bmatrix} \frac{1}{2}t^2 & t \\ t & \frac{1}{2}t^2 \end{bmatrix}\begin{bmatrix} t & 1 \\ 1 & t \end{bmatrix}$$

$$=\int_0^t A(\tau)\mathrm{d}\tau A(t)$$

是可以交换的，可按式（3.42）计算：

$$\Phi(t,0)=\exp\left[\int_0^t A(\tau)\mathrm{d}\tau\right]$$

$$=\begin{bmatrix} 1 & 0 \\ 0 & 1 \end{bmatrix}+\begin{bmatrix} \frac{1}{2}t^2 & t \\ t & \frac{1}{2}t^2 \end{bmatrix}+\frac{1}{2}\begin{bmatrix} \frac{1}{2}t^2 & t \\ t & \frac{1}{2}t^2 \end{bmatrix}^2+\cdots$$

$$=\begin{bmatrix} 1+t^2+\frac{t^4}{8}+\cdots & t+\frac{t^3}{2}+\cdots \\ t+\frac{t^3}{2}+\cdots & 1+t^2+\frac{t^4}{8}+\cdots \end{bmatrix}$$

将此结果与按式（3.60）计算结果进行对比，可知它们是一致的。

3.5　离散系统状态方程的解

离散系统的状态方程有两种解法：递推法和 Z 变换法。递推法也称迭代法，它对定常系统和时变系统都是适用的；Z 变换法则只能应用于求解定常系统。

3.5.1　递推法

线性定常离散时间控制系统的状态方程为

$$X(k+1)=GX(k)+HU(k) \tag{3.61}$$

初始条件为

$$X(k)\big|_{k=0}=X(0)$$

该一阶差分方程的解为

$$X(k)=G^kX(0)+\sum_{j=0}^{k-1}G^{k-j-1}HU(j)$$

即

$$X(k)=G^kX(0)+G^{k-1}HU(0)+G^{k-2}HU(1)+\cdots+GHU(k-2)+HU(k-1) \tag{3.62}$$

证明 用迭代法解差分方程式（3.61）：

$$k=0,\quad X(1)=GX(0)+HU(0)$$

$$k=1,\quad X(2)=GX(1)+HU(1)=G^2X(0)+GHU(0)+HU(1)$$

$$k=2,\quad X(3)=GX(2)+HU(2)=G^3X(0)+G^2HU(0)+GHU(1)+HU(2)$$

$$\vdots$$

$$\begin{aligned}k=k-1,\quad X(k)&=GX(k-1)+HU(k-1)\\&=G^kX(0)+G^{k-1}HU(0)+\cdots+GHU(k-2)+HU(k-1)\end{aligned}$$

所得通式就是式（3.62）。

式（3.62）还可用矢量矩阵形式表示为

$$\begin{bmatrix}X(1)\\X(2)\\X(3)\\\vdots\\X(k)\end{bmatrix}=\begin{bmatrix}G\\G^2\\G^3\\\vdots\\G^k\end{bmatrix}X(0)+\begin{bmatrix}H&0&0&\cdots&0\\GH&H&0&\cdots&0\\G^2H&GH&H&\cdots&0\\\vdots&\vdots&\vdots&&\vdots\\G^{k-1}H&G^{k-2}H&G^{k-3}H&\cdots&H\end{bmatrix}\begin{bmatrix}U(0)\\U(1)\\U(2)\\\vdots\\U(k-1)\end{bmatrix}$$

式（3.62）是按初始时刻 $k=0$ 得到的，若初始时刻为 $k=h$ 且其响应的初始状态为 $k=h$，则其解为

$$X(k)=G^{k-h}X(h)+\sum_{j=h}^{k-1}G^{k-j-1}HU(j)\text{或}X(k)=G^{k-h}X(h)+\sum_{j=h}^{k-1}G^{j}HU(k-j-1) \tag{3.63}$$

显然，离散状态方程的求解公式和连续状态方程的求解公式在形式上是类似的，它也由两部分响应组成，即初始状态所引起的响应和输入信号所引起的响应。所不同的是离散状态方程的解，是状态空间的一条离散轨迹。同时，在由输入信号引起的响应中，第 k 个时刻的状态只与此采样时刻以前的输入采样值有关，而与该时刻的输入采样值无关。

由式（3.62）和式（3.63）可以看到，式中 G^k 或 G^{k-h} 相当于连续系统中的 $\Phi(t)=\mathrm{e}^{At}$ 或 $\Phi(t-t_0)=\mathrm{e}^{A(t-t_0)}$。类似地，这里也定义

$$\Phi(k)=G^k\text{ 或 }\Phi(k-h)=G^{(k-h)} \tag{3.64}$$

为离散时间系统的状态转移矩阵，很明显，它满足

$$\Phi(k+1)=G\Phi(k),\quad \Phi(0)=I \tag{3.65}$$

并具有以下性质：

$$\Phi(k-h)=\Phi(k-h_1)\Phi(h_1-h),\quad k>h_1\geqslant h \tag{3.66}$$

$$\Phi^{-1}(k)=\Phi(-k) \tag{3.67}$$

利用状态转移矩阵 $\Phi(k)$，离散时间状态方程式的解式（3.62）可以表示为

$$X(k)=\Phi(k)X(0)+\sum_{j=0}^{k-1}\Phi(k-j-1)HU(j)$$

或

$$X(k)=\Phi(k)X(0)+\sum_{j=0}^{k-1}\Phi(j)HU(k-j-1) \tag{3.68}$$

而式（3.63）可写成

$$X(k)=\Phi(k-h)X(h)+\sum_{j=h}^{k-1}\Phi(k-j-1)HU(j)$$

或

$$X(k)=\Phi(k-h)X(h)+\sum_{j=h}^{k-1}\Phi(j)HU(k-j-1) \tag{3.69}$$

【例 3.13】 已知线性定常离散系统的差分方程如下：

$$y(k+2)+0.5y(k+1)+0.1y(k)=u(k)$$

若设 $u(k)=1$、$y(0)=1$、$y(1)=0$，试用递推法求出 $y(k)(k=2,3,\cdots,10)$。

解

$$y(2)=-0.1y(0)-0.5y(1)+u(0)=-0.1\times 1-0.5\times 0+1=0.9$$

同理，递推得

$$y(3)=0.55,\quad y(4)=0.635,\quad y(5)=0.6275$$
$$y(6)=0.6228,\quad y(7)=0.6259,\quad y(8)=0.6248$$
$$y(9)=0.6250,\quad y(10)=0.6250$$

3.5.2 Z 变换法

对于线性定常离散系统的状态方程，也可以用 Z 变换法来求解。

设定常离散系统的状态方程为

$$X(k+1)=GX(k)+HU(k)$$

对上式两端进行 Z 变换，有

$$ZX(z)-ZX(0)=GX(z)+HU(z)$$

或

$$(zI-G)X(z)=ZX(0)+HU(z)$$

所以

$$X(z)=(zI-G)^{-1}ZX(0)+(zI-G)^{-1}HU(z)$$

对上式两端取 Z 的反变换，得

$$X(k)=Z^{-1}[(zI-G)^{-1}ZX(0)]+Z^{-1}[(zI-G)^{-1}HU(z)] \tag{3.70}$$

对式（3.62）和式（3.70）进行比较，有

$$G^k X(0)=Z^{-1}[(zI-G)^{-1}ZX(0)] \tag{3.71}$$

$$\sum_{j=0}^{k-1} G^{k-j-1}HU(j)=Z^{-1}[(zI-G)^{-1}HU(z)] \tag{3.72}$$

如果要获得采样瞬时之间的状态和输出，只需在此采样周期［在 $kT \leqslant t \leqslant (k+1)T$ ］内，利用连续状态方程解的表达式：

$$X(t)=\Phi(t-kT)X(kT)+\int_{kT}^{t}\Phi(t-\tau)BU(kT)\mathrm{d}\tau$$

为了突出地表示 t 的有效期在 $kT \leqslant t \leqslant (k+1)T$ ，可以令 $t=(k+\varDelta)T$ （这里 $0 \leqslant \varDelta \leqslant 1$ ），于是上式变成

$$X((k+\varDelta)T)=\Phi(\varDelta T)X(kT)+\int_{0}^{\varDelta T}\Phi(\varDelta T-\tau)\mathrm{d}\tau BU(kT) \tag{3.73}$$

显然，这个公式的形式和离散状态方程是完全一致的，若取 $0<\varDelta<1$ ，则可获得采样瞬时之间全部的状态信息和输出信息。

将式（3.62）和式（3.70）比较，有

$$G^k=\Phi(k)=Z^{-1}[(zI-G)^{-1}Z] \tag{3.74}$$

$$\sum_{j=0}^{k-1} G^{k-j-1}HU(j)=Z^{-1}[(zI-G)^{-1}HU(z)] \tag{3.75}$$

二者形式上虽有不同，但实际上是完全一样的。

证明　先求 G^k 的 Z 变换：

$$Z[G^k]=\sum_{k=0}^{\infty} G^k z^{-k}=I+Gz^{-1}+G^2z^{-2}+\cdots \tag{3.76}$$

式（3.76）左乘 GZ^{-1} 有

$$GZ^{-1}Z[G^k]=Gz^{-1}+G^2z^{-2}+G^3z^{-3}+\cdots \tag{3.77}$$

式（3.76）减式（3.77）有

$$(I-Gz^{-1})Z[G^k]=I$$

对 $Z[G^k]$ 求解，有

$$Z[G^k]=(I-Gz^{-1})^{-1}=(zI-G)^{-1}z \tag{3.78}$$

式（3.73）两边取 Z 反变换，可得式（3.74）。

再利用卷积公式证明式（3.75）：

$$\begin{aligned}Z\left[\sum_{j=0}^{k-1} G^{k-j-1}HU(j)\right]&=Z[G^{k-1}]HZ[U(k)]\\&=Z[G^k]z^{-1}HZ[U(k)]=(zI-G)^{-1}HU(z)\end{aligned}$$

上式两边取 Z 反变换，可得式（3.75）：

$$\sum_{j=0}^{k-1} G^{k-j-1}HU(j) = Z^{-1}[(zI-G)^{-1}HU(z)]$$

【例 3.14】 已知线性定常离散时间系统状态方程和初始条件为

$$\begin{bmatrix} X_1(k+1) \\ X_2(k+1) \end{bmatrix} = \begin{bmatrix} \frac{1}{2} & \frac{1}{8} \\ \frac{1}{8} & \frac{1}{2} \end{bmatrix} \begin{bmatrix} X_1(k) \\ X_2(k) \end{bmatrix} + \begin{bmatrix} 1 & 0 \\ 0 & 1 \end{bmatrix} \begin{bmatrix} U_1(k) \\ U_2(k) \end{bmatrix}, \quad \begin{bmatrix} X_1(0) \\ X_2(0) \end{bmatrix} = \begin{bmatrix} -1 \\ 3 \end{bmatrix}$$

设 $U_1(k)$ 与 $U_2(k)$ 是同步采样，$U_1(k)$ 是来自斜坡函数 t 的采样，而 $U_2(k)$ 是由指数函数 e^{-t} 采样而来。试求该状态方程的解。

解　首先用 Z 变换法求状态转移矩阵：

$$(zI-G)^{-1} = \begin{bmatrix} z-\frac{1}{2} & -\frac{1}{8} \\ -\frac{1}{8} & z-\frac{1}{2} \end{bmatrix}^{-1} = \frac{1}{\left(z-\frac{3}{8}\right)\left(z-\frac{5}{8}\right)} \begin{bmatrix} z-\frac{1}{2} & \frac{1}{8} \\ \frac{1}{8} & z-\frac{1}{2} \end{bmatrix}$$

$$= \begin{bmatrix} \dfrac{\frac{1}{2}}{z-\frac{3}{8}} + \dfrac{\frac{1}{2}}{z-\frac{5}{8}} & \dfrac{\frac{1}{4}}{z-\frac{5}{8}} - \dfrac{\frac{1}{4}}{z-\frac{3}{8}} \\ \dfrac{\frac{1}{4}}{z-\frac{5}{8}} - \dfrac{\frac{1}{4}}{z-\frac{3}{8}} & \dfrac{\frac{1}{2}}{z-\frac{3}{8}} + \dfrac{\frac{1}{2}}{z-\frac{5}{8}} \end{bmatrix}$$

$$\Phi(k) = Z^{-1}\left[(zI-G)^{-1}Z\right] = \begin{bmatrix} \frac{1}{2}\left(\frac{5}{8}\right)^k + \frac{1}{2}\left(\frac{3}{8}\right)^k & \frac{1}{4}\left(\frac{5}{8}\right)^k - \frac{1}{4}\left(\frac{3}{8}\right)^k \\ \frac{1}{2}\left(\frac{5}{8}\right)^k - \frac{1}{2}\left(\frac{3}{8}\right)^k & \frac{1}{2}\left(\frac{3}{8}\right)^k + \frac{1}{2}\left(\frac{5}{8}\right)^k \end{bmatrix}$$

利用 $X(k) = \Phi(k)X(0) + \sum_{i=1}^{k-1}\Phi(k-i-1)HU(i)$ 即可求得。或用 Z 变换法，由 $X(k) = Z^{-1}[(zI-G)^{-1}Z]X(0) + Z^{-1}[(zI-G)^{-1}HU(z)]$ 求得。

3.6　控制系统连续状态空间表达式的离散化

数字计算机所处理的数据是数字值，它不仅在数值上是整量化的，而且在时间上是离散化的。如果采用数字计算机对连续时间状态方程求解，那么必须先将其化为离散时间状态方程。当然，在对连续受控对象进行在线控制时，同样有一个将连续数字模型的受控对象离散化的问题。

3.6.1 离散化方法

离散按一个等采样周期T的采样过程处理，即将t变为kT，其中T为采样周期，而$k=0,1,2,\cdots$，为一正整数。输入量$U(t)$则被认为只在采样时刻发生变化，在相邻两采样时刻之间$U(t)$是通过零阶保持器保持不变的且等于前一采样时刻的值，换句话说，在kT和$(k+1)T$之间，$U(t)=U(kT)=$常数。

在以上假定情况下，对于连续时间的状态空间表达式：

$$\begin{cases}\dot{X}=AX+BU\\ Y=CX+DU\end{cases} \tag{3.79}$$

将其离散化之后，得到离散时间状态空间表达式为

$$\begin{aligned}X(k+1)&=G(T)X(k)+H(T)U(k)\\ Y(k)&=CX(k)+DU(k)\end{aligned} \tag{3.80}$$

式中，

$$G(T)=\mathrm{e}^{AT} \tag{3.81}$$

$$H(T)=\int_0^T \mathrm{e}^{At}\mathrm{d}t \cdot B \tag{3.82}$$

C和D则仍与式（3.79）中的一样。

证明 输出方程状态矢量和控制矢量的某种线性组合，在离散化之后，组合关系并不改变，故C和D是不变的。

为了确定$G(T)$和$H(T)$，现从式（3.79）状态方程的解入手。其解为

$$X(t)=\mathrm{e}^{A(t-t_0)}X(t_0)+\int_{t_0}^{t}\mathrm{e}^{A(t-\tau)}BU(\tau)\mathrm{d}\tau$$

假设$t_0=kT$，求$t=(k+1)T$时刻的状态$X[(k+1)T]$，并考虑在这一时间间隔内$U(t)=U(kT)=$常数，从而有

$$X[(k+1)T]=\mathrm{e}^{AT}X(kT)+\int_{kT}^{(k+1)T}\mathrm{e}^{A[(k+1)T-\tau]}B\mathrm{d}\tau U(kT) \tag{3.83}$$

将式（3.83）与式（3.80）的状态方程进行比较，可得

$$\begin{aligned}G(T)&=\mathrm{e}^{AT}\\ H(T)&=\int_{kT}^{(k+1)T}\mathrm{e}^{A[(k+1)T-\tau]}B\mathrm{d}\tau\end{aligned} \tag{3.84}$$

在式（3.84）中，令$t=(k+1)T-\tau$，则$\mathrm{d}\tau=-\mathrm{d}t$，而积分下限$\tau=kT$相应于$t=T$；积分上限$\tau=(k+1)T$相应于$t=0$。故式（3.84）可以简化为

$$H(T)=\int_T^0 \mathrm{e}^{AT}B\mathrm{d}(-t)=\int_0^T \mathrm{e}^{AT}\mathrm{d}t \cdot B \tag{3.85}$$

忽略kT时刻中的T符号，直接用k代表kT时刻，所有连续系统离散化公式为

$$\begin{aligned} X(k+1) &= G(T)X(k) + H(T)U(k) \\ Y(k) &= CX(k) + DU(k) \end{aligned} \tag{3.86}$$

式中，

$$G(T) = \mathrm{e}^{AT}\ ,\quad H(T) = \int_0^T \mathrm{e}^{At}\mathrm{d}t \cdot B$$

【例 3.15】　设线性定常连续时间系统的状态方程为

$$\begin{bmatrix} \dot{x}_1 \\ \dot{x}_2 \end{bmatrix} = \begin{bmatrix} 0 & 1 \\ 0 & -2 \end{bmatrix}\begin{bmatrix} x_1 \\ x_2 \end{bmatrix} + \begin{bmatrix} 0 \\ 1 \end{bmatrix}U\ ,\qquad t \geqslant 0$$

取采样周期$T = 0.01s$，试将该连续系统的状态方程离散化。

解

$$\mathrm{e}^{At} = L^{-1}\left[\left(sI - A\right)^{-1}\right] = L^{-1}\left\{\begin{bmatrix} s & -1 \\ 0 & s+2 \end{bmatrix}^{-1}\right\}$$

$$= L^{-1}\left\{\begin{bmatrix} \dfrac{1}{s} & \dfrac{1}{2}\left(\dfrac{1}{s} - \dfrac{1}{s+2}\right) \\ 0 & \dfrac{1}{s+2} \end{bmatrix}\right\} = \begin{bmatrix} 1 & \dfrac{1}{2}(1-\mathrm{e}^{-2t}) \\ 0 & \mathrm{e}^{-2t} \end{bmatrix}$$

$$G(T) = \mathrm{e}^{AT} = \begin{bmatrix} 1 & \dfrac{1}{2}(1-\mathrm{e}^{-2T}) \\ 0 & \mathrm{e}^{-2T} \end{bmatrix} \approx \begin{bmatrix} 1 & T \\ 0 & 1-2T \end{bmatrix}$$

$$H\left(T\right) = \int_0^T \mathrm{e}^{At}\mathrm{d}t \cdot B = \int_0^T \begin{bmatrix} 1 & \dfrac{1}{2}(1-\mathrm{e}^{-2t}) \\ 0 & \mathrm{e}^{-2t} \end{bmatrix}\mathrm{d}t \cdot \begin{bmatrix} 0 \\ 1 \end{bmatrix}$$

$$= \begin{bmatrix} \int_0^T \mathrm{d}t & \int_0^T \dfrac{1}{2}(1-\mathrm{e}^{-2t})\mathrm{d}t \\ \int_0^T 0 \cdot \mathrm{d}t & \int_0^T \mathrm{e}^{-2t}\mathrm{d}t \end{bmatrix} \cdot \begin{bmatrix} 0 \\ 1 \end{bmatrix} = \begin{bmatrix} \dfrac{1}{2}\left(T + \dfrac{1}{2}\mathrm{e}^{-2T} - \dfrac{1}{2}\right) \\ \dfrac{1}{2}(1-\mathrm{e}^{-2T}) \end{bmatrix} = \begin{bmatrix} 0 \\ T \end{bmatrix}$$

$$X(k+1) = G(T)X(k) + H(T) = \begin{bmatrix} 1 & T \\ 0 & 1-2T \end{bmatrix}X(k) + \begin{bmatrix} 0 \\ T \end{bmatrix}u(k)$$

当$T = 0.01$时，有

$$\begin{bmatrix} x_1(k+1) \\ x_2(k+1) \end{bmatrix} = \begin{bmatrix} 1 & 0.01 \\ 0 & 0.98 \end{bmatrix}\begin{bmatrix} x_1(k) \\ x_2(k) \end{bmatrix} + \begin{bmatrix} 0 \\ 0.01 \end{bmatrix}u(k)$$

3.6.2　近似离散化

在采样周期T较小，一般为系统最小时间常数的 1/10 左右时，离散化的状态方程可近似表示为

$$X[(k+I)T]=(TA+I)X(kT)+TBU(kT) \tag{3.87}$$

即

$$G(T)\approx TA+I \tag{3.88}$$

$$H(T)\approx TB \tag{3.89}$$

证明 根据导数的定义：

$$\dot{X}(t_0)=\lim_{\Delta t\to 0}\frac{X(t_0+\Delta t)-X(t_0)}{\Delta t}$$

先讨论 $t_0=kT$ 到 $t=(k+1)T$ 这一段的导数，有

$$\dot{X}(kT)\approx\frac{X[(k+1)+T]-X(kT)}{T}$$

以此代入 $\dot{X}=AX(t)+BU(t)$ 中，得

$$\frac{X[(k+1)T]-X(kT)}{T}=AX(kT)+BU(kT)$$

整理后即得式（3.87）。

3.6.3 线性时变系统的离散化

实际上许多连续时变系统不能用式（3.62）求解，因为 $\varPhi(t,t_0)$ 难以求取，通常总是进行线性化，认为在一个采样周期内参数没有显著变化，所以变为求解一组离散状态方程。

1. 线性时变系统离散化

设原系统状态空间表达式为

$$\begin{cases}\dot{X}=A(t)X+B(t)U，初始条件为X(hT)\\ Y=C(t)X+D(t)U\end{cases} \tag{3.90}$$

离散化之后的状态空间表达式为

$$\begin{cases}X[(k+1)T]=G(kT)X(kT)+H(kT)U(kT)\\ X(kT)=C(kT)X(kT)+D(kT)U(kT)\end{cases} \tag{3.91}$$

仿照时不变方程的证明方法，可以求出式（3.91）中 $G(kT)$、$H(kT)$、$C(kT)$、$D(kT)$，这里直接写出其结果如下：

$$G(kT)=\varPhi[(k+1)T,kT] \tag{3.92}$$

$$H(kT)=\int_{kT}^{(k+1)T}\varPhi[(k+1)T,\tau]B(\tau)\mathrm{d}\tau \tag{3.93}$$

$$C(kT)=C(t)\big|_{t=kT}$$

$$D(kT)=D(t)\big|_{t=kT}$$

式中，$\varPhi[(k+1)T,kT]$ 为 $\varPhi(t,t_0)$ 在 $(k+1)T\geqslant t\geqslant kT$ 区段内的状态转移矩阵，可以在 $t_0=kT$ 附近用泰勒级数展开作近似计算：

$$\varPhi[(k+1)T,kT]=\varPhi[kT,kT]+\left.\frac{\mathrm{d}\varPhi[(k+1)T,kT]}{\mathrm{d}t}\right|_{kT}\cdot T+\frac{1}{2!}\left.\frac{\mathrm{d}^2\varPhi[(k+1)T,kT]}{\mathrm{d}t^2}\right|_{kT}\cdot T^2+\cdots \tag{3.94}$$

考虑到 $\Phi(t,t_0)$ 的下列性质：

$$\Phi(t_0,t_0)=I$$

$$\dot{\Phi}(t_0,t_0)\Big|_{t_0}=A(t)\Phi(t,t_0)\Big|_{t_0}=A(t_0)$$

$$\begin{aligned}\ddot{\Phi}(t_0,t_0)\Big|_{t_0}&=\frac{\mathrm{d}A(t)\Phi(t,t_0)}{\mathrm{d}t}\Bigg|_{t=t_0}\\&=[A(t)\dot{\Phi}(t,t_0)+\dot{A}(t)\Phi(t,t_0)]\Big|_{t=t_0}\\&=[A^2(t)\Phi(t,t_0)+\dot{A}(t)\Phi(t,t_0)]\Big|_{t=t_0}\\&=A^2(t_0)+\dot{A}(t_0)\end{aligned}$$

将以上各式代入式（3.94），并在 T 很小时忽略 T 的二次幂以上的高阶项，可得 $\Phi[(k+1)T,kT]$ 的近似计算式：

$$\Phi[(k+1)T,kT]=I+A(kT)T+\frac{1}{2!}[A^2(kT)+\dot{A}(kT)]T^2 \tag{3.95}$$

据此，按式（3.93）不难求得 $H(kT)$。也可仿照本节中介绍的近似离散化的方法，得到近似的计算公式如下：

$$G(T)\approx TA(kT)+I \tag{3.96}$$

$$H(T)\approx TB(kT) \tag{3.97}$$

2. 离散化时变状态方程的解

仿照离散化定常状态方程解式（3.81），时变状态方程式（3.91）的解为

$$X(kT)=\Phi(kT,hT)X(hT)+\Phi(kT,hT)\sum_{j=h+1}^{k}\Phi^{-1}(jH,hT)H(jT-T)U(jT-T),\ k>h \tag{3.98}$$

式中，$\Phi[kT,hT]$ 应满足以下条件：

$$\begin{aligned}\Phi[(k+1)T,hT]&=G(kT)\Phi(kT,hT)\\\Phi(hT,hT)&=I\end{aligned} \tag{3.99}$$

证明　假定式（3.98）是式（3.91）的解，则下式成立。

$$\begin{aligned}X((k+1)T)=&\Phi((k+1)T,hT)X(hT)+\Phi[(k+1)T,hT]\\&\sum_{j=h+1}^{k+1}\Phi^{-1}(jT,hT)H(jT-T)U(jT-T),k>h\end{aligned} \tag{3.100}$$

考虑式（3.99），因此式（3.100）为

$$\begin{aligned}X[(k+1)T]=&G(kT)\Phi(kT,hT)X(hT)\\&+G(kT)\Phi(kT,hT)\sum_{j=h+1}^{k}\Phi^{-1}(jT,hT)H(jT-T)U(jT-T)\\&+\Phi[(k+1)T,hT]\Phi^{-1}[(k+1)T,hT]H(kT)U(kT)\\=&\ G(kT)X(kT)+H(kT)U(kT)\end{aligned}$$

它正是式（3.91），而且式（3.98）在 $k=h$ 时，由于 $\Phi(hT,hT)=I$ 且右边第二项为零，取

得初始条件为 $X(hT)=X(hT)$。以上说明式（3.98）满足状态方程，也满足初始条件，故式（3.98）是式（3.91）的解。

3.7 MATLAB 在状态方程求解中的应用

3.7.1 矩阵指数函数 e^{At} 的数值计算

在 MATLAB 中给定矩阵 A 和时间 t 的值，计算矩阵指数 e^{At} 的值可以直接采用基本矩阵函数 expm（）。

MATLAB 的 expm（）函数采用帕德（Pade）逼近法计算矩阵指数 e^{At}，精度高，数值稳定性好。

expm（）函数的主要调用格式为

```
eAt=expm(X)
```

其中，X 为输入的需计算矩阵指数的矩阵，eAt 为计算的结果。

【例 3.16】 控制系统的状态空间表达式如下所示：

$$\begin{bmatrix} \dot{x}_1 \\ \dot{x}_2 \end{bmatrix} = \begin{bmatrix} 0 & -2 \\ 1 & -3 \end{bmatrix} \begin{bmatrix} x_1 \\ x_2 \end{bmatrix} + \begin{bmatrix} 2 \\ 0 \end{bmatrix} U(k)$$

$$y=(1 \quad 0)\begin{bmatrix} x_1 \\ x_2 \end{bmatrix}$$

初始条件 $x_1(0)=x_1(0)=1$，输入 $u(t)=0$，在 $t=0.2$ 时，求此时系统的状态转移矩阵 $\Phi(t)$。

解

MATLAB 程序如下：

```
>>A=[0,-2;1,-3];dt=0.2;Phi=expm(A*dt)
```

MATLAB 程序执行结果如下:

```
Phi=
0.9671   -0.2968
0.1484    0.5219
```

从程序运行结果可以看到：对 $\Delta t=0.2\text{s}$ 的状态转移矩阵是

$$\Phi(t)=\begin{pmatrix} 0.9671 & -0.2968 \\ 0.1484 & 0.5219 \end{pmatrix}$$

【例 3.17】 控制系统的系统矩阵 A 为

$$A=\begin{bmatrix} 0 & 1 \\ -2 & -3 \end{bmatrix}$$

求在 $t=0.3$ 时的矩阵指数 e^{At} 的值。

解

MATLAB 程序如下:

```
A=[0 1 ;-2-3];
t=0.3 ;
eAt=expm(A*t)
```

MATLAB 程序执行结果如下:

```
eAt=0.9328    0.1920
    -0.3840    0.3568
```

在 MATLAB 中还有 3 个计算矩阵指数 e^{At} 的函数，分别是 expmdemo1（）、expmdemo2（）和 expmdemo3（）。

expmdemo1（）就是 expm（），采用帕德逼近法计算矩阵指数；而 expmdemo2（）采用泰勒级数展开法来计算矩阵指数，精度较低；expmdemo3（）采用特征值和特征向量来计算对角线矩阵，进而通过对角线矩阵的矩阵指数计算原矩阵的矩阵指数。expmdemo3（）的计算精度取决于特征值、特征向量、指数函数 exp（）的计算精度，由于这 3 种计算有良好的计算方法，所以 expmdemo3（）的计算精度最高。但 expmdemo3（）只能计算矩阵的独立特征向量数等于矩阵的维数，即矩阵能变换为对角线矩阵的情况，因此在不能判定矩阵是否能变换为对角线矩阵时，尽量采用函数 expm（）。

3.7.2　线性连续定常系统的状态空间模型求解

MATLAB 提供了非常丰富的线性连续定常系统的状态空间模型求解，即系统运动轨迹的计算功能，主要的函数有初始状态响应函数 initial（）、阶跃响应函数 step（）及可计算任意输入的系统响应函数 lsim（），但这里主要是计算其系统响应的数值解。

1. *初始状态响应函数 initial ( )*

初始状态响应函数 initial（）主要是计算状态空间模型 $\Sigma(A, B, C, D)$的初始状态响应，其主要调用格式为

```
Initial(sys,x0,t)
[y,t,x]=initial(sys,x0,t)
```

式中，sys 为输入的状态空间模型；x0 为给定的初始状态；t 为指定仿真计算状态响应的时间区间变量（数组）。

第 1 种调用格式的输出为输出响应曲线图。

第 2 种调用格式的输出为数组形式的输出变量响应值 y，仿真时间坐标数组 t，状态变量响应值 x。

在 MATLAB 中，时间区间变量（数组）t 有以下三种格式：

`t=Tintial:dt:Tfinal`，表示仿真时间段为[Tintial，Tfinal]，仿真时间步长为 dt。

`t=Tintial:Tfinal`，表示仿真时间段为[Tintial，Tfinal]，仿真时间步长 dt 缺省为 1。

`t=Tfinal`，表示仿真时间段为[0，Tfinal]，系统自动选择仿真时间步长 dt。

若时间数组缺省（没有指定），则表示系统自动选择仿真时间区间[0，Tfinal]和仿真时间步长 dt。

【例 3.18】 控制系统为

$$\dot{x}=\begin{bmatrix}0 & 1\\ -2 & -3\end{bmatrix}x,\quad x_0=\begin{bmatrix}1\\ 2\end{bmatrix}$$

求系统在[0，5s]的初始状态响应。

解

MATLAB 程序如下:

```
A= [0 1;-2-3];              %输入状态空间模型各矩阵,若没有相应值,可赋空矩阵
B=[];C=[];D = [];           %输入初始状态
x0=[1;2];
sys=ss(A,B,C,D);            %求系统在[0,5s]的初始状态响应
[y,t,x]=initial(sys,x0,0 :5);  %绘制以时间为横坐标的状态响应曲线图
plot(t,x)
```

其中，最后一句语句 `plot(t,x)` 是以时间坐标数组 t 为横坐标，绘出 x 中存储的二维状态向量 $x(t)$随时间变化的轨迹。

MATLAB 程序执行结果如图 3.2 所示。

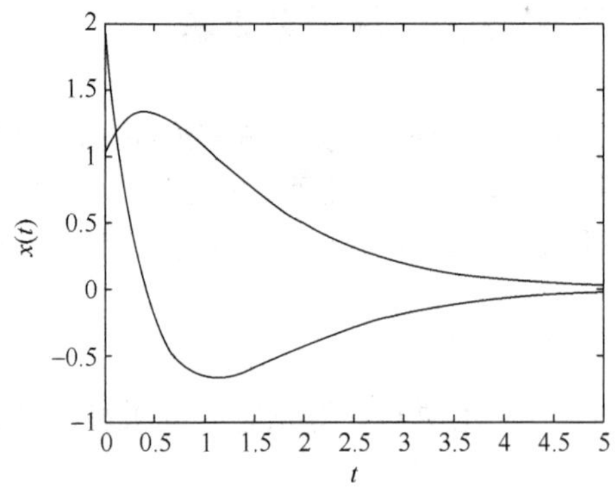

图 3.2 状态响应曲线图

2. 阶跃响应函数 step ( )

阶跃响应函数 step（）可用于计算在单位阶跃输入和零初始状态（条件）下传递函数模型的输出响应，或状态空间模型的状态和输出响应，其主要调用格式为

```
Step(sys,t)
[y,t]=step(sys,t)
[y,t,x]=step(sys,t)
```

式中，对第 1、2 种调用格式 sys 为传递函数模型变量或状态空间模型变量；对第 3 种调用格式 sys 为状态空间模型变量。

t 为指定仿真计算状态响应的时间数组，其格式与初始状态响应函数 initial（）一样，也可以缺省。

第 1 种调用格式的输出为输出响应的图形，而第 2、3 种调用格式的输出为将输出响应、时间坐标数组、状态响应赋值给指定的数组变量。

阶跃响应函数 step（）的使用方法与前面介绍的 initial（）函数相似，这里不再赘述。

【例 3.19】　考虑以下系统

$$\begin{bmatrix}\dot{x}_1\\ \dot{x}_2\end{bmatrix}=\begin{bmatrix}-1 & -0\\ 6.5 & 0\end{bmatrix}\begin{bmatrix}x_1\\ x_2\end{bmatrix}+\begin{bmatrix}1 & 1\\ 1 & 0\end{bmatrix}\begin{bmatrix}u_1\\ u_2\end{bmatrix}$$

$$\begin{bmatrix}y_1\\ y_2\end{bmatrix}=\begin{bmatrix}1 & 0\\ 0 & 1\end{bmatrix}\begin{bmatrix}x_1\\ x_2\end{bmatrix}$$

试给出该系统的单位阶跃响应曲线。

解　MATLAB 程序如下:

```
A=[-1,-1;6.5,0];
B=[1,1;1,0];
C=[1,0;0,1];
D=[0,0;0,0];
Step(A,B,C,D)
```

可以得到如图 3.3 所示的 4 条单位阶跃响应。

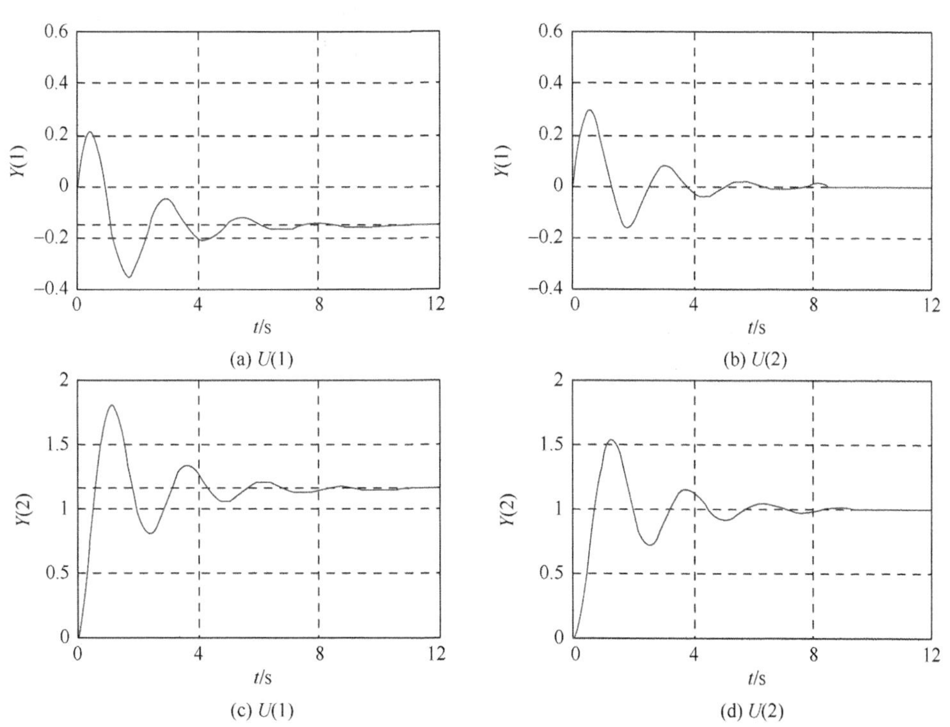

图 3.3　单位阶跃响应曲线

3. 任意输入的系统响应函数 lsim ( )

任意输入的系统响应函数 lsim（）可用于计算在给定的输入信号序列（输入信号函数

的采样值）下传递函数模型的输出响应，或状态空间模型的状态和输出响应，其主要调用格式为

```
Lsim(sys,u,t,x0)
[y,t,x]=lsim(sys,u,t,x0)
```

式中，sys 为传递函数模型变量或状态空间模型变量；t 为时间坐标数组；u 是输入信号 $u(t)$ 对应时间坐标数组 t 的各时刻输入信号采样值组成的数组，是求解系统响应必须给定的；$x0$ 是初始状态向量。

当输入的 sys 为传递函数模型时，$x0$ 的值不起作用，可以缺省。

函数 lsim()第 1 种调用格式的输出为将输出响应和输入信号序列绘在一起的曲线图，第 2 种调用格式的输出与前面介绍的两个响应函数一样。

3.8　工程实践示例：直线倒立摆控制系统的阶跃响应分析

在第 2 章中已经得到直线倒立摆控制系统的状态空间表达式：

$$\begin{bmatrix}\dot{x}\\ \ddot{x}\\ \dot{\phi}\\ \ddot{\phi}\end{bmatrix}=\begin{bmatrix}0&1&0&0\\0&0&0&0\\0&0&0&1\\0&0&29.4&0\end{bmatrix}\begin{bmatrix}x\\ \dot{x}\\ \phi\\ \dot{\phi}\end{bmatrix}+\begin{bmatrix}0\\1\\0\\3\end{bmatrix}u'$$

$$y=\begin{bmatrix}x\\ \phi\end{bmatrix}=\begin{bmatrix}1&0&0&0\\0&0&1&0\end{bmatrix}\begin{bmatrix}x\\ \dot{x}\\ \phi\\ \dot{\phi}\end{bmatrix}+\begin{bmatrix}0\\0\end{bmatrix}u'$$

对其进行阶跃响应分析，使用 MATLAB 软件，输入以下命令：

```
>>clear:
A=[ 0   1   0   0;
0   0   0   0;
0   0   0   1;
0   0  29.4   0];
B=[ 0  1  0  3]';
C=[ 1  0  0  0;
0  1  0  0];
D=[  0  0  ]';
Step(A,B,C,D)
```

可得到小车位置和摆杆角度阶跃响应曲线，如图 3.4 所示。可以看出，在单位阶跃响应作用下，小车位置和摆杆角度都是发散的，即未校正前的系统是不稳定的。

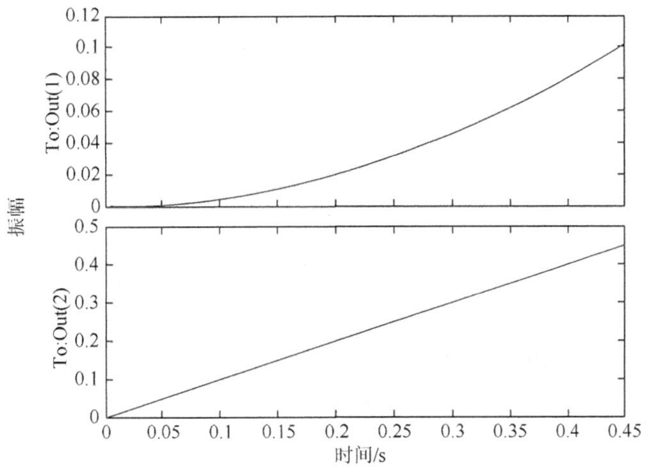

图 3.4　小车位置和摆杆角度阶跃响应曲线

习　　题

1. 计算下列系统矩阵的矩阵指数 e^{At} 。

(1) $A=\begin{bmatrix}-2 & 0 & 0\\ 0 & -2 & 0\\ 0 & 0 & -2\end{bmatrix}$;

(2) $A=\begin{bmatrix}-2 & 0 & 0\\ 0 & -3 & 1\\ 0 & 0 & -3\end{bmatrix}$;

(3) $A=\begin{bmatrix}0 & 0\\ 1 & 0\end{bmatrix}$;

(4) $A=\begin{bmatrix}0 & -1\\ 4 & 0\end{bmatrix}$。

2. 已知系统状态方程和初始条件为

$$\dot{X}=\begin{bmatrix}1 & 0 & 0\\ 0 & 1 & 0\\ 0 & 1 & 2\end{bmatrix}X,\quad X(0)=\begin{bmatrix}1\\ 0\\ 1\end{bmatrix}$$

（1）试用拉普拉斯变换法求其状态转移矩阵；

（2）试用化对角标准型法求其状态转移矩阵；

（3）试用化 e^{At} 为有限项法求其状态转移矩阵；

（4）根据所给初始条件，求齐次状态方程的解。

3. 矩阵 A 是 2×2 的常数矩阵，关于系统的状态方程 $\dot{X}=AX$ ，当 $X(0)=\begin{bmatrix}1\\ -1\end{bmatrix}$时，

$X=\begin{bmatrix} e^{-2t} \\ -e^{-2t} \end{bmatrix}$；当 $X(0)=\begin{bmatrix} 2 \\ -1 \end{bmatrix}$ 时，$X=\begin{bmatrix} 2e^{-t} \\ -e^{-t} \end{bmatrix}$。试确定这个系统的状态转移矩阵 $\Phi(t,0)$ 和矩阵 A。

4. 已知系统 $\dot{X}=AX$ 的转移矩阵 $\Phi(t,t_0)$ 为

$$\Phi(t,t_0)=\begin{bmatrix} 2e^{-t}-e^{-2t} & 2(e^{-2t}-e^{-t}) \\ e^{-t}-e^{-2t} & 2e^{-2t}-e^{-t} \end{bmatrix}$$

试确定矩阵 A。

5. 已知系统状态空间表达式为

$$\dot{X}=\begin{bmatrix} 0 & 1 \\ -3 & 4 \end{bmatrix}X+\begin{bmatrix} 1 \\ 1 \end{bmatrix}U$$

$$y=\begin{bmatrix} 1 & 1 \end{bmatrix}X$$

（1）求系统的单位阶跃响应；

（2）求系统的脉冲响应。

6. 求下列系统在输入作用为①脉冲函数；②单位阶跃函数；③单位斜坡函数下的状态响应。

$$\dot{X}=\begin{bmatrix} -a & 0 \\ 0 & -b \end{bmatrix}X+\begin{bmatrix} \dfrac{1}{b-a} \\ \dfrac{1}{a-b} \end{bmatrix}U$$

$$\dot{X}=\begin{bmatrix} 0 & 1 \\ -ab & -(a+b) \end{bmatrix}X+\begin{bmatrix} 0 \\ 1 \end{bmatrix}U$$

7. 试用 MATLAB 软件编程求解以下系统

$$\dot{X}(t)=\begin{bmatrix} 0 & -2 \\ 1 & -3 \end{bmatrix}X(t)+\begin{bmatrix} 2 \\ 0 \end{bmatrix}U(t)$$

$$y(t)=\begin{bmatrix} 1 & 0 \end{bmatrix}X(t)$$

在余弦输入信号和初始状态 $X=[1 \quad 1]^{\mathrm{T}}$ 下的状态响应，并给出响应曲线。

第 4 章　控制系统的稳定性与李雅普诺夫方法

控制系统的稳定性是系统的一个基本结构特性。稳定性问题是控制系统理论研究的一个重要课题。对于大多数系统，稳定是控制系统能够正常运行的前提，一个不稳定的系统是无法完成预期控制任务的。如何判别一个系统是否稳定及如何改善其稳定性是系统分析与设计的首要问题。系统的稳定性是指系统受到外界扰动偏离原来的平衡状态，当扰动消失后，系统自身仍有能力恢复到原来平衡状态。

在经典控制理论中，对于 SISO 线性定常系统，应用劳斯判据和赫尔维茨判据等代数方法判定系统的稳定性，非常方便有效，至于频域中的奈奎斯特稳定判据和伯德稳定判据则是更为通用的方法，它不仅用于判定系统是否稳定，而且能指明改善系统稳定性的方向，上述方法都是以分析系统特征方程在根平面上根的分布为基础的。但对于非线性系统和时变系统，这些判据就不适用了。

早在 1892 年，俄国数学家李雅普诺夫首先提出了运动稳定性的一般理论。这一理论把由常微分方程组描述的动力学系统的稳定性分析方法区分为本质上不同的两种方法，即李雅普诺夫第一法和李雅普诺夫第二法。李雅普诺夫第一法是通过求解系统微分方程，然后根据解的性质来判定系统的稳定性。它的基本思想和分析方法与经典控制理论是一致的。

李雅普诺夫第二法的特点是不需要求解系统方程，而是通过寻找一个李雅普诺夫标量函数来直接判定系统的稳定性。它特别适用于难以求解的非线性系统和时变系统。李雅普诺夫第二法除了用于对系统进行稳定性分析外，还可用于对系统瞬态响应的质量进行评价及求解参数最优化问题。因此，李雅普诺夫方法同时适用于线性系统与非线性系统、定常系统与时变系统、连续时间系统与离散时间系统。此外，在现代控制理论的许多方面，如最优系统设计、最优估值、最优滤波及自适应控制系统设计等，李雅普诺夫方法都有广泛的应用。本章主要介绍李雅普诺夫第二法关于稳定性分析的理论和应用。

4.1　李雅普诺夫关于稳定性的定义

线性系统的稳定性只取决于系统的结构和参数，而与系统的初始条件及外界扰动的大小无关。但非线性系统的稳定性还与初始条件及外界扰动的大小有关。在经典控制理论中没有给出稳定性的一般定义。李雅普诺夫第二法是一种普遍适用于线性系统、非线性系统及时变系统稳定性分析的方法。李雅普诺夫给出了对任何系统都普遍适用的稳定性的一般定义。

4.1.1　系统的运动及平衡状态

设所研究系统的齐次状态方程为

$$\dot{X} = F(X,t) \tag{4.1}$$

式中，X 为 n 维状态向量；F 为与 X 同维的矢量函数，它是 X 的各元素 $x_1, x_2, \cdots, x_n$ 和时间 t 的函数，一般为时变非线性函数；如果其不显含 t，则为定常的非线性系统。

设式（4.1）在给定初始条件 (t_0, X_0) 下，有唯一解：

$$X = \varPhi(t; X_0, t_0) \tag{4.2}$$

式中，$X_0 = \varPhi(t_0; X_0, t_0)$ 为 X 在初始时刻 t_0 时的状态；t 是从 t_0 开始观察的时间变量。

式（4.2）实际上描述了系统式（4.1）在 n 维状态空间中从初始条件 (t_0, X_0) 出发的一条运动状态的轨迹，简称系统的运动轨迹或状态轨迹。

若系统式（4.1）存在状态矢量 X_e，对于所有 t，都有

$$X_e = F(X_e, t) \equiv 0 \tag{4.3}$$

成立，则称 X_e 为系统的平衡状态。

对于一个任意系统，不一定都存在平衡状态，有时即使存在也未必是唯一的，例如，对线性定常系统：

$$\dot{X} = F(X, t) = AX \tag{4.4}$$

当 A 为非奇异矩阵时，满足 $AX_e \equiv 0$ 的解 $X_e = 0$ 是系统唯一存在的一个平衡状态。当 A 为奇异矩阵时，系统将有无穷多个平衡状态。

对非线性系统，通常可有一个或多个平衡状态。它们是由方程式（4.3）所确定的常值解。例如，系统：

$$\begin{aligned} \dot{x}_1 &= -x_1 \\ \dot{x}_2 &= x_1 + x_2 - x_2^3 \end{aligned}$$

就有三个平衡状态：

$$X_{e1} = \begin{pmatrix} 0 \\ 0 \end{pmatrix},\quad X_{e2} = \begin{pmatrix} 0 \\ -1 \end{pmatrix},\quad X_{e3} = \begin{pmatrix} 0 \\ 1 \end{pmatrix}$$

由于任意一个已知的平衡状态，都可以通过坐标变换将其移到坐标原点 $X_e = 0$ 处。所以后面只讨论系统在坐标原点处的稳定性。

应当指出，稳定性问题都是相对于某个平衡状态的。线性定常系统由于只有唯一的一个平衡点，所以才笼统地讲系统稳定性问题。其余系统由于可能存在多个平衡点，而不同平衡点可能表现出不同的稳定性，所以必须逐个分别加以讨论。

4.1.2 稳定性的几个定义

若用 $\|X - X_e\|$ 表示状态矢量 X 与平衡状态 X_e 的距离，用点集 $s(\varepsilon)$ 表示以 X_e 为中心，以 ε 为半径的超球体，$X \in s(\varepsilon)$，则表示

$$\|X - X_e\| \leqslant \varepsilon \tag{4.5}$$

式中，$\|X-X_e\|$为欧几里得范数。

在 n 维状态空间中，有

$$\|X-X_e\|=\left[(x_1-x_{1e})^2+(x_2-x_{2e})^2+\cdots+(x_n-x_{ne})^2\right]^{\frac{1}{2}} \tag{4.6}$$

当ε很小时，称$s(\varepsilon)$为X_e的邻域。因此，若有$X_0\in s(\delta)$，则意味着$\|X_0-X_e\|\leqslant\delta$。同理，若方程式（4.1）的解$X_0=\Phi(t;X_0,t_0)$位于球域$s(\varepsilon)$内，则有

$$\|\Phi(t;X_0,t_0)-X_e\|\leqslant\varepsilon,\quad t\geqslant t_0 \tag{4.7}$$

式（4.7）表明齐次方程式（4.1）初始状态X_0或短暂扰动所引起的自由响应是有界的。李雅普诺夫根据系统自由响应是否有界把系统的稳定性定义为 4 种情况。

如果式(4.1)描述的系统对于任意选定的实数$\varepsilon>0$，都对应存在另一实数$\delta(\varepsilon,\ t_0)>0$，使当

$$\|X_0-X_e\|\leqslant\delta(\varepsilon,\ t_0) \tag{4.8}$$

时，从任意初始状态x_0出发的解都满足

$$\|\Phi(t;X_0,t_0)-X_e\|\leqslant\varepsilon,\quad t_0\leqslant t\leqslant\infty \tag{4.9}$$

则称平衡状态X_e为李雅普诺夫意义下稳定。其中，实数δ与ε有关，一般情况下也与t_0有关。如果δ与t_0无关，则称这种平衡状态是一致稳定的。

图 4.1 表示二阶系统稳定的平衡状态X_e及从初始状态$X_0\in s(\delta)$出发的轨迹$X\in s(\varepsilon)$。从图 4.1 可知，若对应每个$s(\varepsilon)$，都存在一个$s(\delta)$，使当t无限增长时，从$s(\delta)$出发的状态轨迹（系统的响应）总不离开$s(\varepsilon)$，即系统响应是有界的，则称平衡状态X_e为李雅普诺夫意义下稳定，简称为李雅普诺夫稳定。

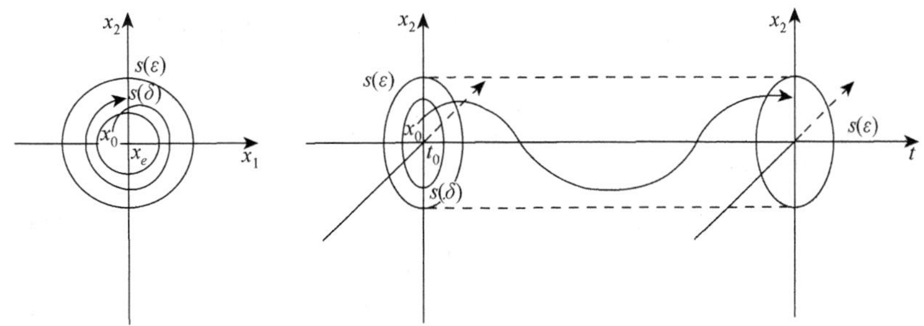

图 4.1　二阶系统稳定的平衡状态及其状态轨迹

1. 渐近稳定

如果平衡状态X_e是稳定的，而且当t无限增长时，轨迹不仅不超出$s(\varepsilon)$，而且最终收敛于X_e，则称这种平衡状态X_e渐近稳定。图 4.2 为渐近稳定的平衡状态及其状态轨迹。

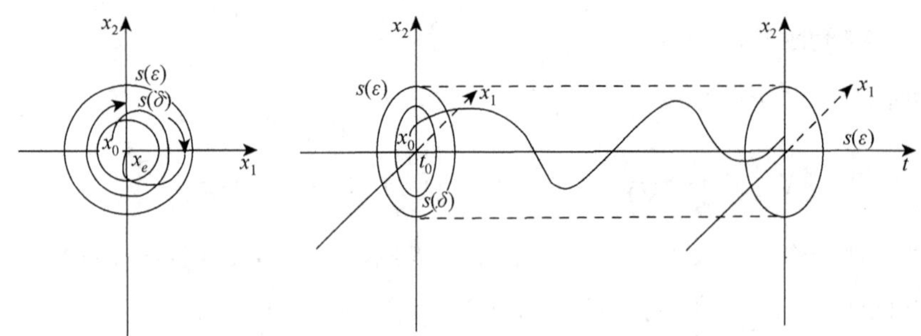

图 4.2　渐近稳定的平衡状态及其状态轨迹

李雅普诺夫意义下渐进稳定等价于工程意义下稳定。从工程意义上说，渐近稳定比稳定更重要。但由于渐近稳定是一个局部概念，通常只确定某平衡状态的渐近稳定性并不意味着整个系统就能正常运行。因此，如何确定渐近稳定的最大区域，并且尽量扩大其范围是非常重要的。

2. 大范围渐近稳定

如果平衡状态 X_e 是稳定的，而且从状态空间中所有初始状态出发的状态轨迹都具有渐近稳定性，则称这种平衡状态 X_e 大范围渐近稳定。显然，大范围渐近稳定的必要条件是在整个状态空间只有一个平衡状态。对于线性系统，如果平衡状态是渐近稳定的，则必然也是大范围渐近稳定的。对于非线性系统，使 X_e 为渐近稳定平衡状态的球域 $s(\delta)$ 一般不大，常称这种平衡状态为小范围渐近稳定。

球域 $s(\delta)$ 称为渐近稳定平衡状态 X_e 的一个吸引域，吸引域是状态空间的一部分。在状态空间中，如果存在一个渐近稳定域的平衡状态，那么起源于某些初始状态的运动一定是渐近稳定的，即运动时间充分长以后，这些运动都充分地趋近于该平衡状态。吸引域内出发的运动最终一定趋于平衡状态。

如果吸引域充满状态空间，则 X_e 称为全局渐近稳定的平衡状态（或称为大范围渐近稳定的平衡状态）。如果 X_e 是全局渐近稳定的平衡状态，那么很显然 X_e 是系统的唯一平衡状态。

对于线性系统，如果是渐近稳定的孤立平衡状态，那么一定是全局渐近稳定的平衡状态。这时平衡状态的渐近稳定性与系统的渐近稳定性等价。

在工程问题中，总是希望系统全局渐近稳定。如果平衡状态不是全局渐近稳定的，则希望知道从什么范围内出发的运动能够收敛到平衡状态，或者说希望确定该平衡状态的最大吸引域。不过，确定该平衡状态的最大吸引域常常是困难的，通常只能得到一个相对较大的吸引域。

3. 不稳定

如果对于某个实数 $\varepsilon>0$ 和任一实数 $\delta>0$，不管 δ 这个实数多么小，由 $s(\delta)$ 内出发的状态轨迹至少有一个轨迹越过 $s(\varepsilon)$，则称这种平衡状态 X_e 不稳定。其二维空间的几何解析如图 4.3 所示。

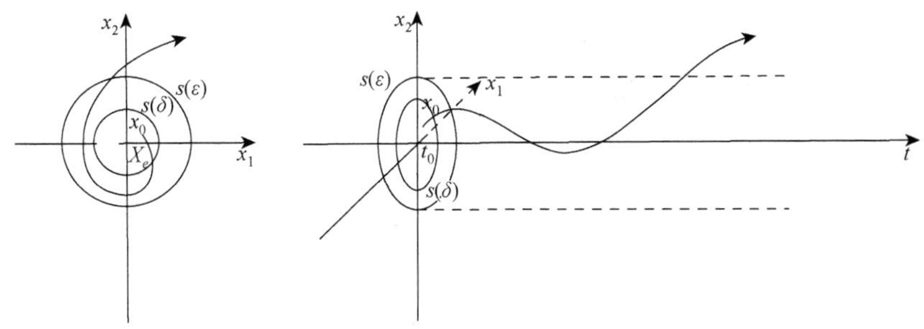

图 4.3　不稳定的平衡状态及其状态轨迹

从上述定义可看出，球域 $s(\delta)$ 限制着初始状态 X_0 的取值，球域 $s(\varepsilon)$ 规定了系统自由响应 $X(t)=\|\Phi(t;X_0,t_0)\|$ 的边界。简单地说，如果 $X(t)$ 有界，则称 X_e 稳定。如果 $X(t)$ 不仅有界，而且有 $\lim\limits_{t\to\infty}X(t)=0$，收敛于原点，则称 X_e 渐近稳定。如果 $X(t)$ 无界，则称 X_e 不稳定。对于不稳定平衡状态的轨迹，虽然越出了 $s(\varepsilon)$，但是并不意味着状态轨迹一定趋向无穷远处。例如，对于非线性系统，轨迹还可以趋于其他的某个稳定平衡点。当然，对于线性系统，从不稳定平衡状态出发的轨迹，理论上一定趋于无穷远处。

在经典控制理论中，只有渐近稳定的系统才称为稳定系统。只在李雅普诺夫意义下稳定，但不是渐近稳定的系统则称临界稳定系统，这在工程上属于不稳定系统。

4. 指数稳定

在许多工程应用中，知道一个系统在无穷时间之后收敛于平衡点仍然不够，还需要估计系统轨线以多快的速度接近于 0。这就引出了指数稳定的概念。

如果存在两个严格正数 α 和 λ，使得围绕原点的某个球域 $s(\varepsilon)$ 内有

$$\|X(t)\|\leqslant\alpha\|X(0)\|\mathrm{e}^{-\lambda t},\qquad t_0<t \tag{4.10}$$

那么称平衡点是指数稳点的。

换句话说，式（4.10）意味着一个指数稳定系统的状态向量以快于指数函数的速度收敛于原点。通常称正数 λ 为指数收敛速度。指数收敛性的定义在任何时候都为状态提供了一个明显的边界，这一点可以从式（4.10）看出。

值得指出的是，指数稳定性隐含着渐近稳定性，但是渐近稳定性并不保证指数稳定性。

4.2　李雅普诺夫第一法

李雅普诺夫第一法又称间接法。它的基本思路是通过系统状态方程的解来判别系统的稳定性。对于线性定常系统，只需解出特征方程的根即可做出稳定性判断。对于非线性不是很严重的系统，则可通过线性化处理，取其一次近似得到线性化方程，再根据其特征根来判断系统的稳定性。

4.2.1 线性定常系统的稳定性

线性定常系统 $\Sigma(A, B, C)$ 为

$$\begin{aligned}\dot{X} &= AX + BU \\ Y &= CX\end{aligned} \tag{4.11}$$

平衡状态 X_e 渐近稳定的充要条件是矩阵 A 的所有特征值均具有负实部。

以上讨论的都是指系统的状态稳定性（或称内部稳定性）。但从工程意义上看，往往更重视系统的输出稳定性。

如果系统对于有界输入 u 所引起的输出 y 是有界的，则称系统为输出稳定。

线性定常系统 $\Sigma(A, B, C)$ 输出稳定的充要条件是其传递函数：

$$W(s) = C(sI - A)^{-1}B \tag{4.12}$$

的极点全部位于 s 的左半平面。

【例 4.1】 设系统的状态空间表达式为

$$\dot{X} = \begin{bmatrix} -1 & 0 \\ 0 & 1 \end{bmatrix} X + \begin{bmatrix} 1 \\ 1 \end{bmatrix} U$$

$$y = \begin{bmatrix} 1 & 0 \end{bmatrix} X$$

试分析系统的状态稳定性与输出稳定性。

解 由系统矩阵 A 的特征方程：

$$\det[\lambda I - A] = (\lambda + 1)(\lambda - 1) = 0$$

可得特征值 $\lambda_1 = -1$、$\lambda_2 = 1$，故系统的状态不是渐近稳定的。

由系统的传递函数：

$$\begin{aligned} W(s) &= C(sI - A)^{-1}B \\ &= \begin{bmatrix} 1 & 0 \end{bmatrix} \begin{bmatrix} s+1 & 0 \\ 0 & s-1 \end{bmatrix}^{-1} \begin{bmatrix} 1 \\ 1 \end{bmatrix} = \frac{s-1}{(s+1)(s-1)} = \frac{1}{s+1} \end{aligned}$$

可见，传递函数的极点 $s = -1$ 位于 s 的左半平面，故系统输出稳定。这是因为具有正实部的特征值 $\lambda_2 = \pm 1$ 被系统的零点 $s = \pm 1$ 对消了，所以在系统的输入输出特性中没被表现出来。由此可见，只有当系统的传递函数 $W(s)$ 不出现零、极点对消现象，并且矩阵 A 的特征值与系统传递函数 $W(s)$ 的极点相同时，系统的状态稳定性才与其输出稳定性相一致。

4.2.2 非线性系统的稳定性

设系统的状态方程为

$$\dot{X} = F(X, t) \tag{4.13}$$

式中，X_e 为其平衡状态；$F(X,t)$ 为与 X 同维的矢量函数且对 X 具有连续的偏导数。

为讨论系统在 X_e 处的稳定性，可将非线性矢量函数 $F(X,t)$ 在 X_e 邻域内展开成泰勒级数，得

$$\dot{X}=\frac{\partial F}{\partial X}(X-X_e)+R(x) \tag{4.14}$$

式中，$R(x)$ 为级数展开式中的高阶导数项。

$$\frac{\partial F}{\partial X}=\begin{bmatrix} \frac{\partial f_1}{\partial x_1} & \frac{\partial f_1}{\partial x_2} & \cdots & \frac{\partial f_1}{\partial x_n} \\ \frac{\partial f_2}{\partial x_1} & \frac{\partial f_2}{\partial x_2} & \cdots & \frac{\partial f_2}{\partial x_n} \\ \vdots & \vdots & & \vdots \\ \frac{\partial f_n}{\partial x_1} & \frac{\partial f_n}{\partial x_2} & \cdots & \frac{\partial f_n}{\partial x_n} \end{bmatrix} \tag{4.15}$$

称为雅可比矩阵。

若令 $\Delta X=X-X_e$，并取式（4.14）的一次近似式，可得系统的线性化方程：

$$\Delta\dot{X}=A\Delta X \tag{4.16}$$

式中，

$$A=\left.\frac{\partial F}{\partial X}\right|_{X=X_e}$$

在一次近似的基础上，李雅普诺夫给出下述结论：

（1）如果方程式（4.16）中系数矩阵 A 的所有特征值都具有负实部，则原非线性系统式（4.13）在平衡状态 X_e 是渐近稳定的，而且系统的稳定性与 $R(x)$ 无关。

（2）如果 A 的特征值至少有一个具有正实部，则原非线性系统的平衡状态 X_e 是不稳定的。

（3）如果 A 的特征值至少有一个实部为零，系统处于临界情况，那么原非线性系统的平衡状态 X_e 的稳定性将取决于高阶导数项 $R(x)$，而不能由 A 的特征值符号来确定。

注意，线性化方法只能得到平衡状态附近的局部稳定性的结论，无法得到全局稳定性的结论。

【例 4.2】设系统状态方程为

$$\begin{aligned}\dot{x}_1&=x_1-x_1x_2\\ \dot{x}_2&=-x_2+x_1x_2\end{aligned}$$

试分析系统在平衡状态处的稳定性。

解　系统有两个平衡状态 $X_{e1}=[0\quad 0]^{\mathrm{T}},X_{e2}=[1\quad 1]^{\mathrm{T}}$。

在 X_{e1} 处将其线性化，得

$$\begin{aligned}\dot{x}_1&=x_1\\ \dot{x}_2&=-x_2\end{aligned}$$

即

$$A=\begin{bmatrix}1 & 0\\0 & -1\end{bmatrix}$$

其特征值为 $\lambda_1=-1$、$\lambda_2=+1$，可见原非线性系统在 X_{e1} 处是不稳定的。

在 X_{e2} 处将其线性化，得

$$\begin{aligned}\dot{x}_1&=-x_2\\\dot{x}_2&=x_1\end{aligned}$$

即

$$A=\begin{bmatrix}0 & -1\\1 & 0\end{bmatrix}$$

其特征值为 $\pm 1\mathrm{j}$，实部为零，因而不能由线性化方程得出原系统在 X_{e2} 处稳定性的结论。这种情况要应用下面将要讨论的李雅普诺夫第二法进行判定。

4.3　李雅普诺夫第二法

李雅普诺夫第二法又称直接法。它的基本思路不是通过求解系统的运动方程，而是借助于一个李雅普诺夫函数来直接对系统平衡状态的稳定性做出判断。它是从能量观点进行稳定性分析的。如果一个系统被激励后，其储存的能量随着时间的推移逐渐衰减，当达到平衡状态时，能量将达到最小值，那么这个平衡状态是渐近稳定的。反之，如果系统不断地从外界吸收能量，储能越来越大，那么这个平衡状态就是不稳定的。如果系统的储能既不增加，也不消耗，那么这个平衡状态就是李雅普诺夫意义下稳定。例如，图 4.4 所示曲面上的小球，在其受到扰动作用后，偏离平衡点 A 到达状态 B，获得一定的能量，（能量是系统状态的函数）然后便开始围绕平衡点 A 来回振荡。如果曲面表面绝对光滑，运动过程不消耗能量，也不再从外界吸收能量，储能对时间便没有变化，那么振荡将等幅地一直维持下去，这就是李雅普诺夫意义下稳定。如果曲面表面有摩擦，振荡过程将消耗能量，储能对时间的变化率为负值，那么振荡幅值将越来越小，直至最后小球又回到平衡点 A。根据定义，这个平衡状态便是渐近稳定的。由此可见，按照系统运动过程中能量变化趋势的观点来分析系统的稳定性是直观而方便的。

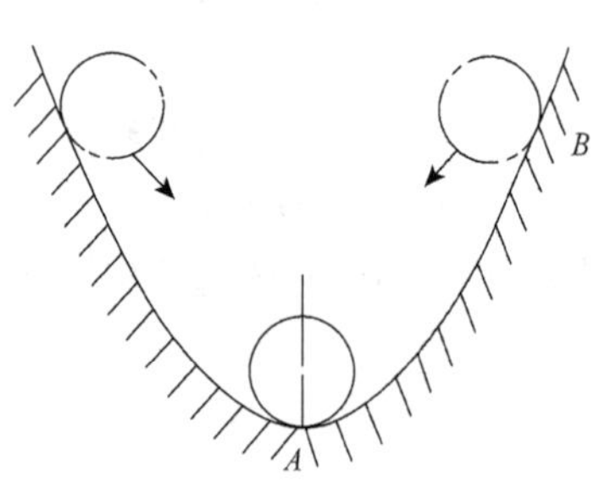

图 4.4　小球运动分析示意

仍以不受外力的小球为例从能量观点说明其稳定性。图 4.5（a）平衡点所具有的势能是最小的，其附近的势能都比它大，即平衡点附近的势能变化率为负，所以该平衡点是稳定的，而且是大范围渐近稳定的。图 4.5（b）平衡点所具有的势能最大，其附近各点的势能都比它小，换句话说，平衡点附近的能量对平衡点的变化率为正，所以该平衡点是不稳定的。图 4.5（c）各点所具有的能量都相同，这就是通常说的随遇平衡，在李雅普诺夫意义下，任意点都是大范围稳定的。同理，图 4.5（d）是局部渐近稳定的；图 4.5（e）为局部不稳定。

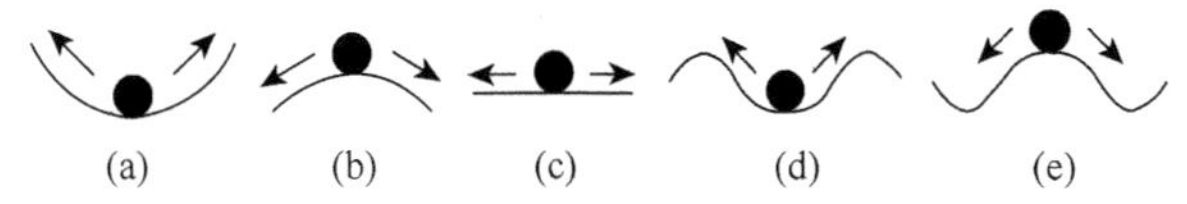

图 4.5 平衡状态稳定性示意图

但是，由于系统的复杂性和多样性，往往不能直观地找到一个能量函数来描述系统的能量关系，于是李雅普诺夫定义一个正定的标量函数 $V(X)$ 作为虚构的广义能量函数，然后，根据 $\dot{V}(X)=\mathrm{d}V(X)/\mathrm{d}t$ 的符号特征来判别系统的稳定性。对于一个给定系统，如果能找到一个正定的标量函数 $V(X)$，而 $\dot{V}(X)$ 是负定的，则这个系统是渐近稳定的。这个 $V(X)$ 称为李雅普诺夫函数。实际上，任何一个标量函数只要满足李雅普诺夫稳定性判据所假设的条件，均可作为李雅普诺夫函数。

由此可见，应用李雅普诺夫第二法的关键问题便可归结为寻找李雅普诺夫函数 $V(X)$ 的问题。过去，寻找李雅普诺夫函数主要靠试探，几乎完全凭借设计者的经验和技巧。这曾经严重地阻碍着李雅普诺夫第二法的推广应用。现在，随着计算机技术的发展，借助数字计算机不仅可以找到所需要的李雅普诺夫函数，而且还能确定系统的稳定区域。但是要想找到一套对任何系统都普遍适用的方法仍很困难。

4.3.1 标量函数

1. 标量函数的符号性质

设 $V(X)$ 为由 n 维矢量 X 所定义的标量函数，$X\in\Omega$ 且在 $X=0$ 处，有 $V(X)\equiv 0$。在域 Ω 中的任何非零矢量 X，如果：

（1）$V(X)>0$，则称 $V(X)$ 为正定的。例如，$V(X)=x_1^2+x_2^2$，如图 4.6（a）所示。

（2）$V(X)\geqslant 0$，则称 $V(X)$ 为半正定（或非负定）的。例如，$V(X)=(x_1\pm x_2)^2=x_1^2\pm 2x_1x_2+x_2^2$，如图 4.6（b）所示。

（3）$V(X)<0$，则称 $V(X)$ 为负定的。例如，$V(X)=-\left(x_1^2+2x_2^2\right)$，如图 4.6（c）所示。

（4）$V(X)\leqslant 0$，则称 $V(X)$ 为半负定（或非正定）的。例如，$V(X)=-(x_1+x_2)^2$，如图 4.6（d）所示。

（5）$V(X)>0$ 或 $V(X)<0$，则称 $V(X)$ 为不定的。例如，$V(X)=x_1+x_2$，如图 4.6（e）所示；$V(X)=x_1^2+9x_1x_2+x_2^2$，如图 4.6（f）所示。

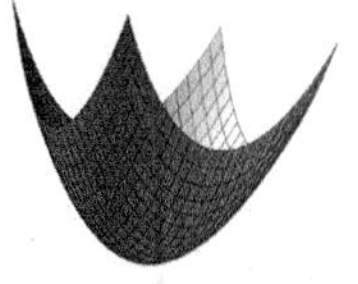

(a) $V(X)=x_1^2+x_2^2$

(b) $V(X)=(x_1\pm x_2)^2$

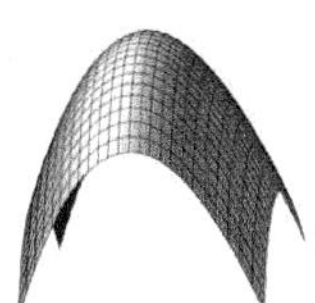

(c) $V(X)=-(x_1^2+2x_2^2)$

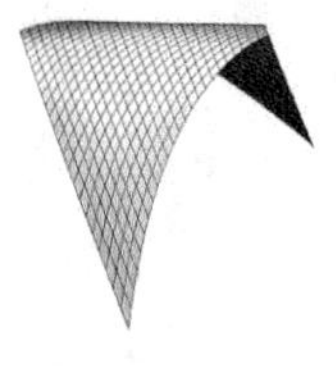

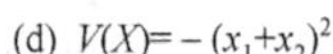

(d) $V(X)=-(x_1+x_2)^2$　　(e) $V(X)=x_1+x_2$　　(f) $V(X)=x_1^2+9x_1x_2+x_2^2$

图 4.6　二维函数的图像

【例 4.3】 判别下列各函数的符号性质。

设 $X=[x_1\ \ x_2\ \ x_3]^{\mathrm{T}}$，则标量函数为

$$V(X)=(x_1+x_2)^2+x_3^2$$

因为有 $V(0)=0$，而且对非零 X，例如，$X=(a\quad -a\quad 0)^{\mathrm{T}}$ 也使 $V(X)=0$，所以 $V(X)$ 为半正定（或非负定）的。

设 $X=[x_1\ \ x_2\ \ x_3]^{\mathrm{T}}$，则标量函数为

$$V(X)=x_1^2+x_2^2$$

因为有 $V(0)=0$，而且 $X=[0\quad 0\quad a]^{\mathrm{T}}$ 也使 $V(X)=0$，所以 $V(X)$ 为半正定的。

2. 二次型标量函数

二次型标量函数在李雅普诺夫第二法分析系统的稳定性中起着很重要的作用。

设 $x_1,x_2,\cdots,x_n$ 为 n 个变量，则定义二次型标量函数为

$$V(X)=X^{\mathrm{T}}PX=[x_1\ \ x_2\ \ \cdots\ \ x_n]\begin{bmatrix}P_{11} & P_{12} & \cdots & P_{1n}\\ P_{21} & P_{22} & \cdots & P_{2n}\\ \vdots & \vdots & & \vdots\\ P_{n1} & P_{n2} & \cdots & P_{nn}\end{bmatrix}\begin{bmatrix}x_1\\ x_2\\ \vdots\\ x_n\end{bmatrix}\tag{4.17}$$

如果 $P_{ij}=P_{ji}$，则称 P 为实对称矩阵。例如，

$$\begin{aligned}V(X)&=x_1^2+2x_1x_2+x_2^2+x_3^2\\ &=[x_1\quad x_2\quad x_3]\begin{bmatrix}1 & 1 & 0\\ 1 & 1 & 0\\ 0 & 0 & 1\end{bmatrix}\begin{bmatrix}x_1\\ x_2\\ x_3\end{bmatrix}\end{aligned}$$

对于二次型函数 $V(X)=X^{\mathrm{T}}PX$，若 P 为实对称矩阵，则必存在正交矩阵 T，通过变换 $X=T\bar{X}$，使之化为

$$\begin{aligned}V(X)&=X^{\mathrm{T}}PX=\bar{X}^{\mathrm{T}}T^{\mathrm{T}}PT\bar{X}=\bar{X}^{\mathrm{T}}(T^{-1}PT)\bar{X}\\ &=\bar{X}^{\mathrm{T}}\bar{P}\bar{X}=\bar{X}^{\mathrm{T}}\begin{bmatrix}\lambda_1 & & & 0\\ & \lambda_2 & & \\ & & \ddots & \\ 0 & & & \lambda_n\end{bmatrix}\bar{X}=\sum_{i=1}^{n}\lambda_i\bar{x}_i^2\end{aligned}\tag{4.18}$$

称式（4.18）为二次型函数的标准形。它只包含变量的平方项，其中，$\lambda_i(i=1,2,\cdots,n)$ 为

对称矩阵 P 的互异特征值且均为实数。$V(X)$ 正定的充要条件是对称矩阵 P 的所有特征值 λ_i 均大于零。

矩阵 P 的符号性质定义如下：设 P 为 $n\times n$ 实对称方阵，$V(X)=X^{\mathrm{T}}PX$ 为由 P 所决定的二次型函数，

（1）若 $V(X)$ 正定，则称 P 为正定，记作 $P>0$ 。

（2）若 $V(X)$ 负定，则称 P 为负定，记作 $P<0$ 。

（3）若 $V(X)$ 半正定（非负定），则称 P 为半正定（非负定），记作 $P\geqslant 0$ 。

（4）若 $V(X)$ 半负定（非正定），则称 P 为半负定（非正定），记作 $P\leqslant 0$ 。

由此可见，矩阵 P 的符号性质与由其所决定的二次型函数 $V(X)=X^{\mathrm{T}}PX$ 的符号性质完全一致。因此，要判别 $V(X)$ 的符号只要判别 P 的符号即可，而后者可由西尔维斯特（Sylvester）判据进行判定。

3. 西尔维斯特判据

设实对阵矩阵：

$$P=\begin{bmatrix} P_{11} & P_{12} & \cdots & P_{1n} \\ P_{21} & P_{22} & \cdots & P_{2n} \\ \vdots & \vdots & & \vdots \\ P_{n1} & P_{n2} & \cdots & P_{nn} \end{bmatrix},\quad P_{ij}=P_{ji} \tag{4.19}$$

$\varDelta_i(i=1,2,\cdots,n)$ 为其各阶顺序主子行列式：

$$\varDelta_1=P_{11},\ \varDelta_2=\begin{vmatrix} P_{11} & P_{12} \\ P_{21} & P_{22} \end{vmatrix},\cdots,\ \varDelta_n=|P| \tag{4.20}$$

矩阵 P（或 $V(X)$）符号性质的充要条件是：

（1）若 $\varDelta_i>0(i=1,2,\cdots,n)$，则 P（或 $V(X)$）为正定的。

（2）若 $\varDelta_i\begin{cases} >0, & i\text{为偶数} \\ <0, & i\text{为奇数} \end{cases}$，则 P（或 $V(X)$）为负定的。

（3）若 $\varDelta_i\begin{cases} >0, & i=(1,2,\cdots,n-1) \\ =0, & i=n \end{cases}$，则 P（或 $V(X)$）为半正定（非负定）的。

（4）若 $\varDelta_i\begin{cases} >0, & i\text{为偶数} \\ <0, & i\text{为奇数} \\ =0, & i=n \end{cases}$，则 P（或 $V(X)$）为半负定（非正定）的。

4.3.2　李雅普诺夫第二法稳定性判据

用李雅普诺夫第二法分析系统的稳定性，可概括为以下几个稳定性判据。

设系统的状态方程为

$$\dot{X}=F(X,t) \tag{4.21}$$

平衡状态为 $X_e = 0$，满足 $F(X_e) = 0$。

如果存在一个标量函数 $V(X)$，它满足：

（1）$V(X)$ 对所有 x 都具有连续的一阶偏导数。

（2）$V(X)$ 是正定的，即当 $X = 0, V(X) = 0$；$X \neq 0, V(X) > 0$。

（3）$\dot{V}(X) = \mathrm{d}V(X)/\mathrm{d}t$ 分别满足下列条件：①若 $\dot{V}(X)$ 为半负定，则平衡状态 X_e 为李雅普诺夫稳定的，此称稳定判据。②若 $\dot{V}(X)$ 为负定，或者虽然 $\dot{V}(X)$ 为半负定，但对任意初始状态 $X(t_0) \neq 0$ 来说，除去 $X = 0$ 外，对 $X \neq 0$，$\dot{V}(X)$ 不恒为零，则原点平衡状态是渐近稳定的。如果进一步还有当 $\|X\| \to \infty$ 时，$V(X) \to \infty$，则系统是大范围渐近稳定的，此称渐近稳定判据。③若 $\dot{V}(X)$ 为正定，则平衡状态 X_e 是不稳定的，此称不稳定判据。

下面对渐近稳定判据中当 $\dot{V}(X)$ 为半负定时的附加条件 $\dot{V}(X)$ 不恒等于零作些说明。

由于 $\dot{V}(X)$ 为半负定，所以在 $X \neq 0$ 时可能会出现 $\dot{V}(X) = 0$。这时系统可能有两种运动情况，如图 4.7 所示。

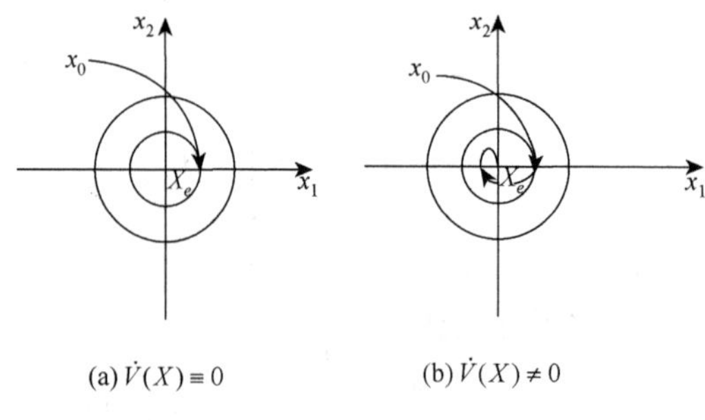

(a) $\dot{V}(X) \equiv 0$　　(b) $\dot{V}(X) \neq 0$

图 4.7　$\dot{V}(X) = 0$ 时运动情况

（1）$\dot{V}(X)$ 恒等于零，这时运动轨迹将落在某个特定的曲面 $V(X) = C$ 上。这意味着运动轨迹不会收敛于原点。这种情况可能对应非线性系统中出现的极限环或线性系统中的临界稳定。

（2）$\dot{V}(X)$ 不恒等于零，这时运动轨迹只在某个时刻与某个特定曲面 $V(X) = C$ 相切，运动轨迹通过切点后并不停留而是继续向原点收敛，因此这种情况仍属于渐近稳定。

应当指出，上述判据只给出了判断系统稳定性的充分条件，而非充要条件。这就是说，对于给定系统，如果找到满足判据条件的李雅普诺夫函数，则能对系统的稳定性做出肯定的结论。但是不能因为没有找到这样的李雅普诺夫函数，就做出否定的结论。

【例 4.4】　已知系统状态方程：

$$\dot{X} = \begin{bmatrix} 0 & 1 \\ -1 & -1 \end{bmatrix} X$$

试分析系统平衡状态的稳定性。

解　原点 $X_e = 0$ 是系统唯一的平衡状态。选取标准二次型函数为李雅普诺夫函数，即

$$V(X) = x_1^2 + x_2^2 > 0$$

对 $V(X)$ 求导并代入状态方程，有

$$\dot{V}(X)=2x_1\dot{x}_1+2x_2\dot{x}_2=-2x_2^2$$

当 $x_1=0$、$x_2=0$ 时，$\dot{V}(X)=0$；当 $x_1\neq 0$、$x_2=0$ 时，$\dot{V}(X)=0$，因此 $\dot{V}(X)$ 为半负定。根据判据可知，该系统在李雅普诺夫意义下是稳定的。那么其能否是渐近稳定的呢？为此，还需要进一步分析当 $x_1\neq 0$、$x_2=0$ 时，$\dot{V}(X)$ 是否恒为零。

如果 $\dot{V}(X)=-2x_2^2$ 恒等于零，必然要求 x_2 在 $t>t_0$ 时恒等于零，而 x_2 恒等于零又要求 $\dot{x}_2$ 恒等于零。但从状态方程 $\dot{x}_2=-x_1-x_2$ 可知，在 $t>t_0$ 时，若要求 $\dot{x}_2=0$ 和 $x_2=0$，则必须满足 $x_1=0$ 的条件。这就表明，在 $x_1\neq 0$ 时，$\dot{V}(x)$ 不可能恒等于零。因此，上面当 $x_1\neq 0$、$x_2=0$ 时，$\dot{V}(X)=0$ 的情况只能出现在状态轨迹与等 V 圆相切的某一时刻，如图 4.7（b）所示。又由于当 $\|X\|\to\infty$ 时，有 $V(X)\to\infty$，故系统在原点为大范围渐近稳定。

如果另选一个李雅普诺夫函数

$$V(X)=\frac{1}{2}\left[(x_1+x_2)^2+2x_1^2+x_2^2\right]$$

$$=(x_1\quad x_2)\begin{bmatrix}\frac{3}{2} & \frac{1}{2}\\ \frac{1}{2} & 1\end{bmatrix}\begin{bmatrix}x_1\\ x_2\end{bmatrix}$$

为正定，而

$$\dot{V}(X)=(x_1+x_2)(\dot{x}_1+\dot{x}_2)+2x_1\dot{x}_1+x_2\dot{x}_2=-\left(x_1^2+x_2^2\right)$$

是负定的，且当 $\|X\|\to\infty$ 时，有 $V(X)\to\infty$，因而也能得出原点是大范围渐近稳定的结论。

【例 4.5】　已知非线性系统状态方程：

$$\dot{x}_1=x_2-x_1\left(x_1^2+x_2^2\right)$$

$$\dot{x}_2=-x_1-x_2\left(x_1^2+x_2^2\right)$$

试分析其平衡状态的稳定性。

解　坐标原点 $X_e=0$ 是其唯一的平衡状态。

设正定的标量函数为

$$V(X)=x_1^2+x_2^2$$

沿任意轨迹求 $V(X)$ 对时间的导数，得

$$\dot{V}(X)=\frac{\partial V}{\partial x_1}\frac{\mathrm{d}x_1}{\mathrm{d}t}+\frac{\partial V}{\partial x_2}\frac{\mathrm{d}x_2}{\mathrm{d}t}=2x_1\dot{x}_1+2x_2\dot{x}_2$$

将状态方程代入上式，得该系统沿运动轨迹的 $\dot{V}(X)$ 为

$$\dot{V}(X)=-2\left(x_1^2+x_2^2\right)^2$$

是负定的。因此，所选 $V(X)=x_1^2+x_2^2$ 是满足判据条件的一个李雅普诺夫函数。当 $\|X\|\to\infty$ 时，有 $V\left(X\right)\to\infty$，所以系统在坐标原点为大范围渐近稳定。

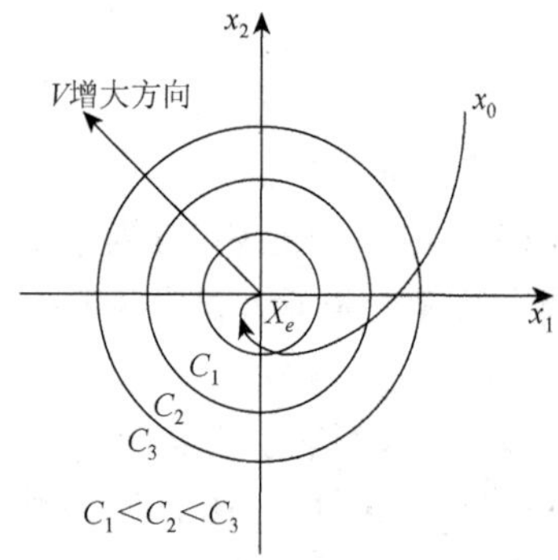

图 4.8　渐进稳定示意图

上述结论的正确性可由图 4.8 得到几何解释。因为 $V(X)=x_1^2+x_2^2=C$ 的几何图形是在 x_1x_2 平面上以原点为中心，以 $\sqrt{C}$ 为半径的一簇圆，它表示系统储存的能量。如果储能越多，圆的半径越大，表示相应状态矢量到原点的距离越远。而 $\dot{V}(X)$ 为负定，表示系统的状态在沿状态轨迹从圆的外侧趋向内侧的运动过程中，能量将随着时间的推移而逐渐衰减，并最终收敛于原点。由此可见，如果 $V(X)$ 表示状态 X 与坐标原点间的距离，那么 $\dot{V}(X)$ 就表示状态 X 沿轨迹趋向于坐标原点的速度，也就是状态从 X_0 向 X_e 趋近的速度。

【例 4.6】　设闭环控制系统如图 4.9 所示，试分析系统的稳定性。

解　由经典控制理论可知，所给系统是一个结构不稳定系统。它的自由解是一个等幅的正弦振动，要想使这个系统稳定，必须改变系统的结构。

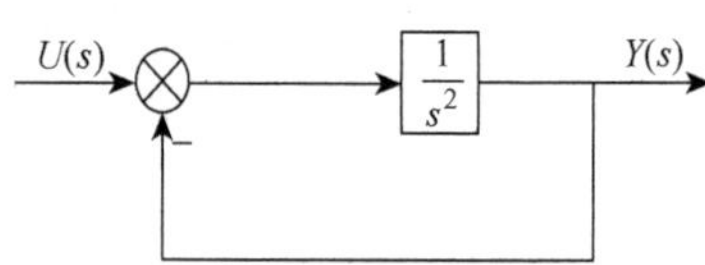

图 4.9　结构不稳定系统

闭环控制系统的状态方程为

$$\dot{X}=\begin{bmatrix}0 & 1\\ -1 & 0\end{bmatrix}X+\begin{bmatrix}0\\ 1\end{bmatrix}U$$

其齐次方程为

$$\dot{x}_1=x_2$$
$$\dot{x}_2=-x_1$$

显然，原点为系统唯一的平衡状态。试选李雅普诺夫函数为

$$V(X)=x_1^2+x_2^2>0$$

则有

$$\dot{V}(X)=2x_1\dot{x}_1+2x_2\dot{x}_2=2\left(x_1x_2-x_1x_2\right)\equiv 0$$

可见，$\dot{V}(X)$ 在任意 $X\neq 0$ 的值上均可保持为零，而 $V(X)$ 保持为某常数，

$$V(X)=x_1^2+x_2^2=C$$

这表示系统运动的相轨迹是一系列以原点为圆心，以 $\sqrt{C}$ 为半径的圆。这时系统为李雅普诺夫意义下的稳定。但在经典控制理论中，这种情况属于不稳定。

【例 4.7】　设系统状态方程为

$$\dot{x}_1=x_2$$
$$\dot{x}_2=-\left(1-|x_1|\right)x_2-x_1$$

试确定平衡状态的稳定性。

解　原点是唯一的平衡状态。初选：

$$V(X)=x_1^2+x_2^2>0$$

则有

$$\dot{V}(X)=-2x_2^2\left(1-|x_1|\right)$$

当$|x_1|=1$时，$\dot{V}(X)=0$；当$|x_1|>1$时，$\dot{V}(X)>0$，可见该系统在单位圆外是不稳定的。但在单位圆 $x_1^2+x_2^2=1$ 内，由于$|x_1|<1$，此时，$\dot{V}(X)$是负定的。因此，在这个范围内系统平衡点是渐近稳定的。如图 4.10 所示，这个单位圆称为不稳定的极限环。

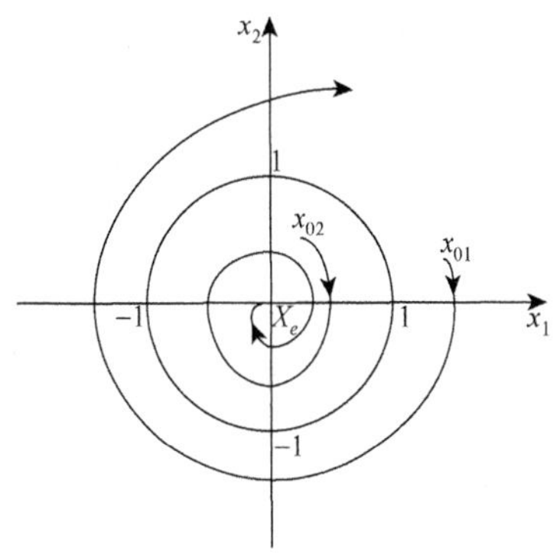

图 4.10　不稳定的极限环

【例 4.8】　设系统状态方程为

$$\dot{X}=\begin{bmatrix}1 & 1\\ -1 & 1\end{bmatrix}X$$

试分析 $X_e=0$ 处的稳定性。

解　选取

$$V(X)=x_1^2+x_2^2>0$$

同时，有

$$\dot{V}(X)=2x_1\dot{x}_1+2x_2\dot{x}_2=2\left(x_1^2+x_2^2\right)>0$$

所以在 $X_e=0$ 处是不稳定的。实际上由特征方程：

$$\det(sI-A)=\det\begin{bmatrix}s-1 & -1\\ 1 & s-1\end{bmatrix}=s^2-2s+2=0$$

可知，方程各系数不同号，系统必然不稳定。

4.3.3　对李雅普诺夫函数的讨论

由稳定性判据可知，运用李雅普诺夫第二法的关键在于寻找一个满足判据条件的李雅普诺夫函数$V(X)$。但是李雅普诺夫稳定性定理本身没有提供构造$V(X)$的一般方法。尽管李雅普诺夫第二法原理上很简单，但应用起来却很不容易。因此，有必要对$V(X)$的属性作一些讨论。

（1）$V(X)$是满足稳定性判据条件的一个正定的标量函数且对 X 应具有连续的一阶偏导数。

（2）对于一个给定系统，如果$V(X)$是可找到的，那么通常是非唯一的，但这并不影响结论的一致性。

（3）$V(X)$的最简单形式是二次型函数：

$$V(X)=X^{\mathrm{T}}PX$$

式中，P 为实对称方阵，它的元素可以是定常的或时变的。但$V(X)$并不一定都是简单的二次型。

（4）如果$V(X)$为二次型，且可表示为

$$V(X)=x_1^2+x_2^2+\cdots+x_n^2=\sum_{i=1}^{n}x_i^2=X^{\mathrm{T}}X \tag{4.22}$$

则$V(X)=C_k=$常值，$C_k<C_{k+1}(k=1,2,\cdots)$在几何上表示状态空间中以原点为中心，以 C_k

为半径的超球面，C_k 必位于 C_{k+1} 的球面内。$V(X)$ 就表示从原点至 X 点的距离。$\dot{V}(X)$ 便表征了系统相对原点运动的速度。

若这个距离随着时间的推移而减小，即 $\dot{V}(X)<0$，$X(t)$ 必将收敛于原点，则原点是渐近稳定的。

若这个距离随着时间的推移而非增，即 $\dot{V}(X)\leqslant 0$，则原点是稳定的。

若这个距离随着时间的推移而增加，即 $\dot{V}(X)>0$，则原点是不稳定的。

（5）$V(X)$ 函数只表示系统在平衡状态附近某邻域内局部运动的稳定情况，不能提供域外运动的任何信息。

（6）由于构造 $V(X)$ 函数需要较多技巧，李雅普诺夫第二法主要用于确定使用其他方法无效或难以判别其稳定性的问题，如高阶的非线性系统或时变系统。

4.4　李雅普诺夫方法在线性系统中的应用

李雅普诺夫第二法不仅用于分析线性定常系统的稳定性，而且对线性时变系统及线性离散系统也能给出相应的稳定性判据。

4.4.1　线性连续定常系统渐近稳定判据

设线性连续定常系统为

$$\dot{X} = AX \tag{4.23}$$

则平衡状态 $X_e = 0$ 为大范围渐近稳定的充要条件是：A 的特征根均具有负实部。

命题 4.1　矩阵 $A \in \mathbb{R}^{n\times n}$ 的所有特征根均具有负实部，即 $\sigma(A) \in \mathbb{C}^-$，等价于存在对称矩阵 $P>0$，使得 $A^{\mathrm{T}}P + PA<0$。

证明　必要性证明。设对称矩阵 $Q>0$，令 $P = \int_0^{+\infty} \mathrm{e}^{AT_t} Q \mathrm{e}^{At} \mathrm{d}t$，显然有 $P>0$ 且

$$\begin{aligned}
A^{\mathrm{T}}P + PA &= A^{\mathrm{T}} \int_0^{+\infty} \mathrm{e}^{AT_t} Q \mathrm{e}^{At} \mathrm{d}t + \int_0^{+\infty} \mathrm{e}^{AT_t} Q \mathrm{e}^{At} A \mathrm{d}t \\
&= \int_0^{+\infty} \left(A^{\mathrm{T}} \mathrm{e}^{AT_t} Q \mathrm{e}^{At} + \mathrm{e}^{AT_t} Q \mathrm{e}^{At} A \right) \mathrm{d}t \\
&= \int_0^{+\infty} \mathrm{d}\left(\mathrm{e}^{AT_t} Q \mathrm{e}^{At} \right) \\
&= \mathrm{e}^{AT_t} Q \mathrm{e}^{At} \Big|_0^{+\infty}
\end{aligned}$$

因为 $\sigma(A) \in \mathbb{C}^-$，$\lim\limits_{t\to+\infty} \mathrm{e}^{At} = \lim\limits_{t\to+\infty} \mathrm{e}^{AT_t} = 0$，所以有

$$A^{\mathrm{T}}P + PA = -Q<0$$

充分性证明。因为 A 的特征根可能有复数，不妨在复数域上讨论，在 $\mathbb{C}^n$ 中定义新的内积 $\langle X,Y \rangle = X^{\mathrm{T}} P \bar{Y}$。$\forall \lambda \in \sigma(A)$，$X \neq 0$ 为 A 的对应 λ 的特征矢量，即 $AX = \lambda X$，则

$$\begin{aligned}\langle AX,X\rangle+\langle X,AX\rangle &= X^{\mathrm{T}}A^{\mathrm{T}}P\bar{X}+X^{\mathrm{T}}P\bar{A}\bar{X}\\ &= X^{\mathrm{T}}(A^{\mathrm{T}}P+P\bar{A})\bar{X}\\ &= -X^{\mathrm{T}}Q\bar{X}<0\end{aligned}$$

又因为

$$\begin{aligned}\langle AX,X\rangle+\langle X,AX\rangle &= \langle \lambda X,X\rangle+\langle X,\lambda X\rangle\\ &= \lambda X^{\mathrm{T}}\mathrm{P}\bar{X}+X^{\mathrm{T}}P\bar{\lambda}\bar{X}\\ &= (\lambda+\bar{\lambda})X^{\mathrm{T}}P\bar{X}\\ &= 2R_e\lambda\cdot X^{\mathrm{T}}P\bar{X}\end{aligned}$$

所以 $2R_e\lambda\cdot X^{\mathrm{T}}P\bar{X}=-X^{\mathrm{T}}Q\bar{X}<0$，则 $R_e\lambda<0$，即 $\lambda\in\mathbb{C}^-$，证毕。

对任意给定的正定实对称矩阵 Q，若存在正定的实对称矩阵 P，满足李雅普诺夫方程：

$$A^{\mathrm{T}}P+PA=-Q \tag{4.24}$$

则可取

$$V(X)=X^{\mathrm{T}}PX \tag{4.25}$$

为系统的李雅普诺夫函数。

若选 $V(X)=X^{\mathrm{T}}PX$ 为李雅普诺夫函数，则 $V(X)$ 是正定的。将 $V(X)$ 取时间导数为

$$\dot{V}(X)=X^{\mathrm{T}}P\dot{X}+\dot{X}^{\mathrm{T}}PX \tag{4.26}$$

将式（4.23）代入式（4.26）得

$$\dot{V}(X)=X^{\mathrm{T}}PAX+(AX)^{\mathrm{T}}PX=X^{\mathrm{T}}(PA+A^{\mathrm{T}}P)X$$

欲使系统在原点渐近稳定，则要求 $\dot{V}(X)$ 必须为负定，即

$$\dot{V}(X)=-X^{\mathrm{T}}QX \tag{4.27}$$

式中，

$$Q=-(A^{\mathrm{T}}P+PA)$$

为正定的。

在应用该判据时应注意以下几点：

（1）实际应用时，通常是先选取一个正定矩阵 Q，代入李雅普诺夫方程式（4.24）解出矩阵 P，然后按西尔维斯特判据判定 P 的正定性，进而做出系统渐近稳定的结论。

（2）为了方便计算，常取 $Q=I$，这时 P 应满足

$$A^{T}P+PA=-I \tag{4.28}$$

式中，I 为单位矩阵。

（3）若 $\dot{V}(X)$ 沿任一轨迹不恒等于零，那么 Q 可取为半正定的。

（4）上述判据所确定的条件与矩阵 A 的特征值具有负实部的条件等价，因而判据所给出的条件是充分必要的。因为设 $A=\Lambda$（或通过变换），若取 $V(X)=\|X\|=X^{\mathrm{T}}X$，则 $Q=-(A^{\mathrm{T}}+A)=-2A=-2\Lambda$，显然只有当 Λ 全为负值时，Q 才是正定的。

【例 4.9】 已知系统状态方程：

$$\dot{X}=\begin{bmatrix}0 & 1\\ -2 & -3\end{bmatrix}X$$

试分析系统平衡点的稳定性。

解 设

$$P=\begin{bmatrix}p_{11} & p_{12}\\ p_{21} & p_{22}\end{bmatrix},\quad Q=I$$

代入式（4.28），得

$$\begin{bmatrix}0 & 1\\ -2 & -3\end{bmatrix}\begin{bmatrix}p_{11} & p_{12}\\ p_{21} & p_{22}\end{bmatrix}+\begin{bmatrix}p_{11} & p_{12}\\ p_{21} & p_{22}\end{bmatrix}\begin{bmatrix}0 & 1\\ -2 & -3\end{bmatrix}=\begin{bmatrix}-1 & 0\\ 0 & -1\end{bmatrix}$$

将上式展开，并令各对应元素相等，可解得

$$P=\begin{bmatrix}\frac{5}{4} & \frac{1}{4}\\ \frac{1}{4} & \frac{1}{4}\end{bmatrix}$$

根据西尔维斯特判据知

$$\varDelta_1=\frac{5}{4}>0,\quad \varDelta_2=\begin{vmatrix}\frac{5}{4} & \frac{1}{4}\\ \frac{1}{4} & \frac{1}{4}\end{vmatrix}=\frac{1}{4}>0$$

故矩阵 P 是正定的，因而系统的平衡点是大范围渐近稳定的。或者由于

$$V(X)=X^{\mathrm{T}}PX=\frac{1}{4}\left(5x_1^2+2x_1x_2+x_2^2\right)$$

是正定的，而

$$\dot{V}(X)=-X^{\mathrm{T}}QX=-\left(x_1^2+x_2^2\right)$$

是负定的，也可得出上述结论。

【例 4.10】 已知系统状态方程：

$$\dot{X}=\begin{bmatrix}0 & 1 & 0\\ 0 & -2 & 1\\ -K & 0 & -1\end{bmatrix}X$$

试确定系统增益 K 的稳定范围。

解 因 $\det A\neq 0$，故原点是系统唯一的平衡状态。假设选取半正定的实对称矩阵 Q 为

$$Q=\begin{bmatrix}0 & 0 & 0\\ 0 & 0 & 0\\ 0 & 0 & 1\end{bmatrix}$$

为了说明这样选取 Q 半正定是正确的，尚需证明 $V(x)$ 沿任意轨迹应不恒等于零。由于

$$\dot{V}(X)=-X^{\mathrm{T}}QX=x_3^2$$

显然，$\dot{V}(X)\equiv 0$ 的条件是 $x_3\equiv 0$，但由状态方程可推知，此时 $x_1\equiv 0$、$x_2\equiv 0$，这表明只有在原点，即在平衡状态 $X_e=0$ 处才使 $\dot{V}(X)\equiv 0$，而沿任一轨迹 $\dot{V}(X)$ 均不会恒等于零。因此，允许选取 Q 为半正定的。

根据式（4.24），有

$$\begin{bmatrix}0 & 0 & -k\\ 1 & -2 & 0\\ 0 & 1 & -1\end{bmatrix}\begin{bmatrix}p_{11} & p_{12} & p_{13}\\ p_{21} & p_{22} & p_{23}\\ p_{31} & p_{32} & p_{33}\end{bmatrix}+\begin{bmatrix}p_{11} & p_{12} & p_{13}\\ p_{21} & p_{22} & p_{23}\\ p_{31} & p_{32} & p_{33}\end{bmatrix}\begin{bmatrix}0 & 1 & 0\\ 0 & -2 & 1\\ -K & 0 & -1\end{bmatrix}=\begin{bmatrix}0 & 0 & 0\\ 0 & 0 & 0\\ 0 & 0 & -1\end{bmatrix}$$

可解出矩阵：

$$P=\begin{bmatrix}\dfrac{K^2+12K}{12-2K} & \dfrac{6K}{12-2K} & 0\\ \dfrac{6K}{12-2K} & \dfrac{3K}{12-2K} & \dfrac{K}{12-2K}\\ 0 & \dfrac{K}{12-2K} & \dfrac{6}{12-2K}\end{bmatrix}$$

为使 P 为正定矩阵，其充要条件是

$$12-2K>0 \quad 和 \quad K>0$$

即

$$0<K<6$$

这表明当 $0<K<6$ 时，系统原点是大范围渐近稳定的。

4.4.2　线性时变连续系统渐近稳定判据

设线性时变连续系统状态方程为

$$\dot{X}=A(t)X \tag{4.29}$$

则系统在平衡点 $X_e=0$ 处大范围渐近稳定的充要条件为：对于任意给定的连续对称正定矩阵 $Q(t)$，必存在一个连续对称正定矩阵 $P(t)$，满足

$$\dot{P}(t)=-A^{\mathrm{T}}(t)P(t)-P(t)A(t)-Q(t) \tag{4.30}$$

而系统的李雅普诺夫函数为

$$V(X,t)=X^{\mathrm{T}}(t)P(t)X(t) \tag{4.31}$$

证明　设李雅普诺夫函数取为

$$V(X,t)=X^{\mathrm{T}}(t)P(t)X(t)$$

式中，$P(t)$ 为连续的正定对称矩阵。取 $V(X,t)$ 对时间的全导数，得

$$\begin{aligned}\dot{V}(X,t)&=\dot{X}^{\mathrm{T}}(t)P(t)X(t)+X^{\mathrm{T}}(t)\dot{P}(t)X(t)+X^{\mathrm{T}}(t)P(t)\dot{X}(t)\\ &=X^{\mathrm{T}}(t)A^{\mathrm{T}}(t)P(t)X(t)+X^{\mathrm{T}}(t)\dot{P}(t)X(t)+X^{\mathrm{T}}(t)P(t)A(t)X(t)\\ &=X^{\mathrm{T}}[A^{\mathrm{T}}(t)P(t)+\dot{P}(t)+P(t)A(t)]X\end{aligned}$$

即

$$\dot{V}(X,t)=-X^{\mathrm{T}}Q(t)X \tag{4.32}$$

式中，

$$Q(t)=-A^{\mathrm{T}}(t)P(t)-\dot{P}(t)-P(t)A(t)$$

由稳定性判据可知，当$P(t)$为正定对称矩阵时，若$Q(t)$也是一个正定对称矩阵，则$\dot{V}(X,t)$是负定的，系统的平衡点便是渐近稳定的。

式（4.30）是里卡蒂（Riccati）矩阵微分方程的特殊情况，其解为

$$P(t)=\Phi^{\mathrm{T}}(t_0,t)P(t_0)\Phi(t_0,t)-\int_{t_0}^{t}\Phi^{\mathrm{T}}(\tau,t)Q(\tau)\Phi(\tau,t)\mathrm{d}\tau \tag{4.33}$$

式中，$\Phi(\tau,t)$为系统式（4.29）的状态转移矩阵；$P(t_0)$为矩阵微分方程式（4.30）的初始条件。

特别地，当取$Q(t)=Q=I$时，得

$$P(t)=\Phi^{\mathrm{T}}(t_0,t)P(t_0)\Phi(t_0,t)-\int_{t_0}^{t}\Phi^{\mathrm{T}}(\tau,t)\Phi(\tau,t)\mathrm{d}\tau \tag{4.34}$$

式（4.34）表明，当选取正定矩阵$Q=I$时，可由$\Phi(\tau,t)$计算出$P(t)$；再根据$P(t)$是否具有连续、对称、正定性来判别线性时变系统的稳定性。

4.4.3　线性定常离散时间系统渐近稳定判据

设线性定常离散时间系统的状态方程为

$$X(k+1)=GX(k) \tag{4.35}$$

则平衡状态$X_e=0$处渐近稳定的充要条件为G的特征根均在单位开圆盘内。

命题 4.2　矩阵$G\in\mathbb{R}^{n\times n}$的所有特征根均在单位开圆盘内，即$\sigma(G)\subset B(0,1)$，等价于存在对称矩阵$P>0$，使得$G^{\mathrm{T}}PG-P<0$。

对于任意给定的正定实对称矩阵Q，若存在一个正定实对称矩阵P，满足

$$G^{\mathrm{T}}PG-P=-Q \tag{4.36}$$

则系统的李雅普诺夫函数可取为

$$V[X(k)]=X^{\mathrm{T}}(k)PX(k) \tag{4.37}$$

将线性连续系统中的$\dot{V}(X)$，代之以$V[X(k+1)]$与$V[X(k)]$之差，即

$$\Delta V[X(k)]=V[X(k+1)]-V[X(k)] \tag{4.38}$$

若选取李雅普诺夫函数为

$$V[X(k)]=X^{\mathrm{T}}(k)PX(k)$$

式中，P为正定实对称矩阵。则

$$\begin{aligned}\Delta V[X(k)] &= V[X(k+1)] - V[X(k)] \\ &= X^{\mathrm{T}}(k+1)PX(k+1) - X^{\mathrm{T}}(k)PX(k) \\ &= [GX(k)]^{\mathrm{T}}P\big[GX(k)\big] - X^{\mathrm{T}}(k)PX(k) \\ &= X^{\mathrm{T}}(k)G^{\mathrm{T}}PGX(k) - X^{\mathrm{T}}(k)PX(k) \\ &= X^{\mathrm{T}}(k)[G^{\mathrm{T}}PG - P]X(k)\end{aligned}$$

由于 $V[X(k)]$ 选为正定的，根据渐近稳定判据必要求

$$\Delta V[X(k)] = -X^{\mathrm{T}}(k)QX(k) \tag{4.39}$$

为负定的，因此矩阵：

$$Q = -[G^{\mathrm{T}}PG - P]$$

必须是正定的。

如果 $\Delta V[X(k)] = -X^{\mathrm{T}}(k)QX(k)$ 沿任一解的序列不恒为零，那么 Q 亦可取成半正定矩阵。

实际上，P、Q 矩阵满足上述条件与矩阵 G 的特征根的模小于 1 的条件完全等价。

与线性连续定常系统类似，在具体应用判据时可先给定一个正定实对称矩阵 Q，如选 $Q = I$，然后验算由

$$G^{\mathrm{T}}PG - P = -I \tag{4.40}$$

所确定的实对称矩阵 P 是否正定，从而做出稳定性的结论。

【例 4.11】　设线性离散系统状态方程为

$$X(k+1) = \begin{bmatrix}\lambda_1 & 0 \\ 0 & \lambda_2\end{bmatrix}X(k)$$

试确定系统在平衡点处渐近稳定的条件。

解　由式（4.40）得

$$\begin{bmatrix}\lambda_1 & 0 \\ 0 & \lambda_2\end{bmatrix}\begin{bmatrix}p_{11} & p_{12} \\ p_{21} & p_{22}\end{bmatrix}\begin{bmatrix}\lambda_1 & 0 \\ 0 & \lambda_2\end{bmatrix} - \begin{bmatrix}p_{11} & p_{12} \\ p_{21} & p_{22}\end{bmatrix} = \begin{bmatrix}-1 & 0 \\ 0 & -1\end{bmatrix}$$

展开化简整理后，得

$$\begin{aligned}p_{11}(1-\lambda_1^2) &= 1 \\ p_{12}(1-\lambda_1\lambda_2) &= 0 \\ p_{22}(1-\lambda_2^2) &= 1\end{aligned}$$

可解出

$$P = \begin{bmatrix}\dfrac{1}{1-\lambda_1^2} & 0 \\ 0 & \dfrac{1}{1-\lambda_2^2}\end{bmatrix}$$

要使 P 为正定的实对称矩阵，必须满足

$$|\lambda_1| < 1 \quad \text{和} \quad |\lambda_2| < 1$$

可见只有当系统的极点落在单位圆内时，系统在平衡点处才是大范围渐近稳定的。这个结论与由采样控制系统稳定判据分析的结论是一致的。

4.4.4　线性时变离散系统渐近稳定判据

设线性时变离散系统的状态方程为

$$X(k+1)=G(k+1,k)X(k) \tag{4.41}$$

则平衡状态 $X_e=0$ 为大范围渐近稳定的充要条件是：对于任意给定的正定实对称矩阵 $Q(k)$，必存在一个正定的实对称矩阵 $P(k+1)$，使得

$$G^{\mathrm{T}}(k+1,k)P(k+1)G(k+1,k)-P(k)=-Q(k) \tag{4.42}$$

成立。并且

$$V[X(k),k]=X^{\mathrm{T}}(k)P(k)X(k) \tag{4.43}$$

是系统的李雅普诺夫函数。

与线性连续系统情况类似，可先给定一个正定的实对称矩阵 $Q(k)$，然后验算由

$$G^{\mathrm{T}}(k+1,k)P(k+1)G(k+1,k)-P(k)=-Q(k)$$

所确定的矩阵 $P(k)$ 是否正定。

差分方程式（4.42）的解为

$$P(k+1)=G^{\mathrm{T}}(0,k+1)P\left(0\right)G(0,k+1)-\sum_{i=0}^{k}G^{\mathrm{T}}(i,k+1)Q(i)G(i,k+1) \tag{4.44}$$

式中，$P(0)$ 为初始条件。

当取 $Q(i)=I$ 时，有

$$P(k+1)=G^{\mathrm{T}}(0,k+1)P(0)G(0,k+1)-\sum_{i=0}^{k}G^{\mathrm{T}}(i,k+1)G(i,k+1) \tag{4.45}$$

4.5　李雅普诺夫方法在非线性系统中的应用

从前面的分析可知，线性系统的稳定性具有全局性质，而且稳定判据的条件是充分必要的。但是，非线性系统的稳定性却可能只具有局部性质。例如，不是大范围渐近稳定的平衡状态，却可能是局部渐近稳定的，而局部不稳定的平衡状态并不能说明系统就是不稳定的。此外，李雅普诺夫第二法只给出判断非线性系统渐近稳定的充分条件，而不是必要条件。

4.5.1　雅可比矩阵法

雅可比矩阵法，亦称克拉索夫斯基（Krasovsky）法，二者表达形式略有不同，但基本思路是一致的。实际上，它们都是寻找线性系统李雅普诺夫函数方法的一种推广。

设非线性系统的状态方程为

$$\dot{X} = F(X) \tag{4.46}$$

式中，X 为 n 维状态矢量；F 为与 X 同维的非线性矢量函数。

假设原点 $X_e = 0$ 是平衡状态，$F(X)$ 对 x_i $(i = 1, 2, \cdots, n)$ 可微，系统的雅可比矩阵为

$$J(X) = \frac{\partial F(X)}{\partial X} = \begin{bmatrix} \frac{\partial f_1}{\partial x_1} & \frac{\partial f_1}{\partial x_2} & \cdots & \frac{\partial f_1}{\partial x_n} \\ \frac{\partial f_2}{\partial x_1} & \frac{\partial f_2}{\partial x_2} & \cdots & \frac{\partial f_2}{\partial x_n} \\ \vdots & \vdots & & \vdots \\ \frac{\partial f_n}{\partial x_1} & \frac{\partial f_n}{\partial x_2} & \cdots & \frac{\partial f_n}{\partial x_n} \end{bmatrix} \tag{4.47}$$

则系统在原点渐近稳定的充分条件是：任给正定实对称矩阵 P，使下列矩阵

$$Q(X) = -[J^{\mathrm{T}}(X)P + PJ(X)] \tag{4.48}$$

为正定的，并且

$$V(X) = \dot{X}^{\mathrm{T}} P \dot{X} = F^{\mathrm{T}}(X)PF(X) \tag{4.49}$$

是系统的一个李雅普诺夫函数。

如果当 $\|X\| \to \infty$ 时，还有 $V(X) \to \infty$，则系统在 $X_e = 0$ 是大范围渐近稳定的。

证明 选取二次型函数：

$$V(X) = X^{\mathrm{T}} P \dot{X} = F^{\mathrm{T}}(X)PF(X)$$

为李雅普诺夫函数，其中，P 为正定对称矩阵，因而 $V(X)$ 正定。

考虑 $F(X)$ 是 X 的显函数，不是时间 t 的显函数，因而有下列关系：

$$\frac{\mathrm{d}F(X)}{\mathrm{d}t} = \dot{F}(X) = \frac{\partial F(X)}{\partial X}\frac{\mathrm{d}x}{\mathrm{d}t} = \frac{\partial F(X)}{\partial X}\dot{X} = J(X)F(X)$$

将 $V(X)$ 沿状态轨迹对 t 求全导数，可得

$$\begin{aligned} \dot{V}(X) &= F^{\mathrm{T}}(X)P\dot{F}(X) + \dot{F}^{\mathrm{T}}(X)PF(X) \\ &= F^{\mathrm{T}}(X)PJ(X)F(X) + [J(X)F(X)]^{\mathrm{T}} PF(X) \\ &= F^{\mathrm{T}}(X)[PJ(X) + J^{\mathrm{T}}(X)P]F(X) \end{aligned}$$

或

$$\dot{V}(X) = -F^{\mathrm{T}}(X)Q(X)F(X) \tag{4.50}$$

式中，

$$Q(X) = -[PJ(X) + J^{\mathrm{T}}(X)P]$$

式（4.50）表明，要使系统渐近稳定，$\dot{V}(X)$ 必须是负定的，因此 $Q(X)$ 必须是正定的。若当 $\|X\| \to \infty$ 时，还有 $V(X) \to \infty$，则系统在原点是大范围渐近稳定的。

显然，要使 $Q(X)$ 为正定，必须使 $J(X)$ 主对角线上的所有元素不恒为零。如果 $f_i(x)$ 中不包含 x_i，那么 $J(X)$ 主对角线上相应的元素 $\frac{\partial f_i}{\partial x_i}$ 必恒为零，$Q(X)$ 就不可能是正定的，因而 $X_e = 0$ 也就不可能是渐近稳定的。

如果取 $P=I$，则有

$$Q(X)=-[J(X)+J^{\mathrm{T}}(X)] \tag{4.51}$$

称式（4.53）为克拉索夫斯基表达式。这时，有

$$V(X)=F^{\mathrm{T}}(X)F(X) \tag{4.52}$$

和

$$\dot{V}(X)=F^{\mathrm{T}}(X)[J(X)+J^{\mathrm{T}}(X)]F(X) \tag{4.53}$$

上述两种方法是等价的。使用它们的困难在于，对于所有 $X\neq 0$，要求 $Q(X)$ 均为正定这个条件过严。因为对相当多的非线性系统未必能满足这一要求。此外，这个判据只给出渐近稳定的充分条件。

推论　对于线性定常系统 $\dot{X}=AX$，若矩阵 A 非奇异且矩阵 $A^{\mathrm{T}}+A$ 为负定，则系统的平衡状态 $X_e=0$ 是大范围渐近稳定的。

【例 4.12】　设系统的状态方程为

$$\dot{x}_1=-3x_1+x_2$$

$$\dot{x}_2=x_1-x_2-x_2^3$$

试用克拉索夫斯基法分析 $X_e=0$ 处的稳定性。

解　这里

$$F(X)=\begin{bmatrix}-3x_1+x_2\\ x_1-x_2-x_2^3\end{bmatrix}$$

计算雅可比矩阵为

$$J(X)=\frac{\partial F(X)}{\partial X}=\begin{bmatrix}-3 & 1\\ 1 & -1-3x_2^2\end{bmatrix}$$

取 $P=I$，得

$$-Q(X)=J^{\mathrm{T}}(X)+J(X)=\begin{bmatrix}-3 & 1\\ 1 & -1-3x_2^2\end{bmatrix}+\begin{bmatrix}-3 & 1\\ 1 & -1-3x_2^2\end{bmatrix}=\begin{bmatrix}-6 & 2\\ 2 & -2-6x_2^2\end{bmatrix}$$

根据西尔维斯特判据，有

$$\varDelta_1=6>0,\quad \varDelta_2=\begin{vmatrix}6 & -2\\ -2 & 2+6x_2^2\end{vmatrix}=8+36x_2^2>0$$

表明对于 $X\neq 0$，$Q(X)$ 是正定的。

此外，当 $\|X\|\to\infty$ 时，有

$$V(X)=F^{\mathrm{T}}(X)F(X)=\begin{bmatrix}-3x_1+x_2 & x_1-x_2-x_2^3\end{bmatrix}\begin{bmatrix}-3x_1+x_2\\ x_1-x_2-x_2^3\end{bmatrix}$$

$$=(-3x_1+x_2)^2+(x_1-x_2-x_2^3)^2\to\infty$$

因此，系统的平衡状态 $X_e=0$ 为大范围渐近稳定的。

4.5.2　变量梯度法

变量梯度法又称为舒茨-基布逊（Shultz-Gibson）法，这是一种寻求李雅普诺夫函数较为实用的方法。

变量梯度法是以下列事实为基础的：如果找到一个特定的李雅普诺夫函数 $V(X)$，能够证明所给系统的平衡状态为渐近稳定的，那么这个李雅普诺夫函数 $V(X)$ 的梯度：

$$\nabla V=\frac{\partial V}{\partial X}\begin{bmatrix}\dfrac{\partial V}{\partial x_1}\\ \dfrac{\partial V}{\partial x_2}\\ \vdots\\ \dfrac{\partial V}{\partial x_n}\end{bmatrix}=\mathrm{grad}V(X) \tag{4.54}$$

必定存在且唯一。因此，$V(X)$ 对时间的导数可表达为

$$\dot V(X)=\frac{\partial V}{\partial x_1}\frac{\mathrm{d}x_1}{\mathrm{d}t}+\frac{\partial V}{\partial x_2}\frac{\mathrm{d}x_2}{\mathrm{d}t}+\cdots+\frac{\partial V}{\partial x_n}\frac{\mathrm{d}x_n}{\mathrm{d}t}$$

或写成矩阵形式，得

$$\dot V(X)=\begin{bmatrix}\dfrac{\partial V}{\partial x_1} & \dfrac{\partial V}{\partial x_2} & \cdots & \dfrac{\partial V}{\partial x_n}\end{bmatrix}\begin{bmatrix}\dot x_1\\ \dot x_2\\ \vdots\\ \dot x_n\end{bmatrix}=[\mathrm{grad}V]^{\mathrm{T}}\dot X \tag{4.55}$$

由此，舒茨-基布逊提出，从假设一个旋度为零的梯度 ∇V 着手，然后根据式（4.55）的关系确定 $V(X)$。如果这样确定的 $\dot V(X)$ 和 $V(X)$ 都满足判据条件，那么这个 $V(X)$ 就是所要构造的李雅普诺夫函数。

这个方法在推导 $V(X)$ 过程中，要用到场论中关于梯度、线积分和旋度等有关概念，下面作些简要复习。

1. 有关场论的几个基本概念

1）标量函数的梯度

设 $V(X)$ 为矢量 X 的标量函数，则 $V(X)$ 沿矢量 X 方向的变化率就是 $V(X)$ 的梯度，用 ∇V 表示，则有

$$\nabla V=\frac{\partial V}{\partial X}\begin{bmatrix}\dfrac{\partial V}{\partial x_1}\\ \dfrac{\partial V}{\partial x_2}\\ \vdots\\ \dfrac{\partial V}{\partial x_n}\end{bmatrix}=\mathrm{grad}V(X)$$

显然，梯度∇V是与矢量X同维数的矢量。例如，若用$V(X)$表示三维几何空间$X=[x_1\ \ x_2\ \ x_3]^{\mathrm{T}}$中的温度，则$\nabla V$就表示温度梯度，它描述三维空间中温度场的变化情况。

2）矢量的曲线积分

任意矢量H沿给定曲线的积分可用曲线积分表示。

$$\int_L HgL$$

其中，L表示积分路径。

若矢量沿曲线的积分只取决于积分路径起点与终点的位置，则积分与路径无关。例如，矢量H从坐标原点$X=0$出发，沿任意积分路径到达X，其积分结果都相同，那么该曲线积分可表示为

$$\int_0^x H\mathrm{d}x$$

3）矢量的旋度

在三维空间中，设矢量H用三个分量表示为

$$H=H_x i+H_y j+H_z k$$

则矢量H的旋度$\mathrm{rot}H$也是具有三个分量的矢量，定义为

$$\begin{aligned}\mathrm{rot}H&=\begin{vmatrix} i & j & k \\ \dfrac{\partial}{\partial x} & \dfrac{\partial}{\partial y} & \dfrac{\partial}{\partial z} \\ H_x & H_y & H_z \end{vmatrix}\\ &=\left(\frac{\partial H_z}{\partial y}-\frac{\partial H_y}{\partial z}\right)i+\left(\frac{\partial H_x}{\partial z}-\frac{\partial H_z}{\partial x}\right)j+\left(\frac{\partial H_y}{\partial x}-\frac{\partial H_x}{\partial y}\right)k\end{aligned}$$

若旋度为零，即

$$\mathrm{rot}H=0$$

可得旋度方程：

$$\frac{\partial H_z}{\partial y}=\frac{\partial H_y}{\partial z}$$

$$\frac{\partial H_x}{\partial z}=\frac{\partial H_z}{\partial x}$$

$$\frac{\partial H_y}{\partial x}=\frac{\partial H_x}{\partial y}$$

在场论中已经证明，若矢量H的旋度为零，则H的曲线积分与积分路径无关；反之亦然。

2. 变量梯度法的步骤和应用

设非线性系统：

$$\dot{X}=F(X) \tag{4.56}$$

在平衡状态 $X_e=0$ 是渐近稳定的。

假设 $V(X)$ 是矢量 X 的标量函数，但不是时间 t 的显函数，因此有

$$\dot{V}(X)=\frac{\partial V}{\partial x_1}\dot{x}_1+\frac{\partial V}{\partial x_2}\dot{x}_2+\cdots+\frac{\partial V}{\partial x_n}\dot{x}_n$$

或写成矩阵形式，得

$$\dot{V}(X)=\begin{bmatrix}\frac{\partial V}{\partial x_1} & \frac{\partial V}{\partial x_2} & \cdots & \frac{\partial V}{\partial x_n}\end{bmatrix}\begin{bmatrix}\dot{x}_1\\ \dot{x}_2\\ \vdots\\ \dot{x}_n\end{bmatrix}=(\nabla V)^{\mathrm{T}}\dot{X} \tag{4.57}$$

式中，$(\nabla V)^{\mathrm{T}}$ 为 ∇V 的转置。

根据式（4.57）所确立的 ∇V 与 $\dot{V}(X)$ 的关系，舒茨和基布逊提出，先假定 ∇V 为某一形式，例如一个带待定系数的 n 维矢量：

$$\nabla V=\begin{bmatrix}a_{11}x_1+a_{12}x_2+\cdots+a_{1n}x_n\\ a_{21}x_1+a_{22}x_2+\cdots+a_{2n}x_n\\ \vdots\\ a_{n1}x_1+a_{n2}x_2+\cdots+a_{nn}x_n\end{bmatrix} \tag{4.58}$$

然后根据 $\dot{V}(X)$ 为负定（或半负定）的要求确定待定系数 $a_{ij}\ (i,j=1,2,\cdots,n)$，再由这个 ∇V 通过下列线积分导出 $V(X)$，即

$$V(X)=\int_0^x(\nabla V)^{\mathrm{T}}\mathrm{d}x \tag{4.59}$$

它是对整个状态空间中任意点 $X=[x_1\ \ x_2\ \ \cdots\ \ x_n]^{\mathrm{T}}$ 的线积分。这个线积分可以做到与积分路径无关。显然，最简单的积分路径是采用以下逐点积分法，即

$$\begin{aligned}V(X)=&\int_0^{x_1(x_2=x_3=\cdots=x_n=0)}\nabla V_1\mathrm{d}x_1\\ &+\int_0^{x_2(x_1=x_1,x_3=x_4=\cdots=x_n=0)}\nabla V_2\mathrm{d}x_2+\cdots\\ &+\int_0^{x_n(x_1=x_1,x_2=x_2,\cdots,x_{n-1}=x_{n-1})}\nabla V_n\mathrm{d}x_n\end{aligned} \tag{4.60}$$

设单位矢量为

$$e_1=\begin{bmatrix}1\\0\\0\\ \vdots\\0\end{bmatrix},e_2=\begin{bmatrix}0\\1\\0\\ \vdots\\0\end{bmatrix},\cdots,e_n=\begin{bmatrix}0\\0\\0\\ \vdots\\1\end{bmatrix} \tag{4.61}$$

那么式（4.60）中的积分路径是从坐标原点开始，沿着 e_1 到达 x_1，再由这点沿着 e_2 到达点 $x_2,\cdots\cdots$，最后沿着 e_n 到达 $X=(x_1,\ x_2,\ \cdots,\ x_n)$。

为了使式（4.59）的线积分与积分路径无关，必须保证 ∇V 的旋度为零。这就要求满足 n 维广义旋度方程：

$$\frac{\partial \nabla V_i}{\partial x_j}=\frac{\partial \nabla V_j}{\partial x_i},i,j=1,2,\cdots,n \tag{4.62}$$

式（4.64）表明，由$\dfrac{\partial \nabla V_i}{\partial x_j}$所组成的雅可比矩阵：

$$J=\frac{\partial \nabla V}{\partial X}=\begin{bmatrix} \dfrac{\partial \nabla V_1}{\partial x_1} & \dfrac{\partial \nabla V_1}{\partial x_2} & \cdots & \dfrac{\partial \nabla V_1}{\partial x_n} \\ \dfrac{\partial \nabla V_2}{\partial x_1} & \dfrac{\partial \nabla V_2}{\partial x_2} & \cdots & \dfrac{\partial \nabla V_2}{\partial x_n} \\ \vdots & \vdots & & \vdots \\ \dfrac{\partial \nabla V_n}{\partial x_1} & \dfrac{\partial \nabla V_n}{\partial x_2} & \cdots & \dfrac{\partial \nabla V_n}{\partial x_n} \end{bmatrix} \tag{4.63}$$

必须是对称的。因此，对n维系统应有$n(n-1)/2$个旋度方程。例如，$n=3$，则应有 3 个方程：

$$\begin{aligned} \frac{\partial \nabla V_2}{\partial x_1}&=\frac{\partial \nabla V_1}{\partial x_2} \\ \frac{\partial \nabla V_3}{\partial x_1}&=\frac{\partial \nabla V_1}{\partial x_3} \\ \frac{\partial \nabla V_3}{\partial x_2}&=\frac{\partial \nabla V_2}{\partial x_3} \end{aligned} \tag{4.64}$$

如果由式（4.60）求得的$V(X)$是正定的，那么平衡状态是渐近稳定的。若当$\|X\|\to\infty$时，有$V(X)\to\infty$，则平衡状态是大范围渐近稳定的。

综上所述，可把应用变量梯度法分析系统稳定性的步骤归纳如下：

（1）按式（4.58）设定∇V，式中的待定系数a_{ij}可能是常数或时间t的函数或状态变量的函数。显然，不同的系数选择法可能求出不同的$V(X)$。通常把a_{nn}选为常数或t的函数是方便的。有些a_{ij}可选为零，或者根据$\dot{V}(X)$的约束条件和旋度方程的要求来选定。

（2）由∇V按式（4.57）确定$\dot{V}(X)$。

（3）根据$\dot{V}(X)$是负定或至少是半负定并满足$n(n-1)/2$个旋度方程的条件，确定∇V中余下的未知系数，由此得出的$\dot{V}(X)$可能会改变第（2）步算得的$\dot{V}(X)$，因此要重新校核$\dot{V}(X)$的定号性质。

（4）由式（4.60）确定$V(X)$。

（5）校核是否满足当$\|X\|\to\infty$时，有$V(X)\to\infty$的条件或确定使$V(X)$为正定的渐近稳定范围。

应该指出，即使用上述方法求不出合适的$V(X)$，那也不意味着平衡状态是不稳定的。

【例 4.13】 试用变量梯度法确定下列非线性系统

$$\begin{aligned} \dot{x}_1&=-x_1 \\ \dot{x}_2&=-x_2+x_1x_2^2 \end{aligned}$$

的李雅普诺夫函数，并分析平衡状态$X_e=0$的稳定性。

解　假设$V(X)$的梯度为

$$\nabla V=\begin{bmatrix}a_{11}x_1+a_{12}x_2\\ a_{21}x_1+a_{22}x_2\end{bmatrix}=\begin{bmatrix}\nabla V_1\\ \nabla V_2\end{bmatrix}$$

按式（4.57）计算$V(X)$的导数：

$$\begin{aligned}\dot V(X)&=(\nabla V)^{\mathrm T}\dot X=[a_{11}x_1+a_{12}x_2\quad a_{21}x_1+a_{22}x_2]\begin{bmatrix}-x_1\\ -x_2+x_1x_2^2\end{bmatrix}\\ &=-a_{11}x_1^2-(a_{12}+a_{21})x_1x_2-a_{22}x_2^2+a_{21}x_1^2x_2^2+a_{22}x_1x_2^3\end{aligned}$$

若选$a_{11}=a_{12}=1$、$a_{21}=a_{22}=0$，则

$$\dot V(X)=-x_1^2-(1-x_1x_2)x_2^2$$

如果使$1-x_1x_2>0$或$x_1x_2<1$，则$\dot V(X)$是负定的。因此，$x_1x_2<1$是x_1和x_2的约束条件。于是，得

$$\nabla V=\begin{bmatrix}x_1\\ x_2\end{bmatrix}$$

显然满足旋度方程：

$$\frac{\partial\nabla V_1}{\partial x_2}=\frac{\partial\nabla V_2}{\partial x_1}，\ 即\quad \frac{\partial x_1}{\partial x_2}=\frac{\partial x_2}{\partial x_1}=0$$

这表明上述选择的参数是允许的。

按式（4.60）计算$V(x)$，有

$$V(X)=\int_0^{x_1(x_2=0)}x_1\mathrm dx_1+\int_0^{x_2(x_1=x_1)}x_2\mathrm dx_2=\frac12\left(x_1^2+x_2^2\right)$$

是正定的，因此在$x_1x_2<1$时，$X_e=0$是渐近稳定的。

为了说明李雅普诺夫函数选择的非唯一性，现在再选参数为$a_{11}=1$、$a_{12}=x_2^2$、$a_{21}=3x_2^2$、$a_{22}=3$，此时，有

$$\nabla V=\begin{bmatrix}x_1+x_2^3\\ 3x_1x_2^2+3x_2\end{bmatrix}$$

则

$$\begin{aligned}\dot V(X)&=(\nabla V)^{\mathrm T}\dot X=[x_1+x_2^3\quad 3x_1x_2^2+3x_2]\begin{bmatrix}-x_1\\ -x_2+x_1x_2^2\end{bmatrix}\\ &=-x_1^2-x_1x_2^3-3x_1x_2^3-3x_2^2+3x_1^2x_2^4+3x_1x_2^3\\ &=-x_1^2-3x_2^2-\left(x_1x_2-3x_1^2x_2^2\right)x_2^2\end{aligned}$$

欲使$\dot V(X)$为负定，则可取

$$x_1x_2(1-3x_1x_2)>0$$

即

$$0<x_1x_2<\frac13$$

此时，同样满足旋度方程：

$$\frac{\partial \nabla V_1}{\partial x_2} = 3x_2^2 \,, \quad \frac{\partial \nabla V_2}{\partial x_1} = 3x_2^2$$

因此，有

$$\begin{aligned} V(X) &= \int_0^{x_1(x_2=0)} x_1 \mathrm{d}x_1 + \int_0^{x_2(x_1=x_1)} 3x_1x_2^2 + 3x_2\mathrm{d}x_2 \\ &= \frac{1}{2}x_1^2 + \frac{3}{2}x_2^2 + x_1x_2^3 \end{aligned}$$

在约束条件 $0 < x_1x_2 < \frac{1}{3}$ 下，$V(X)$ 是正定的。因而，在 $0 < x_1x_2 < \frac{1}{3}$ 时，系统在 $X_e = 0$ 是渐近稳定的。

上述分析表明，即使对同一系统，当选择不同的 a_{ij} 参数时，所得到的李雅普诺夫函数 $V(X)$ 不同，因而渐近稳定区域的范围也不同。显然前者选取的 $V(X)$ 比后者要好。它们的稳定区域范围如图 4.11 所示，其中，阴影区域表示在 $0 < x_1x_2 < \frac{1}{3}$ 条件下的稳定范围，它比前者窄了许多。

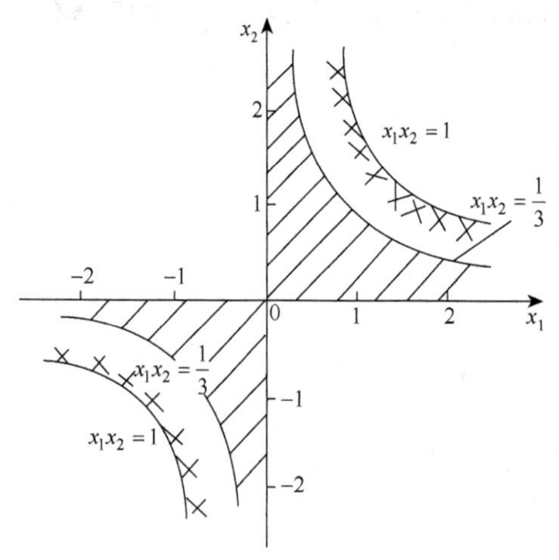

图 4.11　例 4.13 的稳定区域范围

【例 4.14】　设时变系统状态方程为

$$\dot{X} = A(t)X = \begin{bmatrix} 0 & 1 \\ -\dfrac{1}{t+1} & -10 \end{bmatrix} X, \quad t \geqslant 0$$

试分析平衡点 $X_e = 0$ 的稳定性。

解　设 $V(x)$ 的梯度为

$$\nabla V = \begin{bmatrix} a_{11}x_1 + a_{12}x_2 \\ a_{21}x_1 + a_{22}x_2 \end{bmatrix}$$

则

$$\begin{aligned} \dot{V}(X) &= (\nabla V)^{\mathrm{T}} \dot{X} = [a_{11}x_1 + a_{12}x_2 \quad a_{21}x_1 + a_{22}x_2] \begin{bmatrix} x_2 \\ -\dfrac{x_1}{t+1} - 10x_2 \end{bmatrix} \\ &= (a_{11}x_1 + a_{12}x_2)x_2 + (a_{21}x_1 + a_{22}x_2)\left[-\frac{x_1}{t+1} - 10x_2\right] \end{aligned}$$

若取 $a_{12} = a_{21} = 0$，可满足旋度方程。因为

$$\nabla V = \begin{bmatrix} a_{11}x_1 \\ a_{22}x_2 \end{bmatrix}, \quad \frac{\partial \nabla V_1}{\partial x_2} = 0, \quad \frac{\partial \nabla V_2}{\partial x_1} = 0$$

于是得

$$\dot{V}(X) = a_{11}x_1x_2 + a_{22}x_2\left[-\frac{x_1}{t+1} - 10x_2\right]$$

再取 $a_{11} = 1$ 和 $a_{22} = t+1$，即得梯度：

$$\nabla V = \begin{bmatrix} x_1 \\ (t+1)x_2 \end{bmatrix}$$

然后积分得

$$V(X) = \int_0^{x_1(x_2=0)} x_1 \mathrm{d}x_1 + \int_0^{x_2(x_1=x_1)} (t+1)x_2 \mathrm{d}x_2 = \frac{1}{2}\left[x_1^2 + (t+1)x_2^2\right]$$

$V(x)$ 是正定的，其导数为

$$\dot{V}(X) = \dot{x}_1 x_1 + \frac{x_2^2}{2} + (t+1)\dot{x}_2 x_2 = -(10t+10)x_2^2$$

显然 $\dot{V}(X)$ 是半负定的。但当 $X \neq 0$ 时，$\dot{V}(X)$ 不恒等于零，故系统在原点是大范围渐近稳定的。

4.6　MATLAB 在控制系统稳定性分析中的应用

1. SS2ZP 和 find 函数

MATLAB 可以用 SS2ZP 函数求出系统的所有零极点，然后用 find 函数找到是否有实部大于零的极点，从而判断系统是否稳定。

格式：[Z,P]=SS2ZP(A,B,C,D)。

对于下列控制系统，可用下列程序判断系统的稳定性。

【例 4.15】　某控制系统的状态方程描述如下。试判断其稳定性并绘制其时间响应来验证上述判断。

$$\dot{x} = \begin{bmatrix} -3 & -8 & -2 & -4 \\ 1 & 0 & 0 & 0 \\ 0 & 1 & 0 & 0 \\ 0 & 0 & 1 & 0 \end{bmatrix} x + \begin{bmatrix} 1 \\ 0 \\ 0 \\ 0 \end{bmatrix} u$$

$$y = \begin{bmatrix} 0 & 0 & 1 & 1 \end{bmatrix} x$$

解　程序如下：

```
A=[-3-8-2-4;1 0 0 0;0 1 0 0;0 0 1 0];
B=[1;0;0;0];
C=[0 0 1 1];
D=0;
[Z,P]=ss2zp(A,B,C,D)
PR=find(real(P)>0);
nPR=length(PR);
if(nPR>0),disp('Unstable!')
else
disp('stable!')
end
```

程序运行结果:

```
Z=
```

```
    -1
P=
    -1.4737+2.2638i
    -1.4737-2.2638i
    -0.0263+0.7399i
    -0.0263-0.7399i
stable!
```

2. LYAP（A，Q）函数

MATLAB 中有一个 LYAP（A，Q）函数可以求出如下形式的李雅普诺夫方程：

$$AP + PA^{\mathrm{T}} = -Q$$

因为习惯的李雅普诺夫方程为 $A^{\mathrm{T}}P + PA = -Q$，所以必须用 A 的转置 A'代入，即

$$P = \text{Lyap（A′，Q）}$$

例如，通过 MATLAB 程序求 P 矩阵：

```
A=[0 1;-1-1];
A=A';%将 A 转置
Q=[1 0;0 1];
P=lyap(A,Q)
end
```

运行结果为

```
P=
   1.5000    0.5000
   0.5000    1.0000
```

4.7　工程实践示例：直线倒立摆控制系统的稳定性分析

在第 2 章中已经得到直线倒立摆控制系统的状态空间表达式为

$$\begin{bmatrix} \dot{x} \\ \ddot{x} \\ \dot{\varphi} \\ \ddot{\varphi} \end{bmatrix} = \begin{bmatrix} 0 & 1 & 0 & 0 \\ 0 & 0 & 0 & 0 \\ 0 & 0 & 0 & 1 \\ 0 & 0 & 29.4 & 0 \end{bmatrix} \begin{bmatrix} x \\ \dot{x} \\ \varphi \\ \dot{\varphi} \end{bmatrix} + \begin{bmatrix} 0 \\ 1 \\ 0 \\ 3 \end{bmatrix} u'$$

$$y = \begin{bmatrix} x \\ \phi \end{bmatrix} = \begin{bmatrix} 1 & 0 & 0 & 0 \\ 0 & 0 & 1 & 0 \end{bmatrix} \begin{bmatrix} x \\ \dot{x} \\ \phi \\ \dot{\phi} \end{bmatrix} + \begin{bmatrix} 0 \\ 0 \end{bmatrix} u'$$

采用李雅普诺夫第一法对系统进行稳定性分析，使用 MATLAB 软件，程序如下：

```
A=[0 1 0 0;0 0 0 0;0 0 0 1;0 0 29.0];
B=[0;1;0;3];
```

```
C=[1 0 0 0;0 0 1 0];
D=[0;0];
[Z,P]=ss2zp(A,B,C,D)
PR=find(real(P)>0);
nPR=length(PR);
if(nPR>0),disp('Unstable!')
end
```

程序运行结果:

```
Z=
  -5.3852        -0.0000+0.0000i
   5.3852        -0.0000-0.0000i
P=
    5.3852
   -5.3852
0
0
Unstable!
```

系统不稳定。

习　　题

1. 判断下列二次型函数的符号性质:

（1）$Q(X)=-x_1^2-3x_2^2-11x_3^2+2x_1x_1-x_2x_3-2x_1x_3$。

（2）$Q(X)=x_1^2+4x_2^2+x_3^2-2x_1x_2-6x_2x_3-2x_1x_3$。

2. 已知二阶系统的状态方程:

$$\dot{X}=\begin{bmatrix} a_{11} & a_{12} \\ a_{21} & a_{22} \end{bmatrix}X$$

试确定系统在平衡状态处大范围渐近稳定的条件。

3. 以李雅普诺夫第二法确定下列系统原点的稳定性:

（1）$\dot{X}=\begin{bmatrix} -1 & 1 \\ 2 & -3 \end{bmatrix}X$。

（2）$\dot{X}=\begin{bmatrix} -1 & 1 \\ -1 & -1 \end{bmatrix}X$。

4. 下列是描述两种生物个数的沃尔泰拉（Volterra）方程:

$$\dot{x}_1=\alpha x_1+\beta x_1x_2$$
$$\dot{x}_2=\gamma x_2+\delta x_1x_2$$

式中，x_1, x_2 分别表示两种生物的个数；α、β、γ、δ 为非 0 实数。

（1）确定系统的平衡点。

（2）在平衡点附近进行线性化，并讨论平衡点的稳定性。

5. 试求下列非线性微分方程：

$$\dot{x}_1 = x_2$$
$$\dot{x}_2 = -\sin x_1 - x_2$$

的平衡点，然后对各平衡点进行线性化，并讨论平衡点的稳定性。

6. 设非线性系统状态方程为

$$\dot{x}_1 = x_2$$
$$\dot{x}_2 = -a(1+x_2)^2 x_2 - x_1, \quad a>0$$

试确定其平衡状态的稳定性。

7. 设线性离散系统的状态方程为

$$x_1(k+1) = x_1(k) + 3x_2(k)$$
$$x_2(k+1) = -3x_1(k) - 2x_2(k) - 3x_3(k)$$
$$x_3(k+1) = x_1(k)$$

试确定平衡状态的稳定性。

8. 设线性离散系统的状态方程为

$$X(k+1) = \begin{bmatrix} 0 & 1 & 0 \\ 0 & 0 & 1 \\ 0 & k/2 & 0 \end{bmatrix} X(k), \quad k>0$$

试求在平衡点 $X_e = 0$ 处，系统渐近稳定时 k 的取值范围。

9. 设非线性系统状态方程为

$$\dot{x}_1 = x_2$$
$$\dot{x}_2 = -x_1^3 - x_2$$

试用克拉索夫斯基法确定系统原点的稳定性。

10. 已知非线性系统状态方程：

$$\dot{x}_1 = x_2$$
$$\dot{x}_2 = -(a_1 x_1 + a_2 x_1^2 x_2)$$

试证明在 $a_1>0$、$a_2>0$ 时，系统是大范围渐近稳定的。

11. 设非线性系统：

$$\dot{x}_1 = a x_1 + x_2$$
$$\dot{x}_2 = x_1 - x_2 + b x_2^5$$

试用克拉索夫斯基法确定原点为大范围渐近稳定时，参数 a 和 b 的取值范围。

12. 试用变量梯度法构造下列系统的李雅普诺夫函数：

（1）$\begin{cases} \dot{x}_1 = -x_1 + 2x_1^2 x_2 \\ \dot{x}_2 = -x_2 \end{cases}$。

（2）$\begin{cases} \dot{x}_1 = x_2 \\ \dot{x}_2 = a_1(t) x_1 + a_2(t) x_2 \end{cases}$。

第5章　控制系统的能控性与能观测性——控制系统定性分析

控制系统的能控性与能观测性是现代控制理论中的两个重要概念。顾名思义，其就是分析控制系统的状态变化能否控制和能否观测的问题。

现代控制理论建立在用状态空间法描述控制系统的基础上。状态方程描述了输入 $U(t)$ 引起状态 $X(t)$ 的变化过程；输出方程描述由状态变化引起的输出 $Y(t)$ 的变化。能控性和能观测性正是分别定性地描述输入 $U(t)$ 对状态 $X(t)$ 的控制能力及输出 $Y(t)$ 对状态 $x(t)$ 的反映能力。对于控制系统，必然涉及如下两个问题：

（1）输入能否控制状态的变化，能否选择合适的控制作用使系统在有限的时间内从当前状态 $X(t_0)$ 转移到所希望的状态 $X(t_f)$，即能控性，反映控制输入对系统状态的支配能力。

（2）状态的变化能否由输出反映出来，能否通过在一段时间内对系统输出量 $Y(t)$ 的测定值来确定系统的初始状态，即能观测性，反映输出对系统状态的识别能力。

能控性和能观测性是卡尔曼在 1960 年首先提出来的。能控性和能观测性的概念在现代控制理论中无论是理论上还是实践上都非常重要。例如，在最优控制问题中，其任务是寻找输入 $U(t)$，使状态达到预期的轨迹。就定常系统而言，如果系统的状态不受控于输入 $U(t)$，当然就无法实现最优控制。另外，为了改善系统的品质，在工程上常用状态变量作为反馈信息。可是状态 $X(t)$ 的值通常是难以测取的，往往需要从测量到的 $Y(t)$ 中估计出状态 $X(t)$；如果输出 $Y(t)$ 不能完全反映系统的状态 $X(t)$，那么就无法实现对状态的估计。

控制系统的能控性与能观测性是建立在状态空间描述基础上的。能控性与能观测性是利用状态方程、输出方程分析输入 $U(t)$ 对状态 $X(t)$ 的控制能力和输出 $Y(t)$ 对状态的反映能力。一个系统若具有很好的能控性和能观测性，就可以对它实施最优控制。

在经典控制理论中，只限于讨论控制作用（输入）对输出的控制，输入量与输出量之间的关系可唯一地由系统传递函数所确定，只要满足系统稳定条件，系统对输出就是能控制的，同时它也是能观测到的。

在现代控制理论中，从对状态的支配能力和测辨能力两个方法揭示控制系统的属性，能控性是控制作用对被控系统状态进行控制的可能性，能观测性是由系统测量值确定系统状态的可能性。对于给定的系统称其完全能控是指对任意初始时刻的任意一个初始状态总可以找到一个控制使得系统在有限时间内达到目标状态。完全能观测性是指对任意初始状态均可用以后有限时间内的输入与输出来唯一确定。

下面从状态空间表达式中给出控制系统能控性和能观测性的直观示例。

（1） $\dot{X}=\begin{bmatrix}1 & 0\\0 & 2\end{bmatrix}X+\begin{bmatrix}0\\2\end{bmatrix}u$；

$y=\begin{bmatrix}1 & 0\end{bmatrix}X$。

分析：

上述动态方程写成方程组形式：

$$\begin{cases}\dot{x}_1=x_1\\\dot{x}_2=2x_2+2u\\y=x_1\end{cases}$$

从图 5.1 来看，输入 u 不能控制状态变量 x_1，所以状态变量 x_1 是不可控的；从输出方程看，输出 y 不能反映状态变量 x_2，所以状态变量 x_2 是不能观测的，即状态变量 x_1 不能控，能观测；状态变量 x_2 能控、不能观测。

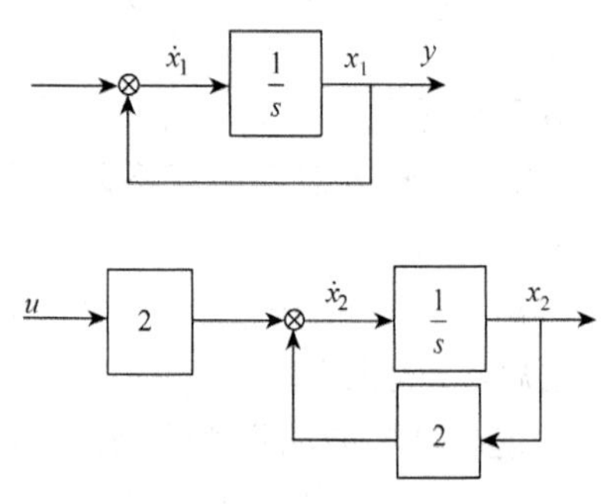

图 5.1　状态方程和系统模拟结构图（1）

（2） $\dot{X}=\begin{bmatrix}1 & 0\\0 & 2\end{bmatrix}X+\begin{bmatrix}1\\1\end{bmatrix}u$；

$y=\begin{bmatrix}1 & 1\end{bmatrix}X$。

分析：

上述动态方程写成方程组形式：

$$\begin{cases}\dot{x}_1=x_1+u\\\dot{x}_2=2x_2+u\\y=x_1+x_2\end{cases}$$

从图 5.2 来看，由于状态变量 x_1、x_2 都受控于输入 u，所以系统是可控的；输出 y 能反映状态变量 x_1，又能反映状态变量 x_2 的变化，所以系统是可观测的，即状态变量 x_1 能控、能观测；状态变量 x_2 能控、能观测。

（3） $\dot{X}=\begin{bmatrix}1 & 0\\0 & 1\end{bmatrix}X+\begin{bmatrix}1\\1\end{bmatrix}u$；

$y=\begin{bmatrix}1 & 1\end{bmatrix}X$。

分析：

上述动态方程写成方程组形式：

$$\begin{cases}\dot{x}_1=x_1+u\\\dot{x}_2=x_2+u\\y=x_1+x_2\end{cases}$$

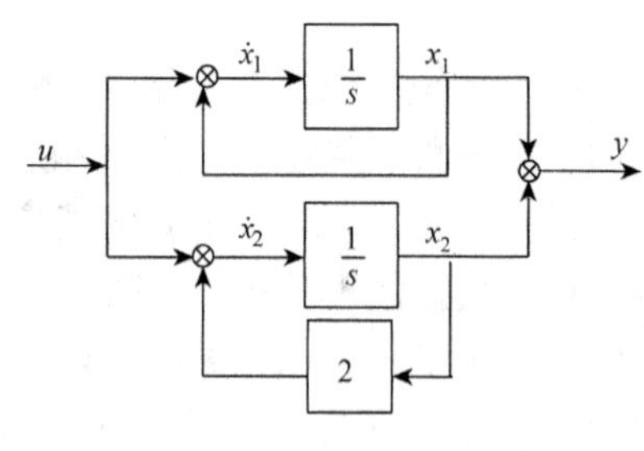

图 5.2　状态方程和系统模拟结构图（2）

从状态方程看，输入 u 能对状态变量 x_1、x_2 施加影响，似乎该系统的所有状态变量都是能控的；从输出方程看，输出 y 能反映状态变量 x_1、x_2 的变化，似乎系统是能观测的。实际上，这个系统的两个状态变量既不是完全能控的，也不是完全能观测的。

上述的直观示例对能控性、能观测性的说明不严密，以下将讨论能控性和能观测性的严格定义及判别方法。

5.1　线性连续定常系统的能控性

5.1.1　线性连续定常系统能控性的定义

能控性是系统在控制作用$U(t)$的作用下，状态矢量$X(t)$的转移情况，而与输出$Y(t)$无关，所以只需从系统的状态方程研究出发即可。

对于线性连续定常系统的状态方程：

$$\dot{X} = AX + BU$$

如果存在一分段连续控制向量$U(t)$，能在有限时间区间$[t_0，t_f]$内，将系统从某一初始状态$X(t_0)$转移到任意终端状态$X(t_f)$，则称此状态是能控的。若系统的所有状态$X(t)$都是能控的，则称此系统是状态完全能控的，或者简称系统是能控的。

上述定义可以在二阶系统的状态空间上来说明，如图 5.3 所示，假如二维状态空间平面中的P点能在输入的作用下转移到任一指定状态$P_1, P_2, \cdots, P_n$，则状态空间上的P点是能控状态。

假如能控状态“充满”整个状态空间，即对于任意初始状态都能找到相应的控制输入$U(t)$，使得在有限时间间隔内将此状态转移到状态空间中的任一指定状态，则称该系统为状态完全能控。可以看出，系统中某一状态的能控和系统的状态完全能控在含义上是不同的。

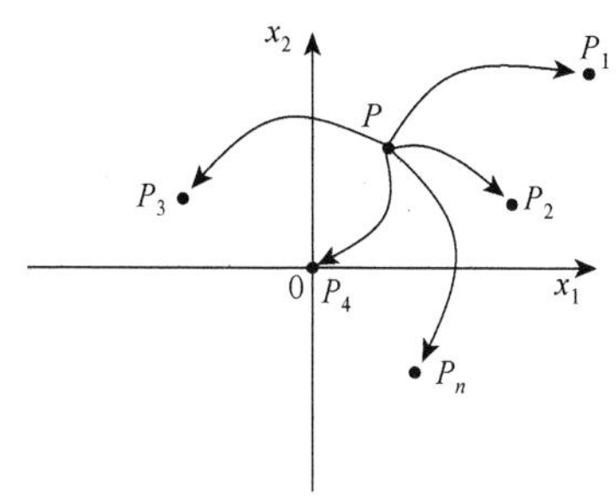

图 5.3　系统能控性示意图

关于线性连续定常系统能控性的几点说明：

（1）把系统的初始状态规定为状态空间中的任意非零点，而终端状态规定为状态空间中的原点。于是，能控性定义可表述为对于给定的线性连续定常系统$\dot{X} = AX + BU$，如果存在一个分段连续的输入$U(t)$，能在有限时间间隔$[t_0, t_f]$内，将系统由任意非零初始状态$X(t_0)$转移到零状态$X(t_f)$，则称此系统是状态完全能控的，简称系统是能控的。

（2）把系统的初始状态规定为状态空间的原点，即$X(t_0) = 0$，终端状态规定为任意非零有限点，则可达定义表述如下：对于给定的线性连续定常系统$\dot{X} = AX + BU$，如果存在一个分段连续的输入$U(t)$，能在有限时间间隔$[t_0, t_f]$内，将系统由零初始状态$X(t_0)$转移到任一指定的非零终端状态$X(t_f)$，则称此系统是状态完全可达的，简称系统是可达的（能达的）。对于线性连续定常系统，能控性和能达性是可以互逆的，即能控系统一定是能达系统，能达系统一定是能控系统。

（3）在讨论能控性问题时，控制作用从理论上说是无约束的，只要能使状态从$X(t_0)$到达$X(t_f)$即可，而不计较到达的轨迹。

5.1.2　线性连续定常系统能控性的判别

线性连续定常系统能控性的判别准则有两种形式：一种是先将系统进行状态变换，把状态方程化为对角标准型或约旦标准型（$\bar{A}$，$\bar{B}$），再根据$\bar{B}$阵确定系统的能控性；另一种是直接根据状态方程的A阵和B阵，确定其能控性。

1. 对角标准型或约旦标准型系统的能控性判别

将控制系统状态空间表达式进行线性变换，把状态方程转化为对角标准型或约旦标准型，再根据控制矩阵，确定系统的能控性。

1）单输入系统

具有对角标准型的单输入系统的状态方程为

$$\dot{X} = \Lambda X + bu \tag{5.1}$$

式中，

$$b = \begin{bmatrix} b_1 \\ b_2 \\ \vdots \\ b_n \end{bmatrix}$$

$\lambda_1 \neq \lambda_2 \neq \lambda_3 \neq \cdots \neq \lambda_n$，即有$n$个互异根。这里，系统矩阵为对角型，可认为是约旦标准型的一种特殊形式。

或者具有约旦标准型的单输入系统的状态方程为

$$\dot{X} = JX + bu \tag{5.2}$$

式中，

$$J = \left(\begin{array}{ccccc|cccc|cccc}
\lambda_1 & 1 & & & & & & & & & & & \\
 & \lambda_1 & 1 & 0 & & & & & & & & & \\
 & & \ddots & \ddots & & & 0 & & & & 0 & & \\
 & 0 & & \ddots & 1 & & & & & & & & \\
 & & & & \lambda_1 & & & & & & & & \\
\hline
 & & & & & \lambda_m & 1 & & & & & & \\
 & & 0 & & & & \ddots & \ddots & 0 & & 0 & & \\
 & & & & & & 0 & \ddots & 1 & & & & \\
 & & & & & & & & \lambda_m & & & & \\
\hline
 & & & & & & & & & \lambda_{m+1} & & & \\
 & & & & & & & & & & \ddots & & 0 \\
 & & 0 & & & & 0 & & & 0 & & \ddots & \\
 & & & & & & & & & & & & \lambda_n
\end{array}\right)$$

从J矩阵中可看到，有$(m-l)$个λ_1重根，l个λ_m重根，$n-m$个互异根$\lambda_{m+1} \neq \lambda_{m+2} \neq \cdots \neq \lambda_n$，

$$b = \begin{bmatrix} b_1 \\ b_2 \\ \vdots \\ b_n \end{bmatrix}$$

下面以二阶系统为例，对具有对角标准型或约旦标准型的单输入系统能控性进行分析。

$$\dot{X}=\begin{bmatrix}\lambda_1 & 0\\ 0 & \lambda_2\end{bmatrix}X+\begin{bmatrix}0\\ b_2\end{bmatrix}u,\quad y=\begin{bmatrix}c_1 & c_2\end{bmatrix}X \tag{5.3}$$

分析：系统矩阵 A 为对角标准型。其一阶微分方程组形式为

$$\begin{cases}\dot{x}_1=\lambda_1 x_1\\ \dot{x}_2=\lambda_2 x_2+b_2 u\\ y=c_1 x_1+c_2 x_2\end{cases} \tag{5.4}$$

从式(5.4)中看出，$\dot{x}_1$ 与 u 无关，即不受 u 控制，因而只有一个特殊状态。$\bar{X}=\begin{bmatrix}0\\ x_2(t)\end{bmatrix}$ 是能控状态，为状态不完全能控的，因而为不能控系统。根据式（5.4）画出系统的结构图如图 5.4 所示，它是一个并联型的结构，对应 $\dot{x}_1$ 这方块而言，它是一个与 u 无联系的孤立部分，状态 $\dot{x}_1$ 是不能控的。

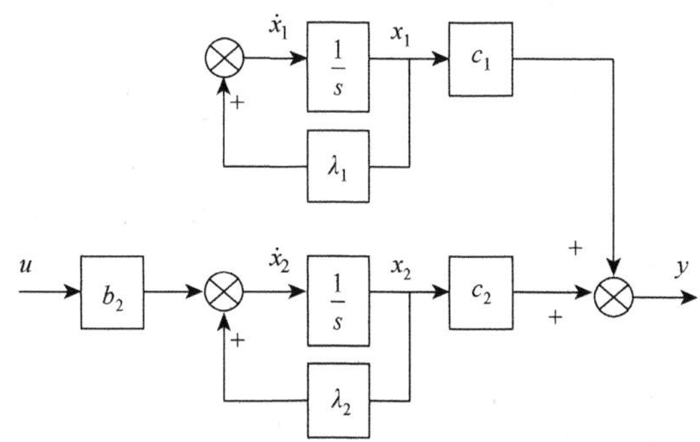

图 5.4　不完全能控的系统模拟结构图

$$\dot{X}=\begin{bmatrix}\lambda_1 & 1\\ 0 & \lambda_1\end{bmatrix}X+\begin{bmatrix}0\\ b_2\end{bmatrix}u,\quad y=\begin{bmatrix}c_1 & c_2\end{bmatrix}X \tag{5.5}$$

分析：系统矩阵 A 为约旦型。其一阶微分方程组形式为

$$\begin{cases}\dot{x}_1=\lambda_1 x_1+x_2\\ \dot{x}_2=\lambda_2 x_2+b_2 u\end{cases} \tag{5.6}$$

$$y=c_1 x_1+c_2 x_2$$

从式（5.6）可看出，虽然 $\dot{x}_1$ 与 $u(t)$ 无直接关系，但它与 x_2 是有联系的，而 x_2 是受控于 $u(t)$ 的，所以系统的各状态完全能控。根据式（5.5）画出系统的结构图如图 5.5 所示，它是一个串联型的结构，没有孤立部分，表明其状态是完全能控的。

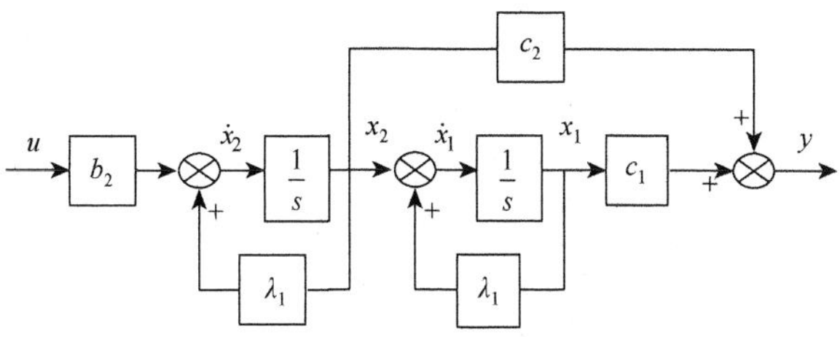

图 5.5　完全能控的系统模拟结构图

$$\dot{X}=\begin{bmatrix}\lambda_1 & 1\\ 0 & \lambda_1\end{bmatrix}X+\begin{bmatrix}b_1\\ 0\end{bmatrix}u\text{，}\quad y=\begin{bmatrix}c_1 & c_2\end{bmatrix}X \tag{5.7}$$

分析：系统矩阵 A 虽然也为约旦型，但控制矩阵第二行的元素却为 0，其一阶微分方程组形式为

$$\begin{cases}\dot{x}_1=\lambda_1 x_1+x_2+b_1 u\\ \dot{x}_2=\lambda_2 x_2\end{cases} \tag{5.8}$$

$$y=c_1x_1+c_2x_2$$

对于式（5.8），只有 x_2 本身，它不受 $u(t)$ 控制，从而是不能控的。

根据以上分析可以得出以下结论：

（1）系统的能控性取决于状态方程中的系统矩阵 A 和控制矩阵 b。系统矩阵 A 是由系统的结构和内部参数决定的，控制矩阵 b 与控制作用的施加点有关。因此，系统的能控性完全取决于系统的结构、参数及控制作用的施加点。如图 5.4 所示，控制作用只施加于 x_2，没有施加于 x_1，这些没有与输入联系的孤立部分所对应的状态变量是不可控的。

（2）在 A 为对角标准型矩阵的情况下，如果 b 的元素有为 0 的，则与之对应的一阶标量状态方程必为齐次微分方程，而与 $u(t)$ 无关。这样，该方程的解无强制分量，在非零初始条件时，系统状态不可能在有限时间 t_f 内衰减到零状态。从状态空间上说，$X^{\mathrm{T}}=[x_1\ \ x_2\cdots x_n]$ 是不完全能控的。

（3）在 A 为约旦标准型矩阵的情况下，由于前一个状态总是受下一个状态的控制，故只有当 b 中相应于约旦块的最后一行的元素为零时，相应的状态方程为一个一阶标量齐次微分方程，而成为不完全能控的。

（4）不能控的状态在结构图中表现为存在与 $u(t)$ 无关的孤立方块，它对应的是一阶齐次微分方程的模拟结构图，其自由解是 $x_i(0)\mathrm{e}^{\lambda_i t}$，故为不能控的状态。

2）多输入系统

如果控制系统为具有一般系统矩阵的多输入系统，则系统的状态方程为

$$\dot{X}=AX+BU \tag{5.9}$$

若令 $X=TZ$，则式（5.9）可变换为约旦标准型：

$$\dot{Z}=\Lambda Z+T^{-1}BU\text{，}\qquad \Lambda=T^{-1}AT \tag{5.10}$$

这里，系统矩阵为对角标准型，可认为是约旦标准型的一种特殊形式。

或

$$\dot{Z}=JZ+T^{-1}BU\text{，}\qquad J=T^{-1}AT \tag{5.11}$$

可以证明，系统的线性变换不改变系统的能控性。

由于线性变换不会改变系统的特征值，而从前面可知，若某个状态 x_i 不能控，也就是说 $x_i(0)\mathrm{e}^{\lambda_i t}$ 的自由分量不能控，即相应特征值的自然模式 $\mathrm{e}^{\lambda_i t}$ 不能控，因为线性变换不会改变系统的特征值，所以说不改变系统的能控性。

根据以上分析，可以推出一般系统的能控性判据，如下：

（1）若系统矩阵 A 的特征值互异，则系统矩阵可变换为对角标准型，系统能控性的充分必要条件：控制矩阵 $T^{-1}B$ 的各行元素没有全为 0 的。

（2）若系统矩阵 A 的特征值有相同的，则系统矩阵可变换为约旦标准型，系统能控

性的充分必要条件：①$T^{-1}B$ 中对应于相同特征值的部分与每个约旦块最后一行相对应的一行元素没有全为 0 的；②$T^{-1}B$ 中对应于互异根的部分的各行元素没有全为 0 的。

【例 5.1】　判断下列系统的能控性。

（1）$\begin{bmatrix}\dot{x}_1\\ \dot{x}_2\\ \dot{x}_3\end{bmatrix}=\begin{bmatrix}\lambda_1 & 1 & 0\\ 0 & \lambda_1 & 0\\ 0 & 0 & \lambda_2\end{bmatrix}\begin{bmatrix}x_1\\ x_2\\ x_3\end{bmatrix}+\begin{bmatrix}0\\ b_2\\ b_3\end{bmatrix}u$。

（2）$\begin{bmatrix}\dot{x}_1\\ \dot{x}_2\\ \dot{x}_3\end{bmatrix}=\begin{bmatrix}\lambda_1 & 1 & 0\\ 0 & \lambda_1 & 0\\ 0 & 0 & \lambda_3\end{bmatrix}\begin{bmatrix}x_1\\ x_2\\ x_3\end{bmatrix}+\begin{bmatrix}b_{11} & b_{12}\\ 0 & 0\\ b_{31} & b_{32}\end{bmatrix}U$。

解　（1）该系统属于能控系统。

（2）该系统是状态不完全能控的，为不能控系统。

【例 5.2】　已知控制系统状态方程如下，判断其是否能控。

$$\dot{X}=\begin{bmatrix}-4 & 5\\ 1 & 0\end{bmatrix}X+\begin{bmatrix}-5\\ 1\end{bmatrix}u$$

解　将其变换成对角标准型。

（1）先求其特征根。

$$|\lambda I-A|=\begin{vmatrix}\lambda+4 & -5\\ -1 & \lambda\end{vmatrix}=\lambda^2+4\lambda-5=(\lambda+5)(\lambda-1)=0$$

特征根为 $\lambda_1=-5$、$\lambda_2=1$。

（2）再求变换矩阵。

根据

$$Ap_1=\lambda_1 p_1\Rightarrow p_1=\begin{bmatrix}-5\\ 1\end{bmatrix}$$

$$Ap_2=\lambda_2 p_2\Rightarrow p_2=\begin{bmatrix}1\\ 1\end{bmatrix}$$

变换矩阵 T 为

$$T=[p_1\quad p_2]=\begin{bmatrix}-5 & 1\\ 1 & 1\end{bmatrix}$$

$$T^{-1}=\frac{1}{\begin{vmatrix}-5 & 1\\ 1 & 1\end{vmatrix}}\cdot\begin{bmatrix}1 & -1\\ -1 & -5\end{bmatrix}=\begin{bmatrix}-\frac{1}{6} & \frac{1}{6}\\ \frac{1}{6} & \frac{5}{6}\end{bmatrix}$$

$$T^{-1}b=\begin{bmatrix}-\frac{1}{6} & \frac{1}{6}\\ \frac{1}{6} & \frac{5}{6}\end{bmatrix}\begin{bmatrix}-5\\ 1\end{bmatrix}=\begin{bmatrix}1\\ 0\end{bmatrix}$$

$$\dot{Z} = T^{-1}ATZ + T^{-1}bu = \begin{bmatrix} -5 & 0 \\ 0 & 1 \end{bmatrix} Z + \begin{bmatrix} 1 \\ 0 \end{bmatrix} u$$

因为$T^{-1}B$最后一行元素为 0，故系统是不能控的。

2. 直接由 A 与 B 判别系统的能控性

1）单输入系统

对于线性连续定常单输入系统：

$$\dot{X} = AX + bu \tag{5.12}$$

其能控的充要条件为A、b构成的能控判别阵：

$$M = [b \quad Ab \quad A^2b \quad \cdots \quad A^{n-1}b] \tag{5.13}$$

的秩等于n（满秩），即$\text{rank}(M) = n$。否则，当$\text{rank}(M) < n$时，系统为不能控的。

证明　式（5.12）的解为

$$X(t) = \Phi(t - t_0)X(t_0) + \int_{t_0}^{t} \Phi(t - \tau)bu(\tau)\mathrm{d}\tau, \quad t \geqslant t_0 \tag{5.14}$$

对任意的初始状态矢量$X(t_0)$，应能找到$U(t)$使其在有限时间$t_f \geqslant t_0$内转移到零状态$[X(t_f) = 0]$，令$t = t_f$、$X(t_f) = 0$，得

$$\Phi(t_f - t_0)x(t_0) = -\int_{t_0}^{t_f} \Phi(t_f - \tau)bu(\tau)\mathrm{d}\tau$$

左边同乘一个$\Phi^{-1}(t_f - t_0) = \Phi(t_0 - t_f)$，得

$$X(t_0) = -\int_{t_0}^{t_f} \Phi(t_0 - \tau)bu(\tau)\mathrm{d}\tau \tag{5.15}$$

根据 Cayley-Hamilton 定理，A的任一次幂，可由它的0，1，$\cdots,(n-1)$次幂线性表示，即

$$A^k = \sum_{j=0}^{n-1} a_{jk}A^j，\text{对任何的} k$$

又因

$$\Phi(t) = \mathrm{e}^{At} = \sum_{k=0}^{\infty} \frac{t^k}{k!}A^k \tag{5.16}$$

故

$$\Phi(t) = \sum_{k=0}^{\infty} \frac{t^k}{k!}A^k = \sum_{k=0}^{\infty} \frac{t^k}{k!} \sum_{j=0}^{n-1} a_{jk}A^j = \sum_{j=0}^{n-1} A^j \sum_{k=0}^{\infty} a_{jk} \frac{t^k}{k!} \tag{5.17}$$

其中，

$$\beta_j(t) = \sum_{k=0}^{\infty} a_{jk} \frac{t^k}{k!}$$

将上式代入式（5.15）有

$$X(t_0) = -\sum_{j=0}^{n-1} A^j b\gamma_j = -\sum_{j=0}^{n-1} A^j b\gamma_j \tag{5.18}$$

式中，

$$\gamma_j = \int_{t_0}^{t_f} \beta_i(t_0 - \tau)u(\tau)\mathrm{d}\tau, j = 0,1,2,\cdots,n-1, i = 0,1,2,\cdots,\gamma_{n-1}$$

由于 $u(t)$ 为标量函数，又是定限积分，所以 γ_j 也是标量，将式（5.18）写成矩阵形式：

$$X(t_0) = -[b \quad Ab \quad A^2b \quad \cdots \quad A^{n-1}b]\begin{bmatrix} \gamma_0 \\ \gamma_1 \\ \vdots \\ \gamma_{n-1} \end{bmatrix} \tag{5.19}$$

要使系统能控，则对任意给定的初始状态 $X(t_0)$ 应能从式（5.19）中解出 γ_j。

$$\begin{bmatrix} \gamma_0 \\ \gamma_1 \\ \vdots \\ \gamma_{n-1} \end{bmatrix} = -[b \quad Ab \quad A^2b \quad \cdots \quad A^{n-1}b]^{-1}\begin{bmatrix} x_1(t_0) \\ x_2(t_0) \\ \vdots \\ x_{n-1}(t_0) \end{bmatrix} \tag{5.20}$$

式中，$M = [b \quad Ab \quad \cdots \quad A^{n-1}b]$ 的逆存在。因此，必须保证系统秩等于 n（满秩），即 $\mathrm{rank}M = n$，判据得证。

【例 5.3】 判别下列线性系统的能控性。

$$\dot{X} = \begin{bmatrix} 0 & 1 & 0 \\ 0 & 0 & 1 \\ -a_0 & -a_1 & -a_2 \end{bmatrix}X + \begin{bmatrix} 0 \\ 0 \\ 1 \end{bmatrix}u$$

解

$$b = \begin{bmatrix} 0 \\ 0 \\ 1 \end{bmatrix},\ Ab = \begin{bmatrix} 0 \\ 1 \\ -a_2 \end{bmatrix},\ A^2b = \begin{bmatrix} 1 \\ -a_2 \\ -a_1 + a_2^2 \end{bmatrix}$$

$$M = [b \quad Ab \quad A^2b] = \begin{bmatrix} 0 & 0 & 1 \\ 0 & 1 & -a_2 \\ 1 & -a_2 & a_2^2 - a_1 \end{bmatrix}$$

它是一个三角形矩阵，斜对角线元素均为 1，因此不论 a_1、a_2 取何值，其秩为 3，即 $\mathrm{rank}(M) = 3 = n$，所以系统是能控的。

【例 5.4】 判别下列系统的能控性。

$$\dot{X} = \begin{bmatrix} \lambda_1 & 0 \\ 0 & \lambda_2 \end{bmatrix}X + \begin{bmatrix} b_1 \\ b_2 \end{bmatrix}u$$

解

$$|M| = b_1b_2\lambda_2 - b_1b_2\lambda_1 = b_1b_2(\lambda_1 - \lambda_2)$$

所以，当 $b_1 \neq 0$、$b_2 \neq 0$，且 $\lambda_1 \neq \lambda_2$ 时，$|M| \neq 0$，系统是能控的。

2）从输入对状态的传递函数矩阵判别系统的能控性

在单输入系统中，根据 A 和 B 还可以从输入和状态矢量间的传递函数矩阵确定能控性的充分必要条件。

$u-X$ 间的传递函数矩阵为

$$G_{uX}(s)=(sI-A)^{-1}b$$

状态完全能控的充分必要条件是：$G_{uX}(s)$ 没有零点和极点重合（对消）现象。否则，被相消的极点就是不能控的模式，为不能控系统。如果传递函数分子和分母约去一个相同公因子之后，就相当于状态变量减少了一维，系统出现一个低维能控子空间或一个不能控子空间，则属于不能控系统。

【例 5.5】　有系统如下，试判断其是否能控。

$$\dot{X}=\begin{bmatrix}-4 & 5\\ 1 & 0\end{bmatrix}X+\begin{bmatrix}-5\\ 1\end{bmatrix}u$$

$u-X$ 间的传递函数矩阵为

$$\begin{aligned}G_{uX}(s)=(sI-A)^{-1}b&=\begin{bmatrix}s+4 & -5\\ -1 & s\end{bmatrix}^{-1}\begin{bmatrix}-5\\ 1\end{bmatrix}\\ &=\frac{1}{(s+5)(s-1)}\begin{bmatrix}s & 5\\ 1 & s+4\end{bmatrix}\begin{bmatrix}-5\\ 1\end{bmatrix}\\ &=\frac{1}{(s+5)(s-1)}\begin{bmatrix}-5s+5\\ -5+s+4\end{bmatrix}\\ &=\frac{1}{(s+5)(s-1)}\begin{bmatrix}-5(s-1)\\ s-1\end{bmatrix}\\ &=\begin{bmatrix}-\dfrac{5}{s+5}\\ \dfrac{1}{s+5}\end{bmatrix}\end{aligned}$$

因为传递函数矩阵中有一个相同的零点和极点，所以该系统为不能控系统。

【例 5.6】　已知系统，从输入和状态矢量间的传递函数确定其能控性。

$$\dot{X}=\begin{bmatrix}0 & 1 & 0\\ 0 & 0 & 1\\ -a_0 & -a_1 & -a_2\end{bmatrix}X+\begin{bmatrix}0\\ 0\\ 1\end{bmatrix}u$$

解　$u-X$ 的传递函数矩阵为

$$G_{uX}(s)=\begin{bmatrix}s & -1 & 0\\ 0 & s & -1\\ a_0 & a_1 & s+a_2\end{bmatrix}^{-1}\begin{bmatrix}0\\ 0\\ 1\end{bmatrix}=\frac{1}{s^3+a_2s^2+a_1s+a_0}\begin{bmatrix}1\\ s\\ s^2\end{bmatrix}$$

$G_{uX}(s)$ 中不可能出现相同的零点和极点，即分子、分母不存在公因子的可能性，故能控规范型的状态方程一定是能控的。

3）多输入系统

对于多输入 n 阶连续定常系统：

$$\dot{X} = AX + BU \tag{5.21}$$

式中，A 为 $n \times n$ 矩阵；B 为 $n \times r$ 矩阵；U 为 r 维列矢量。

系统能控的充要条件为能控判别阵：

$$M = [B \quad AB \quad A^2B \quad \cdots \quad A^{n-1}B]$$

的秩等于 n，即 $\mathrm{rank}(M) = n$ 。

证明可按照单输入系统的方法进行，但这里不同的是控制 $U(t)$ 不再是标量，而是 r 维列矢量，相应的 $\varGamma_j$ 变为

$$\varGamma_j = \int_{t_0}^{t} \beta_j(t_0 - \tau)u(\tau)\mathrm{d}\tau$$

也是一个 r 维列矢量。故式（5.19）变为以下形式：

$$X(t_0) = -[B \quad AB \quad A^2B \quad \cdots \quad A^{n-1}B]\begin{bmatrix} \varGamma_0 \\ \varGamma_1 \\ \varGamma_2 \\ \vdots \\ \varGamma_{n-1} \end{bmatrix} \tag{5.22}$$

从式（5.22）可以看出，它是有 nr 个未知数的 n 个方程组，根据代数理论在非奇次线性方程（5.22）中，有解的充分必要条件是它的系数矩阵 M 和增广矩阵 $\left[M \quad X(t_0)\right]$ 的秩相等，即

$$\mathrm{rank}M = \mathrm{rank}\left[M \quad X(t_0)\right]$$

考虑 $X(t_0)$ 是任意给定的，欲使上式关系成立，M 的秩必须是满秩。

综上所述，若要使式（5.21）的线性连续定常系统是状态完全能控的，必须从式（5.22）线性方程组中解出 $\varGamma_{\mathrm{j}}$，而方程组有解的充分必要条件是矩阵 M 的秩必须是满秩，所以线性连续定常系统状态能控的充分必要条件是 M 满秩。

在多输入多输出系统中，M 是 $n \times nr$ 矩阵，不像单输入单输出系统中是 $n \times n$ 方阵，其秩的确定一般说要复杂一些。由于矩阵 M 与 M^{T} 的积是方阵，而它的非奇异性等价于 M 非奇异性，在计算行比列少的矩阵的秩时，常用 $\mathrm{rank}M = \mathrm{rank}(MM^{\mathrm{T}})$ 的关系，通过计算方阵 MM^{T} 的秩确定 M 的秩。

【例 5.7】 判别三阶两输入系统的能控性。

$$\dot{X} = \begin{bmatrix} 1 & 2 & 1 \\ 0 & 1 & 0 \\ 1 & 0 & 3 \end{bmatrix} X + \begin{bmatrix} 1 & 0 \\ 0 & 1 \\ 0 & 0 \end{bmatrix} \begin{bmatrix} u_1 \\ u_2 \end{bmatrix}$$

解

$$AB=\begin{bmatrix}1&2&1\\0&1&0\\1&0&3\end{bmatrix}\begin{bmatrix}1&0\\0&1\\1&0\end{bmatrix}=\begin{bmatrix}1&2\\0&1\\1&0\end{bmatrix}$$

$$A^2B=\begin{bmatrix}1&2&1\\0&1&0\\1&0&3\end{bmatrix}\begin{bmatrix}1&2&1\\0&1&0\\1&0&3\end{bmatrix}\begin{bmatrix}1&0\\0&1\\0&0\end{bmatrix}$$

$$=\begin{bmatrix}2&4&4\\0&1&0\\4&2&10\end{bmatrix}\begin{bmatrix}1&0\\0&1\\0&0\end{bmatrix}=\begin{bmatrix}2&4\\0&1\\4&2\end{bmatrix}$$

$$M=\left[\begin{array}{cc:cc:cc}1&0&1&2&2&4\\0&1&0&1&0&1\\0&0&1&0&4&2\end{array}\right]$$

$$MM^{\mathrm{T}}=\left[\begin{array}{cc:cc:cc}1&0&1&2&2&4\\0&1&0&1&0&1\\0&0&1&0&4&2\end{array}\right]\begin{bmatrix}1&0&0\\0&1&0\\1&0&1\\2&1&0\\2&0&4\\4&1&2\end{bmatrix}=\begin{bmatrix}26&6&17\\6&3&2\\17&2&21\end{bmatrix}$$

因为$\left|MM^{\mathrm{T}}\right|=319>0$易知$MM^{\mathrm{T}}$非奇异，故$M$满秩，系统是能控的，也可以从$M$的前三列看出，$M$矩阵是满秩的。所以说在多输入系统中，有时并不一定要计算出M矩阵。这就是说，在多输入系统中系统的能控条件是比较容易满足的。

5.1.3 线性连续定常系统的输出能控性

1. 线性连续定常系统输出能控性的定义

对于线性定常系统$\dot{X}=AX+BU$，$Y=CX+DU$，如果存在一个分段连续的输入$U(t)$，能在有限时间间隔$[t_0,t_f]$内，使得系统从任意初始输出$Y(t_0)$转移到指定的任意最终输出$Y(t_f)$，则称该系统是输出完全能控的，简称系统输出能控。

2. 线性连续定常系统输出能控性的判别

设线性连续定常系统$\dot{X}=AX+BU$，$Y=CX+DU$。其输出能控的充分必要条件是由A、B、C、D构成的输出能控性判别矩阵：

$$Q_{YC}=[CB\quad CAB\quad CA^2B\quad\cdots\quad CA^{n-1}B\quad D]$$

的秩等于输出变量的维数q，即

$$\mathrm{rank}Q_{YC}=q$$

一般而言，系统输出能控性和状态能控性之间没有什么必然的联系，即输出能控不一定状态能控，状态能控不一定输出能控。

【例 5.8】 判断下列系统的状态、输出能控性。

$$\dot{X}=\begin{bmatrix}0 & 1\\ -1 & -2\end{bmatrix}X+\begin{bmatrix}1\\ -1\end{bmatrix}u$$

$$y=\begin{bmatrix}1 & 0\end{bmatrix}x$$

解 状态能控性判别矩阵：

$$M=\begin{bmatrix}b & Ab\end{bmatrix}=\begin{bmatrix}1 & -1\\ -1 & 1\end{bmatrix}$$

$\text{rank}(M)=1<2$，故状态不能控。

输出能控性判别矩阵：

$$Q_{yc}=\begin{bmatrix}cb & cAb & d\end{bmatrix}=\begin{bmatrix}1 & -1 & 0\end{bmatrix}$$

$\text{rank}Q_{yc}=1=q$，所以系统输出能控。

5.1.4 线性连续定常系统能控性判别准则总结

1. 能控性判据一

秩判据：对于 n 阶线性连续定常系统 $\dot{X}=AX+BU$，其状态完全能控的充分必要条件是：由 A、B 构成的能控性判别矩阵：

$$M=[B\quad AB\quad A^2B\quad \cdots\quad A^{n-1}B]$$

满秩，即

$$\text{rank}(M)=n$$

式中，n 为该系统的维数。

【例 5.9】 判别下列状态方程的能控性。

（1）$\dot{X}=\begin{bmatrix}-2 & 1\\ 0 & -1\end{bmatrix}X+\begin{bmatrix}1\\ 0\end{bmatrix}u$。

（2）$\dot{X}=\begin{bmatrix}1 & 0\\ 0 & 1\end{bmatrix}X+\begin{bmatrix}1\\ 1\end{bmatrix}u$。

（3）$\dot{X}=\begin{bmatrix}0 & 1\\ -1 & 0\end{bmatrix}X+\begin{bmatrix}0\\ 1\end{bmatrix}u$。

（4）$\dot{X}=\begin{bmatrix}1 & 1 & 0\\ 0 & 1 & 0\\ 0 & 1 & 1\end{bmatrix}X+\begin{bmatrix}0 & 1\\ 1 & 0\\ 0 & 1\end{bmatrix}u$。

解 （1）$M=[b\quad Ab]=\begin{bmatrix}1 & -2\\ 0 & 0\end{bmatrix}$，$\text{rank}(M)=1<n$，所以系统不能控。

（2）$M=[b \quad Ab]=\begin{bmatrix}1 & 1\\1 & 1\end{bmatrix}$，$\mathrm{rank}(M)=1<n$，所以系统不能控。

（3）$M=[b \quad Ab]=\begin{bmatrix}0 & 1\\1 & 0\end{bmatrix}$，$\mathrm{rank}(M)=2=n$，所以系统能控。

（4）$M=[b \quad Ab \quad A^2b]=\begin{bmatrix}0 & 1 & 1 & 1 & 2 & 1\\1 & 0 & 1 & 0 & 1 & 0\\0 & 1 & 1 & 1 & 2 & 1\end{bmatrix}$，$\mathrm{rank}(M)=2<n$，所以系统不能控。

2. 能控性判据二

因为线性变换后，能控性不变。设线性连续定常系统 $\dot{X}=AX+BU$ 具有互不相同的实特征值，则其状态完全能控的充分必要条件是系统经非奇异变换后的对角标准型

$$\dot{\bar{X}}=\begin{bmatrix}\lambda_1 & & 0\\ & \ddots & \\ 0 & & \lambda_n\end{bmatrix}\bar{X}+\bar{B}U$$

中，$\bar{B}$ 矩阵不存在全零行。

应注意特征值互不相同这个条件，如果特征值不是互不相同的，即对角矩阵 $\bar{A}$ 中含有相同元素时，上述判据不适用。应根据秩判据来判断系统是否能控。

【例 5.10】 判别下列系统的状态能控性。

（1）$\dot{X}=\begin{bmatrix}-7 & 0 & 0\\0 & -5 & 0\\0 & 0 & -1\end{bmatrix}X+\begin{bmatrix}2\\5\\7\end{bmatrix}u$。

（2）$\dot{X}=\begin{bmatrix}-7 & 0 & 0\\0 & -5 & 0\\0 & 0 & -1\end{bmatrix}X+\begin{bmatrix}0\\5\\7\end{bmatrix}u$。

（3）$\dot{X}=\begin{bmatrix}-7 & 0 & 0\\0 & -5 & 0\\0 & 0 & -1\end{bmatrix}X+\begin{bmatrix}0 & 1\\4 & 0\\7 & 5\end{bmatrix}U$。

（4）$\dot{X}=\begin{bmatrix}-7 & 0 & 0\\0 & -5 & 0\\0 & 0 & -1\end{bmatrix}X+\begin{bmatrix}0 & 1\\0 & 0\\7 & 5\end{bmatrix}U$。

解

（1）状态方程为对角标准型，B 矩阵中不含有元素全为零的行，故系统是能控的。

（2）状态方程为对角标准型，B 矩阵中含有元素全为零的行，故系统是不能控的。

（3）系统是能控的。

（4）系统是不能控的。

【例 5.11】 判别下列系统的状态能控性。

$$\dot{X}=\begin{bmatrix}2&0&0\\0&2&0\\0&0&2\end{bmatrix}X+\begin{bmatrix}1\\1\\1\end{bmatrix}u$$

解　在应用这个判别准则时，应注意到特征值互不相同这个条件，如果特征值不是互不相同的，即对角矩阵 $\overline{A}$ 中含有相同元素时，上述判据不适用，应根据秩判据来判断。对于本例：

$$M=[b\quad Ab\quad A^2b]=\begin{bmatrix}1&2&4\\1&2&4\\1&2&4\end{bmatrix}，\ \mathrm{rank}(M)=1<3，即系统是不能控的。$$

3. 能控性判据三

若线性连续定常系统 $\dot{X}=AX+BU$，具有重实特征值且每一个重特征值只对应一个独立特征向量，则系统状态完全能控的充分必要条件是：系统经非奇异变换后的约旦标准型

$$\dot{\overline{X}}=\begin{bmatrix}J_1&&0\\&\ddots&\\0&&J_k\end{bmatrix}\overline{X}+\overline{B}U$$

中，每个约旦块 J_i（$i=1,2,\cdots,k$）最后一行所对应的 $\overline{B}$ 矩阵中的各行元素不全为零。应用时需要注意：

（1）输入矩阵 $\overline{B}$ 中与约旦块最后一行对应的行不存在全零行。

（2）$\overline{B}$ 矩阵中与互异特征值所对应的行不存在全零行。

（3）当 A 矩阵的相同特征值分布在 $\overline{A}$ 矩阵的两个或更多约旦块时，如 $\begin{bmatrix}\lambda_1&1&\\&\lambda_1&\\&&\lambda_1\end{bmatrix}$，以上判据不适用，可根据能控性判据一（秩判据）来判别系统的能控性。

【例 5.12】　判别下列系统的状态能控性。

（1）$\dot{X}=\begin{bmatrix}-4&1\\0&-4\end{bmatrix}x+\begin{bmatrix}0\\2\end{bmatrix}u$。

（2）$\dot{X}=\begin{bmatrix}-4&1\\0&-4\end{bmatrix}x+\begin{bmatrix}2\\0\end{bmatrix}u$。

（3）$\dot{X}=\begin{bmatrix}-4&1&&\\0&-4&&0\\&&-3&1\\&0&0&-3\end{bmatrix}X+\begin{bmatrix}0&0\\0&1\\0&0\\2&0\end{bmatrix}U$。

（4）$\dot{X}=\begin{bmatrix}-4&1&&\\0&-4&&0\\&&-3&1\\&0&0&-3\end{bmatrix}X+\begin{bmatrix}0&1\\0&0\\2&0\\0&1\end{bmatrix}U$。

（5）$\dot{X}=\begin{bmatrix}2 & 1 & 0\\0 & 2 & 0\\0 & 0 & 3\end{bmatrix}X+\begin{bmatrix}0\\1\\0\end{bmatrix}u$。

（6）$\dot{X}=\begin{bmatrix}2 & 1 & 0\\0 & 2 & 0\\0 & 0 & 2\end{bmatrix}X+\begin{bmatrix}0\\1\\1\end{bmatrix}u$。

解　（1）系统是能控的。

（2）系统是不能控的。

（3）系统是能控的。

（4）系统是不能控的。

（5）系统是不能控的。

（6）系统不能控（注意到“且每一个重特征值只对应一个独立特征向量”这一关键点。当不满足条件时，应使用秩判据。

$$M=[b\quad Ab\quad A^2b]=\begin{bmatrix}0 & 1 & 4\\1 & 2 & 4\\1 & 2 & 4\end{bmatrix}，\mathrm{rank}(M)=2<3，即系统是不能控的。$$

5.2　线性连续定常系统的能观测性

控制系统大多数采用反馈控制形式，现代控制理论中，其反馈信息是由系统的状态变量组合而成。但是，并非所有的系统状态变量在物理上都能测取到，能否通过对输出的测量获得全部状态变量的信息，这便是系统的能观测问题。

5.2.1　线性连续定常系统能观测性的定义

能观测性所表示的是输出 $Y(t)$ 反映状态变量 $X(t)$ 的能力，与控制作用没有直接关系，在分析能观测性问题时，只需从齐次状态方程和输出方程出发。

$$\begin{aligned}&\dot{X}=AX,\quad X(t_0)=X_0\\&Y=CX\end{aligned}\tag{5.23}$$

如果对任意给定的输入 u，在有限的观测时间 $t_f>t_0$ 内，使得根据 $[t_0,t_f]$ 期间的输出 $Y(t)$ 能唯一地确定系统在初始时刻的状态 $X(t_0)$，则称状态 $X(t_0)$ 是能观测的。若系统的每一个状态都是能观测的，则称系统是完全能观测的。

在能观测性定义中，把能观测性规定为对初始状态的确定，这是因为一旦确定了初始状态，便可根据给定的控制量（输入），利用状态转移方程：

$$X(t)=\phi(t-t_0)X(t_0)+\int_{t_0}^{t}\phi(t-\tau)Bu(\tau)\mathrm{d}\tau$$

求出各瞬时的状态。

5.2.2　线性连续定常系统能观测性的判别

线性连续定常系统能观测性的判别有两种方法：一种是将系统坐标变换成对角标准型或约旦标准型，然后根据标准型下的 C 矩阵判别其能观测性；另一种是直接根据 A 矩阵和 C 矩阵进行判别。

1. 转换成对角标准型或约旦标准型的判别方法

$$\begin{cases}\dot{X} = AX, \quad X(t_0) = X_0 \\ Y = CX\end{cases} \tag{5.24}$$

现分两种情况进行叙述。

1）A 为对角标准型矩阵

$$A = \Lambda = \begin{bmatrix}\lambda_1 & & & 0 \\ & \lambda_2 & & \\ & & \ddots & \\ 0 & & & \lambda_n\end{bmatrix}$$

$$C = \begin{bmatrix}c_{11} & c_{12} & \cdots & c_{1n} \\ c_{21} & c_{22} & \cdots & c_{2n} \\ \vdots & \vdots & & \vdots \\ c_{m1} & c_{m2} & \cdots & c_{mn}\end{bmatrix}$$

这时式（5.24）用方程组形式表示，可有

$$\begin{cases}\dot{x}_1 = \lambda_1 x_1 \\ \dot{x}_2 = \lambda_2 x_2 \\ \vdots \\ \dot{x}_n = \lambda_n x_n\end{cases}, \quad X(t) = \mathrm{e}^{At} \cdot X_0 = \begin{bmatrix}\mathrm{e}^{\lambda_1 t} x_{10} \\ \mathrm{e}^{\lambda_2 t} x_{20} \\ \vdots \\ \mathrm{e}^{\lambda_n t} x_{n0}\end{bmatrix} \tag{5.25}$$

$$\begin{cases}y_1 = c_{11}x_1 + c_{12}x_2 + \cdots + c_{1n}x_n \\ y_2 = c_{21}x_1 + c_{22}x_2 + \cdots + c_{2n}x_n \\ \vdots \\ y_m = c_{m1}x_1 + c_{m2}x_2 + \cdots + c_{mn}x_n\end{cases} \tag{5.26}$$

从而可得结构图如图 5.6 所示，将式（5.25）代入输出方程式（5.26），得

$$Y(t) = \begin{bmatrix}c_{11} & c_{12} & \cdots & c_{1n} \\ c_{21} & c_{22} & \cdots & c_{2n} \\ \vdots & \vdots & & \vdots \\ c_{m1} & c_{m2} & \cdots & c_{mn}\end{bmatrix}\begin{bmatrix}\mathrm{e}^{\lambda_1 t} x_{10} \\ \mathrm{e}^{\lambda_2 t} x_{20} \\ \vdots \\ \mathrm{e}^{\lambda_n t} x_{n0}\end{bmatrix} \tag{5.27}$$

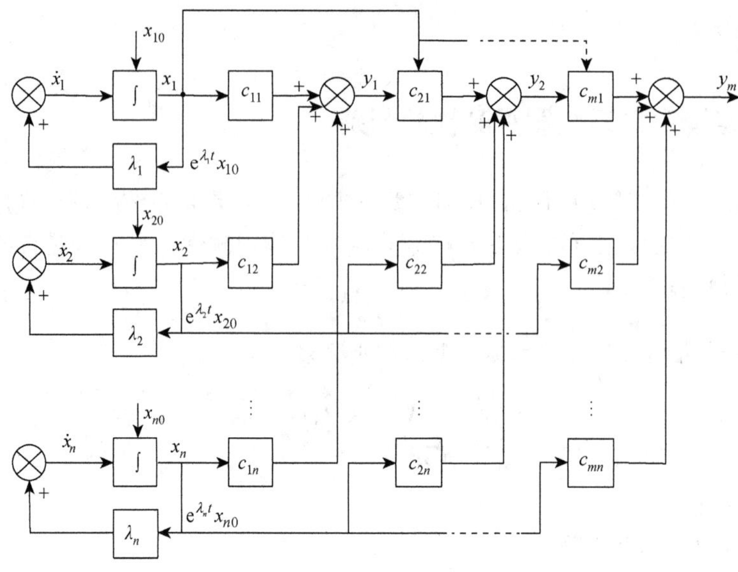

图 5.6　系统模拟结构图（对角标准型矩阵）

由式（5.27）可知，假设输出矩阵 C 中有某一列全为零，如第 2 列中 $c_{12},c_{12},\cdots,c_{m2}$ 均为零，则在 $Y(t)$ 中将不包含 $e^{\lambda_2 t}x_{20}$ 这个自由分量，即不包含 $x_2(t)$ 这个状态变量。很显然，这个 $x_2(t)$ 不可能从 $Y(t)$ 的测量中推算出来，即 $x_2(t)$ 是不能观测的状态，从状态矢量空间而言，只有 $X(t)=(x_1,\ 0,\ x_3,\cdots,\ x_n)$ 是能观测的状态，其余的是不能观的。

综上所述，可得能观测性判据如下：当系统矩阵 A 为对角线矩阵时，系统能观测的充分必要条件是：输出矩阵 C 中没有全为零的列，若第 i 列全为零，则与之相应的 $x_i(t)$ 为不能观的。

2） A 为约旦标准型矩阵

以三阶系统为例：

$$A=J=\begin{bmatrix}\lambda_1 & 1 & 0\\ 0 & \lambda_1 & 1\\ 0 & 0 & \lambda_1\end{bmatrix}$$

$$C=\begin{bmatrix}c_{11} & c_{12} & c_{13}\\ c_{21} & c_{22} & c_{23}\\ c_{31} & c_{32} & c_{33}\end{bmatrix}$$

这时，状态方程的解为

$$x(t)=\begin{bmatrix}x_1(t)\\ x_2(t)\\ x_3(t)\end{bmatrix}=\begin{bmatrix}e^{\lambda_1 t}x_{10}+te^{\lambda_1 t}x_{20}+\dfrac{1}{2!}t^2e^{\lambda_1 t}x_{30}\\ e^{\lambda_1 t}x_{20}+te^{\lambda_1 t}x_{30}\\ e^{\lambda_1 t}x_{30}\end{bmatrix}$$

从而得到

$$
y(t)=\begin{bmatrix} y_1(t) \\ y_2(t) \\ y_3(t) \end{bmatrix}=\begin{bmatrix} c_{11} & c_{12} & c_{13} \\ c_{21} & c_{22} & c_{23} \\ c_{31} & c_{32} & c_{33} \end{bmatrix}\begin{bmatrix} \mathrm{e}^{\lambda_1 t}x_{10}+t\mathrm{e}^{\lambda_1 t}x_{20}+\dfrac{1}{2!}t^2\mathrm{e}^{\lambda_1 t}x_{30} \\ \mathrm{e}^{\lambda_1 t}x_{20}+t\mathrm{e}^{\lambda_1 t}x_{30} \\ \mathrm{e}^{\lambda_1 t}x_{30} \end{bmatrix}
$$

由 $Y(t)$ 可知，当且仅当输出矩阵 C 中第一列元素不全为零时，$Y(t)$ 中总包含系统的全部自由分量而为完全能观。

约旦标准型系统具有串联型的结构（图 5.7），从图 5.7 也可以看出，若串联结构中的最后一个状态变量能够测量到，则驱动该状态变量的前面的状态变量也必然能够测量到，因此只要 C_{11},C_{21},C_{31} 中不全为零，就不可能出现与输出无关的孤立部分，系统就一定是能观的。所以，在系统矩阵为约旦标准型的情况下，系统能观的充要条件是：输出矩阵 C 中，对应每个约旦块开头的一列元素不全为零。

由于任意系统矩阵 A 经 $T^{-1}AT$ 变换后，均可变换为对角标准型矩阵或约旦标准型矩阵，此时只需根据输出矩阵 CT 是否有全为零的列，或者对应约旦块的 CT 第一列是否全为零，便可以确定系统的能观测性。

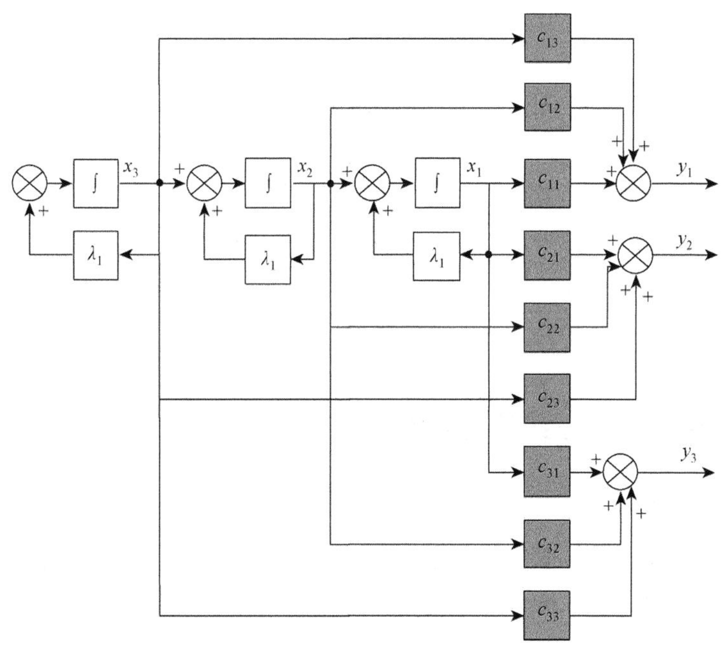

图 5.7　系统模拟结构图（约旦标准型矩阵）

2. 直接从矩阵 A,C 判断系统的能观测性

从式（5.23）解得

$$X(t)=\Phi(t-t_0)X_0$$

由式（5.17）有

$$\Phi(t-t_0)=\sum_{j=0}^{n-1}\beta_j(t-t_0)A^j$$

其中，

$$\beta_j(t-t_0)=\sum_{k=0}^{\infty}a_{jk}\frac{(t-t_0)^k}{k!}$$

$$Y(t)=CX(t)=\sum_{j=0}^{n-1}\beta_j(t-t_0)CA^jX_0\text{，}\quad j=0,1,2,\cdots,n-1$$

$$Y(t)=\begin{bmatrix}\beta_0 I & \beta_1 I & \cdots & \beta_{n-1}I\end{bmatrix}\begin{bmatrix}C\\CA\\CA^2\\\vdots\\CA^{n-1}\end{bmatrix}X_0 \tag{5.28}$$

根据在时间区间 $t_0 \leqslant t \leqslant t_f$ 测量到的，要想从式（5.28）唯一地确定 X_0 完全能观测的充要条件是 $nm\times n$ 矩阵

$$N=\begin{bmatrix}C\\CA\\CA^2\\\vdots\\CA^{n-1}\end{bmatrix} \tag{5.29}$$

的秩为 n。其中，$m\times n$ 为 C 矩阵输出的结构。式（5.29）称为能观测性矩阵，或者称为 (A,C) 对，若 N 满秩，则称 (A,C) 为能观测性对。N 也可写成下列形式：

$$N^{\mathrm{T}}=[C^{\mathrm{T}}\quad A^{\mathrm{T}}C^{\mathrm{T}}\quad\cdots\quad(A^{\mathrm{T}})^{n-1}C^{\mathrm{T}}] \tag{5.30}$$

5.2.3 线性连续定常系统能观测性判别准则总结

1. 能观测性判别准则一

线性连续定常系统为 $\dot{X}=AX+BU$，$Y=CX$。其状态完全能观的充分必要条件是由 A、C 构成的能观测性判别矩阵

$$N=\begin{bmatrix}C\\CA\\\vdots\\CA^{n-1}\end{bmatrix}$$

满秩，即

$$\mathrm{rank}(N) = n$$

【例 5.13】 判别下列控制系统能观测性。

（1）$\dot{X} = \begin{bmatrix} -4 & 5 \\ 1 & 0 \end{bmatrix} X + \begin{bmatrix} 1 \\ 1 \end{bmatrix} u$，$y = \begin{bmatrix} 1 & -1 \end{bmatrix} X$。

（2）$\dot{X} = \begin{bmatrix} 2 & -1 \\ 1 & -3 \end{bmatrix} X + \begin{bmatrix} -1 \\ 1 \end{bmatrix} u$，$y = \begin{bmatrix} 1 & 0 \\ -1 & 0 \end{bmatrix} X$。

（3）$\dot{X} = \begin{bmatrix} 1 & 0 \\ 0 & 1 \end{bmatrix} X + \begin{bmatrix} 1 \\ 1 \end{bmatrix} u$，$y = \begin{bmatrix} 1 & 1 \end{bmatrix} X$。

解　（1）$N = \begin{bmatrix} c \\ cA \end{bmatrix} = \begin{bmatrix} 1 & -1 \\ -5 & 5 \end{bmatrix}$，$\mathrm{rank}(N) = 1 < 2$，故系统是不能观测的。

（2）$N = \begin{bmatrix} c \\ cA \end{bmatrix} = \begin{bmatrix} 1 & 0 \\ -1 & 0 \\ 2 & -1 \\ -2 & 1 \end{bmatrix}$，$\mathrm{rank}(N) = 2 = 2$，故系统是能观测的。

（3）$N = \begin{bmatrix} c \\ cA \end{bmatrix} = \begin{bmatrix} 1 & 1 \\ 1 & 1 \end{bmatrix}$，$\mathrm{rank}(N) = 1 < 2$，故系统是不能观测的。

2. 能观测性判别准则二

设线性连续定常系统 $\dot{X} = AX + BU$，$Y = CX$，A 矩阵具有互不相同的特征值，则其状态完全能观测的充分必要条件是系统经非奇异变换后的对角标准型

$$\dot{\bar{X}} = \begin{bmatrix} \lambda_1 & & 0 \\ & \ddots & \\ 0 & & \lambda_n \end{bmatrix} \bar{X} + \bar{B}U, \quad Y = \bar{C}\bar{X}$$

中的矩阵 $\bar{C}$ 不含元素全为零的列。

特别说明：当 $\bar{A}$ 为对角矩阵但含有相同元素时，上述判据不适用，可根据能观测性判别矩阵的秩来判别。

【例 5.14】 判别能观测性

（1）$\dot{X} = \begin{bmatrix} 1 & 0 & 0 \\ 0 & 2 & 0 \\ 0 & 0 & 3 \end{bmatrix} X + \begin{bmatrix} 0 \\ 0 \\ 1 \end{bmatrix} u$，$y = \begin{bmatrix} 5 & 3 & 2 \end{bmatrix} X$。

（2）$\dot{X} = \begin{bmatrix} 1 & 0 & 0 \\ 0 & 2 & 0 \\ 0 & 0 & 3 \end{bmatrix} X + \begin{bmatrix} 0 \\ 0 \\ 1 \end{bmatrix} u$，$y = \begin{bmatrix} 5 & 3 & 0 \end{bmatrix} X$。

解　（1）系统能观测。

（2）系统不能观测。

3. 能观测性判别准则三

设线性连续定常系统 $\dot{X}=AX+BU$，$Y=CX$，A 矩阵具有重特征值，且每一个特征值只对应一个独立特征向量，则系统状态完全能观测的充分必要条件是：系统经非奇异变换后的约当标准型

$$\dot{\bar{X}}=\begin{bmatrix} J_1 & & 0 \\ & \ddots & \\ 0 & & J_k \end{bmatrix}\bar{X}+\bar{B}U, \qquad Y=\bar{C}\bar{X}$$

中的矩阵 $\bar{C}$ 与每个约当块 $J_i(i=1,2,\cdots,k)$ 首列对应列的元素不全为零。

【例 5.15】 判别控制系统能观测性

（1）$\dot{X}=\begin{bmatrix} -2 & 1 \\ 0 & -2 \end{bmatrix}X$，$y=\begin{bmatrix} 1 & 0 \end{bmatrix}X$。

（2）$\dot{X}=\begin{bmatrix} -2 & 1 \\ 0 & -2 \end{bmatrix}X$，$y=\begin{bmatrix} 0 & 1 \end{bmatrix}X$。

（3）$\dot{X}=\begin{bmatrix} -2 & 1 & 0 \\ 0 & -2 & 0 \\ 0 & 0 & 5 \end{bmatrix}X$，$y=\begin{bmatrix} 2 & 0 & 0 \\ 0 & 0 & -1 \end{bmatrix}X$。

（4）$\dot{X}=\begin{bmatrix} -1 & 1 & 0 & 0 & 0 \\ 0 & -1 & 0 & 0 & 0 \\ 0 & 0 & -2 & 1 & 0 \\ 0 & 0 & 0 & -2 & 1 \\ 0 & 0 & 0 & 0 & -2 \end{bmatrix}X$，$y=\begin{bmatrix} 5 & 0 & 2 & 0 & 0 \end{bmatrix}X$。

解 （1）系统状态能观测。

（2）系统状态不能观测。

（3）系统状态能观测。

（4）系统状态能观测。

5.3 能控性与能观测性的对偶关系及对偶原理

能控性与能观测性有其内在关系，即卡尔曼提出的对偶原理，利用对偶关系可以把系统能控性分析转化为对偶系统能观测性的分析。

5.3.1 线性系统的对偶关系

有两个系统，第一个系统 $\varSigma_1$ 为

$$\begin{aligned} \dot{X}_1 &= A_1X_1+B_1U_1 \\ Y_1 &= C_1X_1 \end{aligned}$$

第二个系统 Σ_2 为

$$\dot{X}_2 = A_2X_2 + B_2U_2$$
$$Y_2 = C_2X_2$$

如果这两个系统满足下述条件，则称 Σ_1 与 Σ_2 是互为对偶的。

$$A_2 = A_1^{\mathrm{T}} \qquad B_2 = C_1^{\mathrm{T}} \qquad C_2 = B_1^{\mathrm{T}} \tag{5.31}$$

式中，X_1、X_2 为 n 维状态矢量；U_1、U_2 分别为 r 维与 m 维控制矢量；Y_1、Y_2 分别为 m 维与 r 维输出矢量；A_1、A_2 为 $n\times n$ 系统矩阵；B_1、B_2 分别为 $n\times r$ 与 $n\times m$ 控制矩阵；C_1、C_2 分别为 $m\times n$ 与 $r\times n$ 输出矩阵。可以看出，Σ_1 是一个 r 维输入、m 维输出的 n 阶系统；Σ_2 是一个 m 维输入、r 维输出的 n 阶系统。

图 5.8 是互为对偶的两个系统 Σ_1 与 Σ_2 的模拟结构图，从图中可以看出，这两个系统输入端与输出端互换，信号传递方向相反，信号引出点和综合点互换，对应矩阵转置。

再从传递函数矩阵来观察对偶系统的关系，根据图 5.8（a），其传递函数矩阵 $G_1(s)$ 为 $m\times r$ 矩阵，即

$$G_1(s) = C_1(sI - A_1)^{-1}B_1 \tag{5.32}$$

再根据图 5.8（b），其传递函数矩阵 $G_2(s)$ 为 $r\times m$ 矩阵，即

$$\begin{aligned} G_2(s) &= C_2(sI - A_2)^{-1}B_2 \\ &= B_1^{\mathrm{T}}(sI - A_1^{\mathrm{T}})^{-1}C_1^{\mathrm{T}} = B_1^{\mathrm{T}}[(sI - A_1)^{-1}]^{\mathrm{T}}C_1^{\mathrm{T}} \end{aligned} \tag{5.33}$$

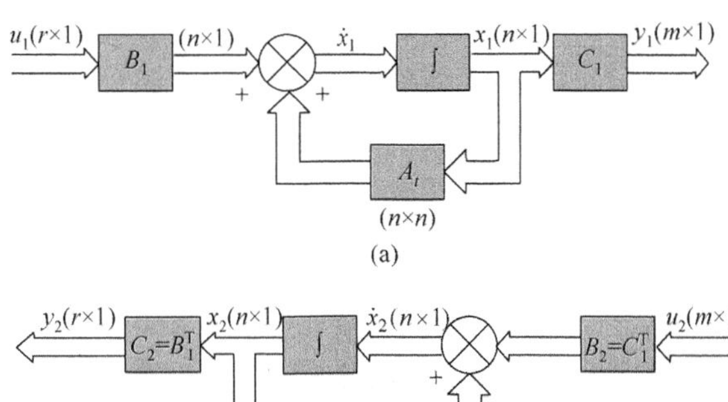

图 5.8　对偶系统的模拟结构图

对 $G_2(s)$ 取转置有

$$\left[G_2(s)\right]^{\mathrm{T}} = C_1(sI - A_1)^{-1}B_1 = G_1(s) \tag{5.34}$$

由此可知，对偶系统的传递函数矩阵是互为转置的。

同样可求得系统输入-状态的传递函数 $(sI - A_1)^{-1}B_1$ 与其对偶系统的状态-输出的传递函数矩阵 $C_2(sI - A_2)^{-1}$ 互为转置。而原系统的状态-输出传递函数 $C_1(sI - A_1)^{-1}$ 与其对偶系统输入-状态的传递函数矩阵 $(sI - A_2)^{-1}B_2$ 互为转置。

此外，互为对偶的系统，其特征方程式是相同的，即

$$|sI - A_1| = |sI - A_2|$$

这是因为

$$|sI - A_2| = |sI - A_1^{\mathrm{T}}| = |sI - A_1|$$

5.3.2 对偶原理

如果两个系统 $\Sigma_1(A_1, B_1, C_1)$ 和 $\Sigma_2(A_2, B_2, C_2)$ 互为对偶系统，则 Σ_1 的能控性等价于 Σ_2 的能观测性，Σ_1 的能观测性等价于 Σ_2 的能控性。或者说，若 Σ_1 是状态完全能控的（完全能观的），则 Σ_2 是状态完全能观的（完全能控的），这就是对偶原理。

证明 对 Σ_2 而言，若其能控性判别矩阵（$n \times m$）

$$M_2 = \begin{bmatrix} B_2 & A_2 B_2 & \cdots & A_2^{n-1} B_2 \end{bmatrix}$$

的秩为 n，则系统状态完全能控，将 $A_2 = A_1^{\mathrm{T}}$、$B_2 = C_1^{\mathrm{T}}$、$C_2 = B_1^{\mathrm{T}}$ 的关系式代入上式，得

$$M_2 = \begin{bmatrix} C_1^{\mathrm{T}} & A_1^{\mathrm{T}} C_1^{\mathrm{T}} & \cdots & (A_1^{\mathrm{T}})^{n-1} C_1^{\mathrm{T}} \end{bmatrix} = N_1^{\mathrm{T}}$$

这说明 Σ_1 的秩也为 n，从而说明 Σ_1 为完全能观测的。

同理，

$$\begin{aligned} N^{\mathrm{T}} &= \begin{bmatrix} C_2^{\mathrm{T}} & A_2^{\mathrm{T}} C_2^{\mathrm{T}} & \cdots & (A_2^{\mathrm{T}})^{n-1} C_2^{\mathrm{T}} \end{bmatrix} \\ &= \begin{bmatrix} B_1 & A_1 B_1 & \cdots & A_1^{n-1} B_1 \end{bmatrix} \end{aligned}$$

若 Σ_2 的 N_2 满秩，则 Σ_2 为完全能观测的，则 Σ_1 的 M_1 亦满秩而状态为完全能控。

5.4 能控规范型与能观测规范型

由于状态变量选择的非唯一性，系统的状态空间表达式也不是唯一的。在实际应用中，根据所研究问题的需要，为便于计算，往往将状态空间表达式化成相应的几种标准形式。例如，约旦标准型对状态转移矩阵的计算和能控性、能观测性的分析是十分方便的；系统的状态反馈则化为能控规范型是比较方便的；对系统状态观测器的设计及系统辨识，将系统状态空间表达式化为能观测规范型是比较方便的。

把状态空间表达式化为能控规范型（能观测规范型）的理论依据是，状态的非奇异变换不改变其能控性（能观测性），只有系统是状态完全能控的（能观测的）才能化成能控规范型。

下面讨论单变量系统的能控规范型和能观测规范型。

5.4.1 单输入系统的能控规范型

设线性定常系统：

$$\dot{X} = AX + BU$$
$$Y = CX$$

如果系统是状态完全能控的，有

$$\operatorname{rank}\begin{bmatrix} B & AB & \cdots & A^{n-1}B \end{bmatrix} = n$$

则能控性判别矩阵中至少有 n 个 n 维列矢量是线性无关的，因此在 r 个列矢量中选取 n 个线性无关的列矢量，以某种线性组合仍能导出一组 n 个线性无关的列矢量。从而导出状态空间表达式的某种能控规范型。对于单输入单输出系统，在能控判别矩阵中只有唯一的一组线性无关矢量，一旦组合规律确定，其能控规范型的形式是唯一的。

对于多输入多输出系统，在能控性判别矩阵中，从 $(n\times r)$ 中选取 n 个独立列矢量的取法不是唯一的，因而能控规范型的形式也不是唯一的。显然，当系统是状态完全能控时，才能满足上述条件。

1. 能控标准 I 型

设线性定常单输入系统：

$$\begin{cases} \dot{X} = AX + Bu \\ Y = CX \end{cases} \tag{5.35}$$

是能控的，则存在线性非奇异变换

$$X = T_{c1}\bar{X} \tag{5.36}$$

$$T_{c1} = \begin{bmatrix} A^{n-1}B & A^{n-2}B & \cdots & B \end{bmatrix}\begin{bmatrix} 1 & & & & 0 \\ a_{n-1} & 1 & & & \\ \vdots & \vdots & \ddots & & \\ a_2 & a_3 & & \ddots & \\ a_1 & a_2 & \cdots & a_{n-1} & 1 \end{bmatrix} \tag{5.37}$$

使其状态空间表达式化成

$$\begin{cases} \dot{\bar{X}} = \bar{A}\bar{X} + \bar{B}\mathrm{u} \\ Y = \bar{C}\bar{X} \end{cases} \tag{5.38}$$

式中，

$$\bar{A} = T_{c1}^{-1}AT_{c1} = \begin{bmatrix} 0 & 1 & & & 0 \\ 0 & 0 & \ddots & & \\ \vdots & \vdots & & \ddots & 1 \\ -a_0 & -a_1 & -a_2 & \cdots & -a_{n-1} \end{bmatrix} \tag{5.39}$$

$$\bar{B} = T_{c1}^{-1}B = \begin{bmatrix} 0 \\ 0 \\ \\ \vdots \\ 1 \end{bmatrix} \tag{5.40}$$

$$\bar{C} = CT_{c1} = \begin{bmatrix} \beta_0 & \beta_1 & \cdots & \beta_{n-1} \end{bmatrix} \tag{5.41}$$

称形如式（5.38）的状态空间表达式为能控标准Ⅰ型。其中，$a_i(i=0,1,\cdots,n-1)$ 为特征多项式：

$$\left|\lambda I - A\right| = \lambda^{\rm n} + a_{n-1}\lambda^{n-1} + \cdots + a_1\lambda + a_0$$

的各项系数。$\beta_i(i=0,1,\cdots,n-1)$ 是 CT_{c1} 相乘的结果，即

$$\begin{cases} \beta_0 = C(A^{n-1}B + a_{n-1}A^{n-2}B + \cdots + a_1\mathrm{B}) \\ \beta_1 = C(A^{n-2}B + a_{n-1}A^{n-3}B + \cdots + a_2B) \\ \quad\vdots \\ \beta_{n-2} = C(AB + a_{n-1}B) \\ \beta_{n-1} = CB \end{cases} \tag{5.42}$$

证明 因假设系统是能控的，故 $n\times 1$ 矢量 $B, \mathrm{A}B, \cdots A^{n-1}B$ 是线性独立的，按下列组合方式构成的 n 个新矢量 $e_1, e_2, \cdots, e_n$ 也是线性独立的。

$$\begin{cases} e_1 = A^{n-1}b + a_{n-1}A^{n-2}B + a_{n-2}A^{n-3}B + \cdots + a_1 b \\ e_2 = A^{n-2}B + a_{n-1}A^{n-3}B + \cdots + a_2B \\ \quad\vdots \\ e_{n-1} = AB + a_{n-1}B \\ e_n = B \end{cases} \tag{5.43}$$

式中，$a_i(i=0,1,\cdots,n-1)$ 是特征多项式各项系数。

变换矩阵 T_{c1} 由 $e_1, e_2, \cdots, e_n$ 组成，为

$$T_{c1} = \begin{bmatrix} e_1 & e_2 & \cdots & e_n \end{bmatrix} \tag{5.44}$$

$$\overline{A} = T_{c1}^{-1}AT_{c1}$$

即

$$T_{c1}\overline{A} = T_{c1}T_{c1}^{-1}AT_{c1} = AT_{c1}$$

$$\begin{aligned} T_{c1}\overline{A} = AT_{c1} &= A[e_1 \quad e_2 \quad \cdots \quad e_n] \\ &= [Ae_1 \quad Ae_2 \quad \cdots \quad Ae_n] \end{aligned} \tag{5.45}$$

用式（5.43）计算 $Ae_1, Ae_2, \cdots, Ae_n$，有

$$\begin{aligned} Ae_1 &= A(A^{n-1}B + a_{n-1}A^{n-2}B + \cdots + a_1B) \\ &= A^nB + a_{n-1}A^{n-1}B + \cdots + a_1AB + a_0B - a_0B = -a_0B \\ &= -a_0e_n \\ Ae_2 &= A(A^{n-2}B + a_{n-1}A^{n-3}B + \cdots + a_1B) \\ &= A^{n-1}B + a_{n-1}A^{n-2}B + \cdots + a_2AB + a_1B - a_1B \\ &= e_1 - a_1e_n \\ &\quad\vdots \\ Ae_{n-1} &= A(AB + a_{n-1}B) \\ &= A^2B + a_{n-1}AB + a_{n-2}B - a_{n-2}B \\ &= e_{n-2} - a_{n-2}e_n \end{aligned}$$

$$Ae_{n-1} = AB = AB + a_{n-1}B - a_{n-1}B$$
$$= e_{n-1} - a_{n-1}e_n$$

注：$\mathrm{e}_n = B$。

把上述 $Ae_1, Ae_2, \cdots, Ae_n$ 代入式（5.45）有

$$\begin{aligned} T_{c1}\overline{A} &= [Ae_1 \quad Ae_2 \quad \cdots \quad Ae_n] \\ &= [-a_0e_n \quad (e_1 - a_1e_n) \quad \cdots \quad (e_{n-1} - a_{n-1}e_n)] \\ &= (e_1, e_2, \cdots, e_n)\begin{bmatrix} 0 & 1 & 0 & 0 & 0 & 0 \\ 0 & 0 & 1 & 0 & 0 & 0 \\ \vdots & \vdots & \vdots & & \vdots & \vdots \\ 0 & 0 & 0 & \cdots & 0 & 1 \\ -a_0 & -a_1 & -a_2 & \cdots & -a_{n-2} & -a_{n-1} \end{bmatrix} \end{aligned}$$

再证：

$$\overline{B} = \begin{bmatrix} 0 \\ 0 \\ \vdots \\ 1 \end{bmatrix}$$

由 $\overline{B} = T_{01}^{-1}B$，有 $T_{c1}\overline{B} = B$。

把式（5.43）中 $e_n = B$ 代入得

$$T_{c1}\overline{B} = e_n = \begin{bmatrix} e_1 & e_2 & \cdots & e_n \end{bmatrix}\begin{bmatrix} 0 \\ 0 \\ \vdots \\ 1 \end{bmatrix}$$

从而证得

$$\overline{B} = \begin{bmatrix} 0 \\ 0 \\ \vdots \\ 1 \end{bmatrix}$$

最后证：

$$\overline{C} = CT_{c1} = \begin{bmatrix} \beta_0 & \beta_1 & \cdots & \beta_{n-1} \end{bmatrix}$$
$$\overline{C} = CT_{c1} = C\begin{bmatrix} e_1 & e_2 & \cdots & e_n \end{bmatrix}$$

将式（5.43）中 $e_1, e_1, \cdots, e_n$ 的表示式代入上式，得

$$\begin{aligned} \overline{C} &= C[(A^{n-1}B + a_{n-1}A^{n-2}B + \cdots + a_1B)\cdots(AB + a_{n-1}B)B] \\ &= \begin{bmatrix} \beta_0 & \beta_1 & \cdots & \beta_{n-1} \end{bmatrix} \end{aligned}$$

式中，

$$\beta_0 = C(A^{n-1}B + a_{n-1}A^{n-2}B + \cdots + a_1 A)$$
$$\vdots$$
$$\beta_{n-2} = C(AB + a_{n-1}B)$$
$$\beta_{n-1} = CB$$

或者写成

$$\overline{C} = C\begin{bmatrix} A^{n-1}B & A^{n-2}B & \dots & B \end{bmatrix}\begin{bmatrix} 1 & & & & 0 \\ a_{n-1} & 1 & & & \\ \vdots & \vdots & \ddots & & \\ a_2 & a_3 & & \ddots & \\ a_1 & a_2 & \cdots & a_{n-1} & 1 \end{bmatrix}$$
$$= [\beta_0 \quad \beta_1 \quad \beta_2 \quad \cdots \quad \beta_{n-1}]$$

显然

$$T_{c1} = \begin{bmatrix} A^{n-1}B & A^{n-2}B & \cdots & B \end{bmatrix}\begin{bmatrix} 1 & 0 & \cdots & 0 & 0 \\ a_{n-1} & 1 & \cdots & 0 & 0 \\ \vdots & \vdots & & \vdots & \vdots \\ a_2 & a_3 & \cdots & 1 & 0 \\ a_1 & a_2 & \cdots & a_{n-1} & 1 \end{bmatrix}$$

证毕。

采用能控标准Ⅰ型的 $\overline{A}$、$\overline{B}$、$\overline{C}$ 求系统的传递函数是很方便的。

$$W(s) = \overline{C}(sI - \overline{A})^{-1}\overline{B} = \frac{\beta_{n-1}s^{n-1} + \beta_{n-2}s^{n-2} + \cdots + \beta_1 s + \beta_0}{s^n + a_{n-1}s^{n-1} + \cdots + a_1 s + a_0} \tag{5.46}$$

从式(5.46)可看出，传递函数分母多项式的各项系数是 $\overline{A}$ 矩阵最后一行元素的负值，分子多项式的各项系数是 $\overline{C}$ 矩阵的元素。根据传递函数的分母多项式和分子多项式的系数，便可以直接写出能控标准Ⅰ型的 $\overline{A}$、$\overline{B}$、$\overline{C}$。

【例 5.16】　将下列状态空间表达式变换成能控标准Ⅰ型。

$$\dot{X} = \begin{bmatrix} 1 & 2 & 0 \\ 3 & -1 & 1 \\ 0 & 2 & 0 \end{bmatrix} X + \begin{bmatrix} 2 \\ 1 \\ 1 \end{bmatrix} u$$
$$y = [0 \quad 0 \quad 1]X$$

解

$$Ab = \begin{bmatrix} 1 & 2 & 0 \\ 3 & -1 & 1 \\ 0 & 2 & 0 \end{bmatrix}\begin{bmatrix} 2 \\ 1 \\ 1 \end{bmatrix} = \begin{bmatrix} 4 \\ 6 \\ 2 \end{bmatrix}, \quad A^2 b = A \cdot Ab = \begin{bmatrix} 1 & 2 & 0 \\ 3 & -1 & 1 \\ 0 & 2 & 0 \end{bmatrix}\begin{bmatrix} 4 \\ 6 \\ 2 \end{bmatrix} = \begin{bmatrix} 16 \\ 8 \\ 12 \end{bmatrix}$$

$$M = [b \quad Ab \quad A^2 b] = \begin{bmatrix} 2 & 4 & 16 \\ 1 & 6 & 8 \\ 1 & 2 & 12 \end{bmatrix}$$

$\text{rank}M = 3$，故系统能控。

计算系统的特征多项式：

$$|\lambda I - A| = \begin{vmatrix} \lambda-1 & -2 & 0 \\ -3 & \lambda+1 & -1 \\ 0 & -2 & \lambda \end{vmatrix}$$

$$= \lambda^3 - 9\lambda + 2$$

即可以求得 $a_2 = 0$、$a_1 = -9$、$a_0 = 2$

根据式（5.39）～式（5.41），可得

$$\bar{A} = \begin{bmatrix} 0 & 1 & 0 \\ 0 & 0 & 1 \\ -a_0 & -a_1 & -a_2 \end{bmatrix} = \begin{bmatrix} 0 & 1 & 0 \\ 0 & 0 & 1 \\ -2 & 9 & 0 \end{bmatrix}$$

$$\bar{C} = CT_{c1} = C\begin{bmatrix} A^2 b & Ab & b \end{bmatrix} \begin{bmatrix} 1 & 0 & 0 \\ a_2 & 1 & 0 \\ a_1 & a_2 & 1 \end{bmatrix} = \begin{bmatrix} 3 & 2 & 1 \end{bmatrix}$$

系统的能控标准Ⅰ型为

$$\dot{\bar{X}} = \begin{bmatrix} 0 & 1 & 0 \\ 0 & 0 & 1 \\ -2 & 9 & 0 \end{bmatrix} \bar{X} + \begin{bmatrix} 0 \\ 0 \\ 1 \end{bmatrix} u$$

$$y = \begin{bmatrix} 3 & 2 & 1 \end{bmatrix} \bar{X}$$

则可直接写出系统的传递函数为

$$G(s) = \frac{\beta_2 s^2 + \beta_1 s + \beta_0}{s^3 + a_2 s^2 + a_1 s + a_0} = \frac{s^2 + 2s + 3}{s^3 - 9s + 2}$$

当然本例题也可先求出传递函数，然后再根据传递函数的分子分母多项式的系数，写出能控标准Ⅰ型的状态空间表达式。

2. 能控标准Ⅱ型

设线性定常单输入系统：

$$\begin{cases} \dot{X} = AX + BU \\ Y = CX \end{cases} \tag{5.47}$$

是能控的，则存在线性非奇异变换

$$X = T_{c2}\bar{X} = [B \quad AB \quad \cdots \quad A^{n-1}B]\bar{X} \tag{5.48}$$

相应地状态空间表达式（5.47）转换成

$$\begin{cases} \dot{\bar{X}} = \bar{A}\bar{X} + \bar{B}U \\ Y = \bar{C}\bar{X} \end{cases} \tag{5.49}$$

式中，

$$\overline{A}=T_{c2}^{-1}AT_{c2}=\begin{bmatrix}0&0&\cdots&0&-a_0\\1&0&\cdots&0&-a_1\\0&1&\cdots&0&-a_2\\\vdots&\vdots&&\vdots&\vdots\\0&0&\cdots&1&-a_{n-1}\end{bmatrix}\tag{5.50}$$

$$\overline{B}=T_{c2}^{-1}B=\begin{bmatrix}1\\0\\0\\\vdots\\0\end{bmatrix}\tag{5.51}$$

$$\overline{C}=CT_{c2}=\begin{bmatrix}\beta_0&\beta_1&\cdots&\beta_{n-1}\end{bmatrix}\tag{5.52}$$

式（5.49）的状态空间表达式为能控标准Ⅱ型。

式（5.50）中 $a_i(i=1,2,\cdots,n-1)$ 是系统特征多项式：

$$|\lambda I-A|=\lambda^n+a_{n-1}\lambda^{n-1}+\cdots+a_1\lambda+a_0$$

的各项系数，也是系统的不变量。

式（5.52）中的 $\beta_0,\beta_1,\cdots,\beta_{n-1}$ 是 CT_{c2} 相乘的结果，即

$$\beta_0=CB\,,\beta_1=CAB\,,\cdots,\beta_{n-1}=CA^{n-1}B\tag{5.53}$$

证明　因为系统是能控的，所以能控判别矩阵：

$$M=[B\ \ AB\ \cdots\ A^{n-1}B]$$

是非奇异的。令状态变换：

$$X=T_{c2}\overline{X}$$

的变换矩阵 T_{c2} 为

$$T_{c2}=[B\ \ AB\ \cdots\ A^{n-1}B]\tag{5.54}$$

其变换后的状态方程和输出方程分别为

$$\dot{\overline{X}}=\overline{A}\overline{X}+\overline{B}U=T_{c2}^{-1}AT_{c2}\overline{X}+T_{c2}^{-1}BU$$
$$y=\overline{C}\overline{X}=CT_{c2}\overline{X}$$

先推证式（5.50）中的 $\overline{A}$：

$$AT_{c2}=A[B\ \ AB\ \cdots\ A^{n-1}B]=[AB\ \ A^2B\ \cdots\ A^nB]\tag{5.55}$$

利用 Cayley-Hamilton 定理：

$$A^n=-a_{n-1}A^{n-1}-a_{n-2}A^{n-2}-\cdots-a_1A-a_0I$$

将上式代入式（5.55）中，有

$$AT_{c2}=[AB\ \ A^2B\ \cdots(-a_{n-1}A^{n-1}-a_{n-2}A^{n-2}-\cdots-a_1A-a_0I)B]$$

写成矩阵形式：

$$T_{c2}=[B\ \ AB\ \ \cdots\ \ A^{n-1}B]=\begin{bmatrix}0&0&\cdots&0&-a_0\\1&0&\cdots&0&-a_1\\0&1&\cdots&0&-a_2\\\vdots&\vdots&&\vdots&\vdots\\0&0&\cdots&1&-a_{n-1}\end{bmatrix}$$

即

$$AT_{c2}=T_{c2}\begin{bmatrix}0&0&\cdots&0&-a_0\\1&0&\cdots&0&-a_1\\0&1&\cdots&0&-a_2\\\vdots&\vdots&&\vdots&\vdots\\0&0&\cdots&1&-a_{n-1}\end{bmatrix}$$

上式两边左乘 T_{c2}^{-1}，得

$$\bar{A}=T_{c2}^{-1}AT_{c2}=\begin{bmatrix}0&0&\cdots&0&-a_0\\1&0&\cdots&0&-a_1\\0&1&\cdots&0&-a_2\\\vdots&\vdots&&\vdots&\vdots\\0&0&\cdots&1&-a_{n-1}\end{bmatrix}$$

再推证式（5.51）的 $\bar{B}$，因

$$\bar{B}=T_{c2}^{-1}B$$

即

$$B=T_{c2}\bar{B}=[B\ \ AB\ \ \cdots\ \ A^{n-1}B]\bar{B}$$

欲使上式成立，必须满足

$$\bar{B}=\begin{bmatrix}1\\0\\0\\\vdots\\0\end{bmatrix}$$

$$\bar{C}=CT_{c2}=[CB\quad CAB\quad \cdots\quad CA^{n-1}B]$$

即

$$\bar{C}=[\beta_0\quad \beta_1\quad \cdots\quad \beta_{n-1}]$$

【例 5.17】　试将例 5.16 中的状态空间表达式变换为能控规范II型。

解　例 5.16 中已求得 $a_2=0$、$a_1=-9$、$a_0=2$。

由式（5.50）～式（5.53）可得

$$\bar{A}=\begin{bmatrix}0&0&-a_0\\1&0&-a_1\\0&1&-a_2\end{bmatrix}=\begin{bmatrix}0&0&-2\\1&0&9\\0&1&0\end{bmatrix},\ \bar{B}=\begin{bmatrix}1\\0\\0\end{bmatrix}$$

$$\bar{C}=[C(B\quad AB\quad A^2B)]=[1\quad 2\quad 12]$$

状态空间表达式的能控规范Ⅱ型为

$$\dot{\bar{X}}=\begin{bmatrix}0&0&-2\\1&0&9\\0&1&0\end{bmatrix}\bar{X}+\begin{bmatrix}1\\0\\0\end{bmatrix}u$$

$$y=\begin{bmatrix}1&2&12\end{bmatrix}\bar{X}$$

5.4.2　单输出系统的能观测规范型

只有当系统是状态完全能观时，系统的状态空间表达式才可能导出能观测规范型。状态空间表达式的能观测规范型也有两种形式：能观测规范Ⅰ型和能观测规范Ⅱ型，分别与能控规范Ⅰ型和能控规范Ⅱ型相对偶。

1. 能观测规范Ⅰ型

设线性定常系统：

$$\begin{cases}\dot{X}=AX+BU\\Y=CX\end{cases}\tag{5.56}$$

是能观的，则存在非奇异变换 $X=T_{o1}\tilde{X}$，使状态空间表达式化成

$$\begin{cases}\dot{\tilde{X}}=\tilde{A}\tilde{X}+\tilde{B}U\\Y=\tilde{C}\tilde{X}\end{cases}\tag{5.57}$$

式中，

$$\tilde{A}=T_{o1}^{-1}AT_{o1}=\begin{bmatrix}0&1&&&0\\0&0&\ddots&&\\\vdots&\vdots&&\ddots&1\\-a_0&-a_1&-a_2&\cdots&-a_{n-1}\end{bmatrix}\tag{5.58}$$

$$\tilde{B}=T_{o1}^{-1}B=\begin{bmatrix}\beta_0\\\beta_1\\\beta_2\\\vdots\\\beta_{n-1}\end{bmatrix}=\begin{bmatrix}CB\\CAB\\CA^2B\\\vdots\\CA^{n-1}B\end{bmatrix}\tag{5.59}$$

$$\tilde{C}=\mathrm{C}T_{o1}=\begin{bmatrix}1&0&0&\cdots&0\end{bmatrix}\tag{5.60}$$

形如式（5.57）为能观测规范Ⅰ型，其中 $a_i(i=0,1,\cdots,n-1)$ 为矩阵 A 特征多项式的各项系数。取变换阵 T_{o1} 为

$$T_{o1}^{-1}=N=\begin{bmatrix}C\\CA\\\vdots\\CA^{n-1}\end{bmatrix}\tag{5.61}$$

证明过程如下：

首先构造 $\Sigma=(A,B,C)$ 的对偶系统 $\Sigma^*=(A^*,B^*,C^*)$

$$A^*=A^{\mathrm{T}}$$
$$B^*=C^{\mathrm{T}}$$
$$C^*=B^{\mathrm{T}}$$

然后写出对偶系统 $\Sigma^*=(A^*,B^*,C^*)$ 的能控规范Ⅱ型，Σ 的状态空间表达式能观测规范Ⅰ型，即是 Σ^* 的能控规范Ⅱ型，即

$$\tilde{A}=A^*=\bar{A}^{\mathrm{T}},\quad \tilde{B}=B^*=\bar{C}^{\mathrm{T}},\quad \tilde{C}=C^*=\bar{B}^{\mathrm{T}}$$

式中，$\bar{A}$、$\bar{B}$、$\bar{C}$ 为系统 $\Sigma=(A,B,C)$ 的能控规范Ⅱ型对应的系数矩阵；$\tilde{A}$、$\tilde{B}$、$\tilde{C}$ 为系统 $\Sigma=(A,B,C)$ 的能观测规范Ⅰ型对应的系数矩阵；A^*、B^*、C^* 为系统 $\Sigma=(A,B,C)$ 的对偶系统 $\Sigma^*=(A^*,B^*,C^*)$ 的能观测规范Ⅰ型对应的系数矩阵。

2. 能观测规范Ⅱ型

若线性定常单输出系统：

$$\begin{cases}\dot{X}=AX+Bu\\ y=CX\end{cases}\tag{5.62}$$

是能观的，存在非奇异变换

$$X=T_{o2}\tilde{X}$$

$$T_{o2}^{-1}=\begin{bmatrix}1 & a_{n-1} & \cdots & a_2 & a_1\\ 0 & 1 & \cdots & a_3 & a_2\\ \vdots & \vdots & & \vdots & \vdots\\ 0 & 0 & \cdots & 1 & a_{n-1}\\ 0 & 0 & \cdots & 0 & 1\end{bmatrix}\begin{bmatrix}CA^{n-1}\\ CA^{n-2}\\ \vdots\\ CA\\ C\end{bmatrix}\tag{5.63}$$

$$\dot{\tilde{X}}=T_{o2}^{-1}AT_{o2}\tilde{X}+T_{o2}^{-1}Bu$$

使其空间状态表达式变换为

$$\begin{cases}\dot{\tilde{X}}=\tilde{A}\tilde{X}+\tilde{B}u\\ y=\tilde{C}\tilde{X}\end{cases}\tag{5.64}$$

式中，

$$\tilde{A}=T_{o2}^{-1}AT_{o2}=\begin{bmatrix}0 & 0 & \cdots & 0 & -a_0\\ 1 & 0 & \cdots & 0 & -a_1\\ 0 & 1 & \cdots & 0 & -a_2\\ \vdots & \vdots & & \vdots & \vdots\\ 0 & 0 & \cdots & 1 & -a_{n-1}\end{bmatrix}\tag{5.65}$$

$$\tilde{B} = T_{o2}^{-1}B = \begin{bmatrix} \beta_0 \\ \beta_1 \\ \vdots \\ \beta_{n-1} \end{bmatrix} \tag{5.66}$$

$$\bar{C} = CT_{o2} = (0,0,\cdots,1) \tag{5.67}$$

称形如式（5.64）的状态空间表达式为能观测规范Ⅱ型。其中，$a_i(i=0,1,\cdots,n-1)$是矩阵A特征多项式的各项系数。$\beta_i(i=0,1,\cdots,n-1)$是$T_{o2}^{-1}B$的相乘结果。

上述变换可根据对偶原理直接由其对偶系统的能控规范Ⅰ型导出，其过程与能观标准Ⅰ型类同，这里不再推出。

和能控规范Ⅰ型一样，根据状态空间表达式的能观测规范Ⅱ型，也可以直接写出系统的传递函数：

$$W(s) = \frac{\beta_{n-1}s^{n-1} + \beta_{n-2}s^{n-2} + \cdots + \beta_1 s + \beta_0}{s^n + a_{n-1}s^{n-1} + \cdots + a_1 s + a_0}$$

从上式可看出，传递函数分母多项式的各项系数是$\tilde{A}$矩阵最后一行元素的负值，分子多项式的各项系数是$\tilde{B}$矩阵的元素。这个现象可用对偶原理解释。

【例 5.18】 试将例 5.16 中的状态空间表达式变换为能观测规范型。

解 先求得能观测性判别矩阵N：

$$N = \begin{bmatrix} C \\ CA \\ \vdots \\ CA^{n-1} \end{bmatrix} = \begin{bmatrix} 0 & 0 & 1 \\ 0 & 2 & 0 \\ 6 & -2 & 2 \end{bmatrix}$$

式中，

$$CA = [0 \quad 2 \quad 0]，\quad CA^2 = [6 \quad -2 \quad 2]$$

由矩阵N可以得到其秩为 3，满秩，故此系统可以变换为能观测规范型。

（1）状态空间表达式的能观测规范Ⅰ型。

由式（5.77）～式（5.79）可得

$$\tilde{A} = \begin{bmatrix} 0 & 1 & 0 \\ 0 & 0 & 1 \\ -2 & 9 & 0 \end{bmatrix}，\quad \tilde{B} = \begin{bmatrix} 1 \\ 2 \\ 12 \end{bmatrix}，\quad \tilde{C} = [1 \quad 0 \quad 0]$$

故状态空间表达式的能观测规范Ⅰ型为

$$\dot{\tilde{X}} = \begin{bmatrix} 0 & 1 & 0 \\ 0 & 0 & 1 \\ -2 & 9 & 0 \end{bmatrix}\tilde{X} + \begin{bmatrix} 1 \\ 2 \\ 12 \end{bmatrix}u$$

$$y = [1 \quad 0 \quad 0]\tilde{X}$$

从上式与例 5.16 的状态空间表达式的能控规范Ⅰ型相比可以看出，两者之间是互为对偶的。

（2）状态空间表达式的能观测规范Ⅱ型。

由式（5.65）～式（5.67）可得

$$\tilde{A}=\begin{bmatrix}0 & 0 & -2\\ 1 & 0 & 9\\ 0 & 1 & 0\end{bmatrix},\quad \tilde{B}=\begin{bmatrix}3\\ 2\\ 1\end{bmatrix},\quad \tilde{C}=[0\quad 0\quad 1]$$

状态空间表达式的能观测规范Ⅱ型为

$$\dot{\tilde{X}}=\begin{bmatrix}0 & 0 & -2\\ 1 & 0 & 9\\ 0 & 1 & 0\end{bmatrix}\tilde{X}+\begin{bmatrix}3\\ 2\\ 1\end{bmatrix}u$$

$$y=[0\quad 0\quad 1]\tilde{X}$$

可以看出，与例 5.16 得到的能控标准Ⅰ型呈对偶关系。

5.5　线性定常系统的结构分解

如果一个系统是不完全能控的，则其状态空间中所有的能控状态构成能控子空间，其余为不能控子空间。如果一个系统是不完全能观的，则其状态空间中所有的能观测状态构成能观子空间，其余为不能观子空间。在一般形式下，这些子空间并没有明显地分解出来。本节将讨论如何通过非奇异变换（坐标变换）将系统的状态空间按能控性和能观测性进行结构分解。

把线性系统的状态空间按能控性和能观测性进行结构分解是状态空间分析中的一个重点内容。在理论上它揭示了状态空间的本质特征，为最小实现问题的提出提供了理论依据。在实践上，它与系统的状态反馈、系统镇定等问题的解决都有密切关系。

5.5.1　按能控性分解

设线性定常系统：

$$\begin{cases}\dot{X}=AX+BU\\ Y=CX\end{cases}\tag{5.68}$$

是状态不完全能控的，其能控性判别矩阵

$$M=[B\quad AB\quad A^2B\quad \cdots\quad A^{n-1}B]$$

的秩为

$$\mathrm{rank}M=n_1<n$$

则存在非奇异变换

$$X=R_c\hat{X}\tag{5.69}$$

将状态空间表达式（5.68）变换为

$$\begin{cases}\dot{\hat{X}}=\hat{A}\hat{X}+\hat{B}U\\ y=\hat{C}\hat{X}\end{cases}\tag{5.70}$$

式中，

$$\hat{X}=\left[\frac{\hat{X}_1}{\hat{X}_2}\right]$$

$$\hat{A}=R_c^{-1}AR_c=\left[\begin{array}{c:c}\hat{A}_{11} & \hat{A}_{12}\\ \hdashline 0 & \hat{A}_{22}\end{array}\right]\begin{pmatrix}n_1\\ n-n_1\end{pmatrix} \tag{5.71}$$

$$n_1 \quad (n-n_1)$$

$$\hat{B}=R_c^{-1}B=\left[\frac{B_1}{0}\right]\begin{pmatrix}n_1\\ n-n_1\end{pmatrix} \tag{5.72}$$

$$\hat{C}=CR_c=\left[\hat{C}_1 \;\vdots\; \hat{C}_2\right] \tag{5.73}$$

$$n_1 \quad (n-n_1)$$

式（5.70）将系统的状态空间分解成能控的和不能控的两部分，其中，n_1维子空间系统

$$\dot{\hat{X}}_1=\hat{A}_{11}\hat{X}_1+\hat{B}_1U+\hat{A}_{12}\hat{X}_2$$

是能控的。而（$n-n_1$）维子空间系统

$$\dot{\hat{X}}_2=\hat{A}_{22}\hat{X}_2$$

是不能控的。对于这种状态结构的分解情况如图 5.9 所示，U 对 $\hat{X}_2$ 不起作用，$\hat{X}_2$ 仅作无控的自由运动。若不考虑（$n-n_1$）维子空间系统，便可得到一个低维的能控系统。

对于非奇异变换矩阵：

$$\mathrm{R}_c=\begin{bmatrix}R_1 & R_2 & \cdots & R_{n1} & \cdots & R_n\end{bmatrix} \tag{5.74}$$

式中，n 个列矢量可以按如下方法构成：前 n_1 个列矢量 $R_1,R_2,\cdots,R_{n1}$ 是能控性矩阵 M 中的 n_1 个线性无关的列；另外的（$n-n_1$）个列 $R_{n_1+1},R_{n_1+2},\cdots,R_n$ 在确保 R_c 为非奇异的条件下，完全是任意的。

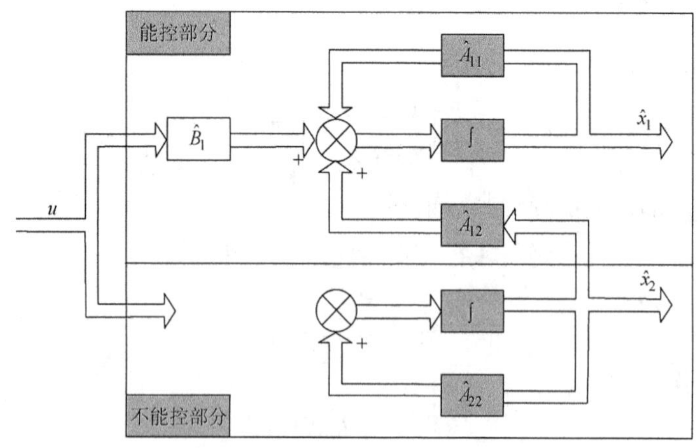

图 5.9　系统能控性的结构划分

【例 5.19】　判别下列定常系统的能控性，若不是完全能控的，试将该系统按能控性

进行分解。

$$\dot{X}=\begin{bmatrix}0 & 0 & -1\\ 1 & 0 & -3\\ 0 & 1 & -3\end{bmatrix}X+\begin{bmatrix}1\\ 1\\ 0\end{bmatrix}u$$

$$y=\begin{bmatrix}0 & 1 & -2\end{bmatrix}X$$

解 系统能控性判别矩阵 M 为

$$M=\begin{bmatrix}B & AB & A^2B\end{bmatrix}=\begin{bmatrix}1 & 0 & -1\\ 1 & 1 & -3\\ 0 & 1 & -2\end{bmatrix}$$

可以得到

$$\operatorname{rank} M=2<n$$

所以说系统是不完全能控的。

按式（5.74）

$$R_c=[R_1 \quad R_2 \quad R_3]$$

构成非奇异变换矩阵。

$$R_1=B=\begin{bmatrix}1\\ 1\\ 0\end{bmatrix},\quad R_2=AB=\begin{bmatrix}0\\ 1\\ 1\end{bmatrix},\quad R_3=\begin{bmatrix}0\\ 0\\ 1\end{bmatrix}$$

是任意取得的（因不能控），即

$$R_c=\begin{bmatrix}1 & 0 & 0\\ 1 & 1 & 0\\ 0 & 1 & 1\end{bmatrix}$$

R_3 是任意取得的，但只要保证 R_c 为非奇异矩阵就可以。

变换后系统的状态空间表达式为

$$\dot{\hat{X}}=R_c^{-1}AR_c\hat{X}+R_c^{-1}Bu=\left[\begin{array}{cc|c}0 & -1 & -1\\ 1 & -2 & -2\\ \hline 0 & 0 & -1\end{array}\right]\hat{X}+\begin{bmatrix}1\\ 0\\ 0\end{bmatrix}u$$

$$y=CR_c\hat{X}=\begin{bmatrix}0 & 1 & -2\end{bmatrix}\begin{bmatrix}1 & 0 & 0\\ 1 & 1 & 0\\ 0 & 1 & 1\end{bmatrix}\hat{X}=\begin{bmatrix}1 & -1 & -2\end{bmatrix}\hat{X}$$

在构造变换矩阵 R_c 时，其中 $(n-n_1)$ 列的选取是在保证 R_c 为非奇异的前提下任选的。如果选取 R_3 为另一矢量 $R_3=[1\ \ 0\ \ 1]^{\mathrm{T}}$，则

$$R_c=\begin{bmatrix}1 & 0 & 1\\ 1 & 1 & 0\\ 0 & 1 & 1\end{bmatrix}$$

于是

$$\dot{\hat{X}} = \left[\begin{array}{cc|c} 0 & -1 & 0 \\ 1 & -2 & -2 \\ \hline 0 & 0 & -1 \end{array}\right]\hat{X} + \begin{bmatrix} 1 \\ 0 \\ 0 \end{bmatrix} u$$

$$y = [1 \quad -1 \quad -2]\hat{X}$$

从两个状态空间表达式可以看出，把系统分解成两部分：一部分是二维能控子空间的状态空间表达式是相同的，属能控规范Ⅱ型，能控部分状态空间表达式为

$$\dot{\hat{X}}_1 = \begin{bmatrix} 0 & -1 \\ 1 & -2 \end{bmatrix}\hat{X}_1 + \begin{bmatrix} 1 \\ 0 \end{bmatrix} u$$

其实，这一种现象并不是偶然出现的，因为变换矩阵的前 n_1 列是能控性判别阵中的 n_1 个线性无关列。

5.5.2　按能观测性分解

设线性定常系统

$$\begin{cases} \dot{X} = AX + BU \\ Y = CX \end{cases} \tag{5.75}$$

是状态不完全能观测的，其能控性判别矩阵：

$$N = \begin{bmatrix} C \\ CA \\ \vdots \\ CA^{n-1} \end{bmatrix}$$

的秩为

$$\operatorname{rank}(N) = n_1 < n$$

则存在非奇异变换

$$X = R_o Z \tag{5.76}$$

将状态空间表达式变换为

$$\begin{cases} \dot{Z} = \bar{A}Z + \bar{B}U \\ Y = \bar{C}Z \end{cases} \tag{5.77}$$

式中，

$$Z = \begin{bmatrix} z_1 \\ \hline z_2 \end{bmatrix} \begin{matrix} n_1 \\ (n-n_1) \end{matrix} \tag{5.78}$$

$$\overline{A}=R_o^{-1}AR_o=\begin{bmatrix}\overline{A}_{11} & 0\\ \overline{A}_{21} & \overline{A}_{22}\end{bmatrix}\begin{matrix}n_1\\(n-n_1)\end{matrix} \tag{5.79}$$
$$\qquad n_1 \quad (n-n_1)$$

$$\overline{B}=R_o^{-1}B=\begin{bmatrix}\overline{B}_1\\ \overline{B}_2\end{bmatrix}\begin{matrix}n_1\\(n-n_1)\end{matrix} \tag{5.80}$$

$$\overline{C}=CR_c=\begin{bmatrix}\overline{C}_1 & 0\end{bmatrix} \tag{5.81}$$
$$\qquad n_1 \quad (n-n_1)$$

$$\tilde{X}=\begin{bmatrix}\tilde{X}_1\\ \tilde{X}_2\end{bmatrix}\begin{matrix}n_1\\(n-n_1)\end{matrix}$$

式中，

$$\begin{aligned}&\dot{\tilde{X}}_1=\tilde{A}_{11}\tilde{X}_1+\tilde{B}_1U\\&Y_1=\tilde{C}_1\tilde{X}_1\\&\dot{\tilde{X}}_2=\tilde{A}_{21}\tilde{X}_1+\tilde{A}_{22}\tilde{X}_2+\tilde{B}_2U\end{aligned}$$

由

$$Y_2=\tilde{C}_2\tilde{X}_2=0\text{，}\quad \tilde{C}_2=0$$

经上述变换后系统分解为能观测的 n_1 维子系统：

$$\begin{cases}\dot{\tilde{X}}_1=\tilde{A}_{11}\tilde{X}_1+\tilde{B}_1U\\ Y_1=\tilde{C}_1\tilde{X}_1\end{cases}$$

和不能观测的 $n-n_1$ 维子系统：

$$\dot{\tilde{X}}_2=\tilde{A}_{21}\tilde{X}_1+\tilde{A}_{22}\tilde{X}_2+\tilde{B}_2U$$

图 5.10 是其分解结构图。显然可以看出，如果不考虑 $n-n_1$ 维不能观测的子系统，便可以得到一个 n_1 维能观测的子系统。

非奇异变换矩阵 R_o 的构成为

$$R_o^{-1}=\begin{bmatrix}R_1'\\R_2'\\ \vdots\\R_{n1}'\\ \vdots\\R_n'\end{bmatrix} \tag{5.82}$$

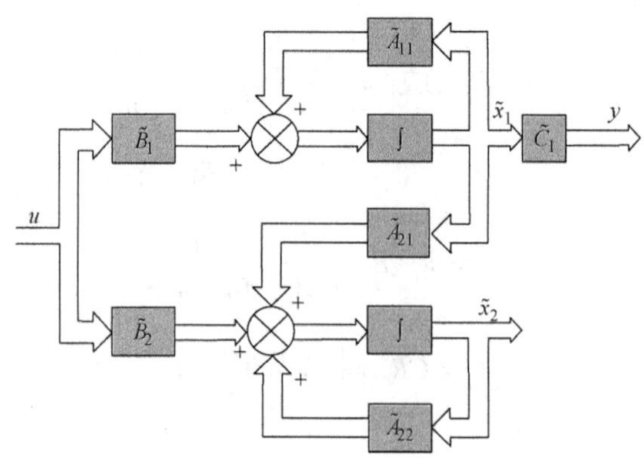

图 5.10　系统按能观测性分解结构图

其中，前 n_1 行矢量 $R_1',R_2',\cdots,R_{n_1}'$ 是能观测性判别矩阵中的 n_1 个线性无关的行；另外的 $n-n_1$ 个行矢量 $R_{n_1+1}'\cdots R_n'$ 在确保 R_o^{-1} 为非奇异的条件下，完全是任意的。

【例 5.20】　设线性定常系统如下，判别其能观测性，若不是完全能观测的，试将该系统按能观测性分解。

$$\dot{X}=\begin{bmatrix}0 & 0 & -1\\1 & 0 & -3\\0 & 1 & -3\end{bmatrix}X+\begin{bmatrix}1\\1\\0\end{bmatrix}u$$

$$y=\begin{bmatrix}0 & 1 & -2\end{bmatrix}X$$

解　先判别系统的能观测性

$$N=\begin{bmatrix}C\\CA\\CA^2\end{bmatrix}=\begin{bmatrix}0 & 1 & -2\\1 & -2 & 3\\-2 & 3 & -4\end{bmatrix}$$

的秩

$$\text{rank}N=2<n$$

故系统是不完全能观的。

构造非奇异变换阵 R_0，取

$$R_1'=C=\begin{bmatrix}0 & 1 & -2\end{bmatrix}，\quad R_2'=CA=\begin{bmatrix}1 & -2 & 3\end{bmatrix}$$

R_3' 是保证 R_o^{-1} 为非奇异的条件下任意选取 $R_3'=\begin{bmatrix}0 & 0 & 1\end{bmatrix}$ 的。

$$R_o^{-1}=\begin{bmatrix}0 & 1 & -2\\1 & -2 & 3\\0 & 0 & 1\end{bmatrix}，\quad R_o=\begin{bmatrix}2 & 1 & 1\\1 & 0 & 2\\0 & 0 & 1\end{bmatrix}$$

于是系统状态空间表达式变换为

$$\dot{\tilde{X}}=R_o^{-1}AR_o\tilde{X}+R_o^{-1}Bu=\left[\begin{array}{cc:c}0 & 1 & 0\\-1 & -2 & 0\\ \hdashline 1 & 0 & -1\end{array}\right]\tilde{X}+\begin{bmatrix}1\\-1\\0\end{bmatrix}u$$

$$y = CR_o\tilde{X} = \begin{bmatrix}0 & 1 & -2\end{bmatrix}\begin{bmatrix}2 & 1 & 1\\1 & 0 & 2\\0 & 0 & 1\end{bmatrix}\tilde{X} = \begin{bmatrix}1 & 0 & 0\end{bmatrix}\tilde{X}$$

5.5.3　按能控性和能观测性进行分解

如果线性系统是不完全能控和不完全能观测的，对该系统同时按能控性和能观测性进行分解，则可以把系统分解成能控且能观测、能控不能观测、不能控能观测、不能控不能观测四部分。并非所有系统都能分解成这四个部分。

设线性定常系统：

$$\begin{cases}\dot{X} = AX + BU\\ Y = CX\end{cases} \tag{5.83}$$

不完全能控、不完全能观测，则存在线性非奇异变换 $x = R\overline{x}$ 把式（5.83）变换为

$$\begin{cases}\dot{\overline{X}} = \overline{A}\overline{X} + \overline{B}U\\ Y = \overline{C}\overline{X}\end{cases} \tag{5.84}$$

式中，

$$\overline{A} = R^{-1}AR = \begin{bmatrix}A_{11} & 0 & A_{13} & 0\\A_{21} & A_{22} & A_{23} & A_{24}\\0 & 0 & A_{33} & 0\\0 & 0 & A_{43} & A_{44}\end{bmatrix} \tag{5.85}$$

$$\overline{B} = R^{-1}B = \begin{bmatrix}B_1\\B_2\\0\\0\end{bmatrix} \tag{5.86}$$

$$\overline{C} = CR = [C_1 \quad 0 \quad C_3 \quad 0] \tag{5.87}$$

从式（5.85）～式（5.87）的结构可以看出，整个状态空间分为能控且能观测、能控不能观测、不能控能观测、不能控不能观测四个部分，分别用 X_{co} 表示能控能观测、$X_{c\overline{o}}$ 表示能控不能观测、$X_{\overline{c}o}$ 表示能观测不能控、$X_{\overline{co}}$ 表示不能控不能观测。于是，式(5.83)中 $\dot{X}$ 可以写成

$$\begin{bmatrix}\dot{X}_{co}\\\dot{X}_{c\overline{o}}\\\dot{X}_{\overline{c}o}\\\dot{X}_{\overline{co}}\end{bmatrix} = \begin{bmatrix}A_{11} & 0 & A_{13} & 0\\A_{21} & A_{22} & A_{23} & A_{24}\\0 & 0 & A_{33} & 0\\0 & 0 & A_{43} & A_{44}\end{bmatrix}\begin{bmatrix}X_{co}\\X_{c\overline{o}}\\X_{\overline{c}o}\\X_{\overline{co}}\end{bmatrix} + \begin{bmatrix}B_1\\B_2\\0\\0\end{bmatrix}U \tag{5.88}$$

(A_{11}, B_1, C_1) 且 (A_{11}, B_1, C_1) 是能控能观测子系统。

从传递函数上考虑，反映系统输入输出特性的传递函数 $G(s)$ 只能反映系统中能控且能观测子系统的动力学行为。

$$G(s)=C(sI-A)^{-1}B=C_1(sI-A_1)^{-1}B_1 \tag{5.89}$$

传递函数矩阵只是对系统的一种不完全的描述。如果在系统中添加不能控或不能观测的子系统，并不影响系统的传递函数。根据给定传递函数矩阵求对应的状态空间表达式，其解将有无穷个，但是其中维数最小的状态空间表达式是最常用的，这就是最小实现问题。

变换矩阵 R 确定之后.只需经过一次变换便可对系统同时按能控性和能观测性进行结构分解。但是 R 的构造需要涉及较多的线性空间概念。

首先将系统 $\Sigma=(A,B,C)$ 按能控性分解，故状态变换为

$$X=R_c\begin{bmatrix}X_c\\X_{\bar{c}}\end{bmatrix} \tag{5.90}$$

将系统变换为

$$\begin{aligned}\begin{bmatrix}\dot{X}_c\\\dot{X}_{\bar{c}}\end{bmatrix}&=R_c^{-1}AR_c\begin{bmatrix}X_c\\X_{\bar{c}}\end{bmatrix}+R_c^{-1}BU\\&=\begin{bmatrix}\bar{A}_1&\bar{A}_2\\0&\bar{A}_4\end{bmatrix}\begin{bmatrix}X_c\\X_{\bar{c}}\end{bmatrix}+\begin{bmatrix}\bar{B}\\0\end{bmatrix}U\\Y&=CR_c\begin{bmatrix}X_c\\X_{\bar{c}}\end{bmatrix}=\begin{bmatrix}\bar{C}_1&\bar{C}_2\end{bmatrix}\begin{bmatrix}X_c\\X_{\bar{c}}\end{bmatrix}\end{aligned} \tag{5.91}$$

式中，R_c 根据式（5.74）构造。

$$R_c=[A\quad AB\quad A^2B\quad\cdots]$$

式中，AB 任意取，只要保证矩阵 R_c 非奇异即可。

然后将上式中不能控子系统 $\Sigma_{\bar{c}}=(A_4,0,C_2)$ 按能观测性分解，对 $X_{\bar{c}}$ 取状态变换：

$$X_{\bar{c}}=R_{o2}\begin{bmatrix}X_{\bar{c}o}\\X_{\overline{co}}\end{bmatrix}$$

将 $\Sigma_{\bar{c}}=(\bar{A}_4,0,\bar{C}_2)$ 分解为

$$\begin{bmatrix}\dot{X}_{\bar{c}o}\\\dot{X}_{\overline{co}}\end{bmatrix}=R_{o2}^{-1}\bar{A}_4R_{o2}\begin{bmatrix}X_{\bar{c}o}\\X_{\overline{co}}\end{bmatrix}=\begin{bmatrix}A_{33}&0\\A_{43}&A_{44}\end{bmatrix}\begin{bmatrix}X_{\bar{c}o}\\X_{\overline{co}}\end{bmatrix}$$

$$Y_2=\bar{C}_2R_{o2}\begin{bmatrix}X_{\bar{c}o}\\X_{\overline{co}}\end{bmatrix}=\begin{bmatrix}C_3&0\end{bmatrix}\begin{bmatrix}X_{\bar{c}o}\\X_{\overline{co}}\end{bmatrix}$$

式中，X_{co} 为能控能观测状态；$X_{c\bar{o}}$ 为能控不能观测状态；R_{o2} 由式（5.82）构造；是按 $\Sigma_{\bar{c}}=(\bar{A}_4,0,\bar{C}_2)$ 能观测性分解的变换矩阵。

$$R_o^{-1}=\begin{bmatrix}R_1'&R_2'&\cdots R_{n1}'\cdots R_n'\end{bmatrix}^{\mathrm{T}}$$

最后将能控子系统 $\Sigma_c=(\bar{A}_1,B,\bar{C}_1)$ 按能观测性分解，取状态变换：

$$X_c=R_{o1}\begin{bmatrix}X_{co}\\X_{c\bar{o}}\end{bmatrix}$$

由式（5.91）有 $\dot{X}_c=\bar{A}_1X_c+\bar{A}_2X_{\bar{c}}+\bar{B}U$ 。把状态变换后的关系式代入上式有

$$R_{o1}\begin{bmatrix}\dot{X}_{co}\\ \dot{X}_{c\bar{o}}\end{bmatrix}=\bar{A}_1R_{o1}\begin{bmatrix}X_{co}\\ X_{c\bar{o}}\end{bmatrix}+\bar{A}_2R_{o2}\begin{bmatrix}X_{\bar{c}o}\\ X_{\bar{c}\bar{o}}\end{bmatrix}+\bar{B}U$$

对上式两边左乘 R_{o1}^{-1} 有

$$\begin{bmatrix}\dot{X}_{co}\\ \dot{X}_{c\bar{o}}\end{bmatrix}=R_{o1}^{-1}\bar{A}_1R_{o1}\begin{bmatrix}X_{co}\\ X_{c\bar{o}}\end{bmatrix}+R_{o1}^{-1}\bar{A}_2R_{o2}\begin{bmatrix}X_{\bar{c}o}\\ X_{\bar{c}\bar{o}}\end{bmatrix}+R_{o1}^{-1}\bar{B}U$$

$$=\begin{bmatrix}A_{11} & 0\\ A_{21} & A_{22}\end{bmatrix}\begin{bmatrix}X_{co}\\ X_{c\bar{o}}\end{bmatrix}+\begin{bmatrix}A_{13} & 0\\ A_{23} & A_{24}\end{bmatrix}\begin{bmatrix}X_{\bar{c}o}\\ X_{\bar{c}\bar{o}}\end{bmatrix}+\begin{bmatrix}B_1\\ B_2\end{bmatrix}U$$

$$Y=\bar{C}_1R_{o1}\begin{bmatrix}X_{co}\\ X_{c\bar{o}}\end{bmatrix}=\begin{bmatrix}C_1 & 0\end{bmatrix}\begin{bmatrix}X_{co}\\ X_{c\bar{o}}\end{bmatrix}$$

式中，X_{co} 为能控能观测状态；$X_{c\bar{o}}$ 为能控不能观测状态；R_{o1} 由式(5.82)构造；$\Sigma_c=(\bar{A}_1,B,\bar{C}_1)$ 是按能观测性分解的变换矩阵。

综合以上三次变换，可导出系统同时按能控性和能观测性进行结构分解的表达式：

$$\begin{bmatrix}\dot{X}_{co}\\ \dot{X}_{c\bar{o}}\\ \dot{X}_{\bar{c}o}\\ \dot{X}_{\bar{c}\bar{o}}\end{bmatrix}=\begin{bmatrix}A_{11} & 0 & A_{13} & 0\\ A_{21} & A_{22} & A_{23} & A_{24}\\ 0 & 0 & A_{33} & 0\\ 0 & 0 & A_{43} & A_{44}\end{bmatrix}\begin{bmatrix}X_{co}\\ X_{c\bar{o}}\\ X_{\bar{c}o}\\ X_{\bar{c}\bar{o}}\end{bmatrix}+\begin{bmatrix}B_1\\ B_2\\ 0\\ 0\end{bmatrix}U$$

$$\dot{X}=\begin{bmatrix}0 & 0 & -1\\ 1 & 0 & -3\\ 0 & 1 & -3\end{bmatrix}X+\begin{bmatrix}1\\ 1\\ 0\end{bmatrix}U$$

【例 5.21】　已知系统：

$$\dot{X}=\begin{bmatrix}0 & 0 & -1\\ 1 & 0 & -3\\ 0 & 1 & -3\end{bmatrix}X+\begin{bmatrix}1\\ 1\\ 0\end{bmatrix}U$$

$$Y=[0\quad 1\quad -2]X$$

是状态不完全能控和不完全能观测的，试将该系统按能控性和能观测性进行结构分解。

解　将系统按能控性分解：

$$R_c=\begin{bmatrix}1 & 0 & 0\\ 1 & 1 & 0\\ 0 & 1 & 1\end{bmatrix}$$

$$R_c^{-1}=\begin{bmatrix}1 & 0 & 0\\ -1 & 1 & 0\\ 1 & -1 & 1\end{bmatrix},\quad R_c^{-1}AR_c=\begin{bmatrix}0 & -1 & -1\\ 1 & -2 & -2\\ 0 & 0 & -1\end{bmatrix}$$

任意取

$$R_c^{-1}\overline{B}=\begin{bmatrix}1\\0\\0\end{bmatrix}$$

经变换系统分解为

$$\begin{bmatrix}\dot{X}_c\\ \dot{X}_{\overline{c}}\end{bmatrix}=R_c^{-1}AR_c\begin{bmatrix}X_c\\ X_{\overline{c}}\end{bmatrix}+R_c^{-1}BU$$

$$=\left[\begin{array}{cc:c}0 & -1 & -1\\ 1 & -2 & -2\\ \hdashline 0 & 0 & -1\end{array}\right]\begin{bmatrix}X_c\\ \hline X_{\overline{c}}\end{bmatrix}+\begin{bmatrix}1\\0\\0\end{bmatrix}U$$

$$Y=CR_c=\left[\begin{array}{cc:c}1 & -1 & -2\end{array}\right]\begin{bmatrix}X_c\\ \hline X_{\overline{c}}\end{bmatrix}$$

从上式看，不能控子空间仅一维，而且是能观测的，故无须再进行分解。

将能控子系统 $\sum_c$ 按能观测性进行分解：

$$\dot{X}_c=\begin{bmatrix}0 & -1\\ 1 & -2\end{bmatrix}X_c+\begin{bmatrix}-1\\ -2\end{bmatrix}X_{\overline{c}}+\begin{bmatrix}1\\0\end{bmatrix}U\text{ , }\ Y_1=[1\quad -1]X_c$$

按能观测性分解，根据式（5.82）构造非奇异变换矩阵：

$$R_o^{-1}=\begin{bmatrix}1 & -1\\ 0 & 1\end{bmatrix}$$

将 $\sum_c$ 按能控性分解为

$$\begin{bmatrix}\dot{X}_{co}\\ \dot{X}_{c\overline{o}}\end{bmatrix}=R_{o1}^{-1}\overline{A}_1R_{o1}\begin{bmatrix}X_{co}\\ X_{c\overline{o}}\end{bmatrix}+R_{o1}^{-1}\overline{A}_2R_{o2}\begin{bmatrix}X_{\overline{c}o}\\ X_{\overline{co}}\end{bmatrix}+R_{o1}^{-1}\overline{B}U$$

$$=\begin{bmatrix}-1 & 0\\ 1 & -1\end{bmatrix}\begin{bmatrix}X_{co}\\ X_{c\overline{o}}\end{bmatrix}+\begin{bmatrix}1\\ -2\end{bmatrix}X_{\overline{c}}+\begin{bmatrix}1\\0\end{bmatrix}U$$

$$Y=\overline{C}_1R_{o1}\begin{bmatrix}X_{co}\\ X_{c\overline{o}}\end{bmatrix}=[1\quad 0]\begin{bmatrix}X_{co}\\ X_{c\overline{o}}\end{bmatrix}$$

综合以上两次变换结果，系统按能控性和能观测性分解为表达式：

$$\begin{bmatrix}\dot{X}_{co}\\ \dot{X}_{c\overline{o}}\\ \dot{X}_{\overline{c}o}\end{bmatrix}=\begin{bmatrix}-1 & 0 & 1\\ 1 & -1 & -2\\ 0 & 0 & -1\end{bmatrix}\begin{bmatrix}X_{co}\\ X_{c\overline{o}}\\ X_{\overline{c}o}\end{bmatrix}+\begin{bmatrix}1\\0\\0\end{bmatrix}U$$

$$Y=[1\quad 0\quad -2]\begin{bmatrix}X_{co}\\ X_{c\overline{o}}\\ X_{\overline{c}o}\end{bmatrix}$$

此外，结构分解的另一种方法：先把待分解的系统化为约旦标准型；然后按能控判别法则和能观测法则判别状态变量的能控性和能观测性；最后按能控能观测、能控不能观测、不能控能观测、不能控不能观测四种类型分类排列，即可组成相应的子系统。

5.6　能控性和能观测性与传递函数的关系

5.6.1　传递函数矩阵

设系统动态方程为

$$\dot{X} = AX + BU$$
$$Y = CX + DU$$

在初始条件为零时，输出向量的拉普拉斯变换式 $Y(s)$ 与输入向量的拉普拉斯变换式 $U(s)$ 之间的传递关系，称为传递函数矩阵，简称传递矩阵。

$$X(s) = (sI - A)^{-1}BU(s)$$
$$Y(s) = CX(s) + DU(s) = [C(sI - A)^{-1}B + D]U(s)$$
$$G(s) = \frac{Y(s)}{U(s)} = C(sI - A)^{-1}B + D$$

5.6.2　传递函数矩阵的实现问题

给定一传递函数矩阵 $G(s)$，若有一状态空间表达式 $\Sigma(A,B,C,D)$：

$$\dot{X} = AX + BU$$
$$Y = CX + DU \tag{5.92}$$

使 $C(sI - A)^{-1}B + D = G(s)$ 成立，则称此状态空间表达式 $\Sigma(A,B,C,D)$ 为传递函数矩阵 $G(s)$ 的一个实现。

这里应该指出，并不是任意一个传递函数矩阵 $G(s)$ 都可以找到其实现，通常它必须满足物理可实现条件。

（1）传递函数矩阵 $G(s)$ 中的每一个元素 $G_{ik}(s)$（$i = 1,2,\cdots,m$，$k = 1,2,\cdots,r$）的分子、分母多项式系数均为实常数。传递函数矩阵 $G(s)$ 中的每一个元素 $G_{ik}(s)$ 均为 s 的有理真分式函数。

（2）对应某一传递函数矩阵的实现是不唯一的。由于传递函数矩阵只能反映系统中能控且能观测子系统的动力学行为，对于某一传递函数矩阵有任意维数的状态空间表达式与之对应。由于状态变量选择的非唯一性，在选择不同的状态变量时，其状态空间表达式也随之不同。

5.6.3　能控规范型实现和能观测规范型实现

1. SISO 系统能控规范型实现和能观测规范型实现

对于一个 SISO 系统，一旦给出系统的传递函数，便可以直接写出其能控规范型实现和能观测规范型实现。

$$G(s)=\frac{\beta_{n-1}s^{n-1}+\cdots+\beta_1 s+\beta_0}{s^n+a_{n-1}s^{n-1}+\cdots+a_1 s+a_0}$$

能控规范型实现：

$$A_c=\begin{bmatrix}0 & 1 & 0 & \cdots & 0\\ 0 & 0 & 1 & \cdots & 0\\ \vdots & \vdots & \vdots & & \vdots\\ 0 & 0 & 0 & \cdots & 1\\ -a_0 & -a_1 & -a_2 & \cdots & -a_{n-1}\end{bmatrix},\quad b_c=\begin{bmatrix}0\\0\\ \vdots\\0\\1\end{bmatrix},\quad C_c=\begin{bmatrix}\beta_0 & \beta_1 & \beta_2 & \cdots & \beta_{n-1}\end{bmatrix}$$

能观测规范型实现：

$$A_o=\begin{bmatrix}0 & \cdots & 0 & -a_0\\ 1 & \cdots & 0 & -a_1\\ \vdots & & \vdots & \vdots\\ 0 & \cdots & 1 & -a_{n-1}\end{bmatrix},\quad b_o=\begin{bmatrix}\beta_0\\ \beta_1\\ \vdots\\ \beta_{n-1}\end{bmatrix},\quad C_o=\begin{bmatrix}0 & 0 & \cdots & 0 & 1\end{bmatrix}$$

并且有

$$C_c(sI-A_c)^{-1}b_c=C_o(sI-A_o)^{-1}b_o=\frac{\beta_{n-1}s^{n-1}+\cdots+\beta_1 s+\beta_0}{s^n+a_{n-1}s^{n-1}+\cdots+a_1 s+a_0}$$

【例 5.22】 已知线性系统的传递函数为

$$G(s)=\frac{s^2+4s+5}{s^3+6s^2+11s+6}$$

试写出该系统能控规范型实现和能观测规范型实现。

解 能控规范型实现：

$$\dot{x}=\begin{bmatrix}0 & 1 & 0\\ 0 & 0 & 1\\ -6 & -11 & -6\end{bmatrix}x+\begin{bmatrix}0\\0\\1\end{bmatrix}u,\quad y=\begin{bmatrix}5 & 4 & 1\end{bmatrix}x$$

能观测规范型实现：

$$\dot{x}=\begin{bmatrix}0 & 0 & -6\\ 1 & 0 & -11\\ 0 & 1 & -6\end{bmatrix}x+\begin{bmatrix}5\\4\\1\end{bmatrix}u,\quad y=\begin{bmatrix}0 & 0 & 1\end{bmatrix}x$$

2. MIMO 系统能控规范型实现和能观测规范型实现

下面介绍如何推广到 MIMO 系统。对于 MIMO 系统的传递函数矩阵为 $m\times r$ 维，并有如下形式：

$$G(s)_{m\times r}=\frac{\beta_{n-1}s^{n-1}+\cdots+\beta_1 s+\beta_0}{s^n+a_{n-1}s^{n-1}+\cdots+a_1 s+a_0}\tag{5.93}$$

式中，$\beta_{n-1},\cdots,\beta_1,\beta_0$ 均为 $m\times r$ 实数矩阵，分母多项式为该传递函数矩阵的特征多项式（m

为输出变量的维数；r 为输入变量的维数）。

显然 $G(s)$ 是一个严格真有理分式的矩阵且当 $m=r=1$ 时，$G(s)$ 对应的就是 SISO 系统的传递函数。

对于上式形式的传递函数矩阵的能控规范型实现为

$$A_c=\begin{bmatrix} 0_r & I_r & 0_r & \cdots & 0_r \\ 0_r & 0_r & I_r & \cdots & 0_r \\ \vdots & \vdots & \vdots & & \vdots \\ 0_r & 0_r & 0_r & \cdots & I_r \\ -a_0 I_r & -a_1 I_r & -a_2 I_r & \cdots & -a_{n-1} I_r \end{bmatrix} \tag{5.94}$$

$$B_c=\begin{bmatrix} 0_r \\ 0_r \\ \vdots \\ 0_r \\ I_r \end{bmatrix} \tag{5.95}$$

$$C_c=\begin{bmatrix} \beta_0 & \beta_1 & \beta_2 & \cdots & \beta_{n-1} \end{bmatrix} \tag{5.96}$$

式中，0_r 和 I_r 分别表示 $r\times r$ 零矩阵和单位矩阵；n 为分母多项式的阶数。依此类推，其能观测规范型实现为

$$A_o=\begin{bmatrix} 0_m & \cdots & 0_m & -a_0 I_m \\ I_m & \cdots & 0_m & -a_1 I_m \\ \vdots & & \vdots & \vdots \\ 0_m & \cdots & I_m & -a_{n-1} I_m \end{bmatrix} \tag{5.97}$$

$$B_o=\begin{bmatrix} \beta_0 \\ \beta_1 \\ \vdots \\ \beta_{n-1} \end{bmatrix} \tag{5.98}$$

$$C_o=\begin{bmatrix} 0_m & 0_m & \cdots & 0_m & I_m \end{bmatrix} \tag{5.99}$$

式中，0_m 和 I_m 分别表示 $m\times m$ 零矩阵和单位矩阵；m 为输入矢量的维数。

可以明确看出，能控规范型实现的维数是 $n\times r$，能观测规范型实现的维数是 $n\times m$。这里应指出，MIMO 系统的能观测规范型并不是能控规范型的简单转置，这一点和 SISO 系统不同。

【例 5.23】 试求

$$G(s)=\begin{bmatrix} \dfrac{s+2}{s+1} & \dfrac{1}{s+3} \\ \dfrac{s}{s+1} & \dfrac{s+1}{s+2} \end{bmatrix}$$

的能控规范型实现和能观测规范型实现。

解 首先将 $G(s)$ 化成严格有理真分式：

$$G(s)=\begin{bmatrix}\dfrac{s+2}{s+1} & \dfrac{1}{s+3}\\ \dfrac{s}{s+1} & \dfrac{s+1}{s+2}\end{bmatrix}=\begin{bmatrix}\dfrac{1}{s+1} & \dfrac{1}{s+3}\\ -\dfrac{1}{s+1} & -\dfrac{1}{s+2}\end{bmatrix}+\begin{bmatrix}1 & 0\\ 1 & 1\end{bmatrix}$$

$$=C(sI-A)^{-1}B+D$$

然后将 $C(sI-A)^{-1}B$ 写成标准形式：

$$C(sI-A)^{-1}B=\begin{bmatrix}\dfrac{1}{s+1} & \dfrac{1}{s+3}\\ -\dfrac{1}{s+1} & -\dfrac{1}{s+2}\end{bmatrix}$$

$$=\begin{bmatrix}\dfrac{(s+2)(s+3)}{(s+1)(s+2)(s+3)} & \dfrac{(s+1)(s+2)}{(s+1)(s+2)(s+3)}\\ \dfrac{-(s+2)(s+3)}{(s+1)(s+2)(s+3)} & \dfrac{-(s+1)(s+3)}{(s+1)(s+2)(s+3)}\end{bmatrix}$$

$$=\frac{1}{(s+1)(s+2)(s+3)}\begin{bmatrix}s^2+5s+6 & s^2+3s+2\\ -(s^2+5s+6) & -(s^2+4s+3)\end{bmatrix}$$

$$=\frac{1}{s^3+6s^2+11s+6}\left\{\begin{bmatrix}1 & 1\\ -1 & -1\end{bmatrix}s^2+\begin{bmatrix}5 & 3\\ -5 & -4\end{bmatrix}s+\begin{bmatrix}6 & 2\\ -6 & -3\end{bmatrix}\right\}$$

与公式对照，可得

$$a_0=6\text{，}\quad a_1=11\text{，}\quad a_2=6$$

$$\beta_0=\begin{bmatrix}6 & 2\\ -6 & -3\end{bmatrix}\text{，}\quad \beta_1=\begin{bmatrix}5 & 3\\ -5 & -4\end{bmatrix}\text{，}\quad \beta_2=\begin{bmatrix}1 & 1\\ -1 & -1\end{bmatrix}$$

将上述系数及矩阵代入式（5.94）～式（5.96），可得出 MIMO 系统能控规范型的各系数矩阵为

$$A_c=\begin{bmatrix}0_r & I_r & 0_r\\ 0_r & 0_r & I_r\\ -a_0I_r & -a_1I_r & -a_2I_r\end{bmatrix}_{r=2}=\begin{bmatrix}0 & 0 & 1 & 0 & 0 & 0\\ 0 & 0 & 0 & 1 & 0 & 0\\ 0 & 0 & 0 & 0 & 1 & 0\\ 0 & 0 & 0 & 0 & 0 & 1\\ -6 & 0 & -11 & 0 & -6 & 0\\ 0 & -6 & 0 & -11 & 0 & -6\end{bmatrix}$$

$$B_c=\begin{bmatrix}0_r\\ 0_r\\ I_r\end{bmatrix}_{r=2}=\begin{bmatrix}0 & 0\\ 0 & 0\\ 0 & 0\\ 0 & 0\\ 1 & 0\\ 0 & 1\end{bmatrix}\text{，}\quad C_c=[\beta_0\quad \beta_1\quad \beta_2]=\begin{bmatrix}6 & 2 & 5 & 3 & 1 & 1\\ -6 & -3 & -5 & -4 & -1 & -1\end{bmatrix}\text{，}\quad D_c=\begin{bmatrix}1 & 0\\ 1 & 1\end{bmatrix}$$

同样，把系数和矩阵代入式（5.97）～式（5.99）可得出 MIMO 系统能观测规范型各

系数矩阵为

$$A_o=\begin{bmatrix}0_m & 0_m & -a_0I_m\\ I_m & 0_m & -a_1I_m\\ 0_m & I_m & -a_2I_m\end{bmatrix}_{m=2}=\begin{bmatrix}0&0&0&0&-6&0\\0&0&0&0&0&-6\\1&0&0&0&-11&0\\0&1&0&0&0&-11\\0&0&1&0&-6&0\\0&0&0&1&0&-6\end{bmatrix}$$

$$B_o=\begin{bmatrix}\beta_0\\ \beta_1\\ \beta_2\end{bmatrix}=\begin{bmatrix}6&2\\-6&-3\\5&3\\-5&-4\\1&1\\-1&-1\end{bmatrix},\quad C_o=\begin{bmatrix}0_m & 0_m & I_m\end{bmatrix}_{m=2}=\begin{bmatrix}0&0&0&0&1&0\\0&0&0&0&0&1\end{bmatrix},\quad D_o=\begin{bmatrix}1&0\\1&1\end{bmatrix}$$

通过以上所得结果进一步说明，MIMO 系统的能控规范型实现和能观测规范型实现之间并不是一个简单的转置关系。

5.6.4　最小实现

传递函数矩阵只能反映系统中能控且能观测子系统的动力学行为。对于某一给定的传递函数矩阵将有无穷多的状态空间表达式与之对应，即一个传递函数矩阵描述无穷多个内部不同结构的系统。从工程的观点看，如何寻求维数最小的一类系统实现，具有重要的现实意义。

1. 最小实现的定义

传递函数矩阵 $G(s)$ 的一个实现（没有相同的零、极点或相同零、极点已经对消）为

$$\begin{aligned}\dot{X}&=AX+BU\\ Y&=CX\end{aligned}\tag{5.100}$$

称为最小实现。如果 $G(s)$ 中不存在其他实现：

$$\begin{aligned}\dot{\tilde{X}}&=\tilde{A}\tilde{X}+\tilde{B}U\\ Y&=\tilde{C}\tilde{X}\end{aligned}\tag{5.101}$$

使 $\tilde{X}$ 的维数小于 X 的维数，则称式（5.100）的实现为最小实现。

传递函数矩阵只能反映系统中能控且能观测子系统的动力学行为，因此把系统中不能控、不能观测的状态分量消去，不会影响系统的传递函数矩阵（这些不能控、不能观测状态分量的存在将使系统成为非最小实现）。

2. 求最小实现的步骤

传递函数矩阵 $G(s)$ 的一个实现 $\Sigma(A,B,C)$：

$$\dot{X} = AX + BU$$
$$Y = CX$$

为最小实现的充分必要条件是：$\Sigma(A,B,C)$ 既是能控的，又是能观测的。

这个定理在这里不再证明。根据这个定理可以方便地确定任何一个具有严格真有理分式的传递函数矩阵 $G(s)$ 的最小实现。一般可以按照以下步骤来进行。

（1）对给定传递函数矩阵 $G(s)$，先初选出一种实现 $\Sigma(A,B,C)$，最方便地是选取能控规范型实现或能观测规范型实现。

（2）对上面初选的实现 $\Sigma(A,B,C)$，找出其完全能控且完全能观测部分 $(\tilde{A}_1,\tilde{B}_1,\tilde{C}_1)$，这个能控、能观部分就是 $G(s)$ 的最小实现。

【例 5.24】 试求如下传递函数矩阵的最小实现。

$$G(s) = \begin{bmatrix} \dfrac{1}{(s+1)(s+2)} & \dfrac{1}{(s+2)(s+3)} \end{bmatrix}$$

解 $G(s)$ 是严格的真有理分式，直接写成按 s 降幂排列的标准格式：

$$G(s) = \begin{bmatrix} \dfrac{1}{(s+1)(s+2)} & \dfrac{1}{(s+2)(s+3)} \end{bmatrix}$$
$$= \frac{1}{(s+1)(s+2)(s+3)}\begin{bmatrix} s+3 & s+1 \end{bmatrix}$$
$$= \frac{1}{s^3+6s^2+11s+6}[(1,1)s+(3,1)]$$

对照式（5.127），可知

$$a_0 = 6，\ a_1 = 11，\ a_2 = 6$$
$$\beta_0 = [3 \quad 1]，\ \beta_1 = [1 \quad 1]，\ \beta_2 = [0 \quad 0]$$

输出矢量的维数 $m=1$，输入矢量的维数 $r=2$，采用能观测规范型实现（II型）：

$$A_o = \begin{bmatrix} 0_m & 0_m & -a_0 I_m \\ I_m & 0_m & -a_1 I_m \\ 0_m & I_m & -a_2 I_m \end{bmatrix} = \begin{bmatrix} 0 & 0 & -6 \\ 1 & 0 & -11 \\ 0 & 1 & -6 \end{bmatrix}，\ B_o = \begin{bmatrix} \beta_0 \\ \beta_1 \\ \beta_2 \end{bmatrix} = \begin{bmatrix} 3 & 1 \\ 1 & 1 \\ 0 & 0 \end{bmatrix}$$

$$C_o = [0_m \quad 0_m \quad I_m] = [0 \quad 0 \quad 1]$$

检验所求能观测规范型实现 $\Sigma(A_o,B_o,C_o)$ 是否能控。

$$M = \begin{bmatrix} B_o & A_oB_o & A_o^2B_o \end{bmatrix} = \begin{bmatrix} 3 & 1 & 0 & 0 & -6 & -6 \\ 1 & 1 & 3 & 1 & -11 & -11 \\ 0 & 0 & 1 & 1 & -3 & -5 \end{bmatrix}$$

$$\text{rank}M = 3 = n$$

所以 $\Sigma(A_o,B_o,C_o)$ 是能控且能观测的，为最小实现。

5.6.5 传递函数中零极点对消与状态能控性和能观测性之间的关系

系统的能控性且能观测性与其传递函数矩阵的最小实现是同义的，那么可以通过系统的传递函数矩阵的特征来判别其状态的能控性和能观测性。对于 SISO 系统，要使系统能控且能观测的充分必要条件是其传递函数的分子分母没有零极点对消。对于 MIMO 系统，传递函数矩阵没有零极点对消，只是系统最小实现的充分条件，也就是说，即使出现零极点对消，这种系统仍有可能是能控和能观测的。这里只限于讨论 SISO 系统的传递函数中零极点对消与状态能控性和能观测之间的关系。

对于 SISO 系统 $\sum(A,B,C)$：

$$\dot{X} = AX + BU$$
$$Y = CX$$

系统能控且能观测的充分必要条件为

$$G(s) = C(sI - A)^{-1}B$$

的分子分母之间没有零极点对消。

利用这个关系可以根据传递函数的分子和分母是否出现零极点对消，方便地判别相应的实现是否是能控且能观测的。但是，若传递函数出现零极点对消现象，还不能确定系统是不能控的，还是不能观测的，还是既不能控又不能观测的。

例如，系统的传递函数为

$$G(s) = \frac{Y(s)}{U(s)} = \frac{s+2.5}{(s+2.5)(s-1)}$$

通过观察，由于分子分母之间有零极点对消，所以系统状态或者是不完全能控的，或者是不完全能观测的，或者是既不完全能控又不完全能观测的。上述传递函数的实现可以是

$$\dot{X} = \begin{bmatrix} 1 & 0 \\ 0 & -2.5 \end{bmatrix} X + \begin{bmatrix} 1 \\ 1 \end{bmatrix} U$$
$$Y = \begin{bmatrix} 1 & 0 \end{bmatrix} X$$

可见，系统是能控不能观测的。所以说，上述实现不是最小实现，相应的结构图如图 5.11（a）所示。

上述传递函数的实现又可以是

$$\dot{X} = \begin{bmatrix} 1 & 0 \\ 0 & -2.5 \end{bmatrix} X + \begin{bmatrix} 1 \\ 0 \end{bmatrix} U$$
$$Y = \begin{bmatrix} 1 & 1 \end{bmatrix} X$$

这时，系统是不能控能观测的，相应的结构图如图 5.11（b）所示。

上述传递函数的实现还可以是

$$\dot{X} = \begin{bmatrix} 1 & 0 \\ 0 & -2.5 \end{bmatrix} X + \begin{bmatrix} 1 \\ 0 \end{bmatrix} U$$
$$Y = \begin{bmatrix} 1 & 0 \end{bmatrix} X$$

这时系统是既不能控又不能观测的，相应的结构图如图 5.11（c）所示。

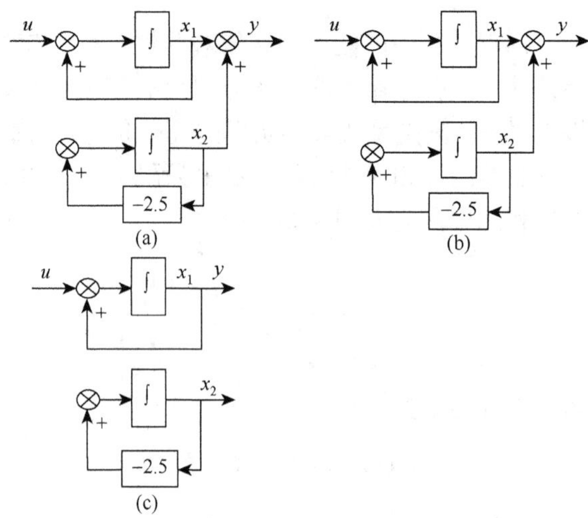

图 5.11　系统实现的模拟结构图

通过这个例子可以看到，在经典控制理论中基于传递函数零极点对消原则的设计方法虽然简单直观，但是它破坏了系统状态的能控性或能观测性。不能控部分的作用在某些情况下会引起系统品质变坏，甚至使系统不稳定。

5.7　线性连续时变系统的能控性与能观测性

5.7.1　线性连续时变系统能控性的定义

对于线性连续时变系统：

$$\dot{X} = A(t)X + B(t)U$$

其能控性定义与定常系统的定义相同，但 $A(t)$、$B(t)$ 是时变矩阵，不是常数矩阵，状态的转移与初始时刻 t_0 的选取有关，应强调某一初始时刻 t_0 系统是能控的。

时变系统的系统矩阵 $A(t)$、控制矩阵 $B(t)$ 和输出矩阵 $C(t)$ 的元素是时间的函数，所以不能像定常系统那样，由 (A,B) 对与 (A,C) 对构成能控性矩阵和能观测性矩阵，然后检验其秩，而必须由相关时变矩阵构成格拉姆（Gram）矩阵，并由其非奇异性作为判别的依据。

对于非线性系统无论是完全能控性，还是完全能观测性都是非常困难的，因此对于非线性系统目前只局限于局部能控性与局部能观测性。

5.7.2　线性连续时变系统能控性的判别

1. 对线性连续时变系统能控性的几点说明

（1）定义中的允许控制量 $U(t)$，在数学上要求其在区间 $[t_0,t_f]$ 是绝对平方可积的，即这个限制条件是为了保证系统状态方程的解唯一存在的。

（2）定义中的 t_f 是指系统在允许控制作用下，由初始状态 $X(t_0)$ 转移到目标状态（原点）的时刻。由于时变系统的状态转移与初始时刻 t_0 有关，所以对时变系统而言，t_f 和初始时刻 t_0 的选取有关。

（3）如果系统在 t_0 时刻是能控的，则对于某个任意指定的非零状态 X_0，满足下式的 $U(t)$ 是存在的。

$$
\begin{aligned}
X_0 &= -\Phi^{-1}(t_f,t_0)\cdot\int_{t_0}^{t_f}\Phi(t_f,\tau)B(\tau)U(\tau)\mathrm{d}\tau \\
&= -\int_{t_0}^{t_f}\Phi(t_0,\tau)B(\tau)U(\tau)\mathrm{d}\tau
\end{aligned}
$$

（4）非奇异变换不改变系统的能控状态。

（5）对于任意非零实数 α，如果 $X(t_0)$ 是能控状态，则 $\alpha X(t_0)$ 也是能控状态。

（6）如果 X_{01} 和 X_{02} 是能控状态，则 $X_{01}+X_{02}$ 也必定是能控状态。

（7）系统中所有的能控状态构成状态空间中的一个子空间，此子空间称为系统的能控子空间。

2. 线性连续时变系统能控性的判别

时变系统的状态方程为

$$
\dot{X} = A(t)X + B(t)U \tag{5.102}
$$

系统在 $[t_0,t_f]$ 上状态完全能控的充分必要条件是格拉姆矩阵：

$$
W_c(t_0,t_f) = \int_{t_0}^{t_f}\Phi(t_0,t_f)B(t)B^{\mathrm{T}}(t)\Phi^{\mathrm{T}}(t_0,t_f)\mathrm{d}t \tag{5.103}
$$

为非奇异的。

【例 5.25】　试判别下列系统的能控性。

$$
\begin{pmatrix}\dot{x}_1\\ \dot{x}_2\end{pmatrix} = \begin{pmatrix}0 & t\\ 0 & 0\end{pmatrix}\begin{pmatrix}x_1\\ x_2\end{pmatrix} + \begin{pmatrix}0\\ 1\end{pmatrix}u
$$

解　首先求系统的状态转移矩阵，考虑该系统的系统矩阵 $A(t)$ 满足：

$$
A(t_1)A(t_2) = A(t_2)A(t_1)
$$

故状态转移矩阵 $\Phi(0,t)$ 可写成封闭形式：

$$
\begin{aligned}
\Phi(0,t) &= I + \int_t^0\begin{bmatrix}0 & \tau\\ 0 & 0\end{bmatrix}\mathrm{d}\tau + \frac{1}{2}\left\{\int_t^0\begin{bmatrix}0 & \tau\\ 0 & 0\end{bmatrix}\right\}^2 + \cdots \\
&= \begin{bmatrix}1 & -\dfrac{1}{2}t^2\\ 0 & 1\end{bmatrix}
\end{aligned}
$$

然后计算能控性判别矩阵 $W_c(0,t_f)$：

$$W_c(0,t_f)=\int_0^{t_f}\begin{bmatrix}1 & -\frac{1}{2}t^2\\ 0 & 1\end{bmatrix}\begin{bmatrix}0\\1\end{bmatrix}[0\quad 1]\begin{bmatrix}1 & 0\\ -\frac{1}{2}t^2 & 1\end{bmatrix}\mathrm{d}t$$

$$=\int_0^{t_f}\begin{bmatrix}\frac{1}{4}t^4 & -\frac{1}{2}t^2\\ -\frac{1}{2}t^2 & 1\end{bmatrix}\mathrm{d}t$$

$$=\begin{bmatrix}\frac{1}{20}t_f^5 & -\frac{1}{6}t_f^3\\ -\frac{1}{6}t_f^3 & t_f\end{bmatrix}$$

最后判别$W_c(0,t_f)$是否为非奇异。

$$\det W_c(0,t_f)=\frac{1}{20}t_f^6-\frac{1}{36}t_f^6=\frac{1}{45}t_f^6$$

当$t_f>0$，$\det W_c(0,t_f)>0$，所以系统在$[0,t]$上是能控的。

从上面可以看出，根据时变系统状态表达式的非奇异性判别系统的能控性，首先必须计算出系统的状态转移矩阵。但是当时变系统的状态转移矩阵无法写出闭合解时，上述方法就失去了工程意义。下面介绍一种比较实用的判别准则，该准则只需要利用$A(t)$和$B(t)$矩阵的信息就可判别系统的能控性。

设系统的状态方程为

$$\dot{X}=A(t)X+B(t)U$$

$A(t)$、$B(t)$的元对时间t分别是$n-2$次和$n-1$次连续可微的，记为

$$\begin{aligned}&B_1(t)=B(t)\\&B_i(t)=-A(t)B_{i-1}(t)+\dot{B}_{i-1}(t),\quad i=2,3,\cdots,n\end{aligned}$$

令

$$Q_c(t)\equiv[B_1(t)\ \ B_2(t)\ \ \cdots\ \ B_n(t)]$$

如果存在某个时刻$t_f>0$，使得

$$\mathrm{rank}Q_c(t_f)=n$$

则该系统在$[t_0,t_f]$上是状态完全能控的。

在这里值得注意的是，这是一个充分条件，即不满足这个条件的系统，并不一定是不能控的。

【例 5.26】 系统同例 5.25，用上述方法判别系统的能控性。

解

$$B_1 = B = \begin{bmatrix} 0 \\ 1 \end{bmatrix}$$

$$B_2(t) = -A(t)B_1(t) + \dot{B}_1(t) = -\begin{bmatrix} 0 & t \\ 0 & 0 \end{bmatrix}\begin{bmatrix} 0 \\ 1 \end{bmatrix} = \begin{bmatrix} -t \\ 0 \end{bmatrix}$$

$$Q_c(t) = [B_1(t) \quad B_2(t)] = \begin{bmatrix} 0 & -t \\ 1 & 0 \end{bmatrix}$$

$$\det Q_c(t) = t$$

显然，只要 $t \neq 0$，$\operatorname{rank} Q_c(t) = 2$，所以系统在时间区间 $[0,t]$ 上是状态完全能控的。

5.7.3　线性连续时变系统能观测性的判别

1. 有关线性连续时变系统能观测性的几点讨论

（1）时间区间 $[t_0, t_f]$ 的大小和初始时刻 t_0 的选择有关。

（2）根据不能观测的定义，可以写出不能观状态的数学表达式。

$$C(t)\varPhi(t,t_0)x(t_0) \equiv 0, \quad t \in [t_0, t_f]$$

（3）线性非奇异变换不改变系统的能观测状态。

（4）对于任意非零实数 α，如果 $X(t_0)$ 是能观测状态，则 $\alpha X(t_0)$ 也是能观测状态。

（5）如果 X_{01} 和 X_{02} 是不能观测的，则 $X_{01} + X_{02}$ 也必定是不能控的。

（6）系统中所有的不能观测状态构成状态空间中的一个子空间，称为系统的不能观测子空间。只有当系统的不能观测子空间是零空间时，该系统才是完全能观测的。

2. 能观测性判别

时变系统：

$$\begin{cases} \dot{X} = A(t)X + B(t)U \\ Y = C(t)X \end{cases} \tag{5.104}$$

在 $[t_0, t_f]$ 上状态完全能观测的充分必要条件是格拉姆矩阵：

$$W_o(t_0, t_f) = \int_{t_0}^{t_f} \varPhi^{\mathrm{T}}(t,t_0)C^{\mathrm{T}}(t)C(t)\varPhi(t,t_0)\mathrm{d}t \tag{5.105}$$

为非奇异的。

和时变系统的能控性判别一样，这种判别的计算量很大，下面介绍一种与判定能控性类似的方法。

设系统式（5.104）中的 $A(t)$、$C(t)$ 的元对时间 t 分别是 $(n-2)$ 次和 $(n-1)$ 次连续可微的，记为

$$C_1(t) = C(t)$$

$$C_i(t) = C_{i-1}A(t) + \dot{C}_{i-1}(t), \quad i = 2,3,\cdots,n$$

令

$$R(t)=\begin{bmatrix}C_1(t)\\C_2(t)\\\vdots\\C_n(t)\end{bmatrix}\tag{5.106}$$

如果存在某个时刻$t_f>0$，使$\mathrm{rank}R_c(t_f)=n$，则系统在$[t_0,t_f]$区间上是能观测的。

【例 5.27】　系统式（5.104）中$A(t)$、$C(t)$分别为

$$A(t)=\begin{bmatrix}t&1&0\\0&t&0\\0&0&t^2\end{bmatrix},\quad C(t)=[1\ \ 0\ \ 1]$$

试判别其能观测性。

解　$C_1=C=[1\ \ 0\ \ 1]$

$$C_2=C_1A(t)+\dot{C}_1=[t,\ \ 1,\ \ t^2]$$

$$C_3=C_2A(t)+\dot{C}_2=[t^2+1\ \ \ 2t\ \ \ t^4+2t]$$

$$R(t)=\begin{bmatrix}C_1(t)\\C_2(t)\\C_3(t)\end{bmatrix}=\begin{bmatrix}1&0&1\\t&1&t^2\\t^2+1&2t&t^4+2t\end{bmatrix}$$

上式很容易判别$t>0$、$\mathrm{rank}R(t)=n=3$，所以该系统在$t>0$时状态完全能观测。

但值得注意的是，该方法也只是一个充分条件，若系统不满足所述条件，并不能得出该系统是不能观测的结论。

5.7.4　线性连续时变系统能控性和能观测性判别法则和线性连续定常系统的判别法则之间的关系

对于矩阵

$$H(t_0,t)=[h_1(t_0,t)\quad h_2(t_0,t)\quad\cdots\quad h_n(t_0,t)]$$

式中，$h_i(t_0,t)$为列矢量，当且仅当$H(t_0,t)$构成的格拉姆矩阵$G=\int_{t_0}^{t_f}H^{\mathrm{T}}(t_0,t)\times H(t_0,t)\mathrm{d}t$为非奇异时，$h_i(t_0,t)(i=1,2,\cdots,n)$列矢量是线性无关的。现在

$$\begin{aligned}W_c(t_0,t_f)&=\int_{t_0}^{t_f}\Phi(t_0,t)B(t)B^{\mathrm{T}}(t)\Phi^{\mathrm{T}}(t_0,t)\mathrm{d}t\\&=\int_{t_0}^{t_f}[B^{\mathrm{T}}(t)\Phi^{\mathrm{T}}(t_0,t)]^{\mathrm{T}}[B^{\mathrm{T}}(t)\Phi^{\mathrm{T}}(t_0,t)]\mathrm{d}t\end{aligned}$$

因此，有$B^{\mathrm{T}}(t)\Phi^{\mathrm{T}}(t_0,t)$这个矩阵的列矢量线性无关与$W_c(t_0,t_f)$非奇异等价。

在线性连续定常系统中，$\Phi(t_0-t)=\mathrm{e}^{A(t_0-t)}$，故$W_c(t_0,t_f)$的非奇异相当于$\mathrm{e}^{A(t_0-t)}\times B$的行矢量线性无关，根据式（5.17）有

$$e^{A(t_0-t)}\times B=\sum_{j=0}^{n-1}\beta_j(t_0-t)A^jB=[B\quad AB\quad \cdots\quad A^{n-1}B]\begin{bmatrix}\beta_0\\ \beta_1\\ \vdots\\ \beta_{n-1}\end{bmatrix}$$

故$W_c(t_0,t_f)$非奇异等价于$[B\quad AB\quad \cdots\quad A^{n-1}B]$行矢量线性无关，即等价于$\text{rank}M=n$。

综上所述，线性连续时变系统与线性连续定常系统的能控性判据是形异而实同、一脉相承的，格拉姆能控性矩阵式$(A,\ B)$对能控矩阵的一般形式。

同样，格拉姆矩阵$W_o(t_0,t_f)$的非奇异等价于$C(t)\Phi(t,t_0)$的列矢量线性无关。

$$\begin{aligned}W_o(t_0,t_f)&=\int_{t_0}^{t_f}\Phi^{\mathrm T}(t,t_0)C^{\mathrm T}(t)C(t)\Phi\ (t,t_0)\mathrm dt\\ &=\int_{t_0}^{t_f}[C(t)\Phi(t,t_0)]^{\mathrm T}[C(t)\Phi(t,t_0)]\mathrm dt\end{aligned}$$

根据时变矢量线性无关的判别定理，$W_o(t_0,t_f)$的非奇异等价于$C(t)\Phi(t,t_0)$列矢量线性无关。

在线性连续定常系统中：

$$C(t)\Phi(t-t_0)=Ce^{A(t-t_0)}$$

即

$$Ce^{A(t-t_0)}=\sum_{j=0}^{n-1}B_j(t-t_0)CA^j=[\beta_0\quad \beta_1\quad \cdots\quad \beta_n]\begin{bmatrix}C\\ CA\\ \vdots\\ CA^{n-1}\end{bmatrix},$$

这说明，在线性连续时变系统中$W_o(t_0,t_f)$的满秩与在线性连续定常系统中(A,C)对的N满秩是等价的。

5.7.5　线性连续时变系统的对偶原理

线性连续时变系统的对偶关系和线性连续定常系统的稍有不同且对偶原理的证明也相对复杂得多。

对于线性连续时变系统$\Sigma_1(A_1(t),B_1(t),C_1(t))$和$\Sigma_2(A_2(t),B_2(t),C_2(t))$满足以下关系，则称$\Sigma_1$和$\Sigma_2$是互为对偶的。

$$\begin{aligned}A_2(t)&=-A^{\mathrm T}(t)\\ B_2(t)&=C_1^{\mathrm T}(t)\\ C_2(t)&=B_1^{\mathrm T}(t)\end{aligned}\tag{5.107}$$

根据上述定义可以推出，互为对偶的两系统的状态转移矩阵互为转置逆的重要关系式：

$$\Phi_2^{\mathrm T}(t_0,t)=\Phi_1(t,t_0)\tag{5.108}$$

式中，$\Phi_1(t,t_0)$为系统Σ_1的状态转移矩阵；$\Phi_2(t_0,t)$为系统Σ_2的状态转移矩阵。

5.8 离散系统的能控性与能观测性

5.8.1 离散时间系统能控性的定义

线性定常离散系统：

$$X(k+1)=GX(k)+HU(k)$$

式中，$U(k)$是标量控制作用，在$[k,k+1]$区间内是常值。这里只考虑单输入的 n 阶线性定常离散系统，其能控性定义为：对于系统如果存在控制向量序列$U(k),U(k+1),\cdots,U(l-1)$，使系统第 k 步的状态 $X(k)$，在第l步到达零状态，其中l是大于 k 的有限数，那么就称此状态是能控的。若系统在第 k 步上的所有状态 $X(k)$都是能控的，则称系统是状态完全能控的，简称系统能控。

5.8.2 离散时间系统能控性的判别

离散时间系统的状态方程如下：

$$X(k+1)=GX(k)+HU(k) \tag{5.109}$$

当系统为单输入系统时，式（5.109）中$U(k)$为标量控制作用，控制矩阵H为n维列矢量。G为系统矩阵（$n\times n$），X为状态向量$(n\times 1)$，采样周期T为常数。

根据离散时间系统能控性的定义，在有限个采样周期内，若能找到阶梯控制信号使得任意一个初始状态转移到零状态，那么系统的状态是完全能控的。

怎样才能判定能否找到控制信号呢？先看一个实例。

设式（5.109）中的

$$G=\begin{bmatrix}1&0&0\\0&2&-2\\-1&1&0\end{bmatrix},\quad h=\begin{bmatrix}1\\0\\1\end{bmatrix}$$

任意给一个初始状态，$X(0)=[2\quad 1\quad 0]^{\mathrm{T}}$，看能否找到阶梯控制$u(0)$、$u(1)$、$u(2)$在三个采样周期内使$X(3)=0$，利用递推法：

$$k=0$$

$$X(1)=GX(0)+hu(0)$$

$$=\begin{bmatrix}1&0&0\\0&2&-2\\-1&1&0\end{bmatrix}\begin{bmatrix}2\\1\\0\end{bmatrix}+\begin{bmatrix}1\\0\\1\end{bmatrix}u(0)=\begin{bmatrix}2\\2\\-1\end{bmatrix}+\begin{bmatrix}1\\0\\1\end{bmatrix}u(0)$$

$$k=1$$

$$X(2)=GX(1)+hu(1)=G^2X(0)+Ghu(0)+hu(1)$$

$$=\begin{bmatrix}1&0&0\\0&2&-2\\-1&1&0\end{bmatrix}\begin{bmatrix}2\\2\\-1\end{bmatrix}+\begin{bmatrix}1&0&0\\0&2&-2\\-1&1&0\end{bmatrix}\begin{bmatrix}1\\0\\1\end{bmatrix}u(0)+\begin{bmatrix}1\\0\\1\end{bmatrix}u(1)$$

$$=\begin{bmatrix}2\\6\\0\end{bmatrix}+\begin{bmatrix}1\\-2\\-1\end{bmatrix}u(0)+\begin{bmatrix}1\\0\\1\end{bmatrix}u(1)$$

$$k=2$$

$$X(3)=GX(2)+hu(2)$$

$$=G^3X(0)+G^2hu(0)+Ghu(1)+hu(2)$$

$$=\begin{bmatrix}1&0&0\\0&2&-2\\-1&1&0\end{bmatrix}\begin{bmatrix}2\\6\\0\end{bmatrix}+\begin{bmatrix}1&0&0\\0&2&-2\\-1&1&0\end{bmatrix}\begin{bmatrix}1\\-2\\-1\end{bmatrix}u(0)$$

$$+\begin{bmatrix}1&0&0\\0&2&-2\\-1&1&0\end{bmatrix}\begin{bmatrix}1\\0\\1\end{bmatrix}u(1)+\begin{bmatrix}1\\0\\1\end{bmatrix}u(2)$$

$$=\begin{bmatrix}2\\12\\4\end{bmatrix}+\begin{bmatrix}1\\-2\\-3\end{bmatrix}u(0)+\begin{bmatrix}1\\-2\\-1\end{bmatrix}u(1)+\begin{bmatrix}1\\0\\1\end{bmatrix}u(2) \tag{5.110}$$

令 $X(3)=0$，从式（5.110）得到三个标量方程，求解 $u(0)$ 、 $u(1)$ 、 $u(2)$ 写成状态方程，即

$$\begin{bmatrix}1&1&1\\-2&-2&0\\-3&-1&1\end{bmatrix}\begin{bmatrix}u(0)\\u(1)\\u(2)\end{bmatrix}+\begin{bmatrix}2\\12\\4\end{bmatrix}=0$$

$$\begin{bmatrix}1&1&1\\-2&-2&0\\-3&-1&1\end{bmatrix}\begin{bmatrix}u(0)\\u(1)\\u(2)\end{bmatrix}=-\begin{bmatrix}2\\12\\4\end{bmatrix} \tag{5.111}$$

由于系数矩阵是非奇异的，其逆矩阵存在，故方程（5.35）有解。其解为

$$\begin{bmatrix}u(0)\\u(1)\\u(2)\end{bmatrix}=-\begin{bmatrix}1&1&1\\-2&-2&0\\-3&-1&1\end{bmatrix}^{-1}\begin{bmatrix}2\\12\\4\end{bmatrix}=\begin{bmatrix}-5\\11\\-8\end{bmatrix}$$

这就是说能找到 $u(0)$ 、 $u(1)$ 、 $u(2)$ ，使 $X(0)$ 在第三步时，状态转移到 0，因此为能控系统。所以有解的充要条件（能控）系数矩阵满秩。如何构造系统矩阵呢？从式（5.32）不难看出它就是

$$[G^2 \quad Gh \quad h] \tag{5.112}$$

只要式（5.34）满秩，就说明系统是能控的，将此系数矩阵称为能控性矩阵。仿照连续时间系统，记为

$$M=[h \quad Gh \quad G^2h]$$

对于式（5.31），当初始条件为 $X(0)$ 时，其解为

$$X(k)=G^kX(0)+\sum_{j=0}^{k-1}G^{k-j-1}hu(j) \tag{5.113}$$

如果系统是能控的，则应在 $k=n$ 时，从式（5.113）解得 $u(0),u(1)\cdots,u(n-1)$ 使 $X(k)$ 在第 n 个采样时刻为 0，即 $X(n)=0$，从而有

$$\sum_{j=0}^{k-1}G^{n-j-1}hu(j)=-G^nX(0)$$

或者是

$$G^{n-1}hu(0)+G^{n-2}hu(1)+\cdots+Ghu(n-2)+hu(n-1)=-G^nx(0)$$

亦或是

$$[G^{n-1}H \quad G^{n-2}H \quad \cdots \quad GH \quad H]\begin{bmatrix}u(0)\\u(1)\\\vdots\\u(n-2)\\u(n-1)\end{bmatrix}=-G^nX(0) \tag{5.114}$$

故式（5.114）有解的充要条件是：能控性矩阵的秩等于 n。能控判别矩阵为

$$M=[H \quad GH \quad G^2H \quad \cdots \quad G^{k-2}H \quad G^{n-1}H] \tag{5.115}$$

对于单输入系统，式（5.37）中的 h 是 n 维列向量，因此 M 是 $n\times n$ 的系数矩阵。对于多输入系统，H 不再是 n 维列向量，而是 $n\times r$ 矩阵，r 是输入 n 的维数，M 是一个 $n\times r$ 矩阵。

例如，有一个三阶的三输入系统：

$$X(k+1)=\begin{bmatrix}1&2&1\\0&1&0\\1&0&3\end{bmatrix}X(k)+\begin{bmatrix}1&0&0\\0&1&0\\0&0&1\end{bmatrix}\begin{bmatrix}u_1(k)\\u_2(k)\\u_3(k)\end{bmatrix}$$

因为

$$H=\begin{bmatrix}1&0&0\\0&1&0\\0&0&1\end{bmatrix},\quad GH=\begin{bmatrix}1&2&1\\0&1&0\\1&0&3\end{bmatrix},\quad G^2H=\begin{bmatrix}2&4&4\\0&1&0\\4&2&10\end{bmatrix}$$

故

$$M=\begin{bmatrix}1&0&0&1&2&1&2&4&4\\0&1&0&0&1&0&0&1&0\\0&0&1&1&0&3&4&2&10\end{bmatrix}$$

从 M 矩阵的前三列可以看这是一个单位阵，显然 M 矩阵是满秩的，即 M 的秩为 3，系统是能控的。

根据式（5.114），有

$$\begin{bmatrix} 2 & 4 & 4 & 1 & 2 & 1 & 1 & 0 & 0 \\ 0 & 1 & 0 & 0 & 1 & 0 & 0 & 1 & 0 \\ 4 & 2 & 10 & 1 & 0 & 3 & 0 & 0 & 1 \end{bmatrix} \begin{bmatrix} u_1(0) \\ u_2(0) \\ u_3(0) \\ u_1(1) \\ u_2(1) \\ u_3(1) \\ u_1(2) \\ u_2(2) \\ u_3(2) \end{bmatrix} = -\begin{bmatrix} 1 & 2 & 1 \\ 2 & 1 & 0 \\ 1 & 0 & 3 \end{bmatrix}^3 \begin{bmatrix} x_1(0) \\ x_2(0) \\ x_3(0) \end{bmatrix} \tag{5.116}$$

从式（5.116）可看出，它是一个具有 9 个待求变量，而只有 3 个方程的方程组。但只要是满秩的就有解，而且是无穷多组解。当研究能控性的问题时，关心的是是否有解，具体是什么样的控制信号，在此无关紧要。

在多输入系统中，n 阶系统初始状态转移到原点，不一定需要 n 个采样周期，如果是 n 阶系统，输入数 $r=n$，即 H 也是 $n\times n$ 方阵，并且 H 又是非奇异矩阵，那么只需要一个采样周期，$X(0)$ 就能转移到原点。

如上例，H 是非奇异的，故采样步数 k 可以等于 1。在 $k=1$ 时，式（5.115）为

$$Hu(0) = -GX(0)$$

即

$$\begin{bmatrix} 1 & 0 & 0 \\ 0 & 1 & 0 \\ 0 & 0 & 1 \end{bmatrix} \begin{bmatrix} u_1(0) \\ u_2(0) \\ u_3(0) \end{bmatrix} = -\begin{bmatrix} 1 & 2 & 1 \\ 0 & 1 & 0 \\ 1 & 0 & 3 \end{bmatrix} \begin{bmatrix} x_1(0) \\ x_2(0) \\ x_3(0) \end{bmatrix}$$

由于 $X(0)$ 已知，H 满秩，故可唯一确定第一步的控制信号，从而使 $X(0)$ 能在第一个采样周期即达到零状态。

综上所述，线性定常离散系统能控性判据如下：

线性定常离散系统 $X(k+1)=GX(k)+HU(k)$，其状态完全能控的充分必要条件是：由 G、H 构成的能控性判别矩阵

$$M=[H \quad GH \quad G^2H \quad \cdots \quad G^{n-1}H]$$

满秩，即

$$\mathrm{rank}M = n$$

【例 5.28】　设离散系统的状态方程为

$$X(k+1)=\begin{bmatrix} 1 & 0 & 0 \\ 0 & 2 & -2 \\ -1 & 1 & 0 \end{bmatrix} X(k) + \begin{bmatrix} 1 \\ 2 \\ 1 \end{bmatrix} u(k)$$

试判别其能控性。

解　$M=[H \quad GH \quad G^2H]=\begin{bmatrix} 1 & 1 & 1 \\ 2 & 2 & 2 \\ 1 & 1 & 1 \end{bmatrix}$

$$\mathrm{rank}M = 1 < n$$

所以离散系统是不能控的。

【例 5.29】 设离散系统的状态方程为

$$X(k+1)=\begin{bmatrix}1&2&-1\\0&1&0\\1&0&3\end{bmatrix}X(k)+\begin{bmatrix}1&0\\0&1\\0&0\end{bmatrix}u(k)$$

试判别其能控性。

解 $M=[H\quad GH\quad G^2H]=\begin{bmatrix}1&0&1&2&0&4\\0&1&0&1&0&1\\0&0&1&0&4&2\end{bmatrix}$

$$\text{rank}M=3=n$$

所以离散系统是能控的。

【例 5.30】 设离散系统的状态方程为

$$X(k+1)=\begin{bmatrix}1&0&0\\0&2&-2\\-1&1&0\end{bmatrix}X(k)+\begin{bmatrix}1\\0\\1\end{bmatrix}u(k)$$

试判别其能控性；若初始状态 $X(0)=[2\quad 1\quad 0]^{\mathrm{T}}$，确定使 $X(3)=0$ 的控制序列 $u(0),u(1),u(2)$；研究使 $x(2)=0$ 的可能性。

解 $M=[H\quad GH\quad G^2H]=\begin{bmatrix}1&1&1\\0&-2&-2\\1&-1&-3\end{bmatrix}$

$\text{rank}M=3=n$，所以离散系统是状态完全能控的。

$$k=0,X(1)=GX(0)+hu(0)=\begin{bmatrix}2\\2\\-1\end{bmatrix}+\begin{bmatrix}1\\0\\1\end{bmatrix}u(0)$$

$$k=1,X(2)=G^2X(0)+Ghu(0)+hu(1)=\begin{bmatrix}2\\6\\0\end{bmatrix}+\begin{bmatrix}1\\-2\\-1\end{bmatrix}u(0)+\begin{bmatrix}1\\0\\1\end{bmatrix}u(1)$$

$$\begin{aligned}k=2,X(3)&=G^3X(0)+G^2hu(0)+Ghu(1)+hu(2)\\&=\begin{bmatrix}2\\12\\4\end{bmatrix}+\begin{bmatrix}1\\-2\\-3\end{bmatrix}u(0)+\begin{bmatrix}1\\-2\\-1\end{bmatrix}u(1)+\begin{bmatrix}1\\0\\1\end{bmatrix}u(2)\end{aligned}$$

令 $X(3)=0$，即

$$\begin{bmatrix}1&1&1\\-2&-2&0\\-3&-1&1\end{bmatrix}\begin{bmatrix}u(0)\\u(1)\\u(2)\end{bmatrix}=\begin{bmatrix}-2\\-12\\-4\end{bmatrix}$$

解此齐次方程，有

$$\begin{bmatrix} u(0) \\ u(1) \\ u(2) \end{bmatrix} = \begin{bmatrix} -5 \\ 11 \\ -8 \end{bmatrix}$$

若令 $X(2)=0$，即解如下方程组：

$$\begin{bmatrix} 1 & 1 \\ -2 & 0 \\ -1 & 1 \end{bmatrix} \begin{bmatrix} u(0) \\ u(1) \end{bmatrix} = \begin{bmatrix} -2 \\ -6 \\ 0 \end{bmatrix}$$

此方程组无解，也就是说，不能在第二个采样周期内使给定状态转移到原点。

5.8.3　离散时间系统能观测性的定义

线性定常离散系统能观测性定义，对于线性定常离散系统：

$$X(k+1) = GX(k) + HU(k)，\quad Y(k) = CX(k)$$

若能够根据输入向量 $U(0),U(1),\cdots,U(n-1)$ 及在有限采样周期内测量到的输出向量序列 $Y(0),Y(1),\cdots,Y(n-1)$，可以唯一地确定系统的任意初始状态 $X(0)$，则称系统是状态完全能观的，简称系统是能观测的。

5.8.4　离散时间系统能观测性的判别

离散时间系统的能观测性，是从下述两个方程出发的。

$$\begin{cases} X(k+1) = GX(k) \\ Y(k) = CX(k) \end{cases} \tag{5.117}$$

式中，Y 为 m 维矢量；C 为 $m\times n$ 输出矩阵；G 为系统矩阵（$n\times n$）；X 为状态向量 $(n\times 1)$。

根据离散时间系统能观测性的定义，如果知道有限采样周期内的输出 $Y(k)$ 就能唯一地确定任意初始状态矢量 $X(0)$，则系统是完全能观测的，现推导能观测性条件。由式（5.117），有

$$\begin{cases} X(k) = G^k X(0) \\ Y(k) = CG^k X(0) \end{cases} \tag{5.118}$$

若系统能观，则在知道 $Y(0)$，$Y(1),\cdots,Y(n-1)$ 时应能确定出 $X(0)=[x_1(0) \quad x_2(0) \quad \cdots \quad x_n(0)]^{\mathrm{T}}$。现从式（5.118）可得

$$\begin{aligned} Y(0) &= GX(0) \\ Y(1) &= CGX(0) \\ &\vdots \\ Y(n-1) &= CG^{n-1}X(0) \end{aligned}$$

写成矩阵的形式：

$$\begin{bmatrix} Y(0) \\ Y(1) \\ \vdots \\ Y(n-1) \end{bmatrix} = \begin{bmatrix} C \\ CG \\ \vdots \\ CG^{n-1} \end{bmatrix} \begin{bmatrix} x_1(0) \\ x_2(0) \\ \vdots \\ x_n(0) \end{bmatrix} \tag{5.119}$$

$X(0)$ 有唯一解的充要条件是：其系数矩阵的秩等于 n，这个系数矩阵称为能观测性矩阵。仿照连续时间系统，记为 N，即

$$N = \begin{bmatrix} C \\ CG \\ \vdots \\ CG^{n-1} \end{bmatrix}$$

或为

$$N^{\mathrm{T}} = [C^{\mathrm{T}} \quad G^{\mathrm{T}}C^{\mathrm{T}} \quad \cdots \quad (G^{n-1})^{\mathrm{T}}C^{\mathrm{T}}] \tag{5.120}$$

【例 5.31】 设离散系统 G、C 分别为

$$G = \begin{bmatrix} 2 & 0 & 3 \\ -1 & -2 & 0 \\ 0 & 1 & 2 \end{bmatrix}, \quad C = \begin{bmatrix} 1 & 0 & 0 \\ 0 & 1 & 0 \end{bmatrix}$$

试判别其能观测性。

解 能观测性判别矩阵为

$$N = \begin{bmatrix} C \\ CG \\ CG^2 \end{bmatrix} = \begin{bmatrix} 1 & 0 & 0 \\ 0 & 1 & 0 \\ 2 & 0 & 3 \\ -1 & -2 & 0 \\ 4 & 3 & 12 \\ 0 & 4 & -3 \end{bmatrix}$$

$\operatorname{rank} N = 3 = n$，故系统是能观测的。

【例 5.32】 已知线性定常离散系统的动态方程为

$$x(k+1) = \begin{bmatrix} 1 & 0 & -1 \\ 0 & -2 & 1 \\ 3 & 0 & 2 \end{bmatrix} x(k) + \begin{bmatrix} 2 \\ -1 \\ 1 \end{bmatrix} u(k)$$

$$y(k) = [0 \quad 1 \quad 0] x(k)$$

试判断系统的能观测性，并讨论能观测性的物理解释。

解 能观测性判别矩阵：

$$N = \begin{bmatrix} C \\ CG \\ CG^2 \end{bmatrix} = \begin{bmatrix} 0 & 1 & 0 \\ 0 & -2 & 1 \\ 3 & 4 & 0 \end{bmatrix}$$，$\operatorname{rank} N = 3 = n$，故系统是能观测的。

由输出方程 $y(k)=[0\quad 1\quad 0]x(k)$，有 $y(k)=x_2(k)$，即在第 k 步便可由输出确定状态变量 $x_2(k)$。由于

$$y(k+1)=x_2(k+1)=-2x_2(k)+x_3(k)-u(k)$$

故可在第 $k+1$ 步确定 $x_3(k)$。

由于

$$\begin{aligned}y(k+2)&=x_2(k+2)=-2x_2(k+1)+x_3(k+1)\\&=-2[-2x_2(k)+x_3(k)-u(k)]+[3x_1(k)+2x_3(k)+u(k)]-u(k+1)\\&=3x_1(k)+4x_2(k)+3u(k)-u(k+1)\end{aligned}$$

故可在第 $k+2$ 步确定 $x_1(k)$。

【例 5.33】 已知线性定常离散系统的动态方程为

$$X(k+1)=\begin{bmatrix}1 & 0 & -1\\0 & -2 & 1\\3 & 0 & 2\end{bmatrix}X(k)+\begin{bmatrix}2\\-1\\1\end{bmatrix}u(k)$$

$$y(k)=\begin{bmatrix}0 & 0 & 1\\1 & 0 & 0\end{bmatrix}X(k)$$

试判断系统的能观测性，并讨论能观测性的物理解释。

解 能观测性判别矩阵：

$$N=\begin{bmatrix}C\\CG\\CG^2\end{bmatrix}=\begin{bmatrix}0 & 0 & 1\\1 & 0 & 0\\3 & 0 & 2\\1 & 0 & -1\\9 & 0 & 1\\-2 & 0 & -3\end{bmatrix}$$，$\mathrm{rank}N=2<n$，故系统是不能观测的。

由输出方程 $y(k)=\begin{bmatrix}x_3(k)\\x_1(k)\end{bmatrix}$ 及动态方程，有

$$y(k+1)=\begin{bmatrix}x_3(k+1)\\x_1(k+1)\end{bmatrix}=\begin{bmatrix}3x_1(k)+2x_3(k)+u(k)\\x_1(k)-x_3(k)+2u(k)\end{bmatrix}$$

$$\begin{aligned}y(k+2)&=\begin{bmatrix}x_3(k+2)\\x_1(k+2)\end{bmatrix}=\begin{bmatrix}3x_1(k+1)+2x_3(k+1)+u(k+1)\\x_1(k+1)-x_3(k+1)+2u(k+1)\end{bmatrix}\\&=\begin{bmatrix}9x_1(k)+x_3(k)+8u(k)+u(k+1)\\-2x_1(k)-3x_3(k)+u(k)+2u(k+1)\end{bmatrix}\end{aligned}$$

可以看出，这三步的输出测量值中，始终不含 $x_2(k)$，故 $x_2(k)$ 是不能观测的状态变量。只要有一个状态变量是不能观测的，系统就是不能观测的。

5.9　MATLAB 在能控性和能观测性分析中的应用

5.9.1　系统能控性和能观测性分析的 MATLAB 函数

1）ctrb 函数

功能：根据动态系统 $\Sigma(A,B,C)$，生成能控性判别矩阵：

$$Q_c = [B \quad AB \quad \cdots \quad A^{n-1}B]$$

调用格式：`Qc=ctrb(A,B)`。

2）obsv 函数

功能：根据动态系统 $\Sigma(A,B,C)$，生成能观测性判别矩阵。

$$Q_o = \begin{bmatrix} C \\ CA \\ \vdots \\ CA^{n-1} \end{bmatrix}$$

调用格式：`Qo=obsv(A,C)`。

3）gram 函数

功能：根据动态系统 $\Sigma(A,B,C)$ 生成判别能控性、能观测性的格拉姆矩阵。

$$W = \int_0^{t_f} \mathrm{e}^{-At} BB^{\mathrm{T}} \mathrm{e}^{-A^{\mathrm{T}}t} \,\mathrm{d}t$$

$$M = \int_0^{t_f} \mathrm{e}^{A^{\mathrm{T}}t} CC^{\mathrm{T}} \mathrm{e}^{At} \,\mathrm{d}t$$

调用格式：`W=gram(A,B)`，生成判别能控性的格拉姆矩阵。`W=gram(A',C')`，生成判别能观测性的格拉姆矩阵。其中，A'、C' 分别为 A、C 的转置。

4）dgram 函数

功能：生成判别离散系统能控性或能观测性的格拉姆矩阵。

调用格式：参见函数 gram。

5）ctrbf 函数

功能：将不能控系统 $\Sigma(A,B,C)$ 按能控性进行分解。

调用格式：`[Abar Bbar Cbar T K]=ctrbf(A,B,C)`。

其中，

$$A\text{bar} = TAT^{-1} = \begin{bmatrix} A_{\overline{c}} & 0 \\ A_{21} & A_c \end{bmatrix}, \quad B\text{bar} = TB = \begin{bmatrix} 0 \\ B_c \end{bmatrix}$$

$$C\text{bar} = CT^{-1} = \begin{bmatrix} C_{\overline{c}} & C_c \end{bmatrix}$$

T 为变换矩阵；K 为包含状态能控个数信息的行向量，执行 sum（K）语句即可得到状态能控个数。能控子系统为 $\Sigma(A_c, B_c, C_c)$，不能控子系统为 $\Sigma(A_{\overline{c}}, 0, C_{\overline{c}})$。

6）obsvf 函数

功能：将不能观测系统 $\Sigma(A,B,C)$ 按能观测性进行分解。

调用格式：[Abar Bbar Cbar T K]=obsvf(A,B,C)。

其中，

$$A\text{bar}=TAT^{-1}=\begin{bmatrix}A_{\bar{o}} & A_{12}\\ 0 & A_o\end{bmatrix}, B\text{bar}=TB=\begin{bmatrix}B_{\bar{o}}\\ B_o\end{bmatrix}, C\text{bar}=CT^{-1}=\begin{bmatrix}0 & C_o\end{bmatrix}$$

T 为变换阵；K 为包含状态能观个数信息的行向量，执行 sum（K）语句即可得到状态能观个数。能观子系统为 $\Sigma(A_o,B_o,C_o)$，不能观子系统为 $\Sigma(A_{\bar{o}},B_{\bar{o}},0)$。

5.9.2　用 MATLAB 进行系统能控性和能观测性分析举例

【例 5.34】　已知系统状态方程为

$$\dot{X}=\begin{bmatrix}-3 & 1 & 0\\ 0 & -3 & 0\\ 0 & 0 & 1\end{bmatrix}X+\begin{bmatrix}1 & -1\\ 0 & 0\\ 2 & 0\end{bmatrix}U$$

判别系统的能控性。

解　应用秩判据求解，MATLAB 程序如下：

```
A=[-3,1,0;0,-3,0;0,0,1];
B=[1,-1;0,0;2,0];
Qc=ctrb(A,B);
n=rank(Qc);
L=length(A);
if n= =L
     str='系统是状态完全能控'
else
     str='系统是状态不完全能控'
end
```

MATLAB 程序运行结果为

```
str=
系统是状态完全能控
```

【例 5.35】　控制系统的状态空间表达式为

$$\begin{bmatrix}\dot{x}_1\\ \dot{x}_2\\ \dot{x}_3\end{bmatrix}=\begin{bmatrix}-2 & 2 & -1\\ 0 & -2 & 0\\ 1 & -4 & 0\end{bmatrix}\begin{bmatrix}x_1\\ x_2\\ x_3\end{bmatrix}+\begin{bmatrix}0 & 0\\ 0 & 1\\ 1 & 0\end{bmatrix}\begin{bmatrix}u_1\\ u_2\end{bmatrix}$$

$$Y=\begin{bmatrix}1 & 0 & 1\\ -1 & 1 & 0\end{bmatrix}X$$

试分析系统的输出能控性。

解　应用秩判据求解，MATLAB 程序如下：

```
A=[-3,1,0;0,-3,0;0,0,-1];B=[1,-1;0,0;2,0];
C=[1,0,1;-1,1,0];D=zeros(2,2);
C0=ctrb(A,B);
m=size(C,1);
Qy=[C*C0,D];
Qm=rank(Qy);
if m= =Qm
str='系统输出是完全能控的'
else
str='系统输出是不完全能控的'
end
```

MATLAB 程序运行结果为

```
str=
系统输出是完全能控的
```

【例 5.36】　控制系统的状态空间表达式为

$$\dot{X}=\begin{bmatrix}4&1&0&0\\0&4&0&0\\0&0&4&1\\0&0&1&4\end{bmatrix}X$$

$$Y=\begin{bmatrix}1&1&2&1\\1&2&2&0\end{bmatrix}X$$

判别系统的能观测性。

解　应用秩判据求解，MATLAB 程序如下：

```
A=[4,1,0,0;0,4,0,0;0,0,4,1;0,0,0,4];
C=[1,1,2,1;1,2,2,0];
Qo=obsv(A,C);
r=rank(Qo);
L=size(A);
if r= =L
str='系统是状态完全能观测'
else
str='系统是状态不完全能观测'
end
```

MATLAB 程序运行结果为

```
str=
系统是状态不完全能观测。
```

【例 5.37】　利用 MATLAB 程序可以求出系统的能控Ⅱ型。

已知系统：

$$A=\begin{bmatrix}1 & 2 & 0\\ 3 & -1 & 1\\ 0 & 2 & 0\end{bmatrix},\quad b=\begin{bmatrix}2\\ 1\\ 1\end{bmatrix},\quad C=[0\quad 0\quad 1]$$

解　MATLAB 程序如下：

```
A=[1 2 0;3-1 1;0 2 0];
B=[2;1;1];
C=[0 0 1];
D=0;
T=ctrb(A,B)%变换矩阵;
[Ac2,Bc2,Cc2,Dc2] = ss2ss(A,B,C,D,inv(T))
```

MATLAB 程序运行结果为

```
T=
2     4     16
1     6      8
1     2     12
Ac2=
0     0     -2
1     0      9
0     1      0
Bc2=
1
0
0
Cc2=
1     2     12
Dc2=
0
```

【例 5.38】　利用 MATLAB 程序可以求出系统的能观Ⅰ型。

已知系统：

$$A=\begin{bmatrix}1 & 2 & 0\\ 3 & -1 & 1\\ 0 & 2 & 0\end{bmatrix},\quad b=\begin{bmatrix}2\\ 1\\ 1\end{bmatrix},\quad C=[0\quad 0\quad 1]$$

解　MATLAB 程序如下：

```
A=[1 2 0;3-1 1;0 2 0];B=[2;1;1];C=[0 0 1];D=0;
To1=obsv(A,C)
```

```
[Ao1,Bo1,Co1,Do1]=ss2ss(A,B,C,D,To1)
```

MATLAB 程序运行结果为

```
To1=
0          0          1
0          2          0
6         -2          2
Ao1=
0          1          0
0          0          1
-2         9          0
Bo1=
1
2
12
Co1=
1          0          0
Do1 = 0
```

5.10 工程实践示例：直线倒立摆控制系统的能控性与能观测性分析

在第 2 章中已经得到直线倒立摆控制系统的状态空间表达式为

$$\begin{bmatrix}\dot{x}\\ \ddot{x}\\ \dot{\varphi}\\ \ddot{\varphi}\end{bmatrix}=\begin{bmatrix}0 & 1 & 0 & 0\\ 0 & 0 & 0 & 0\\ 0 & 0 & 0 & 1\\ 0 & 0 & 29.4 & 0\end{bmatrix}\begin{bmatrix}x\\ \dot{x}\\ \varphi\\ \dot{\varphi}\end{bmatrix}+\begin{bmatrix}0\\ 1\\ 0\\ 3\end{bmatrix}u'$$

$$y=\begin{bmatrix}x\\ \phi\end{bmatrix}=\begin{bmatrix}1 & 0 & 0 & 0\\ 0 & 0 & 1 & 0\end{bmatrix}\begin{bmatrix}x\\ \dot{x}\\ \phi\\ \dot{\phi}\end{bmatrix}+\begin{bmatrix}0\\ 0\end{bmatrix}u'$$

$$A=\begin{bmatrix}0 & 1 & 0 & 0\\ 0 & 0 & 0 & 0\\ 0 & 0 & 0 & 1\\ 0 & 0 & 29.4 & 0\end{bmatrix}$$

$$B=\begin{bmatrix}0\\ 1\\ 0\\ 3\end{bmatrix}$$

$$C=\begin{bmatrix}1&0&0&0\\0&0&1&0\end{bmatrix}$$

$$D=\begin{bmatrix}0\\0\end{bmatrix}$$

将矩阵 A、B、C、D 分别代入，在 MATLAB 中计算对应的秩。MATLAB 计算过程如下：

```
  To get started, select "MATLAB Help" from the Help menu.

>>clear;
A=[0 1 0 0;
0 0 0 0;
0 0 0 1;
0 0 29.4 0];
B=[0 1 0 3]';
C=[1 0 0 0;
0 1 0 0];
D=[0 0]';
cona=[B A*B A^2*B A^3*B];
cona2=[C*B C*A*B C*A^2*B C*A^3*B D];
rank(cona)
rank(cona2)

ans=

     4
ans=

2

>>|
```

从计算结果可以看出，系统的状态完全能控性矩阵的秩（4）等于系统的状态变量维数（4），系统的输出完全能控性矩阵的秩（2）等于系统输出向量 y 的维数（2），所以系统是能控的，可以对系统进行控制器的设计，使系统稳定。

习　题

1. 判断下列系统的能控性。

（1）$\begin{bmatrix}\dot{x}_1\\ \dot{x}_2\end{bmatrix}=\begin{bmatrix}1 & 1\\ 1 & 0\end{bmatrix}\begin{bmatrix}x_1\\ x_2\end{bmatrix}+\begin{bmatrix}0\\ 1\end{bmatrix}u$。

（2）$\begin{bmatrix}\dot{x}_1\\ \dot{x}_2\\ \dot{x}_3\end{bmatrix}=\begin{bmatrix}0 & 1 & 0\\ 0 & 0 & 1\\ -2 & -4 & -3\end{bmatrix}\begin{bmatrix}x_1\\ x_2\\ x_3\end{bmatrix}+\begin{bmatrix}1 & 0\\ 0 & 1\\ -1 & 1\end{bmatrix}\begin{bmatrix}u_1\\ u_2\end{bmatrix}$。

（3）$\begin{bmatrix}\dot{x}_1\\ \dot{x}_2\\ \dot{x}_3\end{bmatrix}=\begin{bmatrix}-3 & 1 & 0\\ 0 & -3 & 0\\ 0 & 0 & -1\end{bmatrix}\begin{bmatrix}x_1\\ x_2\\ x_3\end{bmatrix}+\begin{bmatrix}1 & -1\\ 0 & 0\\ 2 & 0\end{bmatrix}\begin{bmatrix}u_1\\ u_2\end{bmatrix}$。

2. 判断下列系统的能观测性。

（1）$\begin{cases}\begin{bmatrix}\dot{x}_1\\ \dot{x}_2\end{bmatrix}=\begin{bmatrix}1 & 1\\ 1 & 0\end{bmatrix}\begin{bmatrix}x_1\\ x_2\end{bmatrix}\\ y=[1\quad 1]\begin{bmatrix}x_1\\ x_2\end{bmatrix}\end{cases}$。

（2）$\begin{cases}\begin{bmatrix}\dot{x}_1\\ \dot{x}_2\\ \dot{x}_3\end{bmatrix}=\begin{bmatrix}0 & 1 & 0\\ 0 & 0 & 1\\ -2 & -4 & -3\end{bmatrix}\begin{bmatrix}x_1\\ x_2\\ x_3\end{bmatrix}\\ \begin{bmatrix}y_1\\ y_2\end{bmatrix}=\begin{bmatrix}0 & 1 & -1\\ 1 & 2 & 1\end{bmatrix}\begin{bmatrix}x_1\\ x_2\\ x_3\end{bmatrix}\end{cases}$。

（3）$\begin{cases}\begin{bmatrix}\dot{x}_1\\ \dot{x}_2\\ \dot{x}_3\end{bmatrix}=\begin{bmatrix}0 & 4 & 3\\ 0 & 20 & 16\\ 0 & -25 & -20\end{bmatrix}\begin{bmatrix}x_1\\ x_2\\ x_3\end{bmatrix}\\ y=[-1\quad 3\quad 0]\begin{bmatrix}x_1\\ x_2\\ x_3\end{bmatrix}\end{cases}$。

3. 试确定当 p 与 q 为何值时下列系统不能控，为何值时系统不能观测。

$$\begin{bmatrix}\dot{x}_1\\ \dot{x}_2\end{bmatrix}=\begin{bmatrix}1 & 12\\ 1 & 0\end{bmatrix}\begin{bmatrix}x_1\\ x_2\end{bmatrix}+\begin{bmatrix}p\\ -1\end{bmatrix}u$$

$$y=[q\quad 1]\begin{bmatrix}x_1\\ x_2\end{bmatrix}$$

4. 试证明如下系统

$$\begin{bmatrix}\dot{x}_1\\ \dot{x}_2\\ \dot{x}_3\end{bmatrix}=\begin{bmatrix}20 & -1 & 0\\ 4 & 16 & 0\\ 12 & -6 & 18\end{bmatrix}\begin{bmatrix}x_1\\ x_2\\ x_3\end{bmatrix}+\begin{bmatrix}a\\ b\\ c\end{bmatrix}u$$

不论 a、b、c 取何值都不能控。

5. 将下列状态方程化为能控规范型。

$$\dot{X}=\begin{bmatrix}1 & -2\\ 3 & 4\end{bmatrix}X+\begin{bmatrix}1\\ 1\end{bmatrix}u$$

6. 将下列状态方程和输出方程化为能观测规范型。

$$\dot{X}=\begin{bmatrix}1 & -1\\ 1 & 1\end{bmatrix}X+\begin{bmatrix}2\\ 1\end{bmatrix}u$$

$$y=[-1\quad 1]X$$

7. 系统的状态方程：

$$\begin{bmatrix}\dot{x}_1\\ \dot{x}_2\\ \dot{x}_3\end{bmatrix}=\begin{bmatrix}\lambda & 1 & 0\\ 0 & \lambda & 0\\ 0 & 0 & \lambda\end{bmatrix}\begin{bmatrix}x_1\\ x_2\\ x_3\end{bmatrix}+\begin{bmatrix}a\\ b\\ c\end{bmatrix}u$$

$$y=[d\quad e\quad f]\begin{bmatrix}x_1\\ x_2\\ x_3\end{bmatrix}$$

试讨论下列问题：

（1）能否通过选择 a、b、c 使系统状态完全能控？

（2）能否通过选择 d、e、f 使系统状态完全能观？

8. 系统传递函数为

$$G(s)=\frac{2s+8}{2s^3+12s^2+22s+12}$$

（1）建立系统能控规范型实现。

（2）建立系统能观测规范型实现。

9. 给定下列状态方程，试判别其能否变换为能控规范型和能观测规范型。

$$\dot{X}=\begin{bmatrix}0 & 1 & 0\\ -2 & -3 & 0\\ -1 & 1 & -3\end{bmatrix}X+\begin{bmatrix}0\\ 1\\ 2\end{bmatrix}$$

$$y=[0\quad 0\quad 1]X$$

10. 试将下列系统按能控性进行结构分解。

（1）$A=\begin{bmatrix}1 & 2 & -1\\ 0 & 1 & 0\\ 0 & -4 & 3\end{bmatrix}$，$b=\begin{bmatrix}0\\ 0\\ 1\end{bmatrix}$，$C=[1\quad -1\quad 1]$。

（2）$A=\begin{bmatrix}-2 & 2 & -1\\ 0 & -2 & 0\\ 1 & 4 & 0\end{bmatrix}x$，$b=\begin{bmatrix}0\\ 0\\ 1\end{bmatrix}$，$C=[1\quad -1\quad 1]$。

11. 试将下列系统按能观测性进行结构分解。

（1）$A=\begin{bmatrix}1 & 2 & -1\\ 0 & 1 & 0\\ 0 & -4 & 3\end{bmatrix}$，$b=\begin{bmatrix}0\\ 0\\ 1\end{bmatrix}$，$C=[1\quad -1\quad 1]$。

（2）$A=\begin{bmatrix}-2 & 2 & -1\\ 0 & -2 & 0\\ 1 & 4 & 0\end{bmatrix}$，$b=\begin{bmatrix}0\\0\\1\end{bmatrix}$，$C=[1\quad -1\quad 1]$。

12. 已知传递矩阵为

$$G(s)=\begin{bmatrix}\dfrac{2(s+3)}{(s+1)(s+2)} & \dfrac{4(s+4)}{s+5}\end{bmatrix}$$

试求该系统的最小实现。

13. 设Σ_1、Σ_2为两个能控且能观测的系统：

$$\Sigma_1: A_1=\begin{bmatrix}0 & 1\\ -3 & -4\end{bmatrix},\quad b_1=\begin{bmatrix}0\\1\end{bmatrix},\quad C_1=[2,\quad 1]$$

$$\Sigma_2: A_1=-2,\quad b_2=1,\quad C_2=1$$

（1）试分析出Σ_1和Σ_2所组成的串联系统的能控性和能观测性，并写出其传递函数。

（2）试分析出Σ_1和Σ_2所组成的并联系统的能控性和能观测性，并写出其传递函数。

第 6 章 线性定常系统的综合——控制系统设计

前面章节主要介绍了建立实际系统状态空间模型的方法，并在此基础上分析了系统的各种性能（如时间响应特性、稳定性、能控性和能观测性等）及其与系统结构、参数和外部作用之间的关系，这些通常统称为控制系统的分析。

在实际工程应用中，任何系统均有给定的任务或性能要求。当一个系统不满足所规定的任务或给定的性能时，就需要寻找适当的控制规律对系统进行改进或调节，使改变后的系统达到给定的要求，这一过程统称为控制系统的综合。

对控制系统综合的要求，通常以性能指标的形式表示，根据性能指标的不同可分为优化型指标和非优化型指标。针对优化型指标，控制系统综合的目的是选择控制规律使得给定的性能指标在给定的条件下取极值（如消耗能量最小），这将在第 7 章进行介绍。针对非优化型指标，控制系统综合的目的是寻找合适的控制规律使得系统的动态性能（如稳定性、快速性）达到期望的要求。

本章主要讨论针对非优化型指标的系统综合问题。在介绍线性系统反馈基本结构的基础上，介绍系统极点配置、镇定、解耦等问题，然后给出观测器设计原理及基于观测器的控制系统实现，最后给出 MATLAB 在控制系统综合中的应用实例。

6.1 线性系统反馈结构及其对系统特性的影响

无论是经典控制理论还是现代控制理论，反馈都是系统设计的主要方式。但经典控制理论利用传递函数描述系统动态，因而只能用输出量作为反馈量。现代控制理论则采用系统内部的状态变量来描述系统动态，因而除了输出反馈以外，还可以采用状态反馈。本节将介绍基于状态空间表达式的基本控制系统反馈结构，并分析不同的反馈结构对系统特性（稳定性、能控性、能观测性）的影响。

本节将考虑 n 阶线性定常系统 $\Sigma_0=(A,B,C)$，其状态空间表达式如下：

$$\begin{cases}\dot{X}=AX+BU\\Y=CX\end{cases}\tag{6.1}$$

式中，$X\in\mathbb{R}^n$、$U\in\mathbb{R}^r$、$Y\in\mathbb{R}^m$ 分别为系统状态矢量、输入矢量和输出矢量；$A\in\mathbb{R}^{n\times n}$，$B\in\mathbb{R}^{n\times r}$、$C\in\mathbb{R}^{m\times n}$ 分别为系统矩阵、输入矩阵和输出矩阵。

6.1.1 状态反馈

状态反馈是指将系统的每一个状态变量乘以合适的反馈系数，并反馈到输入端与参考输入相加作为控制系统的输入量，即所设计的反馈控制律为

$$U = V - KX \tag{6.2}$$

式中，$V \in \mathbb{R}^r$ 为参考输入；$K \in \mathbb{R}^{r\times n}$ 为实常数状态反馈增益矩阵。状态反馈控制系统结构图如图 6.1 所示。

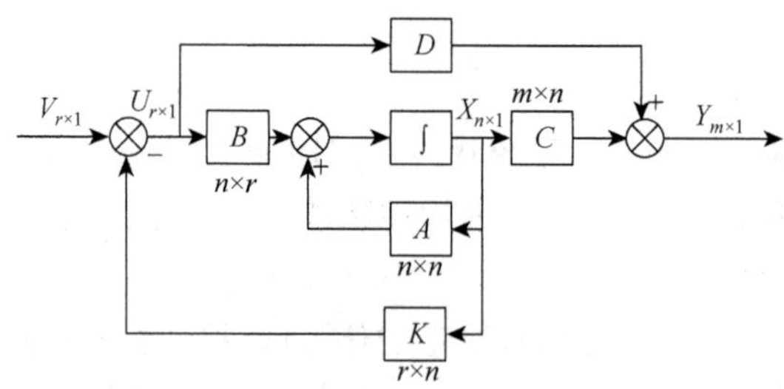

图 6.1　状态反馈控制系统结构图

将式（6.2）代入式（6.1），可得状态反馈闭环控制系统的状态空间表达式为

$$\begin{cases} \dot{X} = (A - BK)X + BV \\ Y = CX \end{cases} \tag{6.3}$$

其传递函数为

$$G_K(s) = C(sI - A + BK)^{-1}B \tag{6.4}$$

因此可用 $\Sigma_k = (A - BK, B, C)$ 来表示引入状态反馈后的闭环控制系统。对比开环控制系统 $\Sigma_0 = (A, B, C)$ 可知，引入状态反馈后系统输出方程不变，并且状态反馈并不改变系统维数，但可通过反馈矩阵 K 的选择自由改变闭环系统矩阵 $A - BK$ 的特征值，从而改变系统性能。

6.1.2　输出反馈

系统的状态变量常常不能全部可测，因而状态反馈的应用受到限制。在此情况下，可采用输出反馈。输出反馈是指将系统输出量 Y 作为反馈量，构建闭环控制系统，达到给定的系统性能。根据反馈点引入位置的不同，输出反馈可分为两种形式：一种是将输出反馈到状态微分点；另一种是将输出反馈到参考输入点。

1. 输出反馈到状态微分点

从输出量反馈到状态微分点的闭环控制系统结构图如图 6.2 所示。图 6.2 中 $H \in \mathbb{R}^{n\times m}$ 为输出反馈增益矩阵，可知输出反馈闭环控制系统的动态方程为

$$\begin{cases} \dot{X} = AX + BU - HY = (A - HC)X + BU \\ Y = CX \end{cases} \tag{6.5}$$

其传递函数为

$$G_H(s) = C(sI - A + HC)^{-1}B \tag{6.6}$$

因此，可用 $\Sigma_H = (A - HC, B, C)$ 来表示引入输出反馈后的闭环控制系统。对比开环控制系

统 $\Sigma_0=(A,B,C)$ 可知，通过反馈矩阵 H 的选择也可改变闭环控制系统的特征值，从而改变系统性能。

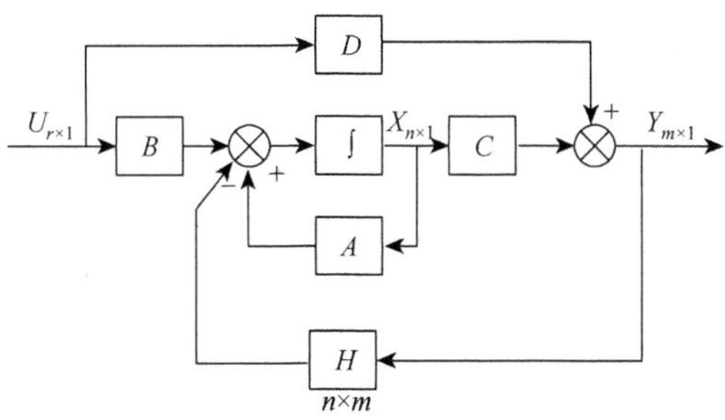

图 6.2　输出量反馈到状态微分点的闭环控制系统结构图

2. 输出反馈到参考输入点

将输出量反馈到参考输入点的闭环控制系统结构图如图 6.3 所示。系统的控制量取为输出的线性函数：

$$U=V-FY \tag{6.7}$$

式中，$F\in\mathbb{R}^{r\times m}$ 为输出反馈增益矩阵；$V\in\mathbb{R}^{r}$ 为参考输入。将式（6.7）代入式（6.1）可得闭环控制系统的动态方程为

$$\begin{cases}\dot{X}=AX+BV-BFY=(A-BFC)X+BV\\ Y=CX\end{cases} \tag{6.8}$$

其传递函数为

$$G_F(s)=C(sI-A+BFC)^{-1}B \tag{6.9}$$

可用 $\Sigma_F=(A-BFC,B,C)$ 来表示引入输出反馈式（6.7）后的闭环控制系统，也可通过反馈矩阵的选择改变闭环控制系统的特征值，从而改变系统性能。

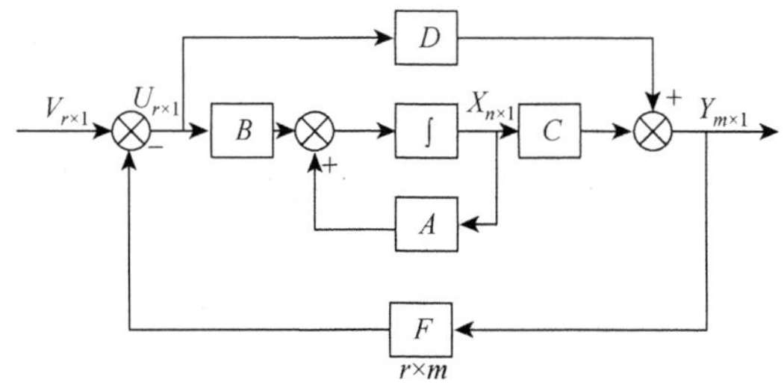

图 6.3　输出量反馈到参考输入点的闭环控制系统结构图

由上述分析可知，不论是状态反馈还是输出反馈，都可以改变系统的特征值分布，从而改变系统的性能，但从实现的角度而言，二者有共同点也有区别。

（1）两种形式的反馈结构中，反馈的引入并不增加新的状态变量，即闭环控制系统与开环控制系统具有相同的维数。

（2）由于系统状态能完整地表征系统的动态行为，在利用状态反馈时，信息量大且完整，可自由支配系统的响应特性。但实现状态反馈的基本前提是系统状态变量必须完全可测。当状态变量不可测时，需通过输出变量和控制变量来重构状态变量，即设计观测器实现状态反馈。有关状态观测器设计，将在后面进行进一步阐述。

（3）输出反馈的一个突出优点是工程实现比较简单。输出反馈在获得信息方面并不困难，但输出反馈的基本形式可能难以得到任意的动态系统响应特性，具有局限性。

（4）一个输出反馈到参考输入点系统的性能，一定有对应的状态反馈系统与之等同，例如，对图 6.3 所示的输出反馈系统，只要令 $FC=K$ 便可确定状态反馈增益矩阵。但对于一个状态反馈系统，不一定有对应的输出反馈到参考输入点的系统与之等同。这是由于用 $K=FC$ 求解 F 时，有可能因 C 不是满秩矩阵而无法实现，只有当 $C=I$ 时，$FC=K$ 才等同于全状态反馈。

6.1.3 反馈控制对系统特性的影响

由于引入反馈作用，闭环控制系统的系统矩阵会发生变化，对系统的稳定性、能控性和能观测性均有影响。

1. 对系统稳定性的影响

状态反馈和输出反馈都能影响系统的稳定性。由前述线性系统稳定性得知，当系统矩阵特征值均具有负实部时，系统稳定。而状态反馈和输出反馈均可通过选择反馈增益矩阵改变闭环系统的特征值分布，因此也会改变系统稳定性。事实上，对于状态反馈系统 $\Sigma_k=(A-BK,B,C)$，只有选择合适的反馈增益矩阵 K 使得 $A-BK$ 特征值均具有负实部时，系统才稳定。而对于输出反馈系统 $\Sigma_H=(A-HC,B,C)$ 和 $\Sigma_F=(A-BFC,B,C)$，只有选择增益矩阵 H 或 F 使得 $A-HC$ 或 $A-BFC$ 特征值均具有负实部时，系统才稳定。

2. 对系统能控性和能观测性的影响

定理 6.1 对系统式（6.1），状态反馈的引入不改变系统的能控性，但可能改变系统的能观测性。

证明 首先证明引入状态反馈后系统能控性不变。只需证明引入状态反馈前后能控性判别矩阵秩不变即可。

由开环控制系统 $\Sigma_0=(A,B,C)$ 可知，其能控性判别矩阵为

$$Q_{c0}=[B\ \ AB\ \ A^2B\ \ \cdots\ \ A^{n-1}B] \tag{6.10}$$

而对状态反馈系统 $\Sigma_k=(A-BK,B,C)$，能控性判别矩阵为

$$Q_{cK}=[B\ \ (A+BK)B\ \ (A+BK)^2B\ \ \cdots\ \ (A+BK)^{n-1}B] \tag{6.11}$$

比较矩阵式（6.10）和式（6.11）的各对应分块，可看出：

第一分块 B 相同。

第二分块 $(A+BK)B=AB+B(KB)$，其中，KB 是常数矩阵，因此 $(A+BK)B$ 的列矢

量可表示为$[B \quad AB]$的线性组合。

第三分块$(A+BK)^2B = A^2B + AB(KB) + B(KAB) + B(KBKB)$的列矢量可表示为$[B\ AB\ A^2B]$的线性组合。类似地，其余各分块列矢量也可表示为已知矢量式（6.10）的线性组合。因此，矩阵Q_{cK}可看作由矩阵Q_{c0}经过初等变换得到，而矩阵初等变换并不改变矩阵的秩，即$\text{rank}\ Q_{cK} = \text{rank}\ Q_{c0}$，状态反馈系统能控性不变。

下面证明状态反馈不一定保持系统能观测性。只需举一个反例说明即可。考察如下系统：

$$\begin{cases} \dot{X} = \begin{bmatrix} 1 & 2 \\ 0 & 3 \end{bmatrix} X + \begin{bmatrix} 0 \\ 1 \end{bmatrix} U \\ Y = [1 \quad 1] X \end{cases}$$

其能观测性判别矩阵为

$$Q_0 = \begin{bmatrix} C \\ CA \end{bmatrix} = \begin{bmatrix} 1 & 1 \\ 1 & 5 \end{bmatrix}$$

则$\text{rank}\ Q_0 = 2 = n$。故该系统能观。现引入状态反馈，取反馈增益矩阵$K = [0 \quad 4]$，则状态反馈闭环控制系统为

$$\begin{cases} \dot{X} = (A - BK)X + BU \\ \quad = \begin{bmatrix} 1 & 2 \\ 0 & -1 \end{bmatrix} X + \begin{bmatrix} 0 \\ 1 \end{bmatrix} U \\ Y = [1 \quad 1] X \end{cases}$$

其能观测性判别矩阵为

$$Q_{0K} = \begin{bmatrix} C \\ C(A - BK) \end{bmatrix} = \begin{bmatrix} 1 & 1 \\ 1 & 1 \end{bmatrix}，\text{则 rank}\ Q_{0K} = 1 < n = 2$$

故该系统不能观测，即引入状态反馈后原来能观系统变为不能观测系统，而若取增益矩阵为$K = [0 \quad 5]$，此时闭环控制系统为能观测系统。这表明状态反馈可能改变系统的能观测性。其原因是通过状态反馈造成了所配置的极点和零点相对消。

定理 6.2　对系统式（6.1），输出到状态微分点反馈的引入不改变系统的能观测性，但可能改变系统的能控性。

证明　可用对偶原理证明。对开环控制系统$\Sigma_0 = (A, B, C)$，将输出反馈到状态微分点的闭环控制系统为$\Sigma_H = (A - HC, B, C)$。若$\Sigma_0 = (A, B, C)$能观，则对偶系统$\Sigma_0^{\mathrm{T}} = (A^{\mathrm{T}}, C^{\mathrm{T}}, B^{\mathrm{T}})$能控。

由定理 6.1 可知，系统$\Sigma_0^{\mathrm{T}} = (A^{\mathrm{T}}, C^{\mathrm{T}}, B^{\mathrm{T}})$加入状态反馈后的闭环控制系统$\Sigma_H^{\mathrm{T}} = ((A^{\mathrm{T}} - C^{\mathrm{T}}H^{\mathrm{T}}),\ C^{\mathrm{T}}, B^{\mathrm{T}})$的能控性不变。因而，有

$$\begin{aligned} \text{rank}\,[C^{\mathrm{T}} \quad A^{\mathrm{T}}C^{\mathrm{T}} \quad \cdots \quad (A^{\mathrm{T}})^{n-1}C^{\mathrm{T}}] &= \text{rank}\,[C^{\mathrm{T}} \quad (A^{\mathrm{T}} - C^{\mathrm{T}}H^{\mathrm{T}})C^{\mathrm{T}} \quad \cdots \quad (A^{\mathrm{T}} - C^{\mathrm{T}}H^{\mathrm{T}})^{n-1}C^{\mathrm{T}}] \\ &= \text{rank}\,[C^{\mathrm{T}} \quad (A - HC)^{\mathrm{T}}C^{\mathrm{T}} \quad \cdots \quad ((A - HC)^{\mathrm{T}})^{n-1}C^{\mathrm{T}}] \end{aligned}$$

上式表明，系统$\Sigma_0 = (A, B, C)$和$\Sigma_H = (A - HC, B, C)$的能观测性判别矩阵的秩相同，也就是输出到状态微分点反馈的引入不改变系统的能观测性。

另外，系统 $\Sigma_0^{\mathrm{T}}=(A^{\mathrm{T}},C^{\mathrm{T}},B^{\mathrm{T}})$ 加入状态反馈后所得系统 $\Sigma_H^{\mathrm{T}}=((A^{\mathrm{T}}-C^{\mathrm{T}}H^{\mathrm{T}}),C^{\mathrm{T}},B^{\mathrm{T}})$ 的能观测性可能改变。系统 $\Sigma_0^{\mathrm{T}}=(A^{\mathrm{T}},C^{\mathrm{T}},B^{\mathrm{T}})$ 的能观测性判别矩阵为

$$\begin{aligned}Q_0^{\mathrm{T}}&=[(B^{\mathrm{T}})^{\mathrm{T}}\ \ (A^{\mathrm{T}})^{\mathrm{T}}(B^{\mathrm{T}})^{\mathrm{T}}\ \cdots\ ((A^{\mathrm{T}})^{\mathrm{T}})^{n-1}(B^{\mathrm{T}})^{\mathrm{T}}]\\&=[B\ \ AB\ \cdots\ A^{n-1}B]\end{aligned}$$

而加入状态反馈后的系统 $\Sigma_H^{\mathrm{T}}=((A^{\mathrm{T}}-C^{\mathrm{T}}H^{\mathrm{T}}),C^{\mathrm{T}},B^{\mathrm{T}})$ 的能观测性判别矩阵为

$$\begin{aligned}Q_{0H}^{\mathrm{T}}&=[(B^{\mathrm{T}})^{\mathrm{T}}\ \ (A^{\mathrm{T}}-C^{\mathrm{T}}H^{\mathrm{T}})^{\mathrm{T}}(B^{\mathrm{T}})^{\mathrm{T}}\ \cdots\ ((A^{\mathrm{T}}-C^{\mathrm{T}}H^{\mathrm{T}})^{\mathrm{T}})^{n-1}(B^{\mathrm{T}})^{\mathrm{T}}]\\&=[B\ \ (A-HC)B\ \cdots\ (A-HC)^{n-1}B]\end{aligned}$$

系统加入状态反馈后可能改变其能观测性表明可能有

$$\operatorname{rank} Q_0^{\mathrm{T}}\neq\operatorname{rank} Q_{0H}^{\mathrm{T}}$$

而 Q_0^{T} 也是系统 $\Sigma_0=(A,B,C)$ 的能控性判别矩阵，Q_{0H}^{T} 是系统 $\Sigma_H=(A-HC,B,C)$ 的能控性判别矩阵，因此上式表明，输出到状态微分点的反馈可能改变系统的能控性。

定理 6.3　对于系统式（6.1），输出到参考输入点反馈的引入不改变系统的能控性和能观测性。

证明　首先证明能控性不变。由前述分析可知，对任意输出反馈到参考输入点的系统都能找到一个等价的状态反馈系统，由定理 6.1 可知，状态反馈可保持系统能控性，因此输出到参考输入点反馈的引入并不改变系统的能控性。

考虑能观测性不变。系统 $\Sigma_0=(A,B,C)$ 能观测性判别矩阵为

$$Q_0=\begin{bmatrix}C\\CA\\\vdots\\CA^{n-1}\end{bmatrix}$$

而引入输出到参考输入点的反馈后系统 $\Sigma_F=(A-BFC,B,C)$ 的能观测性判别矩阵为

$$Q_{0F}=\begin{bmatrix}C\\C(A-BFC)\\\vdots\\C(A-BFC)^{n-1}\end{bmatrix}$$

仿照定理 6.1 的证明方法，可以把矩阵 Q_{0F} 看作矩阵 Q_0 经过初等变化得到的，而矩阵初等变换并不改变矩阵的秩，即 $\operatorname{rank} Q_0=\operatorname{rank} Q_{0F}$，因此引入输出到参考输入点反馈的系统能观测性保持不变。

6.2　极点配置

反馈控制系统的目的在于使系统保持稳定，并满足给定的动态性能要求。根据状态空间表达式的解可知，控制系统很多品质指标大多由极点在 s 平面的位置决定。因此，极点配置问题就是利用状态反馈或输出反馈（实质是设计反馈增益矩阵），将闭环控制系统的极点配置到给定的位置，以获得所期望的动态性能。本节将重点讨论两个问题：一是极点可配置条件；二是极点配置方法。

6.2.1　极点可配置条件

不失一般性地，本小节讨论的极点可配置条件不仅适用于 SISO 系统，也适用于 MIMO 系统。

1. 利用状态反馈的极点可配置条件

定理 6.4　采用状态反馈式（6.2）对系统 $\Sigma_0=(A,B,C)$ 进行任意极点配置的充分必要条件是该系统能控。

证明　下面就 SISO 系统来证明该定理。此时，系统 $\Sigma_0=(A,B,C)$ 中的输入矩阵 B 为列向量。

先证明充分性。若系统 $\Sigma_0=(A,B,C)$ 能控，则可通过非奇异变化 $X=T\bar{X}$ 将系统 $\Sigma_0=(A,B,C)$ 化成能控规范 I 型：

$$\begin{cases}\dot{\bar{X}}=\bar{A}\bar{X}+\bar{B}U\\ Y=\bar{C}\bar{X}\end{cases}\tag{6.12}$$

式中，

$$\bar{A}=T^{-1}AT=\begin{bmatrix}0&1&0&\cdots&0\\0&0&1&\cdots&0\\\vdots&\vdots&\vdots&&\vdots\\0&0&0&\cdots&1\\-a_0&-a_1&-a_2&\cdots&-a_{n-1}\end{bmatrix},\quad \bar{B}=T^{-1}B=\begin{bmatrix}0\\0\\\vdots\\0\\1\end{bmatrix},\quad \bar{C}=CT=\begin{bmatrix}b_0&b_1&b_2&\cdots&b_{n-1}\end{bmatrix}。$$

在单输入情况下，引入状态反馈

$$U=V-KX=V-KT\bar{X}=V-\bar{K}\bar{X}$$

式中，$\bar{K}=KT=[\bar{k}_0\ \ \bar{k}_1\ \ \cdots\ \ \bar{k}_{n-1}]$。引入状态反馈后闭环控制系统的系统矩阵为

$$\bar{A}-\bar{B}\bar{K}=\begin{bmatrix}0&1&0&\cdots&0\\0&0&1&\cdots&0\\\vdots&\vdots&\vdots&\ddots&\vdots\\0&0&0&\cdots&1\\-a_0-\bar{k}_0&-a_1-\bar{k}_1&-a_2-\bar{k}_2&\cdots&-a_{n-1}-\bar{k}_{n-1}\end{bmatrix}\tag{6.13}$$

由式（6.13）可知，引入状态反馈后的闭环控制系统特征方程为

$$\det[sI-(\bar{A}-\bar{B}\bar{K})]=s^n+(a_{n-1}+\bar{k}_{n-1})s^{n-1}+(a_{n-2}+\bar{k}_{n-2})s^{n-2}+\cdots+(a_1+\bar{k}_1)s+(a_0+\bar{k}_0)\tag{6.14}$$

显然，该 n 阶特征方程中的 n 个系数，可通过 $\bar{k}_0,\bar{k}_1,\cdots,\bar{k}_{n-1}$ 来独立设置，即 $\bar{A}-\bar{B}\bar{K}$ 的特征值可以任意选择，即系统 $\Sigma_0=(A,B,C)$ 的极点可以任意配置。

再证必要性。如果系统 $\Sigma_0=(A,B,C)$ 不能控，就说明系统 $\Sigma_0=(A,B,C)$ 有些状态将不受控制输入 U 的控制，则引入状态反馈也就不可能通过控制 U 的选择来配置不能控的极点位置。

2. 利用输出反馈的极点可配置条件

定理 6.5 采用输出到状态微分点的反馈对系统 $\Sigma_0=(A,B,C)$ 进行任意极点配置的充分必要条件是该系统能观。

证明 根据对偶原理可知，若被控系统 $\Sigma_0=(A,B,C)$ 能观，则其对偶系统 $\Sigma_0^{\mathrm{T}}=(A^{\mathrm{T}},C^{\mathrm{T}},B^{\mathrm{T}})$ 能控。由定理 6.4 可知，$A^{\mathrm{T}}-C^{\mathrm{T}}H^{\mathrm{T}}$ 的特征值可任意配置，而 $A^{\mathrm{T}}-C^{\mathrm{T}}H^{\mathrm{T}}$ 的特征值与 $(A^{\mathrm{T}}-C^{\mathrm{T}}H^{\mathrm{T}})^{\mathrm{T}}=A-HC$ 的特征值相同，故当且仅当系统 $\Sigma_0=(A,B,C)$ 能观时，才可任意配置 $A-HC$ 的特征值，也即可采用输出到状态微分点的反馈实现闭环系统式(6.5)的极点任意配置。此外由上述分析可知，设计系统 $\Sigma_0=(A,B,C)$ 输出反馈的问题可转化为对其对偶系统 $\Sigma_0^{\mathrm{T}}=(A^{\mathrm{T}},C^{\mathrm{T}},B^{\mathrm{T}})$ 设计状态反馈矩阵问题。也就是说，为了根据期望闭环极点来设计输出反馈矩阵 H 的参数，只需将期望的系统特征多项式与该输出反馈系统特征多项式 $\det[sI-(A-HC)]$ 相比即可。

定理 6.6 采用输出到参考输入点反馈式（6.7）不能对系统 $\Sigma_0=(A,B,C)$ 进行任意极点配置。

证明 针对 SISO 系统进行说明。此时，引入输出反馈式（6.7），反馈增益矩阵 H 为标量，记受控系统 $\Sigma_0=(A,B,C)$ 的传递函数为 $G_0(s)$，则输出反馈式（6.7）后闭环控制系统传递函数可由图 6.3 求得

$$G_H(s)=C(sI-A+BFC)^{-1}B=\frac{G_H(s)}{1+HG_H(s)}$$

由闭环控制系统特征方程可知，根轨迹方程为 $HG_H(s)=-1$。以反馈增益常数 H 为参变量，可画出闭环控制系统的根轨迹图。显然，当 $H=0\to\infty$ 时，也不能使根轨迹落在不属于根轨迹的期望极点位置上。故闭环控制系统极点不能任意配置。

不能对闭环控制系统极点进行任意配置的缺陷限制了输出到参考输入点反馈控制方法的应用。

6.2.2 极点配置方法

由前述分析可知，求解闭环控制系统极点配置问题可归纳为求解合适的反馈增益矩阵。下面分别给出 SISO 系统状态反馈增益矩阵 K 和输出反馈增益矩阵 H 的求解方法。

1. 利用状态反馈进行极点配置

针对任意给定 SISO 系统 $\Sigma_0=(A,B,C)$ 进行极点配置，需要确定 n 维反馈增益向量 K，使闭环控制系统的系统矩阵 $A-BK$ 特征值为期望的特征值 $\{\lambda_1,\lambda_2,\cdots,\lambda_n\}$。下面给出一种状态反馈增益矩阵的设计算法。

第 1 步：判断系统 $\Sigma_0=(A,B,C)$ 能控性。只有系统能控，才可采用状态反馈进行极点配置。

第 2 步：根据系统性能要求，确定期望的闭环特征值 $\{\lambda_1,\lambda_2,\cdots,\lambda_n\}$。极点个数等于系统阶次 n，极点位置的确定要充分考虑对系统性能的影响（如快速性、超调、抗干扰能

力、对参数变动的灵敏度等），并且注意避免零极点对消。

第 3 步：引入非奇异变换将系统 $\Sigma_0=(A,B,C)$ 化为能控规范型式（6.12），并计算闭环控制系统的特征多项式（6.14）。

第 4 步：计算由期望极点 $\{\lambda_1,\lambda_2,\cdots,\lambda_n\}$ 确定的期望特征多项式：

$$a^*(s)=(s-\lambda_1)(s-\lambda_2)\cdots(s-\lambda_n)=s^n+a_{n-1}^*s^{n-1}+a_{n-2}^*s^{n-2}+\cdots+a_1^*s+a_0^* \tag{6.15}$$

第 5 步：根据式（6.14）和式（6.15）计算矩阵 $\bar{K}=[\bar{k}_0\ \ \bar{k}_1\ \ \cdots\ \ \bar{k}_{n-1}]$。

$$\bar{K}=[\bar{k}_0\ \ \bar{k}_1\ \ \cdots\ \ \bar{k}_{n-1}]=[a_0^*-a_0\ \ \ a_1^*-a_1\ \ \cdots\ \ a_{n-1}^*-a_{n-1}] \tag{6.16}$$

第 6 步：计算变换矩阵 T。

$$T=[A^{n-1}B\ \ \cdots\ \ AB\ \ B]\begin{bmatrix}1 & & & \\ a_{n-1} & 1 & & \\ \vdots & \ddots & \ddots & \\ a_1 & \cdots & a_{n-1} & 1\end{bmatrix} \tag{6.17}$$

第 7 步：计算反馈增益矩阵 $K=\bar{K}T^{-1}$。

需要说明的是，上述规范算法也适用于 SISO 系统。在求解具体问题时，不一定化为能控规范型式（6.12），可直接计算状态反馈系统的特征多项式 $\det[sI-A+BK]$，然后令其各项系数与期望特征多项式（6.15）中对应项的系数相等，便可确定反馈增益矩阵系数。

此外，对于 SISO 系统 $\Sigma_0=(A,B,C)$，引入状态反馈式（6.2）虽然改变闭环控制系统极点，但对系统零点没有影响。事实上，可以验证开环传递函数 $G_0(s)$ 与闭环传递函数 $G_K(s)$ 的分子多项式相同，即闭环控制系统零点与开环控制系统零点相同。当然可能存在这种情况：引入状态反馈后恰巧使得某些极点移动到开环控制系统 $G_0(s)$ 的零点处而构成零极点对消，这时等于失去了一个系统零点，同时失去了一个系统极点，也就造成被对消的极点不能观。这也是对状态反馈系统失去能观测性的直观解释。

【例 6.1】 已知 SISO 线性定常系统状态方程为

$$\dot{X}=\begin{bmatrix}0 & 0 & 0\\ 1 & -6 & 0\\ 0 & 1 & -12\end{bmatrix}X+\begin{bmatrix}1\\ 0\\ 0\end{bmatrix}U$$

求状态反馈向量 K，使得系统的闭环特征值为

$$\lambda_1=-2,\qquad \lambda_2=-1+\mathrm{j},\qquad \lambda_3=-1-\mathrm{j}$$

解 系统能控判别矩阵为

$$Q_{c0}=[B\ \ AB\ \ A^2B]=\begin{bmatrix}1 & 0 & 0\\ 0 & 1 & -6\\ 0 & 0 & 1\end{bmatrix}$$

因为 $\operatorname{rank} Q_{c0}=3=n$，故系统能控，可进行极点配置。此时，系统特征多项式为

$$\det[sI-A]=\begin{bmatrix}s & 0 & 0\\ -1 & s+6 & 0\\ 0 & -1 & s+12\end{bmatrix}=s^3+18s^2+72s$$

根据给定极点，期望的特征多项式为

$$a^*(s)=(s-\lambda_1)(s-\lambda_2)(s-\lambda_3)=(s+2)(s+1-\mathrm{j})(s+1+\mathrm{j})=s^3+4s^2+6s+4$$

于是可求得

$$\bar{K}=[a_0^*-a_0\ \ a_1^*-a_1\ \ a_2^*-a_2]=[4\ \ -66\ \ -14]$$

变换矩阵为

$$T=[A^2B\ \ AB\ \ B]\begin{bmatrix}1 & & \\ a_2 & 1 & \\ a_1 & a_2 & 1\end{bmatrix}=\begin{bmatrix}0 & 0 & 1\\ -6 & 1 & 0\\ 1 & 0 & 0\end{bmatrix}\begin{bmatrix}1 & & \\ 18 & 1 & \\ 72 & 18 & 1\end{bmatrix}=\begin{bmatrix}72 & 18 & 1\\ 12 & 1 & 0\\ 1 & 0 & 0\end{bmatrix}$$

$$T^{-1}=\begin{bmatrix}0 & 0 & 1\\ 0 & 1 & -12\\ 1 & -18 & 144\end{bmatrix}$$

则增益矩阵为

$$K=\bar{K}T^{-1}=[4\ \ -66\ \ -14]\begin{bmatrix}0 & 0 & 1\\ 0 & 1 & -12\\ 1 & -18 & 144\end{bmatrix}=[-14\ \ 186\ \ -1220]$$

另一种方法，求取反馈系统特征多项式：

$$\det[sI-A+BK]=\begin{bmatrix}s+k_1 & k_2 & k_3\\ -1 & s+6 & 0\\ 0 & -1 & s+12\end{bmatrix}=s^3+(k_1+18)s^2+(18k_1+k_2+72)s+(72k_1+12k_2+k_3)$$

对比上式和期望特征多项式 $a^*(s)$ 可得如下等式：

$$\begin{cases}k_1+18=4\\ 18k_1+k_2+72=6\\ 72k_1+12k_2+k_3=4\end{cases}$$

可求得增益矩阵为 $k_1=-14,\ k_2=186,\ k_3=-1220$，即 $K=[-14\ \ 186\ \ -1220]$。

【例 6.2】 给定如下 SISO 系统：

$$G_0(s)=\frac{k}{s(s+6)(s+12)}$$

试用状态反馈进行系统极点配置，并确定增益参数 $\mathrm{l_p}$，使闭环控制系统满足如下动态性能要求：输出超调 $M_p\leqslant 5\%$，峰值时间 $t_p\leqslant 0.5\,\mathrm{s}$，系统频宽 $\omega_b\leqslant 10\,\mathrm{rad/s}$，对阶跃信号跟踪误差 $e_p=0$。

解 根据给定系统传递函数知该系统能控，并可写为如下能控规范型：

$$\begin{cases}\dot{X}=\begin{bmatrix}0 & 1 & 0\\ 1 & 0 & 1\\ 0 & -72 & -18\end{bmatrix}X+\begin{bmatrix}0\\ 0\\ 1\end{bmatrix}U\\ Y=[k\ \ 0\ \ 0]X\end{cases}$$

（1）确定闭环控制系统极点位置。显然期望的极点数 $n=3$，根据系统性能指标，可选择其中一对共轭极点 λ_1、λ_2 为主导极点，第三个极点为 λ_3 远极点，则系统的性能可由主导极点确定，而远极点只有微小的影响。

首先根据二阶系统的关系式确定主导极点。由超调量性能指标得 $M_p = \mathrm{e}^{-\frac{\pi\zeta}{\sqrt{1-\zeta^2}}} \leqslant 5\%$ 可得阻尼比系数 ζ 需满足 $\zeta \geqslant 0.707$，故可选择 $\zeta = 0.707$。由峰值时间 $t_p = \dfrac{\pi}{\omega_n\sqrt{1-\zeta^2}} \leqslant 0.5$ 求得当 $\zeta = 0.707$ 时，无阻尼固有频率需满足 $\omega_n \geqslant 9$ rad/s，故可选择 $\omega_n \geqslant 10$ rad/s。因此，可确定主导极点为

$$\lambda_{1,2} = -\zeta\omega_n \pm \mathrm{j}\omega_n\sqrt{1-\zeta^2} = -7.07 \pm \mathrm{j}7.07$$

此外选择远极点需使它和原点的距离远大于 $5|\lambda_1|$，故可选择 $|\lambda_3| = 10|\lambda_1| = -100$。

（2）确定状态反馈矩阵。因原系统特征方程为

$$\det[sI - A] = s^3 + 18s^2 + 72s$$

而由上述确定的期望极点构成的特征多项式为

$$\begin{aligned} a^*(s) &= (s-\lambda_1)(s-\lambda_2)(s-\lambda_3) = (s+100)(s^2+14.1s+100) \\ &= s^3 + 114.1s^2 + 1510s + 10000 \end{aligned}$$

因此状态反馈增益矩阵为

$$K = [a_0^* - a_0 \quad a_1^* - a_1 \quad a_2^* - a_2] = [10000 \quad 1438 \quad 96.1]$$

（3）确定系统输出放大系数 k。根据闭环反馈系统特征方程可得闭环传递函数为

$$G_K(s) = \frac{k}{s^3 + 114.1s^2 + 1510s + 10000}$$

由要求的跟踪阶跃信号的误差要求 $e_p = 0$，有

$$\begin{aligned} e_p &= \lim_{t\to\infty}[1 - y(t)] = \lim_{s\to 0} s\left(\frac{1}{s} - \frac{G_K(s)}{s}\right) = \lim_{s\to 0}\left(1 - G_K(s)\right) \\ &= \lim_{s\to 0}\frac{s^3 + 114.1s^2 + 1510s + 10000 - k}{s^3 + 114.1s^2 + 1510s + 10000} \\ &= \frac{10000 - k}{10000} \end{aligned}$$

故可取输出放大系数为 $k = 10000$。

2. 利用输出反馈进行极点配置

采用输出到状态微分点的反馈进行闭环控制系统极点配置可遵循如下步骤：

第 1 步：判断系统 $\Sigma_0 = (A, B, C)$ 能观测性。只有系统能观，才可采用输出反馈进行极点配置。

第 2 步：根据系统性能要求，确定期望的闭环特征值 $\{\lambda_1, \lambda_2, \cdots, \lambda_n\}$。

第 3 步：引入非奇异变换 $X = T\bar{X}$ 将系统 $\Sigma_0 = (A, B, C)$ 化成能观测规范 II 型。

$$\begin{cases}\dot{\overline{X}} = \overline{A}\overline{X} + \overline{B}U \\ Y = \overline{C}\overline{X}\end{cases}$$

式中，

$$\overline{A} = T^{-1}AT = \begin{bmatrix} 0 & 0 & \cdots & 0 & -a_0 \\ 1 & 0 & \cdots & 0 & -a_1 \\ \vdots & \vdots & & \vdots & \vdots \\ 0 & 0 & \cdots & 0 & -a_{n-2} \\ 0 & 0 & \cdots & 1 & -a_{n-1}\end{bmatrix}, \quad \overline{B} = T^{-1}B = \begin{bmatrix} b_0 \\ b_1 \\ \vdots \\ b_{n-2} \\ b_{n-1}\end{bmatrix}, \quad \overline{C} = CT = \begin{bmatrix} 0 & 0 & 0 & \cdots & 1\end{bmatrix}。$$

第 4 步：在单输入情况下，引入反馈增益矩阵 $\overline{H} = TH = [\overline{h}_0 \ \ \overline{h}_1 \ \ \cdots \ \ \overline{h}_{n-1}]^{\mathrm{T}}$ 得闭环控制系统矩阵为

$$\overline{A} - \overline{H}\overline{C} = \begin{bmatrix} 0 & 0 & \cdots & 0 & -a_0 - \overline{h}_0 \\ 1 & 0 & \cdots & 0 & -a_1 - \overline{h}_1 \\ \vdots & \vdots & & \vdots & \vdots \\ 0 & 0 & \cdots & 0 & -a_{n-2} - \overline{h}_{n-2} \\ 0 & 0 & \cdots & 1 & -a_{n-1} - \overline{h}_{n-1}\end{bmatrix} \tag{6.18}$$

由式（6.18）可知，引入状态反馈后的闭环控制系统特征方程为

$$\det[sI - (\overline{A} - \overline{H}\overline{C})] = s^n + (a_{n-1} - \overline{h}_{n-1})s^{n-1} + (a_{n-2} + \overline{h}_{n-2})s^{n-2} + \cdots + (a_1 + \overline{h}_1)s + (a_0 + \overline{h}_0) \tag{6.19}$$

第 5 步：计算由期望极点 $\{\lambda_1, \lambda_2, \cdots, \lambda_n\}$ 确定的期望特征多项式为

$$a^*(s) = (s - \lambda_1)(s - \lambda_2)\cdots(s - \lambda_n) = s^n + a_{n-1}^* s^{n-1} + a_{n-2}^* s^{n-2} + \cdots + a_1^* s + a_0^* \tag{6.20}$$

第 6 步：根据式（6.19）和式（6.20）计算矩阵 $\overline{H} = [\overline{h}_0 \ \ \overline{h}_1 \ \ \cdots \ \ \overline{h}_{n-1}]^{\mathrm{T}}$

$$\overline{H} = [\overline{h}_0 \ \ \overline{h}_1 \ \ \cdots \ \ \overline{h}_{n-1}]^{\mathrm{T}} = [a_0^* - a_0 \ \ a_1^* - a_1 \ \ \cdots \ \ a_{n-1}^* - a_{n-1}]^{\mathrm{T}} \tag{6.21}$$

第 7 步：计算变换矩阵 T，并求解反馈增益矩阵 $H = T^{-1}\overline{H} = [h_0 \ \ h_1 \ \ \cdots \ \ h_{n-1}]^{\mathrm{T}}$。

另一种方法和求状态反馈矩阵情况类似，当系统维数较低时，只要系统能观也可以不化成能观测规范 II 型，而通过直接比较特征多项式系数来确定输出反馈增益矩阵 H。

【例 6.3】 给定如下 SISO 系统

$$\begin{cases}\dot{X} = \begin{bmatrix} 0 & 5 \\ -1 & 0\end{bmatrix}X + \begin{bmatrix} 1 & 0 \\ 0 & 1\end{bmatrix}U \\ Y = [1 \quad 0]X\end{cases}$$

试用输出到状态微分点的反馈进行系统极点配置，将系统极点配置为 $\lambda_1 = -5$、$\lambda_2 = -8$。

解 （1）检验系统能观测性。求解能观矩阵为

$$Q_0 = \begin{bmatrix} C \\ CA\end{bmatrix} = \begin{bmatrix} 1 & 0 \\ 0 & 5\end{bmatrix}$$

因此 rank $Q_0 = 2 = n$，故系统能观测，可通过输出反馈进行极点配置。

（2）设反馈增益矩阵为 $H = [h_0, h_1]^{\mathrm{T}}$，则可得闭环控制系统特征多项式为

$$\det[sI - A + HC] = s^2 + h_0 s + 5(1 + h_1)$$

（3）由期望的极点 $\lambda_1 = -5$、$\lambda_2 = -8$ 确定的期望特征多项式为

$$a^*(s) = (s+5)(s+8) = s^2 + 13s + 40$$

（4）比较上述两式的系数可得增益矩阵为 $H = [h_0 \quad h_1]^{\mathrm{T}} = [13 \quad 7]^{\mathrm{T}}$。

6.3 系 统 镇 定

稳定性是控制系统能正常工作的必要条件，是控制系统设计的最基本要求，也是确保其他性能的前提条件。因此，通过反馈控制（状态反馈或输出反馈）把闭环控制系统极点配置到 s 平面的左半平面，即可保证闭环控制系统稳定，称为系统镇定问题。系统镇定问题是系统极点配置问题的一种特殊情况，它只要求把闭环控制系统极点配置在 s 平面的左半平面，而并不要求将极点严格地配置在期望的位置上。本节将讨论系统镇定的条件和方法。

1. 状态反馈系统镇定

由定理 6.4 可知，若系统 $\Sigma_0 = (A, B, C)$ 能控，则可通过状态反馈式（6.2）任意配置闭环控制系统极点，因此完全能控的系统，必定可通过状态反馈实现系统镇定。若系统不完全能控，则需满足如下条件才可实现系统镇定。

定理 6.7　针对系统 $\Sigma_0 = (A, B, C)$，若系统完全能控，则可用状态反馈式（6.2）实现系统镇定；若系统不完全能控，则用状态反馈式（6.2）实现系统镇定的充要条件是：系统不能控部分是渐进稳定的（或系统不稳定的极点全部分布在系统的能控部分）。

证明　当系统完全能控时，由定理 6.4 知，闭环控制系统极点可通过状态反馈任意配置，故可实现系统镇定。若系统不完全能控，则可通过线性变换将系统式（6.1）分解为

$$\begin{cases} \begin{bmatrix} \dot{X}_1 \\ \dot{X}_2 \end{bmatrix} = \begin{bmatrix} A_{11} & A_{12} \\ 0 & A_{22} \end{bmatrix} \begin{bmatrix} X_1 \\ X_2 \end{bmatrix} + \begin{bmatrix} B_1 \\ 0 \end{bmatrix} U \\ Y = [C_1 \quad C_2] \begin{bmatrix} X_1 \\ X_2 \end{bmatrix} \end{cases} \tag{6.22}$$

式中，$X_1 \in \mathbb{R}^{n_1}$ 为系统能控状态变量；$X_2 \in \mathbb{R}^{n_2}$ 为系统不能控状态变量；$A_{11} \in \mathbb{R}^{n_1 \times n_1}$ 和 $A_{12} \in \mathbb{R}^{n_1 \times n_2}$ 为能控部分系统矩阵；$B_1 \in \mathbb{R}^{n_1 \times r}$ 为能控系统输入矩阵；$A_{22} \in \mathbb{R}^{n_2 \times n_2}$ 为不能控部分系统矩阵。此时状态反馈矩阵可写为 $K = [K_1 \quad K_2]$，其中 $K_1 \in \mathbb{R}^{r \times n_1}$，$K_2 \in \mathbb{R}^{r \times n_2}$ 分别对应状态 $X_1 \in \mathbb{R}^{n_1}$ 和 $X_2 \in \mathbb{R}^{n_2}$。

由于 $\Sigma_1 = (A_{11}, B_1, C_1)$ 完全能控，通过状态反馈矩阵 $K_1 \in \mathbb{R}^{r \times n_1}$ 总可以使得矩阵 $A_{11} - B_1 K_1$ 的特征值配置在 s 平面的左半平面。下面分析若系统不能控子系统 $\Sigma_2 = (A_{22}, 0, C_2)$ 渐进稳定，则系统可镇定。将状态反馈控制 $U = V - K_1 X_1 - K_2 X_2$ 代入系统式（6.22），并设参考输入 $V = 0$，则有

$$\begin{cases} \dot{X}_1 = A_{11} X_1 + A_{12} X_2 - B_1 K_1 X_1 - B_1 K_2 X_2 \\ \dot{X}_2 = A_{22} X_2 \end{cases} \tag{6.23}$$

求解微分式（6.23）的解得

$$X_2(t)=\mathrm{e}^{A_{22}t}X_2(0)$$

$$X_1(t)=\mathrm{e}^{(A_{11}-B_1K_1)t}X_1(0)+\int_0^t \mathrm{e}^{(A_{11}-B_1K_1)(t-\tau)}(A_{12}-B_1K_2)X_2(\tau)\mathrm{d}\tau$$

而通过选择状态反馈矩阵 $K_1\in\mathbb{R}^{r\times n_1}$ 可使矩阵 $A_{11}-B_1K_1$ 的特征值具有负实部，因此当且仅当不能控子系统 $\Sigma_2=(A_{22},0,C_2)$ 渐进稳定（矩阵 A_{22} 特征值实部为负），有 $t\to\infty$ 时 $X_2(t)\to 0$，也即有 $t\to\infty$ 时 $X_1(t)\to 0$，整个系统渐进稳定。因此，仅当矩阵 A_{22} 特征值实部为负，即不能控子系统 $\Sigma_2=(A_{22},0,C_2)$ 渐进稳定时，整个系统 $\Sigma_0=(A,B,C)$ 才能通过状态反馈进行镇定。

由上述分析可知，如果系统 $\Sigma_0=(A,B,C)$ 完全能控，其状态反馈必然可以实现系统镇定。反之，一个可用状态反馈镇定的系统状态不一定完全能控。这是因为系统不能控部分是渐进稳定时，系统是可镇定的，但不是必须完全能控。

2. 输出反馈系统镇定

定理 6.8　针对系统 $\Sigma_0=(A,B,C)$，若系统完全能观测，则可用输出到状态微分点的反馈式（6.5）实现系统镇定；若系统不完全能观测，则用输出到状态微分点的反馈式（6.5）实现系统镇定的充要条件是：系统不能观部分是渐进稳定的。

证明　由定理 6.5 知，当系统 $\Sigma_0=(A,B,C)$ 完全能观测时，闭环控制系统极点可通过输出到状态微分点的反馈任意配置，故可实现系统镇定。若系统不完全能观测，则可通过线性变换将系统式（6.1）分解为能观测规范型：

$$\begin{cases}\begin{bmatrix}\dot{X}_1\\ \dot{X}_2\end{bmatrix}=\begin{bmatrix}A_{11} & 0\\ A_{21} & A_{22}\end{bmatrix}\begin{bmatrix}X_1\\ X_2\end{bmatrix}+\begin{bmatrix}B_1\\ B_2\end{bmatrix}U\\ Y=[C_1\quad 0]\begin{bmatrix}X_1\\ X_2\end{bmatrix}\end{cases}\tag{6.24}$$

式中，$X_1\in\mathbb{R}^{n_1}$ 为系统能观测状态变量；$X_2\in\mathbb{R}^{n_2}$ 为系统不能观测状态变量，即 $\Sigma_1=(A_{11},B_1,C_1)$ 为能观测子系统，$\Sigma_2=(A_{22},B_2,0)$ 为不能观测子系统。仿照定理 6.7 的证明求解状态空间表达式（6.24）解可得，能观测子系统 $\Sigma_1=(A_{11},B_1,C_1)$ 极点可通过输出反馈配置到左半平面，故有 $t\to\infty$ 时 $X_1(t)\to 0$。因此，当且仅当不能观测子系统 $\Sigma_2=(A_{22},B_2,0)$ 渐进稳定时（矩阵 A_{22} 特征值实部为负），才有 $t\to\infty$ 时 $X_2(t)\to 0$，即整个系统渐进稳定。因此，仅当不能观测子系统 $\Sigma_2=(A_{22},B_2,0)$ 渐进稳定时，整个系统 $\Sigma_0=(A,B,C)$ 才能通过输出到状态微分点的反馈进行镇定。

定理 6.9　针对系统 $\Sigma_0=(A,B,C)$，可用输出到参考输入点的反馈式（6.7）实现系统镇定的充要条件是：①系统能控又能观测的子系统能用输出到参考输入点的反馈镇定；②其余子系统（能控不能观测、能观测不能控、不能控且不能观测）是渐进稳定的。

证明　可通过对系统 $\Sigma_0=(A,B,C)$ 进行能控能观分解，然后求解子系统状态方程的解得知。此处从略。

特别指出，由定理 6.6 可知，采用输出到参考输入点的反馈式（6.7）不能对系统

$\Sigma_0=(A,B,C)$ 进行任意极点配置，故即使系统 $\Sigma_0=(A,B,C)$ 能控能观测，子系统未必能用输出反馈式（6.7）镇定。事实上，若系统 $\Sigma_0=(A,B,C)$ 可采用输出反馈进行镇定，则该系统一定可以通过状态反馈镇定。反之，可采用状态反馈镇定的系统不一定能通过输出反馈进行镇定。这是因为输出反馈能配置的极点，状态反馈均能配置；而状态反馈能配置的极点，输出反馈不一定能配置。

【例 6.4】　考虑如下线性定常系统：

$$\begin{cases}\dot{X}=\begin{bmatrix}0&0&5\\1&0&-1\\0&1&-3\end{bmatrix}X+\begin{bmatrix}-2&0\\1&-2\\0&1\end{bmatrix}U\\Y=[0\ \ 0\ \ 1]X\end{cases}$$

试分析用输出到参考输入点的反馈系统可镇定性，若可镇定给出一组合适的反馈增益矩阵。

解　（1）检验系统能控性和能观测性。分析系统能控矩阵 $Q_{c0}=[B\ \ AB\ \ A^2B]$ 和能观矩阵 $Q_0=\begin{bmatrix}C\\CA\\CA^2\end{bmatrix}$ 可知，其均为满秩矩阵，因此系统完全能控且完全能观测。

（2）分析可镇定性。给定系统的特征多项式为

$$\det[sI-A]=s^3+3s^2+s-5$$

由劳斯判据可知，系统不是渐进稳定的。此时，采用输出到参考输入点的反馈 $U=V-FY$ 进行镇定。设输出反馈增益矩阵为 $F=[f_1\ \ f_2]^{\mathrm{T}}$，则闭环控制系统的系统矩阵为

$$\begin{aligned}A-BFC&=\begin{bmatrix}0&0&5\\1&0&-1\\0&1&-3\end{bmatrix}-\begin{bmatrix}-2&0\\1&-2\\0&1\end{bmatrix}\begin{bmatrix}f_1\\f_2\end{bmatrix}[0\ \ 0\ \ 1]\\&=\begin{bmatrix}0&0&5+2f_1\\1&0&-1-f_1+2f_2\\0&1&-3-f_2\end{bmatrix}\end{aligned}$$

此时，闭环控制系统的特征多项式为

$$\det[sI-A+BFC]=s^3+(3+f_2)s^2+(1+f_1-2f_2)s+(-2f_1-5)$$

利用劳斯判据可得出，保证特征多项式稳定的参数 f_1、f_2 取值范围。本例中可选择 $f_1=-3$、$f_2=-2$，故闭环特征方程为 $\det[sI-A+BFC]=s^3+s^2+2s+1$，其根为 $\lambda_1=-0.57$、$\lambda_{2,3}=-0.22\pm \mathrm{j}1.3$ 时系统稳定。故系统可通过反馈增益矩阵 $F=[-3\ \ -2]^{\mathrm{T}}$ 的输出到参考输入点进行镇定。

此例中，若考虑 SISO 系统：

$$\begin{cases}\dot{X}=\begin{bmatrix}0&0&5\\1&0&-1\\0&1&-3\end{bmatrix}X+\begin{bmatrix}-2\\1\\0\end{bmatrix}U\\Y=[0\ \ 0\ \ 1]X\end{cases}$$

则可知输出反馈增益矩阵为标量 $F = f$，并可求得闭环控制系统特征多项式为

$$\det[sI - A + BFC] = s^3 + 3s^2 + (1+f)s + (-2f-5)$$

显然不可能找到合适的 f 使得 $1+f$ 和 $-2f-5$ 同时为正数，故根据劳斯判据知，闭环控制系统不可能渐进稳定，即系统不能通过输出到参考输入点的反馈进行镇定。

6.4　系统解耦

一般 MIMO 系统的每一个输入分量与各个输出分量都互相关联（耦合），即一个输入分量可以控制多个输出分量；反之，一个输出分量受多个输入分量控制。解耦问题是寻找合适的控制规律，使闭环控制系统实现一个输出分量仅受一个输入分量控制，而且一个输入分量也仅能控制相应的一个输出分量。解耦问题是 MIMO 系统综合分析中的一个重要组成部分。本节主要讨论 MIMO 系统的解耦性判别及解耦控制求解问题。

设开环系统式（6.1）为 m 维输入 m 维输出的系统（$U \in \mathbb{R}^m$，$Y \in \mathbb{R}^m$），且不失一般性地其传递函数具有下面的形式：

$$G(s) = \begin{bmatrix} g_{11}(s) & g_{12}(s) & \cdots & g_{1m}(s) \\ g_{21}(s) & g_{22}(s) & \cdots & g_{2m}(s) \\ \vdots & \vdots & & \vdots \\ g_{m1}(s) & g_{m2}(s) & \cdots & g_{mm}(s) \end{bmatrix}$$

则系统的输入和输出有如下关系：

$$\begin{aligned} y_1(s) &= g_{11}(s)u_1(s) + g_{12}(s)u_2(s) + \cdots + g_{1m}(s)u_m(s) \\ y_2(s) &= g_{21}(s)u_1(s) + g_{22}(s)u_2(s) + \cdots + g_{2m}(s)u_m(s) \\ &\vdots \\ y_m(s) &= g_{m1}(s)u_1(s) + g_{m2}(s)u_2(s) + \cdots + g_{mm}(s)u_m(s) \end{aligned}$$

可见，每一个输入 $u_i(i=1,2,\cdots,m)$ 和多个输出关联；同时每一个输出 $y_j(j=1,2,\cdots,m)$ 都受多个输入控制。系统中多个输入变量和输出变量相互制约、相互交连的现象即为耦合。若能通过设计合理的解耦控制规律，使得闭环控制系统传递函数矩阵变成非奇异对角型：

$$G_0(s) = \begin{bmatrix} G_{11}(s) & & & \\ & G_{22}(s) & & \\ & & \ddots & \\ & & & G_{mm}(s) \end{bmatrix}$$

此时，闭环控制系统中一个输入仅对一个输出作用，而一个输出也仅受一个输入控制，即实现了系统解耦。图 6.4 给出 MIMO 系统解耦示意图。

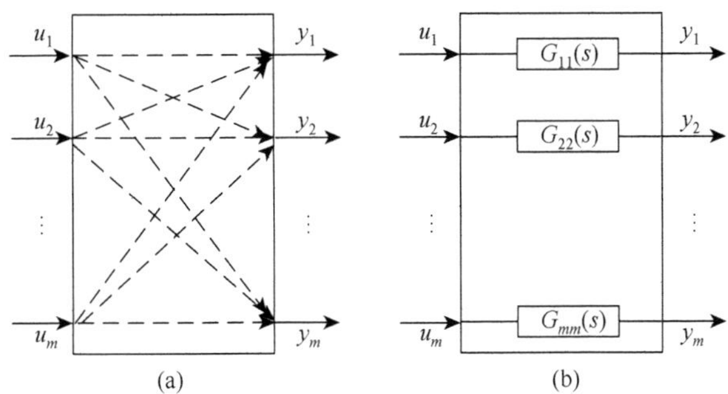

图 6.4　MIMO 系统解耦示意图

本节将介绍两种常用的解耦方法：前馈补偿解耦和状态反馈解耦。

6.4.1　前馈补偿解耦

前馈补偿解耦主要基于系统传递函数进行分析，其思路是在需解耦的系统前串联一个合适的前馈补偿，使所得的闭环控制系统传递函数矩阵成为对角型有理函数矩阵。设 $G(s)$ 为待解耦系统传递函数矩阵，$G_c(s)$ 为串联补偿器的传递函数矩阵，则闭环控制系统传递函数为

$$G_0(s)=[I+G(s)G_c(s)]^{-1}G(s)G_c(s) \tag{6.25}$$

对式（6.25）两边左乘 $I+G(s)G_c(s)$，并化简得

$$G_c(s)=G(s)^{-1}G_0(s)[I-G_0(s)]^{-1} \tag{6.26}$$

为实现解耦，须要求闭环控制系统传递函数 $G_0(s)$ 为对角型矩阵，故 $I-G_0(s)$ 也为对角型矩阵，$G_c(s)G(s)$ 也为对角型矩阵。由式（6.26）可知，所设计的解耦控制器 $G_c(s)$ 依赖 $G(s)^{-1}$ 的存在及可实现性。

【例 6.5】　已知开环控制系统传递函数矩阵为 $G(s)$，试设计前馈补偿解耦器，使得闭环控制系统传递函数矩阵为 $G_0(s)$。

$$G(s)=\begin{bmatrix}\dfrac{1}{2s+1} & 0\\ 1 & \dfrac{1}{s+1}\end{bmatrix},\quad G_0(s)=\begin{bmatrix}\dfrac{1}{s+1} & 0\\ 0 & \dfrac{1}{5s+1}\end{bmatrix}$$

解　根据式（6.26）可知

$$G(s)G_c(s)=G_0(s)[I-G_0(s)]^{-1}=\begin{bmatrix}\dfrac{1}{s+1} & 0\\ 0 & \dfrac{1}{5s+1}\end{bmatrix}\begin{bmatrix}\dfrac{s}{s+1} & 0\\ 0 & \dfrac{5s}{5s+1}\end{bmatrix}^{-1}$$

$$=\begin{bmatrix}\dfrac{1}{s+1} & 0\\ 0 & \dfrac{1}{5s+1}\end{bmatrix}\begin{bmatrix}\dfrac{s+1}{s} & 0\\ 0 & \dfrac{5s+1}{5s}\end{bmatrix}=\begin{bmatrix}\dfrac{1}{s} & 0\\ 0 & \dfrac{1}{5s}\end{bmatrix}$$

故前馈补偿解耦器 $G_c(s)$ 可设计为

$$G_c(s)=G(s)^{-1}G_0(s)[I-G_0(s)]^{-1}=\begin{bmatrix}\frac{1}{2s+1} & 0\\ 1 & \frac{1}{s+1}\end{bmatrix}^{-1}\begin{bmatrix}\frac{1}{s} & 0\\ 0 & \frac{1}{5s}\end{bmatrix}$$

$$=\begin{bmatrix}\frac{2s+1}{s} & 0\\ \frac{-(s+1)(2s+1)}{s} & \frac{s+1}{5s}\end{bmatrix}$$

由上式可知，补偿器中子块 $G_{c11}(s)=\frac{2s+1}{s}$ 和 $G_{c22}(s)=\frac{s+1}{5s}$ 为比例积分调节器，可方便实现。但是子块 $G_{c21}(s)=\frac{-(s+1)(2s+1)}{s}$ 分子阶次比分母阶次高，因此不容易实现，实际工程中大多只能近似选取。同时易知，前馈补偿解耦器 $G_c(s)$ 的引入增加了系统的维数，在一定程度上限制了前馈补偿解耦方法的实用性。

6.4.2　状态反馈解耦

状态反馈解耦系统如图 6.5 所示。图 6.5 中待解耦系统 $\Sigma_0=(A,B,C)$ 的状态方程可由式（6.1）表示。为实现系统解耦，此时系统输入维数需等于输出维数（$m=r$）。因此，需要研究如何设计实常数状态反馈矩阵 $K\in\mathbb{R}^{m\times n}$ 和实常数非奇异输入变换矩阵 $Q\in\mathbb{R}^{m\times m}$，使系统从输入 $V\in\mathbb{R}^{m\times 1}$ 到输出 $Y\in\mathbb{R}^{m\times 1}$ 是解耦的，即

$$U=QV+KX \tag{6.27}$$

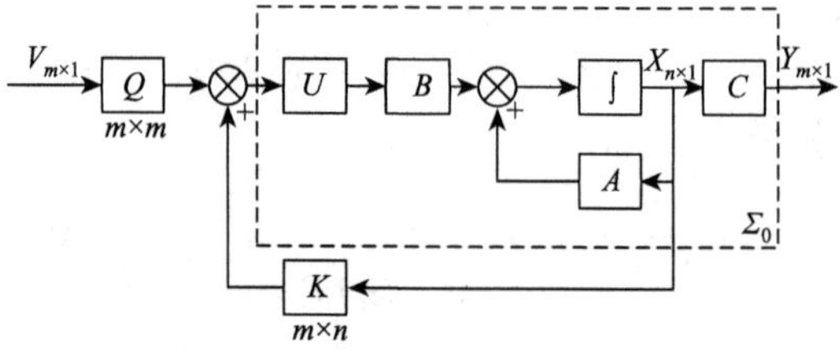

图 6.5　状态反馈解耦系统

为便于讨论状态反馈解耦条件，先定义如下特征变量。

定义 m 个整数 $d_i(i=1,2,\cdots,m)$ 分别满足如下条件：

$$C_iA^lB\neq 0,\qquad l=0,1,\cdots,m-1 \tag{6.28}$$

且介于 0 到 $m-1$ 之间的最小整数 l。式中，C_i 为系统输出矩阵 C 的第 i 行向量（$i=1,2,\cdots,m$）。故对待解耦系统 $\Sigma_0=(A,B,C)$ 可求得 m 个整数 $d_i(i=1,2,\cdots,m)$。

根据 $d_i(i=1,2,\cdots,m)$ 定义下列矩阵：

$$L=\begin{bmatrix}C_1A^{d_1}\\C_2A^{d_2}\\\vdots\\C_mA^{d_m}\end{bmatrix},\quad E=LB=\begin{bmatrix}C_1A^{d_1}B\\C_2A^{d_2}B\\\vdots\\C_mA^{d_m}B\end{bmatrix},\quad F=LA=\begin{bmatrix}C_1A^{d_1+1}\\C_2A^{d_2+1}\\\vdots\\C_mA^{d_m+1}\end{bmatrix}\tag{6.29}$$

则有如下能解耦性判据。

定理 6.10　针对待解耦系统 $\Sigma_0=(A,B,C)$，可用状态反馈解耦的充要条件是：矩阵 $E\in\mathbb{R}^{m\times m}$ 为非奇异矩阵，即

$$\det(E)=\det\begin{bmatrix}C_1A^{d_1}B\\C_2A^{d_2}B\\\vdots\\C_mA^{d_m}B\end{bmatrix}\neq 0。$$

当系统满足解耦条件时，可设计解耦矩阵为

$$\begin{aligned}K&=-E^{-1}F\\Q&=E^{-1}\end{aligned}\tag{6.30}$$

此时，有如下结论。

定理 6.11　若系统 $\Sigma_0=(A,B,C)$ 满足解耦条件式（6.29），则通过设计解耦矩阵式（6.30）可实现状态反馈解耦且闭环解耦系统 $\Sigma_p=(A_p,B_p,C_p)$ 的状态空间表达式为

$$\begin{cases}\dot{X}=A_pX+B_pV=(A-BE^{-1}FC)X+BE^{-1}V\\Y=C_pX=CX\end{cases}\tag{6.31}$$

是一个积分型解耦系统，即闭环控制系统传递函数为

$$G_{k,Q}(s)=\begin{bmatrix}\dfrac{1}{s^{d_1+1}} & & & 0\\ & \dfrac{1}{s^{d_2+1}} & & \\ & & \ddots & \\ 0 & & & \dfrac{1}{s^{d_m+1}}\end{bmatrix}\tag{6.32}$$

显然，闭环控制系统传递函数 $G_{k,Q}(s)$ 是对角型矩阵，所以系统解耦且对角线上均为积分环节，故称解耦系统是积分型解耦系统。另外，由于积分型解耦系统闭环极点均为零，系统不稳定，但可进一步通过状态反馈把系统的极点配置到所需要的位置上。

【例 6.6】　已知系统 $\Sigma_0=(A,B,C)$ 为

$$A=\begin{bmatrix}0&0&0\\0&0&1\\-1&-2&-3\end{bmatrix},\quad B=\begin{bmatrix}1&0\\0&0\\0&1\end{bmatrix},\quad C=\begin{bmatrix}1&1&0\\0&0&1\end{bmatrix}$$

试用状态反馈实现系统解耦。

解　先求 m 个整数 $d_i(i=1,2)$。

对于 $C_1=[1\ \ 1\ \ 0]$，有 $C_1A^0B=C_1B=[1\ \ 0]\neq 0,$，故可取 $d_1=0$。

对于 $C_2=[0\ \ 0\ \ 1]$，有 $C_2A^0B=C_2B=[0\ \ 1]\neq 0,$，故可取 $d_2=0$。

根据 $d_1=d_2=0$ 求取特征矩阵 $E\in\mathbb{R}^{m\times m}$ 为

$$L=\begin{bmatrix}C_1A^{d_1}\\C_2A^{d_2}\end{bmatrix}=\begin{bmatrix}C_1\\C_2\end{bmatrix},\quad E=LB=\begin{bmatrix}C_1B\\C_2B\end{bmatrix}=\begin{bmatrix}1&0\\0&1\end{bmatrix},\quad F=LA=\begin{bmatrix}C_1A\\C_2A\end{bmatrix}=\begin{bmatrix}0&0&1\\-1&-2&-3\end{bmatrix}\tag{6.33}$$

由上述可知，特征矩阵 $E\in\mathbb{R}^{m\times m}$ 为非奇异，故系统可通过状态反馈进行解耦。此时，求取解耦矩阵为

$$K=-E^{-1}F=-\begin{bmatrix}1&0\\0&1\end{bmatrix}\begin{bmatrix}0&0&1\\-1&-2&-3\end{bmatrix}=\begin{bmatrix}0&0&-1\\1&2&3\end{bmatrix},\qquad Q=E^{-1}=\begin{bmatrix}1&0\\0&1\end{bmatrix}$$

此时，闭环控制系统状态方程为

$$\begin{cases}\dot{X}=(A-BE^{-1}F)X+BE^{-1}V=\begin{bmatrix}0&0&-1\\0&0&1\\0&0&0\end{bmatrix}X+\begin{bmatrix}1&0\\0&0\\0&1\end{bmatrix}V\\ Y=CX=\begin{bmatrix}1&1&0\\0&0&1\end{bmatrix}X\end{cases}$$

传递函数为

$$G_{k,Q}(s)=\begin{bmatrix}1&1&0\\0&0&1\end{bmatrix}\begin{bmatrix}s&0&1\\0&s&-1\\0&0&s\end{bmatrix}^{-1}\begin{bmatrix}1&0\\0&0\\0&1\end{bmatrix}=\begin{bmatrix}\dfrac{1}{s}&0\\0&\dfrac{1}{s}\end{bmatrix}$$

可见，系统已实现输入-输出解耦，变成两个互相独立的子系统。

【例 6.7】　已知系统 $\Sigma_0=(A,B,C)$ 为

$$A=\begin{bmatrix}0&1&0&0\\3&0&0&2\\0&0&0&1\\0&-2&0&0\end{bmatrix},\quad B=\begin{bmatrix}0&0\\1&0\\0&0\\0&1\end{bmatrix},\quad C=\begin{bmatrix}1&0&0&0\\0&0&1&0\end{bmatrix}$$

试用状态反馈实现系统解耦，并进一步通过状态反馈将系统极点配置到[−1 −1 −1 −1]。

解　根据 $d_i(i=1,2)$ 定义，仿照例 6.6 可求得 $d_1=d_2=1$，进而计算知

$$L=\begin{bmatrix}C_1A\\C_2A\end{bmatrix}=\begin{bmatrix}0&1&0&0\\0&0&0&1\end{bmatrix},\quad E=\begin{bmatrix}C_1AB\\C_2AB\end{bmatrix}=\begin{bmatrix}1&0\\0&1\end{bmatrix},\quad F=\begin{bmatrix}C_1A^2\\C_2A^2\end{bmatrix}=\begin{bmatrix}3&0&0&2\\0&-2&0&0\end{bmatrix}$$

矩阵 E 非奇异，故可通过状态反馈进行解耦。此时，解耦矩阵为

$$K=-E^{-1}F=\begin{bmatrix}-3&0&0&-2\\0&2&0&0\end{bmatrix},\qquad Q=E^{-1}=\begin{bmatrix}1&0\\0&1\end{bmatrix}$$

故闭环控制系统状态方程为

$$\begin{cases}\dot{X}=\left[\begin{array}{cc|cc}0&1&0&0\\0&0&0&0\\\hline 0&0&0&1\\0&0&0&0\end{array}\right]X+\left[\begin{array}{c|c}0&0\\1&0\\\hline 0&0\\0&1\end{array}\right]V\\ Y=\left[\begin{array}{cc|cc}1&0&0&0\\\hline 0&0&1&0\end{array}\right]X\end{cases}\tag{6.34}$$

传递函数为

$$G_{k,Q}(s)=\begin{bmatrix}\dfrac{1}{s^{d_1+1}}&0\\0&\dfrac{1}{s^{d_2+1}}\end{bmatrix}=\begin{bmatrix}\dfrac{1}{s^2}&0\\0&\dfrac{1}{s^2}\end{bmatrix}$$

由上述可知，通过状态反馈实现了系统解耦。由式（6.34）知，闭环控制系统不存在不能控不能观测状态且子系统均为标准型结构，故可分别对各独立子系统设计状态反馈式（6.2）实现极点配置。对子系统 $\Sigma_1=(A_1,B_1,C_1)$ 设计状态反馈为

$$V_1=W_1-K_1X_1=W_1-[k_1\ \ k_2]\begin{bmatrix}x_1\\x_2\end{bmatrix}$$

对子系统 $\Sigma_2=(A_2,B_2,C_2)$ 设计状态反馈为

$$V_2=W_2-K_2X_2=W_2-[k_3\ \ k_4]\begin{bmatrix}x_3\\x_4\end{bmatrix}$$

并代入闭环控制系统式（6.34）整理得

$$\begin{cases}\dot{X}=\left[\begin{array}{cc|cc}0&1&0&0\\k_1&k_2&0&0\\\hline 0&0&0&1\\0&0&k_3&k_4\end{array}\right]X+\left[\begin{array}{c|c}0&0\\1&0\\\hline 0&0\\0&1\end{array}\right]\begin{bmatrix}W_1\\W_2\end{bmatrix}\\ Y=\left[\begin{array}{cc|cc}1&0&0&0\\\hline 0&0&1&0\end{array}\right]X\end{cases}\tag{6.35}$$

为使闭环控制系统极点配置在[−1 −1 −1 −1]，按照状态反馈增益矩阵设计步骤（参见 6.2.2 节）可求得 $k_1=-1$、$k_2=-2$、$k_3=-1$、$k_4=-2$ 。

6.5　状态观测器

从前述分析可知，状态反馈比输出反馈具有更好的适用性，可实现闭环极点的任意配置，或者实现系统解耦。当利用状态反馈时，需要用传感器测量系统所有状态变量 X 。但在许多实际系统中，通常只有被控对象的输入 U 和输出 Y 能用传感器直接测量，而多数状态变量不易测量或不可能测量（状态变量可表示系统内部动态特性），于是提出了利用被控对象输入 U 和输出 Y 建立状态观测器来重构原系统状态 X 的问题。本节将讨论状态观测器存在的条件及状态观测器的构造方法。

状态观测器是以系统输入U和输出Y作为输入，以状态估计$\hat{X}$为输出的一种系统或装置，用以实现状态估计$\hat{X}$和真实状态X之间的误差趋于零，即当$t\to\infty$时，有$\hat{X}\to X$。或者对于状态未完全可测的线性定常系统$\Sigma_0=(A,B,C)$，若存在动态系统$\hat{\Sigma}_0$以Σ_0输入U和输出Y为输入，能产生一组输出量$\hat{X}$满足$\lim\limits_{t\to\infty}|\hat{X}-X|=0$，则称$\hat{\Sigma}_0$为系统$\Sigma_0$的一个状态观测器。

可见构建状态观测器的原则是：

（1）观测器$\hat{\Sigma}_0$以原系统Σ_0可测量的输入U和输出Y为输入。

（2）观测器$\hat{\Sigma}_0$输出$\hat{X}$应以足够快的速度逼近X。

（3）观测器$\hat{\Sigma}_0$结构应较为简单，便于工程实现。

对于给定被控系统$\Sigma_0=(A,B,C)$，其状态方程为

$$\begin{cases}\dot{X}=AX+BU\\ Y=CX\end{cases} \tag{6.36}$$

下面先讨论系统式（6.36）的观测器存在条件：

定理 6.12 若线性定常系统$\Sigma_0=(A,B,C)$完全能观，则其状态变量X可由输入U和输出Y进行重构。

证明 针对系统$\Sigma_0=(A,B,C)$状态方程式（6.36），对输出方程求导并代入状态方程得

$$\dot{Y}=C\dot{X}=CAX+CBU$$

即

$$\dot{Y}-CBU=CAX$$

再对上式求导并整理得

$$\ddot{Y}-CB\dot{U}-CABU=CA^2X$$

类似地，将上式逐次求导到n–1阶可得

$$Y^{(n-1)}-CBU^{(n-2)}-CABU^{(n-3)}-\cdots-CA^{(n-2)}BU=CA^{(n-1)}X$$

将上述式子联立得

$$Z=\begin{bmatrix}Y\\ \dot{Y}-CBU\\ \ddot{Y}-CB\dot{U}-CABU\\ Y^{(n-1)}-CBU^{(n-2)}-CABU^{(n-3)}-\cdots-CA^{(n-2)}BU\end{bmatrix}=\begin{bmatrix}C\\ CA\\ CA^2\\ CA^{(n-1)}\end{bmatrix}X=NX \tag{6.37}$$

由式（6.37）可知，只有当能观测性矩阵满秩，$\mathrm{rank}N=n$时，方程式（6.37）才有唯一解$X=(N^{\mathrm{T}}N)^{-1}N^{\mathrm{T}}Z$，即只有当系统完全能观时，才可以根据$U$和$Y$及其导数估计出状态变量$X$。

上述定理给出了一种构造观测器的方法，但系统中包含了输入U和输出Y的0～n–1阶导数，这些微分环节的存在会加剧测量噪声对状态估计的影响，故该方法无法在工程实践中使用。

6.5.1　全维状态观测器

全维状态观测器是指构造的观测器系统 $\hat{\Sigma}_0$ 具有与原系统 Σ_0 同样的维数，即 $\hat{\Sigma}_0$ 也为一个 n 维动态系统。

对于给定被控系统 $\Sigma_0=(A,B,C)$，其状态方程为式(6.36)，则可构造一个与式(6.36)相同的动态系统：

$$\begin{cases}\dot{\hat{X}}=A\hat{X}+BU\\ \hat{Y}=C\hat{X}\end{cases}\tag{6.38}$$

式中，$\hat{X}$ 和 $\hat{Y}$ 分别为动态系统的状态和输出，即原系统的状态 X 和输出 Y 的估计值。可见，当动态系统式（6.38）和原系统式（6.36）具有相同初始状态 $\hat{X}(0)=X(0)$ 时，在同一输入作用下有 $\hat{X}(t)=X(t)$。但要严格保持系统初始状态与观测器初始状态完全一致，实际上是不可能的。此外，系统存在的干扰和参数不一致性也将加大它们之间的差别，因此开环观测器式（6.38）没有实用意义。

受反馈控制原理启发，并考虑 $X-\hat{X}$ 的存在必然导致 $Y-\hat{Y}$ 的存在，故若将可测的 $Y-\hat{Y}$ 反馈至 $\dot{\hat{X}}$ 点处，并通过控制 $Y-\hat{Y}$ 尽快逼近于零，从而实现 $X-\hat{X}$ 尽快逼近于零，便可利用 $\hat{X}$ 来观测 X。此方法可设计闭环观测器（或称 Luenberger 观测器），如图 6.6 所示。

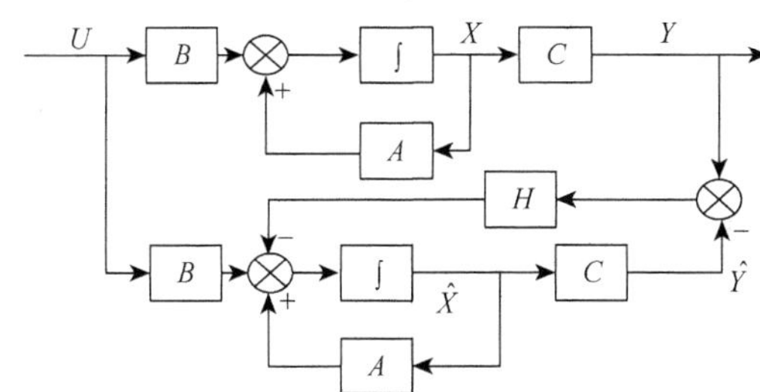

图 6.6　状态观测器结构图

由图 6.6 可知，全维状态观测器方程为

$$\begin{cases}\dot{\hat{X}}=A\hat{X}+BU-H(Y-\hat{Y})\\ \hat{Y}=C\hat{X}\end{cases}\tag{6.39}$$

式中，$H\in\mathbb{R}^{n\times m}$ 为输出误差反馈矩阵。

下面证明动态系统式（6.39）是原系统式（6.36）的一个状态观测器。

定理 6.13　对给定线性定常系统式（6.36），若能找到矩阵 $H\in\mathbb{R}^{n\times m}$ 使得 $A-HC$ 稳定，则动态系统式（6.39）即为原系统式（6.36）的一个状态观测器。

证明　定义观测误差为 $\tilde{X}=X-\hat{X}$，用状态方程式（6.36）减去式（6.39）可得观测器误差 $\tilde{X}=\hat{X}-X$ 的方程为

$$\begin{aligned}\dot{\tilde{X}} &= AX + BU - A\hat{X} - BU + H(Y - \hat{Y}) \\ &= (A - HC)\tilde{X}\end{aligned}$$

求解上述方程得

$$\tilde{X}(t) = e^{(A-HC)(t-t_0)}[X(t_0) - \hat{X}(t_0)]$$

可知，当 $A-HC$ 稳定（$A-HC$ 特征值具有负实部），即使存在初始状态误差 $X(t_0)-\hat{X}(t_0)$，观测误差 $\tilde{X}$ 也将按指数衰减到零且衰减速率取决于 $A-HC$ 的极点位置，因而式（6.39）为式（6.36）的一个状态观测器。

由定理 6.13 可知，构造状态观测器式(6.39)的关键在于选择矩阵 H，使得矩阵 $A-HC$ 是稳定的，且具有满意的动态性能，即选择 H 使 $A-HC$ 具有希望的特征值。因此，状态观测器构造也可作为极点配置问题。

定理 6.14　若线性定常系统式（6.36）完全能观，则有状态观测器式（6.39），并且状态观测器极点可任意配置。

证明　可利用对偶原理，并根据定理 6.4 即可得证，此处从略。

由上述分析可知，状态观测器设计可转换为极点配置问题，因此误差反馈矩阵 H 设计也可等同于极点配置求取（参见 6.2.2 节）。需要注意的是，在选择状态观测器极点时，应注意防止离虚轴太远（从而使得 H 增益过大）给具体实现带来困难，如放大观测噪声，也应注意极点过于接近虚轴，从而状态观测器误差衰减过慢。一般认为，状态观测器响应速度应比状态反馈系统响应速度更快些，因此应选择状态观测器的极点位于 s 平面上比被观测系统的极点离虚轴左边稍微远一点的地方。

与极点配置类似，在求取误差反馈矩阵 H 时，对于系统维数较低，可在检验能观测性后直接按照特征多项式来确定；但对于高阶系统，一般先将其转换为能观测规范型再进行求取。

【例 6.8】　设被控对象传递函数为

$$\frac{Y(s)}{U(s)} = \frac{2}{s^2 + 3s + 2}$$

试设计全维状态观测器，并将极点配置在[−10　−10]。

解　根据被控对象传递函数直接写出系统能控规范型为

$$\begin{cases}\dot{X} = \begin{bmatrix}0 & 1\\ -2 & -3\end{bmatrix}X + \begin{bmatrix}0\\ 1\end{bmatrix}U \\ Y = [2 \quad 0]X\end{cases}$$

显然，系统能控能观，因此可设计全维状态观测器式（6.39），其中，输出反馈矩阵为 $H = [h_1 \quad h_2]^{\mathrm{T}} \in \mathbb{R}^{2\times 1}$，全维状态观测器的系统矩阵为

$$A - HC = \begin{bmatrix}0 & 1\\ -2 & -3\end{bmatrix} - \begin{bmatrix}h_1\\ h_2\end{bmatrix}[2 \quad 0] = \begin{bmatrix}-2h_1 & 1\\ -2-2h_2 & -3\end{bmatrix}$$

此时，全维状态观测器特征方程为

$$\det[sI - A + HC] = s^2 + (2h_1 + 3)s + (6h_1 + 2h_2 + 2)$$

而期望的全维状态观测器特征方程为

$$(s+10)^2 = s^2 + 20s + 100$$

对比上述两个特征多项式，可求得 $h_1 = 8.5$、$h_2 = 23.5$。

【例 6.9】　设被控对象状态方程为

$$A = \begin{bmatrix} 1 & 0 & 0 \\ 0 & 2 & 1 \\ 0 & 0 & 2 \end{bmatrix}, \quad B = \begin{bmatrix} 1 \\ 0 \\ 1 \end{bmatrix}, \quad C = \begin{bmatrix} 1 & 1 & 0 \end{bmatrix}$$

试设计全维状态观测器，并将极点配置在[−3 −4 −5]。

解　根据给定系统矩阵，求得系统能观测性判别矩阵为

$$Q_0 = \begin{bmatrix} C \\ CA \\ CA^2 \end{bmatrix} = \begin{bmatrix} 1 & 1 & 0 \\ 1 & 2 & 1 \\ 1 & 4 & 4 \end{bmatrix}$$

因此 $\operatorname{rank} Q_0 = 3$，系统完全能观。

由于系统阶次较高且不是规范型。先将系统转换为能观测规范 II 型系统。求取系统特征多项式为

$$\det[sI - A] = \det\begin{bmatrix} s-1 & 0 & 0 \\ 0 & s-2 & -1 \\ 0 & 0 & s-2 \end{bmatrix} = s^3 - 5s^2 + 8s - 4 = s^3 + a_2 s^2 + a_1 s + a_0$$

故非奇异转换矩阵为

$$T_0 = \left[\begin{bmatrix} a_1 & a_2 & 1 \\ a_2 & 1 & 0 \\ 1 & 0 & 0 \end{bmatrix}\begin{bmatrix} C \\ CA \\ CA^2 \end{bmatrix}\right]^{-1} = \left[\begin{bmatrix} 8 & -5 & 1 \\ -5 & 1 & 0 \\ 1 & 0 & 0 \end{bmatrix}\begin{bmatrix} 1 & 1 & 0 \\ 1 & 2 & 1 \\ 1 & 4 & 4 \end{bmatrix}\right]^{-1} = \begin{bmatrix} 1 & 1 & 1 \\ -1 & -1 & 0 \\ 1 & 2 & 4 \end{bmatrix}$$

求取系统能观测规范型矩阵为

$$\bar{A} = T_0^{-1} A T_0 = \begin{bmatrix} 0 & 0 & -a_0 \\ 1 & 0 & -a_1 \\ 0 & 1 & -a_2 \end{bmatrix} = \begin{bmatrix} 0 & 0 & 4 \\ 1 & 0 & -8 \\ 0 & 1 & 5 \end{bmatrix},$$

$$\bar{B} = T_0^{-1} B = \begin{bmatrix} 3 \\ -3 \\ 1 \end{bmatrix}, \quad \bar{C} = C T_0 = \begin{bmatrix} 0 & 0 & 1 \end{bmatrix}$$

求取能观测规范型的反馈矩阵 $\bar{H} = [\bar{h}_1 \;\; \bar{h}_2 \;\; \bar{h}_3]^{\mathrm{T}}$。此时，全维状态观测器特征方程为

$$\bar{A} - \bar{H}\bar{C} = \begin{bmatrix} 0 & 1 & 4 \\ 1 & 0 & -8 \\ 0 & 1 & 5 \end{bmatrix} - \begin{bmatrix} \bar{h}_1 \\ \bar{h}_3 \\ \bar{h}_2 \end{bmatrix}\begin{bmatrix} 0 & 0 & 1 \end{bmatrix} = \begin{bmatrix} 0 & 1 & 4-\bar{h}_1 \\ 1 & 0 & -8-\bar{h}_2 \\ 0 & 1 & 5-\bar{h}_3 \end{bmatrix}$$

因此，其特征多项式为

$$\det[sI - (\bar{A} - \bar{H}\bar{C})] = s^3 + (\bar{h}_3 - 5)s^2 + (\bar{h}_2 + 8)s + (\bar{h}_1 - 4)$$

而根据要求，给定理想的全维状态观测器特征多项式为

$$(s+3)(s+4)(s+5)=s^3+12s^2+47s+60$$

对比上述特征多项式，可求得 $\bar{h}_1=64$、$\bar{h}_2=39$、$\bar{h}_3=17$。

确定给定系统状态方程的反馈矩阵 $H=[h_1\ \ h_2\ \ h_3]^{\mathrm{T}}$ 为

$$H=T_0\bar{H}=\begin{bmatrix}1 & 1 & 1\\ -1 & -1 & 0\\ 1 & 2 & 4\end{bmatrix}\begin{bmatrix}64\\ 39\\ 17\end{bmatrix}=\begin{bmatrix}120\\ -103\\ 210\end{bmatrix}$$

确定全维状态观测器方程为

$$\begin{cases}\dot{\hat{X}}=(A-HC)\hat{X}+BU+HY\\ \quad=\begin{bmatrix}-119 & -120 & 0\\ 103 & 105 & 1\\ -210 & -210 & 2\end{bmatrix}\hat{X}+\begin{bmatrix}1\\ 0\\ 1\end{bmatrix}U+\begin{bmatrix}120\\ -103\\ 210\end{bmatrix}Y\\ \hat{Y}=\begin{bmatrix}1 & 1 & 0\end{bmatrix}\hat{X}\end{cases}$$

6.5.2 降维状态观测器

6.5.1 节介绍的观测器维数与原系统维数相同。但在实际系统中，输出 Y 能直接测量。若能利用系统输出 Y 来直接产生部分状态变量，则可降低观测器的维数，这就是降维观测器设计问题。

实际上，若系统式（6.36）完全能观且输出矩阵 C 满足 $\operatorname{rank} C=m$，则可根据输出 Y 直接计算得到状态 X 的 m 个分量，其余的 $n-m$ 个分量才需要用状态观测器来估计。

定理 6.15 若线性定常系统式（6.36）完全能控和能观测且矩阵 C 满足 $\operatorname{rank} C=m$，则该系统的状态观测器最小维数是 $n-m$。

证明略。

下面给出建立最小维数的状态观测器步骤。

1. *建立 $n-m$ 维子系统动态方程*

构造一个非奇异变换矩阵 T 为

$$T=\begin{bmatrix}C\\ R\end{bmatrix}\in\mathbb{R}^{n\times n}$$

式中，$C\in\mathbb{R}^{m\times n}$ 为系统式（6.36）输出矩阵；$R\in\mathbb{R}^{(n-m)\times n}$ 为任意设计常数矩阵，满足变换矩阵 T 满秩，$\operatorname{rank} T=n$。此时，有

$$T^{-1}=\begin{bmatrix}C\\ R\end{bmatrix}^{-1}=[Q_1\quad Q_2]$$

满足

$$\begin{bmatrix}C\\ R\end{bmatrix}[Q_1\quad Q_2]=\begin{bmatrix}I_m & \\ & I_{n-m}\end{bmatrix}$$

引入非奇异变化 $\bar{X}=TX$，则可将系统式（6.36）变为

$$\begin{cases}\dot{\overline{X}} = TAT^{-1}\overline{X} + TBU \\ Y = CT^{-1}\overline{X} = \begin{bmatrix} CQ_1 & CQ_2 \end{bmatrix}\overline{X}\end{cases} \tag{6.40}$$

即

$$\begin{cases}\begin{bmatrix}\dot{\overline{X}}_1 \\ \dot{\overline{X}}_2\end{bmatrix} = \begin{bmatrix}\overline{A}_{11} & \overline{A}_{12} \\ \overline{A}_{21} & \overline{A}_{22}\end{bmatrix}\begin{bmatrix}\overline{X}_1 \\ \overline{X}_2\end{bmatrix} + \begin{bmatrix}\overline{B}_1 \\ \overline{B}_2\end{bmatrix}U \\ Y = \begin{bmatrix} CQ_1 & CQ_2 \end{bmatrix}\begin{bmatrix}\overline{X}_1 \\ \overline{X}_2\end{bmatrix} = \begin{bmatrix} I_m & 0 \end{bmatrix}\begin{bmatrix}\overline{X}_1 \\ \overline{X}_2\end{bmatrix} = \overline{X}_1\end{cases} \tag{6.41}$$

由式（6.41）可知，$Y = \overline{X}_1$，故通过非奇异变换后有 m 个状态分量 $\overline{X}_1$ 可以由量测直接得到。当把剩余的 $n-m$ 个状态分量 $\overline{X}_2$ 估计得到后，经过反变换 $X = T^{-1}\overline{X}$，就可得到原系统的状态估计 $\hat{X}$。

为设计针对状态分量 $\overline{X}_2$ 的观测器，考虑 $Y = \overline{X}_1$ 可将系统式（6.41）状态方程写为

$$\begin{cases}\dot{\overline{X}}_2 = \overline{A}_{21}Y + \overline{A}_{22}\overline{X}_2 + \overline{B}_2 U \\ \dot{Y} = \overline{A}_{11}Y + \overline{A}_{12}\overline{X}_2 + \overline{B}_1 U\end{cases} \tag{6.42}$$

进一步定义新的输入和输出变量：

$$\begin{aligned}\overline{U} &= \overline{A}_{21}Y + \overline{B}_2 U \\ \overline{Y} &= \dot{Y} - \overline{A}_{11}Y - \overline{B}_1 U\end{aligned} \tag{6.43}$$

则系统式（6.42）可写成

$$\begin{cases}\dot{\overline{X}}_2 = \overline{A}_{22}\overline{X}_2 + \overline{U} \\ \overline{Y} = \overline{A}_{12}\overline{X}_2\end{cases} \tag{6.44}$$

由于输入 U 和输出 Y 可测，所以 $\overline{U}$ 和 $\overline{Y}$ 也可知。故系统式（6.44）可看作以 $\overline{A}_{22}$ 为系统矩阵、$\overline{A}_{12}$ 为观测矩阵、$\overline{X}_2$ 为状态变量、$\overline{U}$ 为输入变量的一个子系统。若系统式（6.44）完全能观，则可构造对应的 $n-m$ 维观测器根据 $\overline{U}$ 和 $\overline{Y}$ 将 $\overline{X}_2$ 重构出来。观测器存在性有定理 6.16 保证：

定理 6.16　若线性定常系统式（6.36）完全能观测且矩阵 C 满足 $\operatorname{rank} C = m$，则经过非奇异变换 $\overline{X} = TX$ 后的子系统式（6.44）也是完全能观测的，故存在 $n-m$ 维的状态观测器。

证明略。

2. 设计 $n-m$ 维状态观测器

由定理 6.16 可知，子系统式（6.44）的状态观测器的极点可以任意配置。与全维状态观测器构成方法相同，利用状态观测器输出 $\hat{\overline{Y}}$ 与系统输出 $\overline{Y}$ 之间的误差，通过反馈矩阵 $H_2 \in \mathbb{R}^{(n-m)\times m}$ 进行负反馈至 $\dot{\hat{\overline{X}}}_2$ 处来任意配置降维观测器的极点，实现 $\hat{\overline{X}}_2$ 尽快逼近 $\overline{X}_2$。故降维状态观测器形式为

$$\begin{cases}\dot{\hat{\overline{X}}}_2 = (\overline{A}_{22} - H_2\overline{A}_{12})\hat{\overline{X}}_2 + \overline{U} + H_2\overline{Y} \\ \hat{\overline{Y}} = \overline{A}_{12}\hat{\overline{X}}_2\end{cases} \tag{6.45}$$

将式（6.43）代入式（6.45）得

$$\dot{\hat{\bar{X}}}_2 = (\bar{A}_{22} - H_2\bar{A}_{12})\hat{\bar{X}}_2 + (\bar{B}_2 - H_2\bar{B}_1)U + (\bar{A}_{21} - H_2\bar{A}_{11})Y + H_2\dot{Y} \tag{6.46}$$

在观测器式（6.46）实现中包含了输出导数 $\dot{Y}$，因此当输出 Y 含有量测噪声时，微分信号会引入很大的误差。为避免在观测器中使用 $\dot{Y}$，进一步进行如下变换：

$$Z = \hat{\bar{X}}_2 - H_2Y \tag{6.47}$$

则有

$$\begin{aligned}\dot{Z} &= \dot{\hat{\bar{X}}}_2 - H_2\dot{Y} \\ &= (\bar{A}_{22} - H_2\bar{A}_{12})Z + (\bar{B}_2 - H_2\bar{B}_1)U + [(\bar{A}_{21} - H_2\bar{A}_{11}) + (\bar{A}_{22} - H_2\bar{A}_{12})H_2]Y\end{aligned} \tag{6.48}$$

根据 $Y = \bar{X}_1$，并由式（6.47）和式（6.48）可得系统式（6.41）状态估计为

$$\begin{cases}\hat{\bar{X}}_1 = Y \\ \hat{\bar{X}}_2 = Z + H_2Y\end{cases} \tag{6.49}$$

因此原系统式（6.36）的状态估计为

$$\hat{X} = T^{-1}\hat{\bar{X}} = [Q_1 \quad Q_2]\begin{bmatrix} Y \\ Z + H_2Y \end{bmatrix} \tag{6.50}$$

综上可得设计降维状态观测器的步骤如下：

（1）检查被控系统 $\Sigma_0 = (A,B,C)$ 能观测性，确定降维状态观测器维数。

（2）运用非奇异线性变化 $\bar{X} = TX$，将可直接测得的 m 个状态变量与待观测的 $n\text{–}m$ 个状态变量分离开，并导出经变化后的被控系统动态方程式（6.41）。

（3）根据式（6.47）和式（6.48）构造出 $n\text{–}m$ 维观测器，其中反馈矩阵 H_2 可根据式（6.45）进行极点配置而确定。

（4）得到全部状态估计式（6.49），并通过线性变化得到原系统状态估计式（6.50）。

【例 6.10】　设被控系统 $\Sigma_0 = (A,B,C)$ 状态空间表达式为

$$A = \begin{bmatrix} 4 & 4 & 4 \\ -11 & -12 & -12 \\ 13 & 14 & 13 \end{bmatrix},\quad B = \begin{bmatrix} 1 \\ -1 \\ 0 \end{bmatrix},\quad C = [1 \;\; 1 \;\; 1]$$

试设计降维状态观测器，并将极点配置在[–3 –4]。

解　经检验可知，该系统能观测性矩阵满秩，系统完全能观测且 rank $C = 1$，故可设计降维状态观测器。

构造变化矩阵为

$$T = \begin{bmatrix} C \\ R \end{bmatrix} = \begin{bmatrix} 1 & 1 & 1 \\ \hline 0 & 1 & 0 \\ 0 & 0 & 1 \end{bmatrix},\quad T^{-1} = \left[\begin{array}{c|cc} 1 & -1 & -1 \\ 0 & 1 & 0 \\ 0 & 0 & 1 \end{array}\right] = [Q_1 \quad Q_2]$$

进行线性变换 $\bar{X} = TX$ 可将原系统 $\Sigma_0 = (A,B,C)$ 变成 $\bar{\Sigma}_0 = (\bar{A},\bar{B},\bar{C})$，则

$$\bar{A} = TAT^{-1} = \left[\begin{array}{c|cc} 6 & 0 & -1 \\ \hline -11 & -1 & -1 \\ 13 & 1 & 0 \end{array}\right],\quad \bar{B} = TB = \begin{bmatrix} 0 \\ \hline -1 \\ 0 \end{bmatrix},\quad \bar{C} = CT^{-1} = [1 \mid 0 \quad 0]$$

选择 $n-m=2$ 维降维状态观测器极点为[−3 −4]，则期望的降维状态观测器特征多项式为

$$a^*(s)=(s+3)(s+4)=s^2+7s+12$$

若降维状态观测器反馈增益矩阵为 $H_2=[h_{21}\ \ h_{22}]^{\mathrm{T}}$，则降维状态观测器特征多项式为

$$\det[sI-(\bar{A}_{22}-H_2\bar{A}_{12})]=\det\left\{\begin{bmatrix}s+1 & 1\\ -1 & s\end{bmatrix}+\begin{bmatrix}h_{21}\\ h_{22}\end{bmatrix}[0\ \ -1]\right\}$$

$$=s^2+(1-h_{22})s+(1-h_{21}-h_{22})$$

此时可求得反馈增益矩阵为 $H_2=[-5\ \ -6]^{\mathrm{T}}$。

将上述矩阵代入降维状态观测器方程式（6.48）得

$$\dot{Z}=\begin{bmatrix}-1 & -6\\ 1 & -6\end{bmatrix}Z+\begin{bmatrix}60\\ 54\end{bmatrix}Y+\begin{bmatrix}-1\\ 0\end{bmatrix}U$$

根据式（6.50），可得原系统状态观测为

$$\hat{X}=T^{-1}\hat{\bar{X}}=\begin{bmatrix}12\\ -5\\ -6\end{bmatrix}Y+\begin{bmatrix}-1 & -1\\ 1 & 0\\ 0 & 1\end{bmatrix}Z$$

6.6　基于观测器的状态反馈系统

状态观测器解决了受控系统状态重构问题。但利用状态观测器给出的状态估计值进行状态反馈设计的系统，与利用原系统状态进行反馈的系统之间，是否完全等价？状态反馈矩阵 F 和状态观测器增益矩阵 H 是否可以独立进行设计？本节将讨论上述问题。

6.6.1　分离原理

对于含有全维状态观测器的状态反馈控制系统结构图如图 6.7 所示，由于系统方程为 n 维，而状态观测器也为 n 维，所以整个系统为 $2n$ 维。

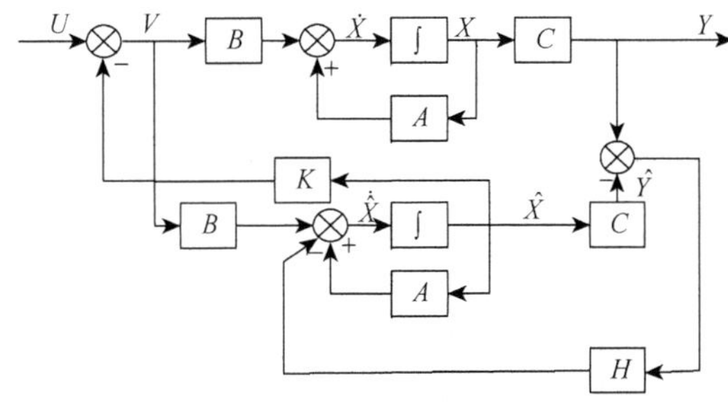

图 6.7　带全维状态观测器的状态反馈控制系统结构图

由图 6.7 可知，整个闭环控制系统由如下基于状态观测器的状态反馈控制

$$V=U-K\hat{X} \tag{6.51}$$

和状态观测器式（6.39）构成，因此闭环控制系统状态方程可写为

$$\begin{cases}\dot{X} = AX - BK\hat{X} + BV \\ \dot{\hat{X}} = (A - HC - BK)\hat{X} + HCX + BV \\ Y = CX\end{cases} \tag{6.52}$$

写成矩阵形式为

$$\begin{cases}\begin{bmatrix}\dot{X} \\ \dot{\hat{X}}\end{bmatrix} = \begin{bmatrix}A & -BK \\ HC & A - HC - BK\end{bmatrix}\begin{bmatrix}X \\ \hat{X}\end{bmatrix} + \begin{bmatrix}B \\ B\end{bmatrix}V \\ Y = [C \quad 0]\begin{bmatrix}X \\ \hat{X}\end{bmatrix}\end{cases} \tag{6.53}$$

为方便分析，考虑状态观测误差 $\tilde{X} = X - \hat{X}$，为此对式（6.53）进行非奇异线性变化：

$$\begin{bmatrix}X \\ \hat{X}\end{bmatrix} = \begin{bmatrix}I_n & 0 \\ I_n & -I_n\end{bmatrix}\begin{bmatrix}X \\ \tilde{X}\end{bmatrix}$$

则有

$$\begin{cases}\begin{bmatrix}\dot{X} \\ \dot{\tilde{X}}\end{bmatrix} = \begin{bmatrix}A - BK & BK \\ 0 & A - HC\end{bmatrix}\begin{bmatrix}X \\ \tilde{X}\end{bmatrix} + \begin{bmatrix}B \\ 0\end{bmatrix}V \\ Y = [C \quad 0]\begin{bmatrix}X \\ \tilde{X}\end{bmatrix}\end{cases} \tag{6.54}$$

可见，状态观测误差方程 $\dot{\tilde{X}} = (A - HC)\tilde{X}$ 与输入 V 和输出 Y 无关，即 $\tilde{X}$ 不能控，因此无论施加什么控制信号，状态观测误差 $\tilde{X}$ 总能根据观测增益矩阵 H 确定的速度收敛到零。

由于非奇异线性变化后系统传递函数矩阵不变，则由式（6.54）得闭环控制系统传递函数矩阵为

$$G(s) = \frac{Y(s)}{V(s)} = [C \quad 0]\begin{bmatrix}sI - (A - BK) & -BK \\ 0 & sI - (A - HC)\end{bmatrix}^{-1}\begin{bmatrix}B \\ 0\end{bmatrix}$$

进而利用分块矩阵求逆公式：

$$\begin{bmatrix}R & S \\ 0 & T\end{bmatrix}^{-1} = \begin{bmatrix}R^{-1} & -R^{-1}ST^{-1} \\ 0 & T^{-1}\end{bmatrix}$$

可得含状态观测器的闭环控制系统传递函数矩阵为

$$G(s) = C\left[sI - (A - BK)\right]^{-1} B \tag{6.55}$$

式(6.55)与利用真实状态 X 作为状态反馈的闭环控制系统传递函数矩阵完全一致[详见 6.1 节及式（6.4）]，说明复合系统与状态反馈子系统具有相同的传递特性，与状态观测器部分无关。这显然是由于状态观测器这一不能控系统的动态特性被排除在闭环控制系统传递函数矩阵之外。因而，用状态估计值 $\hat{X}$ 代替真实状态 X 作反馈并不影响复合系统的输入输出特性。

此外，由于线性变换后系统特征值具有不变性，由式（6.54）可得特征多项式为

$$\det\begin{bmatrix} sI-(A-BK) & -BK \\ 0 & sI-(A-HC) \end{bmatrix} = \det[sI-(A-BK)]\det[sI-(A-HC)]$$

上式表明，复合系统特征值是由状态反馈子系统和全维状态观测器的特征值组合而成的，因而控制器的动态特性与观测器的动态特性是相互独立、彼此不受影响的，即状态反馈矩阵 K 和观测增益矩阵 H 可根据各自的要求进行独立设计。

定理 6.17（分离原理）　若线性定常系统 $\Sigma_0=(A,B,C)$ 完全能观，用全维状态观测器式（6.39）估计状态 $\hat{X}$ 进行反馈式（6.51），闭环控制系统的极点配置和观测器设计可独立进行，即状态反馈矩阵 K 和观测增益矩阵 H 设计可独立进行。

分离原理同样适用于降维状态观测器（此处从略）。

利用分离原理，在设计含状态观测器的闭环反馈控制系统时，根据对系统的性能指标要求，提出期望的全部闭环极点配置，然后分成两部分：一部分极点由不带观测器的状态反馈矩阵 K 设计实现，即 $A-BK$ 的特征值；另一部分极点由观测增益矩阵 H 设计实现，即 $A-HC$ 的特征值。此时，反馈控制信号为 $K\hat{X}=K(X-\tilde{X})$，而 $\tilde{X}$ 为自治系统 $A-HC$ 的输出。当 $A-HC$ 特征根在左半平面并远离虚轴时，$\tilde{X}$ 很快收敛到零。这时含状态观测器的闭环控制系统反馈信号与没有状态观测器时一样，故含状态观测器的闭环控制系统动态特性主要取决于 $A-BK$ 的极点。当状态观测器 $A-HC$ 极点远离 $A-BK$ 极点时，引入状态观测器后对闭环控制系统特性没有太大影响。与此同时，若状态观测器 $A-HC$ 极点离虚轴太远，则状态观测器频带越宽，抗干扰能力越差，也会影响闭环控制系统的抗干扰性能。因此，在设计状态观测器时需要进行综合考虑。

6.6.2　基于观测器的状态反馈系统设计举例

【例 6.11】　设被控系统 $\Sigma_0=(A,B,C)$ 的传递函数为

$$\frac{Y(s)}{U(s)}=\frac{100}{s(s+5)}$$

试设计含状态观测器的闭环控制系统，使得闭环控制系统阻尼比为 0.707，自振频率为 10rad/s 且状态观测器期望的极点为[−50,50]。

解　（1）根据系统传递函数，可写出被控系统 $\Sigma_0=(A,B,C)$ 状态方程为

$$\begin{cases} \dot{X}=\begin{bmatrix} 0 & 1 \\ 0 & -5 \end{bmatrix}X+\begin{bmatrix} 0 \\ 100 \end{bmatrix}U \\ Y=\begin{bmatrix} 1 & 0 \end{bmatrix}X \end{cases}$$

易知系统能控能观测，因而存在状态反馈及状态观测器可实现极点任意配置，并根据分离特性分别设计状态反馈矩阵 K 和观测增益矩阵 H。

（2）设计状态反馈矩阵 K。根据闭环控制系统性能要求可知，闭环控制系统 $A-BK$ 极点需配置到[−7.07 + j7.07，−7.07−j7.07]，故对应的期望闭环控制系统特征多项式为

$$a^*(s)=(s+7.07+\mathrm{j}7.07)(s+7.07-\mathrm{j}7.07)=s^2+14.14s+100$$

设反馈控制矩阵为 $K=[k_1 \quad k_2]$，则带状态反馈的闭环控制系统特征多项式为

$$\det[sI-(A-BK)]=\det\left[\begin{bmatrix} s & -1 \\ 0 & s+5 \end{bmatrix}+\begin{bmatrix} 0 \\ 100 \end{bmatrix}[k_1 \quad k_2]\right]=s^2+(5+100k_2)s+100k_1$$

对比上述特征多项式可求得状态反馈矩阵 $K=[1 \quad 0.09]$。

（3）设计观测增益矩阵 H。根据极点配置要求，得到状态观测器期望的特征多项式为

$$a_o^*(s)=(s+50)(s+50)=s^2+100s+2500$$

设状态观测器增益矩阵 $H=[h_1 \quad h_2]^{\mathrm{T}}$，则对应的状态观测器特征多项式为

$$\det[sI-(A-HC)]=\det\left[\begin{bmatrix} s & -1 \\ 0 & s+5 \end{bmatrix}+\begin{bmatrix} h_1 \\ h_2 \end{bmatrix}[1 \quad 0]\right]=s^2+(5+h_1)s+5h_1+h_2$$

对比上述特征多项式可求得状态观测增益矩阵 $H=[95 \quad 2025]^{\mathrm{T}}$，故对应的状态观测器为

$$\begin{aligned}\dot{\hat{X}}&=(A-HC)\hat{X}+BU+HY\\&=\begin{bmatrix} -95 & 1 \\ -2025 & -5 \end{bmatrix}\hat{X}+\begin{bmatrix} 0 \\ 100 \end{bmatrix}U+\begin{bmatrix} 95 \\ 2025 \end{bmatrix}Y\end{aligned}$$

6.7 MATLAB 在控制系统综合中的应用

MATLAB 提供了可用于求解状态反馈增益矩阵实现极点配置的命令，并且该组命令也可用于设计状态观测器。

1. 单输入系统极点配置函数 acker

acker 命令用来求取通过状态反馈实现给定极点配置的状态反馈增益矩阵。

命令格式：`K=acker(A,B,P)`。

式中，A 为系统状态矩阵；B 为系统输入矩阵；P 为目标极点向量；K 为所求的反馈增益矩阵。

注：acker 命令只针对单输入系统且可求解的前提是（A，B）能控，因此在使用该命令前建议进行系统能控性判断。

【例 6.12】 试用 acker 命令求取例 6.1 中反馈矩阵。

```
%%Example 6.1--Poles placement
A=[0 0 0;1-6 0;0 1-12];   %System matrices
B=[1 0 0]';
P=[-2-1+i-1-i];           %Given poles
K=acker(A,B,P)            %Feedback gain matrix
```

运行结果为

```
K=
      -14     186     -1220
```

2. 多输入系统极点配置函数 place

place 命令用来求取通过状态反馈实现给定极点配置的状态反馈增益矩阵。

命令格式：`K=place(A,B,P)`。

式中，A 为系统状态矩阵；B 为系统输入矩阵；P 为目标极点向量；K 为所求的反馈增益矩阵。

注：place 命令可用于多输入系统（也可用于单输入系统），且可求解的前提是（A,B）能控，因此在使用该命令前建议进行系统能控性判断。

【例 6.13】 试用 place 命令求取例 6.1 中反馈矩阵。

注：例 6.1 系统为单输入系统，也可用 place 命令求解。

```
%%Example 6.1--Poles placement
A=[0 0 0;1-6 0;0 1-12];  %System matrices
B=[1 0 0]';
P=[-2-1+i-1-i];        %Given poles
K=place (A,B,P)        %Feedback gain matrix
```

运行结果为

```
>> K=
      -14.0     186.0     -1220.0
```

【例 6.14】 试用 MATLAB 命令求取例 6.3 状态反馈增益矩阵，将极点配置于[−2−1]。

注：例 6.3 系统为多输入系统，故只能用 place 命令求解。

```
%%Example 6.3--Poles placement
A=[0 5;-1 0];          %System matrices
B=[1 0;0 1]';
P=[-2-1];            %Given poles
K=place (A,B,P)          %Feedback gain matrix
```

运行结果为

```
>> K=
      2      5
      -1     1
```

3. 用 MATLAB 实现系统解耦

【例 6.15】 试用 MATLAB 命令实现例 6.6 系统解耦。

```
%%Example 6.6—Decoupling
```

```
A=[0 0 0;0 0 1;-1-2-3];     %%System matrices
B=[1 0;0 0;0 1];
C=[1 1 0;0 0 1];
```

第一步：求解 d1 and d2

```
C (1,:) *A^0*B
C (2,:) *A^0*B
```

运行结果为

```
>> C (1,:) *A^0*B
ans=
     1     0
>> C (2,:) *A^0*B
ans=
     0     1
```

故取 d1=0；d2=0；

第二步：求取解耦矩阵

```
L=[C(1,:)*A^d1;C(2,:)*A^d2]
E=L*B
F=L*A
K=-inv(E)*F
Q=inv(E)
```

运行结果为

```
>> L=
     1     1     0
     0     0     1
>> E=
     1     0
     0     1
>> F=
     0     0     1
     -1   -2    -3
>> K=
     0     0    -1
     1     2     3
>> Q=
     1     0
     0     1
```

第三步：求取解耦系统矩阵

```
Abar=A+B*K
Bbar=B*Q
Cbar=C
```

运行结果为

```
>> Abar=
        0     0    -1
        0     0     1
        0     0     0
>> Bbar=
        1     0
        0     0
        0     1
>> Cbar=
        1     1     0
        0     0     1
```

第四步：求解解耦系统传递函数

```
syms s G;
G=Cbar*inv(s*eye(3)-Abar)*Bbar
```

运行结果为

```
>> G=
        [1/s,0]
        [0,1/s]
```

可见已经实现系统解耦。

4. 用 MATLAB 实现状态观测器设计

【例 6.16】　试用 MATLAB 命令实现例 6.9 全维状态观测器设计。

```
%%Example 6.6—Observer design
A=[1 0 0;0 2 1;0 0 2];     %System matrices
B=[1 0 1]';
C=[1 1 0];
P=[-3-4-5]';              %Given poles
H=place (A',C',P)            %Observer gain
A0=A-H'*C             %Observer matrix
```

运行结果为

```
>> H=
     120.0000    -103.0000    210.0000
>> A0=
```

```
-119    -120     0
 103     105    1
-210    -210     2
```

6.8　工程实践示例：直线倒立摆控制系统状态空间极点配置

前面已经得到了直线一级倒立摆的状态空间模型，以小车加速度作为输入的系统状态方程为

$$\begin{bmatrix}\dot{x}\\ \ddot{x}\\ \dot{\phi}\\ \ddot{\phi}\end{bmatrix}=\begin{bmatrix}0&1&0&0\\0&0&0&0\\0&0&0&1\\0&0&29.4&0\end{bmatrix}\begin{bmatrix}x\\ \dot{x}\\ \phi\\ \dot{\phi}\end{bmatrix}+\begin{bmatrix}0\\1\\0\\3\end{bmatrix}u'$$

$$y=\begin{bmatrix}x\\ \phi\end{bmatrix}=\begin{bmatrix}1&0&0&0\\0&0&1&0\end{bmatrix}\begin{bmatrix}x\\ \dot{x}\\ \phi\\ \dot{\phi}\end{bmatrix}+\begin{bmatrix}0\\0\end{bmatrix}u'$$

即

$$A=\begin{bmatrix}0&1&0&0\\0&0&0&0\\0&0&0&1\\0&0&29.4&0\end{bmatrix}$$

$$B=\begin{bmatrix}0\\1\\0\\3\end{bmatrix}$$

$$C=\begin{bmatrix}1&0&0&0\\0&0&1&0\end{bmatrix}$$

$$D=\begin{bmatrix}0\\0\end{bmatrix}$$

对于如上所述的系统，设计控制器，要求系统具有较短的调整时间（约 3s）和合适的阻尼（阻尼比$\xi=0.5$）。

下面采用极点配置的方法计算反馈矩阵。

1. 检验系统能控性

由系统能控性分析可以得到，系统的状态完全能控性矩阵的秩等于系统的状态维数 4，系统的输出完全能控性矩阵的秩等于系统输出向量的维数 2，所以系统能控。

2. 计算特征值

根据要求，并留有一定的裕量（设调整时间为 2s），本书选取期望的闭环极点 $s=\mu_1(i=1,2,3,4)$，其中，$\mu_1=-10$、$\mu_2=-10$、$\mu_3=-2+\mathrm{j}2\sqrt{3}$、$\mu_4=-2-\mathrm{j}2\sqrt{3}$。$\mu_3$、$\mu_4$ 是一对具有 $\xi=0.5$、$\omega_n=4$ 的主导闭环极点，μ_1、μ_2 位于主导闭环极点的左边，其影响较小，因此期望的特征方程为

$$(s-\mu_1)(s-\mu_2)(s-\mu_3)(s-\mu_4)=(s+10)(s+10)(s+2-\mathrm{j}2\sqrt{3})(s+2+\mathrm{j}2\sqrt{3})$$
$$=s^4+24s^3+196s^2+720s+1600$$

可以得到

$$a_1=24,\quad a_2=196,\quad a_3=720,\quad a_4=1600$$

由系统的特征方程：

$$|sI-A|=\begin{bmatrix} s & -1 & 0 & 0 \\ 0 & s & 0 & 0 \\ 0 & 0 & s & -1 \\ 0 & 0 & 29.4 & s \end{bmatrix}=s^4-29.4s^2$$

有 $a_1=0$、$a_2=-29.4$、$a_3=0$、$a_4=0$。

系统的反馈增益矩阵为

$$K=[a_n-a_n \vdots a_{n-1}-a_{n-1} \vdots \cdots \vdots a_2-a_2 \vdots a_1-a_1]T^{-1}$$

倒立摆极点配置原理图如图 6.8 所示。

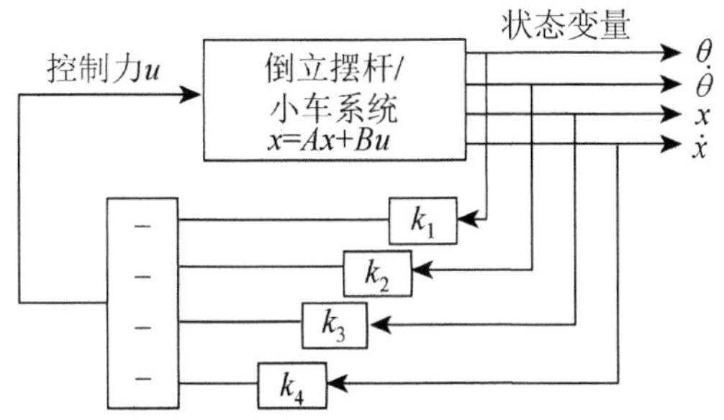

图 6.8　倒立摆极点配置原理图

3. 确定使状态方程变为能控规范型的变换矩阵 T

$$T=MW$$

式中，

$$M=[B \vdots AB \vdots A^2B \vdots A^3B]$$
$$=\begin{bmatrix} 0 & 1 & 0 & 0 \\ 1 & 0 & 0 & 0 \\ 0 & 3 & 0 & 88.2 \\ 3 & 0 & 88.2 & 0 \end{bmatrix}$$

$$W=\begin{bmatrix} a_3 & a_2 & a_1 & 1 \\ a_2 & a_1 & 1 & 0 \\ a_1 & 1 & 0 & 0 \\ 1 & 0 & 0 & 0 \end{bmatrix}=\begin{bmatrix} 0 & -29.4 & 0 & 1 \\ -29.4 & 0 & 1 & 0 \\ 0 & 1 & 0 & 0 \\ 1 & 0 & 0 & 0 \end{bmatrix}$$

所以

$$T=MW=\begin{bmatrix} -29.4 & 0 & 1 & 0 \\ 0 & -29.4 & 0 & 1 \\ 0 & 0 & 3 & 0 \\ 0 & 0 & 0 & 3 \end{bmatrix},\quad T^{-1}=\begin{bmatrix} -0.034 & 0 & 0.0113 & 0 \\ 0 & -0.034 & 0 & 0.0113 \\ 0 & 0 & 0.3333 & 0 \\ 0 & 0 & 0 & 0.3333 \end{bmatrix}$$

求状态反馈增益矩阵 K:

$$\begin{aligned} K&=[a_4-a_4 \vdots a_3-a_3 \vdots a_2-a_2 \vdots a_1-a_1]T^{-1} \\ &=[1600\quad 720\quad 196+29.4\quad 24]\begin{bmatrix} -0.034 & 0 & 0.0113 & 0 \\ 0 & -0.034 & 0 & 0.0113 \\ 0 & 0 & 0.3333 & 0 \\ 0 & 0 & 0 & 0.3333 \end{bmatrix} \\ &=[-54.4218\quad -24.4898\quad 93.2738\quad 16.1633] \end{aligned}$$

得到控制量 $u=KX=-54.4218x-24.4898\dot{x}+93.2739\theta+16.1633\dot{\theta}$

以上计算可以采用 MATLAB 编程计算，计算程序如下：

```
>>clear;
A=[ 0 1 0 0;
    0 0 0 0;
    0 0 0 1;
    0 0 29.4 0];
B=[ 0 1 0 3]';
C=[ 1 0 0 0;
    0 0 1 0];
D=[ 0 0 ]';
J=[-10 0         0          0;
   0 -10         0          0;
   0    0  -2-2*sqrt(3)*i   0;
   0    0      0  -2+2*sqrt(3)*i];
pa=poly(A);
pj=poly(J);
M=[B A*B A^2*B A^3*B];
W=[ pa(4)  pa(3)  pa(2)  1;
    pa(3)  pa(2)    1    0;
    pa(2)    1      0    0;
```

```
      1        0        0     0];
T=M*W;
K=[pj(5)-pa(5) pj(4)-pa(4) pj(3)-pa(3) pj(2)-pa(2)]*inv(T)


K=


  -54.4218  -24.4898  93.2739  16.1633
```

4. Simulink 仿真

MATLAB Simulink 下对控制系统进行仿真，直线一级倒立摆极点配置控制仿真模型如图 6.9 所示。

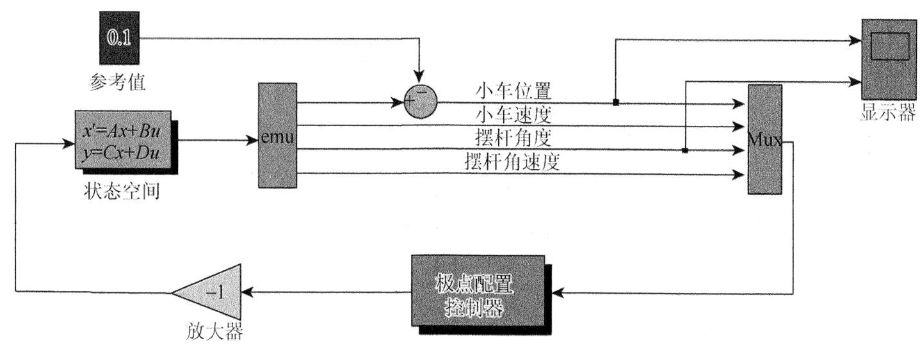

图 6.9　直线一级倒立摆极点配置控制仿真模型

打开直线一级倒立摆的状态空间模型设置窗口如图 6.10 所示。

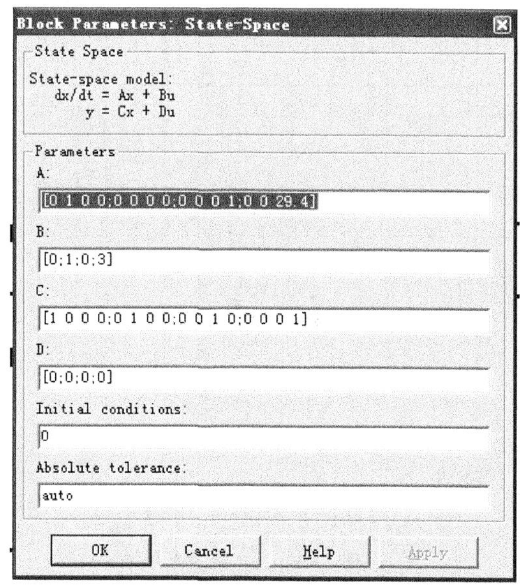

图 6.10　系统状态空间模型设置窗口

把参数 A、B、C、D 的值设置为实际系统模型的值。

打开极点配置控制器参数的设置窗口如图 6.11 所示。

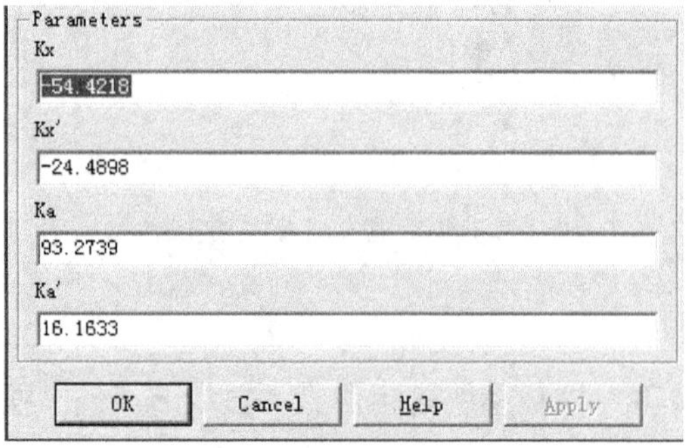

Parameters
Kx
-54.4218
Kx'
-24.4898
Ka
93.2739
Ka'
16.1633
OK
Cancel
Help
Apply

图 6.11　反馈增益矩阵输入窗口

把上面计算得到的反馈增益矩阵 K 输入图 6.11 中。

设置好各项参数后，运行仿真，得到仿真结果。

图 6.12 上面部分显示的是小车位置响应曲线，下面部分是摆杆角度的响应曲线。可以看出，在存在干扰的情况下，系统在 3s 内基本上可以恢复到新的平衡位置，小车平衡在指定位置。可以修改期望的性能指标，进行新的极点配置。

0.05
0
−0.05
−0.1
−0.15
y(t)
0.1
0.05
0
−0.05
−0.1
θ(t)
0 1 2 3 4 5 6 7 8 9 10
t

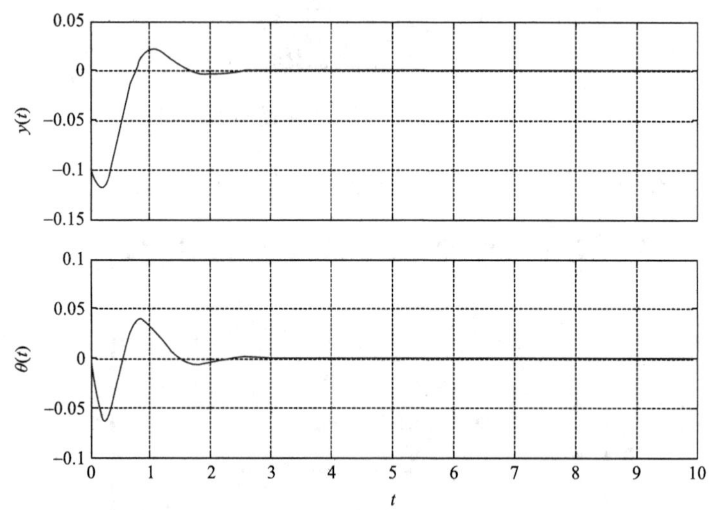

图 6.12　直线一级倒立摆极点配置控制仿真图

习　题

1. 设被控系统状态方程为

$$\dot{X}=\begin{bmatrix}0 & 1 & 0\\ 0 & -1 & 1\\ 0 & -1 & 10\end{bmatrix}X+\begin{bmatrix}0\\ 0\\ 10\end{bmatrix}U$$

试判断能否利用状态反馈任意配置系统极点？若可以，则求状态反馈矩阵，使闭环控制系统极点位于$[-10,-1+\mathrm{j}3,-1-\mathrm{j}3]$。

2. 设被控系统传递函数为

$$\frac{(s-1)(s+2)}{(s+1)(s-2)(s+3)}$$

试问能否利用状态反馈将其闭环控制系统传递函数变成

$$\frac{(s-1)}{(s+2)(s+3)}$$

若有可能，请求出状态反馈矩阵，并画出系统结构图。

3. 设被控系统传递函数为

$$\frac{1}{s(s+6)}$$

试用状态反馈构成闭环系统，并计算当闭环控制系统具有阻尼比$\xi=1\sqrt{2}$及无阻尼固有频率$\omega_n=35\sqrt{2}$ rad/s 时的状态反馈矩阵。

4. 设被控系统状态方程为

$$\dot{X}=\begin{bmatrix}0&1&0&0\\0&0&-1&0\\0&0&0&1\\0&0&11&0\end{bmatrix}X+\begin{bmatrix}0\\1\\0\\-1\end{bmatrix}U$$

试判断系统是否稳定？若不稳定，则判断能否通过状态反馈实现系统镇定？并给出一组可实现系统镇定的状态反馈矩阵。

5. 设被控系统状态方程为

$$\begin{cases}\dot{X}=\begin{bmatrix}-1&0&0\\0&-2&-3\\1&0&1\end{bmatrix}X+\begin{bmatrix}1&0\\0&1\\0&-1\end{bmatrix}U\\Y=\begin{bmatrix}1&0&0\\0&1&1\end{bmatrix}X\end{cases}$$

试判断系统能否用状态反馈实现系统解耦？若可以，则设计合适的状态反馈解耦控制器，并使得解耦系统极点位于$[-1,-2,-3]$。

6. 设被控系统状态方程为

$$\begin{cases}\dot{X}=\begin{bmatrix}-2&1\\0&-1\end{bmatrix}X+\begin{bmatrix}0\\1\end{bmatrix}U\\Y=\begin{bmatrix}1&0\end{bmatrix}X\end{cases}$$

若状态变量x_2不可测，请分别设计全维状态观测器和降维状态观测器，并使观测器极点配置为[−3,−3]。

7. 设被控系统状态方程为

$$\begin{cases}\dot{X}=\begin{bmatrix}-1 & -2 & -2\\ 0 & -1 & 1\\ 1 & 0 & -1\end{bmatrix}X+\begin{bmatrix}2\\ 0\\ 1\end{bmatrix}U\\ Y=\begin{bmatrix}1 & 1 & 0\end{bmatrix}X\end{cases}$$

（1）请设计全维状态观测器，并使状态观测器极点位于[−3,−3,−4]；

（2）在设计状态观测器基础上，进一步设计含状态观测器的反馈控制系统，使闭环控制系统的极点位于[−1,−1,−3]，并画出完整的闭环控制系统结构图。

第7章 最优控制

最优控制属于最优化的范畴。因此，最优控制与最优化有其共同的性质和理论基础。但最优化涉及面极为广泛，生产过程的控制，企业的生产调度，对资金、材料、设备的分配，乃至经济政策的制定等，无不与最优化有关。而最优控制通常是针对控制系统本身而言的，目的在于使一个机组、一台设备或一个生产过程实现局部最优。本章旨在研究最优控制系统的综合问题。为了避免孤立地提出问题，并对最优控制的逻辑发展有所了解，将涉及一些与一般优化有关的共性问题。

本章重点讨论设计最优控制系统常用的变分法、极小值原理和动态规划三种方法的基本理论及其在典型系统设计中的应用。

7.1 概　　述

最优化，并非新概念，人们在从事某项工作时，总是想着采取最合理的方案或措施，以期收到最好的效果，这里就包含着最优化问题。

例如，有甲、乙两个仓库分别存有水泥1500包和1800包，有A、B、C三个工地，分别需要水泥900包、600包和1200包。已知从甲仓库运到A、B、C三个工地，每包水泥的运费分别是1元、2元和4元；从乙仓库运到A、B、C三个工地，每包水泥的运费分别是4元、5元和9元。应怎样运送这些水泥能使运费最省呢？这是一个最优分配问题。

为此首先应对最优问题进行数学描述，然后求其最优解。

设从甲仓库运往A、B、C三个工地的水泥包数分别为x_1、x_2、x_3；从乙仓库运往A、B、C三个工地的水泥包数分别为x_4、x_5、x_6，则总运费f（x）是$X=(x_1,x_2,x_3,x_4,x_5,x_6)^{\mathrm{T}}$的函数，即$f(X)=x_1+2x_2+4x_3+4x_4+5x_5+9x_6$。

在最优化问题中，$f(X)$称为目标函数。最优化的任务在于确定X，使$f(X)$为最小（或最大）值。但X的选取不是任意的，它要受到约束条件的限制，如

$$x_1+x_2+x_3\leqslant 1500$$
$$x_4+x_5+x_6\leqslant 1800$$
$$x_1+x_4=900$$
$$x_2+x_5=600$$
$$x_3+x_6=1200$$

在本例中，目标函数$f(X)$和约束条件都是自变量X的一次函数，称为线性最优化问题。又因约束条件中存在不等式，故属具有不等式约束条件的线性最优化问题。考虑甲仓库运往各工地的运费都较乙仓库便宜，故应先运送完甲仓库的水泥。因此，前两个不等式约束可变成等式约束，即

$$x_1 + x_2 + x_3 = 1500$$

$$x_4 + x_5 + x_6 = 1800$$

从而本例是一个具有等式约束条件的最优化问题。

当然，目标函数和约束条件并不限于线性条件情形，而可能是变量的各种非线性函数。

一般地，目标函数用 J 表示：

$$J(X) = f(X) \tag{7.1}$$

约束条件为等式约束：

$$g_i(x) = 0, \quad i = 1,2,\cdots,m \tag{7.2}$$

和不等式约束：

$$h_i(x) \leqslant 0, \quad j = 1,2,\cdots l \tag{7.3}$$

那么，最优化任务，是要在式（7.2）、式（7.3）的约束条件下，寻求 x，使式（7.1）的目标函数取最优（最大或最小）值。上述最优问题，由于变量 x 与时间无关，或在所讨论的时间区间内为常量，属于静态最优化问题。在动态最优化问题中，目标函数不再是普通函数，而是时间函数的函数，称为泛函数，简称泛函。

例如，在时间定义域$[t_0,t_f]$上的目标泛函为

$$J = \int_{t_0}^{t_f} L[X(t),U(t),t]\mathrm{d}t \tag{7.4}$$

基本约束条件是受控对象的状态方程，如

$$\dot{X}(t) = F[X(t),U(t),t] \tag{7.5}$$

式中，J 为标量泛函，对每个控制函数都有一个值与之对应；L 为标量函数，它是矢量 $X(t)$ 和 $U(t)$ 的函数；$X(t)$ 为 n 维状态矢量；$U(t)$ 为 r 维控制矢量；F 为 n 维矢量函数。

最优控制问题是要在满足式（7.5）的约束条件下寻求最优控制函数 $U(t)$，使式（7.4）的目标泛函取极值（最大或最小）。

求解动态最优化问题的方法主要有古典变分法、极小（大）值原理及动态规划等。

应指出，在求解动态最优化问题中，若将时域$[t_0,t_f]$分成许多有限区段，在每一分段内，将变量近似看作常量，那么动态最优化问题可近似按分段静态最优化问题处理，这就是离散时间最优化问题。显然分段越多，近似的精确程度越高。所以，静态最优化和动态最优化问题不是截然独立、毫无联系的。

动态最优化问题可以分为确定性和随机性两大类。在确定性问题中，唯有随机变量，系统的参数都是确定的。本书只讨论确定性最优控制问题。

7.2　研究最优控制的前提条件

在研究确定性系统的最优化控制时，前提条件如下。

1. 给出受控系统的动态描述即状态方程

对连续时间系统，有

$$\dot{X}(t)=f[X(t),U(t),t] \tag{7.6a}$$

对离散时间系统，有

$$X(k+1)=f[X(k),U(k),k],\quad k=0.1,\cdots,N-1 \tag{7.6b}$$

2. 明确控制作用域

在工程实际问题中，控制矢量 U（t）往往不能在 $\mathbb{R}^r$ 中任意取值，而必须受到某些物理限制。例如，系统的控制电压、控制功率不能取得任意大，即 U（t）要满足某些约束条件，这时，在 $\mathbb{R}^r$ 空间中，把所有满足上式点 U（t）的集合，记作

$$\varphi_j(X,U)\leqslant 0,\quad j=1,2,\cdots,m(m\leqslant r) \tag{7.7}$$

这时，在 $\mathbb{R}^r$ 空间中，把所有满足式（7.7）点 U（t）的集合，记作

$$U=\{U(t)|\varphi_j(X,U)\leqslant 0\} \tag{7.8}$$

U 称为控制集。把满足

$$U(t)\in U \tag{7.9}$$

的 $U(t)$ 称为容许控制。

3. 明确初始条件

通常，最优控制的初始条件 t_0 是给定的。如果初始状态 $X(t_0)$ 也是给定的，则称固定端。如果 $X(t_0)$ 是任意的，则称自由端。如果 $X(t_0)$ 必须满足某些约束条件：

$$\rho_j[x(t_0)]=0,\quad j=1,2,\cdots,m(m<n) \tag{7.10}$$

相应的始端集为

$$\Omega_0=\{x(t_0)\,|\,\rho_j[x(t_0)]=0\} \tag{7.11}$$

此时，则称为可变始端。

4. 明确终端条件

类似于始端条件，固定端是终端时刻 t_f 和终端状态 $X(t_f)$ 都是给定的。自由端则是在给定 t_f 情况下，$X(t_f)$ 可以任意取值不受限制。可变终端则是指 $X(t_f)\in\Omega_f$ 的情况。其中，

$$\Omega_f=\{X(t_f)\}\,|\,\varphi_j[X(t_f)]=0 \tag{7.12}$$

是由约束条件 $\varphi_j[X(t_f=0)]$ 所形成的一个目标集。

5. 给出目标泛函即性能指标

对连续时间系统，一般表示为

$$J=\phi[X(t_f)]+\int_{t_0}^{t_f}L[X(t),U(t),t]\mathrm{d}t \tag{7.13}$$

对离散时间系统，一般表示为

$$J=\phi[X(N)]+\sum_{k=k_0}^{N-1}L[X(k),U(k),k] \tag{7.14}$$

上述形式的性能指标，称为综合型或鲍尔扎型。它由两部分组成，等式右边第一项反

映对终端性能的要求，如对目标的允许偏差、脱靶情况等，称为终端指标函数；第二项中 L 为状态控制过程中对动态品质及能量或燃料消耗的要求，称为动态指标函数。

若不考虑终端指标函数项，即 $\phi=0$ 。则有

$$J=\int_{t_0}^{t_f} L[X(t),U(t),t]\mathrm{d}t \tag{7.15}$$

$$J=\sum_{k=k_0}^{N-1} L[X(k),U(k),k] \tag{7.16}$$

这种形式的性能指标称为积分型或拉格朗日型。

若不考虑动态指标项，即 $L=0$ ，则形如

$$J=\phi[X(t_f)] \tag{7.17}$$

$$J=\phi[X(N)] \tag{7.18}$$

称为终端型或梅耶型。

最优控制问题，就是从可供选择的容许控制集 U 中，寻求一个控制矢量 $U(t)$ ，使受控系统在时间域 $[t_0,t_f]$ 内，从初态 $X(t_0)$ 转移到终态 $X(t_f)$ ，或当目标集 $X(t_f)\in\Omega_f$ 时，性能指标 J 取最小（大）值。满足上述条件的控制 $U(t)$ 称为最优控制 $U^*(t)$ 。在 $U^*(t)$ 作用下状态方程的解，称为最优轨线 $X^*(t)$ 。沿最优轨线 $X^*(t)$ ，使其性能 J 所达到的最优值，称为最优指标 J^* 。

按线性二次型性能指标设计的系统，因为是线性控制律，便于工程上实现，所以在实践中获得成功应用。线性二次型性能指标的一般形式为

$$J=\frac{1}{2}X^{\mathrm{T}}(t_f)Q_0X(t_f)+\frac{1}{2}\int_{t_0}^{t_f}[X^{\mathrm{T}}(t)Q_1X(t)+U^{\mathrm{T}}(t)Q_2U(t)]\mathrm{d}t \tag{7.19}$$

和

$$J=\frac{1}{2}X^{\mathrm{T}}(N)Q_0(N)X(N)+\frac{1}{2}\sum_{k=k_0}^{N-1}[X^{\mathrm{T}}(k)Q_1(k)X(k)+U^{\mathrm{T}}(k)Q_2(k)U(k)] \tag{7.20}$$

式中， Q_0、Q_1、Q_2 和 $Q_0(N)$、$Q_1(k)$、$Q_2(k)$ 称为正定加权矩阵。

7.3 静态最优控制的解

静态最优化问题的目标函数是一个多元普通函数，其最优解可以通过古典微分法对普通函数求极值的途径解决。动态最优化问题的目标函数是一个泛函数，确定其最优解要涉及古典变分法求泛函极值的问题。本书的任务固然在后者，但考虑古典变分法与古典微分法在求极值问题上有相似之处，为了获得触类旁通之效，本节先对较熟悉的普通函数求极值问题进行回顾。

7.3.1 一元函数的极值

设 $J=f(u)$ 为定义在闭区间 $[a,b]$ 上的实值连续可微函数，则存在极值点 u^* 的必要条件是

$$f'(u)|_{u=u^*}=0 \tag{7.21}$$

u^* 为极小值点的充要条件是

$$f'(u)=0,\quad f''(u)>0 \tag{7.22}$$

u^* 为极大值点的充要条件是

$$f'(u)=0,\quad f''(u)<0 \tag{7.23}$$

因此 $f(u)$ 的极小值和 $-f(u)$ 的极大值等效，本章的所有推导和结论，均以极小化为准。

由式（7.21）求得的极值点 u^* 为驻点，其性质是当 $f''(u^*)<0$ 时，u^* 为极大值点；当 $f''(u^*)=0$ 时，u^* 为拐点；当 $f''(u^*)>0$ 时，u^* 为极小值点。而且，这些极值 $f''(u^*)$ 只是相对于 u^* 左右临近的 $f(u)$ 而言的，故具有局部性质，称为相对极值。它在定义域上可以不止一个，如果将整个定义域 $[a,b]$ 上所有的极小值进行比较，找出最小的极值，则称为最小值。它具有全局性质，而且是唯一的。一般记为

$$J^*=f(u^*)=\min_{u\in U}[f(u)] \tag{7.24}$$

设 n 元函数 $f=f(U)$，这里 $U=(u_1,u_2,\cdots,u_n)^{\mathrm{T}}$ 为 n 维列向量。它取极值的必要条件是

$$\frac{\partial f}{\partial U}=0 \tag{7.25}$$

或函数的梯度为零矢量。

$$\nabla f_n=\left(\frac{\partial f}{\partial u_1},\frac{\partial f}{\partial u_2},\cdots,\frac{\partial f}{\partial u_n}\right)=0 \tag{7.26}$$

至于取极小值的充要条件，需满足

$$\frac{\partial^2 f}{\partial U^2}>0 \tag{7.27}$$

即下列黑塞矩阵为正定矩阵。

$$\frac{\partial^2 f}{\partial U^2}=\begin{bmatrix}\dfrac{\partial^2 f}{\partial u_1^2} & \dfrac{\partial^2 f}{\partial u_1\partial u_2} & \cdots & \dfrac{\partial^2 f}{\partial u_1\partial u_n}\\ \dfrac{\partial^2 f}{\partial u_2\partial u_1} & \dfrac{\partial^2 f}{\partial u_2^2} & \cdots & \dfrac{\partial^2 f}{\partial u_2\partial u_n}\\ \vdots & \vdots & & \vdots\\ \dfrac{\partial^2 f}{\partial u_n\partial u_1} & \dfrac{\partial^2 f}{\partial u_n\partial u_2} & \cdots & \dfrac{\partial^2 f}{\partial u_n^2}\end{bmatrix} \tag{7.28}$$

【例 7.1】 设 $f=f(X)=2{x_1}^2+5{x_2}^2+{x_3}^2+2x_2x_3+2x_3x_1-6x_2+3$，试求 f 的极值点及其极小值。

解 由极值必要条件 $\nabla f_x=0$ 得

$$\frac{\partial f}{\partial x_1}=4x_1+2x_3=0$$

$$\frac{\partial f}{\partial x_2}=10x_2+2x_3-6=0$$

$$\frac{\partial f}{\partial x_3} = 2x_3 + 2x_2 + 2x_1 = 0$$

联立可得

$$x_1 = 1, \quad x_2 = 1, \quad x_3 = -2$$

故极值点为

$$X^* = [1, 1, -2]^{\mathrm{T}}$$ 。

又从 $\nabla f_x = \frac{\partial^2 f}{\partial X^2}$ 得黑塞矩阵：

$$\frac{\partial^2 f}{\partial X^2} = \begin{bmatrix} 4 & 0 & 2 \\ 0 & 10 & 2 \\ 2 & 2 & 2 \end{bmatrix}$$

是正定的。故 $X = [1, 1, -2]^{\mathrm{T}}$ 是极小值点 X^*， f 的极小值 $f^* = f(X^*) = 0$ 。

7.3.2 具有等式约束条件的极值

前面讲的是无约束条件极值问题的求解方法。对于具有等式约束条件的极值问题，则要通过等效变换，化为无约束条件的极值问题来求解。例如，用一定面积的铁皮做罐头桶，要求罐头桶容积为最大几何尺寸的问题，就是一个具有等式约束的极值问题。设罐头桶的几何尺寸：高为 l ，半径为 r ，则其容积为

$$J = v(r, l) = \pi r^2 l \tag{7.29}$$

给定铁皮面积 A = 常量。要使罐头桶容积为最大，必然要受条件：

$$g(r, l) = (2\pi r^2 + 2\pi r l) - A = 0 \tag{7.30}$$

的约束。

解此类问题的方法有多种，如嵌入法（消元法）和拉格朗日乘子法（增元法）等。

1. 嵌入法

先从约束条件式（7.30）解出一个变量，如 $l = \frac{A - 2\pi r^2}{2\pi r}$ ，然后代入目标函数式（7.29）得

$$J = v(r) = \frac{r}{2} A - \pi r^3 \tag{7.31}$$

这样就变成一个没有约束条件的函数式。显然，式（7.31）取极值的条件为

$$\frac{\mathrm{d}v}{\mathrm{d}r} = \frac{A}{2} - 3\pi r^2 = 0 \tag{7.32}$$

可解出极值点：

$$r^* = \sqrt{\frac{A}{6\pi}}, \quad l^* = \sqrt{\frac{2A}{3\pi}} \tag{7.33}$$

又因为 $\frac{\mathrm{d}^2 v}{\mathrm{d}r^2} = -6\pi r < 0$ ，故上述极值点为极大值点，罐头桶的最大容积为

$$J^* = v(r^*, l^*) = \frac{\sqrt{2}}{6\sqrt{3\pi}} A^{\frac{3}{2}} = 0.0768 A^{\frac{3}{2}} \tag{7.34}$$

2. 拉格朗日乘子法

将约束条件式（7.30）乘以乘子λ，与目标函数式（7.29）相加，构成一个新的可调整函数H：

$$H = J + \lambda g(r,l) = \pi r^2 + \lambda(2\pi r^2 + 2\pi rl - A) \tag{7.35}$$

这是一个没有约束条件的三元函数。它的极值条件为

$$\frac{\partial H}{\partial l} = \pi r^2 + 2\lambda\pi r = 0$$

$$\frac{\partial H}{\partial r} = 2\pi rl + \lambda(4\pi r + 2\pi l) = 0 \tag{7.36}$$

$$\frac{\partial H}{\partial \lambda} = (2\pi r^2 + 2\pi rl) - A = 0$$（即 $g(r,l)=0$ ）

联立解式（7.36）得极值点：

$$r^* = \sqrt{\frac{A}{6\pi}},\quad l^* = \sqrt{\frac{2A}{3\pi}},\quad \lambda^* = \sqrt{\frac{A}{24\pi}} \tag{7.37}$$

结果与嵌入法相同。

将式（7.37）代入式（7.35），容易确认$\lambda g(l) = 0$，故新函数H的极值就是目标函数J的极值。

嵌入法只适用于简单情况，而拉格朗日乘子法具有普遍意义。现把式（7.35）写成更为一般的形式。

设连续可微的目标函数为

$$J = f(X,U) \tag{7.38}$$

等式约束条件为

$$g(X,U) = 0 \tag{7.39}$$

式中，X为n维列矢量；U为r维列矢量；g为n维矢量函数。

在拉格朗日乘子法中，用乘子矢量λ乘以等式约束条件并与目标函数相加，构造拉格朗日函数：

$$H = J + \lambda^{\mathrm{T}} g = f(X,U) + \lambda^{\mathrm{T}} g(X,U) \tag{7.40}$$

式中，λ与g为同维的列矢量。

这样，就可按无约束条件的多元函数极值的方法求解。目标函数存在极值的必要条件是

$$\frac{\partial H}{\partial X} = 0,\quad \frac{\partial H}{\partial U} = 0,\quad \frac{\partial H}{\partial \lambda} = 0 \tag{7.41}$$

$$\frac{\partial f}{\partial X} + \left(\frac{\partial g}{\partial X}\right)^{\mathrm{T}} \lambda = 0$$

$$\frac{\partial f}{\partial U} + \left(\frac{\partial g}{\partial U}\right)^{\mathrm{T}} \lambda = 0 \tag{7.42}$$

$$g(X,U)=0$$

式中，

$$\frac{\partial g}{\partial X}=\begin{bmatrix}\dfrac{\partial g_1}{\partial x_1} & \dfrac{\partial g_1}{\partial x_2} & \cdots & \dfrac{\partial g_1}{\partial x_n}\\ \dfrac{\partial g_2}{\partial x_1} & \dfrac{\partial g_2}{\partial x_2} & \cdots & \dfrac{\partial g_2}{\partial x_n}\\ \vdots & \vdots & & \vdots\\ \dfrac{\partial g_n}{\partial x_1} & \dfrac{\partial g_n}{\partial x_2} & \cdots & \dfrac{\partial g_n}{\partial x_n}\end{bmatrix} \tag{7.43}$$

【例 7.2】 求使 $J=f(X,U)=\frac{1}{2}X^{\mathrm{T}}Q_1X+\frac{1}{2}U^{\mathrm{T}}Q_2U$ 取极值的 x^* 和 u^*。它满足约束条件 $g(X,U)=x+Fu+d=0$，其中，Q_1、Q_2 均为正定矩阵，F 为任意矩阵。

解 构造拉格朗日函数：

$$H=\frac{1}{2}X^{\mathrm{T}}Q_1X+\frac{1}{2}U^{\mathrm{T}}Q_2U+\lambda^{\mathrm{T}}(x+Fu+d)$$

由极值的必要条件得

$$\frac{\partial H}{\partial X}=Q_1X+\lambda=0$$

$$\frac{\partial H}{\partial U}=Q_1U+F^{\mathrm{T}}\lambda=0$$

$$\frac{\partial H}{\partial \lambda}=x+Fu+d=0$$

联立求解得极值点：

$$u^*=-(Q_2+F^{\mathrm{T}}Q_1F)^{-1}F^{\mathrm{T}}Q_1d$$

$$x^*=-[I-F(Q_2+F^{\mathrm{T}}Q_1F)^{-1}F^{\mathrm{T}}Q_1]d$$

$$\lambda^*=-[Q_1-Q_1F(Q_2+F^{\mathrm{T}}Q_1F)^{-1}F^{\mathrm{T}}Q_1]d$$

由于 Q_1、Q_2 为正定矩阵，显然满足极小值的充分条件。若按式（7.28）计算，也得同一结果。

7.4 离散时间系统的最优控制

7.4.1 基本形式

考虑下面离散时间动态系统：

$$X(k+1)=f[X(k),U(k),k],k=0,1,\cdots,N-1$$
$$x(0)=x_0 \tag{7.44}$$

式中，$X(k)$ 为 n 维列矢量在第 k 步（kT 时刻）的状态；$U(k)$ 为 r 维列矢量在第 k 步和第 $k+1$ 步之间加在系统上的控制输入；f 为 n 维矢量函数。

最优控制问题是确定控制矢量序列 $\{U(0),U(1),\cdots,U(N-1)\}$ 使得下列目标函数取最小值。

$$J=\phi[X(N)]+\sum_{k=0}^{N-1}L[X(k),U(k),k] \tag{7.45}$$

式中，$X(N)$ 假设为自由。$\phi[X(N)]$ 用来强调 $X(N)$ 不趋于零时，在目标函数中要付出的代价。

这样的问题和 7.3 节所述普通函数求极值（静态最优化）问题在本质上并没有什么区别，所不同的只是变量的数量增加 N 倍，即

$$\{x_1(k),x_2(k),\cdots,x_n(k)\},\quad k=1,2,\cdots,N$$

$$\{u_1(k),u_2(k),\cdots,u_n(k)\},\quad k=0,1,\cdots,N-1$$

约束方程式(7.44)也增加了 N 倍，所以问题的规模扩大了。仿照 7.3 节，约束条件式(7.44)可写成

$$f[X(k),U(k),k]-X(k+1)=0 \tag{7.46}$$

和 7.3 节的约束式 g 相对应，拉格朗日待定常数的数目也增加 N 倍，即

$$\{\lambda_1(k),\lambda_2(k),\cdots,\lambda_n(k)\},\quad k=1,2,\cdots,N \tag{7.47}$$

仿照 7.3 节，构造一个新函数：

$$V=\phi[X(N)]+\sum_{k=0}^{N-1}\{L[X(k),U(k),k]+\lambda^{\mathrm{T}}(k+1)[f[X(k),U(k),k]-X(k+1)]\} \tag{7.48}$$

这样，就把原来求 J 在式（7.46）约束条件下的极小值问题，转化成求无约束条件的 V 取极小值问题。

为方便，记

$$L_k[X(k),U(k)]=L[X(k),U(k),k] \tag{7.49}$$

$$L_k[X(k),U(k)]=f[X(k),U(k),k] \tag{7.50}$$

并定义：

$$H_k=L_k[X(k),U(k)]+\lambda^{\mathrm{T}}(k+1)\{f_k[X(k),U(k)]\} \tag{7.51}$$

则

$$V=\phi[X(N)]+\sum_{k=0}^{N-1}\left\{L[X(k),U(k),k]-\lambda^{\mathrm{T}}(N)X(N)+H_0+\sum_{k=1}^{N-1}[H_k-\lambda^{\mathrm{T}}(k)X(k)]\right\} \tag{7.52}$$

求 V 的增量，并忽略高阶无穷小项得其线性主部为

$$\begin{aligned}\Delta V=&\Delta X^{\mathrm{T}}(N)\left[\frac{\partial\phi[X(N)]}{\partial X(N)}-\lambda(N)\right]+\Delta X^{\mathrm{T}}(0)+\Delta U^{\mathrm{T}}(0)\left[\frac{\partial H_0}{\partial U(0)}\right]\\&+\sum_{k=1}^{N-1}\Delta X^{\mathrm{T}}(k)\left[\frac{\partial H_k}{\partial X(k)}-\lambda(k)\right]+\sum_{k=1}^{N-1}\Delta U^{\mathrm{T}}(k)\left[\frac{\partial H_k}{\partial U(k)}\right]\end{aligned} \tag{7.53}$$

V 达极小值的必要条件是 $\Delta V=0$。考虑 $x(0)=x_0$，为常数，有 $\Delta x(0)=0$，于是从式(7.53)得极小值的必要条件为

$$\frac{\partial H_k}{\partial X(k)}=\lambda(k), \quad k=1,2,\cdots,N-1$$
$$\frac{\partial H_k}{\partial U(k)}=0, \quad k=0,1,\cdots,N-1$$
$$X(k+1)=f[X(k),U(k)], \quad k=0,1,\cdots,N-1 \tag{7.54}$$
$$X(0)=x_0$$
$$\frac{\partial \phi[X(N)]}{\partial X(N)}=\lambda(N)$$

即

$$\frac{\partial L[X(k),U(k),k]}{\partial X(k)}+\left[\frac{\partial f[X(k),U(k),k]}{\partial U(k)}\right]^{\mathrm{T}}\lambda(k+1)=\lambda(k)$$
$$\frac{\partial L[X(k),U(k),k]}{\partial U(k)}+\left[\frac{\partial f[X(k),U(k),k]}{\partial X(k)}\right]^{\mathrm{T}}\lambda(k+1)=0$$
$$X(k+1)=f[X(k),U(k)], \quad k=0,\cdots,N-1 \tag{7.55}$$
$$X(0)=x_0$$
$$\frac{\partial \phi[X(N)]}{\partial X(N)}=\lambda(N)$$

式（7.54）或式（7.55）方程的个数依次分别为 $n(N-1)$、rN、nN、n和n，总计$(2n+r)N+n$。另外，变量X、λ和U的数目分别为$n(N-1)$、nN和rN，除去$X(0)$这N个变量外，待求变量总数为$(2n+r)N$。

在式（7.54）或式（7.55）中，给出在终端时刻N上的$\lambda(N)$和初始时刻的$X(0)$，称它们为边界条件。求解这种给定两点边界的问题，称为两点边值问题。

7.4.2　具有二次型性能指标的线性系统

设离散时间线性定常系统为

$$\begin{gathered}X(k+1)=GX(k)+HU(k), \quad k=0,1,\cdots,N-1\\ X(0)=x_0\end{gathered} \tag{7.56}$$

现在研究怎样确定最优控制序列$\{u(0),u(1),\cdots,u(N-1)\}$使下列二次型性能指标为最小。

$$J=\sum_{k=0}^{N-1}\frac{1}{2}[X^{\mathrm{T}}(k)Q_1X(k)+U^{\mathrm{T}}(k)Q_2U(k)]+\frac{1}{2}X^{\mathrm{T}}(N)Q_0(N)X(N) \tag{7.57}$$

式中，$Q_1(k)$、$Q_2(k)$、$Q_0(N)$都为正定对称矩阵，且假设式（7.56）中的矩阵G有逆。

在这里，式（7.51）可表示为

$$H_k=\frac{1}{2}[X^{\mathrm{T}}(k)Q_1X(k)+U^{\mathrm{T}}(k)Q_2U(k)]+\lambda^{\mathrm{T}}(k+1)[GX(k)+HU(k)] \tag{7.58}$$

则

$$\phi[X(N)]=\frac{1}{2}X^{\mathrm{T}}(N)Q_0X(N)$$

由式（7.55）可得

$$\lambda(k)=G^{\mathrm{T}}\lambda(k+1)+Q_1(k)X(k) \tag{7.59}$$

$$Q_2(k)U(k)+H^{\mathrm{T}}\lambda(k+1)=0 \tag{7.60}$$

$$X(k+1)=GX(k)+HU(k),\quad k=0,1,\cdots,N-1 \tag{7.61}$$

$$X(0)=x_0$$

$$\lambda(N)=Q_0(N)X(N) \tag{7.62}$$

由式（7.60）可得

$$U(k)=-Q_2^{-1}(k)H^{\mathrm{T}}\lambda(k+1) \tag{7.63}$$

代入式（7.61）得

$$X(k+1)=GX(k)-HQ_2^{-1}H^{\mathrm{T}}\lambda(k+1) \tag{7.64}$$

由式（7.62）推知，一般地可将 $\lambda(k)$ 表示为

$$\lambda(k)=P(k)X(k) \tag{7.65}$$

这可由数学归纳法予以证明。

当 $k=N$ 时，有

$$\lambda(N)=P(N)X(N) \tag{7.66}$$

考虑式（7.62），可知

$$\lambda(N)=Q_0(N)$$

假定 $k=n+1$ 时，式（7.59）成立，现证明 $k=n$ 时该式也成立。

由式（7.65）得

$$\lambda(n+1)=P(n+1)X(n+1) \tag{7.67}$$

代入式（7.64）得

$$X(n+1)=GX(n)-HQ_2^{-1}(n)H^{\mathrm{T}}P(n+1)X(n+1)$$

即

$$X(n+1)=[I+HQ_2^{-1}(n)H^{\mathrm{T}}P(n+1)]^{-1}GX(n) \tag{7.68}$$

代入式（7.67）得

$$\lambda(n+1)=P(n+1)[I+HQ_2^{-1}(n)H^{\mathrm{T}}P(n+1)]^{-1}GX(n) \tag{7.69}$$

再代入式（7.59）得

$$\lambda(n)=\{\mathrm{G}^{\mathrm{T}}P(n+1)[I+HQ_2^{-1}(n)H^{\mathrm{T}}P(n+1)]^{-1}G+Q_1(n)\}X(n)$$

只要

$$P(n)=G^{\mathrm{T}}P(n+1)[I+HQ_2^{-1}(n)H^{\mathrm{T}}P(n+1)]^{-1}G+Q_1(n) \tag{7.70}$$

则得

$$\lambda(n)=P(n)X(n)$$

式（7.65）得证。

根据式（7.70）和式（7.66），可从 $Q_0(N)$ 开始，依次求得 $P(N-1),P(N-2),\cdots,P(1)$。

最后，由式（7.68），并把式（7.69）代入式（7.63），便得最优控制系统的解为

$$X(k+1)=[\mathrm{I}+HQ_2^{-1}(k)H^{\mathrm{T}}P(k+1)]^{-1}GX(k) \tag{7.71}$$

$$U(k)=-Q_2^{-1}(k)H^{\mathrm{T}}P(\mathrm{k}+1)[I+HQ_2^{-1}(k)H^{\mathrm{T}}P(k+1)]^{-1}Gx(k) \tag{7.72}$$

按照矩阵逆运算规则 $P^{-1}+HQ^{-1}H^{\mathrm{T}}=P-PH(H^{\mathrm{T}}PH+Q)^{-1}H^{\mathrm{T}}P$ 可将式（7.72）的最优控制律变换成下列常用形式：

$$\begin{aligned}U(k)&=-Q_2^{-1}(k)H^{\mathrm{T}}\{P(k+1)-P(k+1)H[Q_2(k)\\&\quad+H^{\mathrm{T}}P(k+1)H]^{-1}\times H^{\mathrm{T}}P(k+1)\}GX(k)\\&=-Q_2(k)\{I-HTP(k+1)H[Q_2(k)\\&\quad+H^{\mathrm{T}}P(k+1)H]^{-1}\}H^{\mathrm{T}}P(k+1)\times GX(k)\\&=-\{Q_2^{-1}(k)[Q_2(k)+H^{\mathrm{T}}P(k+1)H]-Q_2^{-1}(k)H^{\mathrm{T}}\,\mathrm{P}(k+1)H\}\\&\quad[Q_2(k)+H^{\mathrm{T}}P(k+1)H]^{-1}H^{\mathrm{T}}P(k+1)GX(k)\end{aligned}$$

最后得

$$U(k)=-[Q_2(k)+H^{\mathrm{T}}P(k+1)H]^{-1}H^{\mathrm{T}}P(k+1)GX(k)$$

7.5　离散时间系统最优控制的离散化处理

设系统状态方程为

$$\begin{aligned}&\dot{X}(t)=f[X(t),U(t),t]\\&X(t)=x_0\end{aligned} \tag{7.73}$$

目标函数为

$$J=\int_{t_0}^{t_f}L[X(t),U(t),t]\mathrm{d}t+\phi[X(t_f)] \tag{7.74}$$

式中，$\phi[X(t_f)]$为终端代价函数，假定$X(t_f)$是自由终端。

最优控制问题是在式（7.73）约束条件下，寻求$U(t)$使式（7.74）为最小。

仿照前面各节的思路，讨论用离散时间的办法来处理上述问题。

首先将式（7.73）、式（7.74）离散化为

$$f[X(k),U(k),k]\Delta t-[X(k+1)-X(k)]=0,\quad k=0,1,\cdots,N-1 \tag{7.75}$$

$$J=\sum_{k=0}^{N-1}L[X(k),U(k),k]\Delta t+\phi[X(N)] \tag{7.76}$$

式中，Δt 为采样周期。

然后求出此离散系统的最优解，再考虑$\Delta t\to 0$的极限情况，便可得到连续系统的最优解。

仿照 7.4 节，定义

$$H_k=L_k[X(k),U(k)]+\lambda^{\mathrm{T}}(k+1)[f_k[X(k),U(k)]$$

可得取极小值的必要条件为

$$\begin{cases}\dfrac{\partial H_k}{\partial X(k)}\Delta t=-\lambda(k+1)+\lambda(k), \quad k=1,2,\cdots,N-1 \\ \dfrac{\partial H_k}{\partial U(k)}\Delta t=0, \quad k=0,1,\cdots,N-1 \\ f[X(k),U(k),k]\Delta t-[X(k+1)-X(k)]=0, \quad k=0,1,\cdots,N-1 \\ X(0)=x_0 \\ \dfrac{\partial \phi[X(N)]}{\partial X(N)}=\lambda(N)\end{cases} \tag{7.77}$$

当 $\Delta t \to 0$ 时，式（7.77）变为

$$\begin{cases}\dfrac{\partial H(t)}{\partial X(t)}=-\dot{\lambda}(t) \\ \dfrac{\partial H(t)}{\partial U(t)}=0 \\ X(t)=f[X(t),U(t),t] \quad 或 \quad \dfrac{\partial H(t)}{\partial \lambda(t)}=X(t) \\ X(t_0)=x_0 \\ \dfrac{\partial \phi[X(t_f)]}{\partial X(t_f)}=\lambda(t_f)\end{cases} \tag{7.78}$$

式中，$H(t)=L[X(t),U(t),t]+\lambda^{\mathrm{T}}(t)f[X(t),U(t),t]$。式（7.78）就是连续系统式（7.73）、式（7.74）控制问题最优化解的必要条件。

7.6　泛函及其极值——变分法

在动态最优控制中目标函数是一个泛函数，因此求解动态最优化问题可以归结为求泛函极值的问题。7.5 节将连续时间系统以 Δt 为采样周期进行离散化，按静态最优控制问题求解，然后令 $\Delta t \to 0$，再导出连续时间系统的解。为了进一步处理各种最优控制问题，还有必要应用变分法。因为在离散的有限时间的场合，变量的数目总归是有限的，所以适合在有限维空间中讨论问题。但在 $\Delta t \to 0$ 的连续时间情况下，变量成了无限多个，即变量成了 t 的函数，因此必须在无限维空间中进行讨论。从求有限个变量的函数极值变为求无限个变量的函数极值，后者正是变分法所要解决的问题。

变分法是一种研究泛函极值的经典方法。本节简要介绍变分学的基本原理，并把它推广应用于解决某些最优控制问题。

7.6.1　变分法的基本概念

1. 泛函

变分法是研究泛函极值问题的数学工具。什么是泛函呢？泛函：定义域是函数的函数集。它是普通函数概念的一种扩充。

首先回顾一下函数的概念：如果变量 y 因 x 的变化按某一确定的规律而变化，或者说，对应于 x 定义域中的每一个 x 值，y 都有一个（或一组）确定的值与之对应，则称 y 是 x 的函数，记作 $y=f(x)$ 。其中，宗量 x 是独立自变量，y 是因变量。

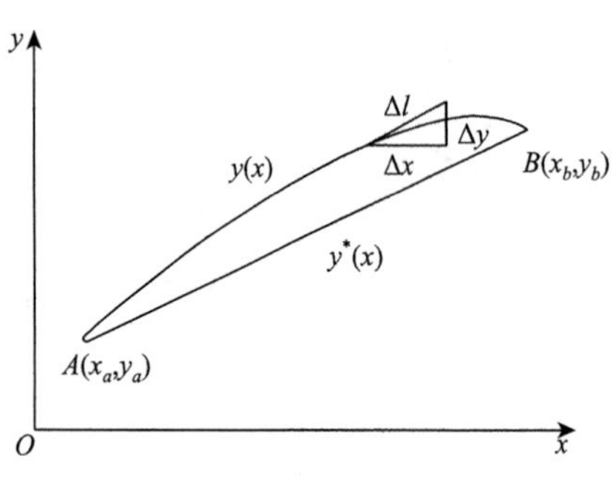

图 7.1　求弧长的变分问题

与函数概念相对应，可以这样来阐明泛函的概念：如果一个因变量，它的宗量不是独立自变量，而是另外一些独立自变量的函数，则称该因变量为这个宗量函数的泛函。或者说，对于某一类函数中的每一个确定的函数 $y(x)$（注意，不是函数值），因变量 J 都有一个确定的值（注意，不是函数）与之对应，则称因变量 J 为宗量函数 $y(x)$ 的泛函数，简称泛函。记作 $J=J[y(x)]$ 或简记为 J 。

应该强调的是这个记号中的 $y(x)$ 应理解为某一特定函数的整体，而不是对应于 x 的函数值 $y(x)$，因此有时又记作 $J=J[y(\cdot)]$ 。例如，在直角坐标平面中有点 $A(x_a,y_a)$和$B(x_b,y_b)$，如图 7.1 所示。连接这两点的曲线长度（弧长 l ）是曲线函数 $y=y(x)$ 的泛函。

因为 $y=y(x)$ 一经确定，就可具体计算出 A、B 两点间的弧长。

由弧长的微分：

$$(\mathrm{d}l)^2=(\mathrm{d}x)^2+(\mathrm{d}y)^2$$

得

$$(\mathrm{d}l)^2=(\mathrm{d}x)^2+(\mathrm{d}y)^2\frac{\mathrm{d}l}{\mathrm{d}x}=\sqrt{1+\left(\frac{\mathrm{d}x}{\mathrm{d}x}\right)^2}=\sqrt{1+y^2}$$

所以

$$l=\int_{x_a}^{x_b}\sqrt{1+y^2}\,\mathrm{d}x$$

当 $y=y(x)$ 已知时，将 $y(x)$ 代入上式，进行定积分即可得弧长 l 的值。显然对于不同的曲线 $y(x)$，就有不同的弧长 l 与之对应，所以弧长 l 是宗量函数 $y(x)$ 的泛函，记作 $J[y(x)]$，即

$$J[y(x)]=\int_{x_a}^{x_b}\sqrt{1+y^2}\,\mathrm{d}x=\int_{x_a}^{x_b}L(\dot{y})\mathrm{d}x$$

式中，

$$L(\dot{y})=\sqrt{1+\dot{y}^2}$$

一般地，$L(\dot{y})$ 也是 x、y 的函数，因此写成

$$J=\int_{x_a}^{x_b}L(y,\dot{y},x)\mathrm{d}x \tag{7.79}$$

很显然，两点间的最短弧长应是直线 $y^*(x)$，见图 7.1，即

$$l_{\min} = \min J[y(x)] = J[y^*(x)]$$

在控制系统中，自变量是时间t，宗量函数是状态矢量$X(t)$，因此式（7.79）可写成

$$J = \int_{t_0}^{t_f} L(X, \dot{X}, t) \mathrm{d}t \tag{7.80}$$

又因$\dot{X}(t) = f[X(t), U(t), t]$，所以$J$又可写成

$$J = \int_{t_0}^{t_f} L[X(t), U(t), t] \mathrm{d}t \tag{7.81}$$

这就是积分型性能泛函。J的值取决于函数$u(t)$，不同的函数$u(t)$，有不同的J值与之对应，所以J是函数$u(t)$的泛函，求最优控制$u^*(t)$，就是寻求使性能泛函J取极值时的控制$u(t)$。

综上可知，泛函与函数的区别，仅在于泛函的宗量是函数，而函数的宗量是变数。

2. 泛函的极值

求泛函的极大值或极小值问题称为变分问题，求泛函极值的方法称为变分法。

如果泛函$J[y(x)]$在任何一条与$y_0(x)$接近的曲线上所取的值不小于$J[y_0(x)]$，即

$$\Delta J = J[y(x)] - J[y_0(x)] \geqslant 0 \tag{7.82}$$

则称泛函$J[y(x)]$在$y_0(x)$曲线上达到了极小值。反之，若

$$\Delta J = J[y(x)] - J[y_0(x)] \leqslant 0 \tag{7.83}$$

则称泛函$J[y(x)]$在$y_0(x)$曲线上达到了极大值。

何谓两个函数的接近呢？在函数中，自变量x接近x_0，不外乎有两个方向，一个是沿x轴从左边接近，另一个是沿x轴从右边接近。但是泛函的宗量是函数，说两个函数接近，问题就没这样简单。如果对于定义域中的一切x，式（7.84）都成立：

$$|y(x) - y_0(x)| \leqslant \varepsilon \tag{7.84}$$

式中，ε是一正的小量。则称函数$y(x)$与$y_0(x)$有零阶接近度。如图 7.2 所示，具有零阶接近度的两条曲线的形状可能差别很大。

如果不仅是函数值，而且它的各阶导数也很接近，即满足：

$$\begin{aligned} &|y_0(x) - y(x)| \leqslant \varepsilon \\ &|y(x) - y_0(x)| \leqslant \varepsilon \\ &|y(x) - y_0'(x)| \leqslant \varepsilon \\ &|y(x) - y_0''(x)| \leqslant \varepsilon \\ &\qquad \vdots \\ &|y(x) - {y^{(k)}}_0(x)| \leqslant \varepsilon \end{aligned} \tag{7.85}$$

则称函数$y(x)$与$y_0(x)$有k阶接近度，如图 7.3 所示。由图 7.3 可见，接近度阶次越高，表明函数的接近程度越好。显然如果两个函数具有k阶接近度则必具有$k-1$阶接近度，但反之不成立。

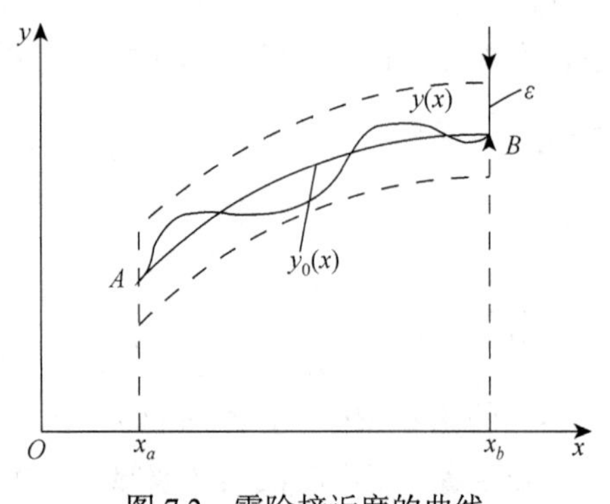

图 7.2　零阶接近度的曲线

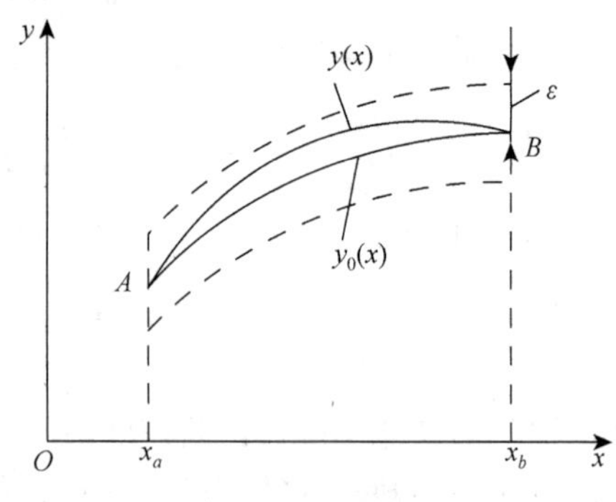

图 7.3　一阶接近度的曲线

极值是一个相对的比较概念。如果 $J[y_0(x)]$ 是从与 $y_0(x)$ 仅具有零阶接近度的曲线 $y(x)$ 的泛函中比较得出的极值，则称为强极值。如果 $J[y_0(x)]$ 是在与 $y_0(x)$ 具有一阶（或一阶以上）接近度的曲线 $y(x)$ 的泛函中比较得出的极值，则称为弱极值。显然，强极值是从范围更大的一类曲线（函数）的泛函中比较得出的，所以必然成立：强极大值大于或等于弱极大值；强极小值小于或等于弱极小值。

3. 泛函的变分

泛函的增量可表示为

$$\begin{aligned}\Delta J &= J[y(x)+\delta y(x)] - J[y(x)] \\ &= L[y(x),\delta y(x)] + R[y(x),\delta y(x)]\end{aligned} \tag{7.86}$$

式中，$\delta y(x) = y(x) - y_0(x)$ 为宗量 $y(x)$ 的变分；$L[y(x),\delta y(x)]$ 为 $\delta y(x)$ 的线性连续泛函；$R[y(x),\delta y(x)]$ 为 $\delta y(x)$ 的高阶无穷小项。

定义泛函增量的线性主部：

$$\delta J = L[y(x),\delta y(x)] \tag{7.87}$$

为泛函的变分，记作 δJ。若泛函有变分，而且增量 ΔJ 可用式（7.86）表达，则称泛函是可微的。

泛函的变分也可定义为

$$\delta J = \frac{\delta}{\delta a} J[y(x)+a\delta y(x)]\big|_{a=0} \tag{7.88}$$

实际上，二者是一致的，即

$$\frac{\delta}{\delta a} J[y(x)+a\delta y(x)]\big|_{a=0} = L[y(x),\delta y(x)] \tag{7.89}$$

因为泛函增量可以表示成

$$\Delta J = J[y(x)+\delta y(x)] - J[y(x)] = L[y(x),a\delta y(x)] + R[y(x),a\delta y(x)]$$

式中，$L[y(x),a\delta y(x)]$ 为关于 $a\delta y(x)$ 的线性连续泛函，所以有

$$L[y(x),a\delta y(x)] = aL[y(x),\delta y(x)]$$

又由于 $R[y(x),a\delta y(x)]$ 是关于 $a\delta y(x)$ 的高阶无穷小量，所以有

$$\frac{\lim\limits_{a\to 0} R[y(x),a\delta y(x)]}{a} = \lim_{a\to 0}\frac{R[y(x),a\delta y(x)]}{a\delta y(x)}\delta y(x) = 0$$

考虑以上两点，便得到

$$\begin{aligned}&\frac{\delta}{\delta a}J[y(x)+a\delta y(x)]|_{a=0}\\&=\lim_{a\to 0}\frac{\Delta J}{a}\\&=\lim_{a\to 0}\frac{J[y(x)+a\delta y(x)]-J[y(x)]}{a}\\&=\lim_{a\to 0}\frac{1}{a}\{aL[y(x),\delta y(x)]\}\\&=L[y(x),\delta y(x)]\end{aligned}$$

根据式（7.88），利用函数的微分法则可方便地进行泛函变分的计算。

【例 7.3】求下列泛函的变分。

$$J=\int_{t_0}^{t_f} x^2(t)\mathrm{d}t$$

解　由式（7.86）得

$$\begin{aligned}\Delta J&=\int_{t_0}^{t_f}[x(t)+\delta x(t)]^2\,\mathrm{d}t-\int_{t_0}^{t_f}x^2(t)\mathrm{d}t\\&=\int_{t_0}^{t_f}2x(t)\delta x(t)\mathrm{d}t+\int_{t_0}^{t_f}[\delta x(t)]^2\,\mathrm{d}t\end{aligned}$$

线性主部为

$$L[y(x),\delta y(x)]=\int_{t_0}^{t_f}2x(t)\delta x(t)\mathrm{d}t$$

根据式（7.86）得变分为

$$\delta J=\int_{t_0}^{t_f}2x(t)\delta x(t)\mathrm{d}t$$

另外，亦可由式（7.88）得

$$\begin{aligned}\delta J&=\frac{\delta}{\delta a}J[y(x)+a\delta y(x)]|_{a=0}==\int_{t_0}^{t_f}\frac{\partial}{\partial a}[x(t)+a\delta x(t)]^2\,\mathrm{d}t\,|_{a=0}\\&=\int_{t_0}^{t_f}2[x(t)+a\delta x(t)]\delta x(t)\mathrm{d}t\,|_{a=0}=\int_{t_0}^{t_f}2x(t)\delta x(t)\mathrm{d}t\end{aligned}$$

可见二者结果是一致的。

【例 7.4】　求泛函：

$$J=\int_{t_0}^{t_f}L(y(x),\dot{y}(x),x)\mathrm{d}t \tag{7.90}$$

的变分。

解

$$\delta J=\frac{\delta}{\delta a}J[y(x)+a\delta y(x)]|_{a=0}=\int_{t_0}^{t_f}\frac{\partial}{\partial a}L[y+a\delta y(x),\dot{y}+a\delta\dot{y},x]|_{a=0}\,\mathrm{d}x$$
$$=\int_{x_a}^{x_b}[\frac{\partial L(y,\dot{y},x)}{\partial y}\delta y+\frac{\partial L(y,\dot{y},x)}{\partial\dot{y}}\delta\dot{y}]\mathrm{d}x \tag{7.91}$$

这是计算泛函的普遍公式。这里泛函的宗量是 $y(x)$ 和 $\dot{y}(x)$，而不是 x。在证明过程中，应用了宗量变分的导数等于导数变分的性质，即

$$\frac{\mathrm{d}}{\mathrm{d}x}\delta y=\delta\dot{y}$$

4. 泛函极值定理

定理 7.1 若可微泛函 $J[y(x)]$ 在 $y_0(x)$ 上达到极值，则在 $y=y_0(x)$ 上的变分等于零，即

$$\delta J=0$$

证明 已知 $J[y_0(x)]$ 是泛函极值。考察对极值曲线 $y_0(x)$ 获得增量 δJ 后的泛函，设宗量变分 δJ 任意取定不变，则 $J[y_0(x)+a\delta y(x)]$ 便是实变量 a 的函数，即将 $\varphi(a)$对a 求导数，并令 $a=0$，于是根据泛函变分的定义有

$$\dot{\varphi}(a)|_{a=0}=\frac{\delta}{\delta a}J[y_0(x)+a\delta y(x)]|_{a=0}=\delta J[y_0(x)] \tag{7.92}$$

另外，对于函数 $\varphi(a)$，当 $a=0$ 时，有 $\varphi(0)$=$J[y_0(x)]$ 已知是极值，根据函数极值定理必满足条件

$$\dot{\varphi}(a)|_{a=0}=0$$

因此，$\delta J[y_0(x)]=0$ 成立，定理得证。

上述概念同样适用于多元函数。设多元函数为

$$J=J[y_1(x),y_2(x),\cdots,y_n(x)] \tag{7.93}$$

式中，$\delta y_1(x),y_1(x),\cdots,y_n(x)$ 为泛函 J 的宗量函数。

多元函数的变分 δJ 定义为

$$\delta J=\frac{\partial}{\partial a}J[y_1+a\delta y_1,y_2+a\delta y_2,\cdots,y_n+a\delta y_n] \tag{7.94}$$

可以证明，多元函数取极值的必要条件仍然是

$$\delta J=0 \tag{7.95}$$

7.6.2 泛函极值的必要条件——欧拉方程

求泛函

$$J=\int_{t_0}^{t_f}L(x,\dot{x},t)\mathrm{d}t$$

的极值，就是要确定一个函数 $x(t)$ 使 $J(x)$ 达到极小（大）值。其几何意义是，寻求一条曲线 $x(t)$ 使给定的连续可微函数 $L(x,\dot{x},t)$ 沿该曲线的积分达到极小（大）值。这样的曲线称为极值曲线 $x^*(t)$。先讨论端点固定情况下泛函极值的必要条件。

定理 7.2 设曲线 $x(t)$ 的始点为 $x(t_0)=x_0$，终点为 $x(t_f)=x_f$，则使性能泛函

$$J=\int_{t_0}^{t_f} L(x,\dot{x},t)\mathrm{d}t \tag{7.96}$$

取极值的必要条件是：$x(t)$ 为二阶微分方程

$$\frac{\partial L}{\partial x}-\frac{\mathrm{d}}{\mathrm{d}t}\left(\frac{\partial L}{\partial \dot{x}}\right)=0 \tag{7.97}$$

或其展开式

$$L_x-L_{\dot{x}t}-L_{\dot{x}x}\dot{x}-L_{\dot{x}\dot{x}}\ddot{x}=0 \tag{7.98}$$

的解。其中，$x(t)$ 应有连续的二阶导数；$L(x,\dot{x},t)$ 至少应两次连续可微。

证明 设极值曲线 $x^*(t)$，如图 7.4 所示。

在极值曲线附近有一容许曲线 $x^*(t)+\eta(t)$。其中，$\eta(t)$ 是任意的连续可微函数，则

$$x(t)=x^*(t)+\varepsilon\eta(t),\quad 0\leqslant\varepsilon\leqslant 1 \tag{7.99}$$

代表了在 $x^*(t)$ 与 $x^*(t)+\eta(t)$ 之间所有可能的曲线。特别是，当 $\varepsilon=0$ 时，$x(t)$ 就是极值曲线 $x^*(t)$。

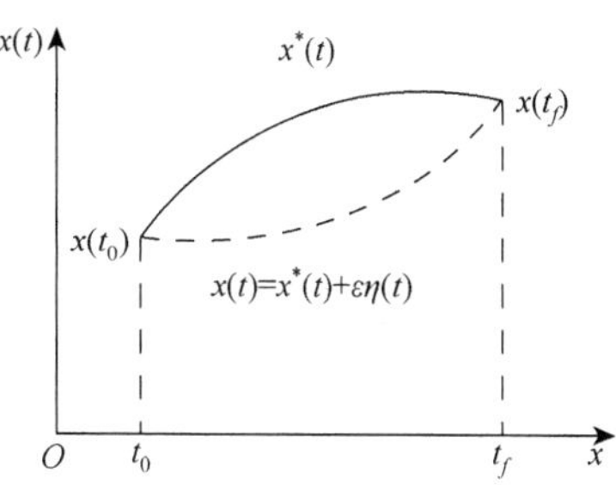

图 7.4 端点固定的极值

将式（7.99）代入式（7.96），得

$$J(x)=\int_{t_0}^{t_f} L[x^*(t)+\varepsilon\eta(t),\dot{x}^*(t)+\varepsilon\dot{\eta}(t),t]\mathrm{d}t \tag{7.100}$$

显然，对于每一条不同的曲线，性能泛函 $J(x)$ 将有不同的值。为了寻求使 $J(x)$ 达到极值的曲线 $x^*(t)$，就要考察曲线 $x(t)$ 变动对于 $J(x)$ 变化的影响，而这种曲线的变动可看成二变化的结果。因此，性能泛函便成了 ε 的函数，并在 $x^*(t)$ 上达到极值，即

$$\frac{\partial J[x+\varepsilon\eta]}{\partial\varepsilon}\Big|_{\varepsilon=0}=0 \tag{7.101}$$

于是，有

$$\lim_{\varepsilon\to 0} x(t)=x^*(t)$$

和

$$\lim_{\varepsilon\to 0} J(t)=J^*(x)=J(x^*)$$

为此，将式（7.100）对 ε 求导，并利用式（7.101）可得

$$\frac{\partial J[x+\varepsilon\eta]}{\partial\varepsilon}\Big|_{\varepsilon=0}=\int_{t_0}^{t_f}\left[\eta(t)\frac{\partial L(x,\dot{x},t)}{\partial x}+\dot{\eta}(t)\frac{\partial L(x,\dot{x},t)}{\partial\dot{x}}\right]\mathrm{d}t=0$$

即

$$\int_{t_0}^{t_f}\left[\eta(t)\frac{\partial L}{\partial x}+\dot{\eta}(t)\frac{\partial L}{\partial\dot{x}}\right]\mathrm{d}t=0 \tag{7.102}$$

对式（7.102）左边第二项进行分部积分，有

$$\int_{t_0}^{t_f}\dot{\eta}(t)\frac{\partial L}{\partial\dot{x}}\mathrm{d}t=\frac{\partial L}{\partial\dot{x}}\eta(t)\Big|_{t_0}^{t_f}-\int_{t_0}^{t_f}\eta(t)\frac{\mathrm{d}}{\mathrm{d}t}\frac{\partial L}{\partial\dot{x}}\mathrm{d}t \tag{7.103}$$

把式（7.103）代入式（7.102）可得

$$\int_{t_0}^{t_f}\eta(t)\left(\frac{\partial L}{\partial x}-\frac{\mathrm{d}}{\mathrm{d}t}\frac{\partial L}{\partial \dot{x}}\right)\mathrm{d}t+\frac{\partial L}{\partial \dot{x}}\eta(t)\Big|_{t_0}^{t_f}=0 \tag{7.104}$$

因设端点固定，故有 $\eta(t_0)=\eta(t_f)=0$ 。式（7.104）变成

$$\int_{t_0}^{t_f}\eta(t)\left(\frac{\partial L}{\partial x}-\frac{\mathrm{d}}{\mathrm{d}t}\frac{\partial L}{\partial \dot{x}}\right)\mathrm{d}t=0 \tag{7.105}$$

因方程式（7.105）对任意 $\eta(t)$ 均应成立，由此推得泛函取极值的必要条件为

$$\frac{\partial L}{\partial x}-\frac{\mathrm{d}}{\mathrm{d}t}\frac{\partial L}{\partial \dot{x}}=0 \tag{7.106}$$

式（7.106）称为欧拉（Euler）方程。

将式（7.106）左边第二项展开，可得

$$\begin{aligned}\frac{\mathrm{d}}{\mathrm{d}t}\frac{\partial L(x,\dot{x},t)}{\partial \dot{x}}&=\frac{\partial}{\partial \dot{x}}\frac{\partial L}{\partial \dot{x}}\frac{\mathrm{d}\dot{x}}{\mathrm{d}t}+\frac{\partial}{\partial x}\frac{\partial L}{\partial \dot{x}}\frac{\mathrm{d}x}{\mathrm{d}t}+\frac{\partial}{\partial t}\frac{\partial L}{\partial \dot{x}}\frac{\mathrm{d}t}{\mathrm{d}t}\\&=\frac{\partial^2 L}{\partial \dot{x}^2}+\frac{\partial^2 L}{\partial x\partial \dot{x}}\dot{x}+\frac{\partial^2 L}{\partial t\partial \dot{x}}\end{aligned}$$

则欧拉方程可写为

$$\frac{\partial L}{\partial \dot{x}^2}-\frac{\partial^2 L}{\partial t\partial \dot{x}}-\frac{\partial^2 L}{\partial x\partial \dot{x}}\dot{x}-\frac{\partial^2 L}{\partial \dot{x}^2}\ddot{x}$$

或简写成

$$L_x-L_{\dot{x}t}-L_{\dot{x}x}\dot{x}-L_{\dot{x}\dot{x}}\dot{x}=0$$

上式表明欧拉方程是一个二阶微分方程，极值曲线线 $x^*(t)$ 是满足欧拉方程的解。

在上面推导欧拉方程过程中，是把性能泛函 $J(x)$ 看作 ε 的函数，然后按照微积分中求函数极值的办法处理的。但在实际应用中，直接采用变分法表示式来求泛函极值，将显得更为简洁。现在来完成这种过渡。

在性能泛函

$$J(x)=\int_{t_0}^{t_f}L[x^*(t)+\varepsilon\eta(t),x^*(t)+\varepsilon\dot{\eta}(t),t]\mathrm{d}t$$

中，将被积函数 L 在 $\varepsilon=0$ 的邻域内展成泰勒（Taylor）级数：

$$L[x^*(t)+\varepsilon\eta(t),x^*(t)+\varepsilon\dot{\eta}(t),t]=L[x^*(t),x^*(t),t]+\frac{\partial L}{\partial x}\varepsilon\eta(t)+\frac{\partial L}{\partial \dot{x}}\varepsilon\dot{\eta}(t)+R \tag{7.107}$$

式中，R 表示 $\eta(t)$ 和 $\dot{\eta}(t)$ 一次以上的项。

用 ΔJ 表示泛函增量：

$$\Delta J=J(x^*+\varepsilon\eta)-J(x^*) \tag{7.108}$$

则

$$\begin{aligned}\Delta J&=\int_{t_0}^{t_f}\{L[x^*(t)+\varepsilon\eta(t),x^*(t)+\varepsilon\dot{\eta}(t),t]-L[x^*(t),x^*(t),t]\}\mathrm{d}t\\&=\int_{t_0}^{t_f}\left[\frac{\partial L}{\partial x}\varepsilon\eta(t)+\frac{\partial L}{\partial \dot{x}}\varepsilon\dot{\eta}(t)+R\right]\mathrm{d}t\end{aligned} \tag{7.109}$$

若定义 $x(t)$ 和 $\dot{x}(t)$ 的一阶变分为

$$\delta x=\varepsilon\eta(t),\quad \delta\dot{x}=\varepsilon\dot{\eta}(t) \tag{7.110}$$

则

$$\Delta J=\int_{t_0}^{t_f}\left(\frac{\partial L}{\partial x}\delta x+\frac{\partial L}{\partial \dot{x}}\delta \dot{x}+R\right)\mathrm{d}t \tag{7.111}$$

与在微积分中用微分表示函数增量的线性主部类似，在变分学中，也用一阶变分 δJ 表示泛函增量 ΔJ 的线性主部，即

$$\delta J=\int_{t_0}^{t_f}\left(\frac{\partial L}{\partial x}\delta x+\frac{\partial L}{\partial \dot{x}}\delta \dot{x}+\right)\mathrm{d}t \tag{7.112}$$

将式（7.112）右边第二项进行分部积分后，并令 $\delta J=0$，可得

$$\delta J=\int_{t_0}^{t_f}\left(\frac{\partial L}{\partial x}\delta x-\frac{\partial L}{\partial \dot{x}}\delta \dot{x}\right)\delta x\mathrm{d}t+\frac{\partial L}{\partial \dot{x}}\delta x\Big|_{t_0}^{t_f}=0 \tag{7.113}$$

因此，泛函 $J(x)$ 取极值的必要条件为

$$\frac{\partial L}{\partial x}-\frac{\mathrm{d}}{\mathrm{d}t}\frac{\partial L}{\partial \dot{x}}=0 \quad （欧拉方程） \tag{7.114}$$

$$\frac{\partial L}{\partial \dot{x}}\delta x\Big|_{t_0}^{t_f}=0 \quad （横截条件） \tag{7.115}$$

在固定端点问题中，$x(t_0)=x_0$、$x(t_f)=x_f$，可得 $\delta x(t_0)=0$、$\delta x(t_f)=0$，故泛函极值的必要条件就是欧拉方程。比较式（7.114）和式（7.106）可见其结果是相同的。

欧拉方程是一个二阶微分方程，求解时有两个积分常数待定。对于固定端点问题，给定的 $x(t_0)=x_0$ 和 $x(t_f)=x_f$ 就是两个边界条件，所以求解欧拉方程就是求解两点边值问题。对于自由端点问题，因其一个端点 $(x(t_0)=x_0或x(t_f)=x_f)$ 或两个端点是自由的，所以所欠缺的一个或两个边界条件，便应由横截条件：

$$\frac{\partial L}{\partial \dot{x}}\Big|_{t_0}=0 \quad （始端自由） \tag{7.116}$$

$$\frac{\partial L}{\partial \dot{x}}\Big|_{t_f}=0 \quad （终端自由） \tag{7.117}$$

来补足。

应当指出，上述欧拉方程和横截条件只是泛函极值存在的必要条件，至于所解得的极值曲线究竟是极小值曲线还是极大值曲线，尚应根据充分条件来判定。但是，对于多数工程问题，由必要条件求得的极值曲线，往往可根据问题的物理含义直接做出判断。所以，本节不讨论极小（大）值的充分条件问题。

【例 7.5】　设受控对象的微分方程为

$$\dot{x}=u$$

以 x_0 和 x_f 为边界条件，求 $u^*(t)$，使下列性能泛函取极小值。

$$J=\int_{t_0}^{t_f}(x^2+u^2)\mathrm{d}t$$

解　将微分方程代入性能泛函：

$$J=\int_{t_0}^{t_f}(x^2+u^2)\mathrm{d}t=\int_{t_0}^{t_f}(x^2+\dot{x}^2)\mathrm{d}t$$

在此 $L[x,\dot{x}]=x^2+\dot{x}^2$，故欧拉方程为

$$\frac{\partial L}{\partial x}-\frac{\mathrm{d}}{\mathrm{d}t}\frac{\partial L}{\partial \dot{x}}=2x-2\ddot{x}=0$$

可解得

$$x(t)=C_1\mathrm{e}^t+C_2\mathrm{e}^{-t}$$

解出积分常数：

$$C_1=\frac{x_f-x_0\mathrm{e}^{-tf}}{\mathrm{e}^{tf}-\mathrm{e}^{-tf}},\ C_2=\frac{x_0\mathrm{e}^{tf}-x_f}{\mathrm{e}^{tf}-\mathrm{e}^{-tf}}$$

故极值曲线为

$$x^*(t)=\frac{x_f-x_0\mathrm{e}^{-tf}}{\mathrm{e}^{tf}-\mathrm{e}^{-tf}}\mathrm{e}^t+\frac{x_0\mathrm{e}^{tf}-x_f}{\mathrm{e}^{tf}-\mathrm{e}^{-tf}}\mathrm{e}^{-t}=\frac{x_f\cosh t-x_0\cosh(t_f-t_0)}{\sinh t_f}$$

7.6.3 多元泛函的极值条件

以上讨论的是含标量未知函数的泛函极值问题。很容易把它推广到多变量，即矢量的情况。

设 $X=[x_1\ \ x_2\ \ \cdots\ \ x_n]^{\mathrm{T}}$ 为 n 维变量，$X(t_0)=x_0$、$X(t_f)=x_f$。求下列性能泛函的极值轨线。

$$J(x_1,x_2,\cdots,x_n)=\int_{t_0}^{t_f}L(x_1,x_2,\cdots,x_n;\dot{x}_1,\dot{x}_2,\cdots,\dot{x}_n;t)\mathrm{d}t \tag{7.118}$$

式中，L 为 x_i 及其一阶导数 $\dot{x}_i(i=1,2,\cdots,n)$ 的数量函数。

为寻求使性能泛函 $J(x_1,x_2,\cdots,x_n)$ 取极值的必要条件，可令 $x_1,x_2,\cdots,x_n$ 中之一，如 $x_i(1\leqslant i\leqslant n)$ 进行变分，其余 $n-1$ 个变量保持不变，或者其变分为零。在这一特殊情况下，J 就成了只依赖一元函数 x_i 的泛函，J 取极值的必要条件当然就是欧拉方程。

$$\frac{\partial L}{\partial x_i}-\frac{\mathrm{d}}{\mathrm{d}t}\frac{\partial L}{\partial \dot{x}_i}=0 \tag{7.119}$$

但 i 可以是 $1,2,\cdots,n$ 中的任一值，所以泛函 $J(x_1,x_2,\cdots,x_n)$ 取极值的必要条件是下列方程组成立：

$$\begin{cases}\dfrac{\partial L}{\partial x_1}-\dfrac{\mathrm{d}}{\mathrm{d}t}\dfrac{\partial L}{\partial \dot{x}_1}=0\\[2mm] \dfrac{\partial L}{\partial x_2}-\dfrac{\mathrm{d}}{\mathrm{d}t}\dfrac{\partial L}{\partial \dot{x}_2}=0\\ \qquad\vdots \qquad\qquad\qquad\qquad\qquad (\text{欧拉方程})\\ \dfrac{\partial L}{\partial x_n}-\dfrac{\mathrm{d}}{\mathrm{d}t}\dfrac{\partial L}{\partial \dot{x}_n}=0\\ x_i(t_0)=x_{i0},\ x_i(t_f)=x_{if}\quad i=1,2,\cdots,n\quad (\text{边界条件})\end{cases} \tag{7.120}$$

或写成矢量形式：

$$\begin{cases} \dfrac{\partial L}{\partial X} - \dfrac{\mathrm{d}}{\mathrm{d}t}\dfrac{\partial L}{\partial \dot{X}} = 0 & \text{（欧拉方程）} \\ X(t_0) = x_0,\ X(t_f) = x_f & \text{（边界条件）} \end{cases} \tag{7.121}$$

式中，x 应有连续的二阶导数，而 L 至少应两次连续可微。

对于自由端点情况，边界条件可由横截条件

$$\begin{cases} X(t_0) = x_0 \\ \dfrac{\partial L}{\partial \dot{X}}\Big|_{t_f} = 0 & \text{(自由终端)} \end{cases} \tag{7.122}$$

或

$$\begin{cases} \dfrac{\partial L}{\partial \dot{x}}\Big|_{t_0} = 0 & \text{(自由始端)} \\ x(t_f) = x_f \end{cases} \tag{7.123}$$

加以确定。

【例 7.6】　求下述泛函的极值曲线。

$$J = \int_0^{\frac{\pi}{2}} (2\dot{u} + 2\dot{x}^2 + 4ux)\mathrm{d}t$$

边界条件：

$$u(0) = 0,\quad u\left(\frac{\pi}{2}\right) = 1$$

$$x(0) = 0,\quad x\left(\frac{\pi}{2}\right) = -1$$

解　这是二元泛函，被积函数为

$$L = 2\dot{u}^2 + 2\dot{x}^2 + 4ux$$

其偏导数为

$$L_u = 4x,\quad L_{\dot{u}\dot{u}} = 4,\quad L_{u\dot{u}} = 0,\quad L_{t\dot{u}} = 0$$

得欧拉方程 $4\ddot{u} - 4x = 0$，即 $\ddot{u} - x = 0$。同理 $L_x = 4u$、$L_{\dot{x}} = 4$、$L_{x\dot{x}} = 0$、$L_{tx} = 0$，得欧拉方程为

$$\ddot{x} - u = 0$$

联立求解方程组：

$$\ddot{u} - x = 0$$

$$\ddot{x} - u = 0$$

因特征方程 $\lambda^4 - 1 = 0$，可得特征根为 $\lambda = \pm 1, \pm \mathrm{i}$。故

$$u = C_1\mathrm{e}^t + C_2\mathrm{e}^{-t} + C_3\sin t + C_4\cos t$$

$$x = \ddot{u} = C_1\mathrm{e}^t + C_2\mathrm{e}^{-t} - C_3\sin t - C_4\cos t$$

由边界条件得

$$C_1 = C_2 = C_3 = 0, C_4 = 1$$

因此极值曲线为

$$u^* = \sin t$$

$$x^* = -\sin t$$

【例 7.7】 已知系统状态方程 $\dot{x} = ax + u$，$x(0) = x_0$，t_f 给定，$x(t_f)$ 自由。求极值曲线使

$$J(x) = \frac{1}{2}\int_0^{t_f} (x^2 + r^2u^2)\mathrm{d}t$$

为极小值。其中，a、r 为常数。

解 将状态方程代入性能泛函消去 u，得

$$J(x) = \frac{1}{2}\int_0^{t_f} [x^2 + r^2(\dot{x} - ax)^2]\mathrm{d}t$$

这里 $L = \frac{1}{2}[x^2 + r^2(\dot{x} - ax)^2]$，可求得

$$\frac{\partial L}{\partial \dot{x}} = r^2(\dot{x} - ax), \quad \frac{\partial^2 L}{\partial \dot{x}^2} = r^2, \quad \frac{\partial^2 L}{\partial x \partial \dot{x}} = -r^2 a$$

$$\frac{\partial L}{\partial x} = r^2(\dot{x} - ax)(-a) + x$$

代入欧拉方程

$$\frac{\partial^2 L}{\partial \dot{x}^2}\ddot{x} + \frac{\partial^2 L}{\partial \dot{x}^2}\dot{x} + \frac{\partial^2 L}{\partial t \partial \dot{x}} - \frac{\partial L}{\partial x} = 0$$

得

$$r^2\ddot{x} - r^2 a\dot{x} - x + ar^2(\dot{x} - ax) = 0$$

即

$$x = \frac{1 + a^2r^2}{r^2}x = \left(\frac{1}{r^2} + a^2\right)x$$

边界条件为

$$x(0) = x_0$$

$$\frac{\partial L}{\partial \dot{x}}\Big|_{t_f} = (\dot{x} - ax)\Big|_{t_f} = 0$$

联立求解上述方程可求得极值曲线。

7.6.4 可变端点问题

以上所讨论的泛函极值曲线 $x^*(t)$，其始端状态 $x(t_0)$ 和终端状态 $x(t_f)$ 或是固定的或是自由的，但其始端时刻 t_0 和终端时刻 t_f 都是固定不变的。下面讨论始端固定（t_0 和 $x(t_0)$ 给定），终端时刻 t_f 可沿着给定靶线 $C(t)$ 变动的情况，如图 7.5 所示。

现在的问题是：要寻找一条连续可微的极值轨线，当它由给定始端 $x(t_0)$ 到达给定终端约束曲线 $x(t_f)$=$C(t_f)$ 上时，使性能泛函：

$$J(x)=\int_{t_0}^{t_f}L(x,\dot{x},t)\mathrm{d}t \tag{7.124}$$

取极值。式中，t_f 为待求量。

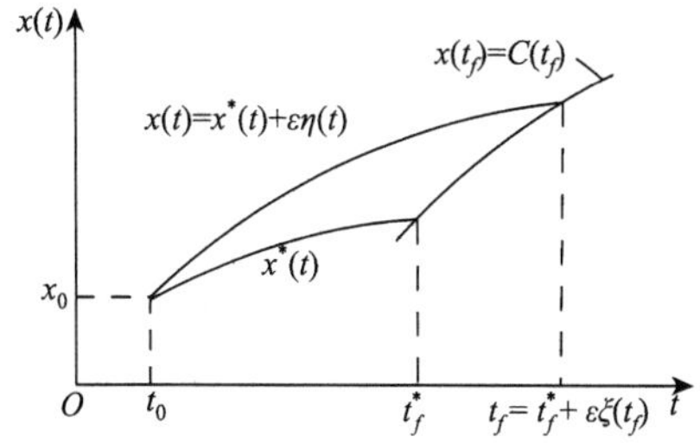

比较式（7.124）和式（7.96）可知，它们在形式上完全相同，所不同的仅在于式（7.124）中的 t_f 不是变动的。由于 t_f 变动，其变分 δt_f 不为零，而终态 $x(t_f)$ 又必须落在终端约束曲线二 $x(t_f)-C(t_f)=0$ 上。因此，为使泛函达到极值，除要确定最优轨线 $x^*(t)$ 外，还要确定最优终端时刻 t_f^*。

图 7.5 可变终端情况

定理 7.3 设轨线 $x(t_f)$ 从固定始端 $x(t_0)$ 到达给定终端曲线 $x^*(t)=C(t_f^*)$ 上，使性能泛函：

$$J=\int_{t_0}^{t_f}L(x,\dot{x},t)\mathrm{d}t \tag{7.125}$$

取极值的必要条件是：轨线 $x(t)$ 满足

$$\frac{\partial L}{\partial x}-\frac{\mathrm{d}}{\mathrm{d}t}\frac{\partial L}{\partial \dot{x}}=0 \quad （欧拉方程） \tag{7.126}$$

$$\left\{L+[\dot{x}(t_f)-\dot{C}(t_f)]\frac{\partial L}{\partial \dot{x}}\delta x\right\}\Big|_{t=t_f}=0 \quad （终端横截条件） \tag{7.127}$$

式中，$x(t)$ 应有连续的二阶导数；L 至少应两次连续可微；$C(t)$ 应具有连续的一阶导数。

证明 设 $x^*(t)$ 为所求极值轨线，其对应的终端为 $[t_f^*,\ x^*(t_f^*)]$，而

$$x(t)=x^*(t)+\varepsilon\eta(t) \tag{7.128}$$

表示包含极值轨线 $x^*(t)$ 在内的一束邻近曲线，其终端为 $[t_f,\ x(t_f)]$。由于终端时刻 t_f 是变动的，所以每一条轨钱都有其各自的终端时刻 t_f。为此必须定义一个与 $x(t)$ 相应的终端时刻集合：

$$t_f=t_f^*+\varepsilon\xi(t_f) \tag{7.129}$$

把式（7.128）、式（7.129）代入式（7.125），得

$$\begin{aligned}J(x)&=\int_{t_0}^{t_f^*+\varepsilon\xi(t_f)}L[x^*(t)+\varepsilon\eta(t),\dot{x}^*(t)+\varepsilon\dot{\eta}(t),t]\mathrm{d}t\\&=\int_{t_0}^{t_f^*}L[x^*(t)+\varepsilon\eta(t),\dot{x}^*(t)+\varepsilon\dot{\eta}(t),t]\mathrm{d}t\\&\quad+\int_{t_f^*}^{t_f^*+\varepsilon\xi(t_f)}L[x^*(t)+\varepsilon\eta(t),\dot{x}^*(t)+\varepsilon\dot{\eta}(t),t]\mathrm{d}t\\&\approx\int_{t_0}^{t_f^*}L[x^*(t)+\varepsilon\eta(t),\dot{x}^*(t)+\varepsilon\dot{\eta}(t),t]\mathrm{d}t\\&\quad+\varepsilon\xi(t_f)L[x^*(t_f^*),\dot{x}^*(t_f^*),t_f^*]\end{aligned} \tag{7.130}$$

根据极值条件：

$$\frac{\partial J(x)}{\partial \varepsilon}\Big|_{\varepsilon=0}=0 \tag{7.131}$$

可得

$$\int_{t_0}^{t_f}\left[\eta(t)\frac{\partial L}{\partial x}-\dot{\eta}(t)\frac{\partial L}{\partial \dot{x}}\right]\mathrm{d}t+\xi(t_f)L[x^*(t_f^*),\dot{x}^*(t_f^*),t_f^*]=0 \tag{7.132}$$

对式（7.132）被积函数第二项进行分部积分且由于$\eta(t_0)=0$，则

$$\int_{t_0}^{t_f^*}\eta(t)\left(\frac{\partial L}{\partial x}-\frac{\mathrm{d}}{\mathrm{d}t}\frac{\partial L}{\partial \dot{x}}\right)\mathrm{d}t+\eta(t_f^*)\frac{\partial L}{\partial \dot{x}}\bigg|_{t_f^*}+\xi(t_f)L[x^*(t_f^*),\dot{x}^*(t_f^*),t_f^*]=0 \tag{7.133}$$

再注意$\eta(t_f^*)$和$\xi(t_f)$不是互相独立的，它们受终端条件$x(t)|_{t=t_f}=C(t_f)$约束，即

$$x^*[t_f^*+\varepsilon\xi(t_f)]+\varepsilon\eta[t_f^*+\varepsilon\xi(t_f)]=C[t_f^*+\varepsilon\xi(t_f)] \tag{7.134}$$

将式（7.134）对ε求导，并令$\varepsilon\to 0$，得：

$$\xi(t_f)\dot{x}^*(t_f^*)+\eta(t_f^*)=\xi(t_f)\dot{C}(t_f^*) \tag{7.135}$$

$$\eta(t_f^*)=\xi(t_f)[\dot{C}(t_f^*)-\dot{x}^*(t_f^*)] \tag{7.136}$$

将式（7.136）代入式（7.133），得

$$\int_{t_0}^{t_f^*}\eta(t)\left(\frac{\partial L}{\partial x}-\frac{\mathrm{d}}{\mathrm{d}t}\frac{\partial L}{\partial \dot{x}}\right)\mathrm{d}t+\xi(t_f)\left\{[\dot{C}(t_f^*)-\dot{x}^*(t_f^*)]\frac{\partial L[x^*(t_f^*),\dot{x}^*(t_f^*),t_f^*]}{\partial \dot{x}}+L[x^*(t_f^*),\dot{x}^*(t_f^*),t_f^*]\right\}=0 \tag{7.137}$$

$\eta(t)$的任意性及$\xi(t_f)$的任意性，必使式（7.138）成立：

$$\frac{\partial L}{\partial x}-\frac{\mathrm{d}}{\mathrm{d}t}\frac{\partial L}{\partial \dot{x}}=0 \tag{7.138}$$

$$\left\{L+[\dot{C}(t)-\dot{x}(t)]\frac{\partial L}{\partial \dot{x}}\right\}\bigg|_{t=t_f}=0 \tag{7.139}$$

定理得证。

式（7.139）确立了在终端处$C(t)$和$x(t)$之间的关系，并影响$x^*(t)$和靶线$C(t)$在t_f时刻的交点，故称为终端横截条件。

在控制工程中，大多数靶线是平行于t轴的直线，此时，$\dot{C}(t)$=0，因而有

$$\left(L-\frac{\partial L}{\partial \dot{x}}\right)\bigg|_{t=t_f}=0 \tag{7.140}$$

若$C(t)$是垂直于t轴的直线，$\dot{C}(t)$=∞，并从式（7.139）有

$$\frac{L(t_f)}{\dot{C}(t)-\dot{x}(t)}+\frac{\partial L}{\partial \dot{x}}\bigg|_{t_f}=0 \tag{7.141}$$

则横截条件变为

$$\frac{\partial L}{\partial \dot{x}}\bigg|_{t_f}=0 \tag{7.142}$$

按类似方法不难推得在终端固定，始端沿给定曲线$D(t)$变动时的横截条件为

$$\left\{L-[\dot{x}(t)+-\dot{D}(t)]\frac{\partial L}{\partial \dot{x}}\right\}\bigg|_{t=t_0}=0 \tag{7.143}$$

同理，当$D(t)$平行于t轴时，为

$$\left(L - \dot{x}\frac{\partial L}{\partial \dot{x}}\right)\bigg|_{t=t_0} = 0 \tag{7.144}$$

当约束曲线垂直于t轴时，所求得的横截条件式（7.142）、式（7.144）恰好与式（7.117）、式（7.116）一致。

把上述结论推广到多变量泛函，则可得矢量形式的泛函极值必要条件：

$$\frac{\partial L}{\partial X} - \frac{\mathrm{d}}{\mathrm{d}t}\frac{\partial L}{\partial \dot{X}} = 0 \tag{7.145}$$

$$\left\{L + [\dot{C}(t) - \dot{X}(t)]^{\mathrm{T}}\frac{\partial L}{\partial \dot{X}}\right\}\bigg|_{t=t_f} = 0 \tag{7.146}$$

式中，$x(t_f) = C(t_f)$为给定的终端约束曲面。

可变终端问题的一个典型例子是拦截问题。发射火箭拦截一个目标，该目标正沿轨道$x = C(t_f)$运动，如图7.6所示。

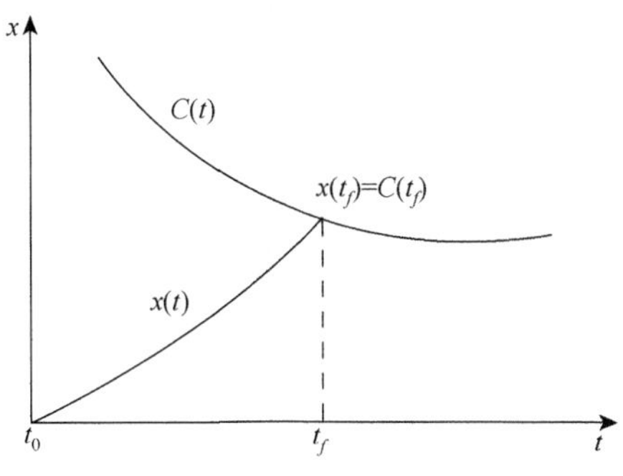

图7.6 拦截问题

要求火箭发射出去消耗燃料最少且在t=t_f时，火箭的位置满足$x(t_f) = C(t_f)$，火箭在目标运动轨道上恰好与目标位置重合，即满足式（7.127）所示的横截条件。

【例7.8】 求从$x(0) = 1$到直线$x(t) = 2 - t$间距离最短的曲线（图7.7）。

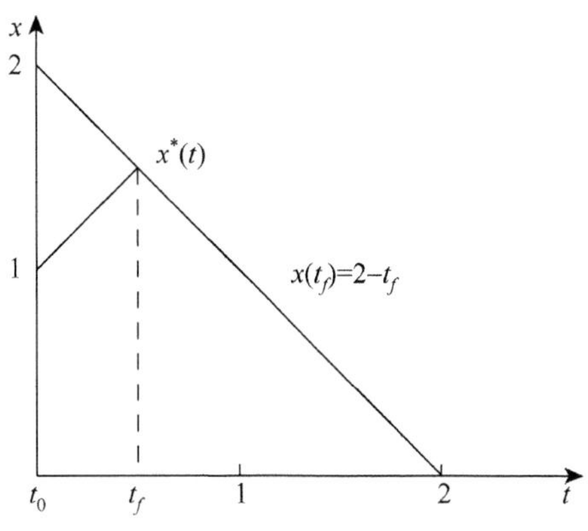

图7.7 拦截问题举例

解 问题归结为求 $J(x)=\int_0^{t_f}(1+\dot{x}^2)^{\frac{1}{2}}\mathrm{d}t$ 取极小值的轨线 $x(t)$。

这里

$$L=\sqrt{1+\dot{x}^2}$$

由欧拉方程得

$$\frac{\mathrm{d}}{\mathrm{d}t}\sqrt{1+\dot{x}^2}=0$$

即

$$\frac{\dot{x}}{\sqrt{1+\dot{x}^2}}=C$$

稍加整理，得

$$\dot{x}=\pm\frac{C}{\sqrt{1-C^2}}=a$$

故

$$x=at+b$$

由横截条件：

$$[\dot{C}-\dot{x}]\frac{\partial L}{\partial \dot{x}}\}\Big|_{t=t_f}=0$$

$$-(1+\dot{x})\frac{\dot{x}}{\sqrt{1+\dot{x}^2}}+\sqrt{1+\dot{x}^2}=0$$

化简得

$$\dot{x}=1$$

确定积分常数。由当 t=0 时，x=1，得 b=1。又由横截条件知，当 $t=t_f$时，$\dot{x}=1$，故$a=1$。

最优轨线：

$$x^*(t)=t+1$$

由终端约束条件：

$$x(t_f)=t_f+1=2-t_f$$

可得最优终端控制时刻为

$$t_f^*=\frac{1}{2}$$

7.6.5 具有综合型性能泛函的情况

以上讨论的泛函限于积分型的一种，但在最优控制问题中，性能泛函常含有终端性能 $\phi[x(t_f)]$。同时，可推广到多变量系统，用矢量 X 替代 x，于是性能泛函为

$$J(x)=\phi[x(t_f)]+\int_{t_0}^{t_f}L(X,\dot{X},t)\mathrm{d}t \tag{7.147}$$

假定 $x(t_0)=x_0=$ 常数，t_f 给定，$x(t_f)$ 自由。

仿照前面推导欧拉方程的类似步骤，可得

$$\delta J(x)=\frac{\partial J(x+\varepsilon\eta)}{\partial\varepsilon}\Big|_{\varepsilon=0}=\int_{t_0}^{t_f}\left(\frac{\partial L}{\partial x}-\frac{\mathrm{d}}{\mathrm{d}t}\frac{\partial L}{\partial\dot{x}}\right)^{\mathrm{T}}\eta(t)\mathrm{d}t$$
$$+\left(\frac{\partial L}{\partial\dot{x}}\right)^{\mathrm{T}}\eta(t)\Big|_{t_0}^{t_f}+\left\{\frac{\partial^2\phi[x(t_f)]}{\partial x(t_f)}\right\}^{\mathrm{T}}\eta(t_f)=0 \tag{7.148}$$

由于 $x(t_0)=x_0$ 固定，式（7.148）变为

$$\delta J(x)=\int_{t_0}^{t_f}\left(\frac{\partial L}{\partial x}-\frac{\mathrm{d}}{\mathrm{d}t}\frac{\partial L}{\partial\dot{x}}\right)^{\mathrm{T}}\eta(t)\mathrm{d}t+\left(\frac{\partial L}{\partial\dot{x}}\right)_{t_f}^{\mathrm{T}}\eta(t_f)$$
$$+\left\{\frac{\partial\phi[x(t_f)]}{\partial x(t_f)}\right\}^{\mathrm{T}}\eta(t_f)=0 \tag{7.149}$$

考虑 $\eta(t)$ 及 $\eta(t_f)$ 的任意性，故得 $J(x)$ 取极值的必要条件为

$$\frac{\partial L}{\partial x}-\frac{\mathrm{d}}{\mathrm{d}t}\frac{\partial L}{\partial\dot{x}}=0 \tag{7.150}$$

$$x(t_0)=x_0$$

$$\frac{\partial L}{\partial\dot{x}}\delta x\Big|_{t_f}=-\frac{\partial\phi[x(t_f)]}{\partial x(t_f)} \tag{7.151}$$

7.7　用变分法求解连续系统最优控制问题——有约束条件的泛函极值

7.6 节讨论没有约束条件的泛函极值问题。但在最优控制问题中，泛函 J 所依赖的函数总要受到受控系统状态方程的约束。解决这类问题的思路是应用拉格朗日乘子法，将这种有约束条件的泛函极值问题转化为无约束条件的泛函极值问题。

7.7.1　拉格朗日问题

考虑系统：

$$\dot{X}(t)=f[X(t),U(t),t] \tag{7.152}$$

式中，$X(t)\in\mathbb{R}^n$；$U(t)\in\mathbb{R}^r$；$f[X(t),U(t),t]$为n维可微的矢量函数。

设给定 $t\in[t_0,t_f]$，初始状态为 $X(t_0)=x_0$，终端状态 $X(t_f)$ 自由。性能泛函为

$$J=\int_{t_0}^{t_f}L[X(t),U(t),t]\mathrm{d}t \tag{7.153}$$

将状态方程式（7.152）写成约束方程形式：

$$f[X(t),U(t),t]-\dot{X}(t)=0 \tag{7.154}$$

应用拉格朗日乘子法，构造增广泛函：

$$J' = \int_{t_0}^{t_f} \{L[X(t),U(t),t] + \lambda^{\mathrm{T}}(t) f[X(t),U(t),t] - \dot{X}(t)\}\mathrm{d}t \tag{7.155}$$

式中，$\lambda^{\mathrm{T}}(t)$ 为待定的 n 维拉格朗日乘子矢量。

定义纯量函数：

$$H[X,U,\lambda,t] = L[X(t),U(t),t] + \lambda^{\mathrm{T}}(t) f[X(t),U(t),t] \tag{7.156}$$

称 $H[X,U,\lambda,t]$ 为哈密顿函数。则

$$J' = \int_{t_0}^{t_f} \{H[X,U,\lambda,t] - \lambda^{\mathrm{T}}(t)\dot{X}\}\mathrm{d}t \tag{7.157}$$

或

$$J' = \int_{t_0}^{t_f} \overline{H}[X,U,\lambda,t]\mathrm{d}t \tag{7.158}$$

式中，

$$\overline{H}[X,U,\lambda,t] = L[X,U,t] + \lambda^{\mathrm{T}}\{f[X(t),U(t),t] - \dot{X}(t)\} \tag{7.159}$$

对式（7.157）右边第二项作分部积分，得

$$\int_{t_0}^{t_f} -\lambda^{\mathrm{T}}\dot{X}\mathrm{d}t = \int_{t_0}^{t_f} -\dot{\lambda}^{\mathrm{T}}X\mathrm{d}t - \lambda^{\mathrm{T}}X\big|_{t_0}^{t_f}$$

将上式代入式（7.157），得

$$J' = \int_{t_0}^{t_f} \{H[X,U,\lambda,t] + \dot{\lambda}^{\mathrm{T}}X\}\mathrm{d}t - \lambda^{\mathrm{T}}X\big|_{t_0}^{t_f} \tag{7.160}$$

设 $U(t)$ 和 $X(t)$ 相对于最优控制 $U^*(t)$ 及最优轨线 $X^*(t)$ 的变分分别为 δU 和 δX，计算 δU 和 δX 引起的 J' 的变分为

$$\delta J' = \int_{t_0}^{t_f} \left[(\delta X)^{\mathrm{T}}\left(\frac{\partial H}{\partial X} + \dot{\lambda}\right) + (\delta X)^{\mathrm{T}}\frac{\partial H}{\partial U}\right]\mathrm{d}t - (\delta X)^{\mathrm{T}}\lambda\big|_{t_0}^{t_f}$$

使 J' 取极小的必要条件是：对任意的 δU 和 δX，都有 $\delta J' = 0$ 成立。

因此，得

$$\frac{\partial H}{\partial X} + \dot{\lambda} = 0 \tag{7.161}$$

$$\frac{\partial H}{\partial \lambda} = \dot{X} \tag{7.162}$$

$$\frac{\partial H}{\partial U} = 0 \tag{7.163}$$

$$\lambda\big|_{t_0}^{t_f} = 0 \tag{7.164}$$

式(7.161)称为动态系统的伴随方程或协态方程，λ 又称为伴随矢量或协态矢量。式(7.162)即系统的状态方程。式（7.161）与式（7.162）联立称为哈密顿正则方程。式（7.163）称为控制方程，它表示哈密顿函数 H 对最优控制而言取稳定值。这个方程是在假设 δU 任意取值、控制 $U(t)$ 取值不受约束条件下得到的。如果 $U(t)$ 为容许控制，受到 $U(t) \in U$ 的约束，δU 变分不能任意取值，那么关系式 $\delta H / \delta U = 0$ 不成立，这种情况留待极小值原理中讨论。

式（7.164）称为横截条件，常用于补充边界条件。例如，若始端固定，终态自由，由于 $\delta X(t_0)=0$ 、$\delta X(t_f)$ 任意，则有

$$\begin{aligned} X(t_0) &= x_0 \\ X(t_f) &= 0 \end{aligned} \tag{7.165}$$

若始端和终端都固定，$\delta X(t_0)=0$ 、$\delta X(t_f)=0$ ，则以

$$\begin{aligned} X(t_0) &= x_0 \\ X(t_f) &= x_f \end{aligned} \tag{7.166}$$

作为两个边界条件。

实际上，上述泛函极值的必要条件，亦可由式（7.158）写出的欧拉方程直接导出，即

$$\begin{cases} \dfrac{\partial \overline{H}}{\partial X} - \dfrac{\mathrm{d}}{\mathrm{d}t}\dfrac{\partial \overline{H}}{\partial \dot{X}} = 0 \\ \dfrac{\partial \overline{H}}{\partial \lambda} - \dfrac{\mathrm{d}}{\mathrm{d}t}\dfrac{\partial \overline{H}}{\partial \dot{\lambda}} = 0 \\ \dfrac{\partial \overline{H}}{\partial U} - \dfrac{\mathrm{d}}{\mathrm{d}t}\dfrac{\partial \overline{H}}{\partial \dot{U}} = 0 \\ \dfrac{\partial \overline{H}}{\partial \dot{X}}\Big|_{t_0}^{t_f} = 0 \end{cases} \rightarrow \begin{cases} \dfrac{\partial H}{\partial X} + \lambda = 0 \\ \dfrac{\partial H}{\partial \lambda} = \dot{X} \\ \dfrac{\partial H}{\partial U} = 0 \\ \lambda\Big|_{t_0}^{t_f} = 0 \end{cases} \tag{7.167}$$

应用上述条件求解最优控制的步骤如下：

（1）由控制方程 $\delta H / \delta U = 0$ ，解出 $U^* = \tilde{U}[X,\lambda]$ 。

（2）将 U^* 代入正则方程解两点边值问题，求 X^*、U^* 。

（3）再将 X^*、U^* 代入得 $U^* = \tilde{U}[X^*,\lambda^*]$ 即为所求。

【例 7.9】　有系统如图 7.8 所示。欲使系统在 2 s 内从状态 $\begin{bmatrix}\theta(0)\\ \omega(0)\end{bmatrix}=\begin{bmatrix}1\\1\end{bmatrix}$ 转移到状态 $\begin{bmatrix}\theta(2)\\ \omega(2)\end{bmatrix}=\begin{bmatrix}0\\0\end{bmatrix}$，使性能泛函：

$$J = \int_0^2 u^2(t)\mathrm{d}t \rightarrow \min$$

试求 $u(t)$ 。

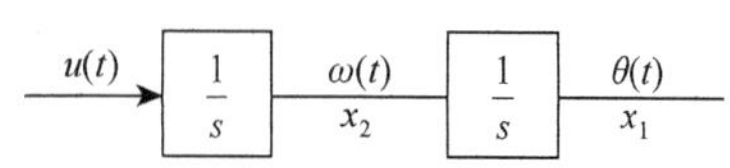

图 7.8　系统

解　系统状态方程及边界条件分别为

$$\dot{X} = \begin{bmatrix}0 & 1\\ 0 & 0\end{bmatrix}x + \begin{bmatrix}0\\1\end{bmatrix}u$$

$$X(0)=\begin{bmatrix}1\\1\end{bmatrix},\quad X(2)=\begin{bmatrix}0\\0\end{bmatrix}$$

由式（7.159）得

$$\overline{H} = L + \lambda^{\mathrm{T}}[f - \dot{X}] = \frac{1}{2}u^2 + \lambda^{\mathrm{T}}\left\{\begin{bmatrix}0 & 0\\ 1 & 0\end{bmatrix}x + \begin{bmatrix}0\\1\end{bmatrix}u - \dot{x}\right\}$$

由欧拉方程，得

$$\frac{\partial\overline{H}}{\partial X}-\frac{\mathrm{d}}{\mathrm{d}t}\frac{\partial\overline{H}}{\partial\dot{X}}=\begin{bmatrix}0 & 0\\1 & 0\end{bmatrix}\begin{bmatrix}\lambda_1\\\lambda_2\end{bmatrix}+\begin{bmatrix}\dot{\lambda}_1\\\dot{\lambda}_2\end{bmatrix}=0$$

$$\dot{\lambda}_1=0$$

$$\dot{\lambda}_2=-\lambda_1$$

$$\frac{\partial\overline{H}}{\partial U}-\frac{\mathrm{d}}{\mathrm{d}t}\frac{\partial\overline{H}}{\partial\dot{U}}=u+[0\quad 1]\begin{bmatrix}\lambda_1\\\lambda_2\end{bmatrix}=0$$

$$u=-\lambda_2$$

$$\frac{\partial\overline{H}}{\partial\lambda}-\frac{\mathrm{d}}{\mathrm{d}t}\frac{\partial\overline{H}}{\partial\dot{\lambda}}=\begin{bmatrix}0 & 0\\0 & 1\end{bmatrix}x+\begin{bmatrix}0\\1\end{bmatrix}u-\dot{x}=0$$

$$\dot{x}_1=x_2$$

$$\dot{x}_2=u$$

5 个未知数 x_1、x_2、λ_1、λ_2、u 由 5 个范畴联立求得通解为

$$\lambda_1=C_1$$

$$\lambda_2=-C_1t+C_2$$

$$u=C_1t-C_2$$

$$x_1=\frac{1}{6}C_1t^3-\frac{1}{2}C_2t^2+C_3t+C_4$$

$$x_2=\frac{1}{2}C_1t^2-C_2t+C_3$$

4 个积分常数 C_1、C_2、C_3、C_4 由 4 个边界条件：

$$x_1(0)=1,\quad x_2(0)=1,\quad x_1(2)=0,\quad x_2(2)=0$$

解得

$$C_1=3,\quad C_2=\frac{7}{2},\quad C_3=1,\quad C_4=1$$

因此，最优解为

$$u^*(t)=3t-\frac{7}{2}$$

$$x_1^*(t)=\frac{1}{2}t^3-\frac{7}{4}t^2+t+1$$

$$x_2^*(t)=\frac{3}{2}t^2-\frac{7}{4}t+1$$

最优控制 $u^*(t)$、及最优轨线 $x^*(t)$ 如图 7.9 所示。

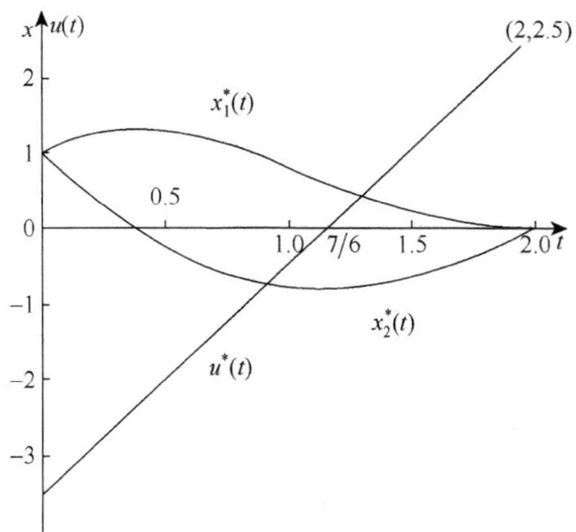

图 7.9 例 7.9 的最优解

【例 7.10】 设问题同例 7.9，但将终端状态改为$\theta(2)=0$、$\omega(2)$自由，即终端条件改成部分约束、部分自由。重求$x^*(t)$、$u^*(t)$。

解 正则方程及控制方程与例 7.9 完全相同，只是边界条件改成

$$x_1(0)=1,\quad x_2(0)=1,\quad t=0$$
$$x_1(2)=0,\quad \lambda_2(2)=0,\quad t=2$$

因x_2（2）自由，代入例 7.9 的通解中可确定积分常数：

$$C_1=\frac{9}{8},\quad C_2=\frac{18}{8},\quad C_3=1,\quad C_4=1$$

于是，得

$$u^*(t)=6t-12$$
$$x_1^*(t)=\frac{3}{16}t^3-\frac{9}{8}t^2+t+1$$
$$x_2^*(t)=\frac{9}{16}t^2-\frac{9}{4}t+1$$

$u^*(t)$和$x^*(t)$的图形如图 7.10 所示。

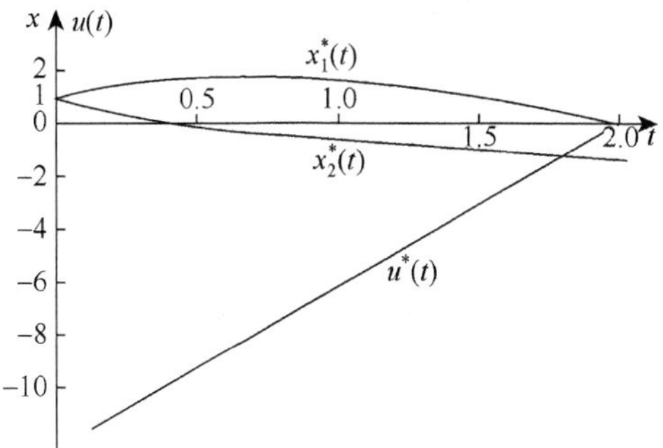

图 7.10 例 7.10 的最优解

比较上述结果可知，即使是同一个问题，如果终端条件不同，其最优解也不同。

7.7.2 波尔扎问题

设系统状态方程：

$$\dot{X}(t)=f[X(t),U(t),t] \tag{7.168}$$

初始状态 $X(t_0)=x_0$，终始状态 $X(t_f)$ 满足

$$N[X(t_f),t_f]=0 \tag{7.169}$$

式中，N 为 q 维矢量函数，$q\leqslant n$。性能泛函：

$$J=\phi[X(t_f),t_f]+\int_{t_0}^{t_f}L[X(t),U(t),t]\mathrm{d}t \tag{7.170}$$

式中，ϕ、L 都是连续可微的数量函数；t_f 为待求的终端时间。

最优控制问题是寻求控制矢量 $U^*(t)$，将系统从初态 $X(t_0)$ 转移到目标集 $N[X(t_f)$，$t_f]=0$ 上，并使 J 取极小值。

在这类极值问题中，要处理两种类型的等式约束，一是微分方程约束；二是终端边界约束。根据拉格朗日乘子法，要引入两个乘子矢量，一个是 n 维 $\lambda(t)$；另一个是 q 维 μ，将等式约束条件泛函极值化成无约束条件泛函极值问题来求解。

为此，构造增广泛函：

$$\begin{aligned}J=&\phi[X(t_f),t_f]+\mu^{\mathrm{T}}N[X(t_f),t_f]\\&+\int_{t_0}^{t_f}\{L[X(t),U(t),t]+\lambda^{\mathrm{T}}(t)[f[X(t),U(t),t]]-\dot{x}(t)\}\mathrm{d}t\end{aligned} \tag{7.171}$$

写出哈密顿函数：

$$H[X(t),\lambda(t),t]=L[X(t),U(t),t]+\lambda^{\mathrm{T}}(t)f[X(t),U(t),t] \tag{7.172}$$

于是

$$\begin{aligned}J'=&\phi[X(t_f),t_f]+\mu TN[X(t_f),t_f]\\&+\int_{t_0}^{t_f}\{H[X(t),\mu(t),\lambda(t),t]-\lambda^{\mathrm{T}}(t)\dot{X}(t)\}\mathrm{d}t\end{aligned} \tag{7.173}$$

对式（7.173）中最后一项作分部积分，得

$$\begin{aligned}J'=&\phi[X(t_f),t_f]+\mu TN[X(t_f),t_f]-\lambda^{\mathrm{T}}(t)X(t)\big|_{t_0}^{t_f}\\&+\int_{t_0}^{t_f}\{H[X(t),\mu(t),\lambda(t),t]-\dot{\lambda}^{\mathrm{T}}(t)\dot{X}(t)\}\mathrm{d}t\end{aligned} \tag{7.174}$$

这是一个可变端点变分问题。考虑 $X(t)$、$U(t)$、t_f 相对于它们最优值 $X^*(t)$、$U^*(t)$、$t_f{}^*$ 的变分，并计算由此引起 J' 的一次变分 $\delta J'$。设

$$X(t)=X^*(t)+\delta X(t) \tag{7.175}$$

$$U(t)=U^*(t)+\delta U(t) \tag{7.176}$$

$$t_f=t_f^*+\delta t_f \tag{7.177}$$

由图 7.11 可知，在变终端各处变分之间存在以下近似关系：

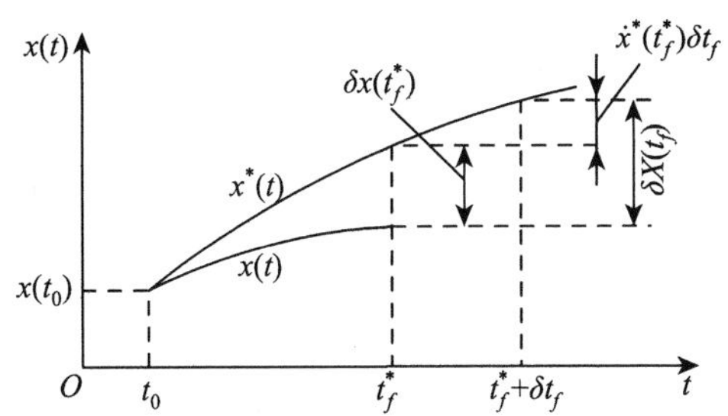

图 7.11　可变终端各变分间的关系

$$\delta(t_f) \approx \delta X(t_f^*) + X^*(t_f)\delta t_f^* \tag{7.178}$$

式中，$\delta X(t_f^*)$ 为 x 在 t_f^* 时的一次变分；$\delta X(t_f^* + \delta t_f)$ 为 x 在 $t_f = \delta X(t_f^* + \delta t_f)$ 时的一次变分。

式（7.178）描述了在任何可变终端情况下，x 在这两个时刻变分的近似关系，该近似式中忽略了高阶无穷小量。

考虑式（7.174）右边第一项和第二项的一次变分各有两项：

$$\delta X^{\mathrm{T}}(t_f)\frac{\partial\phi[X(t_f),t_f]}{\partial X(t_f)} + \frac{\partial\phi[X(t_f),t_f]}{\partial t_f}\delta t_f$$

$$\delta X^{\mathrm{T}}(t_f)\frac{\partial N^{\mathrm{T}}[X(t_f),t_f]}{\partial X(t_f)}\mu + \frac{\partial N^{\mathrm{T}}[X(t_f),t_f]}{\partial t_f}\mu$$

因此，有

$$\begin{aligned}\delta J' = {} & \delta t_f\left\{H[X(t_f),\mu(t_f),\lambda(t_f),t_f] + \frac{\partial\phi[X(t_f),t_f]}{\partial t_f} + \frac{\partial N^{\mathrm{T}}[X(t_f),t_f]}{\partial t_f}U\right\} \\ & + \delta X(t_f)]^T\left\{\frac{\partial\phi[X(t_f),t_f]}{\partial X(t_f)} + \frac{\partial N^{\mathrm{T}}[X(t_f),t_f]}{\partial X(t_f)}\mu - \lambda(t_f)\right\}^* + [X(t_f),t_f] \\ & + \int_{t_0}^{t_f}\left\{\delta X^{\mathrm{T}}\left(\frac{\partial H}{\partial X} + \dot{\lambda}\right) + \delta U^{\mathrm{T}}\frac{\partial H}{\partial U}\right\}\mathrm{d}t\end{aligned} \tag{7.179}$$

注意，δt_f、δx、δu 的任意性，以及泛函极值存在的必要条件 $\delta J' = 0$，由式（7.179）可得极值必要条件如下：

$$\begin{cases}\dfrac{\partial H}{\partial X} = \dot{\lambda} \\ \dfrac{\partial H}{\partial \lambda} = \dot{X} \\ \dfrac{\partial H}{\partial U} = 0\end{cases} \tag{7.180}$$

边界条件：

$$\begin{cases} X(t_0) = x_0 \\ \lambda(t_f) = \dfrac{\partial \phi[X(t_f), t_f]}{\partial X(t_f)} + \dfrac{\partial N^{\mathrm{T}}[X(t_f), t_f]}{\partial X(t_f)} \mu \\ N[(X(t_f), t_f)] = 0 \end{cases} \tag{7.181}$$

终端时刻由式（7.182）计算：

$$H[X(t_f), \mu(t_f), \lambda(t_f), t_f] + \frac{\partial \phi[X(t_f), t_f]}{\partial t_f} + \frac{\partial N^{\mathrm{T}}[X(t_f), t_f]}{\partial t_f} \mu = 0 \tag{7.182}$$

式中，$H[X(t_f), \mu(t_f), \lambda(t_f), t_f]$为哈密顿函数 H 在最优轨线终端处的值。

上述总共$2n + r + q + 1$个方程，可联立解出$2n + r + q + 1$个变量，其中，X(n维)、λ(n维)、U(r维)、μ(q维)、t_f(1维)。

最后，分析哈密顿函数沿最优轨线随时间的变化规律。哈密顿函数 H 对时间的全导数为

$$\frac{\mathrm{d}H}{\mathrm{d}t} = \frac{\partial H}{\partial t} + \left(\frac{\partial H}{\partial U}\right)\dot{u} + \left(\frac{\partial H}{\partial X} + \dot{\lambda}\right)^{\mathrm{T}} f \tag{7.183}$$

如果u为最优控制，必满足$\dfrac{\partial H}{\partial U}$=0及$\dfrac{\partial H}{\partial X} + \dot{\lambda}$=0，则有

$$\frac{\mathrm{d}H}{\mathrm{d}t} = \frac{\partial H}{\partial t} \tag{7.184}$$

式(7.184)表明，哈密顿函数 H 沿最优轨线对时间的全导数等于它对时间的偏导数，当 H 不显含 t 时，恒有

$$\frac{\mathrm{d}H}{\mathrm{d}t} = 0，\ 即\ H(t) = 常数，\quad t \in [t_0, t_f] \tag{7.185}$$

这就是说，对定常系统，沿最优轨线 H 恒为常值。

【例 7.11】 给定系统状态方程为

$$\dot{X} = \begin{bmatrix} 0 & 1 \\ 0 & 0 \end{bmatrix} X + \begin{bmatrix} 0 \\ 1 \end{bmatrix} u$$

初始状态 $X(0) = 0$，终端状态约束曲线 $x_1(1) + x_2(1) - 1 = 0$，求使性能泛函：

$$J = \frac{1}{2}\int_0^1 u^2(t)\mathrm{d}t$$

取极小时的最优控制 $U^*(t)$ 及最优轨线 $X^*(t)$。

解 这是终端时间 t_f 给定，但终端状态受约束的拉格朗日问题。

哈密顿函数：

$$H = L + \lambda^{\mathrm{T}} f = \frac{1}{2}U^2 + \lambda_1 x_2 + \lambda_2 U$$

由性能泛函取极值的必要条件，得

$$\frac{\partial H}{\partial u}=U+\lambda_2=0$$
$$\frac{\partial H}{\partial x_1}=-\dot{\lambda}_1=0$$
$$\frac{\partial H}{\partial x_2}=-\lambda_1=-\dot{\lambda}_2$$
$$\frac{\partial H}{\partial \lambda_1}=\dot{X}=x_2$$
$$\frac{\partial H}{\partial \lambda_2}=\dot{x}_2=U$$

它们的通解为

$$U=-\lambda_2$$
$$\lambda_1=C_1$$
$$\lambda_2=-C_1t+C_2$$
$$x_1=\frac{1}{6}C_1t^3-\frac{1}{2}C_2t^2+C_3t+C_4$$
$$x_2=\frac{1}{2}C_1t^2-C_2t+C_3$$

由边界条件确定积分常数：

$$x_1(0)=0,\quad x_2(0)=0$$
$$\lambda_1(1)=\mu\frac{\partial N}{\partial x_1}=\mu$$
$$\lambda_2(1)=\mu\frac{\partial N}{\partial x_2}=\mu$$

代入解得

$$C_1=\mu,\quad C_2=2\mu$$
$$C_3=0,\quad C_4=0$$

由终端约束方程：

$$x_1(1)+x_2(1)=1$$

可解出 $\mu=-\frac{3}{7}$。最优解结果如图 7.12 所示。

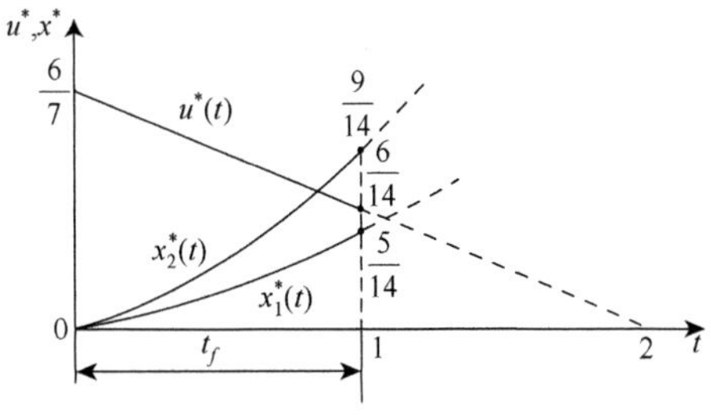

图 7.12　例 7.11 的最优解

$$u^*(t)=-\frac{3}{7}t+\frac{6}{7}$$

$$x_1^*(t)=-\frac{1}{14}t^3+\frac{3}{7}t^2$$

$$x_2^*(t)=-\frac{3}{7}t^2+\frac{6}{7}t$$

【例 7.12】 设一阶系统状态方程为

$$\dot{x}=u$$

边界条件 $x(0)=1$和$x(t_f)=0$。终端时刻t_f待定，试确定最优控制u使下列性能泛函

$$J=t_f+\frac{1}{2}\int_{t_0}^{t_f}u^2(t)\mathrm{d}t$$

为极小值。

解 这里$L=\frac{1}{2}u^2$，$\phi=t_f$，$N=x(t_f)=0$

哈密顿函数为

$$H=L+\lambda f=\frac{1}{2}u^2+\lambda u$$

控制方程为

$$\frac{\partial H}{\partial u}=u+\lambda=0,\quad u=-\lambda$$

正则方程为

$$\frac{\partial H}{\partial x}=-\dot{\lambda}=0,\quad \dot{\lambda}=0$$

$$\frac{\partial H}{\partial \lambda}=\dot{x}=u,\quad \dot{x}=u$$

由边界条件 $x(0)=1$和$x(t_f)=0$，又由式（7.182）得

$$\left(H+\frac{\partial\phi}{\partial t_f}+\frac{\partial N^{\mathrm{T}}}{\partial t_f}\right)_{t=t_f}=0$$

即

$$\frac{1}{2}u^2(t_f)+\lambda u(t_f)+1=0$$

而$u(t_f)=-\lambda(t_f)$，代入上式，得

$$\frac{1}{2}\lambda^2(t_f)-\lambda^2(t_f)+1=0$$

其解为$\lambda(t_f)=\sqrt{2}$。

由于$\dot{\lambda}=0$，因此有$\lambda(t)=\sqrt{2}$。

最优控制$u^*(t)=-\sqrt{2}$代入状态方程得

$$x(t)=-\sqrt{2}t+1$$

由初始条件$x(0)=C=1$，故最优轨线为

$$x^*(t)=-\sqrt{2}t+1$$

再以终端条件 $x(t_f)=0$ 代入上式，得

$$x^*(t)=-\sqrt{2}t+1=0$$

故最优终端时刻 $t_f^*=\dfrac{\sqrt{2}}{2}$。

最优解如图 7.13 所示。

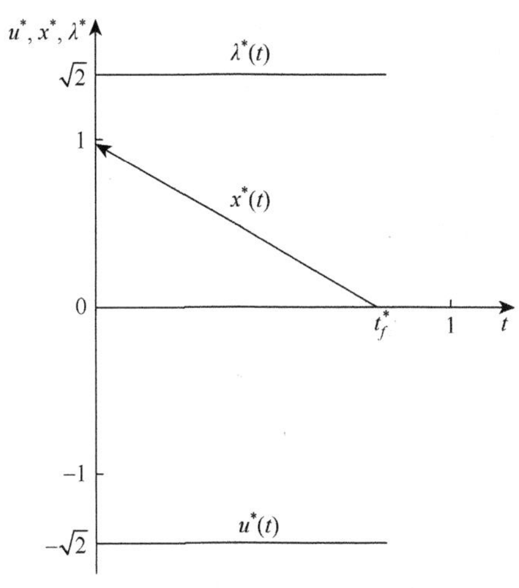

图 7.13　例 7.12 的最优解

7.8　极小值原理

极小值原理是苏联学者庞特里亚金（Pontryagin）在 1956 年提出的。它从变分法引申而来，与变分法极为相似。因为极大值与极小值只相差一个符号，若把性能指标的符号反过来，极大值原理就成为极小值原理。极小值原理是解决最优控制特别是求解容许控制问题的有力工具。

用古典变分法求解最优控制问题，都是假定控制变量 $U(t)$ 的取值范围不受任何限制，控制变分 δU 是任意的，从而得到最优控制 $U^*(t)$ 所应满足的控制方程 $\partial H/\partial U=0$。但是，在大多数情况下，控制变量总是要受到一定限制的。例如，动力装置发出的转矩不能无穷大，当系统中存在饱和元件时，控制变量 $U(t)$ 必然受到限制等。此时，δU 不能任意取值，控制变量被限制在某一闭集内，即 $U(t)$ 满足不等式约束条件：

$$G[X(t),U(t),t]\geqslant 0$$

在这种情况下，控制方程 $\partial H/\partial U=0$ 已不成立，因此不能再用变分法来处理最优控制问题。

下面介绍连续系统的极小值原理。

设系统状态方程为

$$\dot{X}(t)=f[X(t),U(t),t] \tag{7.186}$$

初始条件为 $X(t_0)=x_0$，终态 $X(t_f)$ 满足终端约束方程：

$$N[X(t_f),t_f]=0 \tag{7.187}$$

式中，N 为 m 维连续可微的矢量函数，$m \leqslant n$。

控制 $U(t)\in\mathbb{R}^r$ 受不等式约束：

$$G[X(t),U(t),t]\geqslant 0 \tag{7.188}$$

式中，G为l 维连续可微的矢量函数，$l \leqslant r$。

性能泛函：

$$J=\phi[X(t_f),t_f]+\int_{t_0}^{t_f}L[X(t),U(t),t]\mathrm{d}t \tag{7.189}$$

式中，ϕ、L 为连续可微的数量函数；t_f 为待定终端时刻。

最优控制问题就是要寻求最优容许控制 $U(t)$ 在满足上列条件下，使 J 为极小。

与前面讨论过的等式约束条件最优控制问题进行比较可知，它们之间的主要差别在于：这里的控制 $U(t)$ 是属于有界闭集 U 的，受到 $G[X(t),U(t),t]\geqslant 0$ 不等式约束。为了把这样的不等式约束问题转化为等式约束问题，采取以下两种措施。

（1）引入一个新的 r 维控制变量 $W(t)$。令

$$\dot{W}(t)=U(t),\quad W(0)=0 \tag{7.190}$$

虽然 $U(t)$ 不连续，但 $W(t)$ 是连续的。若 $U(t)$ 分段连续，则 $W(t)$ 是分段光滑连续函数。

（2）引入另一个新的 l 维变量 $Z(t)$。令

$$(\dot{Z})^2=g[X(t),U(t),t],\quad Z(t_0)=0 \tag{7.191}$$

无论 $\dot{Z}$ 是正还是负，$(\dot{Z})^2$ 恒非负，故满足 G 非负的要求。

通过以上变换，便将上述有不等式约束的最优控制问题转化为具有等式约束的波尔扎问题。再应用拉格朗日乘子法引入乘子 λ 和 γ，问题便进一步化为求下列增广性能泛函：

$$\begin{aligned}J_1=&\phi[X(t_f),t_f]+\mu^{\mathrm{T}}N[X(t_f),t_f]\\&+\int_{t_0}^{t_f}\left\{H[X,\dot{W},\lambda,t]+\gamma^{\mathrm{T}}[G(X,\dot{W},t)-(\dot{Z})^2]\right\}\mathrm{d}t\end{aligned} \tag{7.192}$$

的极值问题。

哈密顿函数为

$$H[X,\dot{W},\lambda,t]=L[X,\dot{W},t]+\lambda^{\mathrm{T}}F[X,\dot{W},t] \tag{7.193}$$

为简便计算，令

$$\varPsi[X,\dot{X},\dot{W},\lambda,\gamma,\dot{Z},t]=H[X,\dot{W},\lambda,t]-\lambda^{\mathrm{T}}\dot{X}+\gamma^{\mathrm{T}}[G(X,\dot{W},t)-\dot{Z}^2] \tag{7.194}$$

于是，J_1 可写成

$$J_1=\phi[X(t_f),t_f]+\mu^{\mathrm{T}}N[X(t_f),t_f]+\int_{t_0}^{t_f}\varPsi[X,\dot{X},\dot{W},\lambda,\gamma,\dot{Z},t]\mathrm{d}t \tag{7.195}$$

现在求增广性能泛函 J_1 的一次变分为

$$\delta J_1=\delta J_{t_f}+\delta J_x+\delta J_u+\delta J_z \tag{7.196}$$

式中，δJ_{t_f}、δJ_x、δJ_u、δJ_z 分别是由 t_f、x、u和z 作微小变化所引起的 J_1 的一次变分。

$$\begin{aligned}\delta J_{t_f} &= \frac{\partial}{\partial t_f}\left(\phi + \mu^{\mathrm{T}} N + \int_{t_0}^{t_f+\delta t_f} \Psi \mathrm{d}t\right)\Bigg|_{t=t_f} \\ &= \left(\frac{\partial \phi}{\partial t_f} + \frac{\partial N^{\mathrm{T}}}{\partial t_f}\mu + \Psi\right)\Bigg|_{t=t_f}\end{aligned} \tag{7.197}$$

$$\begin{aligned}\delta J_X &= \mathrm{d}X^{\mathrm{T}}(t_f)\frac{\partial}{\partial X}\left(\phi + \mu^{\mathrm{T}} N\right)\Big|_{t=t_f} + \int_{t_0}^{t_f}\left(\delta X^{\mathrm{T}}\frac{\partial \Psi}{\partial X} + \delta \dot{X}^{\mathrm{T}}\frac{\partial \Psi}{\partial \dot{X}}\right)\mathrm{d}t \\ &= \mathrm{d}X^{\mathrm{T}}(t_f)\frac{\partial}{\partial X}\left(\phi + \mu^{\mathrm{T}} N\right)\Big|_{t=t_f} + \left(\delta X^{\mathrm{T}}\frac{\partial \Psi}{\partial X}\right)\Bigg|_{t=t_f} + \int_{t_0}^{t_f}\delta X^{\mathrm{T}}\left(\frac{\partial \Psi}{\partial X} - \frac{\mathrm{d}}{\mathrm{d}t}\frac{\partial \Psi}{\partial \dot{X}}\right)\mathrm{d}t\end{aligned}$$

注意到，$\mathrm{d}X(t_f) = \delta X(t_f) + \dot{X}(t_f)\delta t_f$，故

$$\delta J_X = \mathrm{d}X^{\mathrm{T}}(t_f)\frac{\partial}{\partial X}\left(\phi + \mu^{\mathrm{T}} N\right)\Big|_{t=t_f} - \dot{X}^{\mathrm{T}}\frac{\partial \Psi}{\partial \dot{X}}\Big|_{t=t_f} + \int_{t_0}^{t_f}\delta X^{\mathrm{T}}\left(\frac{\partial \Psi}{\partial X} - \frac{\mathrm{d}}{\mathrm{d}t}\frac{\partial \Psi}{\partial \dot{X}}\right)\mathrm{d}t \tag{7.198}$$

$$\delta J_W = \mathrm{d}W^{\mathrm{T}}(t_f)\frac{\partial \Psi}{\partial \dot{W}}\Big|_{t=t_f} - \int_{t_0}^{t_f}\delta W^{\mathrm{T}}\frac{\partial \Psi}{\partial \dot{W}}\mathrm{d}t \tag{7.199}$$

$$\delta J_Z = \mathrm{d}Z^{\mathrm{T}}(t_f)\frac{\partial \Psi}{\partial \dot{Z}}\Big|_{t=t_f} - \int_{t_0}^{t_f}\delta Z^{\mathrm{T}}\frac{\partial \Psi}{\partial \dot{Z}}\mathrm{d}t \tag{7.200}$$

把式（7.197）～式（7.200）代入式（7.196），最后得

$$\begin{aligned}\delta J_1 = &\left(\Psi - \dot{X}^{\mathrm{T}}\frac{\partial \Psi}{\partial \dot{X}} + \frac{\partial \phi}{\partial t_f} + \frac{\partial N^{\mathrm{T}}}{\partial t_f}\mu\right)\Bigg|_{t=t_f}\delta t_f \\ &+ \mathrm{d}\dot{X}^{\mathrm{T}}(t_f)\left(\frac{\partial \phi}{\partial X} + \frac{\partial N^{\mathrm{T}}}{\partial X}\mu + \frac{\partial \Psi}{\partial \dot{X}}\right)\Bigg|_{t=t_f} + \delta W^{\mathrm{T}}(t_f)\frac{\partial \Psi}{\partial \dot{W}}\Big|_{t=t_f} \\ &+ \delta Z^{\mathrm{T}}(t_f)\frac{\partial \Psi}{\partial \dot{Z}}\Big|_{t=t_f} + \int_{t_0}^{t_f}\left[\delta X^{\mathrm{T}}\left(\frac{\partial \Psi}{\partial X} - \frac{\mathrm{d}}{\mathrm{d}t}\frac{\partial \Psi}{\partial \dot{X}}\right) - \delta W^{\mathrm{T}}\frac{\mathrm{d}}{\mathrm{d}t}\frac{\partial \Psi}{\partial \dot{W}} - \delta Z^{\mathrm{T}}\frac{\mathrm{d}}{\mathrm{d}t}\frac{\partial \Psi}{\partial \dot{Z}}\right]\mathrm{d}t\end{aligned} \tag{7.201}$$

由于δt_f、$\delta X(t_f)$、δX、δW及δZ，于是由$\delta J_1 = 0$可得增广性能泛函取极值的必要条件是下列各式成立。

（1）欧拉方程：

$$\frac{\partial \Psi}{\partial X} - \frac{\mathrm{d}}{\mathrm{d}t}\frac{\partial \Psi}{\partial \dot{X}} = 0 \tag{7.202}$$

$$\frac{\partial \Psi}{\partial W} - \frac{\mathrm{d}}{\mathrm{d}t}\frac{\partial \Psi}{\partial \dot{W}} = 0, \quad 即 \quad \frac{\mathrm{d}}{\mathrm{d}t}\frac{\partial \Psi}{\partial \dot{W}} = 0 \tag{7.203}$$

$$\frac{\partial \Psi}{\partial Z} - \frac{\mathrm{d}}{\mathrm{d}t}\frac{\partial \Psi}{\partial \dot{Z}} = 0, \quad 即 \quad \frac{\mathrm{d}}{\mathrm{d}t}\frac{\partial \Psi}{\partial \dot{Z}} = 0 \tag{7.204}$$

（2）横截条件：

$$\left(\Psi - \dot{X}^{\mathrm{T}}\frac{\partial \Psi}{\partial \dot{X}} + \frac{\partial \phi}{\partial t_f} + \frac{\partial N^{\mathrm{T}}}{\partial t_f}\mu\right)\Bigg|_{t=t_f} = 0 \tag{7.205}$$

$$\left(\dot{X}^{\mathrm{T}}\frac{\partial \Psi}{\partial \dot{X}} + \frac{\partial \phi}{\partial t_f} + \frac{\partial N^{\mathrm{T}}}{\partial t_f}\mu\right)\Bigg|_{t=t_f} = 0 \tag{7.206}$$

$$\left.\frac{\partial \Psi}{\partial \dot{W}}\right|_{t=t_f}=0 \tag{7.207}$$

$$\left.\frac{\partial \Psi}{\partial \dot{Z}}\right|_{t=t_f}=0 \tag{7.208}$$

将Ψ代入式（7.202）中，并注意$\frac{\partial \Psi}{\partial \dot{X}}=-\lambda$，得到

（1）欧拉方程：

$$\dot{\lambda}=-\frac{\partial H}{\partial X}-\frac{\partial G^{\mathrm{T}}}{\partial X}\gamma \tag{7.209}$$

$$\frac{\mathrm{d}}{\mathrm{d}t}\left(\frac{\partial H}{\partial \dot{W}}+\frac{\partial G^{\mathrm{T}}}{\partial \dot{W}}\gamma\right)=0 \tag{7.210}$$

$$\frac{\mathrm{d}}{\mathrm{d}t}(\gamma^{\mathrm{T}}\dot{Z})=0 \tag{7.211}$$

（2）横截条件：

$$\left.\left(\frac{\partial \phi}{\partial t_f}+\frac{\partial N^{\mathrm{T}}}{\partial t_f}\mu+H\right)\right|_{t=t_f}=0 \tag{7.212}$$

$$\left.\left(\frac{\partial \phi}{\partial X}+\frac{\partial N^{\mathrm{T}}}{\partial X}\mu-\lambda\right)\right|_{t=t_f}=0 \tag{7.213}$$

$$\left.\left(\frac{\partial H}{\partial \dot{W}}+\frac{\partial G^{\mathrm{T}}}{\partial \dot{W}}\gamma\right)\right|_{t=t_f}=0 \tag{7.214}$$

$$\gamma^{\mathrm{T}}\dot{Z}\,|_{t=t_f}=0 \tag{7.215}$$

对上述方程稍作分析可知：

（1）由式（7.209）可看出，只有当G不含X时，才有

$$\dot{\lambda}=-\frac{\partial H}{\partial X} \tag{7.216}$$

与通常的伴随方程一致。

（2）式（7.203）和式（7.204）说明$\frac{\partial \Psi}{\partial \dot{W}}$和$\frac{\partial \Psi}{\partial \dot{Z}}$均为常数，又由式（7.207）和式（7.208）可知，它们在终端处为零，故沿最优轨线，恒有

$$\frac{\partial \Psi}{\partial \dot{W}}=\frac{\partial \Psi}{\partial \dot{Z}}=0 \tag{7.217}$$

（3）若将Ψ代入$\frac{\partial \Psi}{\partial \dot{W}}=0$，则得$\frac{\partial H}{\partial \dot{W}}+\frac{\partial G^{\mathrm{T}}}{\partial \dot{W}}\gamma=0$，即$\frac{\partial H}{\partial U}=-\frac{\partial G^{\mathrm{T}}}{\partial U}\gamma$。这表明，在不等式约束情况下，沿最优轨线$\frac{\partial H}{\partial U}=0$这个条件已不成立。

值得指出的是，式（7.209）～式（7.215）只给出了最优解的必要条件。为使最优解为极小值，还必须满足维尔斯特拉斯E函数沿最优轨线为非负的条件，即

$$E=\Psi[X^*,W^*,Z^*,\dot{X},\dot{W},\dot{Z}]-\Psi[X^*,W^*,Z^*,\dot{X}^*,\dot{W}^*,\dot{Z}^*]$$
$$-[\dot{X}-\dot{X}^*]^{\mathrm{T}}\frac{\partial\Psi}{\partial\dot{X}}-[\dot{W}-\dot{W}^*]^{\mathrm{T}}\frac{\partial\Psi}{\partial\dot{w}}-[\dot{Z}-\dot{Z}^*]^{\mathrm{T}}\frac{\partial\Psi}{\partial\dot{Z}}\geqslant 0 \tag{7.218}$$

由于沿最优轨线有$\frac{\partial\Psi}{\partial\dot{X}}=-\lambda$和$\frac{\partial\Psi}{\partial\dot{W}}\equiv 0$，$\frac{\partial\Psi}{\partial\dot{Z}}\equiv 0$，并且$\dot{Z}^2=g(X,\dot{W},t)$，所以式(7.218)可写成

$$\Psi[X^*,\lambda^*,\gamma^*,\dot{X},\dot{W},\dot{Z}]-\Psi[X^*,\lambda^*,\gamma^*,\dot{X}^*,\dot{W}^*,\dot{Z}^*]-[X-\dot{X}^*]^{\mathrm{T}}\frac{\partial\Psi}{\partial\dot{X}}$$
$$=\Psi[X^*,\lambda^*,\gamma^*,\dot{X},\dot{W},\dot{Z}]+\lambda^{*\mathrm{T}}\dot{X}-\{\Psi[X^*,\lambda^*,\gamma^*,\dot{X}^*,\dot{W}^*,\dot{Z}^*]+\lambda^{*\mathrm{T}}\dot{X}^*\}\geqslant 0$$

即

$$H[X^*,\lambda^*,\dot{W},t]-H[X^*,\lambda^*,\dot{W}^*,t]\geqslant 0 \tag{7.219}$$

以$\dot{W}=U$、$\dot{W}^*=U^*$代入式（7.219）便得

$$H[X^*,\lambda^*,U,t]\geqslant H[X^*,\lambda^*,U^*,t] \tag{7.220}$$

式（7.220）表明，如果把哈密顿函数H看成$U(t)\in U$的函数，那么最优轨线上与最优控制$U^*(t)$相对应的H将取绝对极小值（最小值）。这是极小值原理的一个重要结论。

综上所述，可归纳成下列定理。

定理 7.4 设系统状态方程为

$$\dot{X}=F[X,U,t] \tag{7.221}$$

始端条件为

$$X(t_0)=x_0$$

控制约束为

$$U\in U,\quad G[X,U,t]\geqslant 0 \tag{7.222}$$

终端约束为

$$N[X(t_f),t_f]=0,\quad t_f\text{待定} \tag{7.223}$$

性能泛函为

$$J=\phi[X(t_f),t_f]+\int_{t_0}^{t_f}L[X(t),U(t),t]\mathrm{d}t \tag{7.224}$$

取哈密顿函数为

$$H=L[x(t),u(t),t]+\lambda^{\mathrm{T}}f[x,u,t] \tag{7.225}$$

则实现最优控制的必要条件是，最优控制U^*、最优轨线X^*和最优协态矢量λ^*满足下列关系式。

（1）沿最优轨线满足正则方程。

$$\dot{X}=\frac{\partial H}{\partial\lambda} \tag{7.226}$$

$$\dot{\lambda}=-\frac{\partial H}{\partial X}-\frac{\partial G^{\mathrm{T}}}{\partial X}\gamma \tag{7.227}$$

若G不包含X，则为

$$\dot{\lambda} = -\frac{\partial H}{\partial \lambda} \tag{7.228}$$

（2）在最优轨线上，与最优控制U^*相应的H函数取绝对极小值，即

$$\min_{u\in U} H[X^*,\lambda^*,U^*,t] = H[X^*,\lambda^*,U^*,t] \text{或} \min_{u\in U} H[X^*,\lambda^*,U^*,t] \leqslant H[X^*,\lambda^*,U,t] \tag{7.229}$$

沿最优轨线，有

$$\frac{\partial H}{\partial U} = \frac{\partial G^{\mathrm{T}}}{\partial U}\gamma \tag{7.230}$$

（3）H函数在最优轨线终点处的值取决于

$$\left(H + \frac{\partial \phi}{\partial t_f} + \mu^{\mathrm{T}}\frac{\partial N}{\partial t_f}\right)\bigg|_{t=t_f} = 0 \tag{7.231}$$

（4）协态终值满足横截条件：

$$\lambda(t_f) = \left[\frac{\partial \phi}{\partial x(t_f)} + \frac{\partial N^{\mathrm{T}}}{\partial t_f}\mu\right]\bigg|_{t=t_f} \tag{7.232}$$

（5）满足边界条件：

$$\begin{cases} X(t_0) = x_0 \\ N[X(t_f),t_f] = 0 \end{cases} \tag{7.233}$$

这就是著名的极小值原理。

将上述条件与等式约束下最优控制的必要条件进行比较，可以发现，横截条件和端点边界条件没有改变，只是$\partial H/\partial U = 0$这一条件不成立，代之以条件$\min\limits_{u\in U} H[X^*,\lambda^*,U,t] = H[X^*,\lambda^*,U^*,t]$。此外，协态方程也略有改变，仅当$G$函数中不包含$X$时，方程才与前面的一致。

下面对定理 7.4 进行说明：

定理的第一、第二个条件，即式（7.226）～式（7.229），普遍适用于求解各种类型的最优控制问题，且与边界条件形式或终端时刻自由与否无关。其中，第二个条件：

$$\min_{u\in U} H[X^*,\lambda^*,U,t] = H[X^*,\lambda^*,U^*,t]$$

说明，当$U(t)$与$U^*(t)$都从容许的有界闭集U中取值时，只有$U^*(t)$能使H函数沿最优轨线$X^*(t)$取全局最小值。这一性质与闭集U的特性无关。

第三个条件，即式（7.231），描述了H函数终值$H|_{t=t_f}$与t_f的关系，可用于确定t_f的值。在定理推导过程中可看出，该条件是由t_f变动而产生的，因此当终端时刻固定时，该条件将不复存在。

第四、五个条件，即式（7.232）和式（7.233），将为正则方程式（7.226）～式（7.228）提供数量足够的$(2n)$个边值条件。若初态固定，其一半由$X(t_0) = x_0$提供，另一半则由状态终值约束方程式（7.233）和协态终值约束方程式（7.232）共同提供。例如，若终态固定，这一半便由状态终值$X(t_f) = x_f$提供，而不用再对协态终值附加任何约束条件；若$X(t_f) \in \mathbb{R}^r$中的k维光滑流形，则状态终值仅提供$n-k$个条件，其余k个条件得靠协态终

值来补足。这意味着，在终端时刻状态自由度的扩大是以协态自由度的缩小为代价的。但在任何情况下，由状态终值和协态终值提供条件的总和都是 n 个。

当控制矢量无界时，控制方程 $\partial H / \partial U = 0$ 成立。但当控制矢量有界时，正如一个定义在闭区间上的函数不能用导数等于零去判定它在两个端点处取值一样，这里，$\partial H / \partial U = 0$ 不成立，而应代之 H 为全局最小。从 $\partial H / \partial U = 0$ 的形式看，虽然其也是寻求 H 为极小（或极大）值的必要条件。但在变分法中，由于 $U^*(t)$ 只和“接近”的 $U(t)$ 作比较，所以 $U^*(t)$ 只能使 H 取得相对极小（或极大）值，甚至只能得到好的驻点条件。不难理解，当满足变分法应用条件时，用 $\partial H / \partial U = 0$ 求解控制矢量无界时的泛函极值问题只是极小值原理应用的一个特例。

最优控制 $U^*(t)$ 保证哈密顿函数取全局最小值，“极小值原理”一词正源于此。在证明这一原理的过程中，如果定义 λ 与 H 的符号恰好与上面相反，$\overline{H} = -H$，可得

$$\min_{u \in U} \overline{H}[X^*, \lambda^*, U, t] = \overline{H}[X^*, \lambda^*, U^*, t]$$

因此在有些文献中亦称“极大值原理”。

极小值原理只给出最优控制的必要条件并非充要条件。可以这样说，凡不符合极小值原理的控制必不是最优控制；凡符合极小值原理求得的每个控制，还只是最优控制的候选函数，至于到底哪个是最优控制，还得根据问题的性质加以判定，或者进一步从数学上予以证明。但可以证明的是，对于线性系统，极小值原理既是泛函取最小值的必要条件，也是充分条件。

此外，极小值原理没有涉及最优控制的存在性和唯一性问题。

极小值原理的实际意义在于放宽了控制条件，解决了当控制为有界闭集时，容许控制的求解问题。它不要求 H 对 U 有可微性。例如，当 $H(u)$ 为线性函数，或者在容许控制范围内，$H(u)$ 是单调上升（或下降）时，由极小值原理求得的最优控制在边界上，但用变分法却求不出来，因为 $\partial H / \partial u = 0$ 已不适用。

【例 7.13】　设系统的状态方程为

$$\dot{x} = x - u, \quad x(0) = 5$$

控制约束 $\frac{1}{2} \leqslant u \leqslant 1$，求 $u(t)$ 使

$$\min J = \int_0^1 (x + u) \mathrm{d}t$$

解　这是一个终端自由的容许控制问题。

（1）由哈密顿函数：

$$\begin{aligned} H &= L + \lambda f = x + u + \lambda(x - u) \\ &= x(1 + \lambda) + u(1 - \lambda) \end{aligned}$$

可见 H 是 u 的线性函数，$\frac{\partial H}{\partial u} = 1 - \lambda$ 与 u 无关。根据极小值原理，求 H 极小值等效于求泛函极小值，这只要使 $u(1 - \lambda)$ 为极小值即可。u 的上界为 1，下界为 $\frac{1}{2}$，因此，

当 $\lambda > 1$ 时，$u^*(t) = 1$（上界）。

当 $\lambda<1$ 时，$u^*(t)=\dfrac{1}{2}$（下界）。

（2）求 $\lambda(t)$ 以确定 u 的切换点。

由协态方程 $\dot{\lambda}=-\dfrac{\partial H}{\partial x}=-(1+\lambda)$ 得

$$\dot{\lambda}+\lambda=-1$$

其解为

$$\lambda=-1+Ce^{-t}$$

当 $t_f=1$ 时，$\lambda(t_f)=\lambda(1)=0,\quad C=e,$ 故

$$\lambda=e^{1-t}-1$$

切换点：

令 $\lambda=1$，得

$t=1-\ln 2\approx 0.307$

$\lambda>1$，对应 $t<0.307$，$u^*=1$。

$\lambda<1$，对应 $t>0.307$，$u^*=\dfrac{1}{2}$。

（3）求状态轨线 $x(t)$。

解状态方程：

$$\dot{x}=x-u$$

当 $0\leqslant t<0.307$ 时，$u^*=1$，得 $x=1+C_1e^t$, 考虑 $x(0)=5$，故 $x^*(t)=4e^t+1$。

当 $0.307<t\leqslant 1$ 时，$u^*=\dfrac{1}{2}$，得 $x=\dfrac{1}{2}+C_2e^t$, 考虑 $x(0)=5$, 故 $x'(t)=4e^t+1$。

考虑第一段的终值 $x(0.307)=6.438$ 为第二段初值，故 $x^*(t)=4.368e^t+0.5$。

（4）求 $J^*=J(u^*)$。

$$J^*=\int_0^{0.307}(x+1)dt+\int_{0.307}^{1}\left(x+\frac{1}{2}\right)$$

$$=\int_0^{0.307}(4e^t+2)dt+\int_{0.307}^{1}\left(4.368e^t+\frac{1}{2}\right)dt=8.684$$

各有关曲线如图 7.14 所示。

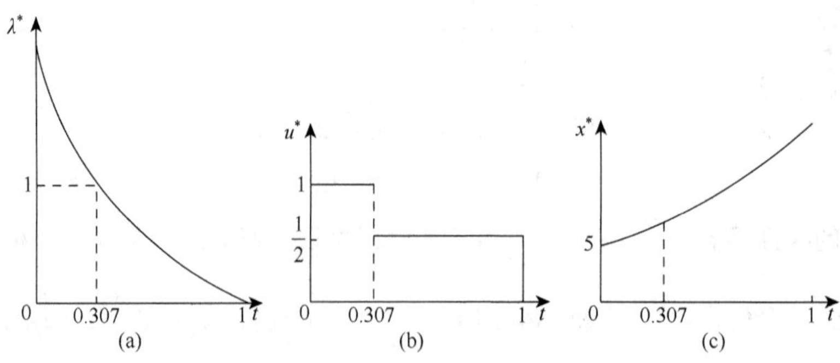

图 7.14　例 7.13 的最优解

7.9 线性二次型最优控制问题

如果系统是线性的，性能泛函是状态变量（或/和）控制变量的二次型函数的积分，则这样的最优控制问题称为线性二次型最优控制问题，简称线性二次型。这种最优控制问题的解最简单，应用十分广泛，是现代控制理论中最重要的成果之一。线性二次型问题解出的控制规律是状态变量的线性函数，因而通过状态反馈便可实现闭环最优控制，这在工程上具有重要意义。本节先讨论二次型性能泛函，然后讨论调节器和跟踪器问题。

7.9.1 二次型性能泛函

二次型性能泛函的一般形式如下：

$$J=\frac{1}{2}\int_{t_0}^{t_f}[X^{\mathrm{T}}Q_1(t)X+U^{\mathrm{T}}Q_2(t)U]\mathrm{d}t+\frac{1}{2}X^{\mathrm{T}}(t_f)Q_0X(t_f) \tag{7.234}$$

式中，$Q_1(t)$ 为 $n\times n$ 半正定的状态加权矩阵；$Q_2(t)$ 为 $r\times r$ 正定的控制加权矩阵；Q 为 $n\times n$ 半正定的终端加权矩阵。

在工程实际中，$Q_1(t)$ 和 $Q_2(t)$ 是对称矩阵且常取对角矩阵。

下面对性能泛函中各项的物理意义进行解析。

被积函数中第一项 $L_X=\frac{1}{2}X^{\mathrm{T}}Q_1(t)X$，若 X 表示误差矢量，则 L_X 表示误差平方。因为 $Q_1(t)$ 半正定，所以只要出现误差，L_X 总是非负的。若 $X=0$、$L_X=0$，则 X 增大，L_X 也增大。由此可见，L_X 是用来衡量误差 X 大小的代价函数，X 越大，支付的代价越大。在 X 是标量的情况下，$L_X=\frac{1}{2}X^2$，那么 $\frac{1}{2}\int_{t_0}^{t_f}X^2\mathrm{d}t$ 表示误差平方的积分。$Q_1(t)$ 通常是对角线常数矩阵，对角线上的元素 q_{1i} 分别表示对相应误差分量 X_i 的重视程度。越加被重视的误差分量，希望它越小，相应地，其加权系数 q_{1i} 就应取得越大。如果对误差在动态过程中不同阶段有不同的强调，那么相应的 q_{1i} 就应取为时变的。

被积函数第二项 $L_U=\frac{1}{2}U^{\mathrm{T}}Q_2(t)U$，表示动态过程中对控制的约束或要求。因为 $Q_2(t)$ 正定，所以只要存在控制，L_U 总是正的。如果把 U 看作电压或电流的函数，那么 L_U 与功率成正比，而 $L_U=\frac{1}{2}\int_{t_0}^{t_f}U^{\mathrm{T}}Q_2(t)U$ 则表示在 $[t_0,t_f]$ 区间内消耗的能量。因此，L_U 是用来衡量控制功率大小的代价函数。

式（7.234）中 $\frac{1}{2}X^{\mathrm{T}}Q_1(t)X$ 突出了对终端误差的要求，称为终端代价函数。例如，在宇航的交会问题中，要求两个飞行体终态严格一致，因此必须加入这一项，以体现 t_f 时刻的误差足够小。至于 $Q_2(t)$、$Q_1(t)$ 的加权意义，与 $Q_1(t)$ 相仿。

如果最优控制的目标是使 $J\to\min$，则其实质在于用不大的控制，来保持较小的误差，从而达到能量和误差综合最优的目的。

7.9.2 有限时间状态调节器问题

状态调节器的任务在于：当系统状态由于任何原因偏离了平衡状态时，能在不消耗过多能量的情况下，保持系统状态各分量仍接近于平衡状态。在研究这类问题时，通常把初始状态矢量看作扰动，而把零状态看作平衡状态。于是，调节器问题就变为寻求最优控制律 u 在有限的时间区间 $[t_0,t_f]$ 内，将系统从初始状态转移到零点附近，并使给定的性能泛函取极值。

设线性时变系统的状态空间描述为

$$\begin{aligned}\dot{X}(t) &= A(t)X(t)+B(t)U(t)\\ Y(t) &= C(t)X(t)\\ X(t_0) &= x_0\end{aligned} \tag{7.235}$$

式中，X、U、Y 分别为n、r、m 维矢量；$A(t)$ 为 $n\times n$ 状态矩阵；$B(t)$ 为 $n\times r$ 控制矩阵；$C(t)$ 为 $m\times n$ 输出矩阵。

性能泛函为

$$J=\frac{1}{2}\int_{t_0}^{t_f}[X^{\mathrm{T}}Q_1(t)X+U^{\mathrm{T}}Q_2(t)U]\mathrm{d}t+\frac{1}{2}X^{\mathrm{T}}(t_f)Q_0X(t_f) \tag{7.236}$$

式中，$Q_1(t)$ 为 $n\times n$ 半正定的状态加权矩阵；$Q_2(t)$ 为 $r\times r$ 正定的控制加权矩阵；Q_0 为 $n\times n$ 半正定的终端加权矩阵。设 U 取值不受限制，寻求最优控制，使 J 取极值。

根据极小值原理，引入 n 维协态矢量 $\lambda(t)$，构造哈密顿函数：

$$H[X,U,\lambda,t]=\frac{1}{2}[X^{\mathrm{T}}Q_1(t)X+U^{\mathrm{T}}Q_2(t)U]+\lambda^{\mathrm{T}}[A(t)X(t)+B(t)U(t)] \tag{7.237}$$

最优控制应使 H 取极值，因 U 不受限制，所以下式成立：

$$\frac{\partial H}{\partial U}=Q_2(t)U+B^{\mathrm{T}}(t)\lambda=0$$

由于 $Q_2(t)$ 正定、对称，所以得

$$U^*=-Q_2^{-1}(t)B^{\mathrm{T}}(t)\lambda \tag{7.238}$$

又因 $\dfrac{\partial^2 H}{\partial U^2}=Q_2(t)$ 正定，故由式（7.238）所确定的最优控制，对于 J 取极小值，既是必要的，又是充分的。

由正则方程可解出 X 和的 λ 关系为

$$\dot{\lambda}=-\frac{\partial H}{\partial X}=-Q_1(t)X-A^{\mathrm{T}}(t)\lambda \tag{7.239}$$

$$\dot{X}=-\frac{\partial H}{\partial \lambda}=A(t)X(t)+B(t)U(t)=A(t)X(t)-B(t)Q_2^{-1}(t)B^{\mathrm{T}}(t)\lambda \tag{7.240}$$

边界条件：

$$X(t_0)=x_0$$

$$\lambda(t_f)=\frac{\partial}{\partial X(t_f)}\left[\frac{1}{2}X^{\mathrm{T}}(t_f)Q_0X(t_f)\right]=Q_0X(t_f) \tag{7.241}$$

联立式（7.239）和式（7.240），可求得X和λ。

从式（7.238）可知，U^*是λ的线性函数。为了使$U^*(t)$能由状态反馈实现，尚应求出$\lambda(t)$与$X(t)$的变换矩阵$P(t)$，设

$$\lambda(t)=P(t)X(t) \tag{7.242}$$

式中，$P(t)$为$n\times n$实对称正定矩阵，待定。

把式（7.242）代入式（7.238）可得

$$U^*=-Q_2^{-1}(t)B^{\mathrm{T}}(t)P(t)X(t)=-K(t)X(t) \tag{7.243}$$

$$K(t)=-Q_2^{-1}(t)B^{\mathrm{T}}(t)P(t) \tag{7.244}$$

式中，$K(t)$为$n\times n$最优反馈增益矩阵。

闭环控制系统方程为

$$\dot{X}(t)=[A(t)-B(t)Q_2^{-1}(t)B^{\mathrm{T}}(t)P(t)]X(t) \tag{7.245}$$

式（7.243）说明，对于线性二次型问题，最优控制可由全部状态变量构成的最优线性反馈来实现。线性二次型最优反馈系统的结构如图 7.15 所示。

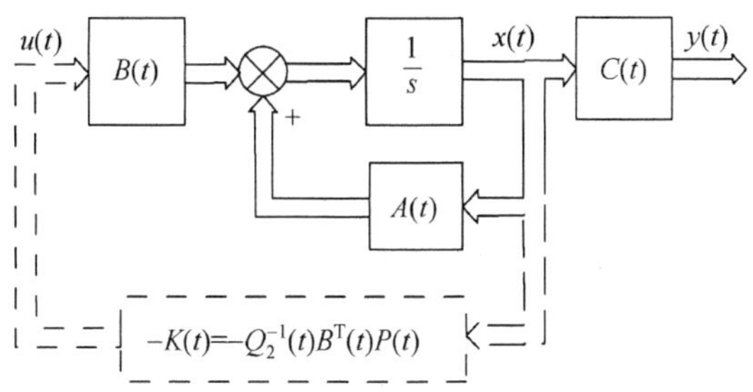

图 7.15 线性二次型最优反馈系统

将式（7.242）代入正则方程组，消去λ，得

$$\dot{\lambda}=-[Q_1(t)+A^{\mathrm{T}}(t)P(t)]X \tag{7.246}$$

$$\dot{X}(t)=[A(t)-B(t)Q_2^{-1}(t)B^{\mathrm{T}}(t)P(t)]X \tag{7.247}$$

将式（7.242）求导数，得

$$\dot{\lambda}=\dot{P}(t)X+P(t)\dot{X} \tag{7.248}$$

把式（7.247）代入式（7.248）并注意式（7.246），得

$$\begin{aligned}&\dot{P}(t)X+P(t)[A(t)-B(t)Q_2^{-1}(t)B^{\mathrm{T}}(t)P(t)X]\\&=-[Q_1(t)+A^{\mathrm{T}}(t)P(t)]X\end{aligned}$$

整理后得

$$\dot{P}(t)=-P(t)A(t)-A^{\mathrm{T}}(t)P(t)+P(t)B(t)Q_2^{-1}(t)B^{\mathrm{T}}(t)\times P(t)-Q_1(t) \tag{7.249}$$

边界条件为

$$P(t_f)=Q_0 \tag{7.250}$$

式（7.249）称为里卡蒂矩阵微分方程（简称里卡蒂方程）。这是一个非线性矩阵微分方程。由于 $P(t)$ 是一个对称矩阵，所以实际只需解 $\dfrac{n(n+1)}{2}$ 个一阶微分方程组，便可确定 $P(t)$ 的所有元素。

为证明 $P(t)$ 为对称矩阵，可将式（7.249）和式（7.250）转置，得

$$\dot{P}(t) = -A^{\mathrm{T}}(t)P^{\mathrm{T}}(t) - P^{\mathrm{T}}(t)A(t) + P^{\mathrm{T}}(t)B(t)Q_2^{-1}(t)B^{\mathrm{T}}(t)P^{\mathrm{T}}(t) - Q_1(t)$$

$$P^{\mathrm{T}}(t_f) = Q_0$$

可见，$P^{\mathrm{T}}(t)$ 和 $P(t)$ 是满足同一边界条件的里卡蒂方程的解，根据解的唯一性可知

$$P^{\mathrm{T}}(t) = P(t) \tag{7.251}$$

故 $P(t)$ 是对称矩阵。

由于里卡蒂方程是非线性的，通常不能直接求得解析解，但可用数字计算机进行离散计算，并将其结果 $P(t)$ 储存起来备用。将式（7.248）离散化，令

$$\dot{P}(t) = \frac{P(t+\Delta t) - P(t)}{\Delta t} \tag{7.252}$$

将式（7.249）代入，得

$$P(t+\Delta t) \approx P(t) - \Delta t[-P(t)A(t) - A^{\mathrm{T}}(t)P(t) + P(t)B(t)Q_2^{-1}(t)B^{\mathrm{T}}(t)P(t) - Q_1(t)] \tag{7.253}$$

已知 $P(t_f) = Q_0$，以此为初始条件，即从终端时刻的 $P(t_f)$ 出发，以 $-\Delta t$ 为单位逆时间方向逐次求出各离散时刻 t 的值 $P(t)$。

综上所述，线性调节器的设计步骤如下：

（1）根据工艺要求和工程实践经验，选定加权矩阵 Q_0、$Q_1(t)$、$Q_2(t)$。

（2）由 $A(t)$、$B(t)$、Q_0、$Q_1(t)$、$Q_2(t)$ 按照式（7.249）和式（7.250），求解里卡蒂矩阵微分方程，得矩阵 $P(t)$。

（3）由式（7.244）和式（7.243）求反馈增益矩阵 $K(t)$ 及最优控制 $U^*(t)$。

（4）解式（7.247）求相应的最优轨线 $X^*(t)$。

（5）计算性能泛函最优值：

$$J^* = \frac{1}{2}X^{\mathrm{T}}(t_0)P(t_0)X(t_0) \tag{7.254}$$

式（7.254）证明如下：对 $X^{\mathrm{T}}(t)P(t)X(t)$ 求导数为

$$\frac{\mathrm{d}}{\mathrm{d}t}[X^{\mathrm{T}}PX] = \dot{X}^{\mathrm{T}}PX + X^{\mathrm{T}}\dot{P}X + X^{\mathrm{T}}P\dot{X}$$

将 $\dot{X}$ 用状态方程代入，$\dot{P}$ 用里卡蒂方程代入，可得

$$\frac{\mathrm{d}}{\mathrm{d}t}[X^{\mathrm{T}}PX] = -X^{\mathrm{T}}Q_1(t)X - U^{\mathrm{T}}Q_2U + [U + Q_2{}^{-1}B^{\mathrm{T}}PX]^{\mathrm{T}}Q_2[U + Q_2{}^{-1}B^{\mathrm{T}}PX]$$

当 $P(t)$ 取最优函数 $U^*(t)$、$X^*(t)$ 时，有

$$\frac{\mathrm{d}}{\mathrm{d}t}[X^{*\mathrm{T}}PX^*] = -X^{*\mathrm{T}}Q_1(t)X^* - U^{*\mathrm{T}}Q_2U^*$$

将上式两边从 t_0 到 t_f 积分并同乘以 1/2，得

$$\frac{1}{2}\int_{t_0}^{t_f}\frac{\mathrm{d}}{\mathrm{d}t}[X^{*\mathrm{T}}PX^*]\mathrm{d}t=-\frac{1}{2}\int_{t_0}^{t_f}[X^{*\mathrm{T}}Q_1(t)X^*+U^{*\mathrm{T}}Q_2U^*]\mathrm{d}t$$

即

$$\frac{1}{2}[X^{*\mathrm{T}}PX^*]\Big|_{t_0}^{t_f}=-\frac{1}{2}\int_{t_0}^{t_f}[X^{*\mathrm{T}}Q_1(t)X^*+U^{*\mathrm{T}}Q_2U^*]\mathrm{d}t$$

上式代入式（7.236），得

$$\begin{aligned}J^*=J^*[X(t_0)]&=\frac{1}{2}\int_{t_0}^{t_f}[X^{*\mathrm{T}}Q_1(t)X^*+U^{*\mathrm{T}}Q_2U^*]\mathrm{d}t+\frac{1}{2}X^{*\mathrm{T}}(t_f)P(t_f)X^*(t_f)\\&=-\frac{1}{2}[X^*PX^*]\Big|_{t_0}^{t_f}+\frac{1}{2}X^{*\mathrm{T}}(t_f)P(t_f)X^*(t_f)\\&=\frac{1}{2}X^{*\mathrm{T}}(t_0)P(t_0)X^*(t_0)\end{aligned}$$

证毕。

显然，在任意时刻性能泛函为

$$J^*[X(t)]=\frac{1}{2}X^{*\mathrm{T}}(t)P(t)X^*(t)$$

当 $t=t_f$ 时，有

$$J^*[X(t)]=\frac{1}{2}X^{*\mathrm{T}}(t_f)P(t_f)X^*(t_f)=\frac{1}{2}X^{*\mathrm{T}}(t_f)Q_0X^*(t_f)$$

即为式（7.236）中终端性能的最优值。

顺便指出，上述由全状态反馈构成的闭环最优控制系统是渐近稳定的。

【例 7.14】已知一阶系统的状态方程和性能泛函为

$$\dot{x}=ax(t)+u(t),\quad x(0)=x_0$$

$$J=\frac{1}{2}\int_0^{t_f}[q_1x^2(t)q_2u^2(t)]\mathrm{d}t+\frac{1}{2}q_0x^2(t_f)$$

式中，$q_1>0, q_1>0, q_0\geqslant 0$。试求最优控制 $u^*(t)$。

解　由式（7.243）知

$$u^*(t)=-\frac{1}{q_2}P(t)x(t)$$

式中，$P(t)$ 是里卡蒂方程：

$$P(t)=-2aP(t)+\frac{1}{q_2}P(t)x(t)-q_1$$

$$P(t_f)=q_0$$

的解。

由积分方程 $\displaystyle\int_{P(t)}^{q_0}\frac{\mathrm{d}P(t)}{\frac{1}{q_2}P^2(t)-2aP(t)-q_1}=\int_t^{t_f}\mathrm{d}t$

得

$$P(t)=q_2\frac{\beta+a(\beta-a)\dfrac{q_0/q_2-a-\beta}{q_0/q_2-a+\beta}\mathrm{e}^{2\beta(t-t_f)}}{1-\dfrac{q_0/q_2-a-\beta}{q_0/q_2-a+\beta}\mathrm{e}^{2\beta(t-t_f)}}$$

式中，$\beta=\sqrt{\dfrac{q_1}{q_2}+a^2}$ 。

最优轨线是一阶时变微分方程：

$$\dot{x}=\left[a-\frac{1}{q_2}P(t)\right]x(t)$$

$$x(t_0)=x_0$$

的解。

$$x^*(t)=x_0\cdot\exp\int_0^1\left[a-\frac{1}{q_2}P(t)\right]\mathrm{d}t$$

图 7.16 是最优线性反馈系统模拟结构图；$P(t)$通过对里卡蒂方程进行模拟来获得；共初值$P(0)$可由$P(t)$令$t=0$计算，也可以在模拟机上通过调整得到，即反复调整$P(0)$，直到t_f满足$P(t_f)=q_0$。

关于$P(t)$的性质及相应的$x(t)$、$u(t)$变化情况如图 7.17 所示。这组曲线是在$a=-1$、$q_0=0$、$q_1=1$、$x(0)=1$和$t_f=1$的条件下得到的。

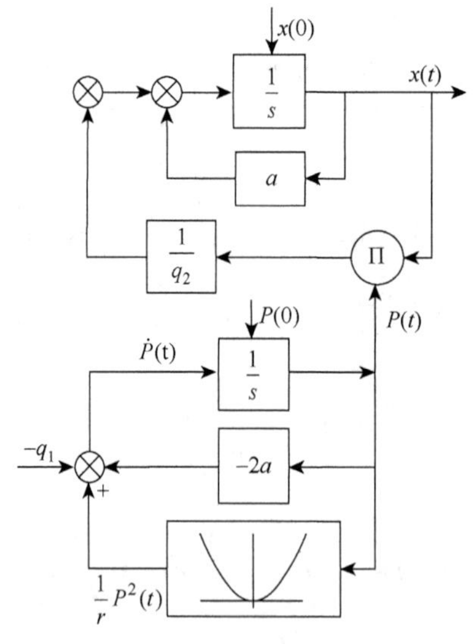

图 7.16　最优线性反馈系统模拟结构图

其中，图 7.17（a）表示以q_2为参数时里卡蒂方程解$P(t)$的变化规律。当q_2很小时，在控制区间的起始部分$P(t)$几乎是常值，因而系统可近似为定常系统；但当q_2增大后，$P(t)$随时间发生较大变化，$P(t)$才成为真正时变的。

图 7.17（b）是一组以q_2为参数的状态轨线。当q_2很小时，状态变量$x(t)$将迅速接近

零值，否则，$x(t)$ 的衰减缓慢。

图 7.17（c）是以 q_2 为参数的一组最优控制曲线。随着 q_2 的减少，过程起始部分控制变量的幅值变得很大，当 $q_2 \to 0$ 时，$u(t)$ 在 $t \to 0$ 处将趋于一尖脉冲。

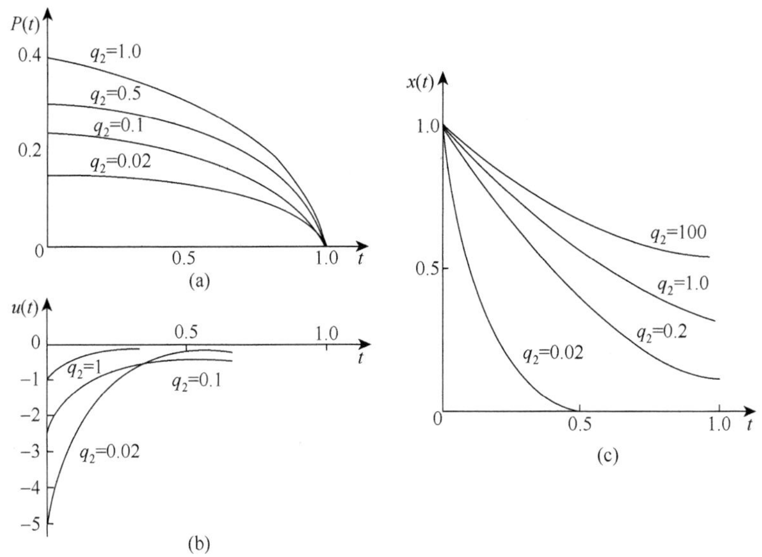

图 7.17　例 7.20 的最优解

当终端时间 t_f 不同时，里卡蒂方程的解 $P(t)$ 的曲线如图 7.18 所示。这组曲线是在 $a=-1$、$q_1=q_2=1$、$q_0=0$或1 的条件下得到的。这组曲线表明，从 t_f 时刻起，曲线 $P(t)$ 随着 t 的减小而趋近于一个“稳态值”，该值与终端条件无关。随着 t_f 的增加，$P(t)$ 保持常值的时间区间在加宽。

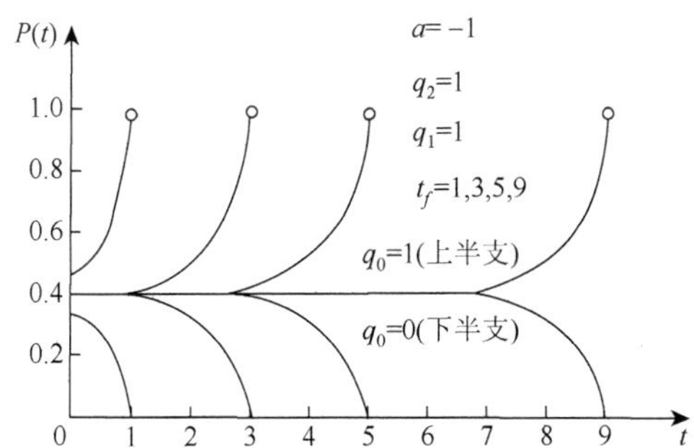

图 7.18　不同终端时刻 t_f 下里卡蒂方程的解 $P(t)$

事实上，有

$$\lim_{t_f \to \infty} P(t) = q_2(\beta + a) = aq^2 + q_2\sqrt{\frac{q_1}{q_2}a^2}$$

这说明，当$t_f \to \infty$时，$P(t)$是一个常数。如把$a=-1$、$q_1=q_2=1$代入，可得

$$\lim_{t_f \to \infty} P(t) = -1+\sqrt{2} = 0.414 \tag{7.255}$$

由此可见，只要t_f取得足够大，在区间$[t_0, t_f]$的大部分时间内，$P(t)$可视为常数。

【例 7.15】 设系统和性能泛函为

$$\dot{x}_1 = x_2, \quad \dot{x}_2 = u$$

$$J = \frac{1}{2}[x_1^2(3) + 2x_2^2(3)] + \frac{1}{2}\int_0^3 \left[2x_1^2(t) + 4x_2^2(t) + 2x_1(t)x_2(t) + \frac{1}{2}u^2(t)\right]\mathrm{d}t$$

求最优控制$u^*(t)$。

解 这是一个二阶线性系统的二次型问题。已知

$$A=\begin{bmatrix}0 & 1\\ 0 & 0\end{bmatrix}, \quad B=\begin{bmatrix}0\\ 1\end{bmatrix}, \quad Q=\begin{bmatrix}2 & 1\\ 1 & 4\end{bmatrix}, \quad Q_0=\begin{bmatrix}1 & 0\\ 0 & 2\end{bmatrix}, \quad Q_2=\frac{1}{2}, \quad t_0=0, \quad t_f=3$$

$P(t)$是2×2对称矩阵，设为

$$P(t)=\begin{bmatrix}p_{11}(t) & p_{12}(t)\\ p_{12}(t) & p_{22}(t)\end{bmatrix}$$

则最优控制为

$$\begin{aligned} U^*(t) &= -Q_2^{-1}(t)B^{\mathrm{T}}P(t)X(t) \\ &= -2(0,1)\begin{bmatrix}p_{11}(t) & p_{12}(t)\\ p_{21}(t) & p_{22}(t)\end{bmatrix}\begin{bmatrix}x_1(t)\\ x_2(t)\end{bmatrix} \\ &= -2[p_{12}(t)x_1(t) + p_{22}(t)x_2(t)] \end{aligned}$$

式中，$p_{12}(t)$、$p_{22}(t)$是如下里卡蒂方程的解。

$$\begin{aligned} \begin{bmatrix}\dot{p}_{11}(t) & \dot{p}_{12}(t)\\ \dot{p}_{12}(t) & \dot{p}_{22}(t)\end{bmatrix} = &-\begin{bmatrix}p_{11}(t) & p_{12}(t)\\ p_{12}(t) & p_{22}(t)\end{bmatrix}\begin{bmatrix}0 & 1\\ 0 & 0\end{bmatrix} - \begin{bmatrix}0 & 0\\ 1 & 0\end{bmatrix}\begin{bmatrix}p_{11}(t) & p_{12}(t)\\ p_{12}(t) & p_{22}(t)\end{bmatrix} \\ &-\begin{bmatrix}p_{11}(t) & p_{12}(t)\\ p_{12}(t) & p_{22}(t)\end{bmatrix}\begin{bmatrix}0\\ 1\end{bmatrix}2(0,1)\begin{bmatrix}p_{11}(t) & p_{12}(t)\\ p_{12}(t) & p_{22}(t)\end{bmatrix} - \begin{bmatrix}2 & 1\\ 1 & 4\end{bmatrix} \end{aligned}$$

即满足

边界条件在$t_f=3$时，$p(t_f)=Q_0$，即

$$\begin{bmatrix}p_{11}(t) & p_{12}(t)\\ p_{12}(t) & p_{22}(t)\end{bmatrix} = \begin{bmatrix}1 & 0\\ 0 & 2\end{bmatrix}$$

对上式展开整理，得

$$\begin{aligned} \dot{p}_{11}(t) &= 2p_{12}^2(t) - 2 \\ \dot{p}_{12}(t) &= -p_{11}(t) + 2p_{12}(t)p_{22}(t) - 1 \\ \dot{p}_{22}(t) &= -2p_{12}(t) + 2p_{22}^2(t) - 4 \end{aligned}$$

终端条件为$p_{11}(3)=1$、$p_{12}(3)=0$、$p_{22}(3)=2$。

联立求解以上三个一阶非线性微分方程，求出$p_{12}(t)$、$p_{22}(t)$，便能获得最优控制，但要获得解析解是困难的。

7.9.3 无限时间状态调节器问题

上面讨论的状态调节器，虽然最优反馈是线性的，但是控制时间区间$[t_0,t_f]$是有限的，因而这种系统总是时变的。甚至在状态方程和性能泛函都是定常的，即矩阵$A(t)$、$B(t)$、$Q_1(t)$、$Q_2(t)$都是常数矩阵的情况也是如此。这就大大增加了系统结构的复杂性。显然，问题的症结在于矩阵$P(t)$是时变的，为了探索使$P(t)$成为常数矩阵的条件，可从图7.18和式（7.255）得到启发，随着终端时刻t_f趋向无穷，$P(t)$将趋于某常数，可见最优反馈的时变系统也随之转化为定常系统。这样就得到$t_f=\infty$的无限时间状态调节器。

可以证明，若线性定常系统

$$\dot{X}=AX+BU \tag{7.256}$$

能控，则性能泛函为

$$J=\frac{1}{2}\int_{t_0}^{\infty}[X^{\mathrm{T}}Q_1X+U^{\mathrm{T}}Q_2U]\mathrm{d}t \tag{7.257}$$

式中，U不受限制；Q_1是半正定常数矩阵；Q_2为正定常数矩阵，则最优控制存在，且唯一。

$$U^*(t)=-Q_2^{-1}B^{\mathrm{T}}PX(t) \tag{7.258}$$

式中，P为$n\times n$正定常数矩阵，满足下列里卡蒂方程：

$$-PA-A^{\mathrm{T}}P+PBQ_2^{-1}B^{\mathrm{T}}P-Q_1=0 \tag{7.259}$$

最优轨线是下列线性定常齐次方程的解。

$$\begin{gathered}\dot{X}(t)=[A-BQ_2^{-1}B^{\mathrm{T}}P]X(t)=[A-BK]X\\ X(t_0)=x_0\end{gathered} \tag{7.260}$$

性能泛函的最小值为

$$J^*[X(t_0)]=\frac{1}{2}X^{*\mathrm{T}}(t_0)PX^*(t_0) \tag{7.261}$$

对于无限时间状态调节器，本小节要强调以下几点：

（1）其适用于线性定常系统，即要求系统完全能控，而在有限时间状态调节器中则不强调这一点。因为在无限时间调节器中，控制区间扩大至无穷，若系统不能控，则无论哪一个控制矢量都将由$t=\infty$，而使性能泛函趋于无穷，从而无法比较其优劣。因此，能控性条件是从保证性能泛函的优劣可以进行比较的角度考虑的。

（2）在性能泛函中，$t_f\to\infty$而使终端泛函$\frac{1}{2}X^{\mathrm{T}}(t_f)Q_0X(t_f)$失去了意义，即$Q_0=0$。

（3）与有限时间状态调节器一样，最优控制也是全状态的线性反馈，结构图也与前面的相同。但是，这里的P是$n\times n$的实对称常数矩阵，是里卡蒂方程的解。因此，构成的是一个线性定常闭环控制系统。

（4）闭环控制系统是渐近稳定的，即系统矩阵$A-BQ_2^{-1}B^{\mathrm{T}}P$的特征值均具有负实部，而不论原受控系统$A$的特征值如何。

证明 设李雅普诺夫函数

$$V(X)=X^{\mathrm{T}}PX$$

因 P 正定，故 $V(X)$ 是正定的。

$$\dot{V}(X)=\dot{X}^{\mathrm{T}}PX+X^{\mathrm{T}}P\dot{X}$$

将式（7.260）代入上式，得

$$\begin{aligned}\dot{V}(X)&=X^{\mathrm{T}}(A-BQ_2^{-1}B^{\mathrm{T}}P)PX+X^{\mathrm{T}}P(A-BQ_2^{-1}B^{\mathrm{T}}P)X\\&=X^{\mathrm{T}}[(A^{\mathrm{T}}P+PA-PBQ_2^{-1}B^{\mathrm{T}}P)-PBQ_2^{-1}B^{\mathrm{T}}P]X\\&=-X^{\mathrm{T}}(Q_1+PBQ_2^{-1}B^{\mathrm{T}}P)X\end{aligned}$$

由于 Q_1、Q_2 均为正定矩阵，故 $\dot{V}(X)$ 负定，结论得证。实际上，若 $\dot{V}(X)$ 沿任意轨线不恒等于零，则 Q_1 可取为半正定矩阵。

【例 7.16】 已知系统的状态方程：

$$\dot{X}=\begin{pmatrix}0&1\\0&0\end{pmatrix}X+\begin{pmatrix}0\\1\end{pmatrix}U$$

性能泛函为 $J=\dfrac{1}{2}\int_0^{\infty}(x_1^2+2bx_1x_2+ax_2^2+u)\mathrm{d}t$，求使 $J\to\min$ 的最优控制 $U^*(t)$。

解 已知 $A=\begin{bmatrix}0&1\\0&0\end{bmatrix}$，$B=\begin{bmatrix}0\\1\end{bmatrix}$，$Q_1=\begin{bmatrix}1&b\\b&a\end{bmatrix}$，$Q_2=1$，为使 Q_1 正定，假设 $a-b^2>0$。

经检验受控系统完全能控。Q_1、Q_2 正定，因此存在最优控制：

$$\begin{aligned}U^*(t)&=-Q_2^{-1}(t)B^{\mathrm{T}}P(t)X(t)=-1(0,1)\begin{bmatrix}p_{11}(t)&p_{12}(t)\\p_{21}(t)&p_{22}(t)\end{bmatrix}\begin{bmatrix}x_1(t)\\x_2(t)\end{bmatrix}\\&=-p_{12}(t)x_1(t)-p_{22}(t)x_2(t)\end{aligned}$$

式中，P_{12}、P_{22} 是如下里卡蒂方程的正定解：

$$\begin{aligned}&-\begin{bmatrix}p_{11}(t)&p_{12}(t)\\p_{12}(t)&p_{22}(t)\end{bmatrix}\begin{bmatrix}0&1\\0&0\end{bmatrix}-\begin{bmatrix}0&0\\1&0\end{bmatrix}\begin{bmatrix}p_{11}(t)&p_{12}(t)\\p_{12}(t)&p_{22}(t)\end{bmatrix}\\&+\begin{bmatrix}p_{11}(t)&p_{12}(t)\\p_{12}(t)&p_{22}(t)\end{bmatrix}\begin{bmatrix}0\\1\end{bmatrix}1(0,1)\begin{bmatrix}p_{11}(t)&p_{12}(t)\\p_{12}(t)&p_{22}(t)\end{bmatrix}-\begin{bmatrix}1&b\\b&a\end{bmatrix}=\begin{bmatrix}0&0\\0&0\end{bmatrix}\end{aligned}$$

展开整理得三个代数方程：

$$\begin{gathered}p_{12}^2=1\\-p_{11}+p_{12}p_{22}-b=0\\-2p_{12}+p_{22}^2-a=0\end{gathered}$$

解出

$$\begin{gathered}p_{12}=\pm1\\p_{22}=\pm\sqrt{a+2p_{12}}\\p_{11}=p_{12}p_{22}-b\end{gathered}$$

在保证 Q_1 和 P 为正定的条件下，可得

$$p_{12}=1$$
$$p_{22}=\sqrt{a+2}$$
$$p_{11}=\sqrt{a+2-b}$$

故最优控制为

$$u^*(t)=-x_1(t)-\sqrt{a+2x_2}(t)$$

闭环控制系统结构如图 7.19 所示。

闭环控制系统的状态方程为

$$\dot{X}=\begin{bmatrix}0 & 1\\ -1 & -\sqrt{a+2}\end{bmatrix}X$$
$$Y=[1\quad 0]X$$

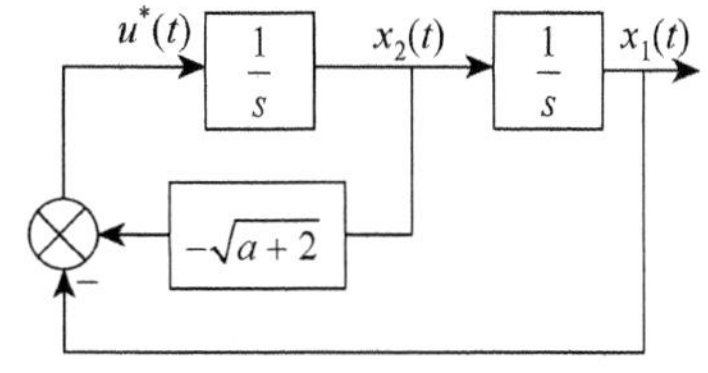

图 7.19 例 7.16 的闭环控制系统结构图

若以 x_1 为输出，则闭环控制系统的传递函数为

$$W(s)=C[sI-(A-BK)]^{-1}B=\frac{1}{s^2+s\sqrt{a+2}+1}$$

闭环极点为

$$s_{1,2}=-\frac{\sqrt{a+2}}{2}\pm \mathrm{j}\frac{\sqrt{a-2}}{2},\quad a<2$$

图 7.20 是以 a 为参数的根轨迹图。

当 $a=0$ 时，闭环极点为 $s_{1,2}=-\frac{\sqrt{2}}{2}\pm \mathrm{j}\frac{\sqrt{2}}{2}$。

这表示在性能指标中，对 x_2 没有要求，加权为零。这在经典控制理论中，相当于阻尼比 $\xi=0.707$ 的二阶最佳阻尼振荡系统。随着 a 的增大，闭环极点趋向实轴，振荡减弱，响应迟缓。可见，对 x_2（输出量 x_1 的变化率）加权越大，系统振荡越小。当 $a>2$ 时，系统呈过阻尼响应，振荡消失。

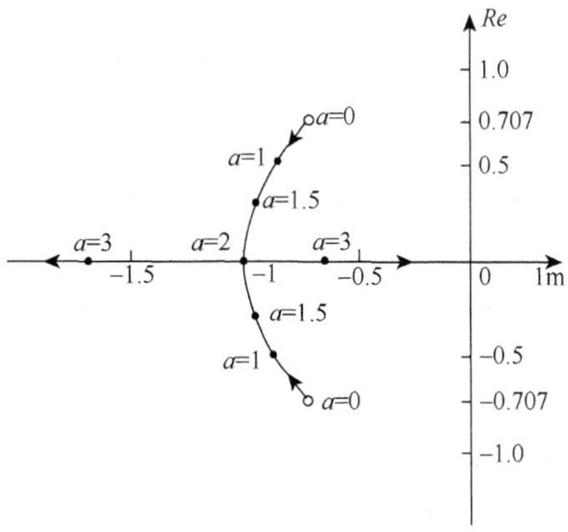

图 7.20 以 a 为参数的根轨迹图

顺便指出，本例的受控系统是不稳定的。但求得的闭环最优系统却是渐近稳定的。实际上，如果仅考虑闭环控制系统的稳定性，则只要 Q_1 半正定即可，如 $a=0$、$b=0$。

$$Q_1=\begin{pmatrix}1 & 0\\ 0 & 0\end{pmatrix}$$

可解得

$$P=\begin{pmatrix}\sqrt{2} & 1\\ 1 & \sqrt{2}\end{pmatrix}$$

是正定的，此时闭环控制系统的两个极点与上述 $a=0$ 的情况相同，系统当然是稳定的。

7.9.4 输出调节器问题

输出调节器的任务是当系统受到外界干扰时，在不消耗过多能量的前提下，维持系统的输出矢量接近其平衡状态。

1. 线性时变系统输出调节器问题

给定一个能观测的线性时变系统：

$$\begin{aligned}\dot{X}(t)&=A(t)X(t)+B(t)U(t)\\ Y(t)&=C(t)X(t)\\ X(t_0)&=X_0\end{aligned}\tag{7.262}$$

性能泛函为

$$J=\frac{1}{2}\int_{t_0}^{t_f}[Y^{\mathrm{T}}Q_1(t)Y+U^{\mathrm{T}}Q_2(t)U]\mathrm{d}t+\frac{1}{2}Y^{\mathrm{T}}(t_f)Q_0Y(t_f)\tag{7.263}$$

式中，$U(t)$ 任意取值；$Q_2(t)$ 为正定对称矩阵；$Q_1(t)$ 和 Q_0 为半正定矩阵。

要求在有限时间区间 $[t_0,t_f]$ 内，在式（7.262）约束下，寻求 $U^*(t)$，使 $J\to\min$。

这类问题的求解，是通过将式（7.263）转化为类似于状态调节器问题进行的。为此，用 $Y(t)=C(t)X(t)$ 代入式（7.263），得

$$J=\frac{1}{2}\int_{t_0}^{t_f}\{X^{\mathrm{T}}[C^{\mathrm{T}}Q_1(t)C]X+U^{\mathrm{T}}Q_2(t)U\}\mathrm{d}t+\frac{1}{2}X^{\mathrm{T}}(t_f)[C^{\mathrm{T}}Q_0(t)C]X(t_f)\tag{7.264}$$

比较式（7.264）和式（7.236）可知，用 $C^{\mathrm{T}}Q_1C$ 和 $C^{\mathrm{T}}Q_0C$ 分别取代 Q_1 和 Q_0，在系统完全能观的前提下，若 $Q_1(t)$ 和 Q_0 是半正定矩阵，则转换成状态调节器问题后的 $C^{\mathrm{T}}Q_1C$ 和 $C^{\mathrm{T}}Q_0C$ 也是半正定矩阵。证明如下：

首先因为 Q_0 和 $Q_1(t)$ 是对称矩阵，故 $C^{\mathrm{T}}(t_f)Q_0C(t_f)$ 和 $C^{\mathrm{T}}(t_f)Q_1C(t_f)$ 也是对称矩阵。如果系统式（7.262）能观，则在所有 $t\in[t_0,t_f]$ 上 $C^{\mathrm{T}}(t)$ 不能为零。如果 $Q_1(t)$ 是半正定，则 $Y^{\mathrm{T}}(t)Q_1(t)Y(t)$ 对所有 $C(t)X(t)$ 也成立，但能观意味着每个输出由唯一的状态 $X(t)$ 所形成，因此归结为 $X^{\mathrm{T}}(t)[C^{\mathrm{T}}(t)Q_1(t)C(t)]X(t)\geqslant 0$，对所有 $X(t)$ 是成立的，从而有 $C^{\mathrm{T}}(t)Q_1C(t)$ 是半正定的，同理可知 $C^{\mathrm{T}}(t)Q_0C(t)$ 也是半正定的。

于是，可以用状态调节器式（7.243）来确定最优控制：

$$U^*(t)=-Q_2^{-1}(t)B^{\mathrm{T}}P(t)X(t)\tag{7.265}$$

式中，$P(t)$ 为下列里卡蒂方程的解。

$$\dot{P}(t) = -P(t)A(t) - A^{\mathrm{T}}(t)P(t) + P(t)B(t)Q_2^{-1}(t)B^{\mathrm{T}}(t)P(t) - C^{\mathrm{T}}(t)Q_1(t)C(t) \tag{7.266}$$

边界条件为

$$P(t_f) = C^{\mathrm{T}}(t_f)Q_0C(t_f) \tag{7.267}$$

其他如闭环控制系统的最优轨线和最优性能泛函都与有限时间状态调节器的相应表达式相同。最优控制不是由输出 $Y(t)$ 反馈，而仍然是由状态 $X(t)$ 反馈。这是因为状态矢量包含主宰过程未来演变的全部信息，而输出矢量只包含部分信息，而最优控制必须利用全部信息，所以要用 $X(t)$ 而不用 $Y(t)$ 作反馈。值得注意的是，尽管输出调节器与状态调节器在算式上、在系统结构上类似，但里卡蒂方程是不同的，因此它们的解 $P(t)$ 并不一样。

2. 线性定常系统输出调节器问题

给定一个完全能控、能观的线性定常系统：

$$\begin{aligned} \dot{X}(t) &= A(t)X(t) + B(t)U(t) \\ Y(t) &= C(t)X(t) \end{aligned} \tag{7.268}$$

性能泛函为

$$J = \frac{1}{2}\int_{t_0}^{\infty} [Y^{\mathrm{T}}Q_1Y + U^{\mathrm{T}}Q_2U]\mathrm{d}t \tag{7.269}$$

式中，$U(t)$ 任意取值；Q_2 为正定对称矩阵；Q_1 为正定或半正定矩阵。

要求在系统方程约束下，寻求 $U^*(t)$，使 $J \to \min$。

这与上述求解的结果类似。

最优控制为

$$U^*(t) = -Q_2^{-1}B^{\mathrm{T}}PX(t) \tag{7.270}$$

而 $P(t)$ 是下列里卡蒂方程的解：

$$-PA - A^{\mathrm{T}}P + PBQ_2^{-1}B^{\mathrm{T}}P - C^{\mathrm{T}}Q_1C = 0 \tag{7.271}$$

【例 7.17】　系统如图 7.21 实线所示，其中 $b>0$、$c>0$。

性能泛函为

$$J = \frac{1}{2}\int_0^{\infty} [y^2(t) + u^2(t)]\mathrm{d}t$$

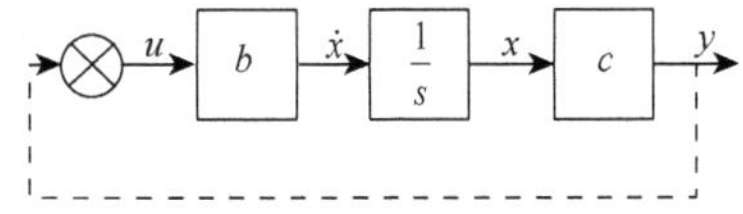

图 7.21　例 7.17 系统结构图

求 $u^*(t)$，使 $J \to \min$。

解　一阶线性系统方程为

$$\dot{x} = bu$$
$$y = cx$$

显然，系统是能控、能观的。本例中有

$$A = 0,\quad B = b,\quad C = c,\quad Q_1 = 1,\quad C^{\mathrm{T}}Q_1C = c^2,\quad Q_2 = 1$$

最优控制为

$$u^*(t) = -Q_2^{-1}B^{\mathrm{T}}PX = -bPX$$

P 满足里卡蒂方程：

$$b^2P^2 - c^2 = 0$$

解得 $P = \pm\frac{c}{b}$。为使 $P>0$，应将 $-\frac{c}{b}$ 舍去，取 $P = \frac{c}{b}$。

最优控制为

$$u^*(t) = -cx(t) = -y(t)$$

它可以直接从 $y(t)$ 获得，如图 7.21 中虚线所示。

【例 7.18】 设受控系统和性能泛函分别为

$$\dot{X} = \begin{bmatrix} 0 & 1 \\ 0 & 0 \end{bmatrix} X + \begin{bmatrix} 0 \\ 1 \end{bmatrix} U$$

$$Y = [1,\quad 0]X$$

$$J = \frac{1}{2}\int_0^\infty [y^2 + q_2u^2]\mathrm{d}t$$

求 $u^*(t)$，使 $J \to \min$。

解 经检验系统能控、能观。又 $Q_2 = q_2$，有

$$C^{\mathrm{T}}Q_1C = \begin{bmatrix} 1 & 0 \\ 0 & 0 \end{bmatrix}$$

最优控制为

$$\begin{aligned} u^*(t) &= -\frac{1}{q_2}[0\quad 1]\begin{bmatrix} p_{11}(t) & p_{12}(t) \\ p_{12}(t) & p_{22}(t) \end{bmatrix}\begin{bmatrix} x_1(t) \\ x_2(t) \end{bmatrix} \\ &= -\frac{1}{q_2}[p_{12}(t)x_1(t) + p_{22}(t)x_2(t)] \end{aligned}$$

类似地，从里卡蒂方程中求得三个代数方程：

$$\frac{1}{q_2}p_{12}^2 = 1,\quad -p_{11} + \frac{1}{q_2}p_{12}p_{22} = 0,\quad -2p_{12} + \frac{1}{q_2}p_{22}^2 = 0$$

为保证 P 正定，必须

$$p_{11}>0,\quad p_{22}>0,\quad p_{11}p_{22}-p_{12}^2=0$$

解得

$$p_{12} = \sqrt{q_2},\quad p_{22} = \sqrt{2}q_2^{\frac{3}{4}},\quad p_{11} = \sqrt{2}q_2^{\frac{1}{4}}$$

代入得最优控制为

$$\begin{aligned} u^*(t) &= -q_2^{-\frac{1}{2}}x_1(t) - \sqrt{2}q_2^{-\frac{1}{4}}x_2(t) \\ &= -q_2^{-\frac{1}{2}}y(t) - \sqrt{2}q_2^{-\frac{1}{4}}\dot{y}(t) \end{aligned}$$

7.9.5 跟踪器问题

跟踪器的控制目的是使输出 $Y(t)$ 紧紧跟随某希望的输出 $Z(t)$，而不消耗过多的控制能量。

1. 线性时变系统跟踪器问题

给定一个完全能观的线性时变系统：

$$\dot{X}(t)=A(t)X(t)+B(t)U(t)$$
$$Y(t)=C(t)X(t)$$
$$X(t_0)=x_0 \tag{7.272}$$

设 $U(t)$ 不受约束。用矢量 $Z(t)$ 表示希望的输出，维数与 $Y(t)$ 相同。定义误差矢量 $E(t)$ 为

$$E(t)=Z(t)-Y(t)$$

或

$$E(t)=Z(t)-C(t)X(t) \tag{7.273}$$

寻找控制 $U(t)$，使下列性能泛函为最小：

$$J=\frac{1}{2}\int_{t_0}^{t_f}[E^{\mathrm{T}}Q_1(t)E+U^{\mathrm{T}}Q_2(t)U]\mathrm{d}t+\frac{1}{2}E^{\mathrm{T}}(t_f)Q_0E(t_f) \tag{7.274}$$

式中，Q_0、$Q_1(t)$ 为半正定矩阵；$Q_2(t)$ 为正定矩阵；终端时刻 t_f 给定。

下面应用极小值原理推导跟踪器的必要条件。

写出哈密顿函数为

$$H=\frac{1}{2}[(Z-CX)^{\mathrm{T}}Q_1(t)(Z-CX)]+\frac{1}{2}U^{\mathrm{T}}Q_2(t)U+\lambda^{\mathrm{T}}[A(t)X+B(t)U] \tag{7.275}$$

由条件 $\frac{\partial H}{\partial U}=0$ 推出下列方程：

$$\frac{\partial H}{\partial U(t)}=Q_2(t)U(t)+B^{\mathrm{T}}(t)\lambda(t)=0$$

即

$$U^*(t)=-Q_2^{-1}(t)B^{\mathrm{T}}(t)\lambda(t) \tag{7.276}$$

由于 $Q_2(t)$ 正定，故式（7.276）的 $U(t)$ 可使 H 为极小值。

由条件 $-\frac{\partial H}{\partial X(t)}=\dot{\lambda}$ 给出

$$\dot{\lambda}=-C^{\mathrm{T}}(t)Q_1(t)C(t)-A^{\mathrm{T}}(t)\lambda(t)+C^{\mathrm{T}}(t)Q_1(t)Z(t) \tag{7.277}$$

其终端条件为

$$\begin{aligned}\lambda(t_f)&=\frac{1}{2}\cdot\frac{\partial}{\partial X(t_f)}[Z(t_f)-C(t_f)X(t_f)]^{\mathrm{T}}Q_0[Z(t_f)-C(t_f)X(t_f)]\\&=C^{\mathrm{T}}(t_f)Q_0C(t_f)X(t_f)-C^{\mathrm{T}}(t_f)Q_0Z(t_f)\end{aligned} \tag{7.278}$$

从式（7.272）、式（7.276）和式（7.277）得正则方程为

$$\begin{bmatrix}\dot{X}(t)\\\dot{\lambda}(t)\end{bmatrix}=\begin{bmatrix}A(t) & -B(t)Q_2^{-1}(t)B^{\mathrm{T}}(t)\\-C^{\mathrm{T}}(t)Q_1(t)C(t) & -A^{\mathrm{T}}(t)\end{bmatrix}\begin{bmatrix}X(t)\\Y(t)\end{bmatrix}+\begin{bmatrix}0\\X^{\mathrm{T}}(t)Q_1(t)\end{bmatrix}Z(t) \tag{7.279}$$

的解为

$$\begin{bmatrix}X(t_f)\\\lambda(t_f)\end{bmatrix}=\varPhi(t_f,t)\left\{\begin{bmatrix}X(t)\\\lambda(t)\end{bmatrix}+\int_t^{t_f}\varPhi^{-1}(\tau,t)\begin{bmatrix}0\\C^{\mathrm{T}}(t)Q_1(t)\end{bmatrix}Z(t)\mathrm{d}\tau\right\} \tag{7.280}$$

式中，$\varPhi(t,t_0)$ 为式（7.279）的 $2n\times 2n$ 基本解矩阵。

将 $\lambda(t_f)$ 的终端条件代入式（7.280）并予以简化，可得

$$\lambda(t)=P(t)X(t)-G(t) \tag{7.281}$$

与式（7.242）比较可知，式（7.281）多了一项由 $Z(t)$ 引起的 $G(t)$ 项。$G(t)$ 与 $X(t)$、$\lambda(t)$ 一样，是 n 维矢量。$P(t)$ 是 $n\times n$ 矩阵。

将式（7.281）代入式（7.276）得

$$U^*(t)=-Q_2^{-1}(t)B^{\mathrm{T}}(t)P(t)X(t)+Q_2^{-1}(t)B^{\mathrm{T}}(t)G(t) \tag{7.282}$$

由式（7.282）可知，为了确定 $U^*(t)$，必须首先确定 $P(t)$ 和 $G(t)$。

为此，对式（7.281）两边求导数得

$$\dot{\lambda}(t)=\dot{P}(t)X(t)-P(t)\dot{X}(t)-\dot{G}(t) \tag{7.283}$$

将式（7.282）代入状态方程得

$$\dot{X}(t)=[A(t)-B(t)Q_2^{-1}B^{\mathrm{T}}(t)P(t)]\times X(t)+\mathrm{B}(t)Q_2^{-1}B^{\mathrm{T}}(t)G(t) \tag{7.284}$$

再将式（7.284）代入式（7.283），得

$$\begin{aligned}\dot{\lambda}(t)=&[\dot{P}(t)-P(t)A(t)-P(t)B(t)Q_2^{-1}B^{\mathrm{T}}(t)P(t)]X(t)\\&+P(t)B(t)Q_2^{-1}B^{\mathrm{T}}(t)G(t)-\dot{G}(t)\end{aligned} \tag{7.285}$$

另外，将式（7.281）代入式（7.277），得

$$\dot{\lambda}=[-C^{\mathrm{T}}(t)Q_1(t)C(t)-A^{\mathrm{T}}(t)\lambda(t)]X(t)+A^{\mathrm{T}}(t)G(t)+C^{\mathrm{T}}(t)Q_1(t)Z(t) \tag{7.286}$$

只要存在最优解，则对所有 $X(t)$、$Z(t)$ 及 $t\in[t_0,t_f]$，式（7.285）及式（7.286）均成立。由此得出下列结论：

（1）$n\times n$ 矩阵 $P(t)$ 必须满足下列矩阵微分方程：

$$\dot{P}(t)=-P(t)A(t)-A^{\mathrm{T}}(t)P(t)+P(t)B(t)Q_2^{-1}(t)B^{\mathrm{T}}(t)P(t)-C^{\mathrm{T}}(t)Q_1(t)C(t) \tag{7.287}$$

（2）n 维矢量 $g(t)$ 必须满足下列矢量微分方程：

$$\dot{G}(t)=[P(t)B(t)Q_2^{-1}(t)B^{\mathrm{T}}(t)-A^{\mathrm{T}}(t)]G(t)-C^{\mathrm{T}}(t)Q_1(t)Z(t) \tag{7.288}$$

或

$$\dot{G}(t)=-[A(t)-B(t)Q_2^{-1}(t)B^{\mathrm{T}}(t)P(t)]^{\mathrm{T}}G(t)-C^{\mathrm{T}}Q_1(t)Z(t) \tag{7.289}$$

它们的边界条件可推导如下：由式（7.277）得

$$\lambda(t_f)=P(t_f)X(t_f)-G(t_f) \tag{7.290}$$

由式（7.278）又知

$$\lambda(t_f)=C^{\mathrm{T}}(t_f)Q_0C(t_f)X(t_f)-C^{\mathrm{T}}(t_f)Q_0Z(t_f) \tag{7.291}$$

因式（7.290）和式（7.291）对所有 $X(t_f)$ 和 $Z(t_f)$ 均成立，比较两式可得

$$P(t_f)=C^{\mathrm{T}}(t_f)Q_0C(t_f) \tag{7.292}$$

$$g(t_f)=C^{\mathrm{T}}(t_f)Q_0z(t_f) \tag{7.293}$$

由上述两组方程解出 $P(t)$、$G(t)$ 代入式（7.282），即可求得最优控制 $U^*(t)$。

下面对上述控制规律进行讨论：

先看矩阵 $P(t)$。应当注意到里卡蒂矩阵微分方程式（7.287）和边界条件式（7.292）都与希望的输出 $Z(t)$ 无关。$P(t)$ 仅是矩阵 $A(t)$、$B(t)$、$C(t)$、Q_0、$Q_1(t)$ 和 $Q_2(t)$ 及终端时刻 t_f 的函数。这意味着，动态系统、性能泛函及终端时刻一旦给定，则矩阵 $P(t)$ 也就随之确定。

将式（7.287）、式（7.292）与式（7.266）、式（7.267）加以比较，可知它们是一样的，这意味着最优跟踪器系统的反馈结构与最优输出调节器系统的反馈结构相同。更为明显的是，从比较它们的状态方程可以看出，它们具有完全相同的闭环控制系统状态矩阵 $[A(t)-B(t)Q_2^{-1}(t)B^{\mathrm{T}}(t)P(t)]$ 和相同的特征值。因此，最优跟踪器的动态性能也与希望的输出 $Z(t)$ 无关。

再看矢量 $G(t)$。矢量 $G(t)$ 集中反映了最优跟踪器系统与最优输出调节器系统的本质差异。这一点表现在状态方程式（7.284）中，即增加了一个与 $G(t)$ 有关的强迫控制项，从而使调节器变成了跟踪器。

对照一下式（7.284）与式（7.289）可知，它们齐次部分的矩阵存在负的转置关系，因此由式（7.289）表示的系统正是式（7.284）闭环控制系统的伴随系统。设 $\Phi(t,t_0)$ 为闭环控制系统的基本解矩阵 $\Psi(t,t_0)$ 为伴随系统的基本解矩阵，则下列关系成立：

$$\Psi^{\mathrm{T}}(t,t_0)\Phi(t,t_0)=I \tag{7.294}$$

$G(t_f)$ 可用基本解矩阵 $\Psi(t,t_0)$ 表示为

$$C^{\mathrm{T}}(t_f)Q_0Z(t_f)=G(t_f)=\Psi(t_f,t)\left[G(t)-\int_{t_0}^{t_f}\Psi^{-1}(\tau,t)C^{\mathrm{T}}(\tau)Q_1Z(\tau)\mathrm{d}\tau\right] \tag{7.295}$$

于是，对所有 $t\in[t_0,t_f]$，$G(t)$ 可写为

$$G(t)=\Psi^{-1}(t_f,t)G(t_f)+\int_{t_0}^{t_f}\Psi^{-1}(\tau,t)C^{\mathrm{T}}(\tau)Q_1Z(\tau)\mathrm{d}\tau \tag{7.296}$$

式（7.296）表明，要计算 $G(t)$ $(t\in[t_0,t_f])$ 必须预先给出所有的 $Z(\tau)$ $(\tau\in[t_0,t_f])$，换句话说，为了计算 $G(t)$ 的现时值，必须预先知道希望输出 $Z(\tau)$ 的全部将来值。又因最优控制：

$$U^*(t)=-Q_2^{-1}(t)B^{\mathrm{T}}(t)P(t)X(t)+Q_2^{-1}B^{\mathrm{T}}(t)G(t)$$

与 $G(t)$ 有关，所以最优控制的现时值也要依赖希望输出 $Z(\tau)$ 的全部将来值。由此可见，要想实现最优跟踪，关键在于预先掌握希望输出 $Z(\tau)$ 的变化规律。但是，$Z(\tau)$ 的实际变化规律往往难以预先确定。

至于最优控制是 $Z(\tau)$ 将来值的函数的问题，是因为最优控制必须充分利用所有获得的全部信息。但是，在最优控制解题时却没有充分考虑物理实现上的要求，设 t 为现在时

刻，$[t_0, t]$为过去时间，$[t, t_f]$为未来时间，现在时刻的控制$U(t)$只能影响系统未来的响应，而不能再改变过去的响应。同时，系统过去的控制对性能的影响已体现在现时状态$X(t)$中，由于现时状态$X(t)$可部分地影响未来的响应，故现时的最优控制$U(t)$必须为现时状态$X(t)$的函数，然而现时控制$U(t)$的作用应使系统未来的误差为极小。显然，这些将来误差必与$Z(\tau)$的将来值有关。因此，最优控制的现时值$U(t)$必然依赖$Z(\tau)$的全部未来值，换句话说，若未来的$Z(\tau)$无法准确预知，则系统现时就不能准确地工作于最优状态。

解决上述问题可以有两种考虑：一种是以将来希望输出的“预估值”代替实际希望输出的将来值；另一种是把希望输出看成随机的，使误差函数的期望值为极小。在前一种情况下，系统的最优程度将取决于“预估值”与实际值是否相符；在后一种情况下，基本上是把确定性问题作为随机性问题处理，设计出的系统只是“平均”意义下的最优，但不能保证任意一次试验的系统响应都是满意的。综上所述无非是强调希望输出值必须预先给定。

下面说明$P(t)$与$G(t)$的计算情况。因为$P(t)$与$Z(t)$无关，故可对所有的$t \in [t, t_f]$，把$P(t)$一一计算出来。当$P(t)$和$Z(t)$已知时，就可对所有的$t \in [t, t_f]$逆时间计算出$G(t)$，并将计算值储存起来。或者在式（7.296）中，令$t = t_0$，计算$G(t_0)$：

$$
\begin{aligned}
G(t_0) = &\Psi^{-1}(t_f, t_0) X^{\mathrm{T}}(t_f) Q_0 Z(t_f) \\
&+ \int_{t_0}^{t_f} \Psi^{-1}(\tau, t_0) C^{\mathrm{T}}(\tau) Q_1(\tau) Z(\tau) \mathrm{d}\tau
\end{aligned}
\tag{7.297}
$$

然后以$G(t_0)$为初始值，按式（7.289）顺时间解出$G(t)$。图 7.22 给出模拟产生$G(t)$的系统结构图。一旦$G(t_0)$预先计算出来，引入系统便可解出$G(t)$。

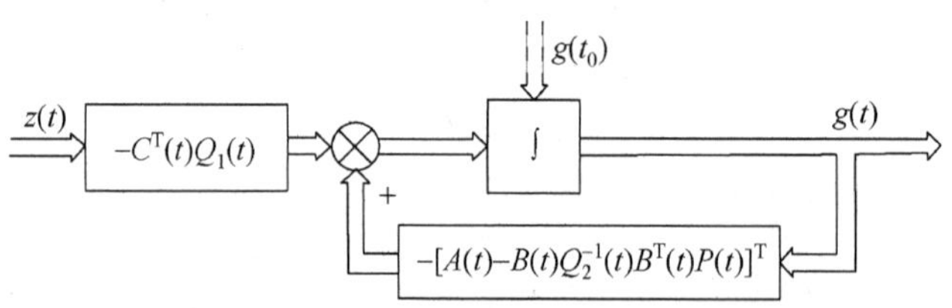

图 7.22　模拟产生 $G(t)$的系统结构图

整个最优跟踪系统结构如图 7.23 所示。其中，$G(t) = A(t) - B(t)Q_2^{-1}(t)$；$B^{\mathrm{T}}(t)P(t)$表示闭环控制系统的状态矩阵。图 7.23 中用矢量反馈包围积分环节，以强调说明这两个动态系统之间的伴随性质。

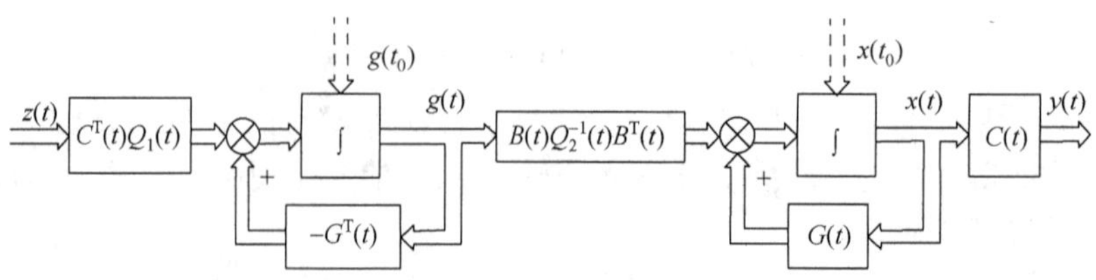

图 7.23　最优跟踪系统结构图

2. 线性定常系统

以上讨论了线性时变系统在有限时间 $[t_0, t_f]$ 内的跟踪问题。对于线性定常系统，如果要求输出矢量为常数矢量，终端时间 t_f 很大，在这些条件下，可用上面的方法推导出一个近似的最优控制律。虽然这个结果并不适用于 $t_f \to \infty$ 的情况，但对于一般工程系统是足够精确的，很有实用意义。为此，给出下面结果，不作推导。

给定能控、能观测的线性定常系统、动态方程为

$$\dot{X} = AX + BU$$
$$Y = CX$$
$$X(t_0) = x_0 \tag{7.298}$$

设要求输出 Z 是一常数矢量，误差 $E(t)$ 表示为

$$E(t) = Z - Y(t) = Z - CY(t) \tag{7.299}$$

性能泛函为

$$J = \frac{1}{2}\int_{t_0}^{t_f}[E^{\mathrm{T}}(t)Q_1E(t) + U^{\mathrm{T}}(t)Q_2U(t)]\mathrm{d}t \tag{7.300}$$

式中，矩阵 Q_1 及 Q_2 为正定矩阵。

当给定 t_f 足够大但为有限值时，仿照前面有关公式可得近似结果如下：

最优控制为

$$U^*(t) = -Q_2^{-1}B^{\mathrm{T}}PX + Q_2^{-1}B^{\mathrm{T}}G \tag{7.301}$$

式中，P 、G 满足下列方程：

$$-PA - A^{\mathrm{T}}P + PBQ_2^{-1}B^{\mathrm{T}}P + C^{\mathrm{T}}Q_1C = 0 \tag{7.302}$$

$$\dot{G} \approx [PBQ_2^{-1}B^{\mathrm{T}} - A^{\mathrm{T}}]^{-1}C^{\mathrm{T}}Q_1Z \tag{7.303}$$

最优轨线满足

$$\dot{X}^*(t) = [A - BQ_2^{-1}B^{\mathrm{T}}P]X + BQ_2^{-1}B^{\mathrm{T}}G \tag{7.304}$$

线性定常跟踪系统结构图如图 7.24 所示。

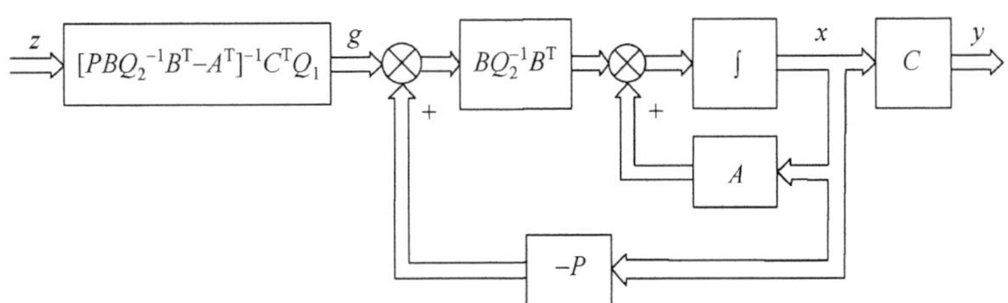

图 7.24　线性定常跟踪系统结构图

【例 7.19】　已知一阶动态系统

$$\dot{x}(t) = ax(t) + u(t)$$
$$y(t) = x(t)$$

式中，控制 $u(t)$ 不受约束。用 $z(t)$ 表示希望的输出，$e(t)=z(t)-y(t)=z(t)-x(t)$ 表示误差。性能泛函为

$$J=\frac{1}{2}q_0e^2(t_f)+\frac{1}{2}\int_0^{t_f}[q_1e^2(t)+q_2u^2(t)]\mathrm{d}t$$

式中，$q_0\geqslant 0$、$q_1>0$、$q_2>0$。求最优控制 $u^*(t)$ 使 J 为最小。

解　由式（7.301）得最优控制为

$$u^*(t)=\frac{1}{q_2}[g(t)-P(t)x(t)]$$

式中，$P(t)$ 是一阶里卡蒂方程的解：

$$\dot{P}(t)=-2aP(t)+\frac{1}{q_2}P^2(t)-q_1$$

$$P(t_f)=q_0$$

$g(t)$ 是一阶线性方程的解：

$$\dot{g}(t)=-\left[a-\frac{1}{q_2}P(t)\right]g(t)-q_1z(t)$$

$$g(t_f)=q_0z(t_f)$$

最优轨线 $x(t)$ 是一阶线性微分方程的解：

$$\ddot{x}(t)=\left[a-\frac{1}{q_2}P(t)\right]x(t)+\frac{1}{q_2}g(t)$$

图 7.25 表示跟踪系统在 $a=-1$、$x(0)=0$、$q_0=0$、$q_1=1$ 和 $t_f=1$ 情况下的一组响应曲线。

其中，图 7.25（a）表示 $z(t)$ 为阶跃函数，即 $z(t)=+1\quad(t\in[0,t_f])$，以 q_2 为参数的一组跟踪响应曲线。由图 7.25（a）可知，随着 q_2 的减小，系统的跟踪能力增强。此外，在控制区间的终端 t_f 附近，误差又在变大，这是因为 $q_0=0$、$q(t_f)=0$、$P(t_f)=0$，所以 $u(t_f)=0$。

图 7.25（b）是 $g(t)\quad(t\in[0,1])$ 的一组曲线。随着 q_2 的减小，$g(t)$ 在控制区间的起始段几乎保持恒定，随后逐渐下降至零（因 $q_0=0$）。

图 7.25（c）是最优控制 $u(t)$ 的曲线。若 q_2 越小，表示越不重视 $u(t)$，则 $u(t)$ 的恒值越大。相对地，就表示越重视误差的减小，因此 $x(t)$ 对 $z(t)$ 的跟踪就越好。

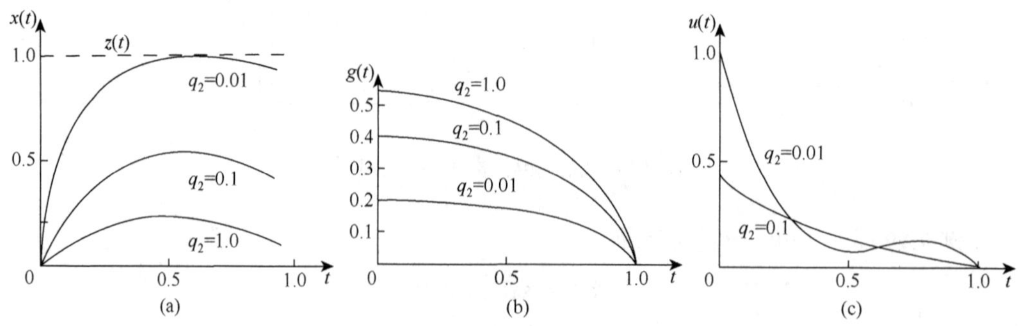

图 7.25　例 7.18 跟踪系统的最优解

【例 7.20】　设系统的动态方程为

$$\dot{X}=\begin{bmatrix}0 & 1\\ 0 & 0\end{bmatrix}X+\begin{bmatrix}0\\ 1\end{bmatrix}U$$

$$X(0)=x_0$$

$$Y=[1\quad 0]X$$

试确定最优控制 $u^*(t)$，使性能泛函：

$$J=\frac{1}{2}\int_0^{\infty}\{[x_1(t)-z(t)]^2+u^2(t)\}\mathrm{d}t$$

为最小。假定 $z(t)=r$。

解　由题意知

$$A=\begin{bmatrix}0 & 1\\ 0 & 0\end{bmatrix},\quad B=\begin{bmatrix}0\\ 1\end{bmatrix},\quad C=[1\quad 0]$$

$$q_0=0,\quad q_1=q,\quad q_2=1,\quad z(t)=r$$

本例的状态方程与例 7.17 一样，参照例 7.17 直接写出里卡蒂方程为

$$\dot{p}_{11}=-1+p_{12}^2$$

$$\dot{p}_{12}=-p_{11}+p_{12}p_{22}$$

$$\dot{p}_{22}=-2p_{12}+p_{22}^2$$

终端条件为 $p_{11}(t_f)=p_{12}(t_f)=p_{22}(t_f)=0$，设 $t_f\to\infty$，则 $\dot{p}_{11}=\dot{p}_{12}=\dot{p}_{22}=0$，于是得

$$p_{11}=p_{22}=\sqrt{2},\quad p_{12}=p_{21}=1$$

即

$$P=\begin{bmatrix}\sqrt{2} & 1\\ 1 & \sqrt{2}\end{bmatrix}$$

下面确定 $G(t)$。设 $G=\begin{bmatrix}g_1\\ g_2\end{bmatrix}$，根据

$$\dot{G}=-[A-BQ_2^{-1}B^{\mathrm{T}}P]^{\mathrm{T}}G-C^{\mathrm{T}}Q_1Z$$

式中，

$$A-BQ_2^{-1}B^{\mathrm{T}}P=\begin{bmatrix}0 & 1\\ 0 & 0\end{bmatrix}-\begin{bmatrix}0\\ 1\end{bmatrix}[1\ \ 0]\begin{bmatrix}\sqrt{2} & 1\\ 1 & \sqrt{2}\end{bmatrix}$$

$$=\begin{bmatrix}0 & 1\\ -1 & -\sqrt{2}\end{bmatrix}-[A-BQ_2^{-1}B^{\mathrm{T}}P]^{\mathrm{T}}$$

$$=\begin{bmatrix}0 & 1\\ -1 & -\sqrt{2}\end{bmatrix}-C^{\mathrm{T}}Q_1=\begin{bmatrix}-1\\ 0\end{bmatrix}$$

故

$$\dot{G}=\begin{bmatrix}0 & 1\\ -1 & -\sqrt{2}\end{bmatrix}G+\begin{bmatrix}-1\\ 0\end{bmatrix}Z$$

即

$$\dot{g}_1 = g_2 - z$$

$$\dot{g}_2 = -g_1 + \sqrt{2}g_2$$

由终端条件 $G(t_f) = C^{\mathrm{T}}(t_f)Q_0Z(t_f) = 0$，即 $g_1(t_f) = g_2(t_f) = 0$。

如果考虑尽快跟踪 $t_f \to 0$，则 $\dot{g}_1 = \dot{g}_2 = 0$，因而有

$$g_2 = z = r$$

$$g_1 = \sqrt{2}g_2 = \sqrt{2}r$$

最后可得最优控制为

$$\begin{aligned} U^*(t) &= -Q_2^{-1}B^{\mathrm{T}}[PX - G] \\ &= [0 \quad 1]\begin{bmatrix} \sqrt{2} & 1 \\ 1 & \sqrt{2} \end{bmatrix}\begin{bmatrix} x_1(t) \\ x_2(t) \end{bmatrix} + [1 \quad 0]\begin{bmatrix} g_1(t) \\ g_2(t) \end{bmatrix} \\ &= -x(t) - \sqrt{2}x_2(t) + g_2(t) \end{aligned}$$

最优系统如图 7.26 所示。

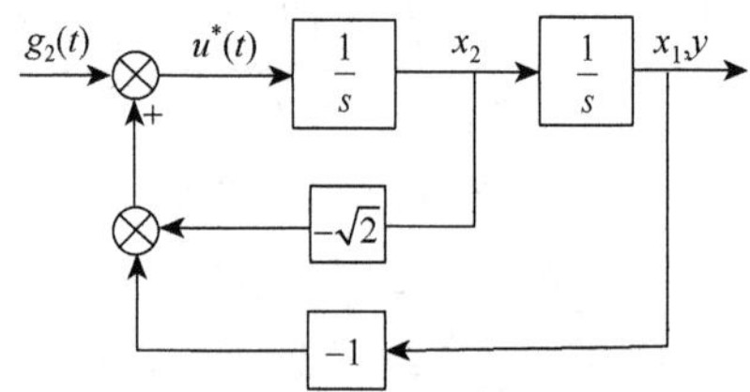

图 7.26　例 7.20 的最优系统结构图

【例 7.21】　设受控系统动态方程为

$$\dot{X} = \begin{bmatrix} 0 & 1 \\ 0 & -2 \end{bmatrix}X + \begin{bmatrix} 0 \\ 20 \end{bmatrix}U$$

$$Y = [1 \quad 0]X$$

性能泛函为

$$J = \int_0^{\infty}\{[y(t) - z(t)]^2 + u^2(t)\}\mathrm{d}t$$

希望输出 $z(t) = 1(t \geqslant 0)$，试确定 J 为最小的控制律。

解　已知 $A = \begin{bmatrix} 0 & 1 \\ 0 & -2 \end{bmatrix}$，$B = \begin{bmatrix} 0 \\ 20 \end{bmatrix}$，$C = (1 \quad 0)$

$$q_1 = 1, \quad q_2 = 1, \quad z = 1, t \geqslant 0$$

这是线性定常系统跟踪问题。

根据式（7.302），列出里卡蒂方程：

$$-\begin{bmatrix} p_{11} & p_{12} \\ p_{21} & p_{22} \end{bmatrix}\begin{bmatrix} 0 & 1 \\ 0 & -2 \end{bmatrix} - \begin{bmatrix} 0 & 0 \\ 1 & -2 \end{bmatrix}\begin{bmatrix} p_{11} & p_{12} \\ p_{21} & p_{22} \end{bmatrix}$$

$$+\begin{bmatrix} p_{11} & p_{12} \\ p_{21} & p_{22} \end{bmatrix}\begin{bmatrix} 0 \\ 20 \end{bmatrix}[0 \quad 20]\begin{bmatrix} p_{11} & p_{12} \\ p_{21} & p_{22} \end{bmatrix} - \begin{bmatrix} 1 \\ 0 \end{bmatrix}[1 \quad 0] = \begin{bmatrix} 0 & 0 \\ 0 & 0 \end{bmatrix}$$

化简得

$$400p_{12}^2 - 1 = 0$$
$$400p_{12}p_{22} - p_{11} + 2p_{12} = 0$$
$$400p_{22}^2 + 4p_{22} - 2p_{12} = 0$$

解得

$$p_{11} = \frac{6.63}{20}, \quad p_{12} = 0.05, \quad p_{22} = \frac{4.63}{400}$$

即

$$p = \begin{bmatrix} \frac{6.63}{20} & 0.05 \\ 0.05 & \frac{4.63}{400} \end{bmatrix}$$

应用式（7.303）计算得

$$\dot{G} = [PBQ_2^{-1}B^{\mathrm{T}} - A^{\mathrm{T}}]^{-1}C^{\mathrm{T}}Q_1 Z$$

式中，

$$PBQ_2^{-1}B^{\mathrm{T}} - A^{\mathrm{T}} = \begin{bmatrix} \frac{6.63}{20} & 0.05 \\ 0.05 & \frac{4.63}{400} \end{bmatrix}\begin{bmatrix} 0 \\ 20 \end{bmatrix}[0 \quad 20]\begin{bmatrix} 0 & 0 \\ 1 & -2 \end{bmatrix} = \begin{bmatrix} 0 & 20 \\ -1 & 6.63 \end{bmatrix}$$

$$C^{\mathrm{T}}Q_1 = \begin{bmatrix} 1 \\ 0 \end{bmatrix}$$

$$g = \begin{bmatrix} 0 & 20 \\ -1 & 6.63 \end{bmatrix}^{-1}\begin{bmatrix} 1 \\ 0 \end{bmatrix} z = \begin{bmatrix} \frac{6.63}{20} \\ \frac{1}{20} \end{bmatrix} z$$

由式（7.301）得最优控制为

$$\begin{aligned} U^*(t) &= -Q_2^{-1}B^{\mathrm{T}}PX(t) + Q_2^{-1}B^{\mathrm{T}}G \\ &= -[0 \quad 20]\begin{bmatrix} \frac{6.63}{20} & 0.05 \\ 0.05 & \frac{4.63}{400} \end{bmatrix}\begin{bmatrix} x_1(t) \\ x_2(t) \end{bmatrix} + [0 \quad 20]\begin{bmatrix} \frac{6.63}{20} \\ \frac{1}{20} \end{bmatrix} Z \\ &= \begin{bmatrix} 1 & \frac{4.63}{20} \end{bmatrix}\begin{bmatrix} x_1(t) \\ x_2(t) \end{bmatrix} + \begin{bmatrix} 1 \\ 0 \end{bmatrix} Z \\ &= -x_1(t) - \frac{4.63}{20}x_2(t) + Z \end{aligned}$$

闭环控制系统结构如图 7.27 所示。

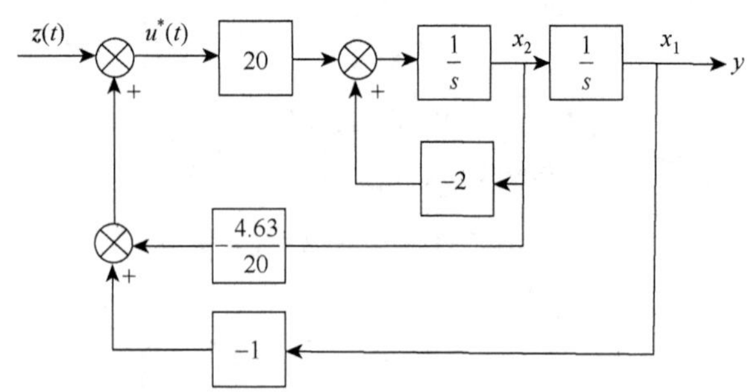

图 7.27　例 7.22 的最优系统结构图

7.10　MATLAB 在最优控制中的应用

MATLAB 提供了求解连续里卡蒂矩阵代数方程的函数 care（）和 lqr（）。

基于这两个函数求得里卡蒂方程的解，就可以构成线性最优二次型控制律和闭环控制系统。

下面分别介绍这两个函数的使用方法及在连续时间线性定常系统的二次型最优控制系统设计中的应用。

1. 函数 care ( )

函数 care（）的主要调用格式为

```
[P,L,K]=care (A,B,Q,R)
[P,L,K]=care (A,B,Q)
```

式中，输入格式中的矩阵 A 和 B 分别为线性连续定常系统状态空间模型的系统矩阵和输入矩阵；Q 和 R 分别为二次型目标函数的加权矩阵。第 2 种调用格式的矩阵 R 缺省为单位矩阵；输出格式的 P 为连续里卡蒂方程

$$A_\tau P + PA – PBR – LB_\tau P = –Q$$

的对称矩阵解；K 为线性二次型最优控制的状态反馈矩阵；L 为闭环控制系统的极点。

2. 函数 lqr ( )

函数 lqr（）的主要调用格式为

```
[K,P,L]=lqr (A,B,Q,R)
```

式中，输入输出格式中各矩阵的意义与函数 care（）一致。

【例 7.22】 连续时间线性定常系统的二次型最优控制为

$$\dot{X} = \begin{bmatrix} -1 & -2 \\ -1 & 3 \end{bmatrix} X + \begin{bmatrix} 2 \\ 1 \end{bmatrix} U, \quad X_0 = \begin{bmatrix} 2 \\ -3 \end{bmatrix}$$

二次型目标函数为

$$J = \int_0^\infty \left[X^\tau \begin{bmatrix} 2 & 0 \\ 0 & 1 \end{bmatrix} X + 2U^2 \right] \mathrm{d}t$$

解 MATLAB 程序如下：

```
A=[-1-2;-1 3];B=[2;1];              %赋值状态方程各矩阵
Q=[2 0;0 1];R=2;                    %赋值二次型目标函数的权矩阵
x0=[2;-3];                          %赋值初始状态
K=lqr (A,B,Q,R)                     %求线性二次型最优控制的状态反馈矩阵 K
csys=ss(A-B*K,B,[],[]);             %建立闭环控制系统模型
[y,t,x]=initial(csys, x0);          %求闭环控制系统的状态响应
Plot(t,x);                          %绘制状态响应曲线
```

MATLAB 程序执行结果如下：

```
K= 3.7630   15.6
```

因此，状态反馈控制律为 $U=-[-3.7630 \quad 15.6432]X$，闭环控制系统的状态响应如图 7.28 所示。

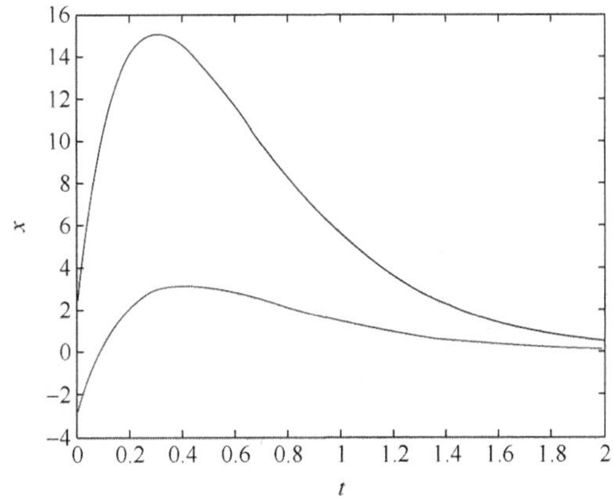

图 7.28 线性二次型最优控制闭环控制系统状态响应

7.11 工程实践示例：直线倒立摆控制系统 LQR 控制

在前面几章中已经得到了直线一级倒立摆控制系统比较精确的动力学模型，并对系统的稳定性与能控性进行了分析，下面针对直线一级倒立摆控制系统应用 LQR 法设计与调节控制器，控制摆杆保持竖直向上平衡的同时跟踪小车的位置。

1. LQR 控制分析

LQR 控制器是应用线性二次型最优控制原理设计的控制器。它的任务在于：当系统状态由于任何原因偏离了平衡状态时，能在不消耗过多能量的情况下，保持系统状态各分量仍接近于平衡状态。线性二次型最优控制研究的系统是线性的或可线性化的，并且性能指标是状态变量和控制变量二次型函数的积分。它的解很容易获得，并且可以达到非常好

的控制效果，因此在工程上有广泛的应用。

先理解二次型性能指标（泛函）。二次型性能指标一般形式如下：

$$J=\frac{1}{2}\int_{t_0}^{t_f}[X^{\mathrm{T}}(t)Q(t)X(t)+U^{\mathrm{T}}(t)R(t)U(t)]+\frac{1}{2}X^{\mathrm{T}}(t_f)FX(t_f)$$

式中，Q为$n\times n$半正定状态加权矩阵；R为$r\times r$正定控制加权矩阵；F为$n\times n$半正定终端加权矩阵。

在工程实际中，Q和R是对称矩阵，常取对角矩阵。

最优控制的目标就是使$J\to\min$，其实质在于，用不大的控制来保持较小的误差，从而达到能量和误差综合最优的目的。

2. LQR 控制器设计

系统状态方程为

$$\begin{aligned}\dot{X}&=AX+Bu\\ y&=CX+Du\end{aligned}\tag{7.305}$$

二次型性能指标函数为

$$J=\frac{1}{2}\int_0^{\infty}[X^{\mathrm{T}}QX+U^{\mathrm{T}}RU]\mathrm{d}t\tag{7.306}$$

式中，加权矩阵Q和R是用来平衡状态变量和输入向量的权重，Q是半正定矩阵，R是正定矩阵；X是n维状态变量；U是r维输入变量；Y为m维输出向量；A、B、C、D分别是$n\times n$、$n\times r$、$m\times n$、$m\times r$常数矩阵。如果该系统受到外界干扰而偏离零状态，应施加怎样的控制U^*才能使得系统回到零状态附近并同时满足J达到最小，这时的U^*就称为最优控制。由最优控制理论可知，使式（2）取得最小值的最优控制律为

$$U^*=R^{-1}B^{\mathrm{T}}PX=-KX\tag{7.307}$$

式中，P就是里卡蒂方程的解，K是线性最优反馈增益矩阵。这时求解里卡蒂方程：

$$PA+A^{\mathrm{T}}P-PBR^{-1}B^{\mathrm{T}}P+Q=0\tag{7.308}$$

就可获得P值以及最优反馈增益矩阵K值。

$$K=R^{-1}B^{\mathrm{T}}P\tag{7.309}$$

前面已经得到了直线一级倒立摆控制系统的系统状态方程为

$$\begin{bmatrix}\dot{x}\\ \ddot{x}\\ \dot{\phi}\\ \ddot{\phi}\end{bmatrix}=\begin{bmatrix}0&1&0&0\\0&0&0&0\\0&0&0&1\\0&0&29.4&0\end{bmatrix}\begin{bmatrix}x\\ \dot{x}\\ \phi\\ \dot{\phi}\end{bmatrix}+\begin{bmatrix}0\\1\\0\\3\end{bmatrix}U'$$

$$Y=\begin{bmatrix}x\\ \phi\end{bmatrix}=\begin{bmatrix}1&0&0&0\\0&0&1&0\end{bmatrix}\begin{bmatrix}x\\ \dot{x}\\ \phi\\ \dot{\phi}\end{bmatrix}+\begin{bmatrix}0\\0\end{bmatrix}U'$$

可知

$$A=\begin{bmatrix}0 & 1 & 0 & 0\\0 & 0 & 0 & 0\\0 & 0 & 0 & 1\\0 & 0 & 29.4 & 0\end{bmatrix},B=\begin{bmatrix}0\\1\\0\\3\end{bmatrix}$$

4 个状态量x、$\dot{x}$、ϕ、$\dot{\phi}$分别代表小车位移、小车速度、摆杆角度、摆杆角速度。输出$Y=[x,\phi]'$包括小车位置和摆杆角度。

一般情况下，当R增加时，控制力减小，角度变化减小，跟随速度变慢。矩阵Q中某元素相对增加，其对应的状态变量的响应速度加快，其他变量的响应速度相对减慢。例如，若Q对应角度的元素增加，使得角度变化速度减慢，而位移的响应速度减慢；若Q对应位移的元素增加，使得位移的跟踪速度变快，而角度的变化幅度增大。

首先选取小车位置权重$Q11=1000$，摆杆角度权重$Q33=500$，一般选取$R=1$。

下面通过 MATLAB 中的 lqr（）函数求解反馈矩阵K并对系统进行仿真（图 7.29）。

MATLAB 求反馈矩阵K的程序如下：

```
>>clear;
A=[ 0 1 0 0;
0 0 0 0;
0 0 0 1;
0 0 29.4 0];
B=[ 0 1 0 3]';
C=[ 1 0 0 0;0 0 1 0];
D=[ 0 0 ]';
Q11=1000; q33=500;
Q=[Q11 0 0 ;
0 0 0 0;
0 0 Q33 0;
0 0 0 0];
R=1;
K=lqr (A,B,Q,R)
Ac=[ (A-B*K) ]; Bc=[B]; Cc=[C]; Dc=[D];
T=0:0.005:5;
U=0.2*ones (size (T)) ;
[Y,X]=lsim (Ac,Bc,Cc,Dc,U,T) ;
plot (T,X (:,1) ,'-') ;hold on;
plot (T,X (:,2) ,'-') ;hold on;
plot (T,X (:,3) ,'.') ;hold on;
plot (T,X (:,4) ,'-')
```

```
legend ('CartPos','CartSpd','PendAng','PendSpd')

K=

  -31.6228  -20.8404  77.0990  13.6080
```

从图 7.29 中可以看出，响应的超调量很小，但稳定时间和上升时间偏大，可以通过修改权重矩阵 Q（$Q11$ 和 $Q33$）的值（Q 值越大，系统的抗干扰能力越强，调整时间越短，但是 Q 的值不能过大，因为对于实际离散控制系统，过大的控制量会引起系统振荡），将修改 Q 值后的程序运行可以得到不同的反馈控制参数 K，并分析此时的系统阶跃响应曲线以得到最优的控制参数。

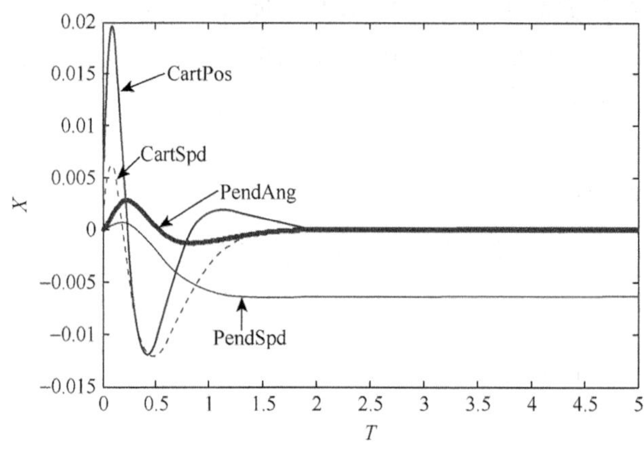

图 7.29　系统阶跃响应曲线

3. Simulink 仿真

打开直线一级倒立摆 LQR 控制仿真模型及系统状态空间模型设置窗口分别如图 7.30 和图 7.31 所示。

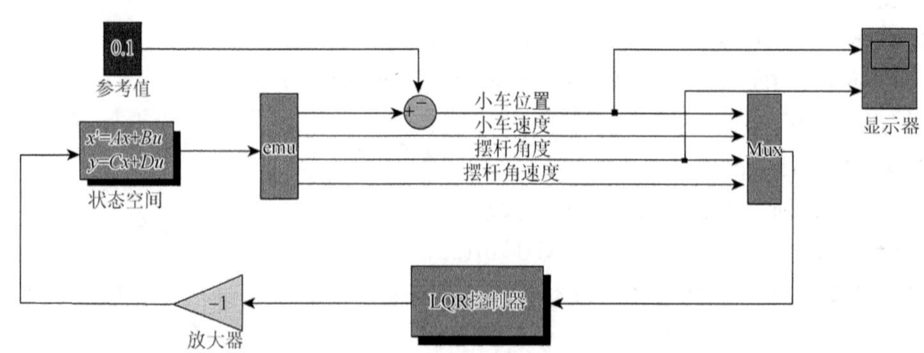

图 7.30　直线一级倒立摆 LQR 控制仿真模型

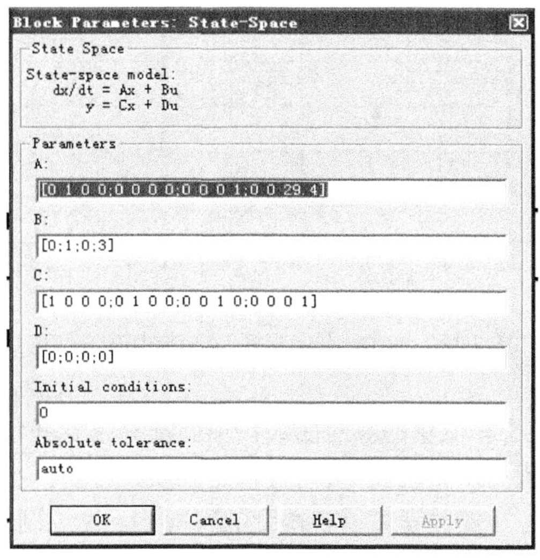

图 7.31 系统状态空间模型设置窗口

把参数 A、B、C、D 的值设置为实际系统模型的值。

打开 LQR 控制器参数的反馈增益矩阵输入窗口，如图 7.32 所示。

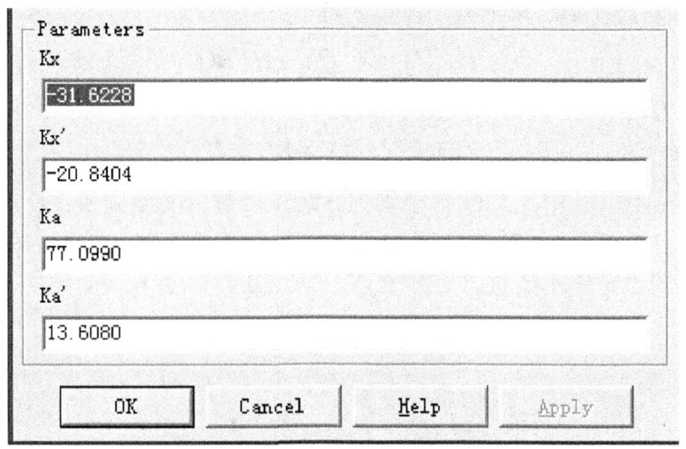

图 7.32 反馈增益矩阵输入窗口

把上面计算得到的反馈增益矩阵 K 输入其中。

设置好各项参数后，运行仿真，得到仿真结果如图 7.33 所示。

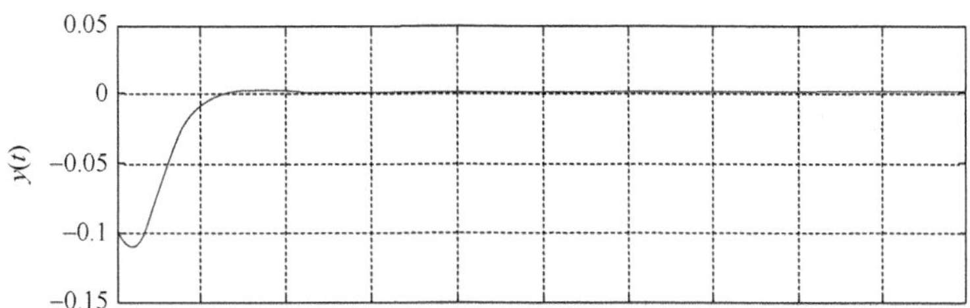

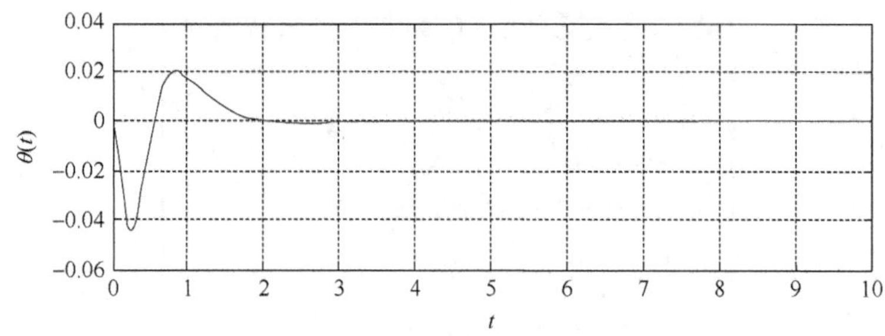

图 7.33 直线一级倒立摆 LQR 控制仿真结果

图 7.33 上面部分是小车位置的响应曲线，下面部分是摆杆角度的响应曲线。可以看出，在给定小车位置干扰后，系统在 2 s 内可以达到新的平衡，小车平衡到指定的位置，摆杆保持静止下垂的状态。实验者可以将得到的不同的反馈控制参数 K 输入仿真模型中进行仿真，并观察仿真结果。

习 题

1. 应用拉格朗日乘子法求下列二次型函数

$$J(X,U)=X^{\mathrm{T}}QX+U^{\mathrm{T}}RU$$

在 n 维线性向量方程

$$f(X,U)=AX+BU=C$$

约束条件下的极值点。其中，X 和 U 分别为 n 维和 m 维的变量向量；Q 和 R 分别为 $n\times n$ 和 $m\times m$ 的正定常数矩阵；A 和 B 分别 $n\times n$ 和 $n\times m$ 常数矩阵；C 为 n 维常数向量。并证明满足必要条件的点是极小值点。

2. 求函数

$$J(X)=x_1^2+x_2^2$$

在不等式约束

$$(x_1-4)^2+x_2^2\leqslant 4,\quad (x_1-1)^2+x_2^2\leqslant 2$$

条件下的最大值。

3. 求如下泛函问题的极值曲线。

（1）$J[x(\cdot)]=\int_0^{\pi/2}(\dot{x}^2-x^2)\mathrm{d}t,\quad x(0)=1,\quad x(\pi/2)=2$。

（2）$J[x(\cdot)]=\int_0^{1}(\dot{x}^2+12tx)\mathrm{d}t,\quad x(0)=0,\quad x(1)=2$。

4. 已知线性系统的状态方程为

$$\dot{X}=\begin{bmatrix}0 & 1\\ 0 & 0\end{bmatrix}X+\begin{bmatrix}1 & 0\\ 0 & 1\end{bmatrix}U$$

其边界条件为

$$X(0)=\begin{bmatrix}1\\1\end{bmatrix},\quad x_2(2)=0$$

求 $U(t)$，使性能指标泛函

$$J=\frac{1}{2}\int_0^2 U^{\mathrm{T}}(t)U(t)\mathrm{d}t$$

为最小。

5. 已知被控系统为 $\dot{x}=u$，其初始条件为 $x(0)=1$。试求 $u(t)$和 t_f使系统在 t_f时刻转移到 $x(t_f)=0$，且使如下性能指标泛函极小。

$$J=t_f^2+\int_0^{t_f}u^2(t)\mathrm{d}t$$

6. 已知线性系统的状态方程为

$$\begin{cases}\dot{x}_1=x_2\\ \dot{x}_2=u\end{cases},\quad x(0)=\begin{bmatrix}1\\1\end{bmatrix}$$

系统在未定终端时刻 t_f的终端条件分别为

（1） $x_1(t_f)=-t_f^2$。

（2） $x_1(t_f)=-t_f^2$， $x_2(t_f)=0$。

试分别求使系统转移到上述终端条件的最优控制 $U(t)$，并使性能指标泛函

$$J=\int_0^{t_f}U^2(t)\mathrm{d}t$$

为最小。

7. 已知被控系统状态方程为 $\dot{x}=u$，控制变量不等式约束为$|u(t)|\leqslant 1$。试利用极大值原理求使系统从初始状态 x（0）＝1 转移到 x（t_f）＝0，且使性能指标泛函

$$J=t_f^2+\int_0^{t_f}x^2(t)\mathrm{d}t$$

为最小的最优控制和最优轨线。

8. 已知被控系统状态方程和性能指标泛函分别为

$$\dot{x}_1=x_2,\quad \dot{x}_2=x_3,\quad \dot{x}_3=u$$

$$J=t_f^2x_2(t_f)+\int_0^{t_f}x_1^2(t)\mathrm{d}t$$

约束条件为

（1） $X(0)=[1\quad 0\quad 0]^{\mathrm{T}}$；

（2） $x_1(t_f)=x_2(t_f)$， $x_3(t_f)=0$；

（3） $|u(t)|\leqslant 1$；

（4） $\int_0^{t_f}u^2(t)\mathrm{d}t=1$。

试写出最优控制的必要条件，其中终端时刻 t_f未定。

9. 某一阶被控系统的状态方程为

$$\dot{x}=0.5x+u\qquad x(0)=x_0$$

试证明

$$u^*(t) = -\frac{1-\mathrm{e}^{-t_f}\mathrm{e}^t}{2(1+\mathrm{e}^{-t_f}\mathrm{e}^t)}x(t)$$

是使性能指标泛函

$$J = \frac{1}{2}\int_0^{t_f} \mathrm{e}^{-t}[x^2(t) + 2u^2(t)]\mathrm{d}t$$

为最小的最优控制律。

10. 某一阶被控系统的状态方程和初始条件为

$$\dot{x} = u, \quad x(1) = 3$$

性能指标泛函为

$$J = x^2(5) + \frac{1}{2}\int_1^5 u^2(t)\mathrm{d}t$$

试求使 J 最小的最优控制律。

11. 某一阶被控系统的状态方程和初始条件为

$$\dot{x} = x + u, \quad x(0) = x_0$$

性能指标泛函为

$$J = \frac{1}{2}\int_0^{t_f} [2x^2(t) + u^2(t)]\mathrm{d}t$$

试求使 J 最小的最优控制律。

12. 某一阶被控系统的状态方程为

$$\begin{cases} \dot{x}_1 = x_2 \\ \dot{x}_2 = u \end{cases}$$

性能指标泛函为

$$J = \frac{1}{2}\int_0^{\infty} [x_1^2(t) + u^2(t)]\mathrm{d}t$$

试求使 J 最小的最优控制律。

第 8 章　现代控制理论在机械工程中的应用

现代控制理论在机械工程中有广泛的应用，它能提高生产过程自动化和智能化程度，具有高度的准确性，能有效提高产品的性能和质量，同时节约能源和降低材料消耗；能极大地提高劳动生产率，改善劳动条件，减轻劳动强度；另外，现代控制理论的观点和思维方法向机械工程领域的渗透，给机械工程注入了新的活力。当前，机械工程中机电产品或机械系统的显著特点是系统控制自动化，很多典型的机械装备都广泛应用了现代控制理论。现代机械工程向自动化和智能化的方向发展。

现代控制理论是工程应用的重要前提和基础，在机械工程中应用十分广泛，在机械设计、制造加工、产品性能测试分析、设备维修维护等领域均有重要的应用，并且应用对象复杂多样。例如，现代控制理论在机械动力学系统、机电系统、机光电系统、机电液系统等都有应用。下面以实例介绍现代控制理论的工程应用。

8.1　现代控制理论在机电液系统中的应用

在机械动力学中，一般用微分方程、传递函数和状态空间模型来描述系统。其中，状态空间模型是用状态变量构成的一阶微分方程组描述系统的运动状态，并将系统的输入输出并联起来。状态变量是能够完全确定系统运动状态的一组最小数目的独立状态变量。求解一阶微分方程组，便可求得系统状态变量的解，从而可确定系统的全部运动状态。特别是对于动态系统，只要给定初始时刻 t_0 的运动状态，在输入的作用下，就能完全确定系统在任意时刻 $t \geqslant t_0$ 的全部运动状态。此外，求解一阶微分方程容易得多。因此，用状态空间模型描述机械系统的运动特性，要比微分方程尤其是比传递函数模型优越得多。在必须考虑系统动态特性的现代机械设计中，用状态空间模型描述系统的动态特性，已成为一种十分重要的方法。

8.1.1　齿轮齿条机械系统状态空间建模

本小节以齿轮齿条机械系统为例，说明由机械系统的机理建立状态空间模型的过程。

一般的机械系统，可以根据其物理规律，用牛顿第二定律或能量守恒定律等建立其状态空间模型。齿轮齿条机械系统如图 8.1 所示，由机械系统的机理建立状态空间模型，图中电动机转子的惯性矩为 J，作用扭矩为 $\tau_a(t)$。转子用柔性轴与半径为 R 的齿轮连接，扭转刚度为 K，齿轮与直线齿条相啮合，齿条刚性地安装于平动的质量块 M 上。电动机转子 J、齿轮和质量块 M 的分离体如图 8.2 所示。齿条和齿轮间的接触力用 f_a 表示。

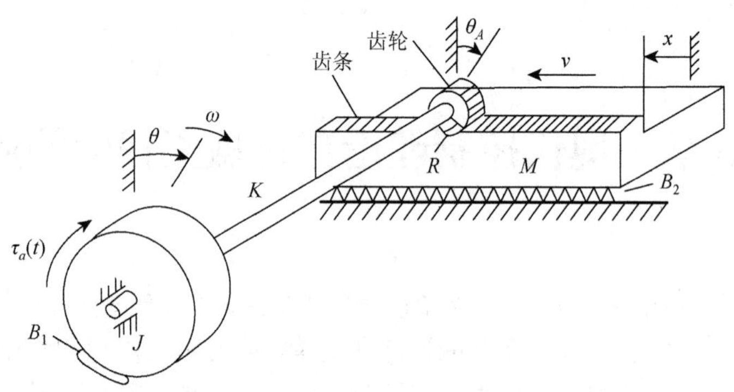

图 8.1　齿轮齿条机械系统

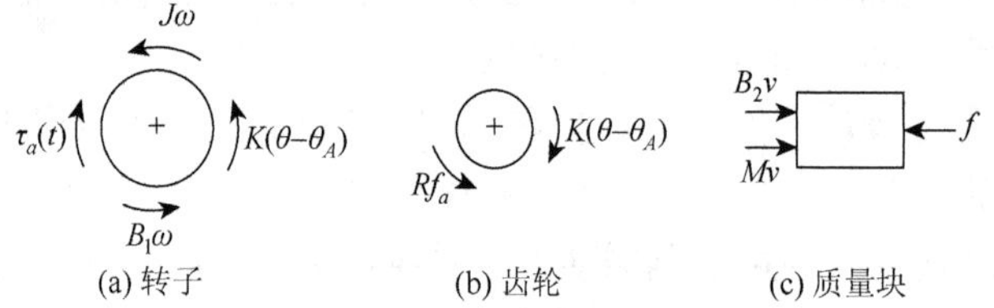

图 8.2　系统分离体

由图 8.2 可以得到三个平衡方程：

$$\begin{cases} J\dot{\omega}+B_1\omega+K(\theta-\theta_A)-\tau_a(t)=0 \\ Rf_a-K(\theta-\theta_A)=0 \\ M\dot{v}+B_2v-f=0 \end{cases} \tag{8.1}$$

由于齿条与齿轮间的啮合，有几何关系：

$$R\theta_A=x \tag{8.2}$$

将式（8.2）代入式（8.1）的第一式，消去 θ_A，得

$$J\dot{\omega}+B_1\omega+K(\theta-\theta_A)-\tau_a\left(t\right)=0 \tag{8.3a}$$

将式（8.2）代入式（8.1）的第二式，消去 θ_A，联立式（8.1）第三式，消去 f_a，得

$$M\dot{v}+B_2v+\frac{K}{R^2}x-\frac{K}{R}\theta=0 \tag{8.3b}$$

系统有三个储能元件，参数分别为 J、M、K。考虑平动质量块 M 的位移 x，因此选择齿轮的转角 θ 、角速度 ω 、质量块 M、位移 x、速度 v 为状态变量。将式（8.3）改写成

$$\begin{cases} \dot{\theta}=\omega \\ \dot{\omega}=\dfrac{1}{J}\left(-K\theta-B_1\omega+\dfrac{K}{R}\right)x+\tau_a \\ \dot{x}=v \\ \dot{v}=\dfrac{1}{M}\left(\dfrac{K}{R}\theta-\dfrac{K}{R^2}x-B_2v\right) \end{cases} \tag{8.4}$$

将式（8.4）写成矩阵形式：

$$\begin{bmatrix} \dot{\theta} \\ \dot{\omega} \\ \dot{x} \\ \dot{v} \end{bmatrix} = \begin{bmatrix} 0 & 1 & 0 & 0 \\ -\dfrac{K}{J} & -\dfrac{B_1}{j} & \dfrac{K}{JR} & 0 \\ 0 & 0 & 0 & 1 \\ \dfrac{K}{MR} & 0 & -\dfrac{K}{MR^2} & -\dfrac{B_2}{M} \end{bmatrix} \begin{bmatrix} \theta \\ \omega \\ x \\ v \end{bmatrix} + \begin{bmatrix} 0 \\ \dfrac{1}{J} \\ 0 \\ 0 \end{bmatrix} \tau_a(t)$$

则状态方程为

$$\dot{X} = AX + Bu \tag{8.5a}$$

式中，

$$A = \begin{bmatrix} 0 & 1 & 0 & 0 \\ -\dfrac{K}{J} & -\dfrac{B_1}{j} & \dfrac{K}{JR} & 0 \\ 0 & 0 & 0 & 1 \\ \dfrac{K}{MR} & 0 & -\dfrac{K}{MR^2} & -\dfrac{B_2}{M} \end{bmatrix}, \quad B = \begin{bmatrix} 0 \\ \dfrac{1}{J} \\ 0 \\ 0 \end{bmatrix} \tau_a(t), \quad u = \tau_a(t)$$

输出方程为

$$Y = X \tag{8.5b}$$

式（8.5）即为齿轮齿条机械系统的状态空间模型。

8.1.2　电液伺服系统状态空间建模

本小节以电液伺服系统为例，说明由机械系统的机理建立状态空间模型的过程。

电液伺服系统的基本组成如图 8.3 所示。电液伺服系统是一种组合系统，它的反馈测量传感器和信号放大变换部件是电系统，而执行装置是液压系统。这种系统的特点是快速性好、输出功率大。因此，在需要大功率和快速工作的场合，如加工机床、自动焊接、轧钢机械、矿山机械等，多采用电液伺服系统。

输入指令电压 u_r 与反馈测量传感器提供的反馈电压 u_f 相比较，差值经过放大器放大后，转换为伺服阀线圈中的电流。伺服阀的阀芯产生与电流成正比的位移，以控制其开口方向和大小，从而控制进入液压缸的油液方向和流量，推动活塞与负载一起向减小误差的方向移动，这样，构成了电液组合的反馈控制系统。

电液伺服系统的关键部件是伺服阀。图 8.3（b）所示的结构简图便是电液伺服阀的一种类型，称为二级力反馈流量阀，它由力矩马达、喷嘴、挡板、反馈杆、阀芯、阀套和控制腔等部分组成。这是一种由伺服放大器电流产生油液流量的装置。这个流量推动液压缸活塞产生直线运动或旋转运动。结果与活塞杆耦合的任何负载将以同样方式运动。

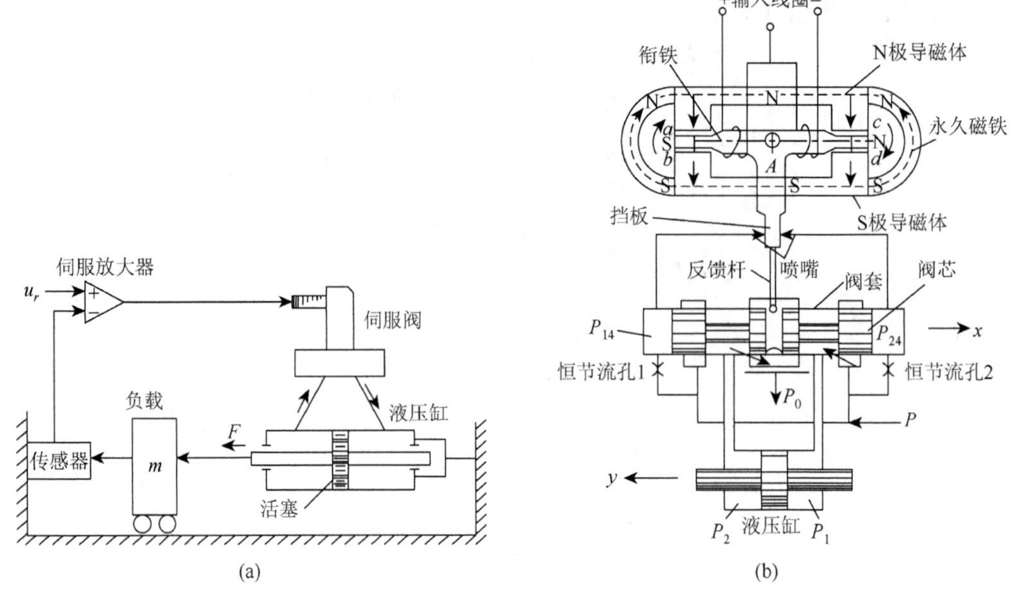

图 8.3　电液伺服系统的基本组成

由系统物理机理建立电液耦合系统状态空间模型的过程如下。

流量控制阀静特性的线性化方程为

$$q = K_1 i - K_2 \Delta P \tag{8.6}$$

式中，q 为流入液压缸的油液流量（L/min）；i 为直流力矩马达电枢电流（mA）；K_1 为 i 引起流量变化的增益系数；ΔP 为活塞左右的油压差（Pa）；K_2 为油压差引起流量变化的增益系数。

若电液伺服系统的同频带不高，则伺服阀的时间常数可忽略不计。根据流量连续性，流入液压缸的油量可分为三部分：

$$q = q_0 + q_L + q_c \tag{8.7}$$

式中，q_0 为推动活塞移动的有效流量；q_L 为通过活塞与液压缸内壁之间的缝隙而泄漏的流量；q_c 为液压缸及管道内油液（包括混入的空气）的可压缩性而需要增加的流量。其可分别表示如下

$$q_0 = S\frac{\mathrm{d}y}{\mathrm{d}t} \tag{8.8}$$

式中，S 为活塞的有效面积，y 为活塞位移。

$$q_L = L\Delta P \tag{8.9}$$

式中，L 为泄漏系数。

$$q_c = \frac{V}{4\beta}\frac{\mathrm{d}\Delta P}{\mathrm{d}t} \tag{8.10}$$

式中，$V = V_1 + V_2$ 为液压缸的等效压缩体积，其中 V_1、V_2 分别为左右腔的等效压缩体积；β 为系统有效容积弹性模量。

将式（8.8）～式（8.10）代入式（8.7），有

$$q = S\frac{\mathrm{d}y}{\mathrm{d}t} + L\Delta P + \frac{V}{4\beta}\frac{\mathrm{d}\Delta P}{\mathrm{d}t} \tag{8.11}$$

将式（8.11）代入式（8.6），化简后得

$$\frac{V}{4\beta}\frac{\mathrm{d}\Delta P}{\mathrm{d}t} + (L + K_2)\Delta P = K_1 i - S\frac{\mathrm{d}y}{\mathrm{d}t} \tag{8.12}$$

作用在活塞杆上的推动力等于活塞两边的压力差 ΔP 与活塞有效面积 S 的乘积 $S\Delta P$。阻力有惯性力、黏滞摩擦力 $c\frac{\mathrm{d}y}{\mathrm{d}t}$、弹性附载力 Ky_t 及其他外附载力 f_a，因此活塞的受力平衡方程为

$$m\frac{\mathrm{d}^2 y}{\mathrm{d}t^2} + c\frac{\mathrm{d}y}{\mathrm{d}t} + Ky = S\Delta P - f_d \tag{8.13}$$

式（8.12）、式（8.13）列写在一起，并加入辅助方程 $c\dot{y} = cy$，有

$$\begin{cases} \dfrac{V}{4\beta}\Delta\dot{P} = -S\dot{y} - (L + K_2)\Delta P + K_1 i \\ c\dot{y} = cy \\ m\ddot{y} + c\dot{y} = -K\dot{y} + S\Delta P - f_d \end{cases} \tag{8.14}$$

将式（8.14）写成矩阵形式，有

$$\begin{aligned} \begin{bmatrix} \dfrac{V}{4\beta} & 0 & 0 \\ 0 & c & 0 \\ 0 & c & m \end{bmatrix}\begin{bmatrix} \Delta\dot{P} \\ \dot{y} \\ \ddot{y} \end{bmatrix} &= \begin{bmatrix} -(L + K_2) & 0 & -S \\ 0 & 0 & C \\ S & -K & 0 \end{bmatrix}\begin{bmatrix} \Delta\dot{P} \\ \dot{y} \\ \ddot{y} \end{bmatrix} + \begin{bmatrix} K_1 & 0 & 0 \\ 0 & 0 & 0 \\ 0 & 0 & -1 \end{bmatrix}\begin{bmatrix} i \\ 0 \\ f_d \end{bmatrix} \\ &= \begin{bmatrix} 4\beta(L + K_2) & 0 & -\dfrac{4\beta S}{V} \\ 0 & 0 & 1 \\ \dfrac{S}{m} & \dfrac{-K}{m} & -\dfrac{c}{m} \end{bmatrix}\begin{bmatrix} \Delta P \\ y \\ \dot{y} \end{bmatrix} + \begin{bmatrix} \dfrac{V}{4\beta} & 0 \\ 0 & 0 \\ 0 & -\dfrac{1}{m} \end{bmatrix}\begin{bmatrix} i \\ f_d \end{bmatrix} \end{aligned} \tag{8.15}$$

设状态向量 $X = [\Delta P \quad y \quad \dot{y}]^{\mathrm{T}}$，则式（8.15）可改写为状态方程

$$\dot{X} = AX + Bu \tag{8.16}$$

式中，

$$X = \begin{bmatrix} \Delta P \\ y \\ \dot{y} \end{bmatrix}, \quad A = \begin{bmatrix} 4\beta(L + K_2) & 0 & -\dfrac{4\beta S}{V} \\ 0 & 0 & 1 \\ \dfrac{S}{m} & \dfrac{-K}{m} & -\dfrac{c}{m} \end{bmatrix}, \quad B = \begin{bmatrix} \dfrac{V}{4\beta} & 0 \\ 0 & 0 \\ 0 & -\dfrac{1}{m} \end{bmatrix}, \quad u = \begin{bmatrix} i \\ f_d \end{bmatrix}$$

系统的输出方程为

$$Y = CX \tag{8.17}$$

式中，$C = [0 \quad 1 \quad 0]$。式（8.16）和式（8.17）合称为电液伺服系统的状态空间模型。

8.1.3　机床主轴系统状态空间建模

本小节以机床主轴系统为例，说明由机械系统的微分方程建立状态空间模型的过程。

对于一般机械结构，其动力学模型用微分方程描述为

$$M\ddot{x}+c\dot{x}+Kx=F \tag{8.18}$$

变换为

$$\ddot{x}+M^{-1}c\dot{x}+M^{-1}Kx=M^{-1}F \tag{8.19}$$

引入辅助方程：

$$\dot{x}=\dot{x} \tag{8.20}$$

联立式（8.20）、式（8.19），写成矩阵形式为

$$\begin{bmatrix}\dot{x}\\ \ddot{x}\end{bmatrix}+\begin{bmatrix}0 & -I\\ M^{-1}K & M^{-1}c\end{bmatrix}\begin{bmatrix}x\\ \dot{x}\end{bmatrix}=\begin{bmatrix}0\\ M^{-1}\end{bmatrix}F \tag{8.21}$$

式中，0 和 I 分别为与 M 同阶的零矩阵和单位矩阵。

设 $X=[x\quad \dot{x}]^{\mathrm{T}}$，有 $\dot{X}=[\dot{x}\quad \ddot{x}]^{\mathrm{T}}$，则将式（8.21）变换为

$$\dot{X}=\begin{bmatrix}0 & -I\\ M^{-1}K & M^{-1}c\end{bmatrix}X+\begin{bmatrix}0\\ M^{-1}\end{bmatrix}F \tag{8.22}$$

式（8.22）即为机械结构的状态方程。其输出方程为

$$Y=CX+DF \tag{8.23}$$

式中，C 为输出矩阵；D 为直接传递矩阵。一般情况下，$D=0$。

将式（8.22）、式（8.23）合写，则得到机械结构状态空间模型为

$$\begin{cases}\dot{X}=AX+Bu\\ Y=CX\end{cases} \tag{8.24}$$

式中，

$$A=\begin{bmatrix}0 & -I\\ M^{-1}K & M^{-1}c\end{bmatrix},\quad B=\begin{bmatrix}0\\ M^{-1}\end{bmatrix},\quad u=F$$

下面以机床主轴系统为例说明建立其状态空间模型的过程。

图 8.4（a）为某平面磨床主轴系统结构简图，主轴通过两组轴承安装在主轴套筒中，套筒支撑在主轴箱中。主轴前端安装砂轮，后端经联轴器与电动机相连。机械结构的建模有多种方法，如集中参数模型、分布参数模型、有限元模型及混合模型等。采用集中参数建模法，仅考虑主轴在 xy 平面内受切削力作用，产生平面弯曲振动的情况。整个系统简化为 5 个集中质量、4 个无质量弹性梁单元。轴承对主轴的作用力，各用一组弹簧阻尼器来等效，其等效参数用 k_i^J 、 c_i^J 表示。

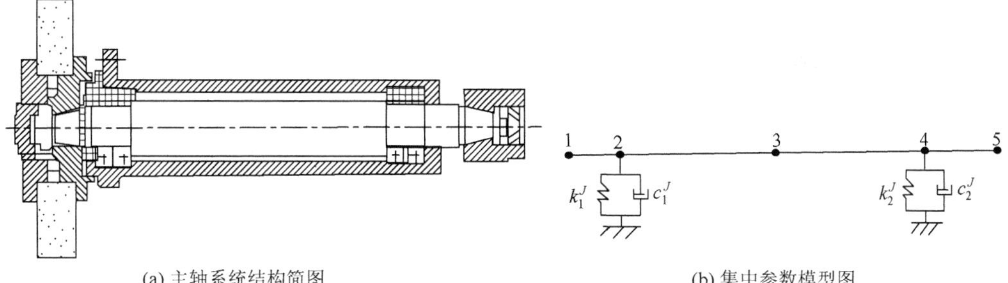

(a) 主轴系统结构简图　(b) 集中参数模型图

图 8.4　平面磨床主轴系统结构简图及集中参数模型图

下面直接写出系统不计材料结构阻尼的动力学方程：

$$\begin{bmatrix} m_1 & & & & 0 \\ & m_2 & & & \\ & & m_3 & & \\ & & & m_4 & \\ 0 & & & & m_5 \end{bmatrix}\begin{bmatrix} \ddot{x}_1 \\ \ddot{x}_2 \\ \vdots \\ \ddot{x}_5 \end{bmatrix}+\begin{bmatrix} 0 & & & & \\ & {c_1}^J & & & \\ & & 0 & & \\ & & & {c_2}^J & \\ & & & & 0 \end{bmatrix}\begin{bmatrix} \dot{x}_1 \\ \dot{x}_2 \\ \vdots \\ \dot{x}_5 \end{bmatrix}$$
$$+\begin{bmatrix} k_1 & -k_1 & & & \\ -k_1 & k_1+k_2+{k_1}^J & -k_2 & & \\ & -k_2 & k_2+k_3 & -k_3 & \\ & & -k_3 & k_3+k_4+{k_2}^J & -k_4 \\ & & & -k_4 & k_4 \end{bmatrix}\begin{bmatrix} x_1 \\ x_2 \\ \vdots \\ x_5 \end{bmatrix}=\begin{bmatrix} p_1(t) \\ p_2(t) \\ \vdots \\ p_5(t) \end{bmatrix} \tag{8.25}$$

式中，$m_i(i=1,\ 2,\ \cdots,5)$ 为各点的集中质量；k_i 为第 i 段梁的单元刚度；k_i^J、c_i^J 为结合部等效动力参数。简记为

$$M\ddot{X}+c\dot{X}+KX=P(t) \tag{8.26}$$

式中，

$$K=\begin{bmatrix} k_1 & -k_1 & & & \\ -k_1 & k_1+k_2+k_1^J & -k_2 & & \\ & -k_2 & k_2+k_3 & -k_3 & \\ & & -k_3 & k_3+k_4+k_2^J & -k_4 \\ & & & -k_4 & k_4 \end{bmatrix},\quad c=\begin{bmatrix} 0 & & & & \\ & c_1^J & & & \\ & & 0 & & \\ & & & c_2^J & \\ & & & & 0 \end{bmatrix}_{5\times5}$$

$$M=\begin{bmatrix} m_1 & \cdots & 0 \\ \vdots & & \vdots \\ 0 & \cdots & m_5 \end{bmatrix}_{5\times5},\quad P(t)=\begin{bmatrix} p_1(t) \\ \vdots \\ p_2(t) \end{bmatrix}$$

设 M 的位移向量 X 和速度向量 $\dot{X}$ 为状态向量 $X_1=X$、$X_2=\dot{X}$，则系统的状态方程为

$$\begin{bmatrix} \dot{X}_1 \\ \dot{X}_2 \end{bmatrix}=\begin{bmatrix} 0 & I \\ -M^{-1}K & -M^{-1}c \end{bmatrix}\begin{bmatrix} \dot{X}_1 \\ \dot{X}_2 \end{bmatrix}+\begin{bmatrix} 0 \\ M^{-1} \end{bmatrix}P(t)$$

系统的输出方程为

$$Y = CX$$

则系统的状态空间模型简记为

$$\begin{cases} \dot{X} = AX + Bu \\ Y = CX \end{cases} \tag{8.27}$$

式中，

$$A = \begin{bmatrix} 0 & I \\ -M^{-1}K & -M^{-1}c \end{bmatrix}, \quad B = \begin{bmatrix} 0 \\ M^{-1} \end{bmatrix}, \quad u = P(t)$$

将参数代入式（8.27），即可得到平面磨床主轴系统的状态空间模型。

8.2 现代控制理论在数控进给伺服系统中的应用

8.2.1 工程背景

数控进给伺服系统主要用于机械设备位置和速度的动态控制，在数控机床、工业机器人、坐标测量机及自动导引车等自动化制造、装配和测量设备中，已经获得非常广泛的应用。

数控机床是现代制造业的重要装备，数控进给伺服系统是数控机床的重要组成部分。数控进给伺服系统以数控装置为核心，以数控机床的各个坐标为控制对象，产生机床的切削进给运动，作为数控机床的重要功能部件，它的特性一直是影响系统加工性能的重要指标。围绕伺服系统动态特性与静态特性的提高，近年来发展了多种伺服驱动技术。可以预见，随着超高速切削、超精密加工、网络制造等先进制造技术的发展，具有网络接口的全数字伺服系统、直线电动机及高速电主轴等将成为数控机床行业关注的热点，并成为伺服系统的发展方向。

伺服系统控制的方式有开环控制系统、半闭环控制系统和闭环控制系统。

1）开环控制系统

在开环控制系统中，没有检测反馈装置，数控装置发出信号的流向是单向的，也正是由于信号的单向流动，它对机床移动部件的实际位置不作检测，所以机床的加工精度要求不太高。开环控制系统的定位精度一般为 0.01～0.02mm，通常用于精度要求不高的经济型数控机床。

2）半闭环控制系统

在半闭环控制系统中，对工作台的实际位置不进行检查测量，而是通过与伺服电机有联系的测量元件，如测速发电机或光电编码盘等间接检测伺服电机的转角，推算出工作台的实际位置，由此值与指令值进行比较，用差值来实现控制。这种控制方式介于开环控制与闭环控制之间，控制精度比开环控制高比闭环控制低一些，结构相对简单、调整方便。

3）闭环控制系统

闭环控制系统由机床移动部件上的检测反馈装置，在加工时刻检测机床移动部件的位置，使之和数控装置所要求的位置符合，以期达到很高的加工精度。闭环控制的定位精度一般为±0.001～±0.003mm。闭环控制系统多采用直流伺服电动机或交流电机驱动。这类机床的优点是精度高、速度快，但是调试和维修比较复杂，其关键是系统的稳定性。

8.2.2　数控进给伺服系统状态空间建模

图 8.5 为某型加工中心数控进给伺服系统。该系统接收数控系统发出的位置与速度指令，驱动执行部件在一定切削参数下进行加工。从控制系统的角度来看，位置指令是系统的一个输入；与切削或使用条件有关的负载是系统的干扰输入。执行机构的位置（角位移或直线位移）是系统的输出。数控进给伺服系统的特性主要是系统的静态特性，以及在指令与负载作用下的动态特性。设计与分析数控进给伺服系统的特性时主要分析它的动态特性。

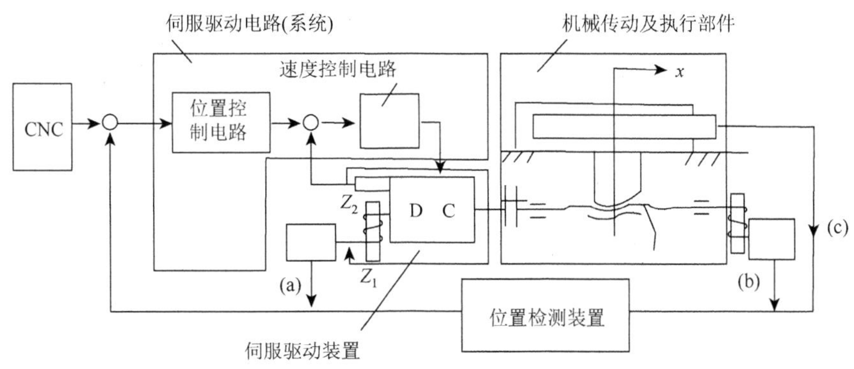

图 8.5　加工中心数控进给伺服系统

动态特性有两个方面：①与输入指令有关的特性，即执行部件跟随位置指令的特性，这就是执行部件的定位精度或直线与轮廓的进给精度；②执行部件由切削力等因素将产生静态的或动态的变化，因而降低了加工精度甚至产生系统的颤振。这两点是从加工精度和加工能力来考虑的。除此之外，还要求系统必须是稳定的。

直流电动机的伺服驱动系统，其结构框图如图 8.6 所示。

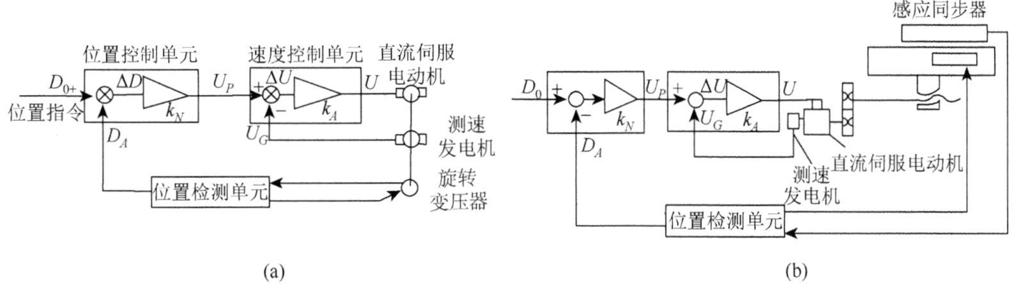

图 8.6　伺服驱动系统结构框图

位置指令 D_0 与实际位置反馈值 D_A 之差 $\Delta D = D_0 - D_A$ 经数模变换与放大后，变为速度指令电压 U_P。位置控制单元是一个比例放大环节，它的传递函数为常数 k_N，因此有

$$U_P = k_N \Delta D = (D_0 - D_A) k_N \tag{8.28}$$

速度指令电压 U_P 与测速发电机的速度反馈信号 $U_G\left(U_G = k_v \dfrac{\mathrm{d}\theta_M(t)}{\mathrm{d}t}\right)$ 的差值为速度误差信号，经速度控制单元变换放大后，获得直流伺服电动机的电枢控制电压 U。速度控制单元同样是一个比例放大环节，比例系数 k_A 即为传递函数，它们的关系是

$$U = \left[U_P - k_v \frac{\mathrm{d}\theta_M(t)}{\mathrm{d}t}\right] k_A \tag{8.29}$$

式中，$\theta_M(t)$ 为直流伺服电动机的角位移；k_v 为速度反馈环节的增益系数。

以直流伺服电动机的角位移 $\theta_M(t)$ 为机械传动机构的输入，以执行部件的运动 $X_0(t)$ 为输出，所设计的机械传动机构是多种多样的。但是当采用大惯量直流伺服电动机时，可以将电动机与滚珠丝杠直接相连，如图 8.7（a）所示。如果结构原因，或者要求放大力矩，可以通过一对降速齿轮、齿链传动或齿形传送带将电动机与滚珠丝杠连接，如图 8.7（b）所示。滚珠丝杠螺母驱动执行部件作直线运动（或角运动）。

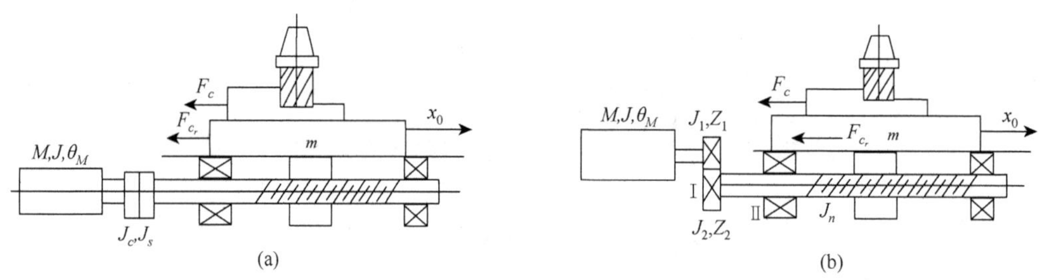

图 8.7 传动机构

机械传动机构本身是一个动力学系统，它承受的外力有电动机的输出力矩（电磁力矩）$M(t)$、切削抗力 $F_c(t)$、导轨与传动件的固体摩擦力 F_{c_r} 及各传动部件与导轨上的阻尼力。执行部件（质量 m）作直线运动（或角运动），各传动部件作旋转运动，有各自的惯性质量。分析这样力学系统的理论依据是动力学定理。

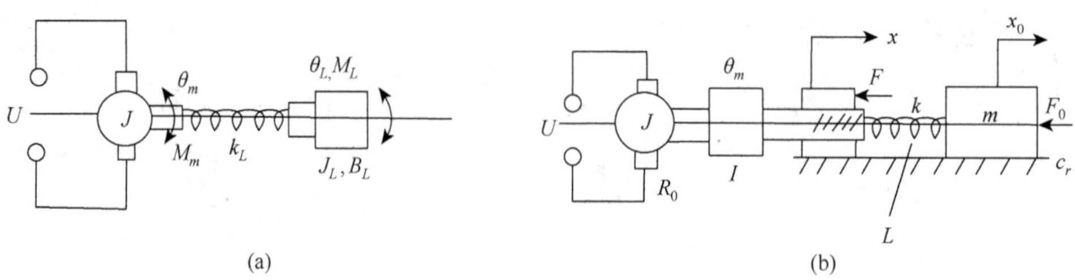

图 8.8 等效系统

为了分析计算方便，常将实际的传动机构简化成等效的动力学系统。图 8.7 的传动机构可以简化为如图 8.8（a）所示的在电动机轴上的一个等效轴的扭振系统。k_L 是等效轴的扭转刚度，执行部件与各传动部件的等效转动惯量为 J_L，所有摩擦力与切削力等效为负载转矩 M_L，系统的等效黏性阻尼为 B_L，机构的输出角位移为 θ_L。M_m、θ_m 分别为机械传动机构的输入转矩与输入角位移。

另外，还可以将同一机械传动机构简化成如图 8.8（b）所示的一个等效的弹簧质量振动系统。将丝杠的转动惯量 J，以及丝杠与电动机之间传动部件的转动惯量 J_c，作为电动机轴上的负载惯量 I。丝杠对执行部件的传动力 F 可以等效为电动机轴上的负载转矩 $FL/(2\pi)$，L 为丝杠的导程。传动刚度 k 作为等效弹簧的刚度。作用在质量为 m 的执行部件上的外力有切削抗力 F_c、导轨上及传动部件之间的摩擦力 F_{c_r} 及弹簧驱动力 $(X-X_0)k$。

对于图 8.8（a）所示的动力学模型，其转矩平衡方程为

$$M_m = J_L\ddot{\theta}_L + B_L\dot{\theta}_L + M_L \tag{8.30}$$

弹性变形方程为

$$M_m = k_L(\theta_m - \theta_L) \tag{8.31}$$

对式（8.30）、式（8.31）进行拉普拉斯变换，得

$$M_m(s) = (J_L s^2 + B_L s)\theta_L(s) + M_L(s)$$

$$M_m(s) = k_L\left[\theta_m(s) - \theta_L(s)\right]$$

整理后可得

$$\theta_L(s) = \frac{k_L\theta_m(s) - M_L(s)}{J_L s^2 + B_L s + k_L} \tag{8.32}$$

如果以 $\theta_L(s)$ 为系统的输出，$\theta_m(s)$ 为输入，$M_L(s)$ 为扰动输入，则在 $M_L(s)=0$ 的情况下，$\theta_L(s)$ 与 $\theta_m(s)$ 之间的传递函数为

$$G_L = \frac{\theta_L(s)}{\theta_m(s)} = \frac{k_L}{J_L s^2 + B_L s + k_L} \tag{8.33}$$

令 $\omega_n = \sqrt{\dfrac{k_L}{J_L}}$，$\xi_L = \dfrac{B_L}{2\sqrt{J_L k_L}}$，则式（8.33）可变为传递函数的标准形式：

$$G_L = \frac{\omega_n^2}{s^2 + 2\xi_L\omega_n s + \omega_n^2} \tag{8.34}$$

可见，机械系统是一个固有频率为 ω_n、阻尼比为 ξ_L 的二阶系统，其结构框图如图 8.9 所示。

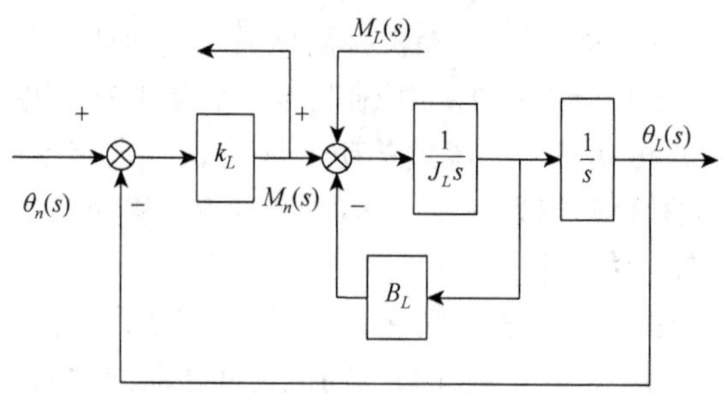

图 8.9　二阶扭振系统结构框图

如果将机械传动机构简化为图 8.8（b）所示的弹簧质量模型，其传递函数将具有其他形式。由图 8.8（b）可知，电动机轴上的负载有惯性负载和传动变形力作用的等效转矩两种。

对于惯性负载，有

$$M_L = I\ddot{\theta}_M \tag{8.35}$$

式中，$I = J_c + J_s$，即为丝杠与电动机轴之间连接部件与传动部件的折算转动惯量 J_c 与丝杠的折算转动惯量 J_s 之和。

对于传动弹簧变形力 $F = k(x - x_0)$，折算到电动机轴上的等效转矩为

$$M_F = \frac{FL}{2\pi} = \frac{kL}{2\pi}(x - x_0) \tag{8.36}$$

式中，X_0 为执行部件的直线位移；X 为电动机对执行部件的输入位移，$X = \frac{L\theta_m}{2\pi}$。

系统的动力平衡方程为

$$F = m\ddot{x}_0 + c_r\dot{x}_0 + F_0 \tag{8.37}$$

式中，m 为执行部件的质量；c_r 为导轨副上的黏性阻尼系数；F_0 为外载荷，$F_0=F_c+F_{c_r}$。

弹性变形力就是执行部件的驱动力

$$F = k(x - x_0) \tag{8.38}$$

对式（8.37）、式（8.38）进行拉普拉斯变换，并整理得

$$x_0(s) = \frac{kx(s) - F_0}{ms^2 + c_r s + k} \tag{8.39}$$

以 $x_0(t)$ 为系统的输出，$x(t)$ 为系统的输入，当不考虑外力时，机械系统的传递函数为

$$G(s) = \frac{x_0(s)}{x(s)} = \frac{k}{ms^2 + c_r s + k} \tag{8.40}$$

可见，系统同样也是一个二阶系统，但固有频率为 $\omega_n = \sqrt{\frac{k}{m}}$，$\xi_L = \frac{c_r}{2\sqrt{mk}}$。它的结构框图如图 8.10 所示，与图 8.9 所示的结构框图完全相似。

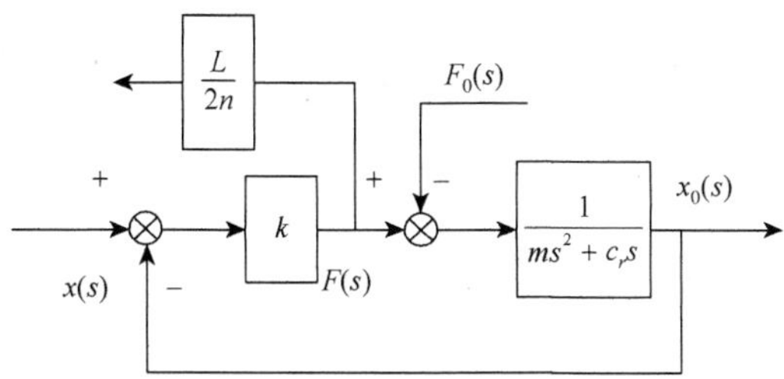

图 8.10　二阶弹簧质量系统结构框图

在上述两个动力学模型所表示的系统中，前者的输入是转矩 M_m，后者的输入是弹性力 F_0。M_m 或由 F 折算成作用在电动机轴上的转矩 $FL/(2\pi)$ 都是电动机轴的负载转矩。

将伺服驱动系统与机械传动系统综合起来，就可以得到整个数控进给伺服系统的数学模型和它的传递函数。

考虑电动机阻尼力矩的力矩平衡方程为

$$M = M_L + J\frac{\mathrm{d}\omega}{\mathrm{d}t} + f_a\omega \tag{8.41}$$

式中，f_a 为电枢的阻尼转矩系数；M_L 为电动机的负载转矩。

$$M_L = I\frac{\mathrm{d}\omega}{\mathrm{d}t} + \frac{FL}{2\pi} \tag{8.42}$$

电动机的电磁转矩 $M = k_T I_a$，故有

$$I_a - \frac{J}{k_T}\frac{\mathrm{d}\omega}{\mathrm{d}t} + \frac{f_a}{k_T}\omega + \frac{I}{k_T}\frac{\mathrm{d}\omega}{\mathrm{d}t} + \frac{FL}{k_T 2\pi}$$

由电压平衡方程 $U = L_a\frac{\mathrm{d}I_a}{\mathrm{d}t} + I_a R_a + E_a$ 及 $E_a = k_e'\omega$ 可以求得

$$\begin{aligned} U = {} & \frac{L_a J}{k_T}\frac{\mathrm{d}^2\omega}{\mathrm{d}t^2} + \frac{L_a f_a}{k_T}\frac{\mathrm{d}\omega}{dt} + \frac{L_a I}{k_T}\frac{\mathrm{d}^2\omega}{\mathrm{d}t^2} + \frac{L_a F}{2\pi k_T}\frac{\mathrm{d}F}{\mathrm{d}t} \\ & + \frac{R_a J}{k_T}\frac{\mathrm{d}\omega}{\mathrm{d}t} + \frac{R_a f_a}{k_T}\omega + \frac{R_a I}{k_T}\frac{\mathrm{d}\omega}{\mathrm{d}t} + \frac{R_a FL}{2\pi k_T} + k_e'\omega \end{aligned}$$

略去 $\frac{L_a I}{k_T}\frac{\mathrm{d}^2\omega}{\mathrm{d}t^2}$ 与 $\frac{L_a F}{2\pi k_T}\frac{\mathrm{d}F}{\mathrm{d}t}$ 两项，并取拉普拉斯变换后得

$$U(s) = \left(\frac{L_a J}{k_T}s^2 + \frac{L_a f_a + R_a J}{k_T}s + \frac{R_a f_a}{k_T} + k_e'\right)\omega(s) + \frac{R_a I}{k_T}s\omega(s) + \frac{R_a L}{2\pi k_T}F(s) \tag{8.43}$$

式（8.43）中不考虑电动机的负载转矩 M_L，当以 $U(s)$ 为输入，$\omega(s)$ 为输出时，电动机的传递函数为

$$G_s(s) = \frac{\omega(s)}{U(s)} = \frac{k_T}{L_a J s^2 + (L_a f_a + R_a J)s + R_a f_a + k_e' k_T} \tag{8.44}$$

式（8.44）也可以写为

$$G_s(s) = \frac{k_M}{(T_M s + 1)(T_E s + 1)} \tag{8.45}$$

式中，k_M 为电动机的增益系数，$k_M = \dfrac{k_T}{R_a f_a + k_e' k_T}$；$T_M$ 为电动机的机械时间常数，$T_M = \dfrac{R_a J}{R_a f_a + k_e' k_T}$；$T_E$ 为电动机的电气时间常数，$T_E = \dfrac{L_a}{R_a}$。

综合式（8.28）、式（8.29）、式（8.36）、式（8.38）、式（8.43）及机械部分的传递函数式（8.39）可以绘出整个数控进给伺服系统的结构框图，如图 8.11 所示。$F_0(s)$ 是机械传动系统的外载荷，$F(s)$ 与 $Is^2\theta_m(s)$ 作为负载力矩与惯性负载力矩反馈作用在电枢的输入端。

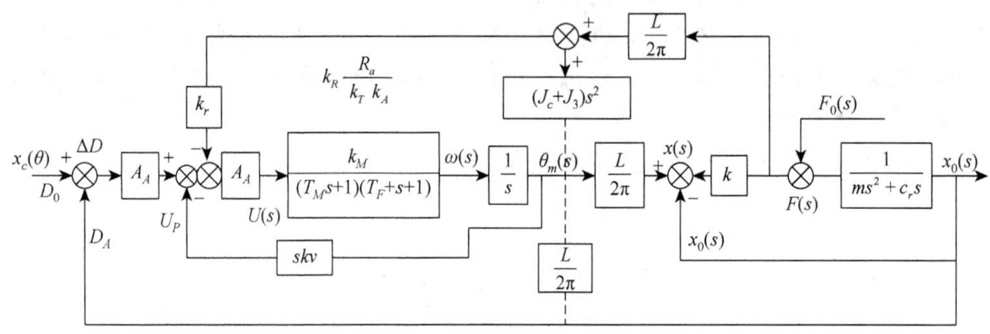

图 8.11 数控进给伺服系统结构框图

对于闭环控制系统，位置控制环的位置反馈信号就是执行部件的位置输出信号；对于半闭环控制系统，位置反馈信号取自电动机的角位移信号。以 skv 组成的负反馈回路形成速度控制环，反馈信号从 $\omega(s)$ 及 $s\theta_m(s)$ 中取出，这就是速度负反馈。

由图 8.11 可以求出系统对于干扰力的闭环传递函数，以及对于位置指令的闭环传递函数。系统的输出是位置指令的响应和干扰负载的响应之和。

外界负载分为两部分，一部分是切削力 F_c，另一部分是摩擦力 F_{c_r}。F_{c_r} 又分为两部分；第一部分与速度成比例，即黏性摩擦阻尼力，阻尼系数为 c_r，该阻尼力在执行部件的平衡方程式（8.37）中考虑；第二部分是导轨之间的固体摩擦力 F_c' 及传动部件之间的固体摩擦扭矩 T_c（它换算成执行部件上的轴向力 $\dfrac{2\pi}{L}T_c$），即

$$F_{c_r} = F_c' + \frac{2\pi}{L}T_c \tag{8.46}$$

$$F_0 = F_c + F_{c_r} \tag{8.47}$$

综上所述，如图 8.11 所示的闭环数控进给伺服系统，在位置指令 $x_c(t)$ 和干扰负载 $F_0(t)$ 的作用下，全闭环时的位置输出 $x_0(s)$ 为

$$x_0(s) = G(s)x_c(s) - \frac{F_0(s)}{ms^2 + c_r s + k}\left[\left(\frac{Lk_r k}{2\pi k_n} - 1\right)G(s) + 1\right] \tag{8.48a}$$

半闭环时，位置输出 $x_0(s)$ 为

$$x_0(s)=G'(s)x_c(s)-\frac{F_0(s)}{ms^2+c_r s+k}\left[\frac{Lk_r k}{2\pi k_n}G'(s)+1\right] \tag{8.48b}$$

式中，

$$G(s)=\frac{h}{as^5+bs^4+cs^3+ds^2+es+h},\quad G'(s)=\frac{h}{as^5+bs^4+cs^3+d's^2+e's+h}$$

$$a=\alpha m,\quad b=\beta m+\alpha c_r,\quad c=\gamma m+\beta c_r+\alpha k,\quad d=\delta m+\gamma c_r+\beta k,\quad e=\delta c_r+\gamma k$$

$$h=\left(\frac{L}{2\pi}\right)k_A k_M k_N k,\quad d'=\delta' m+\gamma c_r+\beta k,\quad e'=\delta' c_r+\gamma k,\quad \alpha=T_M T_E,\quad \beta=T_M+T_E I k_A k_M k_R$$

$$\gamma=1+k_A k_M k_V,\quad \delta=\left(\frac{L}{2\pi}\right)^{\mathrm{T}}k_A k_M k_R k,\quad \delta'=\left(\frac{L}{2\pi}\right)k_A k_M\left(\frac{L}{2\pi}k_R k+k_A\right)$$

对于全闭环控制系统，将式（8.48a）通分

$$x_0(s)=\frac{(ms^2+c_r s+k)\ G(s)x_c(s)-\left[\left(\frac{Lk_r k}{2\pi k_n}-1\right)G(s)+1\right]F_0(s)}{ms^2+c_r s+k} \tag{8.49}$$

对式（8.49）取拉普拉斯逆变换，得到

$$x_0(t)=y_c(t)+y_f(t) \tag{8.50}$$

式中

$$y_c(t)==\pounds^{-1}\left[\frac{(ms^2+c_r s+k)\ G(s)x_c(s)}{ms^2+c_r s+k}\right] \tag{8.51}$$

$$y_f(t)=\pounds^{-1}\left\{\frac{F_0(s)}{ms^2+c_r s+k}\left[\left(\frac{Lk_r k}{2\pi k_n}-1\right)G(s)+1\right]\right\} \tag{8.52}$$

将 $G(s)$ 代入式（8.51）、式（8.52），化简后得

$$y_c(t)=\pounds^{-1}\left[\frac{(b_5 s^2+b_6 s+b_7)\ x_c(s)}{s^7+a_1 s^6+a_2 s^5+a_3 s^4+a_4 s^3+a_5 s^2+a_6 s+a_7}\right] \tag{8.53}$$

$$y_f(t)=\pounds^{-1}\left[\frac{(d_2 s^5+d_3 s^4+d_4 s^3+d_5 s^2+d_6 s+d_7)F_0(s)}{s^7+a_1 s^6+a_2 s^5+a_3 s^4+a_4 s^3+a_5 s^2+a_6 s+a_7}\right] \tag{8.54}$$

式中，

$$a_1=\frac{bm+ac_r}{am},\quad a_2=\frac{cm+bc_r+ak}{am},\quad a_3=\frac{dm+cc_r+bk}{am},\quad a_4=\frac{em+dc_r+ck}{am}$$

$$a_5=\frac{hm+ec_r+dk}{am},\quad a_6=\frac{hc_r+ek}{am},\quad a_7=\frac{hk}{am}$$

$$b_0=b_1=b_2=b_3=b_4=0,\quad b_5=\frac{h}{a},\quad b_6=\frac{hc_r}{am},\quad b_7=\frac{hk}{am}$$

$$d_0=d_1=0,\quad d_2=\frac{1}{m},\quad d_3=\frac{b}{am},\quad d_4=\frac{c}{am},\quad d_5=\frac{d}{am},\quad d_6=\frac{e}{am},\quad d_7=\frac{hLk_r k}{2\pi k_n am}$$

将式（8.53）、式（8.54）写成 7 阶微分方程形式，根据前面 MIMO 系统状态空间模型的推导，可选取

$$\begin{cases} x_1 = y_c - b_0 x_c \\ x_2 = \dot{x}_1 - b_1 x_c \\ x_3 = \dot{x}_2 - b_2 x_c \\ \qquad \vdots \\ x_7 = \dot{x}_6 - b_6 x_c \end{cases} \tag{8.55}$$

作为式（8.53）的状态变量，其中，

$$\begin{cases} h_1 = b_1 - a_1 b_0 = 0 \\ h_2 = (b_2 - a_2 b_0) - a_1 h_1 = 0 \\ h_3 = (b_3 - a_3 b_0) - a_2 h_1 - a_1 h_2 = 0 \\ h_4 = (b_4 - a_4 b_0) - a_3 h_1 - a_2 h_2 - a_1 h_3 = 0 \\ h_5 = (b_5 - a_5 b_0) - a_4 h_1 - a_3 h_2 - a_2 h_3 - a_1 h_4 = b_5 \\ h_6 = (b_6 - a_6 b_0) - a_5 h_1 - a_4 h_2 - a_3 h_3 - a_2 h_4 - a_1 h_5 = b_6 - a_1 b_5 \\ h_7 = (b_7 - a_7 b_0) - a_6 h_1 - a_5 h_2 - a_4 h_3 - a_3 h_4 - a_2 h_5 - a_1 h_6 = b_7 - a_2 b_5 - a_1 b_6 + a_1^2 b_5 \end{cases} \tag{8.56}$$

通过式（8.55）所示的状态变量，可将系统的 7 阶常微分方程写成状态方程:

$$\begin{bmatrix} \dot{x}_1 \\ \dot{x}_2 \\ \dot{x}_3 \\ \dot{x}_4 \\ \dot{x}_5 \\ \dot{x}_6 \\ \dot{x}_7 \end{bmatrix} = \begin{bmatrix} 0 & 1 & 0 & 0 & 0 & 0 & 0 \\ 0 & 0 & 1 & 0 & 0 & 0 & 0 \\ 0 & 0 & 0 & 1 & 0 & 0 & 0 \\ 0 & 0 & 0 & 0 & 1 & 0 & 0 \\ 0 & 0 & 0 & 0 & 0 & 1 & 0 \\ 0 & 0 & 0 & 0 & 0 & 0 & 1 \\ -a_7 & -a_6 & -a_5 & -a_4 & -a_3 & -a_2 & -a_1 \end{bmatrix} \begin{bmatrix} x_1 \\ x_2 \\ x_3 \\ x_4 \\ x_5 \\ x_6 \\ x_7 \end{bmatrix} + \begin{bmatrix} 0 \\ 0 \\ 0 \\ 0 \\ h_5 \\ h_6 \\ h_7 \end{bmatrix} u \tag{8.57}$$

由式（8.55）的第一式得到系统的输出方程为

$$Y = [1 \quad 0 \quad \cdots \quad 0][x_1 \quad x_2 \quad \cdots \quad x_7]^{\mathrm{T}} \tag{8.58}$$

将式（8.57）、式（8.58）写成状态空间模型的标准形式，即

$$\begin{cases} \dot{X} = AX + Bu \\ Y = CX \end{cases} \tag{8.59}$$

式中，

$$X = \begin{bmatrix} x_1 \\ x_2 \\ x_3 \\ x_4 \\ x_5 \\ x_6 \\ x_7 \end{bmatrix}, \quad A = \begin{bmatrix} 0 & 1 & 0 & 0 & 0 & 0 & 0 \\ 0 & 0 & 1 & 0 & 0 & 0 & 0 \\ 0 & 0 & 0 & 1 & 0 & 0 & 0 \\ 0 & 0 & 0 & 0 & 1 & 0 & 0 \\ 0 & 0 & 0 & 0 & 0 & 1 & 0 \\ 0 & 0 & 0 & 0 & 0 & 0 & 1 \\ -a_7 & -a_6 & -a_5 & -a_4 & -a_3 & -a_2 & -a_1 \end{bmatrix}, \quad B = \begin{bmatrix} 0 \\ 0 \\ 0 \\ 0 \\ h_5 \\ h_6 \\ h_7 \end{bmatrix}, \quad u = x_c$$

$$C=[1\quad 0\quad 0\quad 0\quad 0\quad 0\quad 0]$$

式（8.59）即为 $x_c(t)$ 单独作用、输出为 $y_c(t)$ 时，系统的状态空间模型。

对于式（8.54），用同样的方法可以得到 $f_0(t)$ 单独作用、输出为 $y_f(t)$ 时，系统的状态空间模型。与 $x_c(t)$ 单独作用的状态空间模型不同的是控制矩阵 B 不同。

由式（8.56）计算 $h_{f_i}(i=1,2,\cdots,7)$，有

$$\begin{cases}h_{f_1}=d_1-a_1d_0=0\\h_{f_2}=(d_2-a_2d_0)-a_1h_{f_1}=d_2\\h_{f_3}=(d_3-a_3d_0)-a_2h_{f_1}-a_1h_{f_2}=d_3-a_1d_2\\h_{f_4}=(d_4-a_4d_0)-a_3h_{f_1}-a_2h_{f_2}-a_1h_{f_3}=d_4-a_2d_2-a_1h_{f_3}\\h_{f_5}=(d_5-a_5d_0)-a_4h_{f_1}-a_3h_{f_2}-a_2h_{f_3}-a_1h_{f_4}=d_5-a_3h_{f_2}-a_2h_{f_3}-a_1h_{f_4}\\h_{f_6}=(d_6-a_6d_0)-a_5h_{f_1}-a_4h_{f_2}-a_3h_{f_3}-a_2h_{f_4}-a_1h_{f_5}\\\quad=d_6-a_4h_{f_2}-a_3h_{f_3}-a_2h_{f_4}-a_1h_{f_5}\\h_{f_7}=(d_7-a_7d_0)-a_6h_{f_1}-a_5h_{f_2}-a_4h_{f_3}-a_3h_{f_4}-a_2h_{f_5}-a_1h_{f_6}\\\quad=d_7-a_5h_{f_2}-a_4h_{f_3}-a_3h_{f_4}-a_2h_{f_5}-a_1h_{f_6}\end{cases}\tag{8.60}$$

所以，数控进给伺服系统的状态空间模型为

$$\begin{cases}\dot{X}=AX+Bu\\Y=CX\end{cases}$$

式中，

$$X=\begin{bmatrix}x_1\\x_2\\x_3\\x_4\\x_5\\x_6\\x_7\end{bmatrix},\quad A=\begin{bmatrix}0&1&0&0&0&0&0\\0&0&1&0&0&0&0\\0&0&0&1&0&0&0\\0&0&0&0&1&0&0\\0&0&0&0&0&1&0\\0&0&0&0&0&0&1\\-a_7&-a_6&-a_5&-a_4&-a_3&-a_2&-a_1\end{bmatrix},\quad B=\begin{bmatrix}0&0\\0&h_{f_2}\\0&h_{f_3}\\0&h_{f_4}\\h_5&h_{f_5}\\h_6&h_{f_6}\\h_7&h_{f_7}\end{bmatrix},\quad u=f_0$$

$$C=[1\quad 0\quad 0\quad 0\quad 0\quad 0\quad 0]$$

可见，对于 SIMO 系统，可以选取相同的状态变量，建立状态空间模型。

8.3　现代控制理论在桥（门）式起重机中的应用

8.3.1　工程背景

随着社会的发展，现代化工业发展十分迅速。对技术的要求也越来越高。在工厂企业中，桥式起重机是一种普遍使用的起重、运输设备。图 8.12 为大型工厂中使用的桥式起

重机（又称行车）工作示意图。在车间两边墙体上，架设一桥架（轨道），桥架可在车间上方的两边前后运动。桥架上有一起重机，该起重机在直流电动机的驱动下在桥架上作水平运动，起重机上系有一钢绳，绳索下端有一承吊重物的吊钩，吊钩（含重物）可作上下运动。一般情况下，起重机首先将重物从地面吊至一个预先规定的位置（高度），然后送到某个对象上方，最后将重物在一个确定的位置上卸下。

图 8.12　大型工厂中使用的桥式起重机工作示意图

桥式起重机根据其用途的不同具有各种结构形式，但其基本结构大体一致。起重机的结构主要由如下几类机构组成：

（1）运行机构。它又可分为大车运行机构和小车运行机构，其功能是使起重机大小车分别沿各自的轨道运行。机构主要由大小车驱动系统、传动系统、运行制动装置、运行安全装置和车轮及台车等组成。

（2）起升机构。其作用是实现吊重的升降运动，它主要由起升驱动系统、卷筒、钢丝绳、滑轮组卷绕系统和相应的安全装置组成。

（3）取物装置等附属装置。它包括吊钩等吊具、托生装置、电控系统，以及操作室和楼梯等附属结构设备。

8.3.2　起重机系统状态空间建模

起重机系统的状态空间方程，包括起重机-吊钩装置和起重机驱动装置的动力学方程。为了分析方便，起重机的工作过程均在由 S 轴与 Y 轴构成的平面和由 S 轴与 Z 轴构成的平面中进行讨论。

在起重机的物理模型中，考虑的主要有起重机大小车、吊重、钢丝绳等，一般桥式起重机工作示意图如图 8.13 所示。

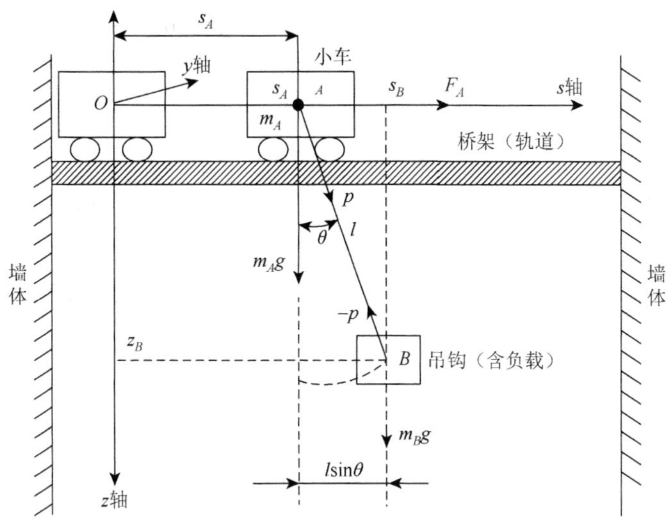

图 8.13　一般桥式起重机工作示意图

图 8.13 中，点 A 表示运行在桥上的起重机，其中，SA 为起重机在 S 轴上的坐标（SA 不等于零，ZA = 0）；m_A 为小车质量；F_A 为作用在小车上由驱动电动机产生的水平驱动力；P 为由吊钩和负载产生并作用在小车上的绳索拉力。点 B 表示吊钩，SB、ZB 分别为吊钩在 S 轴和 Z 轴上的坐标，m_B 为吊钩的质量；l 为绳索长度、θ 为绳索与垂直方向之间的夹角。

1. 起重机-吊钩装置动力学方程

由图 8.13 可知，起重机与吊钩在水平面上的坐标分别为（SA，0）和（SB，ZB）。在不计起重机与桥架之间摩擦力的情况下，起重机在水平（S 轴）方向上的作用力平衡方程为

$$m_A\ddot{s}_A = F_A + p\sin\theta \tag{8.61}$$

对于吊钩，在水平与垂直（Z 轴）方向上的作用力方程为

$$m_B s_B = -p\sin\theta \tag{8.62}$$

$$m_B\ddot{z}_B = m_B g - p\cos\theta \tag{8.63}$$

式中，$g = 9.8\text{m/s}^2$，为重力加速度。

与上述三个作用力方程相对应，在假定绳索长度 l 不变的条件下，由图 8.13 还可得出下面两个运动学方程：

$$s_B = s_A + l\sin\theta \tag{8.64}$$

$$z_B = +l\cos\theta \tag{8.65}$$

为消去式（8.61）～式（8.63）中的中间变量，可将式（8.61）、式（8.62）两边相加得

$$m_A\ddot{s}_A + m_B\ddot{s}_B = F_A \tag{8.66}$$

与此同时，将式（8.62）、式（8.63）两边分别乘以 cosθ 和−sinθ 后再相加得

$$\begin{aligned} m_B\ddot{s}_B\cos\theta + m_B\ddot{z}_B(-\sin\theta) &= -p\sin\theta\cos\theta + m_B g(-\sin\theta) - p\cos\theta(-\sin\theta) \\ &= -m_B g\sin\theta \end{aligned} \tag{8.67}$$

由此，式（8.66）、式（8.67）中不再含参数 p，进一步由式（8.64）、式（8.65）又可分别得

$$\ddot{s}_B = s_A + l\sin\ddot{\theta} = \ddot{s}_A + l(-\sin\theta \times \dot{\theta}^2 + \ddot{\theta}\cos\theta) \tag{8.68}$$

$$\ddot{z}_B = l\cos\ddot{\theta} = l(-\cos\theta \times \dot{\theta}^2 - \ddot{\theta}\sin\theta) \tag{8.69}$$

最后，将式（6-39）、式（6-40）代入式（6-37）式（6-38）后可得

$$(m_A + m_B)\ddot{s}_A + m_B l\ddot{\theta}\cos\theta - m_B l\dot{\theta}^2\sin\theta = F_A \tag{8.70}$$

$$\begin{aligned} &m_A(\ddot{s}_A + l\ddot{\theta}\cos\theta - l\dot{\theta}^2\sin\theta)\cos\theta + m_B(l\dot{\theta}^2\cos\theta + l\ddot{\theta}\sin\theta)\sin\theta = -m_B g\sin\theta \\ &\to \ddot{s}_A\cos\theta + l\ddot{\theta} + g\sin\theta = 0 \end{aligned} \tag{8.71}$$

至此，明显可知起重机-吊钩装置是一个四阶运动学系统。

另外，对于图 8.14 的吊物摆动示意图，在不计铰链摩擦力的情况下，可得如下转矩平衡方程：

$$ml^2\ddot{\theta} + (mg\sin\theta)l = 0 \tag{8.72}$$

即

$$\ddot{\theta} + \frac{g}{l}\sin\theta = 0$$

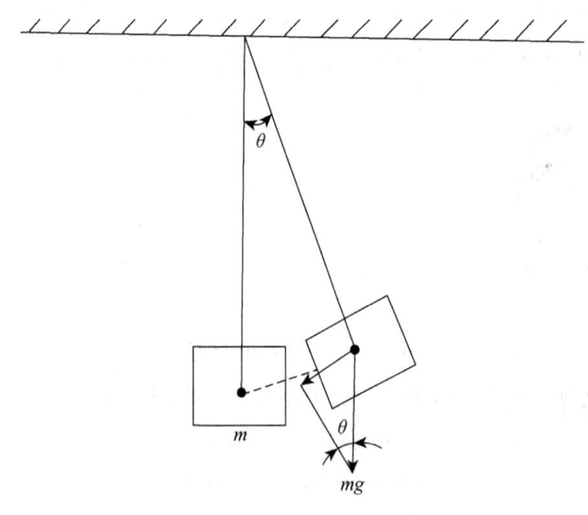

图 8.14　吊物摆动示意图

2. 起重机驱动装置动力学方程

为了方便分析，可认为起重机驱动装置的运动方程是一阶线性定常微分方程，即

$$T_A\dot{F}_A + F_A = K_A u_A \tag{8.73}$$

式中，K_A 为放大倍数（kN/s）；T_A 为时间常数（s）；u_A 为驱动直流电动机的控制电压（V）。

3. 起重机系统的状态空间方程

将描述整个起重机系统的三个线性定常动力学方程，将其写成状态空间形式为

$$\ddot{S}_A = -\frac{m_B g}{m_A}\theta + \frac{1}{m_A}F_A \tag{8.74}$$

$$\ddot{\theta} = -\frac{(m_A + m_B)g}{m_A l}\theta + \frac{1}{m_A l}F_A \tag{8.75}$$

另外，由式（8.73）又可得

$$\dot{F}_A = -\frac{1}{T_A}F_A + \frac{K_A}{T_A}u_A \tag{8.76}$$

若选择如下状态变量 x_1（m）、x_2（m/s）、x_3（rad）、x_4（rad/s）、x_5（kN）：

$$x_1 = s_A,\quad x_1 = \dot{s}_A,\quad x_3 = \theta$$

$$x_4 = \dot{\theta},\quad x_5 = F_A$$

选择控制量 u（V）和输出量 y_1（m）、y_2（rad）：

$$u = u_A,\quad y_1 = s_A,\quad y_2 = \theta$$

则由以上式子可得状态方程描述式为

$$\begin{cases} \dot{x}_1 = x_2 \\ \dot{x}_2 = \dfrac{m_B g}{m_A}x_3 + \dfrac{1}{m_A}x_5 \\ \dot{x}_3 = x_4 \\ \dot{x}_4 = -\dfrac{(m_A + m_B)g}{m_A l}x_3 - \dfrac{1}{m_A l}x_5 \\ \dot{x}_5 = \dfrac{-1}{T_A}x_5 + \dfrac{K_A}{T_A}u \end{cases} \tag{8.77}$$

输出方程描述式为

$$y_1 = x_1,\quad y_2 = x_3 \tag{8.78}$$

用矩阵形式表示，即

$$\begin{cases} \dot{X} = AX + bU \\ Y = CX \end{cases}$$

式中，

$$A = \begin{bmatrix} 0 & 1 & 0 & 0 & 0 \\ 0 & 0 & a_{23} & 0 & a_{25} \\ 0 & 0 & 0 & 1 & 0 \\ 0 & 0 & -a_{43} & 0 & -a_{45} \\ 0 & 0 & 0 & 0 & -a_{55} \end{bmatrix} \tag{8.79a}$$

式中，

$$a_{23}=\frac{m_Bg}{m_A},\quad a_{25}=\frac{1}{m_A},\quad a_{43}=\frac{(m_A+m_B)g}{m_Al},\quad a_{45}=\frac{1}{m_Al},\quad a_{55}=\frac{1}{T_A}$$

和

$$B=[0\quad 0\quad 0\quad 0\quad b_5]^{\mathrm{T}} \tag{8.79b}$$

以及

$$C=\begin{bmatrix} c_{11} & 0 & 0 & 0 & 0 \\ 0 & 0 & c_{23} & 0 & 0 \end{bmatrix} \tag{8.79c}$$

$$c_{11}=c_{23}=1$$

从状态方程可看出，这是一个 SIMO 系统。

4. 起重机系统模拟结构图

将式（8.77）、式（8.78）拉普拉斯变换后，可得图 8.15 所示的桥式起重机系统状态结构图。在此基础上又可得到图 8.16 所示简化后的状态结构图。将图 8.15 与式（8.79）结合分析可知，a_{25} 与 a_{45} 分别体现了驱动装置对小车与吊车的运动，a_{43} 则体现了吊钩自身的负反馈作用，而吊钩对小车的反作用则是通过 a_{23} 来体现的。

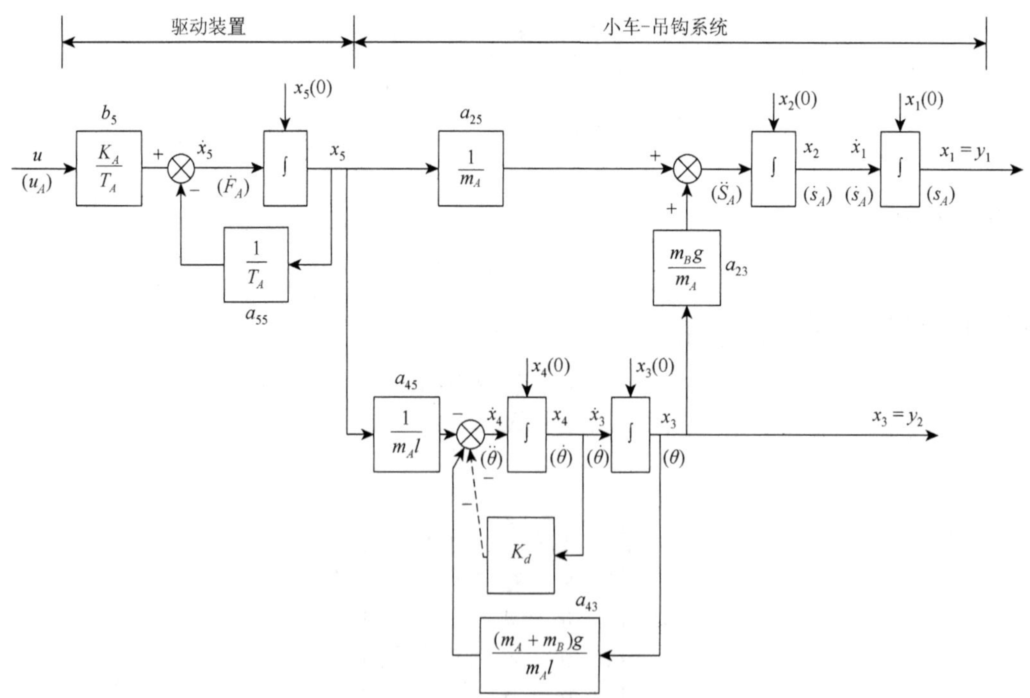

图 8.15　桥式起重机系统状态结构图

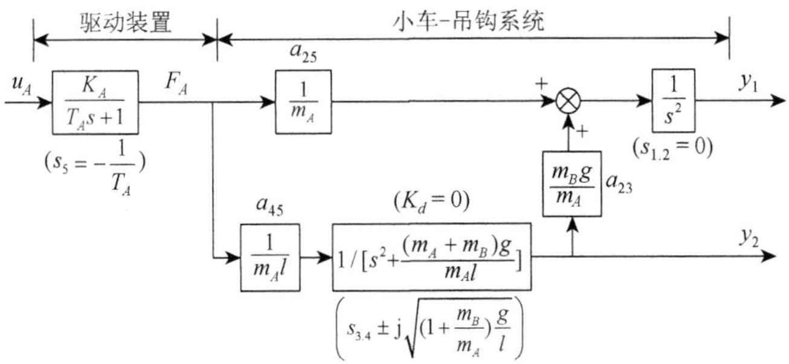

图 8.16　桥式起重机系统简化后的状态结构图

为方面后续分析与计算，假定系统中的具体参数为 $K_A=0.1\text{kN/V}$、$T_a=1\text{s}$、$m_A=1000\text{kg}$、$m_B=4000\text{kg}$、$l=10\text{m}$。将上述有关数值代入式（8.79a）、式（8.79c）后进一步可得

$$
\begin{aligned}
&a_{23}=39.2\text{m}/\text{s}^2\\
&a_{25}=10^{-3}\text{kg}\\
&a_{43}=4.9\text{m}^{-2}\\
&a_{45}=10^{-4}\text{kg}\cdot\text{m}\\
&a_{55}=1\text{s}^{-1}\\
&b_5=0.1\text{kV}/(\text{V}\cdot\text{s})\\
&c_{11}=c_{23}=1
\end{aligned}
$$

8.3.3　起重机系统稳定性分析

作为被控对象的起重机系统，对应的（开环）特征值，可将式（8.77）代入对应的（开环）特征方程 det（$\lambda I-A$）＝0 求出，即

$$\lambda^2(\lambda^2+a_{43})(\lambda+a_{55})=0 \tag{8.80}$$

$$\lambda^2(\lambda^2+a_{43})(\lambda+a_{55})=0 \Rightarrow \lambda^2\left[\lambda^2+\frac{(m_A+m_B)g}{m_A l}\right]\left(\lambda-\frac{1}{T_A}\right)=0$$

得

$$\lambda_{1,2}=0,\quad \lambda_{3,4}=\pm \mathrm{j}\sqrt{a_{43}}=\pm \mathrm{j}\sqrt{\frac{(m_A+m_B)g}{m_A l}},\quad \lambda_5=-a_{55}=-1/T_A$$

进一步得

$$\lambda_{1,2}=0,\quad \lambda_{3,4}=\pm \mathrm{j}2.21(1/\text{s}),\lambda_5=-1(1/\text{s})$$

求解式（8.80），得到（开环）特征值。

如果运用 MATLAB，在 MATLAB 中输入以下程序：

```
A=[0 1 0 0 0;0 0-39.2 0 0.001;0 0 0 1 0;0 0-4.9 0 0.0001;0 0 0 0-1];
eig(A)
```

MATLAB 程序运行结果：

```
ans=
0
0
0+2.2136i
0-2.2136i
-1.0000
```

系统的 5 个开环特征值不全位于 s 左平面上，有 4 个位于虚轴上，所以系统为临界不稳定。

采用 MATLAB/Simulink 构造系统开环控制系统的仿真模型，如图 8.17 所示。

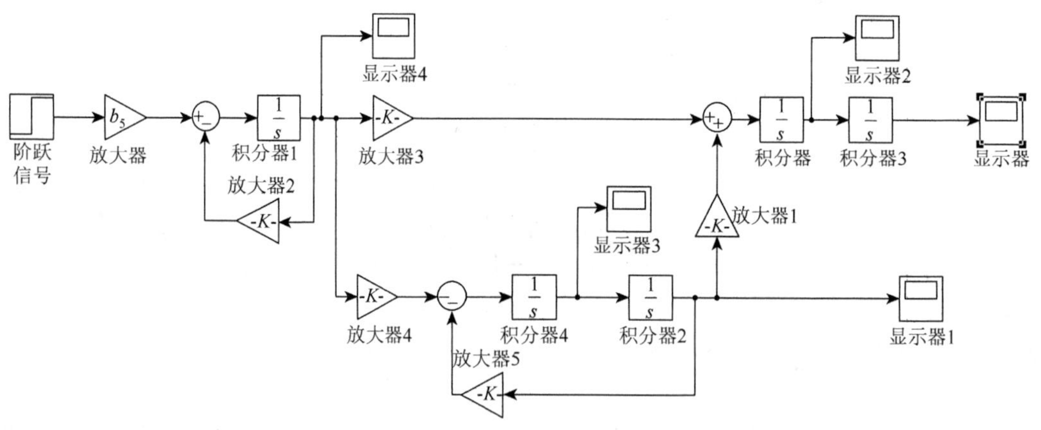

图 8.17　系统仿真模型

其输出仿真结果如图 8.18 所示。

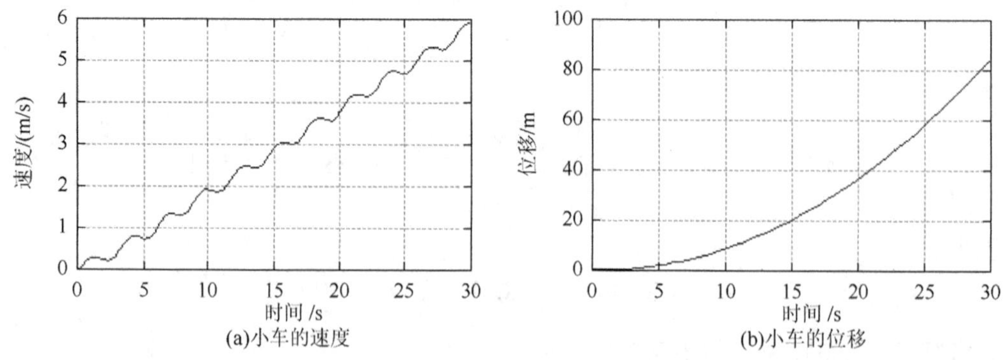

(a)小车的速度　　(b)小车的位移

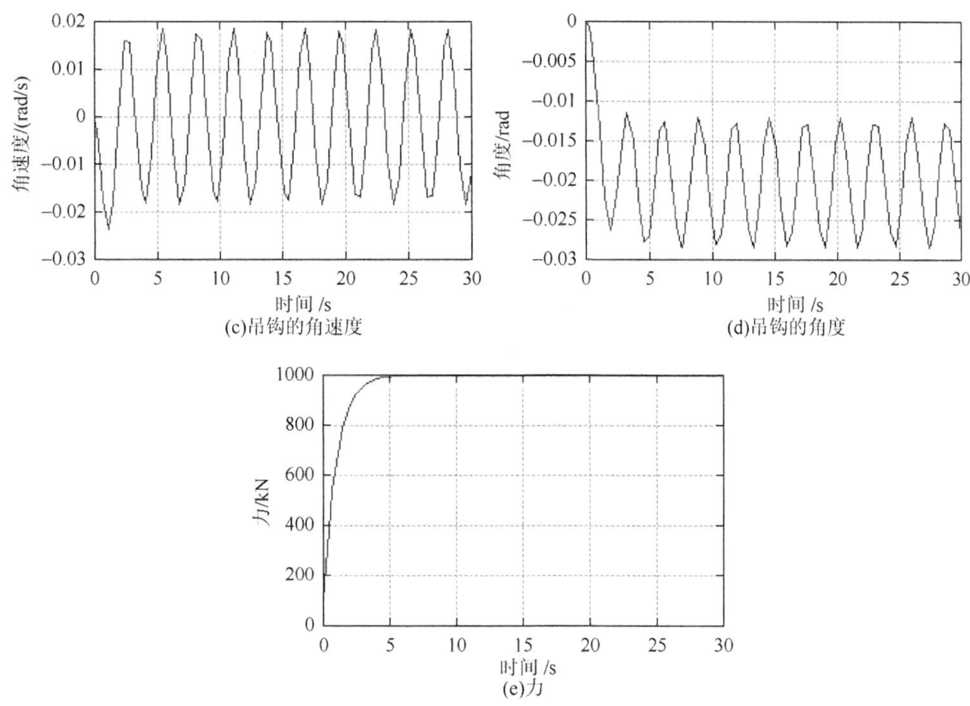

(c)吊钩的角速度　(d)吊钩的角度

(e)力

图 8.18　桥式起重机系统响应曲线

由其输出仿真结果中可判断系统是不稳定的，即起重机系统本身是不稳定的调节对象。

8.3.4　起重机系统能控分析

通过系统能控判别矩阵对起重机系统进行能控性判定，能控判别矩阵为

$$W_c = [b \quad Ab \quad A^2b \quad A^3b \quad A^4b \quad A^5b]$$

式中，

$$b = b_5\begin{bmatrix}0 & 0 & 0 & 0 & 1\end{bmatrix}^{\mathrm{T}}, \quad Ab = b_5\begin{bmatrix}0 & a_{25} & 0 & -a_{45} & -a_{55}\end{bmatrix}^{\mathrm{T}}$$

$$A^2b = b_5\begin{bmatrix}a_{25} & -a_{25}a_{55} & -a_{45} & a_{45}a_{55} & a_{55}^2\end{bmatrix}^{\mathrm{T}}$$

$$A^3b = b_5\begin{bmatrix}-a_{25}a_{55} & -a_{23}a_{45} + a_{25}a_{55}^2 & a_{45}a_{55} & a_{43}a_{45} - a_{45}a_{55}^2 & -a_{55}^3\end{bmatrix}^{\mathrm{T}}$$

$$A^4b = b_5\begin{bmatrix}-a_{23}a_{45} + a_{25}a_{55}^2 & a_{23}a_{45}a_{55} - a_{25}a_{55}^3 & a_{43}a_{45} - a_{45}a_{55}^2 & -a_{43}a_{45}a_{55} + a_{45}a_{55}^3 & a_{55}^4\end{bmatrix}^{\mathrm{T}}$$

则

$$\det(W_c) = b_5^5 a_{45}^2 (a_{23}^2 a_{45}^2 + a_{25}^2 a_{43}^2 - 2a_{23}a_{25}a_{43}a_{45})$$

即

$$\det(W_c)=\left(\frac{K_A}{T_A}\right)^5\left(\frac{1}{m_Al}\right)^2\left[\left(\frac{m_Bg}{m_A}\right)^2\left(\frac{1}{m_Al}\right)^2+\left(\frac{1}{m_A}\right)^2\left(\frac{m_Ag+m_Bg}{m_Al}\right)^2-2\frac{m_Bg}{m_A}\frac{1}{m_A}\frac{m_Ag+m_Bg}{m_Al}\frac{1}{m_Al}\right]$$

$$=\left(\frac{K_A}{T_A}\right)^5\left(\frac{g}{{m_A}^2l^2}\right)^2$$

由此可见，只要 $K_A\neq0$ 及 m_A、l 和 T_A 等参数为有限值，就能确保 det（Wc）$\neq0$，即起重机系统完全能控，显然对于一个实际的起重机系统，这个条件总是满足的。

使用 MATLAB 判断系统的能控性，输入以下程序：

```
A=[0 1 0 0 0;0 0-39.2 0 0.001;0 0 0 1 0;0 0-4.9 0 0.0001;0 0 0 0-1];
B=[0;0;0;0;100];
C=[1 0 0 0 0;0 0 1 0 0];
rct=rank(ctrb(A,B))
```

程序运行结果：

```
rct=
5
```

根据判别系统能控性的定理可知，该系统的能控性矩阵满秩，所以该系统是能控的。

8.3.5 起重机系统极点配置法设计状态反馈调节器

从起重机系统对应的极点可知，调节对象是一个不稳定系统，需要通过闭环调节使其由不稳定变为稳定并满足有关动、静态方面提出的要求。

在 5 个闭环极点中，考虑一对主导极点，并由其基本确定闭环控制系统的动态运行特性，而剩下的 3 个闭环极点则可配置在这对主导极点左侧较远的地方。由此，这 3 个闭环极点的影响就可略去不计。采用一对主导极点后，五阶闭环控制系统就可以近似地用 2 阶系统进行分析。

主导极点的具体数值可由其特征参数 ζ、ω_n 来确定。

由二阶系统时域分析知，对于阶跃输入，为获得一条上升速度快、阻尼特性好且超调量小的输出响应曲线，可选择 $\zeta=0.707$，至于 k_j 则可如下确定：二阶系统的输出在单位阶跃输入下为

$$y(t)=K-\frac{K}{\sqrt{1-\zeta^2}}\mathrm{e}^{-\zeta\omega_nt}\sin\left(\sqrt{1-\zeta^2}\,\omega_nt+\phi\right),\quad \zeta<1$$

式中，K 为二阶系统放大倍数。为简化分析又不致产生很大误差，可利用 y（t）的包络线进行分析，可得

$$y(t)=K\pm\frac{K}{\sqrt{1-\zeta^2}}\mathrm{e}^{-\zeta\omega_nt},\quad y(\infty)=K$$

$$\left|y(t)-y(\infty)\right|=\frac{K}{\sqrt{1-\zeta^2}}\mathrm{e}^{-\zeta\omega_n t}$$

误差带取 2%，则有

$$\frac{\left|y(t)-y(\infty)\right|}{y(\infty)}=\frac{1}{\sqrt{1-\zeta^2}}\mathrm{e}^{-\zeta\omega_n t_s}\leqslant 2\%$$

即

$$\omega_n\geqslant\frac{1}{\zeta t_s}\ln\frac{1}{0.02\sqrt{1-\zeta^2}}$$

若取 $t_s=25\text{s}$，则可求得 $w_n=0.243$（1/s）。故对应的二阶系统传递函数为

$$g(s)=\frac{K\omega_n^2}{s^2+2\zeta\omega_n s+\omega_n^2}=\frac{0.059K}{s^2+0.344s+0.059}$$

对应的特征方程及特征值分别为

$$s^2+0.344s+0.059=0,\quad s_{1,2}=-0.172\pm \mathrm{j}0.172$$

另外 3 个闭环极点（特征值）均取为−1。由此可求得实际五阶系统的闭环期望特征多项式为

$$\begin{aligned}\alpha_c(s)&=(s^2+0.344s+0.059)(s+1)^3\\&=s^5+\alpha_4 s^4+\alpha_3 s^3+\alpha_2 s^2+\alpha_1 s+\alpha_0\end{aligned}$$

$$\alpha_0=0.059,\quad \alpha_1=0.52,\quad \alpha_2=2.201,\quad \alpha_3=4.091,\quad \alpha_4=3.344$$

1）调节器与前置装置参数的设计

若有

$$\begin{aligned}r&=\begin{bmatrix}0 & \cdots & 0 & 1\end{bmatrix}W_c^{-1}\alpha_c(A)\\&=\begin{bmatrix}0 & \cdots & 0 & 1\end{bmatrix}W_c^{-1}(\alpha_0 I+\alpha_1 A+\alpha_2 A^2+\alpha_3 A^3+\alpha_4 A^4+A^5)\\&=\begin{bmatrix}r_1 & r_2 & r_3 & r_4 & r_5\end{bmatrix}\end{aligned}$$

式中，r 为系统能控矩阵的逆矩阵中最后一行的对应元素。根据上述参数，可解得

$$r=\begin{bmatrix}0.5 & 5.29 & 1430 & 135 & 0.0234\end{bmatrix}$$

2）前置装置参数的确定

对于 MIMO 系统，一般情况下，前置参数可如下确定，利用全状态反馈调节器 R 构成闭环运行，如果给定矢量的维数与输出量 Y 相等，而 Y 的维数与 U 的维数不等，则应

加入前置装置 M，以使得维数相等。计算前置装置系统方框图如图 8.19 所示。

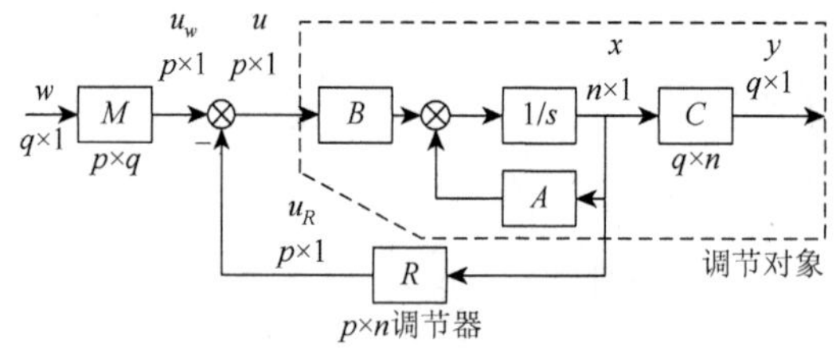

图 8.19　计算前置装置的系统方框图

当 $p=q$ 时，有

$$M=[C(BR-A)^{-1}B]^{-1} \tag{8.81}$$

SISO 系统：

$$m=l[c(br-A)-lb] \tag{8.82}$$

在此，重点分析 S_A，即 x_1 的调节特性，有 $y=x_1=S_A$，以及 $C=C^{\mathrm{T}}=[1\ 0\ 0\ 0\ 0]$，因此可利用式（8.82）确定前置装置 m 的参数，可求得 $m=0.6\mathrm{V/m}$。加入用具体参数表示的调节器与前置装置后的系统方框图如图 8.20 所示。

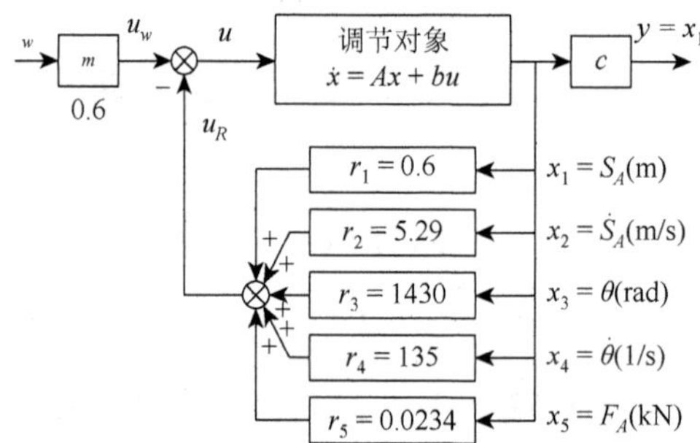

图 8.20　加入用具体参数表示的调节器与前置装置后的系统方框图

MATLAB 中参数设置如下：

```
a23=39.2;
a25=10^-3;
a43=4.9;
a45=10^-4;
a55=1;
b5=100;
r1=0.6;
r2=5.29;
r3=1430
r4=135
```

```
r5=0.0234
m=0.6
```

采用 MATLAB/Simulink 建立仿真模型，如图 8.21 所示。闭环调节系统响应曲线如图 8.22 所示。

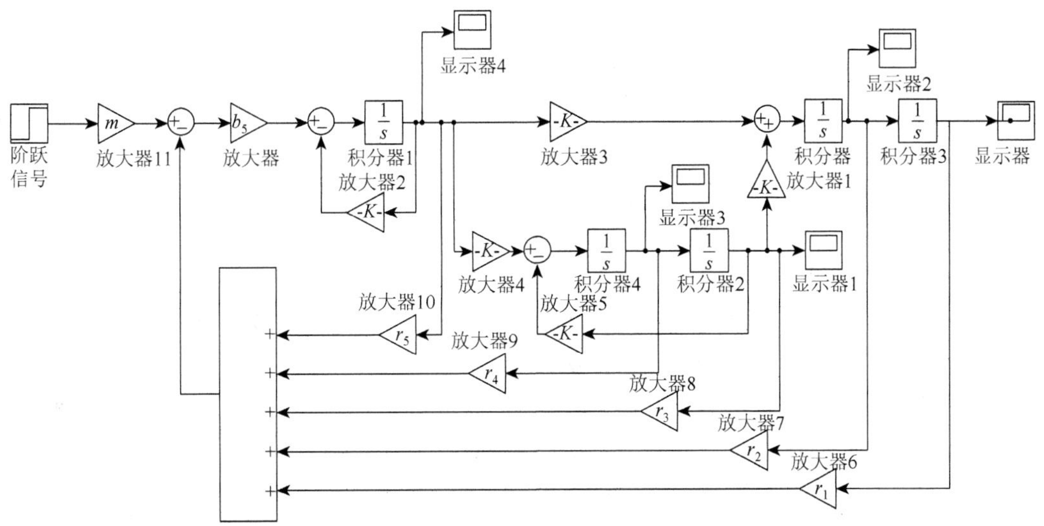

图 8.21　极点配置后的系统方框图

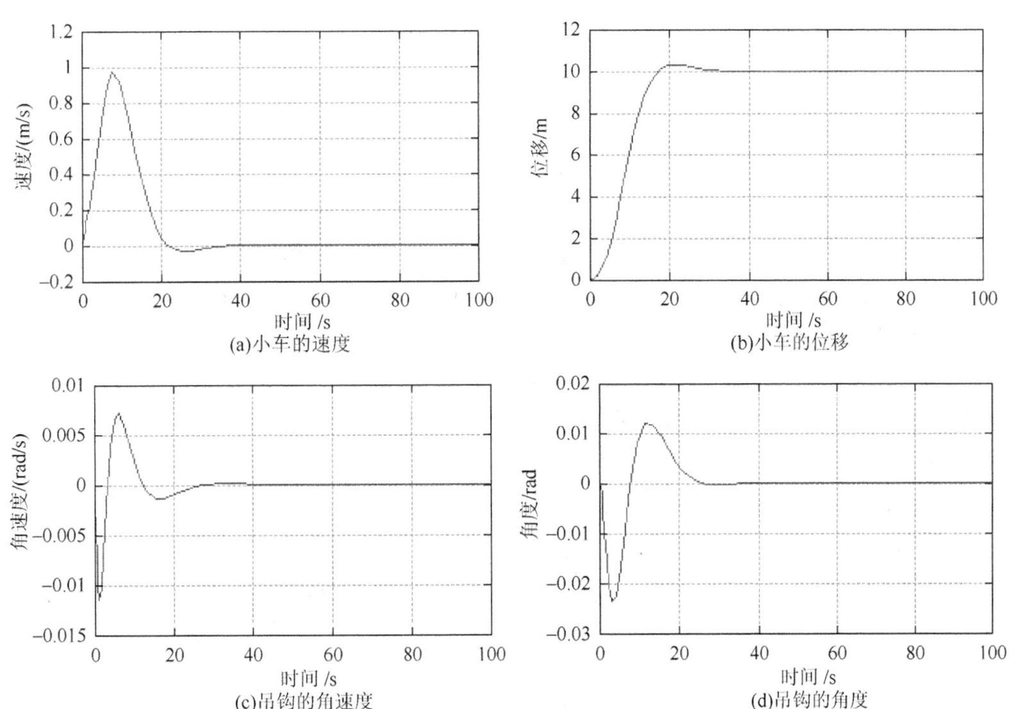

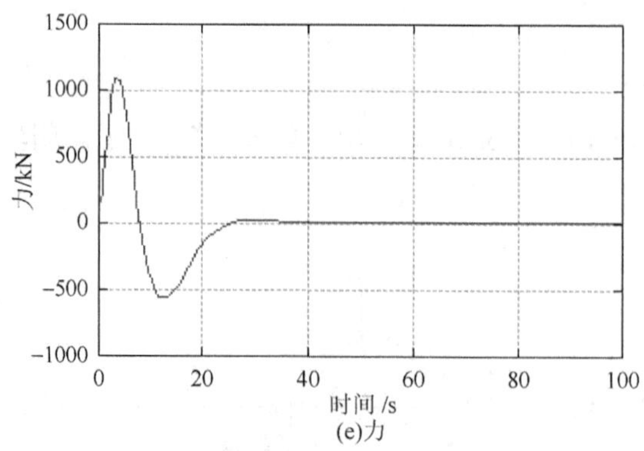

(e)力

图 8.22　闭环调节系统响应曲线

从仿真结果可以看出，经过 25 s 左右，小车从起始位置 0 变化至由给定值所决定的位置 $s_A = 10\text{m}$。其变化过程不仅具有较好的阻尼特性，而且还可认为是无超调的。系统有较好的动态特性，利用极点配置法设计所得到的结果是比较理想的。

以起重机为研究对象，应用现代控制理论对系统的状态空间方程、能控性，能观测性、极点配置等问题进行了工程应用实践，加入合适的状态反馈后可以保证系统具有一定的动态性能和稳态性能，极点配置控制方法可以实现桥式起重机系统平衡控制。

8.4　现代控制理论在飞行器控制中的应用

8.4.1　工程背景

本节研究的控制对象是小型无人直升飞行器，简称无人直升机，它是利用机载传感器和自动控制系统自主执行给定任务或通过无线电遥控设备发送遥控指令执行任务的飞行器。与载人飞机相比，它具有体积小、造价低、操作灵活、使用方便等优点。随着微处理芯片、传感器、全球定位技术的飞速发展，以及相关设备性能的提高和体积、重量的减少，无人直升机成了近年来的研究热点。

与固定翼无人机相比，无人直升机能够垂直起降、空中悬停、前飞、侧飞、后飞、低空及超低空飞行等特点。根据大小和载重，无人直升机又分为大型、中型、小型、微小型、超微型等。其中，小型化、微型化是无人直升机的一个重要发展方向。小型、微小型无人直升机具有体积小、重量轻、成本低、场地因素限制小、机动性高等优点，它具有在狭小空间复杂环境中垂直起降和悬停的能力，所以成为近年来无人机领域的研究热点。目前，除军事目的外，小型无人直升机的应用主要集中在搜索与营救、协助执法、航空测绘、监督检查、农业应用、空中拍摄、环境（海洋）检测等众多科研与生产领域。小型无人直升机具有巨大的应用前景。

小型无人直升机是一个非常复杂的控制对象，其具有高度非线性、复杂的动力学特性、开环不稳定、轴间耦合强等特点，其自主飞行控制技术更是融合了人工智能、图像处理技术、无线传输技术、先进控制技术、多传感器融合技术及先进制造技术等尖端技术。

目前，小型无人直升机的建模和飞行控制技术是最主要的研究内容。小型无人直升机的数学模型是设计先进控制系统的基础，所以要为小型无人直升机设计飞行控制系统，首先需要获得足够精确的数学模型。由于小型无人直升机特殊的强耦合性结构，要获得其精确的数学模型是一件非常困难的事情。

目前，小型无人直升机的建模方法主要有两种：一种是机理建模，它利用物理、机械及空气动力学等相关理论得到对象的动力学模型；另一种是系统辨识建模方法，它通过采集飞行实验数据，利用特殊的计算工具得到其数学模型。

机理建模是通过对无人直升机的每一个组成部分进行严格的空气动力学、飞行力学、机械学等理论分析计算，得到无人直升机的非线性运动学及动力学模型方程。建模中所用到的坐标系统包括大地坐标系和机身坐标系。大地坐标系和机身坐标系可转换。

大地坐标系也称切平面坐标系或地轴系，因为坐标 X_gY_g 所在平面类似地球表面的切平面而得名，用于确定直升机的位置、速度、姿态和航向，如图 8.23 所示。各坐标轴具体定义如下。

原点 O_g：预选的地面某一点。

轴 X_g：在水平面内，其方向可以任意选择，通常与飞行任务有关。

轴 Y_g：按右手法则确定正方向。

轴 Z_g：铅垂向下，重力加速度 g 沿 Z_g 正方向。

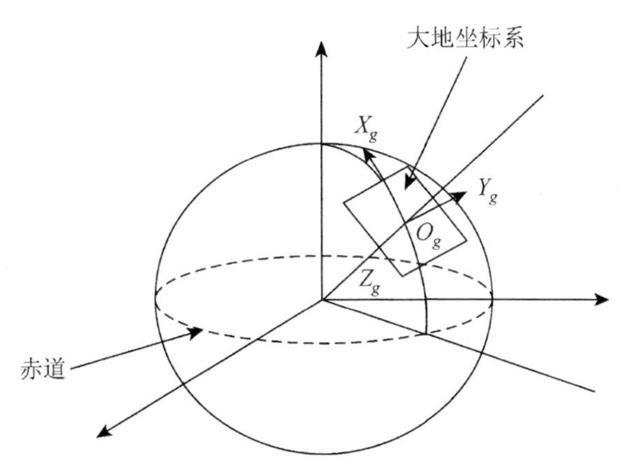

图 8.23　大地坐标系

机身坐标系的起点位于机身的质心。一般飞行器上任何固定的点都会在机身坐标系中对应一个常值坐标。这个坐标系是一个很重要的参考系，是固联于直升机并随之运动的动坐标系。

依照航空学的惯例，机身坐标系紧贴机身质心，轴分别指向机身前端、机身右侧和机身下方，如图 8.24 所示。

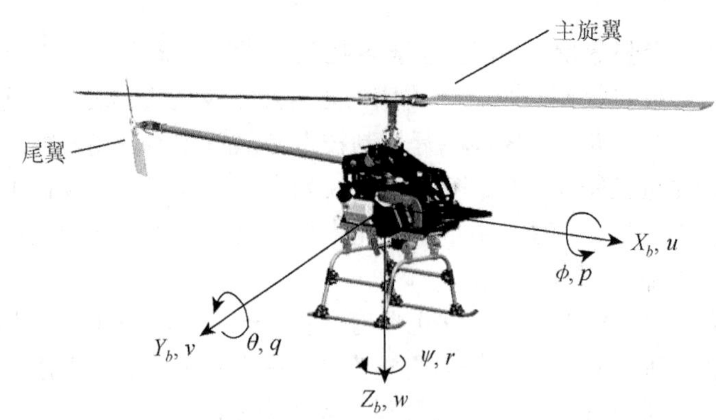

图 8.24　机身坐标系

其具体定义如下。

原点 O_b：位于直升机的质心。

纵轴 X_b：沿直升机机体结构纵轴指向前方为正。与大地坐标系 X_gY_g 的夹角为俯仰角 θ，抬头为正；与大地坐标系 X_gZ_g 的夹角为偏航角 ψ，向右偏转为正。

横轴 Y_b：垂直于直升机机体纵向对称平面，指向右方为正。与大地坐标系 X_gY_g 的夹角为滚转角 ϕ，向右下方滚转为正。

竖轴 Z_b：在直升机机体纵向对称平面内，垂直于纵轴指向下方。

根据直升机飞行动力学原理，小型无人直升机模型可以分为以下几个部分：驱动系统、旋翼动力学系统、力和力矩作用机制及刚体动力学系统。各部分之间的相互关系如图 8.25 所示。

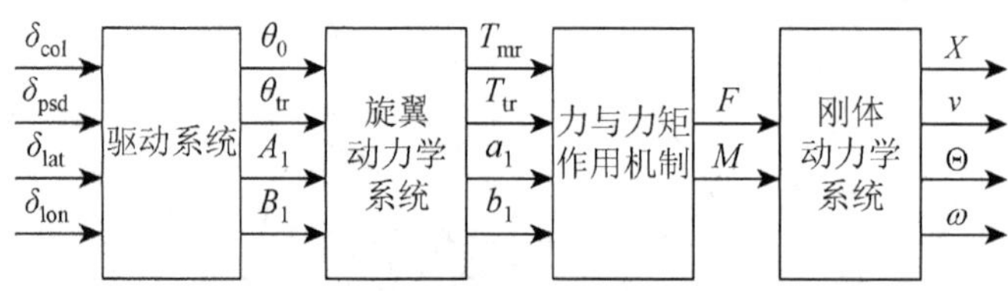

图 8.25　直升机模型的框图结构

8.4.2　直升机控制系统研究

小型无人直升机是一种可以在 6 个自由度同时转动和平动的飞行器，为方便研究和分析，以三自由度直升机实验平台为例，介绍现代控制理论在直升机控制系统中的应用。它是研究直升机飞行控制技术的平台，主要由电机、电机驱动器、位置编码器、运动控制器及接口板等元件组成。直升机控制系统可分为直升机实验本体、电控箱及控制平台（由运动控制卡和计算机组成）三大部分，如图 8.26 所示。

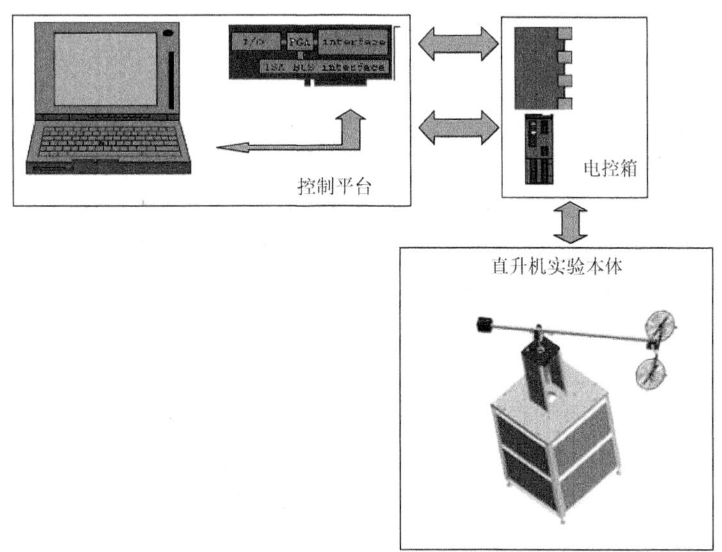

图 8.26　直升机控制系统简图

1. 三自由度直升机系统实验本体

三自由度直升机系统机械本体如图 8.27 所示。

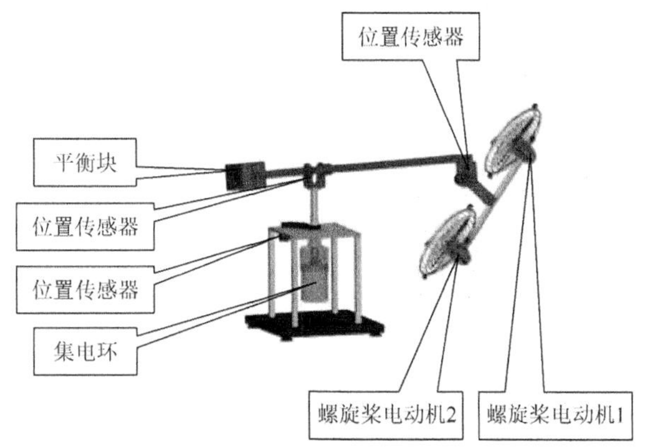

图 8.27　三自由度直升机系统机械本体

1）螺旋桨电动机

直升机本体末端安装了两个螺旋桨，螺旋桨由两个无刷直流电动机来驱动产生动力。螺旋桨的作用是产生升力或侧旋力，其运动主要靠螺旋桨转速和转速差来控制姿态。

2）编码器

安装在支点和两个螺旋桨中心的编码器能测量直升机俯仰角和横侧角，基座转轴处的编码器测量旋转速度。

3）系统实验箱

电控箱内安装有如下主要部件：DC24V/6A 直流开关电源、电机驱动器、运动控制卡接口板、电源开关等。

2. 系统工作原理

直升机旋转轴以基座为支点进行旋转动作，俯仰轴以旋转轴一端为支点进行俯仰动作。平衡块安装在俯仰轴的一端，两个螺旋桨安装在以俯仰轴另一端为中间支点的横侧轴两端。两个直流电动机驱动螺旋桨旋转产生升力，并通过控制电机输入电压实现对于旋转轴、俯仰轴和横侧轴的姿态和运动的控制。安装在支点和两个螺旋桨中心的编码器把直升机的俯仰角、螺旋桨的翻转角和旋转速度、加速度等信息反馈到运动控制卡，再由用户编写的控制算法实时计算出控制量并发回给两个电动机，构成完整的闭环控制系统，实现飞行姿态控制。

该装置通过分别控制两个直流电动机的输入电压改变螺旋桨的转速，产生升力来达到直升机的巡航和姿态控制，容易实现动力模型的参数化建模和控制，是用来对各种现代控制算法进行检验的理想实验对象。其闭环控制系统结构图如图 8.28 所示。

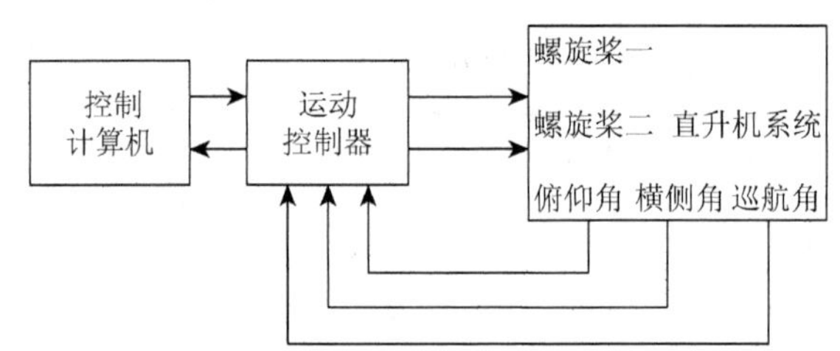

图 8.28 直升机闭环控制系统结构图

8.4.3 直升机俯仰轴控制状态空间建模

为简便，首先对直升机俯仰轴的控制进行状态空间建模、分析与综合，所采用的直升机俯仰轴系统动力学关系示意图如图 8.29 所示。

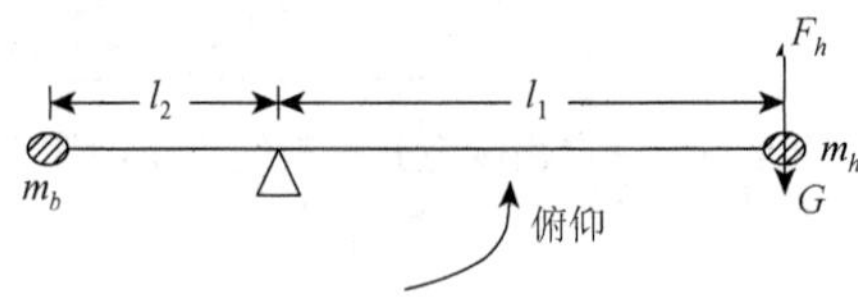

图 8.29 直升机俯仰轴系统动力学关系示意图

根据牛顿力学建立该系统数学模型，由图 8.29 知，俯仰运动转矩由两个螺旋桨电机产生的升力 F_1 和 F_2 来产生，其升力为 $F_h = F_1 - F_2$。当升力 F_h 提供的转矩大于阻力转矩时，直升机上升，反之直升机下降。假定直升机悬在空中，俯仰角保持水平状况，即俯仰角为 30°（系统定义 30°角为俯仰轴的水平位置）。其俯仰运动的动力学平衡方程为

$$J_e \ddot{\varepsilon} = l_1(F_1 + F_2) - l_1 m_h g + m_b g l_2 = l_1 F_h - T_g \tag{8.83}$$

$$
\begin{cases}
J_e\ddot{\varepsilon}=l_1(F_1+F_2)-T_g & F_h=F_1+F_2 \\
J_e\ddot{\varepsilon}=l_1(K_cV_1+K_cV_2)-T_g & \\
J_e\ddot{\varepsilon}=l_1K_c(V_1+V_2)-T_g & \\
J_e\ddot{\varepsilon}=l_1K_c(V_1+V_2)-T_g & \\
J_e\ddot{\varepsilon}=l_1K_cV_s-T_g & V_s=V_1+V_2
\end{cases}
\tag{8.84}
$$

式中，ε 为俯仰轴旋转角度；$\ddot{\varepsilon}$ 为俯仰轴的旋转角加速度；l_1 为支点到电机的距离；l_2 为支点到平衡块的距离；K_c 为螺旋桨电动机的升力常数；J_e 为俯仰轴转动惯量；V_1 和 V_2 为两个电动机的电压，它们产生升力 F_1 和 F_2；T_g 为由俯仰轴 G 产生的有效重力矩，$T_g=m_hgl_1-m_bgl_2$；m_h 和 m_b 分别为直升机螺旋桨部分和平衡块的质量。

由直流电动机输出力矩可知，俯仰轴的转矩是由两个螺旋电动机产生升力 $F_1=K_cV_1$ 和 $F_2=K_cV_2$ 而来。故螺旋桨的升力 $F_h=F_1+F_2=K_c(V_1+V_2)=K_cV_s$。当升力 F_h 产生的力矩大于重力产生的力矩时，直升机上升，反之直升机下降。假设直升机悬在空中，可以得到

$$J_e\ddot{\varepsilon}=K_cl_1(V_1+V_2)-T_g \tag{8.85}$$

如果忽略重力扰动力矩 T_g，将式（8.85）简化，可以得到下面的近似线性系统：

$$J_e\ddot{\varepsilon}=K_cl_1(V_1+V_2)=K_cl_1V_s \tag{8.86}$$

式中，$V_s=V_1+V_2$ 为加在电动机上电压之和。

把近似线性化动力学方程表示成状态方程：

$$\begin{bmatrix}\dot{\varepsilon}\\ \ddot{\varepsilon}\end{bmatrix}=A\begin{bmatrix}\varepsilon\\ \dot{\varepsilon}\end{bmatrix}+B\begin{bmatrix}0\\ V_s\end{bmatrix} \tag{8.87}$$

$$A=\begin{bmatrix}0&1\\0&0\end{bmatrix},\quad B=\begin{bmatrix}0\\ \dfrac{K_cl_1}{J_e}\end{bmatrix}$$

根据自制过程所采用的元件计算得知模型参数如下：

俯仰轴转动惯量 $J_e=0.15\,\mathrm{kg/m^2}$；螺旋桨到俯仰轴的距离 $l_1=0.57\mathrm{m}$；电动机力常数 $K_c=0.635$。

将上述电气参数代入式（8.87），可得系统状态空间模型为

$$\begin{bmatrix}\dot{\varepsilon}\\ \ddot{\varepsilon}\end{bmatrix}=\begin{bmatrix}0&1\\0&0\end{bmatrix}\begin{bmatrix}\varepsilon\\ \dot{\varepsilon}\end{bmatrix}+\begin{bmatrix}0\\ 2.413\end{bmatrix}V_s \tag{8.88}$$

此时，$B=\begin{bmatrix}0\\ 2.413\end{bmatrix}$。

8.4.4　俯仰轴控制的稳定性和能控性

1. 判别系统的稳定性

计算系统特征多项式为

$$\det[sI - A] = \begin{vmatrix} s & -1 \\ 0 & s \end{vmatrix} = s^2 + 1$$

可以看出，系统是不稳定的。

2. 判别系统的能控性

由系统矩阵可知

$$B = \begin{bmatrix} 0 \\ 2.413 \end{bmatrix}, \quad AB = \begin{bmatrix} 2.413 \\ 0 \end{bmatrix}$$

故系统能控性矩阵为$M = \begin{bmatrix} B & AB \end{bmatrix} = \begin{bmatrix} 0 & 2.413 \\ 2.413 & 0 \end{bmatrix}$，该矩阵的秩为 2，为满秩。因此，该系统总是能控的，根据现代控制理论可知，该系统是状态反馈能镇定的。

8.4.5 俯仰轴控制器的设计

1. 状态反馈镇定控制

本部分先设计状态反馈控制器实现系统镇定。设计线性反馈控制器V_s为

$$V_s = \begin{bmatrix} k_1 & k_2 \end{bmatrix} x \tag{8.89}$$

把式（8.89）代入式（8.88）可知，状态反馈闭环控制系统的表达式为

$$\begin{cases} \begin{bmatrix} \dot{\varepsilon} \\ \ddot{\varepsilon} \end{bmatrix} = \begin{bmatrix} 0 & 1 \\ 2.413k_1 & 2.413k_2 \end{bmatrix} \begin{bmatrix} \varepsilon \\ \dot{\varepsilon} \end{bmatrix} \\ y = [1 \quad 0]x \end{cases} \tag{8.90}$$

可见，状态反馈增益k_1、k_2将决定闭环控制系统极点在复平面的位置，从而决定系统稳定性及系统输出响应。

2. 状态反馈跟踪控制

本部分设计状态反馈跟踪控制器，实现系统对给定状态v的跟踪。设计线性状态反馈跟踪控制器V_s为

$$V_s = \begin{bmatrix} k_1 & k_2 \end{bmatrix} x + v \tag{8.91}$$

把式（8.91）代入式（8.88），可知状态反馈闭环控制系统的表达式为

$$\begin{cases} \begin{bmatrix} \dot{\varepsilon} \\ \ddot{\varepsilon} \end{bmatrix} = \begin{bmatrix} 0 & 1 \\ 2.413k_1 & 2.413k_2 \end{bmatrix} \begin{bmatrix} \varepsilon \\ \dot{\varepsilon} \end{bmatrix} + \begin{bmatrix} 0 \\ 2.413 \end{bmatrix} v \\ y = \begin{bmatrix} 1 & 0 \end{bmatrix} x \end{cases} \tag{8.92}$$

可见，状态反馈增益k_1、k_2将决定闭环系统极点在复平面的位置，从而决定系统稳定性及系统输出响应。

8.4.6　直升机横侧轴控制状态空间建模

横侧轴的动力学示意图如图 8.30 所示。两个螺旋桨产生的升力控制横侧轴向上运动，如果 F_1（螺旋桨一）产生的升力大于 F_2（螺旋桨二）产生的升力，两个升力就会使横侧轴发生倾斜，使螺旋桨产生一个侧向力，此侧向力将带动直升机围绕基座旋转。

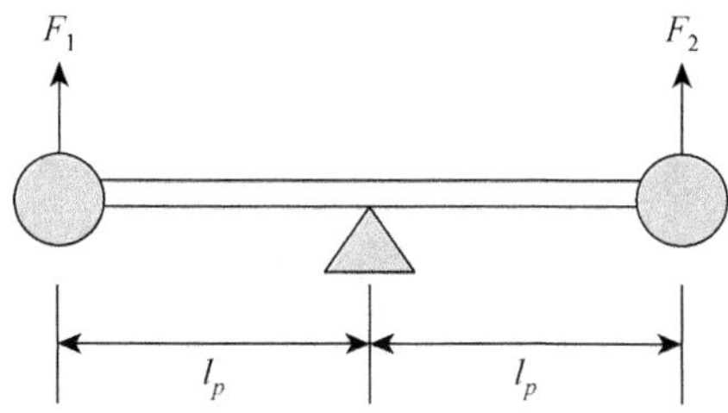

图 8.30　横侧轴的动力学示意图

横侧运动动力学平衡方程：

$$
\begin{cases}
J_p\ddot{p} = F_1 l_p - F_2 l_p \\
J_p\ddot{p} = K_c V_1 l_p - K_c V_2 l_p \\
J_p\ddot{p} = K_c l_p (V_1 - V_2) \\
J_p\ddot{p} = K_c l_p V_d
\end{cases}
\tag{8.93}
$$

横侧运动动力学微分方程：

$$J_p\ddot{p} = K_c l_p V_d \tag{8.94}$$

式中，J_p 为横侧运动的转动惯量，为 0.0252 kg/m^2；l_p 为横侧轴支点到电机的距离，为 0.17 m；$\ddot{p}$ 为横侧运动的转动加速度。

横侧运动旋转加速度是螺旋桨电压差 V_d 的函数。

8.4.7　直升机旋转轴控制状态空间建模

旋转轴的动力学示意图如图 8.31 所示。螺旋桨横侧轴倾斜时产生水平方向分力。横侧角一般为 5°左右，其水平分量会产生旋转力矩，此旋转力矩产生旋转加速度。

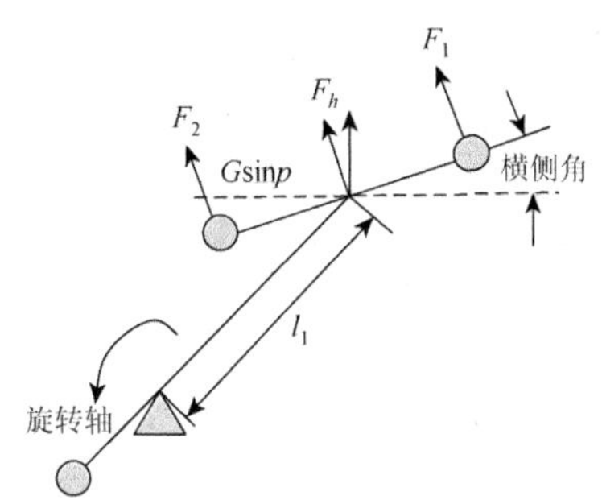

图 8.31　旋转轴的动力学示意图

旋转运动动力学方程：

$$J_t\dot{r} = l_1 F_h \sin p \tag{8.95}$$

式中，r 为旋转速度（rad/s）；p 为横侧角；$\sin p$ 是横侧角正弦值。

旋转运动加速度和横侧角呈比例关系。

8.4.8 直升机数学模型简化

1）俯仰运动数学模型简化

根据俯仰运动动力学方程，式（8.83）可简化为

$$J_e\ddot{\varepsilon} = l_1 K_c V_s \tag{8.96}$$

2）旋转运动数学模型简化

通常因横侧角较小（约 5°），可令 $\sin p \approx p$。

$$F_h \cos p \overset{p\to 0}{\approx} G \qquad \sin p \overset{p\to 0}{\approx} p$$

式（8.95）可简化为

$$J_t\dot{r} = l_1 G p \tag{8.97}$$

8.4.9 直升机数学模型方程组及传递函数建立

依上述分析得动力学方程组为

$$\begin{cases} J_e\ddot{\varepsilon} = l_1 K_c V_s \\ J_p\ddot{p} = K_c l_p V_d \\ J_t\dot{r} = -l_1 G p \end{cases} \tag{8.98}$$

对式（8.98）进行拉氏变换：

$$\begin{cases} J_e E(s) s^2 = l_1 K_c V_s(s) \\ J_p P(s) s^2 = K_c l_p V_d(s) \\ J_t R(s) s = l_1 G P(s) \end{cases} \tag{8.99}$$

由式（8.99）求出传递函数为

$$\begin{cases} G_e(s) = \dfrac{E(s)}{V_s(s)} = \dfrac{l_1 K_c}{J_e} \times \dfrac{1}{s^2} \\ G_p(s) = \dfrac{P(s)}{V_d(s)} = \dfrac{l_p K_c}{J_p} \times \dfrac{1}{s^2} \\ G_r(s) = \dfrac{R(s)}{P(s)} = \dfrac{l_1 G}{J_t} \times \dfrac{1}{s} \end{cases} \tag{8.100}$$

对式（8.98）进行转换，为

$$\begin{cases} \ddot{\varepsilon} = \dfrac{l_1 K_c}{J_e} \times V_s = \dfrac{l_1 K_c}{J_e} \times V_1 + \dfrac{l_1 K_c}{J_e} \times V_2 \\ \ddot{p} = \dfrac{K_c l_p}{J_p} \times V_d = \dfrac{K_c l_p}{J_p} \times V_1 - \dfrac{K_c l_p}{J_p} \times V_2 \\ \dot{r} = \dfrac{l_1 G}{J_t} \times p \end{cases} \tag{8.101}$$

8.4.10　直升机系统状态空间建模

根据式（8.101），选取 $X = [\varepsilon \quad \dot{\varepsilon} \quad \zeta \quad p \quad \dot{p} \quad r \quad \gamma]^{\mathrm{T}}$ 为状态变量，$Y = [\varepsilon \quad p \quad r]^{\mathrm{T}}$ 为输出变量，得出状态空间表达式为

$$\begin{bmatrix} \dot{\varepsilon} \\ \ddot{\varepsilon} \\ \dot{\zeta} \\ \dot{p} \\ \ddot{p} \\ \dot{r} \\ \dot{\gamma} \end{bmatrix} = \begin{bmatrix} 0 & 1 & 0 & 0 & 0 & 0 & 0 \\ 0 & 0 & 0 & 0 & 0 & 0 & 0 \\ 1 & 0 & 0 & 0 & 0 & 0 & 0 \\ 0 & 0 & 0 & 0 & 1 & 0 & 0 \\ 0 & 0 & 0 & 0 & 0 & 0 & 0 \\ 0 & 0 & 0 & \dfrac{Gl_1}{J_t} & 0 & 0 & 0 \\ 0 & 0 & 0 & 0 & 0 & 1 & 0 \end{bmatrix} \begin{bmatrix} \varepsilon \\ \dot{\varepsilon} \\ \zeta \\ p \\ \dot{p} \\ r \\ \gamma \end{bmatrix} + \begin{bmatrix} 0 & 0 \\ \dfrac{K_c l_1}{J_e} & \dfrac{K_c l_1}{J_e} \\ 0 & 0 \\ 0 & 0 \\ \dfrac{K_c l_p}{J_p} & -\dfrac{K_c l_p}{J_p} \\ 0 & 0 \\ 0 & 0 \end{bmatrix} \begin{bmatrix} V_1 \\ V_2 \end{bmatrix} \tag{8.102}$$

$$\begin{bmatrix} \varepsilon \\ p \\ r \end{bmatrix} = \begin{bmatrix} 1 & 0 & 0 & 0 & 0 & 0 & 0 \\ 0 & 0 & 0 & 1 & 0 & 0 & 0 \\ 0 & 0 & 0 & 0 & 0 & 1 & 0 \end{bmatrix} \begin{bmatrix} \varepsilon \\ \dot{\varepsilon} \\ \zeta \\ p \\ \dot{p} \\ r \\ \gamma \end{bmatrix} + \begin{bmatrix} 0 & 0 \\ 0 & 0 \\ 0 & 0 \end{bmatrix} \begin{bmatrix} V_1 \\ V_2 \end{bmatrix} \tag{8.103}$$

令

$$A = \begin{bmatrix} 0 & 1 & 0 & 0 & 0 & 0 & 0 \\ 0 & 0 & 0 & 0 & 0 & 0 & 0 \\ 1 & 0 & 0 & 0 & 0 & 0 & 0 \\ 0 & 0 & 0 & 0 & 1 & 0 & 0 \\ 0 & 0 & 0 & 0 & 0 & 0 & 0 \\ 0 & 0 & 0 & \dfrac{Gl_1}{J_t} & 0 & 0 & 0 \\ 0 & 0 & 0 & 0 & 0 & 1 & 0 \end{bmatrix}, \qquad B = \begin{bmatrix} 0 & 0 \\ \dfrac{K_c l_1}{J_e} & \dfrac{K_c l_1}{J_e} \\ 0 & 0 \\ 0 & 0 \\ \dfrac{K_c l_p}{J_p} & -\dfrac{K_c l_p}{J_p} \\ 0 & 0 \\ 0 & 0 \end{bmatrix}$$

$$C=\begin{bmatrix}1&0&0&0&0&0&0\\0&0&0&1&0&0&0\\0&0&0&0&0&1&0\end{bmatrix},\qquad D=\begin{bmatrix}0&0\\0&0\\0&0\end{bmatrix}$$

得状态方程式为

$$\begin{aligned}\dot{X}&=AX+BU\\Y&=CX+DU\end{aligned}\tag{8.104}$$

8.4.11 螺旋桨电机给定电压的推导

在前面推导模型时，采用了 V_d 和 V_s 两个量，实际电机控制电压为 V_1 和 V_2，需要推导 V_d 和 V_s、V_1 和 V_2 的关系。

由

$$V_s=V_1+V_2,\quad V_d=V_1-V_2$$

得

$$V_1=\frac{1}{2}(V_s+V_d),\quad V_2=\frac{1}{2}(V_s-V_d)\tag{8.105}$$

8.4.12 状态空间控制器设计

1. 线性二次最优控制基本原理

线性二次最优控制问题简称为线性二次型（linear quadratic，LQ）问题。

对线性系统：

$$\dot{x}=Ax+Bu,x(0)=x_0,t\in[0,t_f]$$

式中，x 为 n 维向量；u 为 p 维向量；A、B 为常量矩阵。

性能指标：

$$J(u(\cdot))=\frac{1}{2}x^{\mathrm{T}}(t_f)Sx(t_f)+\frac{1}{2}\int_0^{t_f}[x^{\mathrm{T}}(t)Qx(t)+u^{\mathrm{T}}(t)Ru(t)]\mathrm{d}t$$

式中，$J(u(\cdot))$ 是以 $u(\cdot)$ 为变量的一个标量函数，也是一个泛函；S,Q 为 $n\times n$ 半正定对称矩阵；R 为 $p\times p$ 正定对称矩阵。

线性二次最优控制的解：如果对终端情况没有要求，即

$$\frac{1}{2}X^{\mathrm{T}}(t_f)SX(t_f)=0$$

有

$$J(u(\cdot))=\frac{1}{2}\int_0^{t_f}[X^{\mathrm{T}}(t)QX(t)+u^{\mathrm{T}}(t)Ru(t)]\mathrm{d}t$$

线性二次最优控制律为

$$U(t)=-KX(t)=-RB^{\mathrm{T}}PX(t)\tag{8.106}$$

式中，矩阵 K 为最优控制向量

$$K=RB^{\mathrm{T}}P\tag{8.107}$$

矩阵 P 必须满足如下方程：

$$-A^{\mathrm{T}}P-PA+PBR^{-1}B^{\mathrm{T}}P-Q=0 \tag{8.108}$$

式（8.108）是里卡蒂方程，最优化问题化解为里卡蒂方程求解问题。

线性二次最优控制的求解过程如下：

（1）由里卡蒂方程，解出矩阵 P，如果 P 为正定矩阵，则系统稳定。

（2）由 P 解出矩阵 $K=RB^{\mathrm{T}}P$，K 就是最优矩阵的解。MATLAB 有 LQR 函数求解 K 矩阵。

2. LQR 控制器设计

利用 LQR 方法，分别对直升机俯仰角和旋转速度进行控制。

$$\begin{aligned}\dot{X}&=AX+BU\\ Y&=CX+DU\end{aligned} \tag{8.109}$$

$$X=[\varepsilon\quad \dot{\varepsilon}\quad \zeta\quad p\quad \dot{p}\quad r\quad \gamma]^{\mathrm{T}},\quad Y=[\varepsilon\quad p\quad r]^{\mathrm{T}}$$

式中，ε 为俯仰角；$\dot{\varepsilon}$ 为俯仰角微分；$\zeta=\int\varepsilon$ 为俯仰角积分；p 为横侧角；$\dot{p}$ 为横侧角微分；r 为旋转角速度；$\gamma=\int r$ 为旋转角速度积分。

根据直升机实验平台，参数选取如下：J_e 为俯仰轴的转动惯量，$J_{\mathrm{e}}=m_h l_1^2+m_b l_1^2=1.8145\ \mathrm{kg/m^2}$；$V_1$，$V_2$ 为两个电动机的电压，它们分别产生升力 F_1，F_2；K_c 为螺旋桨电动机的升力常数，为无刷电动机的固定参数，$k_c=12$ N/V；l_1 为支点到电动机的距离，$l_1=0.88$m；l_2 为支点到平衡块的距离，$l_2=0.35$ m；T_g 为俯仰轴产生的重力矩，$T_g=m_h g l_1-m_b g l_2=3.748$ N/m；m_h，m_b 分别为螺旋桨部分和平衡块的质量，$m_h=1.8$ kg，$m_b=3.433$ kg；$\ddot{\varepsilon}$ 为俯仰轴俯仰角的加速度；J_p 为横侧运动的转动惯量，$J_p=0.0252\ \mathrm{kg/m^2}$；$l_p$ 为横侧轴支点到电动机的距离，$l_p=0.17$ m。

根据前面分析计算，得

$$\begin{bmatrix}\dot{\varepsilon}\\ \ddot{\varepsilon}\\ \dot{\zeta}\\ \dot{p}\\ \ddot{p}\\ \dot{r}\\ \dot{\gamma}\end{bmatrix}=\begin{bmatrix}0&1&0&0&0&0&0\\ 0&0&0&0&0&0&0\\ 1&0&0&0&0&0&0\\ 0&0&0&0&1&0&0\\ 0&0&0&0&0&0&0\\ 0&0&0&2.07&0&0&0\\ 0&0&0&0&0&1&0\end{bmatrix}\begin{bmatrix}\varepsilon\\ \dot{\varepsilon}\\ \zeta\\ p\\ \dot{p}\\ r\\ \gamma\end{bmatrix}+\begin{bmatrix}0&0\\ 5.82&5.82\\ 0&0\\ 0&0\\ 63.94&-63.94\\ 0&0\\ 0&0\end{bmatrix}\begin{bmatrix}V_1\\ V_2\end{bmatrix} \tag{8.110}$$

$$\begin{bmatrix}\varepsilon\\ p\\ r\end{bmatrix}=\begin{bmatrix}1&0&0&0&0&0&0\\ 0&0&0&1&0&0&0\\ 0&0&0&0&0&1&0\end{bmatrix}\begin{bmatrix}\varepsilon\\ \dot{\varepsilon}\\ \zeta\\ p\\ \dot{p}\\ r\\ \gamma\end{bmatrix}+\begin{bmatrix}0&0\\ 0&0\\ 0&0\end{bmatrix}\begin{bmatrix}V_1\\ V_2\end{bmatrix} \tag{8.111}$$

式中，

$$A=\begin{bmatrix}0&1&0&0&0&0&0\\0&0&0&0&0&0&0\\1&0&0&0&0&0&0\\0&0&0&0&1&0&0\\0&0&0&0&0&0&0\\0&0&0&2.07&0&0&0\\0&0&0&0&0&1&0\end{bmatrix},\quad B=\begin{bmatrix}0&0\\5.82&5.82\\0&0\\0&0\\63.94&-63.94\\0&0\\0&0\end{bmatrix}$$

$$C=\begin{bmatrix}1&0&0&0&0&0&0\\0&0&0&1&0&0&0\\0&0&0&0&0&1&0\end{bmatrix},\quad D=\begin{bmatrix}0&0\\0&0\\0&0\end{bmatrix}$$

选取：

$$Q=\begin{bmatrix}1&0&0&0&0&0&0\\0&1&0&0&0&0&0\\0&0&1&0&0&0&0\\0&0&0&1&0&0&0\\0&0&0&0&1&0&0\\0&0&0&0&0&1&0\\0&0&0&0&0&0&1\end{bmatrix},\quad R=\begin{bmatrix}1&0\\0&1\end{bmatrix}$$

经过计算求出最优控制 K 矩阵为

$$K=\begin{bmatrix}1.3052&0.8510&0.7071&2.1762&0.7308&1.4106&0.7071\\1.3052&0.8510&0.7071&-2.1762&-0.7308&-1.4106&-0.7071\end{bmatrix}$$

3. LQR 控制仿真

LQR 控制仿真图如图 8.32 所示。

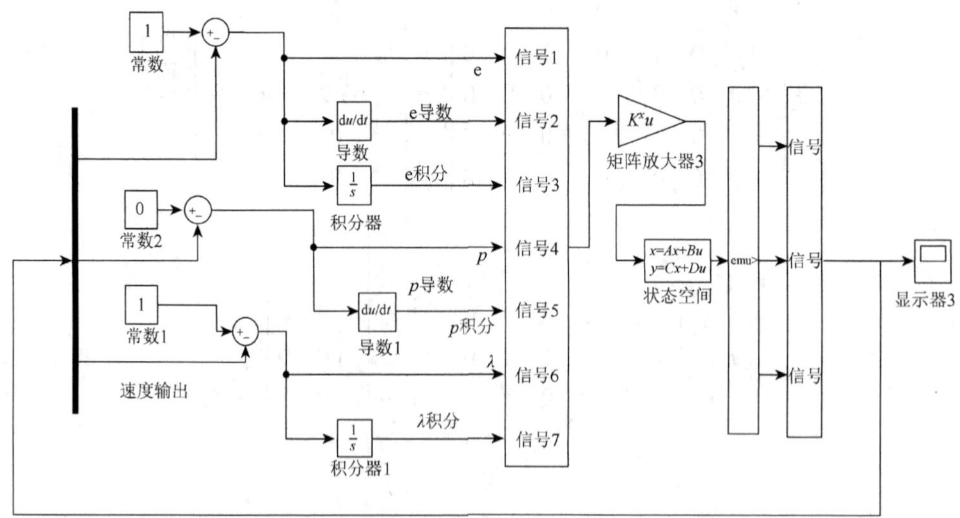

图 8.32　LQR 控制仿真图

采用上面计算 K 值的 LQR 控制仿真结果如图 8.33 所示。

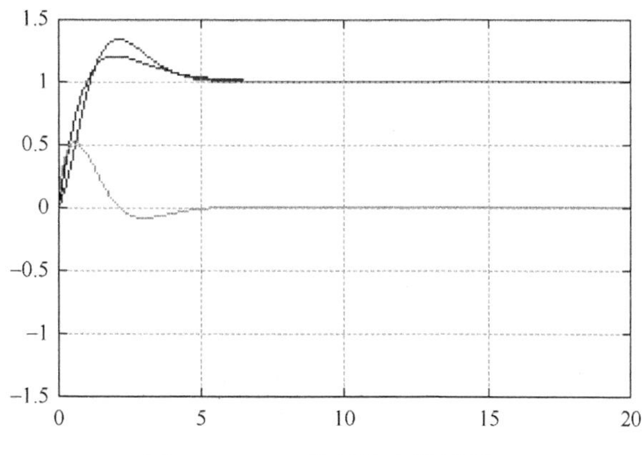

图 8.33　LQR 控制仿真结果图 1

由图 8.33 可知，系统稳定且系统响应比较理想，但是旋转角速度超调有点过大，为此需进一步调整 Q 矩阵的值。

如果选取：

$$Q=\begin{bmatrix}1&0&0&0&0&0&0\\0&0.1&0&0&0&0&0\\0&0&0.1&0&0&0&0\\0&0&0&0.5&0&0&0\\0&0&0&0&0.1&0&0\\0&0&0&0&0&1&0\\0&0&0&0&0&0&0.1\end{bmatrix},\quad R=\begin{bmatrix}1&0\\0&1\end{bmatrix}$$

经过计算求出最优控制 K 矩阵为

$$K=\begin{bmatrix}0.8347&0.4398&0.2236&1.0756&0.2585&0.8561&0.2236\\0.8347&0.4398&0.2236&-1.0756&-0.2585&-0.8561&-0.2236\end{bmatrix}$$

采用上面计算 K 值的 LQR 控制仿真结果如图 8.34 所示。

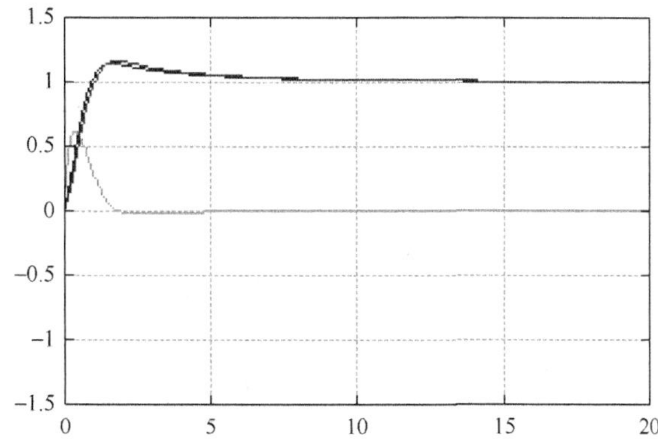

图 8.34　LQR 控制仿真结果图 2

由图 8.34 可知，旋转角速度超调减少，但俯仰角调整时间过长，适当增加俯仰角加速度和积分的两个量由 0.1 变到 0.5，适当加强横侧角速度和旋转角积分两个量，为此进一步调整 Q 矩阵的值。

如果选取：

$$Q=\begin{bmatrix}1&0&0&0&0&0&0\\0&0.1&0&0&0&0&0\\0&0&0.5&0&0&0&0\\0&0&0&0.5&0&0&0\\0&0&0&0&0.5&0&0\\0&0&0&0&0&1&0\\0&0&0&0&0&0&0.2\end{bmatrix},\quad R=\begin{bmatrix}1&0\\0&1\end{bmatrix}$$

经过计算求出最优控制 K 矩阵为

$$K=\begin{bmatrix}1.0768&0.6596&0.500&1.540&0.5235&0.9857&0.3162\\1.0768&0.6596&0.500&-1.540&-0.5235&-0.9857&-0.3162\end{bmatrix}$$

采用上面计算 K 值的 LQR 控制仿真结果如图 8.35 所示。

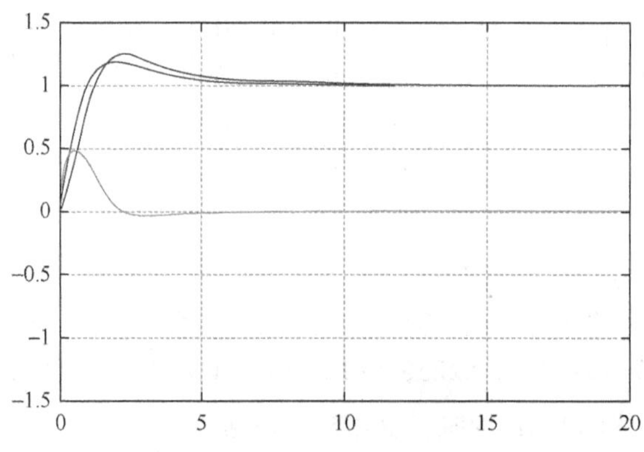

图 8.35　LQR 控制仿真结果图 3

由图 8.35 可知，系统响应形态比较好，确定了 Q 矩阵的寻优值。

4. LQR 控制器的实物试验

LQR 控制器的实物试验图如图 8.36 所示。

设俯仰角高度为 15°，旋转速度为 15°/s，先集中调试俯仰轴，选取 K 矩阵为

$$K=\begin{bmatrix}1.0768&0.6596&0.5&0&0&0&0&0\\1.0768&0.6596&0.5&0&0&0&0&0\end{bmatrix}$$

得到 LQR 控制俯仰轴角度响应曲线（俯仰轴振荡不稳定），如图 8.37 所示。

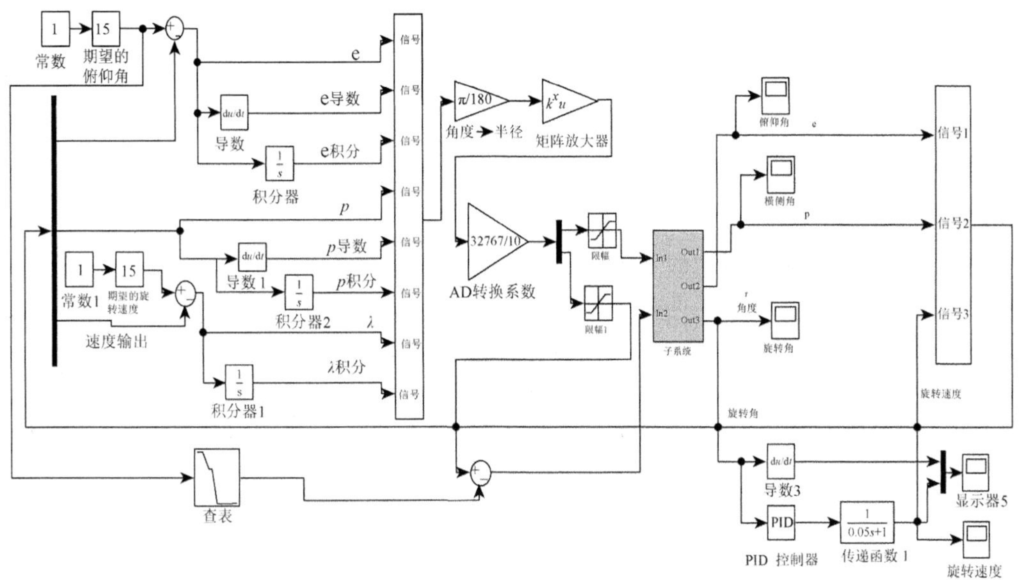

图 8.36　LQR 控制器的实物试验图

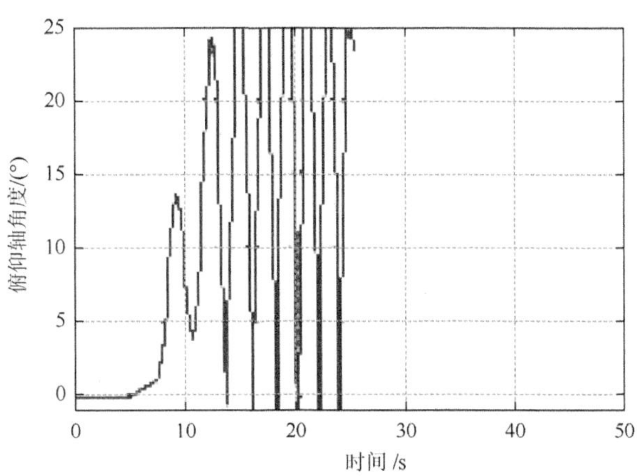

图 8.37　LQR 控制俯仰轴角度响应曲线

加大微分环节（K 第二列）、减小比例环节（K 第一列）和积分环节（K 第三列），得 K 矩阵为

$$K=\begin{bmatrix}1 & 2 & 0.25 & 0 & 0 & 0 & 0 & 0\\ 1 & 2 & 0.25 & 0 & 0 & 0 & 0 & 0\end{bmatrix}$$

LQR 控制俯仰角响应曲线（俯仰轴稳定且性能较好，误差±3°），如图 8.38 所示。同理，调试旋转角和横侧角，经过调试确定如下 K 矩阵：

$$K=\begin{bmatrix}1 & 2 & 0.25 & 0.10 & 0.15 & 0 & 1 & 0.5\\ 1 & 2 & 0.25 & -0.10 & -0.15 & 0 & -1 & -0.5\end{bmatrix}$$

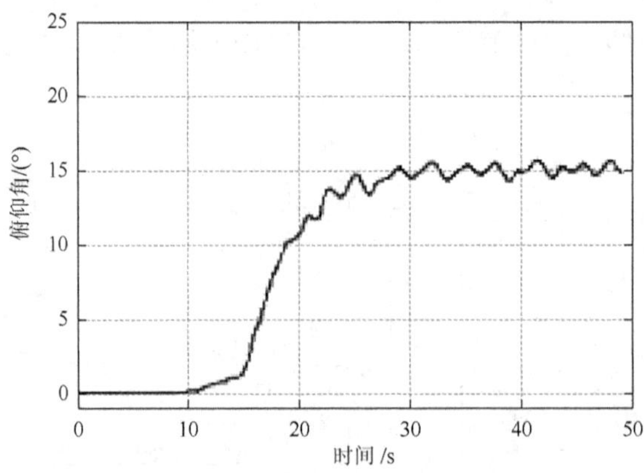

图 8.38　LQR 控制俯仰角响应曲线

LQR 控制俯仰角 0～50 s 响应曲线（俯仰运动稳定且性能较好，误差±4°），如图 8.39 所示。

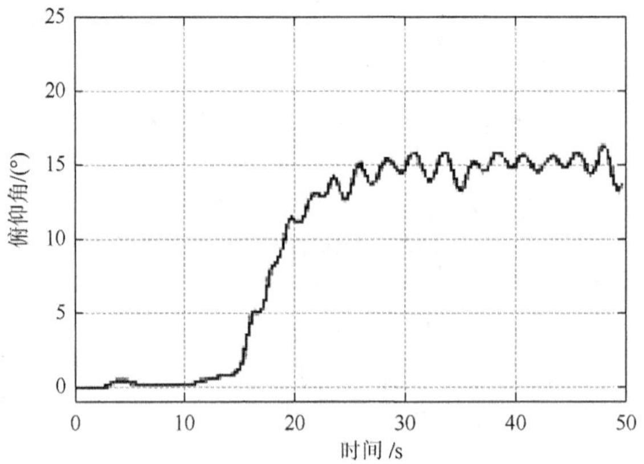

图 8.39　LQR 控制俯仰角 0～50 s 响应曲线

LQR 控制旋转角速度 0～50 s 响应曲线（旋转角速度稳定且性能较好，误差 4°），如图 8.40 所示。

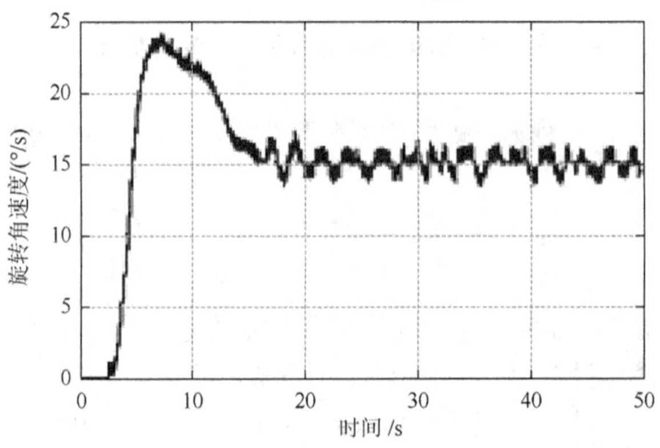

图 8.40　LQR 控制旋转角速度 0～50 s 响应曲线

通过曲线 0～50 s 能看出，系统响应速度较好，超调量也比较理想，本套 K 矩阵控制性能可取。

LQR 控制俯仰角 50～100 s 响应曲线（俯仰运动稳定且性能较好，误差±4°），如图 8.41 所示。

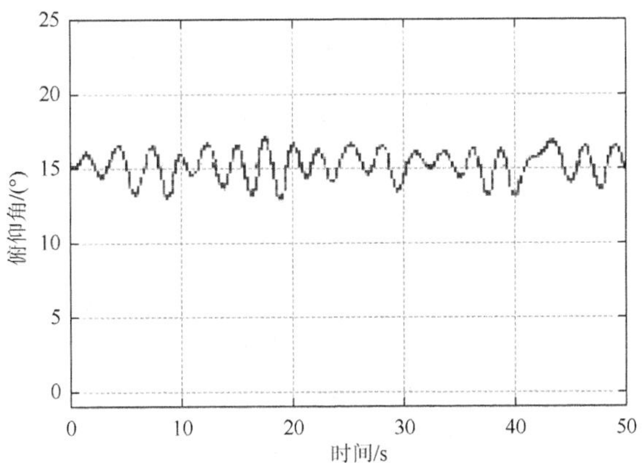

图 8.41　LQR 控制俯仰角 50～100 s 响应曲线

LQR 控制旋转角速度 50～100 s 响应曲线（旋转角速度稳定且性能较好，误差 4°），如图 8.42 所示。

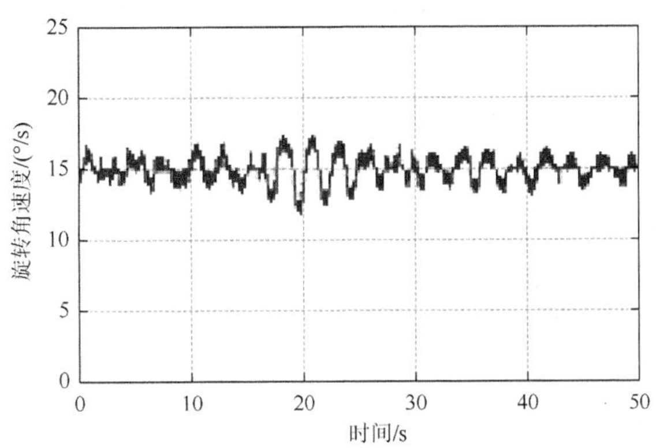

图 8.42　LQR 控制旋转角速度 50～100 s 响应曲线

8.5　机械系统动态性能最优控制应用

本节给出三个机械系统动态性能最优控制的应用简介。虽然它们并不是很复杂，但可用于说明实施控制的基本方法和思路。

8.5.1　线性二自由度动力减振器的最优控制

如图 8.43 所示，线性二自由度动力减振器为汽车悬挂系统的简化模型。一般认为，影响汽车舒适性的主要因素是车身的垂向振动。以往对车身垂向振动的控制主要采取被动隔振措施，即在车身与车轮轴之间安装弹簧和阻尼器，以达到减小车身垂向振动量的目的。近十多年来，人们开始用各种主动吸振、隔振、阻尼等方法，对振动结构的动态特性进行控制，均取得了优于振动被动控制的减振效果。汽车运行的舒适性是典型的振动控制问题，使用振动主动控制的方法研究和提高其舒适性问题已被人们所重视，并成为汽车舒适性问题研究的热点。

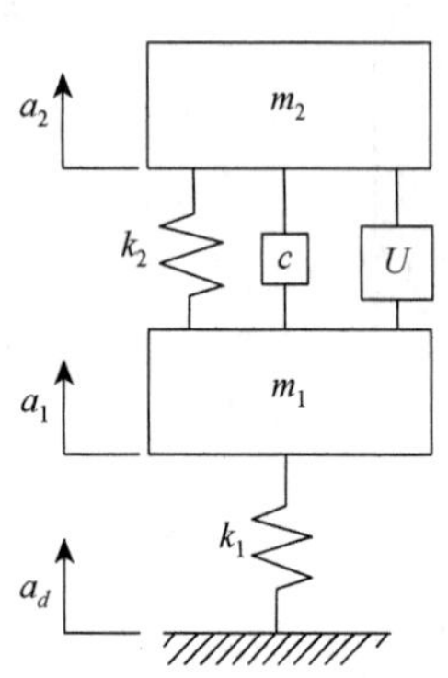

图 8.43　线性二自由度动力减振器

如图 8.43 所示，为汽车悬挂系统的 1/4 结构，即单个车轮悬挂系统的简化模型。从此入手，研究其振动主动控制的规律，然后扩展至四轮悬挂的完整结构。

图 8.43 中 U 为施加的主动控制力，其完整装置应由振动检测装置、控制装置和执行装置构成。m_2 为车身质量；a_2 为车身相对平衡位置的位移；k_2 为悬挂系统刚度；c 为悬挂系统阻尼；m_1 为车轮质量；a_1 为车轮轴垂向位移；k_1 为轮胎刚度；a_d 为路面不平引起的位移输入。

轮胎受到路面不平引起的位移 a_d 作用，从而引起车身垂向振动。现在车身与车轮之间加入一个主动控制的执行装置，与原悬挂装置构成并联系统。要求确定最佳控制规律 U^*，使车身的振动响应及消耗的主动控制能量最小。

由图 8.43 可得，该系统的动力学方程为

$$\begin{aligned} m_1\ddot{a}_1 &= k_1(a_d - a_1) - c(\dot{a}_1 - \dot{a}_2) - k_2(a_1 - a_2) - U \\ m_2\ddot{a}_2 &= k_2(a_1 - a_2) + c(\dot{a}_1 - \dot{a}_2) + U \end{aligned} \tag{8.112}$$

令

$$x_1 = a_1,\quad x_2 = \dot{x}_1 = \dot{a}_1,\quad x_3 = a_2,\quad x_4 = \dot{x}_3 = \dot{a}_2$$

可将动力学方程改写成状态方程：

$$\begin{cases} \dot{x}_1 = x_2 \\ \dot{x}_2 = \dfrac{k_1}{m_1}(a_d - x_1) - \dfrac{c}{m_1}(a_2 - x_4) - \dfrac{k_2}{m_1}(x_1 - x_3) - \dfrac{U}{m_1} \\ \dot{x}_3 = x_4 \\ \dot{x}_4 = \dfrac{k_2}{m_2}(a_1 - x_3) + \dfrac{c}{m_2}(a_2 - x_4) + \dfrac{U}{m_2} \end{cases} \tag{8.113}$$

写成矩阵形式为

$$\begin{bmatrix} \dot{x}_1 \\ \dot{x}_2 \\ \dot{x}_3 \\ \dot{x}_4 \end{bmatrix} = \begin{bmatrix} 0 & 1 & 0 & 0 \\ \dfrac{-k_1 - k_2}{m_1} & \dfrac{c}{m_1} & \dfrac{k_2}{m_1} & \dfrac{c}{m_1} \\ 0 & 0 & 0 & 1 \\ \dfrac{k_2}{m_2} & \dfrac{c}{m_2} & -\dfrac{k_2}{m_2} & -\dfrac{c}{m_2} \end{bmatrix} \begin{bmatrix} x_1 \\ x_2 \\ x_3 \\ x_4 \end{bmatrix} + \begin{bmatrix} 0 \\ \dfrac{-1}{m_1} \\ 0 \\ \dfrac{1}{m_2} \end{bmatrix} U + \begin{bmatrix} 0 \\ \dfrac{k_1}{m_1} \\ 0 \\ 0 \end{bmatrix} a_d \tag{8.114}$$

简记为

$$\dot{X} = AX + BU + Ga_d,\qquad X(0) = X_0 \tag{8.115}$$

最优控制的目的是使下列目标泛函取极小值。根据最优控制的状态调节器原理求解最优控制律 U^*。

$$J(U)=\int_0^{\infty}\frac{1}{2}(X^{\mathrm{T}}QX+U^{\mathrm{T}}RU)\mathrm{d}t \tag{8.116}$$

式中，Q、R 均为单位矩阵。

能控性检验：

$$\mathrm{rank}M=(B\ \ AB\ \ A^2B\ \ A^3B)=4 \tag{8.117}$$

则系统能控。

系统的最优控制律为

$$\begin{aligned}U^*(t)&=-R^{-1}B^{\mathrm{T}}PX(t)=-\begin{bmatrix}0 & \dfrac{-1}{m_1} & 0 & \dfrac{1}{m_2}\end{bmatrix}\begin{bmatrix}P_{11} & & \text{对} & \\ P_{21} & P_{22} & & \text{称}\\ P_{31} & P_{32} & P_{33} & \\ P_{41} & P_{42} & P_{43} & P_{44}\end{bmatrix}\begin{bmatrix}x_1\\x_2\\x_3\\x_4\end{bmatrix}\\&=\left(-\frac{1}{m_1}P_{21}+\frac{1}{m_2}P_{41}\right)x_1+\left(-\frac{1}{m_1}P_{22}+\frac{1}{m_2}P_{42}\right)x_2\\&\quad+\left(-\frac{1}{m_1}P_{32}+\frac{1}{m_2}P_{43}\right)x_3+\left(-\frac{1}{m_1}P_{42}+\frac{1}{m_2}P_{44}\right)x_4\end{aligned} \tag{8.118}$$

式中，P_{21}、P_{41}、P_{22}、P_{42}、P_{32}、P_{43}、P_{44} 是下列里卡蒂方程的解：

$$\begin{aligned}&-PA-A^{\mathrm{T}}P+PBR^{-1}B^{\mathrm{T}}P-Q\\&=-\begin{bmatrix}P_{11} & & \text{对} & \\ P_{21} & P_{22} & & \text{称}\\ P_{31} & P_{32} & P_{33} & \\ P_{41} & P_{42} & P_{43} & P_{44}\end{bmatrix}\begin{bmatrix}0 & 1 & 0 & 0\\ \dfrac{-k_1-k_2}{m_1} & -\dfrac{c}{m_1} & \dfrac{k_2}{m_1} & \dfrac{c}{m_1}\\ 0 & 0 & 0 & 1\\ \dfrac{k_2}{m} & \dfrac{c}{m_2} & -\dfrac{k_2}{m_2} & -\dfrac{c}{m_2}\end{bmatrix}\\&\quad-\begin{bmatrix}0 & \dfrac{-k_1-k_2}{m_1} & 0 & \dfrac{k_2}{m_2}\\ 1 & -\dfrac{c}{m_1} & 0 & \dfrac{c}{m_2}\\ 0 & \dfrac{k_2}{m_1} & 0 & -\dfrac{k_2}{m_2}\\ 0 & \dfrac{c}{m_1} & 1 & -\dfrac{c}{m_2}\end{bmatrix}\begin{bmatrix}P_{11} & & \text{对} & \\ P_{21} & P_{22} & & \text{称}\\ P_{31} & P_{32} & P_{33} & \\ P_{41} & P_{42} & P_{43} & P_{44}\end{bmatrix}+\begin{bmatrix}P_{11} & & \text{对} & \\ P_{21} & P_{22} & & \text{称}\\ P_{31} & P_{32} & P_{33} & \\ P_{41} & P_{42} & P_{43} & P_{44}\end{bmatrix}\end{aligned}$$

$$\begin{bmatrix} 0 \\ \dfrac{-1}{m_1} \\ 0 \\ \dfrac{1}{m_2} \end{bmatrix} \begin{bmatrix} 0 & \dfrac{-1}{m_1} & 0 & \dfrac{1}{m_2} \end{bmatrix} \begin{bmatrix} P_{11} & & 对 & \\ P_{21} & P_{22} & & 称 \\ P_{31} & P_{32} & P_{33} & \\ P_{41} & P_{42} & P_{43} & P_{44} \end{bmatrix} - \begin{bmatrix} 1 & & & \\ & 1 & & \\ & & 1 & \\ & & & 1 \end{bmatrix} = 0 \tag{8.119}$$

解此方程求解得到P_{21}、P_{41}、P_{22}、P_{42}、P_{32}、P_{43}、P_{44}，再将其代入式（8.118）进而可求得最优控制$U^*(t)$。

8.5.2　平面磨床主轴套筒结构动态性能最优控制

平面磨床主轴套筒结构工作时，砂轮受切削力$f(t)$作用，使结构产生受迫振动而偏离平衡状态。磨床为精密加工机床，主轴系统的受迫振动对机床的加工精度影响很大。为减小主轴系统受迫振动的位移响应量值，保证机床的加工精度，传统的方法是调整主轴系统结构的质量、刚度和阻尼分布，使结构具有较大的刚度和阻尼，以消耗振动能量。然而，这样的调整设计受众多因素的影响，如机床的设计规范、有限的结构空间尺寸等，限制了设计思想的发挥，要取得理想效果有一定的难度。

机械结构动态性能最优控制的基本思想则与此不同。为获得满足加工精度的动态特性，在不改变原结构的条件下，在结构的适当位置施加检测及控制力并通过状态反馈调节控制力，便可改善机械结构的动态性能，使其满足工作要求。图 8.44 就是平面磨床主轴套筒结构在砂轮受切削力$f(t)$作用后，在套筒端部节点 2 处施加控制力 U 调节其动态性能的动力学模型。

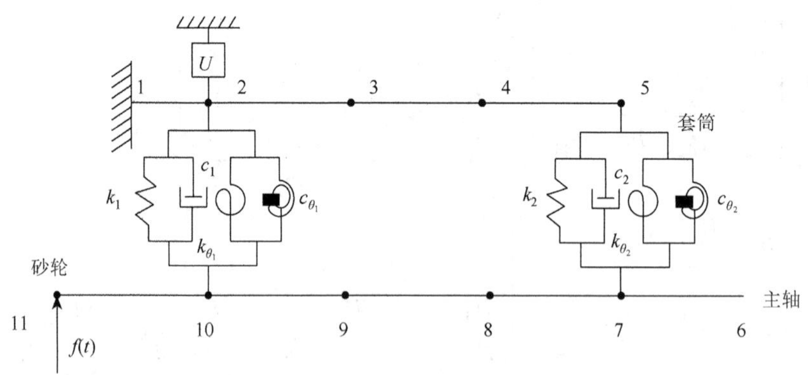

图 8.44　平面磨床主轴系统平面有限元模型

显然，若结构能控、能观，则结构的动力响应就与控制力 U 有关。调节控制力 U，就能改善结构的动力响应，使其恢复或接近平衡状态，提高加工精度。因此，问题归结为求解最优控制律 U^*。

用有限元法建立该结构的动力学模型。为保证该模型对原结构动态特性的模拟精度，又要有较小的计算工作量，将结构简化为如图 8.44 所示的 9 个平面梁单元。单元参数见表 8.1，砂轮用集中质量加在节点 11 上。略去节点的轴向位移，只考虑轴的平面弯曲变形，则每个节点保留两个自由度。节点 1 固定，经计算检验后，在低阶模态范围内，有限元模型的计算结果与试验结果有较好的对应性。

表 8.1　单元参数表

单元		1	2	3	4	5	6	7	8	9
长度/m		0.0225	0.120	0.120	0.120	0.130	0.120	0.120	0.120	0.110
直径	外径/m	0.110				0.06				
	内径/m	0.09				—				

结合部参数为

$$k_1 = 9.536\times10^8,\quad k_{\theta_1} = 9.08\times10^5,\quad k_2 = 1.403\times10^9,\quad k_{\theta_2} = 5.09\times10^5$$

$$c_1 = 3.08\times10^3,\quad c_{\theta_1} = 0,\quad c_2 = 5.09\times10^3,\quad c_{\theta_2} = 0$$

注：阻尼矩阵取刚度矩阵的比例值 $c = \beta k,\quad \beta = 10^{-8}$。

该结构的有限元模型可描述为

$$\begin{bmatrix} m_1 & 0 \\ 0 & m_2 \end{bmatrix}\ddot{a} + \left[\begin{bmatrix} c_1 & 0 \\ 0 & c_2 \end{bmatrix} + c_j\right]\dot{a} + \left[\begin{bmatrix} k_1 & 0 \\ 0 & k_2 \end{bmatrix} + k_j\right]a = f(t) \tag{8.120}$$

式中，m、c、k 分别为结构的质量、阻尼、刚度矩阵，其中，m 为集中质量矩阵；c_j、k_j 分别为结合部的等效阻尼和刚度矩阵；a 为节点位移列阵；$f(t)=\cos\omega t$ 为外载荷列阵。略去模型的轴向位移，则每个节点有垂向位移和转角位移两个自由度。

式（8.120）中质量、阻尼、刚度矩阵元素分布规律如图 8.45 所示。

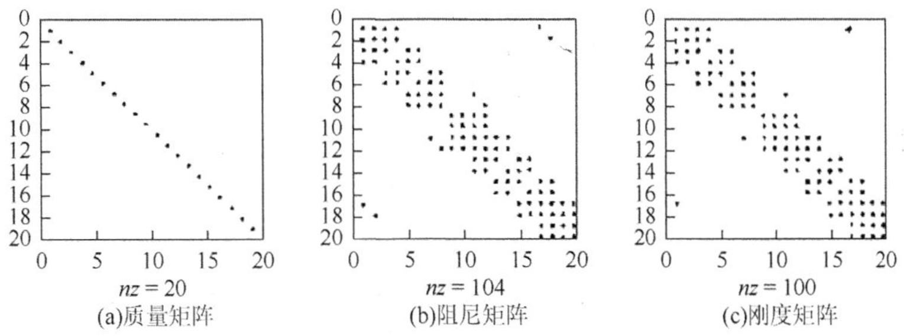

(a)质量矩阵　(b)阻尼矩阵　(c)刚度矩阵

图 8.45　有限元模型质量、阻尼、刚度矩阵元素分布规律

式（8.120）可描述为如下的统一形式：

$$m\ddot{a} + c\dot{a} + ka = f(t)$$

将系统力学方程转化为状态方程，并简记为

$$\dot{X} = AX + Gf \tag{8.121}$$

现对此系统施加控制U，根据图 8.44 可将状态方程改写为

$$\dot{X} = AX + BU + Gf \tag{8.122}$$

初始条件为

$$X(t_0) = X_0$$

式中，

$$A = \begin{bmatrix} 0 & I \\ -m^{-1}k & -m^{-1}c \end{bmatrix} \quad B\begin{bmatrix} 0 \\ m^{-1} \end{bmatrix}$$

其元素分布规律如图 8.46 所示。

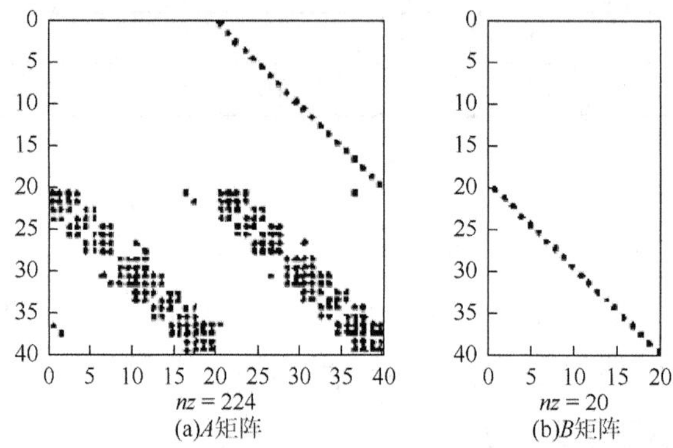

图 8.46　状态空间模型中 A、B 矩阵的元素分布

显然，系统各点的运动状态与 U、f 有关。

最优控制的目的是使结构各点的动力响应接近平衡状态，以获得高的加工精度，同时控制力U所消耗的能量尽可能小。因此，目标泛函表示为

$$J = \frac{1}{2}\int_{t_0}^{t_f} (X^{\mathrm{T}}QX + U^{\mathrm{T}}RU)\mathrm{d}t \tag{8.123}$$

式中，加权矩阵Q反映了各状态变量的重要程度。因节点 11 为工作点，固将其权重设定为 50，其余权重均为 1。Q矩阵为对角矩阵。

根据前述状态调节器原理，求解最优控制律 U^*的过程如下。

能控性检验：为保证所施加的控制力 U 能对所关心点的输出状态进行有效调节，即U能够改变输出点的动力响应，必须进行能控性检验。

此系统有限元模型的节点数为 11 个。其中，节点 1 为固定点，因此运动节点数为 10 个。每个节点有两个自由度，即位移和转角，则此系统的总自由度数为 20。写成状态方程，系统矩阵就为 40 阶方阵。每个节点自由度的排列顺序为位移在前，转角在后。控制力U加在第 2 个节点上。于是，有

$$B = \begin{bmatrix} \dfrac{1}{m_1} & \cdots & 0 & 0 & 0 & \cdots & 0 \end{bmatrix}^{\mathrm{T}}$$

$$\mathrm{rank}M[B \;\; AB \;\; A^2B \;\cdots A^{39}B] = 40 \tag{8.124}$$

系统能控。

最优控制律为

$$U^* = -R^{-1}B^{\mathrm{T}}PX = -KX$$

式中，R 为另一加权矩阵；K 为状态反馈增益矩阵；P 是下列里卡蒂方程的解：

$$-PA - A^{\mathrm{T}}P + PBR^{-1}B^{\mathrm{T}}P - Q = 0$$

本例中 P（t）应为 40×40 对称矩阵，设为

$$P = \begin{bmatrix} p_{11} & & & \\ p_{21} & & \text{对} & \\ \vdots & \vdots & \ddots & \text{称} \\ p_{40,1} & \cdots & \cdots & p_{40,40} \end{bmatrix}$$

由解里卡蒂方程求出 P，便可得最优控制 U^* 及最优轨线 X^*。

根据简化模型参数，用 MATLAB 软件中的 LQR 函数求解系统的里卡蒂方程及状态反馈增益矩阵 K。便可得到最优控制 U^*。采用余弦激励仿真分析原系统和实施反馈控制后系统砂轮（及节点 11）的位移响应，结果如图 8.47 所示。

由仿真结果可知，实施反馈控制后，砂轮端由余弦激励引起的宏观波动和微观波动均大幅度降低，说明实施反馈控制取得了良好效果，系统更加稳定，动态性能得以改善。

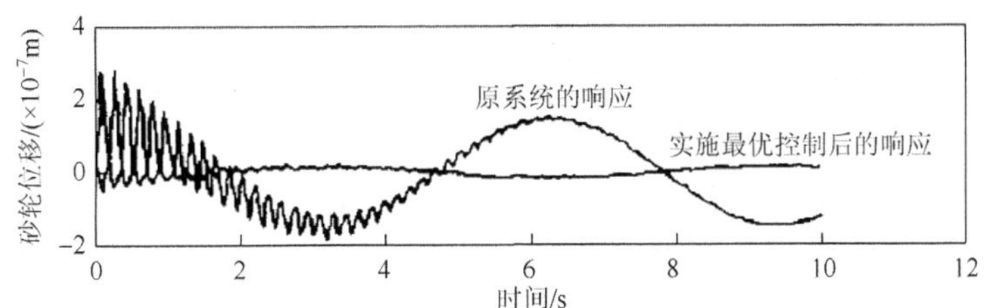

图 8.47　平面磨床主轴系统仿真结果

8.5.3　卧式镗床主轴系统最优控制问题

TX619B 卧式镗床主轴系统结构图如图 8.48 所示。TX619B 卧式镗床主轴系统结构较为复杂，使用传统的动力分析及优化方法对主轴系统结构的质量、刚度和阻尼分布进行修正，可以在一定程度上改善机床的动态性能、提高加工精度，但要机床满足各种工况并具有优良的切削性能仍有较大困难。TX619B 卧式镗床为精密加工机床，主轴系统在切削力 $f(t)$ 作用下的受迫振动对机床的加工精度影响很大。因此，若能在原优化设计的基础上，通过最优控制就能保证机床在各种切削工况下都具有优良的加工性能。

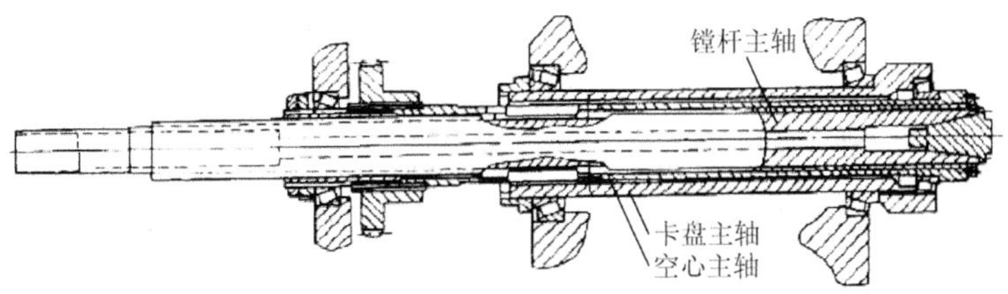

图 8.48　TX619B 卧式镗床主轴系统结构图

由于镗床主轴系统为三套筒结构，三根主轴均可转动，直接施加主动控制较为困难。考虑空心主轴的末端与箱体通过轴承构成动连接，为此可将主动控制执行机构作用在此轴承支座上，系统的控制模型如图 8.49 所示。只要系统能控，所施加的主动控制力 U（t）就能对主轴系统的动态特性实施有效调节，提高机床的加工质量。

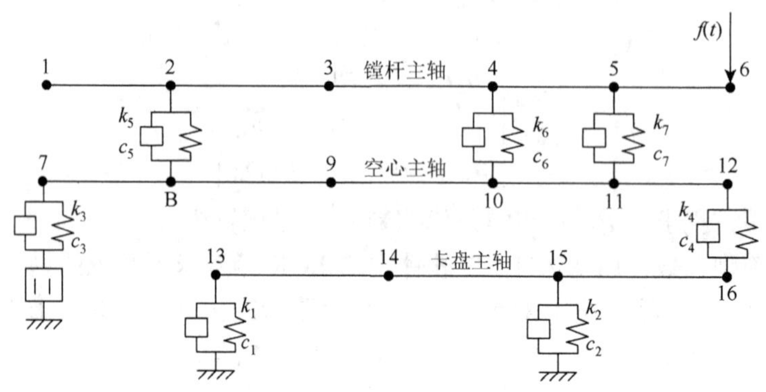

图 8.49　镗床主轴系统控制模型

为说明镗床主轴系统动态特性的最优控制过程，只考虑切削力 f 引起的主轴系统垂向运动，略去各主轴间结合部的扭转刚度与阻尼。以各主轴端部节点 6、12、16 的状态为输出，将其检测信号作为输出反馈的次优控制。

用有限元法建立镗床主轴系统的数学模型可描述为如下的统一形式：

$$m\ddot{a}+c\dot{a}+ka=f(t)+U(t) \tag{8.125}$$

式中，m 为集中质量矩阵；c 为线性化结构阻尼矩阵且包含结合部阻尼；k 为刚度矩阵且包含结合部刚度；a 为节点位移矩阵；$f(t)=\cos\omega t$ 为外载荷列阵，$U(t)$ 为控制力列阵。略去模型的轴向位移，则每个节点有垂向位移和转角位移两个自由度。

设垂向自由度的状态变量为 $x_1=a_1, x_2=\dot{x}_1=\dot{a}_1, x_3=a_2, x_4=\dot{x}_2=\dot{a}_2,\cdots$，共 64 个，可将式（8.125）改写为状态方程，并简记为

$$\dot{X}=AX+BU+G_f \tag{8.126}$$

以各主轴端部节点 6、12、16 的垂向位移为输出，可写出系统的输出方程，简记为

$$Y(t)=CX(t) \tag{8.127}$$

式中，$Y(t)$ 为输出向量；C 为输出矩阵。

最优控制的目标泛函为线性二次型，即

$$J=\frac{1}{2}\int_{t_0}^{\infty}(X^{\mathrm{T}}QX+U^{\mathrm{T}}RU)\mathrm{d}t \tag{8.128}$$

初始条件为

$$X(t_0)=X_0,\quad t_0=0$$

根据状态方程中的系统矩阵 A 和控制矩阵 B，可对系统的能控性与能观测性作如下检验。能控性

$$\mathrm{rank}M=\mathrm{rank}(B\quad AB\quad A^2B\quad\cdots\quad A^{n-1}B)$$

能观测性

$$\mathrm{rank}N^{\mathrm{T}} = [C^{\mathrm{T}} \quad A^{\mathrm{T}}C^{\mathrm{T}} \quad (A^{\mathrm{T}})^2 C^{\mathrm{T}} \quad \cdots \quad (A^{\mathrm{T}})^{n-1} C^{\mathrm{T}}]$$

若系统能控、能观测，则最优控制为

$$U^*(t) = -KY(t) = -KCX(t) \tag{8.129}$$

代入状态方程式（8.125）得闭环控制系统状态方程为

$$\dot{X} = AX - BKCX = (A - BKC)X = \overline{A}\mathrm{X} \tag{8.130}$$

代入目标泛函得

$$J = \frac{1}{2}\int_{t_0}^{\infty} (X^{\mathrm{T}}QX + X^{\mathrm{T}}C^{\mathrm{T}}K^{\mathrm{T}}RCKCX)\mathrm{d}t = \frac{1}{2}\int_{t_0}^{\infty} X^{\mathrm{T}}(Q + C^{\mathrm{T}}K^{\mathrm{T}}RKC)X\mathrm{d}t$$

$$= \frac{1}{2}\int_{t}^{\infty} X^{\mathrm{T}}\overline{Q}X\mathrm{d}t$$

根据李雅普诺夫方程

$$\overline{A}^{\mathrm{T}}P + P\overline{A} = -\overline{Q} \tag{8.131}$$

式中，P 是李雅普诺夫方程的解，为正定对称矩阵。本例为

$$P = \begin{bmatrix} P_{11} & & \text{对} & \\ P_{21} & P_{22} & & \text{称} \\ \vdots & \vdots & \ddots & \\ P_{n1} & \cdots & \cdots & P_{nn} \end{bmatrix}$$

将其代入式（8.129），利用 MATLAB 软件中的 LQR 函数，可求出 $P(K)$，再令

$$\frac{\partial J(K)}{\partial K} = 0 \tag{8.132}$$

即可解出使 $J \to \min$ 的 K。将其代入式（8.129）从而可求得最优控制 $U^*(t)$。

参 考 文 献

方水良，2005. 现代控制理论及 MATLAB 实践[M]. 杭州：浙江大学出版社.

廖伯瑜，周新民，尹志宏，2004. 现代机械动力学及其工程应用[M]. 北京：机械工业出版社.

刘豹，唐万生，2010. 现代控制理论[M]. 第三版. 北京：机械工业出版社.

王军平，董霞，2010. 现代控制工程 [M]. 西安：西安交通大学出版社.

杨叔子，杨克冲，吴波，等. 2018. 机械工程控制基础[M]. 第七版. 武汉：华中科技大学出版社.